이 책을 펴고 있는 그대를 환영합니다.

밑줄을 긋고

형광펜을 칠하고

메모를 하고

틀리고 맞고를 반복할 그대

쿵. 쿵. 쿵

알아가는 즐거움으로

심장이 벅차게 뛰기를

이 책을 펴고 있는 그대를 응원합니다.

BETTER CONTENT BETTER LIFE

통합과학2

WRITERS
강태욱 고대사대부고 교사
김두영 이대부고 교사
권주리 광남고 교사
김대준 방산고 교사
최종근 인천과학예술영재학교 교사

COPYRIGHT
인쇄일 2025년 7월 21일(1판2쇄)
발행일 2024년 11월 4일

펴낸이 신광수
펴낸곳 ㈜미래엔
등록번호 제16-67호

중고등개발본부장 하남규
개발책임 오진경
개발 최진경, 윤정은, 정지영, 정도윤

디자인실장 손현지
디자인책임 김기욱
디자인 페이퍼눈

CS본부장 장명진

ISBN 979-11-7311-120-4

내신과 수능을 다 잡는 **필수 개념 기본서**

통합과학2

개념학습편

강별 개념 학습

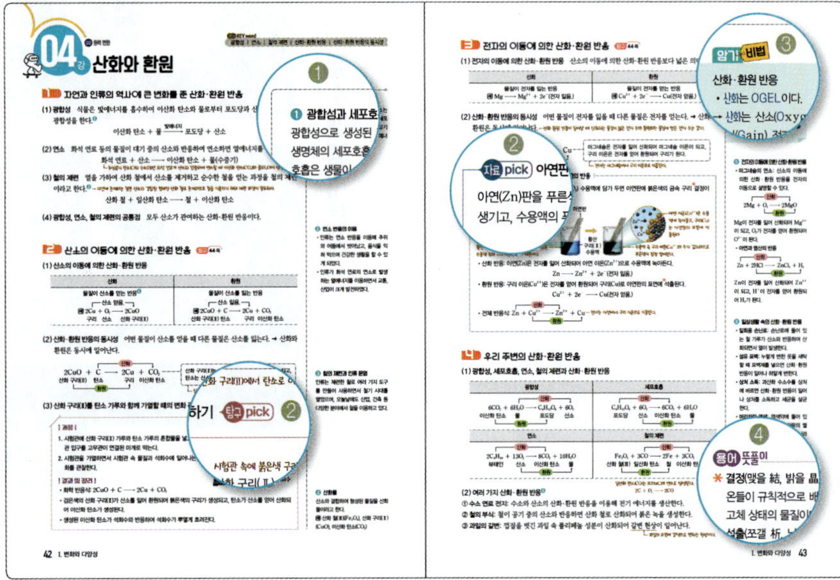

❶ **보충, 심화 설명**
개념과 관련된 그림이나 보충, 심화 자료를 구성하였습니다.

❷ **자료 pick / 탐구 pick**
교과서의 중요 자료와 탐구를 선별하여 집중 학습이 가능하도록 구성하였습니다.

❸ **암기 비법**
꼭 암기해야 하는 개념의 암기 비법을 제시하였습니다.

❹ **용어 뜻풀이**
용어의 의미를 쉽게 이해할 수 있도록 어려운 용어는 풀이를 제시하였습니다.

탐구
교과서의 중요 탐구를 선별하여 사진 자료와 함께 과정, 결과, 정리로 제시하였습니다. 또 탐구 활동을 이해했는지 점검할 수 있는 확인 문제를 구성하였습니다.

자료
개념 정리에서 학습한 내용 중 이해하기 어려운 내용은 자세하게 풀어 설명하였습니다. 또 핵심 개념을 바로 확인할 수있는 확인 문제를 구성하였습니다.

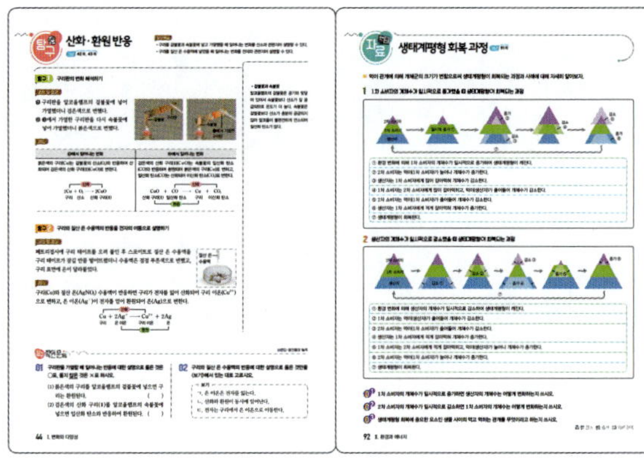

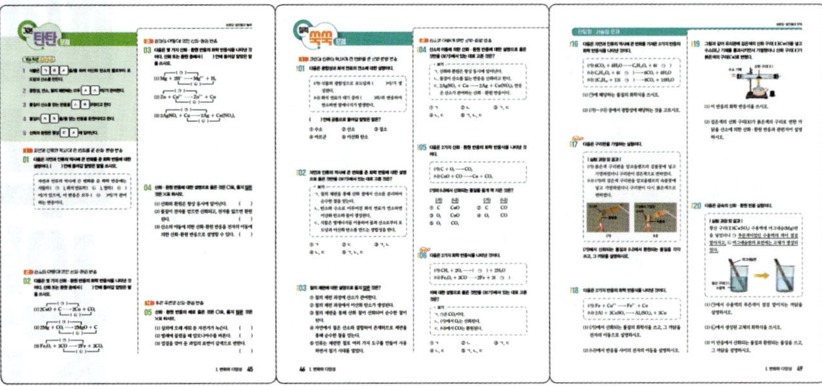

기본 탄탄 문제
학습한 기본 개념을 빠르게 확인할 수 있도록 빈칸 채우기, 선 연결 등 다양한 유형의 쉬운 문제로 구성하였습니다.

실력 쑥쑥 문제
중요한 개념을 다시 한 번 점검할 수 있는 다양한 실전 문제를 구성하였습니다. 또 학교 서술형 시험에 대비할 수 있도록 서술형 문제를 별도로 구성하였습니다.

중단원 마무리

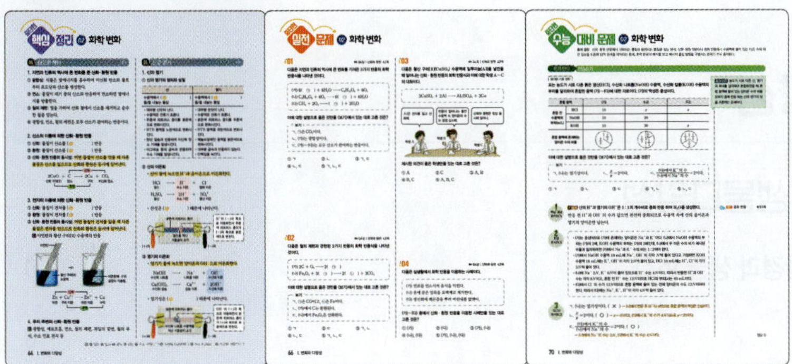

중단원 핵심 정리
중단원별 핵심 내용을 빠르게 확인할 수 있도록 요약 정리하였습니다. 또 중요 개념을 직접 써 볼 수 있도록 구성하였습니다.

중단원 실전 문제
중요한 개념을 다시 한 번 점검할 수 있는 다양한 실전 문제와 함께 서술형 문제를 구성하였습니다.

중단원 수능 대비 문제
수능 기출 문제를 활용한 수능 대비 문제를 제시하여 기출 경향을 확인하고, 수능 문제에 미리 도전해 볼 수 있습니다.

대단원 마무리

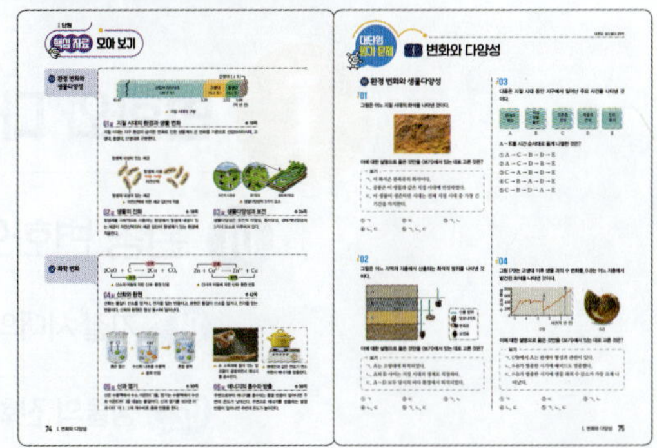

대단원별 핵심 자료를 한눈에 파악할 수 있도록 정리하였습니다. 또 대단원을 마무리하면서 꼭 알아야 할 개념을 문제로 확인할 수 있는 평가 문제를 구성하였습니다.

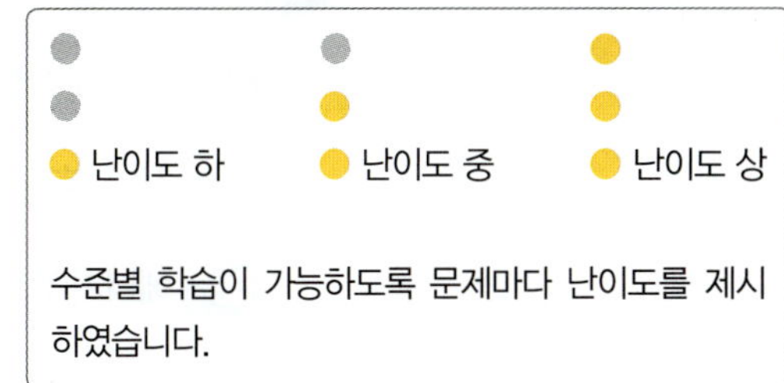

수준별 학습이 가능하도록 문제마다 난이도를 제시하였습니다.

시험대비편

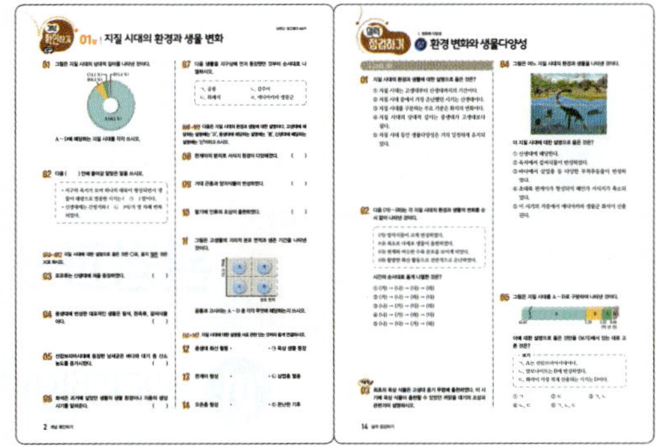

개념 확인하기
강별 중요 개념이 무엇인지 빠르게 확인할 수 있으며, 쪽지 시험까지 대비할 수 있습니다.

실력 점검하기
학교 시험에 대비할 수 있도록 학교 시험 예상 문제를 난이도별로 제시하고, 서술형 문제를 구성하였습니다.

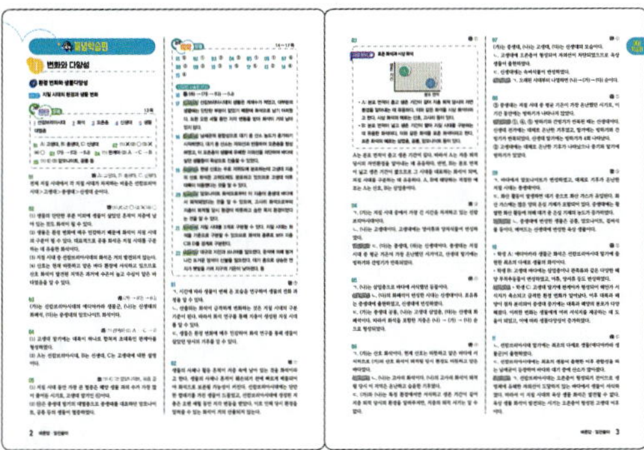

바른답·알찬풀이

문제별 자세한 풀이와 오답 피하기를 통해 문제 풀이 과정을 쉽게 이해할 수 있습니다. 오답 피하기에는 옳지 않은 보기에 대한 해설을 제시하였습니다. 자료 분석하기, 개념 더하기 등을 통해 문제 해결 능력을 강화할 수 있습니다.

Ⅰ 변화와 다양성

Ⅱ 환경과 에너지

Ⅲ 과학과 미래 사회

엔픽 통합과학1에서는 무엇을 배웠을까요

엔픽과 내 교과서 비교하기

단원			엔픽
Ⅰ. 변화와 다양성	01 환경 변화와 생물다양성	01강 지질 시대의 환경과 생물 변화	8~17
		02강 생물의 진화	18~25
		03강 생물다양성과 보전	26~41
	02 화학 변화	04강 산화와 환원	42~49
		05강 산과 염기	50~57
		06강 에너지의 흡수와 방출	58~81

Ⅱ. 환경과 에너지	01 생태계와 환경	07강 생물과 환경	82~89
		08강 생태계평형	90~97
		09강 지구 환경의 변화	98~115
	02 에너지	10강 태양 에너지와 발전	116~123
		11강 에너지 효율과 신재생 에너지	124~147

Ⅲ. 과학과 미래 사회	12강 과학과 미래 사회	148~159

미래엔	동아출판	비상교육	지학사	천재교과서
10~19	11~19	14~21	12~23	10~21
20~25	20~23	22~25	24~28	22~27
26~34	24~30	26~31	28~35	28~35
36~45	32~41	32~37	36~45	36~47
46~53	42~49	38~45	46~53	48~59
54~65	50~56	46~57	54~66	60~67
68~75	63~69	60~65	68~77	70~79
76~81	70~80	66~71	78~83	80~85
82~94	82~96	72~83	84~97	86~99
96~109	98~109	84~95	98~111	100~111
110~123	110~120	96~109	112~124	112~125
126~159	127~148	112~139	126~158	128~155

I 변화와 다양성

이 단원 한 줄 요약

환경과 생명체는 끊임없이 변하면서 생물다양성을 형성했다. 화학 변화는 자연과 인류의 역사에 큰 변화를 가져왔으며 일상생활에서 일어나고 있다.

◆ 이 단원의 학습 연계

선수 학습

초등학교 5~6학년군
- 산과 염기

중학교
- 지권의 변화
- 생물의 구성과 다양성
- 물질의 상태 변화
- 식물과 에너지
- 화학 반응의 규칙성

이 단원의 학습
- 지질 시대의 생물과 화석
- 지질 시대 환경 변화와 대멸종
- 자연선택
- 생물다양성
- 산화·환원 반응
- 산과 염기
- 흡열 반응과 발열 반응

후속 학습

지구과학
- 지구의 역사와 한반도의 암석

생명과학
- 생명의 연속성과 다양성

화학
- 역동적인 화학 반응

화학 반응의 세계
- 산 염기 평형
- 산화·환원 반응

이전에 배운 내용

통합과학2 이전에 배운 내용을 떠올리면서 빈칸에 들어갈 알맞은 말을 쓰시오.

1
과거에 살았던 생물의 몸체나 흔적이 퇴적암에 남아 있는 것을 ☐☐(이)라고 한다.

01강 지질 시대의 환경과 생물 변화

2
같은 종류의 생물 사이에서 나타나는 서로 다른 특징을 ☐☐(이)라고 한다.

02강 생물의 진화

3
☐☐☐☐☐은/는 어떤 지역에 살고 있는 생물의 다양한 정도이다.

03강 생물다양성과 보전

4
식물이 빛에너지를 흡수해 양분을 생성하는 반응을 ☐☐☐(이)라고 한다.

04강 산화와 환원

5
푸른색 리트머스 종이를 붉은색으로 변하게 하는 것은 ☐☐ 용액이다.

05강 산과 염기

6
☐☐ ☐☐은/는 물질이 처음과 성질이 전혀 다른 새로운 물질로 변하는 현상이다.

06강 에너지의 흡수와 방출

답 | 1 화석 2 변이 3 생물다양성 4 광합성 5 산성 6 화학 변화

핵심 KEY word 화석 | 선캄브리아시대 | 고생대 | 중생대 | 신생대 | 생물 대멸종

01강 지질 시대의 환경과 생물 변화

1 지질 시대와 화석

(1) 지질 시대 지구가 탄생한 약 46억 년 전부터 현재까지 지구의 역사이다.

① **지질 시대의 구분 기준**: 지구 환경의 급격한 변화로 인한 생물계의 큰 변화를 기준으로 구분한다.
→ 생물은 환경 변화에 매우 민감하기 때문에 화석이 지질 시대의 구분 기준이 될 수 있다.

② **지질 시대의 구분**: 선캄브리아시대 → 고생대 → 중생대 → 신생대로 구분한다.❶

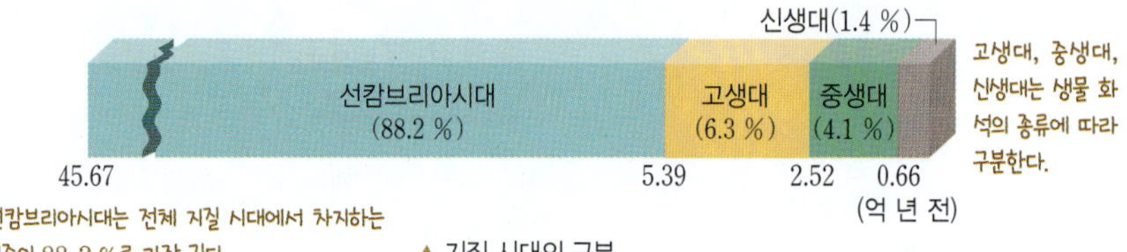

▲ 지질 시대의 구분

(2) 화석 지질 시대에 살았던 생물의 유해나 흔적이 지층 속에 남아 있는 것이다.❷

① **화석의 형성 과정**: 과거에 살았던 생물의 유해가 땅속에 묻힌다. → 그 위로 퇴적물이 쌓인다.
→ 화석이 형성된다. → 지층이 융기한 후 침식 작용을 받아 화석이 드러난다.

② **화석의 형성 조건**: 생물체의 개체수가 많아야 하고, 생물체에 단단한 부분이 있거나 땅속에 빨리 매몰되어 쉽게 분해되지 않아야 하며, 지층이 생성된 이후 심한 지각 변동을 받지 않아야 한다.

③ **화석 연구**: 화석 연구를 통해 지층의 생성 시기와 생물이 살았던 환경, 생물의 진화 과정 등에 대한 정보를 알 수 있다.❸

• 지층 퇴적 당시의 환경을 알 수 있는 화석

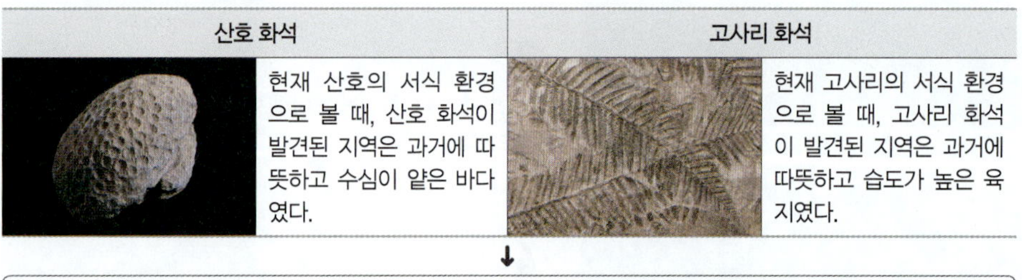

산호 화석		고사리 화석	
	현재 산호의 서식 환경으로 볼 때, 산호 화석이 발견된 지역은 과거에 따뜻하고 수심이 얕은 바다였다.		현재 고사리의 서식 환경으로 볼 때, 고사리 화석이 발견된 지역은 과거에 따뜻하고 습도가 높은 육지였다.

↓

산호나 고사리는 특정 환경에서만 서식하고 생존 기간이 길다. 이와 같은 생물의 화석은 지층이 퇴적될 당시의 환경을 알아내는 데 유용하게 활용될 수 있다.

• 지질 시대를 구분하는 데 활용되는 화석

삼엽충 화석	공룡 화석	화폐석 화석
삼엽충은 고생대에 번성하였다.	공룡은 중생대에 번성하였다.	화폐석은 신생대에 번성하였다.

↓

삼엽충이나 공룡은 특정 시기에 출현하여 일정 기간 동안 번성하다가 멸종하였다. 이와 같은 생물의 화석은 지층이 형성된 시기를 판단하고, 지질 시대를 구분하는 데 유용하게 활용된다.

이전에 배운 내용

• **화석**: 과거에 살았던 생물의 몸체나 흔적이 퇴적암에 남아 있는 것이다.

• **화석의 역할**: 과거에 살았던 생물의 생김새를 알 수 있고, 생물이 살았던 환경에 대해 알 수 있다.

❶ 선캄브리아시대

고생대의 캄브리아기부터는 단단한 껍질이나 뼈를 가진 생물종의 수가 급격하게 증가했기 때문에 다양한 생물 화석들이 발견된다. 반면 캄브리아기 이전에는 발견되는 화석이 매우 드물어 이를 캄브리아기 이전 시대로 구분하여 선캄브리아시대라고 부른다.

❷ 체화석과 생흔 화석

• **체화석**: 생물의 뼈나 껍질 같은 단단한 부분이 남아 만들어진 화석으로, 어떤 것은 작은 생물이 나무 진액에 갇힌 뒤 암석화된 호박 속에서 발견되기도 한다.

• **생흔 화석**: 생물의 활동이 지층 속에 보존된 것으로 발자국, 알, 배설물 등이 화석이 된 것이다.

❸ 고생물의 분포 면적과 생존 기간

• 산호와 고사리는 특정 환경에만 서식하므로 분포 면적은 좁고 생존 기간이 길다. → 지층 퇴적 당시의 환경을 알 수 있다.

• 삼엽충과 공룡은 특정 시기에 출현하여 번성하였으므로 분포 면적은 넓고 생존 기간이 짧다. → 지층이 형성된 시기를 알 수 있다.

2 지질 시대의 구분

(1) 선캄브리아시대　바다에서 최초의 생명체가 출현하였다.

최초의 생명체 출현	오존층이 형성되기 전 강한 자외선이 도달하지 않는 바다에서 최초로 단세포 생물이 출현하였다.
생물의 흔적과 화석	• 약 35억 년 전 광합성 생물인 남세균의 등장으로 바다와 대기 중의 산소가 많아졌다. ➜ 스트로마톨라이트가 생성되었다.❸ (다양한 생물이 출현할 수 있는 환경) • 에디아카라 생물군 화석: 선캄브리아시대 말기에 출현한 최초의 다세포 동물 화석이다. 단단한 부분이 없어 생물의 흔적만 발견
선캄브리아시대의 환경	선캄브리아시대의 생물은 개체수가 적고 단단한 껍질이나 뼈가 없어 화석이 매우 드물다. 또한 오랜 세월 동안 지각 변동을 받아 당시 환경에 대한 정보가 적다.

스트로마톨라이트
에디아카라 생물군

(2) 고생대　해양 생물이 번성하였으며, 육상 생물이 출현하였다.

폭발적 해양 생물의 증가	고생대에는 다양한 해양 무척추동물(삼엽충, 완족류*)과 어류 등이 번성하였다. (어류: 갑주어, 최초의 척추동물)
육상 생물의 출현과 양치식물 번성	• 고생대 중기에는 대기 중에 오존층이 형성되어 생물에게 유해한 자외선이 차단되었다. ➜ 바다에서 육상으로 생물이 진출하게 되었다. • 양서류, 거대 곤충, 양치식물이 크게 번성하였다. • 파충류와 겉씨식물이 출현하였다.
고생대 환경의 변화	• 대체로 온난한 기후를 유지하였다.❹ • 고생대 중기와 말기에 빙하기가 있었고, 말기에는 대륙이 하나로 합쳐져 초대륙인 판게아가 형성되었다. • 고생대 말기에 기후가 한랭해지는 등 급격한 환경 변화가 일어나 생물의 대멸종이 일어났다. (판게아의 형성으로 생물의 서식지가 축소되었고 기후가 한랭해졌기 때문이다.)

삼엽충

완족류

(3) 중생대　파충류와 겉씨식물이 번성하였으며, 지각 변동이 활발하게 일어났다.

파충류와 겉씨식물의 번성	• 고생대 말 출현한 파충류가 중생대에 크게 번성하였다.❺ • 바다에서는 암모나이트, 육지에서는 파충류(공룡), 겉씨식물(소나무, 은행나무 등)이 번성하였다. • 작은 포유류, 속씨식물이 출현하였다.
중생대 환경의 변화	• 활발한 화산 활동으로 대기 중 온실 기체가 증가하여 온실 효과가 커졌기 때문에 대체로 기후가 온난하였다. • 판게아의 분리로 대륙과 해양의 분포가 변화하여 생물의 서식지 환경이 다양해졌다. • 중생대 말기에 지구 환경의 급격한 변화로 많은 생물이 적응하지 못하여 대멸종이 일어났다.

암모나이트

공룡

(4) 신생대　포유류와 속씨식물이 번성하였고, 인류가 출현하였다.

여러 생물의 번성과 인류의 출현	• 바다에서는 화폐석, 육지에서는 포유류(매머드, 말 등), 조류, 속씨식물(참나무, 단풍나무 등)이 번성하였다. • 포유류는 급격한 기후 변화에도 생존할 수 있었기 때문에 신생대에 다양한 종으로 진화하여 번성하였다.❻ • 신생대 말기에 인류의 조상이 출현하였다.
신생대 환경의 변화	• 신생대 중기까지는 대체로 온난한 기후였고, 말기에는 빙하기와 간빙기가 여러 차례 반복되었다. • 계속된 대륙의 분리와 이동으로 점차 현재의 수륙 분포를 이루었다.

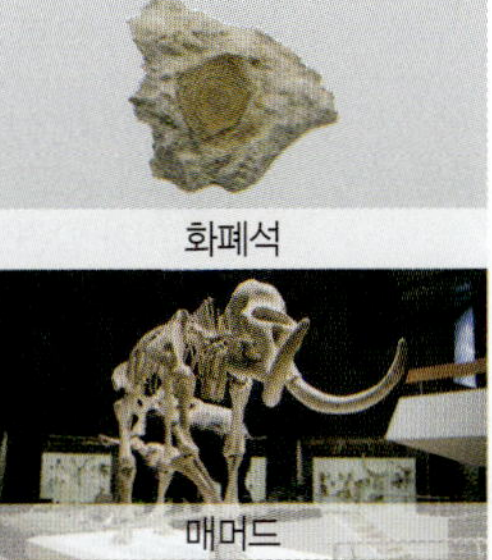
화폐석
매머드

---

❸ 스트로마톨라이트
남세균에 의해 형성된 퇴적 구조로, 물속에 떠다니던 진흙 또는 탄산 칼슘 등이 남세균 군집층 위에 달라붙어 만들어진 층상의 줄무늬이다. 약 35억 년 이전에 만들어진 것도 있어 지구의 화석 중 가장 오래된 화석이다.

❹ 지질 시대의 기후 변화 연구
과학자들은 지질 시대의 기후를 알기 위해 대표적으로 암석과 동식물 화석을 연구하지만, 그 외에도 빙하 시추물, 동굴 생성물의 단면, 꽃가루 화석, 나무의 나이테 등도 함께 연구한다.

▲ 빙하 속 공기 방울

암기 비법

식물의 진화 과정
식물의 진화 과정은 양겉속이다.
→ 고생대에는 양치식물이, 중생대에는 겉씨식물이, 신생대에는 속씨식물이 번성하였다.

❺ 중생대의 파충류
- **공룡**: 육상 파충류
- **익룡**: 날개가 달린 파충류
- **어룡**: 비교적 얕은 바다에 살았던 수중 호흡이 가능한 해양 파충류
- **수장룡**: 수중 호흡이 불가능한 해양 파충류

❻ 신생대의 포유류 번성
포유류는 두개골 용적률 증가로 보다 지능적인 행동을 할 수 있었고, 몸 표면의 털이 체온을 유지해 외부 기온 변화에 영향을 덜 받았기 때문에 신생대에 번성할 수 있었다.

용어 뜻풀이
* **완족류**(팔 腕, 발 足, 무리 類): 두 개의 패각으로 둘러싸인 해양 무척추동물이다. 오늘날에도 많은 완족류가 살고 있으며, 대표적으로는 조개사돈이 있다.

(5) 지질 시대의 수륙 분포 변화와 생물의 변화 지질 시대 동안 수륙 분포가 변화하면서 *지각 변동이 활발하게 일어나 환경이 변화하였고, 이는 생물의 분포에도 영향을 주었다.

자료 pick 수륙 분포 변화

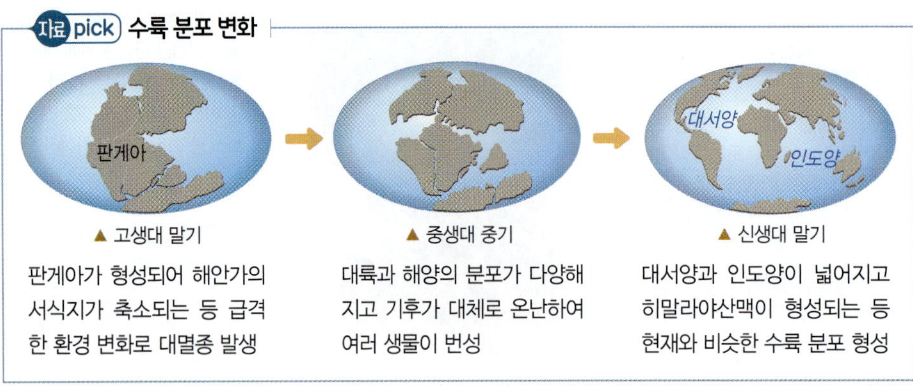

▲ 고생대 말기	▲ 중생대 중기	▲ 신생대 말기
판게아가 형성되어 해안가의 서식지가 축소되는 등 급격한 환경 변화로 대멸종 발생	대륙과 해양의 분포가 다양해지고 기후가 대체로 온난하여 여러 생물이 번성	대서양과 인도양이 넓어지고 히말라야산맥이 형성되는 등 현재와 비슷한 수륙 분포 형성

B 생물 *대멸종

생물 대멸종 중 고생대 말기와 중생대 말기의 대멸종이 잘 알려져 있다.

(1) 지질 시대의 생물 대멸종 지질 시대 동안 많은 생물이 한꺼번에 사라지는 사건을 생물 대멸종이라고 하며, 지질 시대 동안 5번 일어났다.

(2) 대멸종과 생물계의 변화

① **생물이 멸종하는 원인**: 지각 변동, 대륙 이동에 따른 수륙 분포와 해수면 변화, 기후 변화, 소행성 충돌 등으로 지구 환경이 변했을 때 생물이 적응하지 못하였기 때문이다.

해양 생물 과의 수 900 / 600 / 300 / 0
• 대멸종 시기
고생대 / 중생대 / 신생대
5.39 / 2.52 / 0.66 시간(억 년 전)

▲ 해양 생물 과의 수 변화와 5번의 대멸종 ❼

② **대멸종의 원인을 설명하는 가설**: 기온 변화설, 운석(소행성) 충돌설, 화산 폭발설, 수륙 분포 변화설, 해양 무산소설 등 여러 가지 요인들이 복합적으로 작용하여 발생한 것으로 추정한다. ❽❾❿

③ **대멸종과 생물다양성**: 대멸종에서 살아남은 생물은 멸종한 생물의 공간을 차지하여 번성하거나, 환경 변화에 적응하면서 다양한 종으로 진화하여 생물다양성을 이루게 되었다.

(3) 생물 대멸종의 원인과 그 이후의 변화를 설명하는 여러 가설의 타당성 평가하기 탐구 pick

| 과정 |

1. 고생대 말과 중생대 말에 일어난 생물 대멸종의 원인을 설명하는 가설은 각각 무엇인지 가설의 타당성을 입증할 수 있는 과학적 증거를 찾아보자.
2. 고생대 말과 중생대 말에 생물 대멸종이 일어난 이후 생물종의 수 변화를 정리해 보자.

| 결과 및 정리 |

시기	생물 대멸종의 원인을 설명하는 가설	가설의 타당성을 입증할 수 있는 과학적 증거
고생대 말	화산 폭발설	시베리아 지역에서 발견된 대규모 용암층을 통해 볼 때 고생대 말에 화산 활동이 약 100만 년에 걸쳐 일어난 것으로 추정된다.
중생대 말	운석(소행성) 충돌설	중생대와 신생대의 경계에 퇴적된 지층에서 이리듐(Ir)의 농도가 높게 나타나며, 멕시코에서 큰 운석 구덩이가 발견되었다.

생물종의 수 변화: 지구 환경의 급격한 변화로 생물 대멸종이 일어난 직후에는 생물종이 많이 감소하였지만, 환경 변화에 적응한 생물은 멸종한 생물을 대체하여 번성할 기회를 얻으므로 지질 시대를 거치면서 현재까지 생물종의 수는 대체로 증가했다.

❼ **과**
생물의 분류 체계인 '종-속-과-목-강-문-계' 중 한 단계로, 비슷한 속을 묶어 하나의 과로 분류한다.

❽ **운석 충돌설**
중생대 말기에 일어난 5차 대멸종을 설명하는 유력한 가설로, 지구에 운석이 충돌하여 급격한 환경 변화가 일어나 대규모 멸종이 발생했다고 설명한다. 이 가설에 따르면 지름 약 10 km의 운석이 지구에 충돌하여 대규모 지진과 쓰나미, 산사태가 발생하였고, 충돌열로 지각이 녹으면서 발생한 화산 가스에 의해 산성비가 내려 바다를 오염시켰다. 또한 운석 충돌로 발생한 먼지는 햇빛을 차단하여 지구의 평균 기온이 낮아져 대멸종이 발생했다고 설명한다.

❾ **화산 폭발설**
화산 폭발로 인해 생물 대멸종이 발생하였다고 설명하는 가설이다. 화산 폭발로 먼지와 유독 가스가 대기를 뒤덮어 기온이 떨어졌고, 화산 가스에 의해 산성비가 내려 토양이 산성화되었다. 또한 화산재가 땅을 덮어 식물이 잘 자라지 못하는 환경이 되었다고 설명한다.

❿ **해양 무산소설**
해양 순환 정지, 대규모 적조 발생 등이 일어나 해양에 녹아 있는 산소의 양이 급격하게 줄어드는 현상으로, 이로 인해 생물 대멸종이 발생할 수 있다는 가설이다.

지구의 지각에는 거의 없지만 소행성이나 혜성에는 상대적으로 흔한 원소 → 운석 충돌설의 증거로 볼 수 있다.

용어 뜻풀이

* **지각 변동**(땅 地, 껍질 殼, 변할 變, 움직일 動): 지각을 이동 또는 변형시키는 운동으로, 지질 시대 이후 현재까지 계속 일어나고 있다.
* **대멸종**(클 大, 멸망할 滅, 씨 種): 거의 동시대에 많은 수의 생물이 사라지게 된 사건을 대멸종이라고 한다. 대멸종은 수만 년~수백만 년에 걸쳐 일어났다.

개념 확인 초성 Quiz

1 지질 시대의 대부분을 차지하는 시기는 ㅅ ㅋ ㅂ ㄹ ㅇ ㅅ ㄷ (이)다.

2 지질 시대를 구분하는 기준은 지층에서 발견되는 ㅎ ㅅ (이)다.

3 고생대에는 대기 중에 ㅇ ㅈ ㅊ 이/가 형성되어 생물이 육상으로 진출하게 되었다.

4 ㅅ ㅅ ㄷ 에는 포유류와 속씨식물이 번성하였다.

5 지질 시대 동안 많은 생물들이 한꺼번에 사라진 사건을 ㅅ ㅁ ㄷ ㅁ ㅈ (이)라고 한다.

1 지질 시대와 화석

01 그림은 지질 시대의 상대적 길이를 나타낸 것이다.

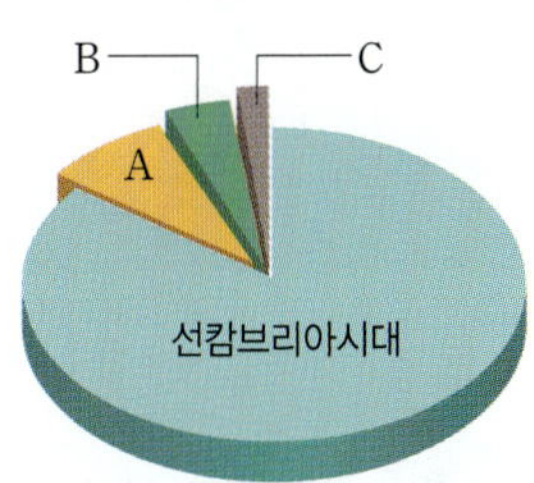

A～C에 해당하는 지질 시대를 각각 쓰시오.

02 지질 시대와 화석에 대한 설명으로 옳은 것은 ○표, 옳지 않은 것은 ×표 하시오.

(1) 생물의 단단한 부분만이 화석이 될 수 있다. ( )

(2) 공룡 화석은 지질 시대를 구분하는 데 유용하다. ( )

(3) 지질 시대 중 선캄브리아시대의 화석이 가장 많이 발견된다. ( )

(4) 산호 화석이 발견된 지역은 과거에 수온이 높고 수심이 얕은 바다였다. ( )

2 지질 시대의 구분

03 그림 (가)～(다)는 지질 시대에 살았던 생물의 화석을 나타낸 것이다.

(가) (나) (다)

화석 (가)～(다)를 오래된 것부터 순서대로 나열하시오.

04 다음은 서로 다른 지질 시대 A～C에 대한 설명이다.

- A: 대기 중 산소가 거의 없었으며, 남세균이 등장하였다.
- B: 화폐석이 크게 번성했으며, 인류의 조상이 출현하였다.
- C: 양서류와 양치식물이 번성하였고, 말기에 대륙이 합쳐져 ( )을/를 형성하였다.

(1) ( ) 안에 들어갈 알맞은 말을 쓰시오.

(2) A～C를 시간 순서대로 나열하시오.

3 생물 대멸종

05 그림은 지질 시대 동안 해양 생물 과의 수 변화를 나타낸 것이다.

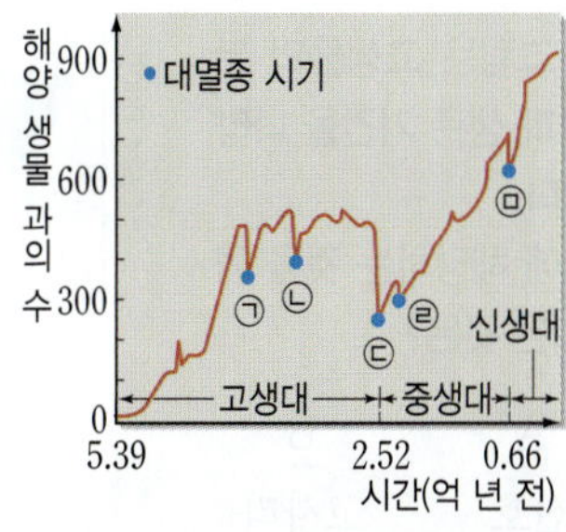

(1) ㉠～㉣ 중 가장 큰 규모의 생물 대멸종이 일어난 시기를 고르시오.

(2) ㉤ 시기에 멸종한 생물을 1가지만 쓰시오.

1 지질 시대와 화석

01 화석 연구를 통해 알아낼 수 있는 것만을 〈보기〉에서 있는 대로 고른 것은?

보기
ㄱ. 생물의 진화 과정
ㄴ. 지층이 생성된 지질 시대
ㄷ. 생물이 살았던 당시의 기후

① ㄱ ② ㄷ ③ ㄱ, ㄴ
④ ㄴ, ㄷ ⑤ ㄱ, ㄴ, ㄷ

중요
02 화석에 대한 설명으로 옳지 않은 것은?

① 선캄브리아시대에는 단단한 껍데기를 갖는 생물이 많았다.
② 지질 시대에 살았던 생물의 활동 흔적도 화석으로 남을 수 있다.
③ 화석은 생물이 살았던 당시의 환경이나 지층의 생성 시기를 알려준다.
④ 생물의 사체가 퇴적물에 빨리 매몰되어야 화석으로 보존될 가능성이 크다.
⑤ 생물이 죽은 후 원래의 성분이 치환되거나 빈 공간이 광물질로 충전되는 작용을 화석화 작용이라고 한다.

03 오른쪽 그림은 고생물의 분포 면적과 생존 기간을 나타낸 것이다.
A와 B에 해당하는 것을 옳게 짝 지은 것은?

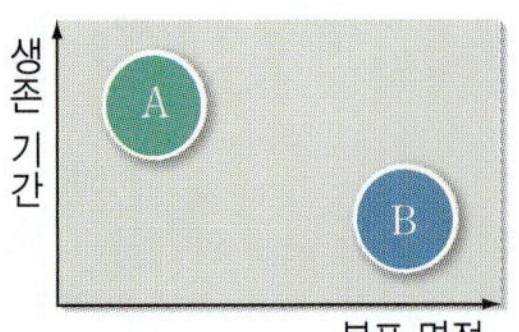

	A	B
①	산호	고사리
②	산호	삼엽충
③	삼엽충	산호
④	삼엽충	공룡
⑤	공룡	산호

04 그림은 지질 시대를 (가)~(라)로 구분하여 나타낸 것이다.

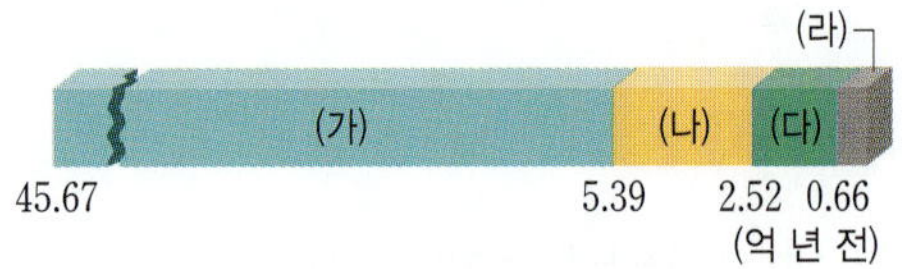

이에 대한 설명으로 옳은 것만을 〈보기〉에서 있는 대로 고른 것은?

보기
ㄱ. (가)는 선캄브리아시대이다.
ㄴ. (나) 시기에 양서류와 양치식물이 번성하였다.
ㄷ. (다) 시기는 (라) 시기보다 빙하기가 자주 나타났다.

① ㄱ ② ㄷ ③ ㄱ, ㄴ
④ ㄴ, ㄷ ⑤ ㄱ, ㄴ, ㄷ

중요
05 그림 (가)~(다)는 서로 다른 지질 시대에 형성된 화석을 나타낸 것이다.

(가)

(나)

(다)

이에 대한 설명으로 옳은 것만을 〈보기〉에서 있는 대로 고른 것은?

보기
ㄱ. (나)는 바다에서 서식했던 동물이다.
ㄴ. (다)가 번성한 시대에는 포유류가 출현하였다.
ㄷ. 화석을 포함한 지층은 (가) → (나) → (다) 순으로 형성되었다.

① ㄱ ② ㄴ ③ ㄱ, ㄷ
④ ㄴ, ㄷ ⑤ ㄱ, ㄴ, ㄷ

06 그림 (가)와 (나)는 서로 다른 고생물의 화석을 나타낸 것이다.

(가)

(나)

이에 대한 설명으로 옳은 것만을 <보기>에서 있는 대로 고른 것은?

보기
ㄱ. (가)가 퇴적될 당시 환경은 따뜻하고 얕은 바다였다.
ㄴ. (나)가 퇴적될 당시 이 지역은 한랭하고 건조한 기후였다.
ㄷ. (가)와 (나)가 산출된 지층은 중생대에 퇴적되었다.

① ㄱ ② ㄴ ③ ㄱ, ㄷ
④ ㄴ, ㄷ ⑤ ㄱ, ㄴ, ㄷ

2 지질 시대의 구분

07 그림 (가)~(다)는 지질 시대의 환경과 생물의 모습을 순서 없이 나타낸 것이다.

(가)

(나)

(다)

이에 대한 설명으로 옳은 것만을 <보기>에서 있는 대로 고른 것은?

보기
ㄱ. 오래된 시대부터 나열하면 (가) → (나) → (다)이다.
ㄴ. (나) 시대에는 육상 생물이 출현하였다.
ㄷ. (다) 시대에는 속씨식물이 번성하였다.

① ㄱ ② ㄷ ③ ㄱ, ㄴ
④ ㄴ, ㄷ ⑤ ㄱ, ㄴ, ㄷ

08 지질 시대의 기후에 대한 설명으로 옳은 것은?

① 선캄브리아시대에는 빙하기와 간빙기가 자주 반복되었다.
② 고생대 말기에는 전기보다 기온이 크게 상승하였다.
③ 중생대는 지질 시대 중 평균 기온이 가장 온난하였다.
④ 신생대 전기에는 4차례의 빙하기가 있었다.
⑤ 신생대에는 전기보다 말기에 대체로 기온이 높았다.

중요

09 다음은 어느 지질 시대에 대한 설명이다.

이 시대에는 바다에서는 암모나이트, 육지에서는 (㉠)이/가 번성하였다. ㉡활발한 화산 활동으로 대체로 기후가 온난하였고, 생물 대멸종이 일어나기까지 다양한 생물이 번성하였다.

이 지질 시대에 대한 설명으로 옳은 것만을 <보기>에서 있는 대로 고른 것은?

보기
ㄱ. 중생대에 대한 설명이다.
ㄴ. '매머드'는 ㉠으로 적절하다.
ㄷ. ㉡에 의해 대기 중 온실 기체의 농도가 증가하였다.

① ㄱ ② ㄴ ③ ㄱ, ㄷ
④ ㄴ, ㄷ ⑤ ㄱ, ㄴ, ㄷ

10 다음은 지질 시대의 환경과 생물에 대한 학생 A ~ C의 대화이다.

제시한 내용이 옳은 학생만을 있는 대로 고른 것은?

① A ② C ③ A, B
④ B, C ⑤ A, B, C

11 선캄브리아시대에 대한 설명으로 옳은 것만을 〈보기〉에서 있는 대로 고른 것은?

보기
ㄱ. 육상 생물 화석이 발견된다.
ㄴ. 최초의 다세포 생물이 출현하였다.
ㄷ. 남세균의 등장으로 대기 중 산소 농도가 증가했다.

① ㄱ ② ㄷ ③ ㄱ, ㄴ
④ ㄱ, ㄷ ⑤ ㄴ, ㄷ

B 생물 대멸종

12 생물 대멸종에 대한 설명으로 옳은 것만을 〈보기〉에서 있는 대로 고른 것은?

보기
ㄱ. 지질 시대 동안 대멸종은 5번 발생하였다.
ㄴ. 대멸종에서 살아남은 생물은 새로운 환경에 적응하며 다양한 종으로 진화하였다.
ㄷ. 대멸종은 기온 변화, 화산 폭발, 운석 충돌 등 다양한 원인의 복합적인 작용으로 발생한다.

① ㄱ ② ㄷ ③ ㄱ, ㄴ
④ ㄴ, ㄷ ⑤ ㄱ, ㄴ, ㄷ

중요

13 오른쪽 그림은 고생대 이후 해양 생물 과의 수 변화와 대멸종이 일어난 시기 ㉠~㉤을 나타낸 것이다.
이에 대한 설명으로 옳은 것만을 〈보기〉에서 있는 대로 고른 것은?

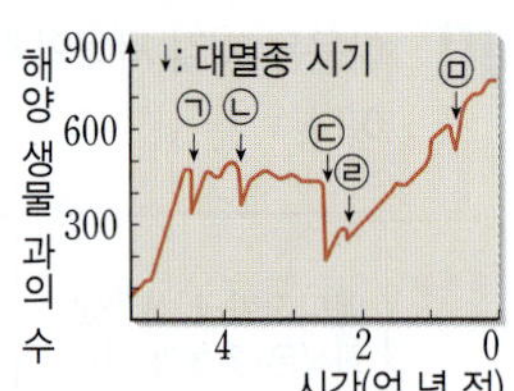

보기
ㄱ. 대멸종 시기 중 해양 생물 과의 수 변화가 가장 큰 시기는 ㉣이다.
ㄴ. 삼엽충은 ㉠ 시기에 멸종하였다.
ㄷ. 판게아는 ㉢ 시기에 형성되었다.

① ㄱ ② ㄷ ③ ㄱ, ㄴ
④ ㄴ, ㄷ ⑤ ㄱ, ㄴ, ㄷ

14 그림은 지질 시대의 수륙 분포를 순서대로 나타낸 것이다.

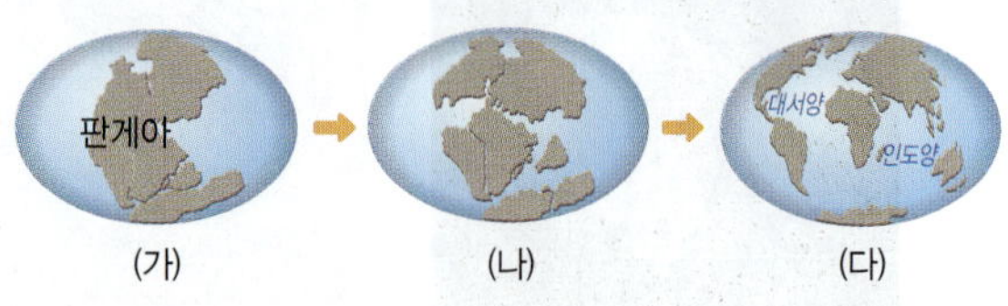

이에 대한 설명으로 옳은 것만을 〈보기〉에서 있는 대로 고른 것은?

보기
ㄱ. (가) 시기에 암모나이트가 멸종하였다.
ㄴ. (가)에서 (나)로 변하면서 생물종의 수가 크게 증가하였다.
ㄷ. (다) 시기에는 현재와 비슷한 수륙 분포가 형성되었다.

① ㄱ ② ㄷ ③ ㄱ, ㄴ
④ ㄴ, ㄷ ⑤ ㄱ, ㄴ, ㄷ

15 그림은 지질 시대의 지구 평균 기온 변화를 나타낸 것이다.

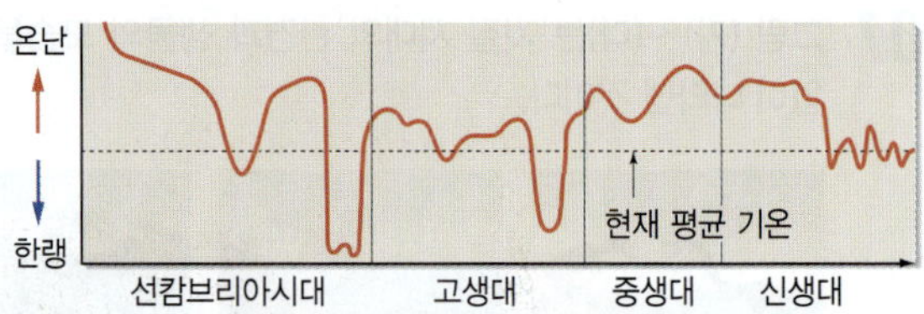

이에 대한 설명으로 옳은 것만을 〈보기〉에서 있는 대로 고른 것은?

보기
ㄱ. 생물 대멸종은 빙하기가 있을 때만 일어났다.
ㄴ. 기온의 변동 폭이 가장 작았던 지질 시대는 중생대이다.
ㄷ. 대륙 빙하의 면적은 신생대 전기보다 말기에 더 넓었을 것이다.

① ㄱ ② ㄷ ③ ㄱ, ㄴ
④ ㄴ, ㄷ ⑤ ㄱ, ㄴ, ㄷ

단답형·서술형 문제

16 다음은 지질 시대의 환경과 생물에 대한 설명을 순서 없이 나타낸 것이다.

> (가) 양치식물이 번성하였다.
> (나) 포유류가 다양한 종으로 진화하여 번성하였다.
> (다) 기후가 대체로 온난하였고, 공룡이 번성하였다.
> (라) 화석이 드물게 산출되어 당시 환경을 추정하기 어렵다.

(가)~(라)를 먼저 일어난 순서대로 나열하시오.

17 선캄브리아시대의 지층에서 화석이 거의 발견되지 않는 까닭을 설명하시오.

18 최초의 육상 생물이 고생대 중기에 출현할 수 있었던 까닭을 다음 용어를 모두 포함하여 설명하시오.

> 남세균, 자외선, 오존층, 대기 중 산소 농도

19 그림 (가)는 현생 산호가 서식하는 위도별 분포를, (나)는 고생대 지층에서 발견된 산호 화석의 위도별 분포를 나타낸 것이다.

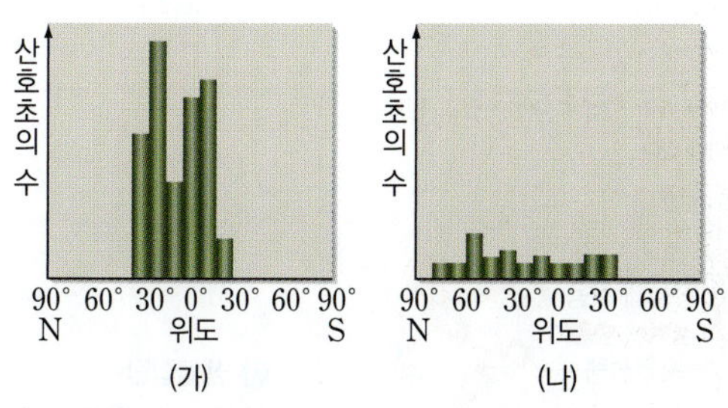

(가)와 (나)에 나타나는 현생 산호와 산호 화석의 위도별 분포를 비교하여 알 수 있는 내용을 설명하시오.

20 그림은 어느 지역의 지층을 탐사하던 중 서로 다른 층에서 발견된 화석이다.

암모나이트 화석

고사리 화석

이 화석들로부터 각각 알 수 있는 사실을 설명하시오.

중요

21 표는 지층 A~F에서 발견된 여러 가지 화석 a~e를 나타낸 것이다.

지층 \ 화석	a	b	c	d	e
F			●	●	●
E			●	●	●
D			●		●
C	●	●	●		
B	●	●	●		
A	●	●	●		

지층 A~F를 몇 개의 지질 시대로 구분할 수 있는지 판단하고, 그 까닭을 설명하시오.

22 운석 충돌설은 중생대 말 공룡 멸종의 원인 중 하나로 제시되고 있다. 운석 충돌이 지구 환경에 어떤 변화를 일으켰을지 1가지만 설명하시오.

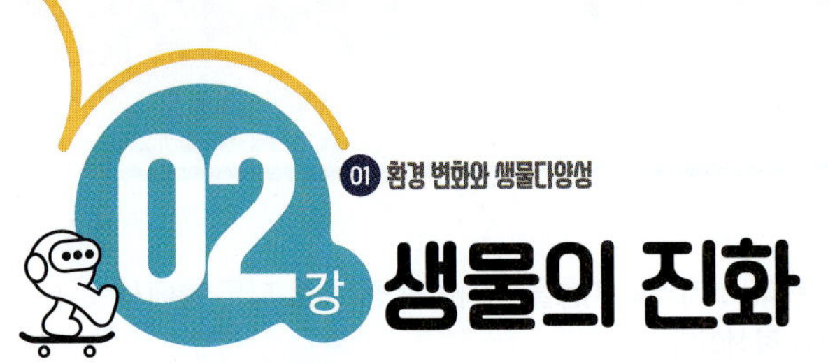

01 환경 변화와 생물다양성

02강 생물의 진화

핵심 KEY word
변이 | 돌연변이 | 유성생식 | 자연선택 | 진화

1 변이의 발생

(1)* **변이** 같은 생물종의 개체 사이에 나타나는 형질❶의 차이이다.

① 같은 생물종이라도 개체마다 가지고 있는 유전정보가 조금씩 다르다. ➜ 개체마다 가지고 있는 유전자에 차이가 있어 만들어지는 단백질의 종류나 양이 달라지므로 서로 다른 형질이 나타나 변이가 발생한다. 유전자에 의해 만들어진 단백질의 작용으로 형질이 나타난다.

② **변이의 예:** 사랑앵무의 털색, 무당벌레의 날개 무늬와 색깔, 사람의 피부색 등

③ 변이는 주로 개체가 가진 유전자의 차이로 인해 나타난다. ➜ 유전자는 자손에게 전달되므로 변이도 자손에게 전달된다.❷

▲ 사랑앵무의 털색 변이

(2) **변이의 발생** 변이는 돌연변이와 유성생식에 의해 발생한다.

돌연변이	• DNA에 변화가 생겨 유전자의 염기서열이 변해 유전정보가 달라지는 현상이다. • 새로운 유전정보가 저장된 돌연변이 유전자가 만들어져 자손에게 전달되면 자손이 새로운 형질을 가져 변이가 발생한다. 예 돌연변이에 의해 달맞이꽃보다 키와 꽃이 큰 큰달맞이꽃이 나타났다.
유성생식	• 암수 생식세포의 수정에 의해 자손이 태어나는 생식 방법이다. • 생식세포마다 가지고 있는 유전자에 차이가 있으므로 서로 다른 유전자 조합을 가진 자손이 태어난다. ➜ 부모와 자손 사이, 자손과 자손 사이에 형질이 서로 달라 변이가 발생한다. 예 유성생식에 의해 털색이 부모와 조금씩 다른 강아지가 태어난다.

▲ 돌연변이로 나타난 키와 꽃이 큰 큰달맞이꽃

▲ 유성생식으로 태어난 털색이 다른 자손

2 자연선택과 변이

(1) **자연선택** 자연적으로 일어나는 형질의 선택이라는 뜻이다.

① 다양한 변이가 있는 생물집단❸의 개체들 중 생존과 번식에 유리한 형질을 가진 개체가 살아남아 자손을 더 많이 남기는 과정이다.

② 자연선택은 생물집단이 변화하는 환경에 적응하게 한다.

예 항생제 내성이 없는 세균의 수가 항생제 내성이 있는 세균의 수보다 많은 세균 집단이 항생제에 노출되는 환경 변화를 겪으면 항생제 내성이 있는 세균이 생존에 유리해 더 많은 자손을 남기는 자연선택이 일어나므로 항생제 내성이 있는 세균의 비율이 증가해 세균 집단은 항생제가 있는 환경에 적응한다.

이 세균 집단은 개체에 따라 항생제 내성이 있고, 없고의 차이가 있으므로 변이가 있다.

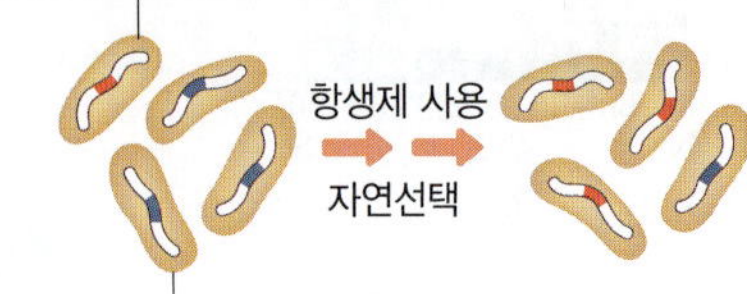

▲ 자연선택에 의한 세균 집단의 적응

이전에 배운 내용

• **변이:** 같은 종류의 생물 사이에서 나타나는 서로 다른 특징이다.
• **종:** 자연 상태에서 짝짓기를 하여 번식 능력이 있는 자손을 낳을 수 있는 생물 무리이다.
• **다양한 생물의 출현:** 변이와 환경에 적응하는 과정을 통해 생물의 종이 다양해진다.

❶ **형질**
사람의 피부색, 머리카락 모양, 혈액형 등 개체에서 나타나는 각각의 특징이다. 부모로부터 물려받는 유전자에 의해 결정되는 형질을 유전형질로 구분하기도 한다.

❷ **유전적 변이와 비유전적 변이**
일반적으로 말하는 변이는 유전자의 차이로 나타나는 유전적 변이이다. 비유전적 변이는 환경의 영향으로 나타나는 변이로, 자손에게 유전되지 않는다.

❸ **생물집단**
한 종의 개체들로 이루어진 생물집단을 개체군이라고 한다. 변이가 있는 개체군에서는 자연선택이 일어난다.

(2) 자연선택과 변이의 관계

① 모든 개체가 동일한 형질을 가진다면 생존과 번식에 유리한 개체가 따로 없으므로 변이가 없는 생물집단에서는 자연선택이 일어날 수 없다.

② 일반적으로 한 생물집단의 개체들이 가진 유전정보는 서로 다르다. ➜ 대부분의 생물집단에서는 변이가 있으며 자연선택이 일어나 환경에 적응한다.

자료 pick 변이와 자연선택

- 산불이 일어나기 전 딱정벌레 집단에 몸 색깔이 서로 다른 개체들이 있었다. ➜ 몸 색깔에 변이가 있다.
- 산불이 일어나 토양이 검게 변했다. 토양의 색깔과 비슷하게 몸 색깔이 어두운 개체가 새의 눈에 덜 띄어 생존과 번식에 유리했다. 반대로 몸 색깔이 밝은 개체는 새에게 많이 잡아먹혀 생존과 번식에 불리했다. ➜ 딱정벌레 집단에서 자연선택이 일어났다.
- 딱정벌레 집단은 토양이 검게 변한 환경에서 자연선택이 일어나 몸 색깔이 어두운 개체의 비율이 높아지면서 환경에 적응④했다. 어두운 몸 색깔이 자연선택된 유리한 형질이다.

암기 비법

변이와 자연선택
변이는 달달, 자연선택은 유리증가이다.
→ 유전자가 달라지면 형질도 달라진다. 생존에 유리하면 개체수(비율)가 증가한다.

④ 자연선택에 의한 환경 적응의 사례: 사사패모
고지대에 서식하는 식물인 사사패모 집단에는 색깔에 변이가 있다. 사람의 접근이 어려운 곳에서는 초록색 개체의 비율이 높지만, 접근이 쉬운 곳에서는 회색이나 갈색 개체의 비율이 높다. ➜ 사람의 접근이 쉬운 곳은 주변 돌과 비슷한 색을 띠는 개체가 눈에 덜 띄어 자연선택되었기 때문이다.

(3) 자연선택 과정에 대한 모의실험하기 탐구 pick

| 과정 및 결과 |

1. 노란색 도화지 위에 빨간색, 초록색, 파란색 초콜릿을 각각 10개씩 늘어놓는다. ➜ 초콜릿 색깔이 여러 종류인 것은 몸 색깔과 같은 형질이 다양한 변이를 의미한다.
2. 모둠원은 각자 눈을 감았다가 뜨자마자 제일 먼저 눈에 띄는 초콜릿을 5개씩 손으로 집어낸다. ➜ 손으로 초콜릿을 집어내는 과정은 포식자에 의해 피식자(먹이)가 제거되는 상황을 비유한 것이다.
3. 도화지 위에 남아 있는 초콜릿의 개수를 센 후, 같은 색 초콜릿을 남은 수만큼 추가해 늘어놓는다. ➜ 같은 색 초콜릿을 추가하는 과정은 살아남은 개체가 번식하여 자손을 낳는 상황을 비유한 것이다.
4. 과정 및 결과 2~3을 1회 반복한 후, 초록색 초콜릿 3개를 노란색 초콜릿 3개로 바꾼다. ➜ 초록색 초콜릿을 노란색 초콜릿으로 바꾸는 과정은 돌연변이에 의해 새로운 형질이 나타나는 상황을 비유한 것이다.
5. 과정 및 결과 2~3을 3회 반복한다.

예 모의실험 결과

구분		남아 있는 개수 (같은 색 초콜릿을 추가한 후)				
		1회	2회	3회	4회	5회
색깔	빨간색	12	14	10	8	6
	노란색	╳	╳	6	10	14
	초록색	8	8	6	4	4
	파란색	10	8	8	8	6

이 모의실험에서는 노란색 초콜릿이 자연선택된 유리한 형질이다.

구분		비율	
		실시 전	실시 후
색깔	빨간색	$\frac{1}{3}$	$\frac{1}{5}$
	노란색	0	$\frac{7}{15}$
	초록색	$\frac{1}{3}$	$\frac{2}{15}$
	파란색	$\frac{1}{3}$	$\frac{1}{5}$

| 정리 |

- 모의실험 1회 실시 전과 5회 실시 후에 도화지에 남아 있는 노란색 초콜릿의 비율은 증가했고, 나머지 색 초콜릿의 비율은 모두 감소했다. ➜ 노란색 초콜릿이 도화지의 색깔과 비슷해 눈에 잘 띄지 않아 가장 적게 제거되었기 때문이다.
- 모의실험을 통해 돌연변이에 의해 나타난 형질(노란색 초콜릿)이 생존과 번식에 유리해 자연선택되면 집단 내에서 비율이 증가함을 확인할 수 있다.

또 다른 탐구

과정
① 갈색 이쑤시개 20개와 녹색 이쑤시개 20개를 황갈색 종이 위에 잘 섞어 놓는다.
② 보안경을 쓰고 핀셋으로 이쑤시개 20개를 제거한다.
③ 남은 이쑤시개의 수만큼 같은 종류의 이쑤시개를 추가한다.
④ 과정 ②~③을 3회 반복한다.

결과 및 정리
- 모의실험 결과 갈색 이쑤시개의 비율은 처음보다 증가했고, 녹색 이쑤시개의 비율은 처음보다 감소했다. ➜ 종이와 색깔이 비슷한 갈색 이쑤시개가 눈에 덜 띄어 적게 제거되었기 때문이다.
- 이 모의실험에서는 갈색 이쑤시개가 녹색 이쑤시개보다 생존과 번식에 유리해 자연선택되는 형질이다.

용어 뜻풀이
* 변이(변할 變, 다를 異): 유전적으로 변해서 형질이 달라진다는 의미이다.

3 진화와 다양한 생물의 출현

(1) 진화 생물집단에서 오랜 세월 동안 여러 세대를 거치면서 생물의 특성이 변화하여 원래의 종과는 다른 새로운 종이 생겨나는 과정이다.

① **자연선택설:** 다윈[5]은 변이가 있는 생물집단에서 여러 세대 동안 자연선택이 일어나면서 진화가 일어난다는 자연선택설을 주장했다. ➜ 생물집단이 환경에 적응하는 과정에서 진화가 일어난다.

② **자연선택설에 따른 생물집단의 진화 원리**

변이[6]	생물집단에는 개체 사이의 유전자 차이에 의한 변이가 나타난다.

↓

생존경쟁	주어진 환경에 유리한 형질을 가져 가장 잘 적응한 개체가 경쟁에서 살아남는다.

↓

자연선택	살아남은 개체는 다른 개체보다 더 많은 자손을 남겨 자신의 유전자를 더 많은 자손에게 물려준다. 자연선택 결과 더 많은 개체가 유리한 형질을 가지게 된다.

↓

진화	자연선택이 오랜 세월에 걸쳐 반복되면 환경에 적합한 형질을 가진 개체가 대부분을 차지하게 된다. 그 결과 생물종의 형질이 조상과는 다르게 변화하여 새로운 종이 출현할 수 있다.

자료 pick 자연선택설에 따른 핀치의 진화

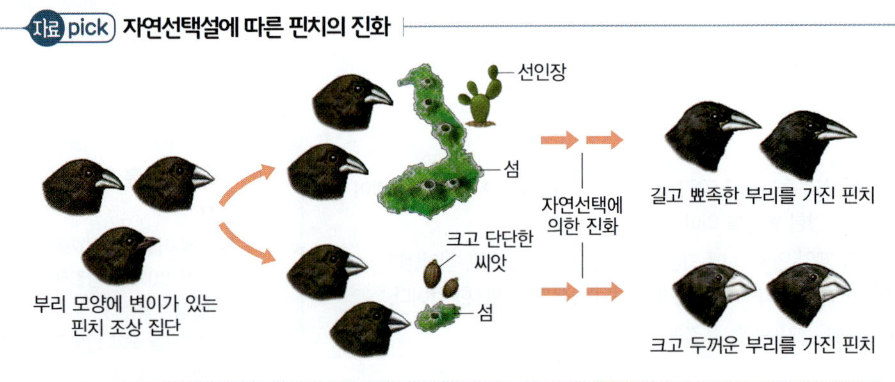

- 갈라파고스 제도[7]에 부리 모양에 다양한 변이가 있는 핀치 조상 집단이 서식했다.
- 각 섬마다 환경이 달라 핀치 조상 개체들이 먹을 수 있는 먹이의 종류가 달랐다.
- 부리의 모양에 따라 특정 먹이를 잘 먹을 수 있는 정도에 차이가 났다.

↓

각 섬마다 먹이 환경에 적응하며 부리 모양에 대한 자연선택이 일어났다. ➜ 각 섬의 핀치 집단은 서로 다른 부리 모양을 갖는 방향으로 진화[8]했다.

선인장이 많은 섬	선인장을 먹기에 유리한 길고 뾰족한 부리를 가진 개체가 자연선택되었다. ➜ 길고 뾰족한 부리를 가진 핀치로 진화했다.
크고 단단한 씨앗이 많은 섬	크고 단단한 씨앗을 먹기에 유리한 크고 두꺼운 부리를 가진 개체가 자연선택되었다. ➜ 크고 두꺼운 부리를 가진 핀치로 진화했다.

↓

오늘날 갈라파고스 제도에 부리의 모양이 다른 여러 종의 핀치가 살게 되었다.

(2) 다양한 생물의 출현[9] 지구가 탄생한 이후 오랜 시간 동안 지구의 환경은 계속 변화해 왔고, 변화하는 환경 조건에 따라 다양한 변이를 가진 생물집단에서 서로 다른 변이가 자연선택되었다. 오랜 시간 자연선택이 일어나 생물집단이 환경에 적응하며 진화한 결과 다양한 생물종이 출현하게 되었다. 생물의 진화 결과 오늘날의 생물다양성이 나타나게 되었다.

---

[5] **다윈(Darwin, C. R., 1809~1882)**
영국의 과학자이며, 1859년에 『종의 기원』이라는 책을 통해 자연선택에 의한 생물의 진화를 제시했다.

[6] **변이의 의의**
변이가 있는 생물집단에서는 개체들 사이에 몸의 형태나 기능 등이 비슷하지만 똑같지는 않다. 환경에 적합한 변이가 자연선택되어 조상과는 형질의 차이가 점점 커지면서 진화가 일어난다. 따라서 변이는 자연선택에 의한 진화를 일으키는 원동력이다.

[7] **갈라파고스 제도**
남아메리카 서쪽의 태평양에 있으며, 여러 섬들이 모여 있다. 현재 이곳에 14~15종의 핀치가 살고 있는 것으로 여겨진다.

[8] **자연선택에 의한 진화의 사례**
기린 조상 집단은 목 길이에 다양한 변이가 있었다. 목이 긴 개체는 높은 곳의 잎을 먹기 유리하여 목이 짧은 개체보다 많이 살아남았으며, 더 많은 자손을 낳아 자신의 유전자를 전달하는 자연선택이 일어났다. 오랜 시간 자연선택이 반복된 결과 목이 긴 기린으로 진화했다.

[9] **자연선택에 의한 새로운 생물종의 출현 사례: 그랜드캐니언의 다람쥐**
*협곡이 생기면서 다람쥐 조상 집단이 두 무리로 나뉘었다. 여러 세대 동안 자연선택이 일어나 진화한 결과 남쪽에서는 흰꼬리영양다람쥐가 출현했고, 북쪽에서는 해리스영양다람쥐가 출현했다.

용어 뜻풀이
* **협곡**(골짜기 峽, 골 谷): 침식으로 인해 깊게 파인 지형이다.

기본 탄탄 문제

개념 확인 초성 Quiz

1 같은 생물종의 개체 사이에 나타나는 형질의 차이를 ㅂ ㅇ (이)라고 한다.

2 DNA에 변화가 생겨 유전자의 염기서열이 변해 유전정보가 달라지는 현상을 ㄷ ㅇ ㅂ ㅇ (이)라고 한다.

3 ㅈ ㅇ ㅅ ㅌ 이/가 일어나면 생존과 번식에 유리한 형질을 가진 개체가 살아남아 자손을 더 많이 남긴다.

4 생물집단에서 여러 세대를 거치면서 생물의 특성이 변화하여 원래의 종과는 다른 새로운 종이 생겨나는 과정을 ㅈ ㅎ (이)라고 한다.

5 자연선택이 일어나면 생물집단에서 ㅎ ㄱ 에 적합한 형질을 가진 개체의 비율이 증가한다.

1 변이의 발생

01 변이에 대한 설명으로 옳은 것은 ○표, 옳지 않은 것은 ×표 하시오.

(1) 변이는 서로 다른 생물종에서 나타나는 형질의 차이이다. ( )

(2) 개체마다 가지고 있는 유전자의 차이에 의해 변이가 나타난다. ( )

(3) 사람의 피부색은 변이의 예에 해당한다. ( )

02 변이의 발생 요인에 대한 설명 중 돌연변이에 대한 것은 '돌', 유성생식에 대한 것은 '유'라고 쓰시오.

(1) DNA의 유전정보에 변화가 생긴다. ( )

(2) 부모의 유전자가 다양하게 조합되어 자손에게 전달된다. ( )

(3) 새로운 유전정보가 저장된 유전자가 만들어져 자손에게 전달된다. ( )

2 자연선택과 변이

03 그림은 자연선택에 의한 세균 집단의 적응 과정을 나타낸 것이다.

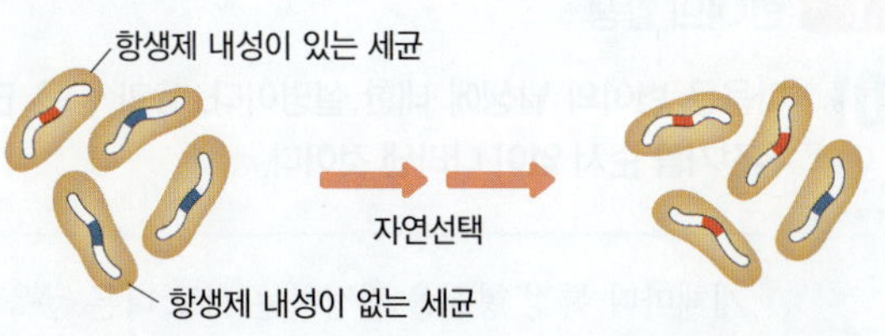

항생제 내성이 있는 세균과 없는 세균 중에서 생존에 유리해 자연선택된 세균은 어느 것인지 쓰시오.

04 그림은 딱정벌레 집단의 자연선택 과정을 나타낸 것이다.

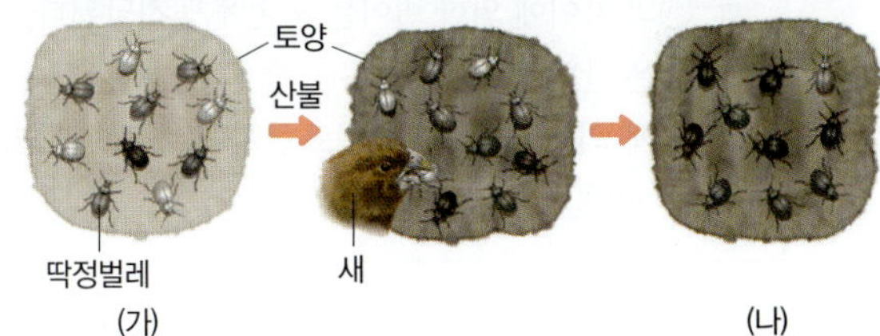

이에 대한 설명으로 옳은 것은 ○표, 옳지 않은 것은 ×표 하시오.

(1) (가)의 딱정벌레 집단에서는 몸 색깔에 변이가 있었다. ( )

(2) 몸 색깔이 어두운 개체의 비율은 (나)에서가 (가)에서보다 낮다. ( )

3 진화와 다양한 생물의 출현

05 다음은 생물집단의 진화에 대한 설명이다.

> • 자연선택에 의해 살아남은 개체는 자신의 ( ) 을/를 더 많은 자손에게 물려줌으로써 생물집단의 특성이 변화하여 진화가 일어난다.
> • 갈라파고스 제도에 서식하는 핀치 집단에서 진화가 일어나 섬 (가)에서는 크고 두꺼운 부리를 가진 핀치가 출현했다.

(1) ( ) 안에 들어갈 알맞은 말을 쓰시오.

(2) 섬 (가)에서 핀치의 주된 먹이는 선인장과 크고 단단한 씨앗 중에서 어느 것인지 쓰시오.

1 변이의 발생

01 다음은 변이의 발생에 대한 설명이다. ㉠과 ㉡은 단백질과 유전자를 순서 없이 나타낸 것이다.

> 개체마다 특정 형질을 결정하는 서로 다른 ㉠을 가지면 ⓐ 만들어지는 ㉡의 종류나 양이 달라지므로 변이가 발생한다.

이에 대한 설명으로 옳은 것만을 <보기>에서 있는 대로 고른 것은?

보기
ㄱ. ㉠의 차이에 의한 변이는 자손에게 전달된다.
ㄴ. ㉡은 단백질이다.
ㄷ. ⓐ에 의해 개체 사이에 표현형이 다르게 나타날 수 있다.

① ㄱ ② ㄴ ③ ㄱ, ㄷ
④ ㄴ, ㄷ ⑤ ㄱ, ㄴ, ㄷ

중요

02 다음은 변이의 발생 요인 (가)와 (나)에 대한 설명이다. (가)와 (나)는 각각 돌연변이와 유성생식 중 하나이다.

> (가) 암수 생식세포의 수정에 의해 자손이 태어나는 생식 방법이다.
> (나) ㉠의 염기서열이 변해 유전정보가 달라지는 현상이다.

이에 대한 설명으로 옳지 않은 것은?

① (가)는 유성생식이다.
② 유전자는 ㉠에 해당한다.
③ DNA에 변화가 생기면 (나)가 일어난다.
④ (가)에 의해 자손의 유전자 조합이 부모와 같아져 변이가 발생한다.
⑤ (나)에 의해 새로운 유전정보가 저장된 유전자가 만들어져 변이가 발생한다.

03 그림은 같은 생물종에서 관찰되는 어떤 현상 (가)~(다)를 나타낸 것이다.

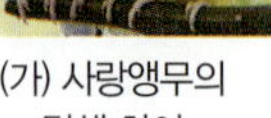
(가) 사랑앵무의 털색 차이

(나) 무당벌레의 날개 무늬 차이

(다) 사람의 피부색 차이

(가)~(다)의 공통점에 대한 설명으로 옳은 것만을 <보기>에서 있는 대로 고른 것은?

보기
ㄱ. 변이의 예이다.
ㄴ. 자손에게 전달되지 않는다.
ㄷ. 특정 형질에 대한 유전자의 차이로 나타난다.

① ㄱ ② ㄴ ③ ㄱ, ㄷ
④ ㄴ, ㄷ ⑤ ㄱ, ㄴ, ㄷ

2 자연선택과 변이

04 다음은 자연선택과 변이에 대한 학생 A~C의 대화이다.

자연선택에 의해 생존에 유리한 형질을 가진 개체가 살아남아 자손을 남겨.

자연선택은 변이가 없는 생물집단에서 일어나지.

자연선택되는 형질은 자손에게 전달되지 않아.

제시한 내용이 옳은 학생만을 있는 대로 고른 것은?

① A ② C ③ A, B
④ A, C ⑤ B, C

중요

05 다음은 자연선택이 일어나 세균 집단 X가 환경에 적응하는 과정을 나타낸 것이다.

> (가) 처음에 X에는 ㉠항생제 내성이 없는 세균의 수가 ㉡항생제 내성이 있는 세균의 수보다 많았다.
> (나) 항생제에 지속적으로 노출되는 환경에서 ⓐ가 자연선택되어 더 많은 자손을 남겼다. ⓐ는 ㉠과 ㉡ 중 하나이다.
> (다) 자연선택에 의해 X에서 ⓐ의 비율이 변화하면서 X는 항생제에 노출되는 환경에 적응한다.

이에 대한 설명으로 옳지 않은 것은?

① ⓐ는 ㉡이다.
② ㉠과 ㉡은 서로 다른 유전자를 가진다.
③ (다)의 X에서 ⓐ의 비율은 감소한다.
④ (가)에서 X에 ㉠과 ㉡이 모두 있는 것은 변이의 예이다.
⑤ 항생제에 노출되는 환경에서는 항생제 내성이 있는 형질이 환경에 더 적합하다.

중요

07 그림은 어떤 세균 집단에서 항생제 사용에 따른 자연선택 과정에서 A와 B의 개체수 비율 변화를 나타낸 것이다. A와 B는 각각 항생제 내성이 있는 세균과 항생제 내성이 없는 세균 중 하나이다.

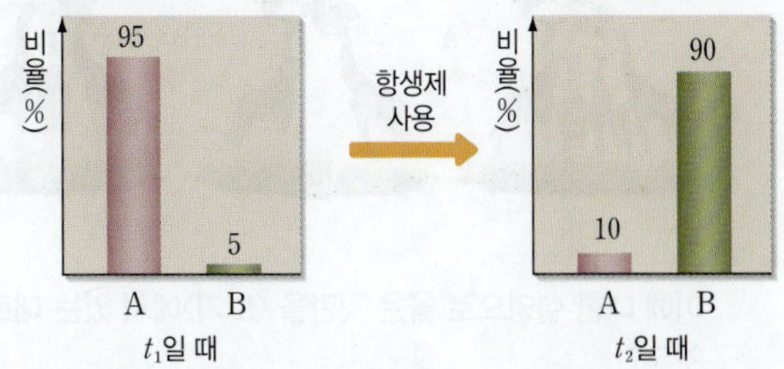

이에 대한 설명으로 옳은 것만을 <보기>에서 있는 대로 고른 것은? (단, 이 집단은 외부와의 개체 출입이 없다.)

> 보기
> ㄱ. A는 항생제 내성이 있는 세균이다.
> ㄴ. A와 B가 가지고 있는 유전정보에는 차이가 있다.
> ㄷ. t_2일 때가 t_1일 때보다 집단 내 항생제 내성이 없는 세균의 비율이 높다.

① ㄱ ② ㄴ ③ ㄱ, ㄴ
④ ㄱ, ㄷ ⑤ ㄴ, ㄷ

중요

06 그림은 어떤 딱정벌레 집단의 자연선택 과정을 나타낸 것이다.

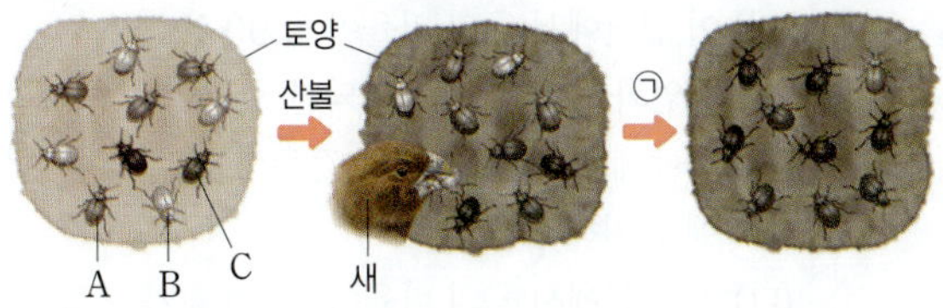

이에 대한 설명으로 옳은 것만을 <보기>에서 있는 대로 고른 것은?

> 보기
> ㄱ. 딱정벌레 A~C는 몸 색깔 유전자가 서로 다르다.
> ㄴ. 산불로 인해 B의 몸 색깔 형질이 C의 몸 색깔 형질보다 생존에 유리했다.
> ㄷ. ㉠ 과정에서 딱정벌레 집단 내 어두운 몸 색깔이 되게 하는 유전자의 비율이 감소했다.

① ㄱ ② ㄴ ③ ㄱ, ㄴ
④ ㄱ, ㄷ ⑤ ㄴ, ㄷ

B 진화와 다양한 생물의 출현

08 표는 생물집단에서 일어난 현상 (가)~(다)를 나타낸 것이다.

구분	현상
(가)	유전자의 차이로 형질이 다양한 개체들이 살고 있었다.
(나)	환경에 적합한 형질의 유전자가 더 많은 자손에게 전달되었다.
(다)	생물집단의 특성이 조상과는 다르게 변화하여 새로운 생물종이 출현했다.

(가)~(다)를 옳게 짝 지은 것은?

	(가)	(나)	(다)
①	변이	진화	자연선택
②	변이	자연선택	진화
③	변이	생존경쟁	자연선택
④	자연선택	변이	진화
⑤	자연선택	생존경쟁	진화

중요

09 그림은 다윈의 자연선택설에 따른 기린의 진화 과정을 나타낸 것이다.

(가)

이에 대한 설명으로 옳은 것만을 <보기>에서 있는 대로 고른 것은?

보기

ㄱ. (가)에서 기린 집단의 목 길이에 대한 변이가 있었다.
ㄴ. A 과정에서 환경에 유리한 형질을 가진 개체가 더 많이 살아남았다.
ㄷ. B 과정에서 목이 긴 형질에 대한 유전자가 자손에게 전달되면서 진화가 일어났다.

① ㄱ ② ㄴ ③ ㄱ, ㄷ
④ ㄴ, ㄷ ⑤ ㄱ, ㄴ, ㄷ

10 그림은 어떤 세균 집단에서 일어난 항생제 내성 세균의 진화 과정을 나타낸 것이다.

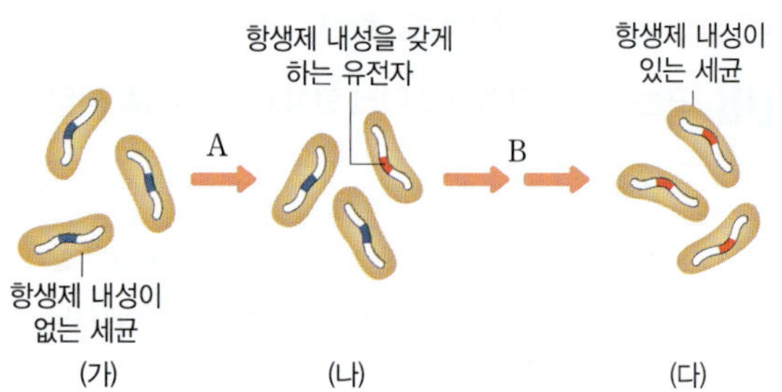

이에 대한 설명으로 옳지 않은 것은? (단, 이 집단은 외부와의 개체 출입이 없다.)

① A 과정에서 돌연변이가 일어났다.
② B 과정에서 자연선택이 일어났다.
③ B 과정에서 항생제 저항성 유전자가 자손에게 전달되었다.
④ (나)와 (다)에는 모두 항생제 내성 형질에 대한 변이가 있다.
⑤ 항생제 내성의 유무는 개체의 생존에 영향을 미친다.

중요

11 그림은 갈라파고스 제도에서 일어난 핀치 (가)의 진화 과정을 다윈의 자연선택설에 따라 나타낸 것이다. 핀치의 조상에서 부리 모양이 ⓐ인 개체는 선인장을, ⓑ인 개체는 크고 단단한 씨앗을, ⓒ인 개체는 곤충을 주로 먹었다. A는 ⓐ, B는 ⓑ, C는 ⓒ의 부리 모양을 가진다.

이에 대한 설명으로 옳은 것만을 <보기>에서 있는 대로 고른 것은?

보기

ㄱ. 핀치의 조상에서 모든 개체는 유전적으로 같았다.
ㄴ. ㉠ 과정에서 선인장에 대한 경쟁이 일어났다.
ㄷ. ㉡ 과정에서 A~C 중 B의 유전자가 가장 많은 자손에게 전달되었다.

① ㄱ ② ㄷ ③ ㄱ, ㄴ
④ ㄴ, ㄷ ⑤ ㄱ, ㄴ, ㄷ

12 다음은 어떤 지역에서 일어난 후추나방 집단의 진화 과정을 나타낸 것이다. ㉠과 ㉡은 각각 흰색 후추나방과 검은색 후추나방 중 하나이다.

(가) 이 집단에서 ㉠의 비율이 약 90 %였다.
(나) 산업화로 환경이 오염되면서 ㉠이 ㉡보다 포식자에게 쉽게 노출되어 검은색 후추나방이 생존에 유리해졌다.
(다) 이 집단에서 ㉡의 비율이 약 90 %가 되었다.

이에 대한 설명으로 옳은 것만을 <보기>에서 있는 대로 고른 것은?

보기

ㄱ. ㉠은 흰색 후추나방이다.
ㄴ. (나) → (다) 과정에서 자연선택이 일어났다.
ㄷ. 검은색 몸 색깔이 되게 하는 유전자의 비율은 (가)일 때가 (나)일 때보다 높다.

① ㄱ ② ㄷ ③ ㄱ, ㄴ
④ ㄴ, ㄷ ⑤ ㄱ, ㄴ, ㄷ

단답형·서술형 문제

13 다음은 새로운 생물종의 출현 사례에 대한 설명이다. (　　) 안에 들어갈 알맞은 말을 쓰시오.

> 그랜드캐니언에 협곡이 생기면서 다람쥐 조상이 두 집단으로 나뉘었다. 이후 두 집단에서 오랜 시간 서로 다른 형질에 대한 (　　　)이/가 일어나 진화한 결과 남쪽에서는 흰꼬리영양다람쥐가 출현했고, 북쪽에서는 해리스영양다람쥐가 출현했다.

14 그림 (가)는 달맞이꽃 집단에서 갑자기 나타난 큰달맞이꽃을, (나)는 같은 부모로부터 태어난 서로 다른 털색을 가진 자손을 나타낸 것이다.

(가), (나)와 가장 관련이 있는 변이의 발생 요인을 각각 쓰시오.

중요

15 그림은 살충제가 살포되는 환경에서 어떤 해충 집단의 진화 과정을 나타낸 것이다. A와 B 중 하나만 살충제 내성을 갖는다.

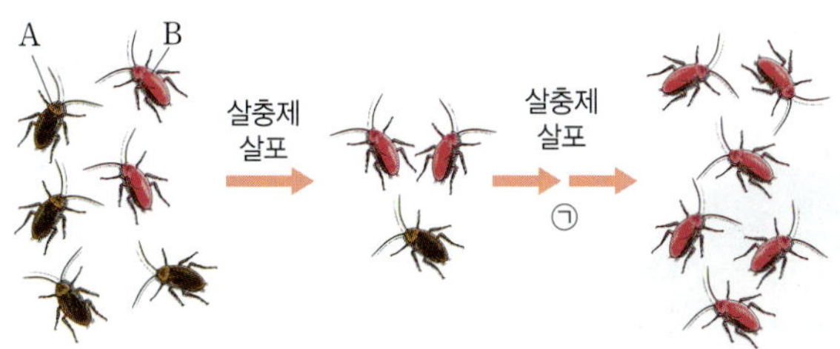

(1) A와 B 중에서 살충제 내성을 갖는 개체는 어느 것인지 쓰시오.

(2) ㉠ 과정에서 이 해충 집단 내 살충제 내성을 갖는 개체의 비율이 어떻게 변화하는지 자연선택과 연관 지어 설명하시오.

16 다음은 자연선택에 대한 모의실험이다.

> | 실험 과정 |
> (가) 노란색 도화지 위에 ㉠빨간색, 초록색, 노란색 초콜릿을 각각 10개씩 늘어놓는다.
> (나) 모둠원은 각자 눈을 감았다가 뜨자마자 제일 먼저 눈에 띄는 초콜릿을 5개씩 손으로 집어낸다.
> (다) 도화지 위에 남아 있는 초콜릿의 개수를 센 후, 같은 색 초콜릿을 남은 수만큼 추가해 늘어놓는다.
> (라) 과정 (나)~(다)를 5회 반복한다.

(1) ㉠과 같이 초콜릿의 색깔이 다양한 것은 실제 생물 집단에서 무엇을 비유한 것인지 설명하시오.

(2) 모의실험 결과 ㉠ 중에서 비율이 가장 높을 것으로 예상되는 초콜릿을 쓰고, 그렇게 생각한 까닭을 설명하시오.

17 다음은 갈라파고스 제도에서 일어난 핀치의 진화에 대한 자료이다.

> • 그림은 핀치 조상 집단으로부터 진화한 핀치 집단 A와 B를 나타낸 것이다. 섬 (가)와 (나) 중 한 섬에서 A로 진화했고, 다른 섬에서 B로 진화했다. A와 B는 서로 다른 종이며, 부리 모양에 차이가 있다.
>
> 
>
>
> • A와 B의 진화 과정에서 먹이에 대한 경쟁이 일어났으며, 핀치의 주된 먹이는 (가)에서는 선인장이고, (나)에서는 크고 단단한 씨앗이다.

(가)와 (나)에서 각각 A와 B 중 어느 집단이 진화했는지를 그렇게 생각한 까닭과 함께 설명하시오.

01 환경 변화와 생물다양성

핵심 KEY word
생물다양성 | 유전적 다양성 | 종다양성 | 생태계다양성 | 생물다양성의 보전

03강 생물다양성과 보전

1 생물다양성의 요소

(1) 생물다양성 지구에 서식하는 생물의 다양한 정도이다.

① 지구의 다양한 환경에 다양한 생물이 살고 있는 것을 나타낸다.

② **생물다양성의 범위:** 생물종의 다양함뿐만 아니라 한 생물집단(생물종)이 가지는 유전자에 의해 나타나는 형질의 다양함, 서로 다른 환경에서 일어나는 생물과 환경의 상호 관계에 관한 다양함까지 모두 포함한다. 생물과 서식지의 환경은 서로 영향을 주고받으며 상호 관계를 맺고 있다.

(2) 생물다양성의 3가지 요소와 특징

유전적 다양성❶	• 한 생물종의 개체들 사이에서 나타나는 유전적 차이의 다양함이다. • 유전자(대립유전자)의 차이에 의해 형질의 변이가 다양하게 나타난다. 예 헬리코니우스나비는 개체의 날개 무늬가 다양하다.
종다양성❷	• 한 생태계에 살고 있는 생물종의 다양함이다. • 서식하는 생물종의 수가 많을수록, 각 생물종의 개체수가 고를수록 종다양성이 높다. 예 초원에는 기린, 얼룩말, 코끼리 등 다양한 생물종이 살고 있다.
생태계다양성❸	• 지구 전체 또는 특정 지역에서 생물이 살 수 있는 생태계의 다양함이다. • 각 생태계는 고유한 환경을 가지며, 환경이 다양할수록 생태계다양성이 높다. 예 지구에는 숲, 초원, 사막, 습지, 강, 바다 등 다양한 환경의 생태계가 있다.

▲ 생물다양성의 3가지 요소

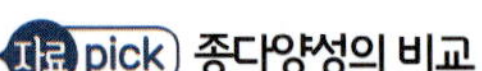

종다양성의 비교

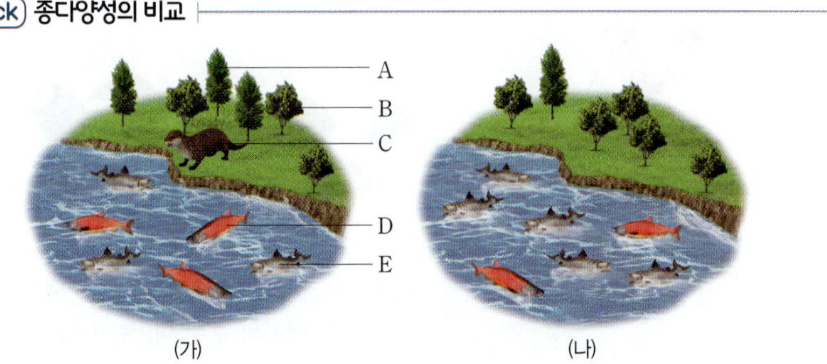

• (가) 지역에는 A~E의 5종의 생물이, (나) 지역에는 C를 제외한 4종의 생물이 각각 서식한다.
• A와 B의 개체수 비율과 D와 E의 개체수 비율은 모두 (가)에서가 (나)에서보다 균등하다.
• 서식하는 생물종의 수가 많고, 각 생물종의 분포 비율이 균등한 (가)에서가 (나)에서보다 종다양성이 높다.

이전에 배운 내용

• **생물다양성:** 어떤 지역에 살고 있는 생물의 다양한 정도이며, 생태계의 다양함, 생물 종류의 다양함, 같은 종류의 생물 사이의 형질의 다양함을 모두 포함한다.

❶ 유전적 다양성과 변이
유전적 다양성과 변이는 모두 개체 사이의 유전자(대립유전자) 차이에 의해 나타난다. 따라서 변이가 다양할수록 유전적 다양성이 높다.

❷ 종다양성
종다양성은 지역(생태계)에 따라 차이가 있으며, 열대우림과 같이 상대적으로 종다양성이 높은 지역도 있고, 사막과 같이 상대적으로 종다양성이 낮은 지역도 있다.

❸ 생태계다양성
한 생태계는 그 환경에 적응하여 진화한 생물들로 구성되며, 생태계가 다르면 각각의 생태계에서 살아가는 생물종도 다르다. 따라서 생태계다양성이 높을수록 종다양성도 높아진다.

암기 비법

생물다양성
생물다양성은 유종생이다.
→ 유전적 다양성은 유전자가 다양하고, 종다양성은 서식하는 생물종이 다양하고, 생태계다양성은 서식 환경이 다양한 것이다.

2 생물다양성의 가치

(1) 생물다양성의 중요성❹

① 지구의 다양한 생태계에서 살아가는 모든 생물은 생명 그 자체로 중요하다. 모든 생물은 저마다 고유한 기능을 수행하는 한편, 서로 밀접한 관계를 맺으며 생태계에서 살아가고 있다.

② 특정 생물종이 사라지면 그 생물종과 관계를 맺고 있는 다른 생물종도 생존에 영향을 받는다. 생물다양성이 높은 생태계에서는 한 생물종이 사라져도 다른 생물종이 그 역할을 대체할 수 있어 생태계가 안정적으로 유지될 수 있다. 생물다양성이 낮은 생태계는 한 생물종의 멸종이 다른 생물종의 멸종을 가져와 생태계가 쉽게 파괴될 수 있다.

③ **생물다양성의 중요성 사례**

- 숲을 구성하는 식물은 토양이 유출되는 것을 방지한다.
- 박쥐와 꿀벌은 꽃가루를 옮겨 식물의 번식을 도와준다.
- 사람은 다양한 생물로부터 의식주와 의약품 등 생물자원을 제공받아 살아간다.

(2) 생물자원

생물다양성이 높을수록 인간이 이용할 수 있는 생물자원의 종류가 많아진다.

구분	예
식량	쌀, 콩, 밀, 옥수수 등의 생물은 식량으로 이용된다.
의복 재료	목화나 누에 등은 의복 재료로 이용된다. 목화로부터 솜을, 누에로부터 비단을 얻는다.
의약품	• 디기탈리스에서 얻은 물질은 심장병 치료제로 사용된다. • 조팝나무와 버드나무에서 추출한 물질을 이용하여 해열 진통제를 만든다. • 푸른곰팡이로부터 항생제의 재료를 얻는다.
에너지	옥수수나 사탕수수를 이용해 바이오에탄올을 만든다.
산업용 재료	효모는 여러 가지 식품 산업에 이용된다.
휴식처	잘 보전된 생태계는 여가 활동과 관광 산업에 이용된다. 휴양림, 생태 공원 등이 있다.

3 생물다양성의 보전

(1) 생물다양성의 감소

최근 생물다양성은 다양한 원인으로 빠르게 감소하고 있다.

① **주요 원인**: 서식지파괴, 서식지단편화❺, 불법 포획과 남획*, 환경오염과 기후 변화, 외래생물의 유입❻ 등이 있다. 대부분 인간의 활동과 관련이 깊다.

② 생물다양성이 감소하면 회복을 위해 많은 노력이 필요하다.

(2) 생물다양성보전을 위한 노력

① 생물다양성을 보전하기 위한 법을 제정하고 관리한다. 예 우리나라의 생물다양성법

② 야생 생물의 불법 포획과 남획을 금지하고, 환경오염 방지와 기후 변화 해결 방안을 마련한다.

③ 생물다양성이 높은 지역을 국립 공원으로 지정해 관리하며, 멸종 위기에 처한 생물을 보호하거나 복원한다. 예 여우와 반달가슴곰 복원 사업, 멸종 위기종으로 지정된 수달 등

④ 단편화된 서식지를 연결하는 생태통로❼를 설치하여 동물이 안전하게 이동할 수 있게 한다.

⑤ 생물다양성보전을 위해 여러 국제 협약을 체결하고 시행한다.

생물다양성협약	람사르 협약	쿤밍-몬트리올 글로벌 생물다양성 프레임워크❽
생물다양성을 보전하고 지속가능한 이용을 위한 협약	물새 서식처로서 중요한 습지를 보호하는 협약	훼손된 육지와 해양 생태계를 복원하기 위한 협약

⑥ 자원 재활용, 대중교통 이용, 친환경 제품 사용, 생물다양성의 중요성 알리기 등의 환경 보전 활동을 일상생활에서 실천한다.

---

❹ 생물다양성의 중요성

- 유전적 다양성이 높으면 개체들의 형질이 다양하므로 환경이 급격히 변했을 때 살아남을 수 있는 형질을 가진 개체가 존재할 확률이 높아 생물종이 멸종할 확률이 낮아진다.
- 종다양성이 높으면 생물 사이의 먹고 먹히는 관계가 복잡하게 형성되므로 한 생물종이 멸종했을 때 다른 생물종도 멸종할 확률이 낮아지므로 생태계가 안정적으로 유지된다.

❺ 서식지단편화

도로나 철도의 건설, 도시 개발 등으로 대규모의 서식지가 소규모로 나누어지는 것으로, 생물종의 감소나 멸종을 초래한다.

❻ 외래생물의 유입

인간의 활동으로 유입된 외래생물은 기존 토착종과의 경쟁에서 이겨 토착종의 생존을 어렵게 만들므로 생물다양성을 감소시킬 수 있다. 따라서 외래생물을 도입하기에 앞서 외래생물이 생태계에 미칠 영향을 검증해야 한다. 외래생물의 예로는 배스, 가시박 등이 있다.

❼ 생태통로

도로나 댐 등의 건설로 서식지단편화가 일어난 지역에 설치하여 야생 동물이 안전하게 이동할 수 있게 해 준다.

❽ 쿤밍-몬트리올 글로벌 생물다양성 프레임워크

2022년에 196개 국가가 채택하였으며, 2030년까지 훼손된 육지와 해양 생태계를 최소 30 % 이상 복원하기로 한 협약이다.

용어 뜻풀이

* **남획**(넘칠 濫, 얻을 獲): 특정한 짐승이나 물고기 등을 과도하게 마구 잡는 것이다.

개념 확인 초성 Quiz

1 지구에 서식하는 생물의 다양한 정도를 ㅅ ㅁ ㄷ ㅇ ㅅ (이)라고 한다.

2 헬리코니우스나비의 날개 무늬가 다양한 것은 ㅇ ㅈ ㅈ ㄷ ㅇ ㅅ 에 해당한다.

3 ㅈ ㄷ ㅇ ㅅ 은/는 어떤 생태계 또는 한 지역에 살고 있는 생물종의 다양함이다.

4 생물다양성의 요소 중 ㅅ ㅌ ㄱ ㄷ ㅇ ㅅ 에는 환경의 다양함까지 포함된다.

5 생물다양성은 생태계의 유지와 인류의 생존에 중요하므로 생물다양성을 ㅂ ㅈ 하기 위해 노력해야 한다.

1 생물다양성의 요소

01 표는 생물다양성의 요소 (가)~(다)의 예를 나타낸 것이다. (가)~(다)는 각각 유전적 다양성, 종다양성, 생태계다양성 중 하나이다. (가)~(다)에 해당하는 요소를 각각 쓰시오.

요소	예
(가)	초원에 기린, 얼룩말, 코끼리 등이 살고 있다.
(나)	지구에 숲, 초원, 사막, 습지, 강, 바다 등이 있다.
(다)	헬리코니우스나비는 개체의 날개 무늬가 다양하다.

02 생물다양성에 대한 설명으로 옳은 것은 ○표, 옳지 않은 것은 ×표 하시오.

(1) 생물종의 다양함만 포함된다. ( )

(2) 변이가 다양할수록 유전적 다양성이 낮다. ( )

(3) 생태계의 종류에 따라 종다양성에 차이가 있다. ( )

(4) 생물의 서식 환경이 다양한 지역일수록 생태계다양성이 높다. ( )

03 다음은 두 지역 (가)와 (나)에 대한 설명이다.

> • (가)와 (나)에는 모두 식물 A, B와 동물 C~E가 살고 있다.
> • A와 B의 개체수 비율과 C~E의 개체수 비율은 모두 (가)에서가 (나)에서보다 균등하다.

(가)와 (나) 중에서 종다양성이 높은 지역은 어느 것인지 쓰시오. (단, A~E 이외의 생물종은 고려하지 않는다.)

2 생물다양성의 가치

04 생물다양성의 가치에 대한 설명으로 옳은 것은 ○표, 옳지 않은 것은 ×표 하시오.

(1) 생물다양성이 높은 생태계일수록 생태계가 안정적으로 유지될 수 있다. ( )

(2) 숲을 구성하는 식물에 의해 토양의 유출이 방지되는 것은 생물다양성의 중요성을 보여 주는 사례이다. ( )

(3) 생태계에서 각 생물종은 독립적으로 살아가므로 한 생물종이 사라져도 다른 생물종은 영향을 받지 않는다. ( )

05 생물자원의 종류와 예를 옳게 연결하시오.

(1) 식량 • • ㉠ 디기탈리스
(2) 의약품 • • ㉡ 목화, 누에
(3) 에너지 • • ㉢ 옥수수, 사탕수수
(4) 의복 재료 • • ㉣ 쌀, 콩, 밀, 옥수수

3 생물다양성의 보전

06 다음은 생물다양성보전을 위한 노력에 대한 설명이다.

> • 단편화된 서식지를 연결하는 ( )을/를 설치하여 동물이 안전하게 이동할 수 있게 한다.
> • ㉠생물다양성보전을 위한 국제 협약을 체결해 시행한다.

(1) ( ) 안에 들어갈 알맞은 말을 쓰시오.

(2) ㉠의 예를 1가지만 쓰시오.

1 생물다양성의 요소

01 생물다양성에 대한 설명으로 옳은 것만을 〈보기〉에서 있는 대로 고른 것은?

> 보기
> ㄱ. 지구에 사는 생물 전체를 포함한다.
> ㄴ. 생물이 가진 유전자의 다양함을 포함한다.
> ㄷ. 생물이 아닌 환경의 다양함은 포함하지 않는다.

① ㄱ ② ㄴ ③ ㄷ
④ ㄱ, ㄴ ⑤ ㄴ, ㄷ

중요 **02** 오른쪽 그림은 생물다양성의 3가지 요소를 나타낸 것이다. 이에 대한 설명으로 옳지 않은 것은?

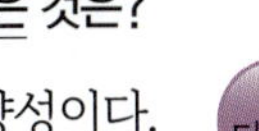
생태계 다양성 / 생물다양성 / 종 다양성 / (가)

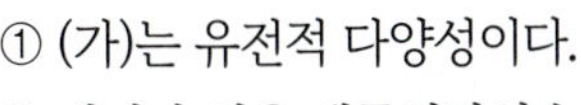
① (가)는 유전적 다양성이다.
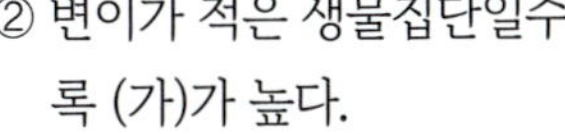
② 변이가 적은 생물집단일수록 (가)가 높다.
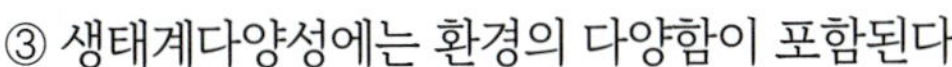
③ 생태계다양성에는 환경의 다양함이 포함된다.
④ 다양한 생물종이 사는 지역일수록 종다양성이 높다.
⑤ 같은 종의 앵무에서 털색이 다양하게 나타나는 것은 (가)의 예이다.

03 다음은 생물다양성의 3가지 요소 (가)~(다)의 예를 나타낸 것이다.

> (가) 우리나라에는 숲, 강, 습지, 바다, 호수 등이 있다.
> (나) 산굴뚝나비는 개체마다 날개 무늬가 모두 조금씩 다르다.
> (다) 한라산에는 노루, 구상나무, 산굴뚝나비, 제주도롱뇽 등이 살고 있다.

(가)~(다)를 옳게 짝 지은 것은?

	(가)	(나)	(다)
①	종다양성	유전적 다양성	생태계다양성
②	종다양성	생태계다양성	유전적 다양성
③	유전적 다양성	생태계다양성	종다양성
④	생태계다양성	종다양성	유전적 다양성
⑤	생태계다양성	유전적 다양성	종다양성

04 그림 (가)와 (나)는 생물다양성의 요소 중 서로 다른 두 요소의 예를 나타낸 것이다. (가)의 개체는 모두 같은 생물종이다.

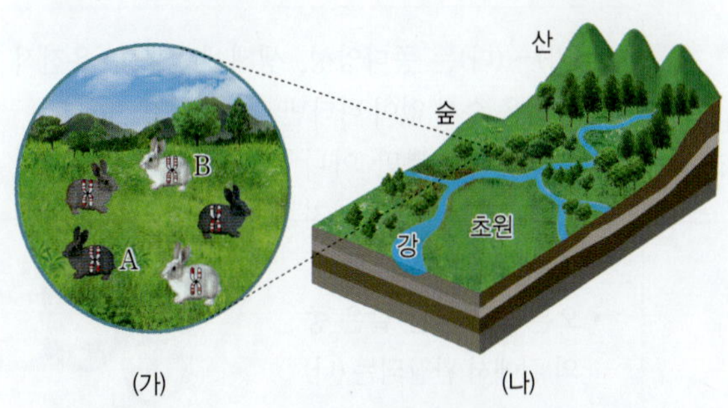

(가) (나)

이에 대한 설명으로 옳은 것만을 〈보기〉에서 있는 대로 고른 것은?

> 보기
> ㄱ. (가)는 종다양성의 예이다.
> ㄴ. A와 B는 가지고 있는 유전정보가 같다.
> ㄷ. (나)는 생물과 환경의 상호작용을 포함하는 다양성의 예이다.

① ㄱ ② ㄷ ③ ㄱ, ㄴ
④ ㄱ, ㄷ ⑤ ㄴ, ㄷ

중요 **05** 표는 생물다양성의 3가지 요소 (가)~(다)의 예를, 그림은 같은 종의 무당벌레에서 다양한 반점 무늬를 나타낸 것이다. (가)~(다)는 종다양성, 생태계다양성, 유전적 다양성을 순서 없이 나타낸 것이고, 그림은 (가)와 (나) 중 하나의 예이다.

구분	예
(가)	숲에 무당벌레, 달팽이, 참나무 등이 살고 있다.
(나)	?
(다)	?

이에 대한 설명으로 옳은 것만을 〈보기〉에서 있는 대로 고른 것은?

> 보기
> ㄱ. (가)는 종다양성이다.
> ㄴ. (나)는 개체 사이의 유전정보의 차이에 의해 나타난다.
> ㄷ. 우리나라에 숲, 산, 강, 초원 등이 있는 것은 (다)의 예이다.

① ㄱ ② ㄴ ③ ㄱ, ㄷ
④ ㄴ, ㄷ ⑤ ㄱ, ㄴ, ㄷ

중요

06 다음은 생물다양성의 요소 (가)~(다)에 대한 자료이다.

- (가)~(다)는 종다양성, 생태계다양성, 유전적 다양성을 순서 없이 나타낸 것이다.
- (가)는 생물뿐만 아니라 환경의 다양함까지 모두 포함한다.
- 오른쪽 그림은 같은 종의 쥐에서 관찰되는 (나)의 예를 나타낸 것이다.

이에 대한 설명으로 옳은 것만을 〈보기〉에서 있는 대로 고른 것은?

보기

ㄱ. (가)는 생태계다양성이다.
ㄴ. (나)는 변이가 없는 생물집단에서 나타난다.
ㄷ. 서식하는 생물종의 수가 같다면 각 생물종의 분포 비율이 균등할수록 (다)가 낮다.

① ㄱ　② ㄴ　③ ㄷ
④ ㄱ, ㄴ　⑤ ㄴ, ㄷ

2 생물다양성의 가치

07 다음은 생물다양성의 요소 (가)~(다)에 대한 설명이다.

(가) 생물이 살 수 있는 생태계의 다양함
(나) 한 생태계에 살고 있는 생물종의 다양함
(다) 한 생물종에서 나타나는 유전적 차이의 다양함

이에 대한 설명으로 옳은 것만을 〈보기〉에서 있는 대로 고른 것은?

보기

ㄱ. (가)가 높으면 다양한 환경에서 생물이 진화할 수 있다.
ㄴ. (나)가 높으면 생태계가 안정적인 상태를 유지할 수 있는 능력이 낮아진다.
ㄷ. (다)가 높으면 환경 변화에 대해 생물집단이 적응할 수 있는 능력이 높아진다.

① ㄱ　② ㄴ　③ ㄱ, ㄷ
④ ㄴ, ㄷ　⑤ ㄱ, ㄴ, ㄷ

08 종다양성이 높은 생태계의 특징에 대한 설명으로 옳은 것만을 〈보기〉에서 있는 대로 고른 것은?

보기

ㄱ. 생태계가 안정적으로 유지될 확률이 높다.
ㄴ. 생물 사이의 먹고 먹히는 관계가 단순하다.
ㄷ. 한 생물종이 사라졌을 때 다른 생물종도 사라질 확률이 높다.

① ㄱ　② ㄴ　③ ㄷ
④ ㄱ, ㄴ　⑤ ㄴ, ㄷ

09 표는 생물 (가)~(다)로부터 얻는 생물자원을 나타낸 것이다.

구분	생물자원
(가)	의복 재료
(나)	바이오에탄올
(다)	심장병 치료제

(가)~(다)를 옳게 짝 지은 것은?

① (가): 쌀　② (가): 효모
③ (나): 버드나무　④ (다): 디기탈리스
⑤ (다): 푸른곰팡이

3 생물다양성의 보전

10 다음은 생물다양성에 영향을 미치는 요인 (가)~(다)를 나타낸 것이다.

(가) 농약, 쓰레기, 폐수 등으로 환경이 오염된다.
(나) ㉠, 습지 매립 등으로 생물의 서식지가 단편화된다.
(다) 천적이 없는 ㉡배스나 가시박 등의 생물이 새로운 서식지에서 크게 번식한다.

이에 대한 설명으로 옳지 않은 것은?

① (가)는 생물다양성을 감소시킨다.
② 도로 건설은 ㉠에 해당한다.
③ 생태통로 설치는 (나)에 의한 피해를 줄일 수 있는 방안이다.
④ ㉡은 외래생물이다.
⑤ ㉡의 도입은 기존 생태계의 생물다양성을 높이는 역할을 한다.

11 표는 생물다양성보전을 위한 실천 방안을 (가)~(다)로 구분하여 나타낸 것이다. (가)~(다)는 개인적 수준, 국가적 수준, 국제적 수준을 순서 없이 나타낸 것이다.

구분	실천 방안
(가)	㉠ 국제 협약의 체결
(나)	멸종 위기종 복원, 국립 공원 지정
(다)	에너지 절약, 친환경 제품 사용

이에 대한 설명으로 옳은 것만을 〈보기〉에서 있는 대로 고른 것은?

보기
ㄱ. 생물다양성협약은 ㉠에 해당한다.
ㄴ. (나)는 국가적 수준이다.
ㄷ. 자원 재활용과 대중교통 이용은 (다)의 실천 방안에 해당한다.

① ㄱ ② ㄴ ③ ㄱ, ㄷ
④ ㄴ, ㄷ ⑤ ㄱ, ㄴ, ㄷ

중요 **12** 다음은 우리나라에 있는 습지 (가)에 대한 설명이다.

(가)는 우리나라 최대의 자연 습지로, 다양한 수생 식물, 수서 곤충, 어류 등이 서식한다. 그런데 여기에 ㉠ 제방을 설치하여 습지를 메워 논으로 활용하면서 습지가 본래의 모습을 잃어갔다. 이후 (가)는 ㉡ 생태계 보전 지역, 습지 보호 지역, 천연기념물로 차례대로 지정되었다.

이에 대한 설명으로 옳은 것만을 〈보기〉에서 있는 대로 고른 것은?

보기
ㄱ. ㉠ 이전에 (가)에는 종다양성이 없었다.
ㄴ. ㉠은 생물다양성을 감소시키는 요인이다.
ㄷ. ㉡은 (가)의 생물다양성을 보전하기 위한 노력이다.

① ㄱ ② ㄴ ③ ㄱ, ㄷ
④ ㄴ, ㄷ ⑤ ㄱ, ㄴ, ㄷ

단답형·서술형 문제

13 표는 생물다양성의 요소 (가)~(다)의 예를 나타낸 것이다. (가)~(다)는 종다양성, 생태계다양성, 유전적 다양성을 순서 없이 나타낸 것이다.

구분	예
(가)	울릉도에서 8종의 새로운 생물이 발견되었다.
(나)	같은 부모에게서 태어난 강아지들의 털 무늬가 서로 다르다.
(다)	?

(가)~(다)를 각각 쓰고, (다)의 예를 1가지만 설명하시오.

중요 **14** 그림은 두 지역 (가)와 (나)에 서식하는 식물종 A~D를 나타낸 것이다.

생물다양성의 3가지 요소 중 위 자료와 가장 관련 깊은 요소는 ㉠이다. ㉠이 무엇인지 쓰고, (가)와 (나) 중에서 ㉠이 더 높은 지역은 어느 것인지 그렇게 생각한 까닭과 함께 설명하시오. (단, A~D 이외의 종은 고려하지 않는다.)

15 다음은 생물다양성보전을 위한 노력에 대한 설명이다. ㉠과 ㉡에 알맞은 말을 각각 쓰시오.

생물다양성보전을 위해 도로나 철도의 건설 등으로 단편화된 생물의 (㉠)을/를 연결하는 생태통로를 설치하여 동물이 안전하게 이동할 수 있게 해야 한다. 또한 생물다양성이 높은 지역을 (㉡)(으)로 지정해 관리해야 한다.

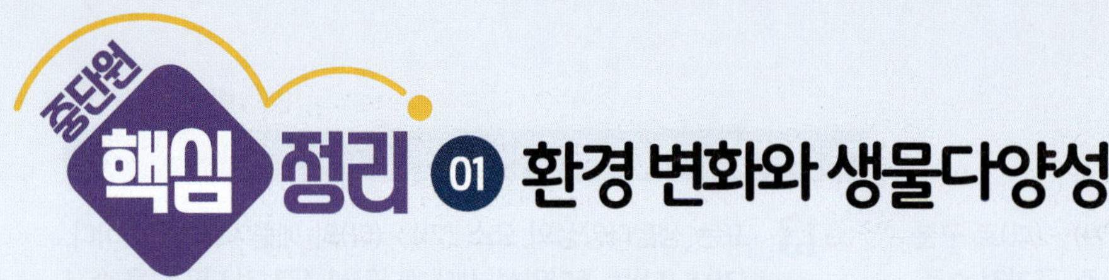

01 환경 변화와 생물다양성

01강 지질 시대의 환경과 생물 변화 10쪽

1. 지질 시대와 화석

① (❶): 지구가 탄생한 약 46억 년 전부터 현재까지 지구의 역사이다.

신생대(1.4 %)
선캄브리아시대 (88.2 %) | 고생대 (6.3 %) | 중생대 (4.1 %)
45.67 5.39 2.52 0.66 (억 년 전)

② (❷): 지질 시대에 살았던 생물의 유해나 흔적이 지층 속에 남아 있는 것이다.

화석 형성 조건	• 생물의 개체수가 많아야 한다. • 단단한 부분이 있거나 빨리 묻혀야 한다.
화석 연구	• 삼엽충, 공룡, 화폐석 등을 연구하여 지질 시대를 구분한다. • 산호, 고사리 등을 연구하여 지층이 퇴적될 당시의 환경을 추정한다. • 생물의 진화 과정, 수륙 분포 연구, 자원 탐사 등에 이용한다.

2. 지질 시대의 구분

① 선캄브리아시대

특징	• 바다에서 최초의 단세포 생물이 출현하였다. • (❸)의 광합성으로 바다와 대기에 산소가 많아졌다. • 말기에 최초의 다세포 생물이 출현하였다. • 화석이 드물고, 많은 지각 변동을 받아 당시 환경을 추정하기 어렵다.
화석	 스트로마톨라이트 / 에디아카라 생물군

② 고생대

특징	• 다양한 해양 무척추동물(삼엽충, 완족류)과 어류, 양서류, 양치 식물이 번성하였다. • 중기에 대기 중 (❹)이/가 형성되어 생물에게 유해한 자외선이 차단되었고, 생물이 육상으로 진출하였다. • 파충류, 겉씨식물이 출현하였다. • 말기에 (❺)이/가 형성되었고, 생물의 대멸종이 일어났다.
화석	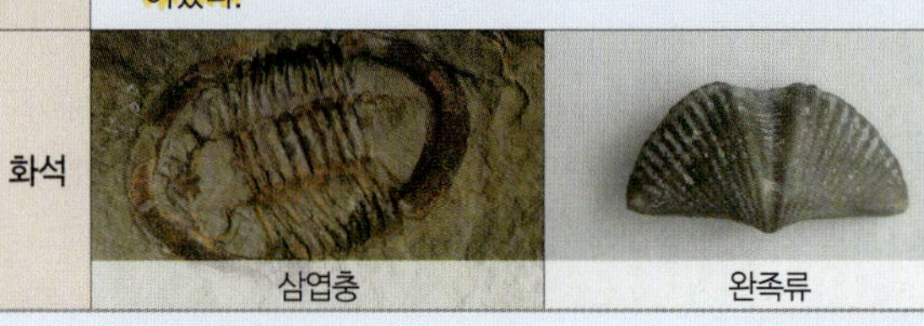 삼엽충 / 완족류

③ 중생대

특징	• 공룡, 암모나이트, 겉씨식물이 번성하였다. • 대기 중 온실 기체가 증가해 대체로 기후가 온난하였다. • 포유류, 속씨식물이 출현하였다. • 판게아가 분리되면서 해안가가 늘어나는 등 생물의 서식 환경이 다양해졌다.
화석	 암모나이트 / 공룡

④ 신생대

특징	• 화폐석, 포유류, 조류, 속씨식물이 번성하였다. • 말기에 인류의 조상이 출현하였다. • 중기까지의 기후는 대체로 온난하였고, 말기에는 (❻)와/과 간빙기가 반복되었다.
화석	화폐석 / 매머드

3. 생물 대멸종

생물 대멸종	지질 시대 동안 생물이 한꺼번에 사라지는 사건을 의미하며, 지질 시대 동안 총 5회 발생하였다.
생물 수의 변화	해양 생물 과의 수 (0, 300, 600, 900) / ● 대멸종 시기 / 고생대, 중생대, 신생대 / 5.39, 2.52, 0.66 시간(억 년 전) 5회의 대멸종 중 고생대 말에 일어난 대멸종이 일어났을 때 가장 많은 생물이 사라졌다.
대멸종의 원인	• 기온 변화설 • 운석 충돌설 • 화산 폭발설 • 수륙 분포 변화설 • 해양 무산소설 여러 요인이 복합적으로 작용한 것으로 추정한다.
의미	• 대멸종 이후 새로운 종이 출현하거나 대멸종에서 살아남은 종이 변화한 환경에 적응하여 다양한 종으로 진화한다. • 대멸종을 거쳐 현재의 (❼)을/를 형성하였다.

답 ❶ 지질 시대 ❷ 화석 ❸ 남세균 ❹ 오존층 ❺ 판게아 ❻ 빙하기 ❼ 생물다양성

02강 생물의 진화 18쪽

1. 변이의 발생

① (❶): 같은 생물종의 개체 사이에 나타나는 형질의 차이이다.

- 개체 사이의 유전자 차이로 인해 나타난다. ➜ 유전자는 자손에게 전달되므로 변이도 자손에게 전달된다.
- 변이의 예: 사랑앵무의 털색, 무당벌레의 날개 무늬 등

② **변이의 발생**

돌연변이	유전자의 염기서열이 변해 유전정보가 달라지는 현상이다. ➜ 새로운 유전자가 만들어져 변이가 발생할 수 있다.
유성생식	암수 생식세포의 수정에 의해 자손이 태어나는 생식 방법이다. ➜ 자손들이 서로 다른 유전자 조합을 가져 변이가 발생할 수 있다.

2. 자연선택과 변이

① (❷): 다양한 변이가 있는 생물집단의 개체들 중 생존과 번식에 유리한 형질을 가진 개체가 살아남아 자손을 더 많이 남기는 과정이다.

② **변이와 자연선택**

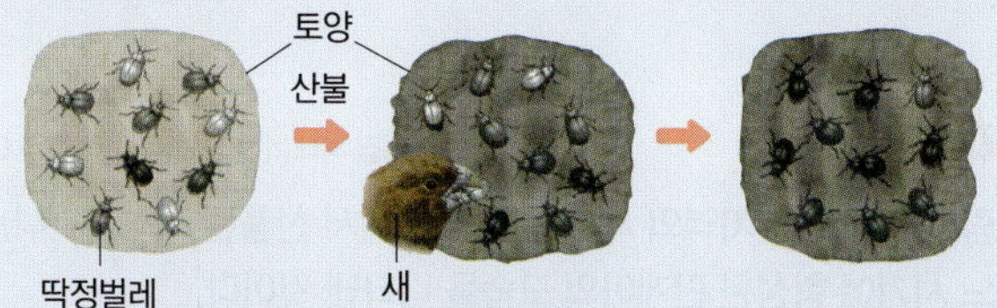

- 딱정벌레 집단의 몸 색깔에 변이가 있다.
- 산불이 일어나 토양이 검게 변했다. ➜ 몸 색깔이 어두운 개체가 새의 눈에 덜 띄어 생존과 번식에 유리했다.
- 딱정벌레 집단에서 자연선택이 일어났다. ➜ 몸 색깔이 어두운 개체가 집단 내에서 비율이 높아졌다.

3. 진화와 다양한 생물의 출현

① (❸): 생물집단에서 여러 세대를 거치면서 생물의 특성이 변화하여 새로운 종이 생겨나는 과정이다.

② **자연선택과 진화**

- 주어진 환경에 유리한 형질을 가져 가장 잘 적응한 개체가 경쟁에서 살아남아 더 많은 자손을 남기는 자연선택이 일어난다.
- 살아남은 개체는 자신의 유전자를 더 많은 자손에게 물려준다.

③ 오랜 시간 자연선택이 일어나 생물집단이 환경에 적응하며 진화한 결과 다양한 생물종이 출현하게 되었다.

03강 생물다양성과 보전 26쪽

1. 생물다양성의 요소

① (❹): 지구에 서식하는 생물의 다양한 정도이다.

② **생물다양성의 요소**

유전적 다양성	한 생물종의 개체들 사이에서 나타나는 유전적 차이의 다양함이다.
(❺)	어떤 생태계 또는 한 지역에 살고 있는 생물종의 다양함이다.
생태계다양성	지구 전체 또는 특정 지역에서 생물이 살 수 있는 생태계의 다양함이다.

2. 생물다양성의 가치

① 생물다양성이 높은 생태계에서는 한 생물종이 사라져도 다른 생물종이 그 역할을 대체할 수 있어 생태계가 안정적으로 유지될 수 있다.

② 생물다양성이 높을수록 인간이 이용할 수 있는 (❻) 의 종류가 많아진다.

3. 생물다양성의 보전

① **생물다양성 감소의 원인**: 서식지파괴 및 단편화, 불법 포획과 남획, 환경오염과 기후 변화, 외래생물의 유입 등

② **생물다양성보전을 위한 노력**

- 생물다양성보전을 위한 법의 제정과 관리
- 야생 생물의 불법 포획과 남획 금지, 환경오염 방지와 기후 변화 해결 방안 마련
- 국립 공원 지정과 관리, 멸종 위기종의 보호와 복원
- 단편화된 서식지를 연결하는 생태통로 설치
- (❼)의 체결과 시행 예 생물다양성협약, 람사르 협약 등
- 자원 재활용, 대중교통 이용, 친환경 제품 사용 등 일상생활에서의 환경 보전 활동 실천

답 ❶ 변이 ❷ 자연선택 ❸ 진화 ❹ 생물다양성 ❺ 종다양성 ❻ 생물자원 ❼ 국제 협약

중단원 실전 문제 01 환경 변화와 생물다양성

01

01강 | 지질 시대의 환경과 생물 변화 10쪽

그림 (가), (나)는 지질 시대의 생물 화석을 나타낸 것이다.

(가)

(나)

이에 대한 설명으로 옳은 것만을 <보기>에서 있는 대로 고른 것은?

보기
ㄱ. (가)는 고생대에 번성했던 생물의 화석이다.
ㄴ. (나)가 생성된 지질 시대에 최초의 육상 생물이 출현하였다.
ㄷ. (가)와 (나)는 모두 지층 퇴적 당시의 자연환경을 알려 준다.

① ㄱ ② ㄴ ③ ㄱ, ㄷ
④ ㄴ, ㄷ ⑤ ㄱ, ㄴ, ㄷ

02

01강 | 지질 시대의 환경과 생물 변화 10쪽

다음은 스트로마톨라이트에 대한 설명이다.

스트로마톨라이트는 최초의 광합성 생물 (㉠)에 의해 만들어졌다. (㉠)의 광합성으로 발생한 산소가 대기 중으로 공급되었고 (㉡)이/가 형성되었다.

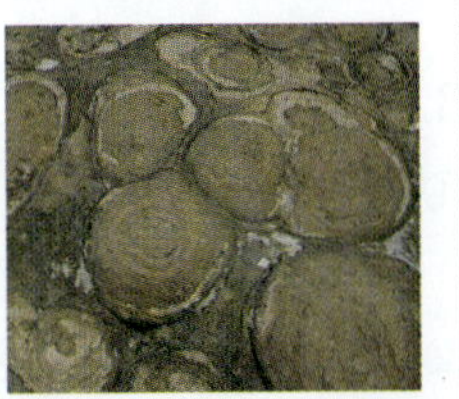

이에 대한 설명으로 옳은 것만을 <보기>에서 있는 대로 고른 것은?

보기
ㄱ. ㉠은 남세균이다.
ㄴ. ㉡은 생물에게 유해한 적외선을 차단한다.
ㄷ. ㉡이 형성된 이후 육상 생물이 출현하였다.

① ㄱ ② ㄴ ③ ㄱ, ㄷ
④ ㄴ, ㄷ ⑤ ㄱ, ㄴ, ㄷ

03

01강 | 지질 시대의 환경과 생물 변화 10쪽

오른쪽 그림은 어느 지역에 쌓인 지층 A ~ C에서 발견된 화석을 나타낸 것이다. 이에 대한 설명으로 옳은 것만을 <보기>에서 있는 대로 고른 것은?

보기
ㄱ. A는 중생대에 퇴적되었다.
ㄴ. B는 따뜻하고 습도가 높은 환경에서 퇴적되었다.
ㄷ. 이 지역은 지층 C 생성 당시 육지 환경이었다.

① ㄱ ② ㄷ ③ ㄱ, ㄴ
④ ㄴ, ㄷ ⑤ ㄱ, ㄴ, ㄷ

04

01강 | 지질 시대의 환경과 생물 변화 10쪽

그림 (가)는 어느 지역의 세 지층 A ~ C에서 산출된 화석을, (나)는 어느 시기에 형성된 판게아의 모습을 나타낸 것이다.

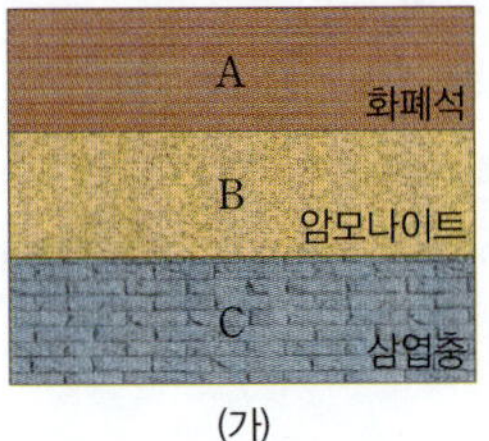

(가)

(나)

이에 대한 설명으로 옳은 것만을 <보기>에서 있는 대로 고른 것은?

보기
ㄱ. (가)에는 고생대에 퇴적된 지층이 존재한다.
ㄴ. 지질 시대 중 평균 기온이 가장 온난한 시기에 살았던 생물이 발견된 지층은 B이다.
ㄷ. (나)의 판게아는 C가 퇴적된 지질 시대 말에 형성되었다.

① ㄱ ② ㄷ ③ ㄱ, ㄴ
④ ㄴ, ㄷ ⑤ ㄱ, ㄴ, ㄷ

05

∞ 01강 | 지질 시대의 환경과 생물 변화 10쪽

오른쪽 그림은 지질 시대를 선캄브리아시대, 고생대, 중생대, 신생대로 나누어 시간의 상대적인 길이에 따라 A~D로 나타낸 것이다.
이에 대한 설명으로 옳은 것만을 〈보기〉에서 있는 대로 고른 것은?

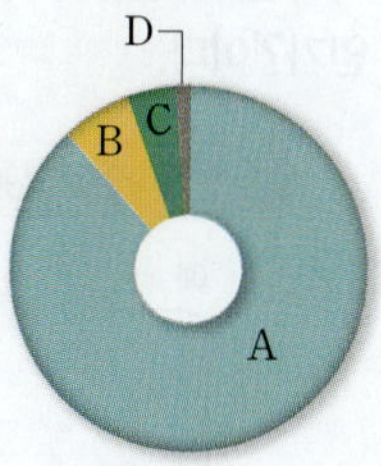

보기

ㄱ. A 시기가 B 시기보다 발견되는 화석의 수가 많다.
ㄴ. C 시기에 속씨식물이 번성하였다.
ㄷ. D 시기에 인류의 조상이 출현하였다.

① ㄱ ② ㄷ ③ ㄱ, ㄴ
④ ㄴ, ㄷ ⑤ ㄱ, ㄴ, ㄷ

06

∞ 01강 | 지질 시대의 환경과 생물 변화 10쪽

그림은 고생대 이후 해양 무척추동물과 육상 식물의 과의 수 변화를 나타낸 것이다.

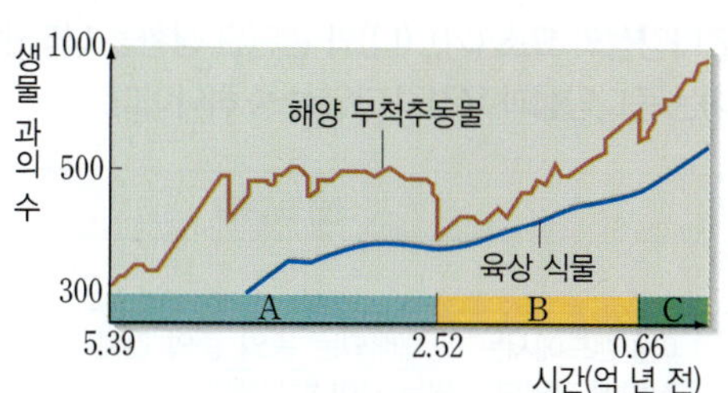

이에 대한 설명으로 옳은 것만을 〈보기〉에서 있는 대로 고른 것은?

보기

ㄱ. A 시기에 오존층이 형성되었다.
ㄴ. 해양 무척추동물의 과의 수는 A 시기 말이 B 시기 말보다 적었다.
ㄷ. C 시기는 A~C 시기 중 가장 온난하였다.

① ㄱ ② ㄷ ③ ㄱ, ㄴ
④ ㄴ, ㄷ ⑤ ㄱ, ㄴ, ㄷ

07

∞ 02강 | 생물의 진화 18쪽

다음은 같은 생물종의 집단에서 관찰되는 현상 (가)~(다)를 나타낸 것이다.

(가) ㉠ 사람의 피부색이 서로 다르다.
(나) 달팽이의 껍질 무늬가 서로 다르다.
(다) 무당벌레의 날개 색깔이 서로 다르다.

이에 대한 설명으로 옳은 것만을 〈보기〉에서 있는 대로 고른 것은?

보기

ㄱ. (가)~(다)는 모두 변이의 예이다.
ㄴ. ㉠은 유전자에 의해 결정되는 형질이다.
ㄷ. 무당벌레 집단에서는 자연선택이 일어나지 않는다.

① ㄱ ② ㄷ ③ ㄱ, ㄴ
④ ㄴ, ㄷ ⑤ ㄱ, ㄴ, ㄷ

08

∞ 02강 | 생물의 진화 18쪽

표는 항생제 내성 세균이 진화하는 과정에서 서로 다른 시점에 형성된 세균 집단 (가)~(다)에서 유전자 ㉠과 ㉡의 비율을 나타낸 것이다. (가)~(다)는 형성된 순서와 무관하며, (가)~(다) 중 가장 먼저 형성된 집단에는 항생제 내성 형질에 변이가 없었다. ㉠과 ㉡은 항생제 내성을 갖게 하는 유전자와 항생제 내성을 갖지 않게 하는 유전자를 순서 없이 나타낸 것이다.

집단	㉠의 비율(%)	㉡의 비율(%)
(가)	5	95
(나)	0	100
(다)	75	25

이에 대한 설명으로 옳은 것만을 〈보기〉에서 있는 대로 고른 것은? (단, 이 집단은 외부와의 개체 출입이 없다.)

보기

ㄱ. ㉠에서 돌연변이가 일어나 ㉡이 만들어졌다.
ㄴ. 진화 과정에서 집단이 출현한 순서는 (나) → (가) → (다)이다.
ㄷ. 항생제에 노출되는 환경에서 ㉠이 ㉡보다 더 많은 자손에게 전달되었다.

① ㄱ ② ㄷ ③ ㄱ, ㄴ
④ ㄴ, ㄷ ⑤ ㄱ, ㄴ, ㄷ

09

02강 | 생물의 진화 18쪽

다음은 기린의 진화 과정을 순서 없이 나타낸 것이다.

(가) 모든 개체의 목이 길어졌다.
(나) 목 길이가 다양한 개체들이 존재했다.
(다) 높은 곳의 나뭇잎을 두고 먹이 경쟁이 일어났다.
(라) 살아남은 개체가 자손에게 목이 긴 형질을 전달했다.

(가)~(라)를 순서대로 옳게 나열한 것은?

① (가) → (다) → (라) → (나)
② (가) → (라) → (다) → (나)
③ (나) → (다) → (라) → (가)
④ (나) → (라) → (가) → (다)
⑤ (다) → (나) → (라) → (가)

10

02강 | 생물의 진화 18쪽

다음은 사람의 적혈구와 질병인 말라리아에 대한 자료이다.

- 사람의 적혈구에는 정상 적혈구와 낫모양적혈구가 있다.
- 정상 적혈구를 갖는 사람은 낫모양적혈구를 갖는 사람보다 말라리아에 걸릴 확률이 높다.
- 그림은 아프리카에서 ㉠을 갖는 사람의 분포와 말라리아 발생 지역을 각각 나타낸 것이다. ㉠은 정상 적혈구와 낫모양적혈구 중 하나이다.

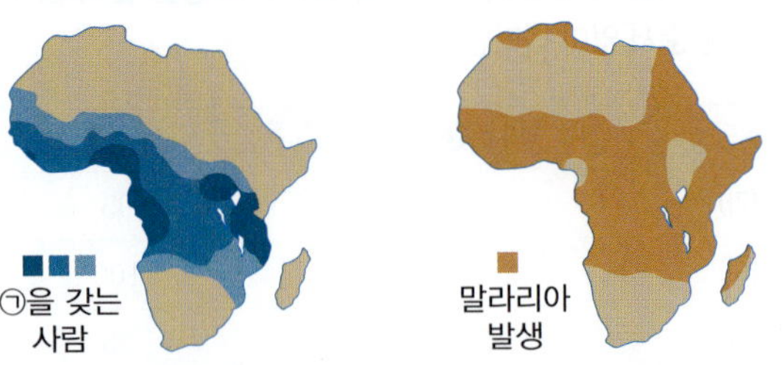

이에 대한 설명으로 옳은 것만을 〈보기〉에서 있는 대로 고른 것은? (단, 제시된 자료 이외는 고려하지 않는다.)

보기
ㄱ. ㉠은 정상 적혈구이다.
ㄴ. 자연선택은 아프리카에서 ㉠을 갖는 사람의 분포 지역과 말라리아 발생 지역이 유사한 까닭 중 하나이다.
ㄷ. 말라리아가 발생하는 지역에서는 정상 적혈구를 갖는 사람이 낫모양적혈구를 갖는 사람보다 생존에 유리하다.

① ㄱ ② ㄴ ③ ㄱ, ㄴ
④ ㄱ, ㄷ ⑤ ㄴ, ㄷ

11

03강 | 생물다양성과 보전 26쪽

그림은 생물다양성의 3가지 요소를 특징에 따라 구분하는 과정을 나타낸 것이다. ㉠과 ㉡ 중 하나는 '한 생물종에서 나타나는 다양성인가?'이다.

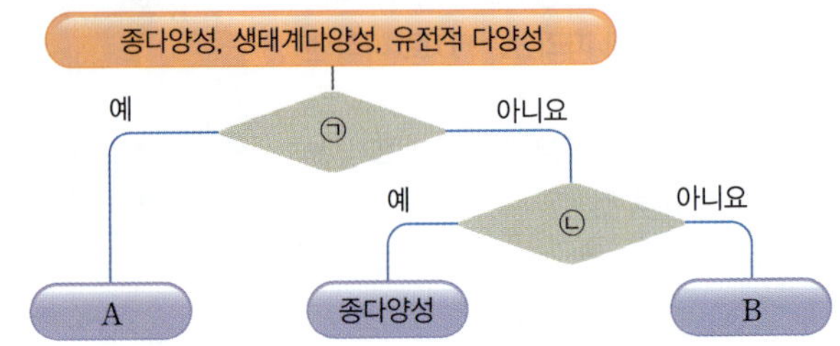

이에 대한 설명으로 옳은 것만을 〈보기〉에서 있는 대로 고른 것은?

보기
ㄱ. A가 없는 생물집단에서 자연선택이 일어난다.
ㄴ. '한 생물종에서 나타나는 다양성인가?'는 ㉡이다.
ㄷ. B가 높을수록 다양한 환경에서 생물종이 진화할 수 있다.

① ㄱ ② ㄷ ③ ㄱ, ㄴ
④ ㄴ, ㄷ ⑤ ㄱ, ㄴ, ㄷ

12

03강 | 생물다양성과 보전 26쪽

표는 생물다양성의 요소 (가), (나)와 관련된 상황을 나타낸 것이다. (가)와 (나)는 종다양성과 유전적 다양성 중 하나이다.

요소	관련된 상황
(가)	?
(나)	아일랜드에서는 ㉠ 재배되는 동일 종의 감자 대부분이 특정 질병에 감염되어 썩는 일이 발생했다.

이에 대한 설명으로 옳지 않은 것은?

① (가)는 종다양성이다.
② 무분별한 개발은 (가)를 감소시키는 원인 중 하나이다.
③ (가)가 높을수록 인류는 다양한 생물자원을 얻을 수 있다.
④ ㉠은 재배되는 감자 개체들 사이에서 변이가 다양했기 때문에 나타난 현상이다.
⑤ 다양한 식물의 종자를 보관하는 것은 (나)를 보전하기 위한 노력에 해당한다.

바른답·알찬풀이 12쪽

단답형·서술형 문제

13 ∞ 01강 | 지질 시대의 환경과 생물 변화 10쪽

그림 (가)와 (나)는 서로 다른 시기의 수륙 분포를 나타낸 것이다.

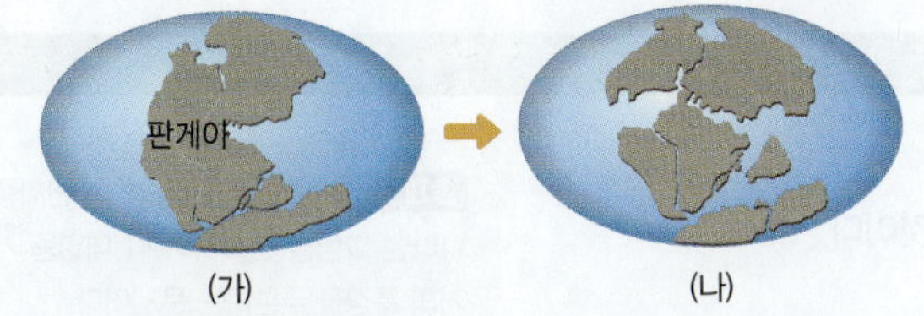

수륙 분포가 (가)에서 (나)로 변하면서 일어난 환경의 변화와 이 변화가 생물다양성 변화에 준 영향을 설명하시오.

14 ∞ 01강 | 지질 시대의 환경과 생물 변화 10쪽

다음은 우리나라에서 산출되는 화석을 나타낸 것이다.

화석	산출 장소	지질 시대	살았던 환경
공룡 발자국	경상남도 고성	A	(가)
스트로마톨라이트	인천 소청도	B	(나)

(1) A와 B에 해당하는 지질 시대를 각각 쓰시오.

(2) 생물이 살았던 환경 (가)와 (나)에 대해 각각 설명하시오.

15 ∞ 01강 | 지질 시대의 환경과 생물 변화 10쪽

그림은 고생대 말 시베리아 지역에서 발생한 대규모 화산 폭발에 의해 형성된 용암 대지를 나타낸 것이다.

대규모 화산 폭발이 지구 환경과 생태계에 어떤 변화를 주었을지 설명하시오.

16 ∞ 02강 | 생물의 진화 18쪽

그림은 크고 단단한 씨앗이 많은 갈라파고스 제도의 한 섬에서 일어난 큰부리땅핀치의 진화 과정을 나타낸 것이다.

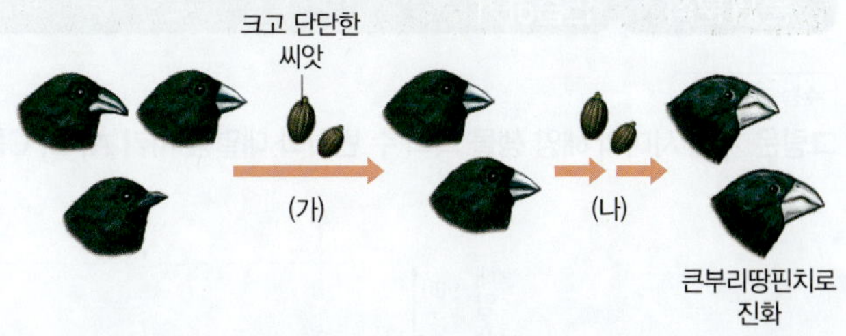

(1) (가) 과정에서 일어난 현상을 다음 용어를 모두 포함하여 설명하시오.

> 먹이 생존경쟁 부리

(2) (나) 과정에서 일어난 현상을 다음 용어를 모두 포함하여 설명하시오.

> 환경 형질 자손 자연선택

17 ∞ 03강 | 생물다양성과 보전 26쪽

표는 생물다양성의 요소 (가)와 (나)의 예를 나타낸 것이다. (가)와 (나)는 각각 종다양성, 생태계다양성, 유전적 다양성 중 서로 다른 하나이다.

요소	예
(가)	우리나라에는 산, 강, 초원 등이 있다.
(나)	㉠ 사랑앵무는 털색이 개체마다 다르다.

(1) (가)와 (나)에 해당하는 요소를 각각 쓰시오.

(2) ㉠이 나타나는 까닭을 설명하시오.

18 ∞ 03강 | 생물다양성과 보전 26쪽

다음은 생물다양성과 관련된 2가지 협약을 나타낸 것이다.

> • 람사르 협약
> • 쿤밍 – 몬트리올 글로벌 생물다양성 프레임워크

위 2가지 협약의 공통점을 설명하시오.

대비 문제 01 환경 변화와 생물다양성

출제 경향 지질 시대 동안 해양 생물 과의 수 변화를 파악하고, 이를 각 지질 시대의 특징과 연관 지어 묻는 문항이 출제된다. 또한 생물 대멸종과 생물다양성을 묶은 통합적인 문제가 출제되기도 한다.

문제 분석 연습하기

수능 기출 변형

그림은 지질 시대의 해양 생물 과의 수 변화와 대멸종 시기 A, B, C를 나타낸 것이다.

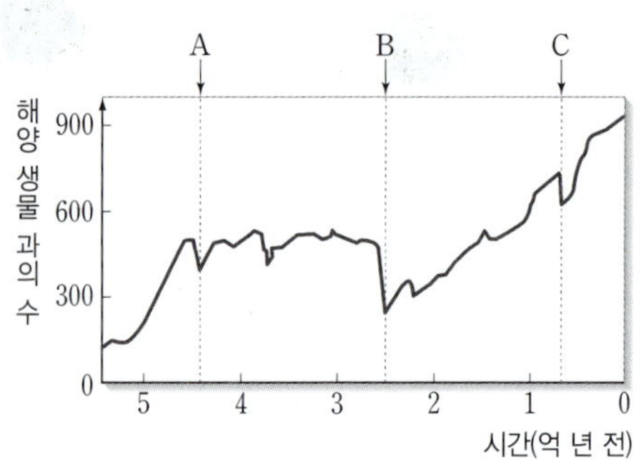

이에 대한 설명으로 옳은 것만을 〈보기〉에서 있는 대로 고른 것은?

보기

ㄱ. 해양 생물 과의 수는 A가 B보다 많다.
ㄴ. B와 C 사이에 생성된 지층에서 양치식물 화석이 발견된다.
ㄷ. C는 중생대와 신생대의 경계이다.

① ㄱ　② ㄷ　③ ㄱ, ㄴ　④ ㄴ, ㄷ　⑤ ㄱ, ㄴ, ㄷ

> **출제 의도** 해양 생물 과의 수 변화를 나타낸 그림을 분석하여 각 대멸종 시기의 특징을 추론하는 문제이다.

Point 대멸종은 지질 시대 동안 많은 생물이 한꺼번에 멸종하는 대규모의 멸종을 말하며, 지질 시대 동안 총 5번 일어났다.

고생대 말의 대멸종이 가장 큰 규모의 멸종이며 판게아의 형성과 급격한 기후 변화 등에 의해 삼엽충 등 많은 생물이 멸종하였다.

01강 3 생물 대멸종 12쪽

- A는 5억 년 전~4억 년 전 사이에 발생하였다. → A는 고생대 초에 일어난 생물 대멸종이다.
- B는 3억 년 전~2억 년 전 사이에 발생하였다. → B는 고생대 말에 일어난 생물 대멸종으로 삼엽충 등 고생대를 대표하던 생물이 대부분 멸종하였다.
- C는 1억 년 전보다 가까운 시기에 발생하였다. → C는 중생대 말에 일어난 생물 대멸종으로 공룡 등 중생대를 대표하는 생물들이 멸종하였다.

ㄱ. 해양 생물 과의 수는 A가 B보다 많다.
→ 그림에서 A 시기의 해양 생물 과의 수는 300보다 많고, B 시기의 해양 생물 과의 수는 300보다 적다. 따라서 해양 생물 과의 수는 A 시기가 B 시기보다 많다.

ㄴ. B와 C 사이에 생성된 지층에서 양치식물 화석이 발견된다.
→ B와 C 사이의 시기는 중생대에 해당하며, 양치식물은 고생대에 출현하여 현재까지 생존하고 있다. 따라서 B와 C 사이에 생성된 지층에서 양치식물 화석이 발견될 수 있다.

ㄷ. C는 중생대와 신생대의 경계이다.
→ C는 중생대 말에 일어난 5차 대멸종이다. 따라서 C는 중생대와 신생대의 경계라고 할 수 있다.

정답 ⑤

수능 문제 도전하기

1 평가원 기출 변형

그림은 지질 시대에 살았던 주요 동물군 A~C의 생존 시기를 나타낸 것이다. A~C는 어류, 파충류, 포유류 중 하나이다.

이에 대한 설명으로 옳은 것만을 〈보기〉에서 있는 대로 고른 것은?

보기
ㄱ. A는 어류이다.
ㄴ. C는 신생대에 번성하였다.
ㄷ. B가 최초로 출현한 시기와 C가 최초로 출현한 시기 사이에 오존층이 형성되었다.

① ㄱ ② ㄷ ③ ㄱ, ㄴ ④ ㄴ, ㄷ ⑤ ㄱ, ㄴ, ㄷ

출제 의도 각 동물군의 출현 시기를 통해 동물군이 무엇인지 추론하고, 이를 이용하여 지질 시대의 특징을 파악하는 문제이다.

자료 분석 Tip
A, B, C가 최초로 출현한 시기를 파악한다. A와 B는 각각 고생대 전기와 중기 이후에 출현했고, C는 중생대에 출현하였다. 오존층은 고생대 중기에 형성되었다.

2 평가원 기출 변형

다음은 지질 시대의 특징에 대한 학생 A~C의 대화이다. (가)~(다)는 각각 고생대, 중생대, 신생대 중 하나이다.

지질 시대	특징
(가)	• 판게아가 분리되기 시작하였다. • 파충류가 번성하였다.
(나)	• 히말라야산맥이 형성되었다. • 속씨식물이 번성하였다.
(다)	• 육상에 식물이 출현하였다. • 삼엽충이 번성하였다.

제시한 내용이 옳은 학생만을 있는 대로 고른 것은?

① A ② B ③ C ④ A, B ⑤ A, C

이런 보기도 나온다!

학생 D: (가)에는 빙하기와 간빙기가 반복되었어. ( )
학생 E: (나)에는 인류의 조상이 출현했어. ( )
학생 F: (가)~(다) 중 가장 긴 기간을 차지하는 지질 시대는 (다)야. ( )

출제 의도 지질 시대의 생물과 환경 변화를 파악하고, 학생들이 제시하는 내용의 옳고 그름을 판단하는 문제이다.

자료 분석 Tip
신생대 말기에는 대서양과 인도양이 넓어지고 태평양이 좁아지면서 현재와 비슷한 수륙 분포를 보이게 되었다. 히말라야산맥도 신생대에 형성되었다.

3 교육청 기출 변형

다음은 우리나라에서 발견된 두 화석 (가)와 (나)에 대한 답사 보고서이다.

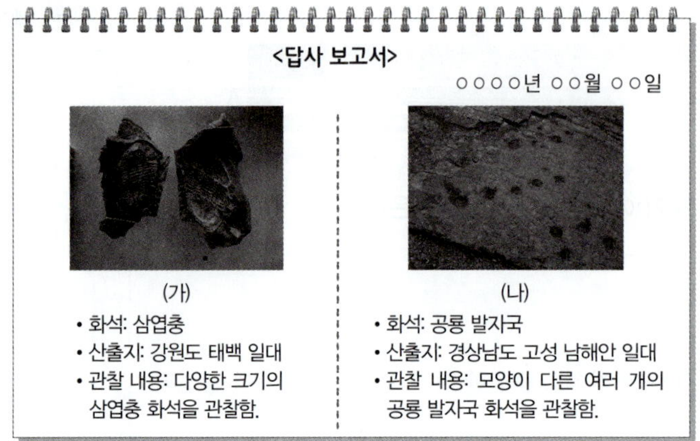

<답사 보고서>

○○○○년 ○○월 ○○일

(가)	(나)
• 화석: 삼엽충 • 산출지: 강원도 태백 일대 • 관찰 내용: 다양한 크기의 삼엽충 화석을 관찰함.	• 화석: 공룡 발자국 • 산출지: 경상남도 고성 남해안 일대 • 관찰 내용: 모양이 다른 여러 개의 공룡 발자국 화석을 관찰함.

이에 대한 설명으로 옳은 것만을 〈보기〉에서 있는 대로 고른 것은?

보기

ㄱ. (가)는 (나)보다 늦게 형성되었다.
ㄴ. 삼엽충과 공룡은 모두 육상 환경에서 서식하였다.
ㄷ. 생물이 활동하면서 남긴 흔적도 화석이 될 수 있다.

① ㄱ ② ㄴ ③ ㄷ ④ ㄱ, ㄴ ⑤ ㄴ, ㄷ

출제 의도 주어진 화석의 정보를 보고 화석을 남긴 고생물의 특징과 화석이 생성된 지질 시대를 알아내는 문제이다.

자료 분석 Tip
(나)의 공룡 발자국 화석은 생물이 직접 묻혀 생성된 것이 아니어도 화석이 될 수 있음을 알려준다.

4 교육청 기출 변형

그림은 세균을 여러 세대에 걸쳐 배양하는 실험을 나타낸 것이다. 배지 Ⅰ과 Ⅱ 중 하나에만 항생제 X를 처리하면서 배양했으며, 그 외의 실험 조건은 모두 같다.

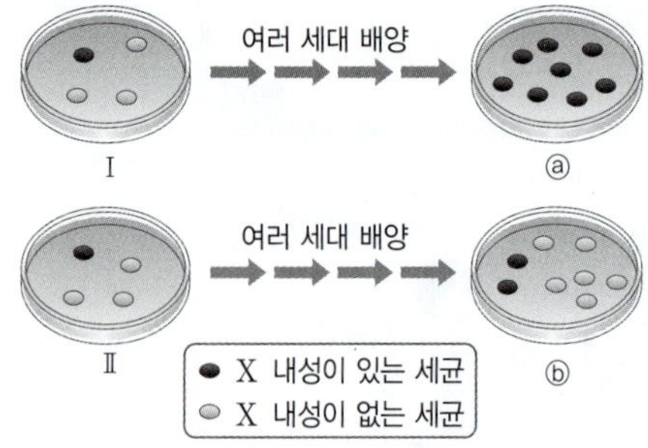

이에 대한 설명으로 옳은 것만을 〈보기〉에서 있는 대로 고른 것은?

보기

ㄱ. Ⅰ에 X를 처리했다.
ㄴ. Ⅰ → ⓐ 과정에서 X 저항성 유전자는 다음 세대로 전달되었다.
ㄷ. ⓑ에 X를 처리하면서 여러 세대를 배양하면 X 내성이 있는 세균의 비율이 감소한다.

① ㄱ ② ㄷ ③ ㄱ, ㄴ ④ ㄴ, ㄷ ⑤ ㄱ, ㄴ, ㄷ

출제 의도 자연선택에 의해 생물집단이 환경에 적응하는 원리를 바탕으로 환경에 적합한 형질과 유전자를 파악하고, 자연선택이 환경에 적합한 형질을 가진 개체의 비율을 어떻게 변화시키는지 추론하는 문제이다.

자료 분석 Tip
집단 내에서 시간이 흐르면서 비율이 증가하는 형질은 생존에 유리해 자연선택되는 형질이다.

5

교육청 기출 변형

다음은 기린의 진화 과정을 다윈의 가설로 설명한 자료이다.

(가) 기린 조상 집단을 구성하는 기린 사이에 ㉠ 목 길이의 차이가 있었다.
(나) ⓐ 목이 긴 기린과 ⓑ 목이 짧은 기린이 높은 곳에 있는 먹이를 먹기 위해 경쟁한 결과 목이 긴 기린이 더 많이 살아남아 자손을 남겼다.
(다) 세대가 거듭될수록 ㉡ 기린 집단에서 목이 긴 기린의 비율이 변화하면서 진화가 일어났다.

이에 대한 설명으로 옳은 것만을 〈보기〉에서 있는 대로 고른 것은?

보기
ㄱ. ㉠은 변이에 해당한다.
ㄴ. (나)에서 ⓑ가 ⓐ보다 생존에 유리하였다.
ㄷ. 기린의 진화 과정에서 생존경쟁과 자연선택이 일어났다.

① ㄱ ② ㄴ ③ ㄷ ④ ㄱ, ㄷ ⑤ ㄴ, ㄷ

이런 보기도 나온다!
ㄹ. ㉠은 자손에게 전달되는 형질이다. ( )
ㅁ. ⓐ와 ⓑ는 가지고 있는 유전정보가 서로 다르다. ( )
ㅂ. (다)에서 세대가 거듭될수록 ㉡은 감소한다. ( )

출제 의도 변이와 자연선택에 의한 생물집단의 진화 원리를 바탕으로 변이와 자연선택의 의미를 파악하고, 자연선택이 일어나는 형질을 찾아내는 문제이다.

자료 분석 Tip
같은 생물종의 개체 사이에서 나타나는 형질의 차이는 변이에 해당한다. 생존경쟁에서 더 많이 살아남는 개체가 가진 형질은 환경에 적합하여 자연선택되는 형질이다.

6

교육청 기출 변형

표는 생물다양성의 요소 ㉠~㉢의 사례를 나타낸 것이다. ㉠~㉢은 종다양성, 생태계다양성, 유전적 다양성을 순서 없이 나타낸 것이다.

요소	사례
㉠	같은 종의 앵무에서 털색이 다양하게 나타난다.
㉡	갯벌에는 게, 조개, 갯지렁이 등 다양한 생물이 산다.
㉢	(가)

이에 대한 설명으로 옳은 것만을 〈보기〉에서 있는 대로 고른 것은?

보기
ㄱ. ㉠은 종다양성이다.
ㄴ. ㉡이 높을수록 생태계가 안정적으로 유지된다.
ㄷ. '열대우림, 습지, 사막 등 다양한 자연환경이 있다.'는 (가)에 해당한다.

① ㄱ ② ㄴ ③ ㄱ, ㄴ ④ ㄱ, ㄷ ⑤ ㄴ, ㄷ

출제 의도 생물다양성의 3가지 요소의 의미를 바탕으로 각 요소의 특징과 중요성을 파악하고, 사례를 추론하는 문제이다.

자료 분석 Tip
한 생물종에서 나타나는 다양성은 유전적 다양성이고, 한 생태계에 살고 있는 여러 생물종의 다양성은 종다양성이다.

02 화학 변화

04강 산화와 환원

핵심 KEY word
광합성 | 연소 | 철의 제련 | 산화·환원 반응 | 산화·환원 반응의 동시성

1 자연과 인류의 역사에 큰 변화를 준 산화·환원 반응

(1) 광합성 식물은 빛에너지를 흡수하여 이산화 탄소와 물로부터 포도당과 산소를 생성하는 광합성을 한다.❶

이산화 탄소 + 물 —(빛에너지)→ 포도당 + 산소

(2) 연소 화석 연료 등의 물질이 대기 중의 산소와 반응하여 연소하면 열에너지를 방출한다.❷

화석 연료 + 산소 ⟶ 이산화 탄소 + 물(수증기)

└ 주성분이 탄소(C)와 수소(H)인 화석 연료가 산소와 반응하여 연소될 때 이산화 탄소(CO_2)와 물(H_2O)이 생성된다.

(3) 철의 제련 열을 가하여 산화 철에서 산소를 제거하고 순수한 철을 얻는 과정을 철의 제련이라고 한다.❸ – 자연에 존재하는 철은 산소와 결합한 형태인 산화 철로 존재하므로 철을 이용하기 위해 제련 과정이 필요하다.

산화 철 + 일산화 탄소 ⟶ 철 + 이산화 탄소

(4) 광합성, 연소, 철의 제련의 공통점 모두 산소가 관여하는 산화·환원 반응이다.

2 산소의 이동에 의한 산화·환원 반응 탐구 44쪽

(1) 산소의 이동에 의한 산화·환원 반응

산화	환원
물질이 산소를 얻는 반응❹ (산소 얻음.) 예 $2Cu + O_2 \longrightarrow 2CuO$ 구리 산소 산화 구리(Ⅱ)	물질이 산소를 잃는 반응 (산소 잃음.) 예 $2CuO + C \longrightarrow 2Cu + CO_2$ 산화 구리(Ⅱ) 탄소 구리 이산화 탄소

(2) 산화·환원 반응의 동시성 어떤 물질이 산소를 얻을 때 다른 물질은 산소를 잃는다. ➜ 산화와 환원은 동시에 일어난다.

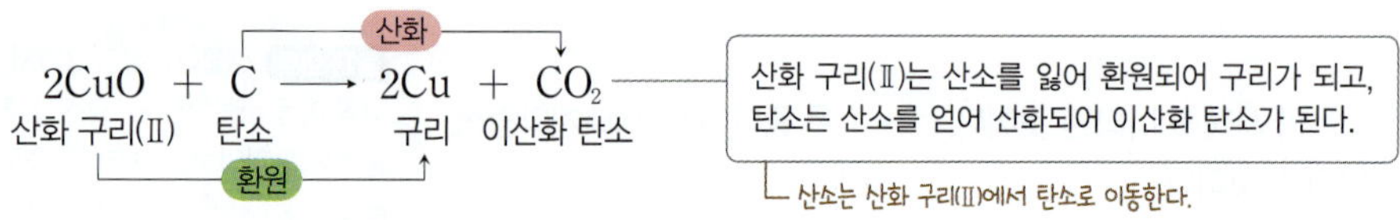

산화 구리(Ⅱ)는 산소를 잃어 환원되어 구리가 되고, 탄소는 산소를 얻어 산화되어 이산화 탄소가 된다.

└ 산소는 산화 구리(Ⅱ)에서 탄소로 이동한다.

(3) 산화 구리(Ⅱ)를 탄소 가루와 함께 가열할 때의 변화 관찰하기 탐구 pick

| 과정 |

1. 시험관에 산화 구리(Ⅱ) 가루와 탄소 가루의 혼합물을 넣고 시험관 입구를 고무관이 연결된 마개로 막는다.
2. 시험관을 가열하면서 시험관 속 물질과 석회수에 일어나는 변화를 관찰한다.

시험관 속에 붉은색 구리 가루가 생성된다.
산화 구리(Ⅱ) + 탄소 가루
석회수가 뿌옇게 흐려진다.
석회수

| 결과 및 정리 |

- 화학 반응식: $2CuO + C \longrightarrow 2Cu + CO_2$
- 검은색의 산화 구리(Ⅱ)가 산소를 잃어 환원되어 붉은색의 구리가 생성되고, 탄소가 산소를 얻어 산화되어 이산화 탄소가 생성된다.
- 생성된 이산화 탄소가 석회수와 반응하여 석회수가 뿌옇게 흐려진다.

---

❶ 광합성과 세포호흡
광합성으로 생성된 포도당과 산소는 생명체의 세포호흡에 이용된다. 세포호흡은 생물이 산소를 이용하여 유기물을 분해하고 이산화 탄소, 물, 에너지를 얻는 과정이다.

❷ 연소 반응의 이용
- 인류는 연소 반응을 이용해 추위와 어둠에서 벗어났고, 음식을 익혀 먹으며 건강한 생활을 할 수 있게 되었다.
- 인류가 화석 연료의 연소로 발생하는 열에너지를 이용하면서 교통, 산업이 크게 발전하였다.

❸ 철의 제련과 인류 문명
인류는 제련한 철로 여러 가지 도구를 만들어 사용하면서 철기 시대를 열었으며, 오늘날에도 산업, 건축 등 다양한 분야에서 철을 이용하고 있다.

❹ 산화물
산소와 결합하여 형성된 물질을 산화물이라고 한다.
예 산화 철(Ⅲ)(Fe_2O_3), 산화 구리(Ⅱ)(CuO), 이산화 탄소(CO_2)

3 전자의 이동에 의한 산화·환원 반응 탐구 44쪽

(1) 전자의 이동에 의한 산화·환원 반응 산소의 이동에 의한 산화·환원 반응보다 넓은 의미이다.[5]

산화	환원
물질이 전자를 잃는 반응 예 $Mg \longrightarrow Mg^{2+} + 2e^-$(전자 잃음.)	물질이 전자를 얻는 반응 예 $Cu^{2+} + 2e^- \longrightarrow Cu$(전자 얻음.)

(2) 산화·환원 반응의 동시성 어떤 물질이 전자를 잃을 때 다른 물질은 전자를 얻는다. ➜ 산화와 환원은 동시에 일어난다. ─ 산화·환원 반응이 일어날 때 산화되는 물질이 잃은 전자 수와 환원되는 물질이 얻은 전자 수는 같다.

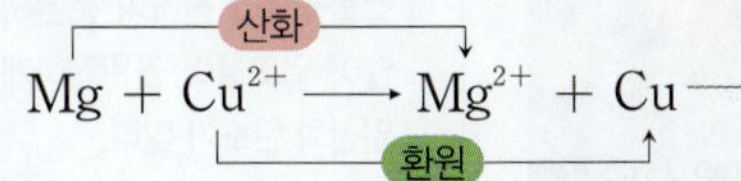

마그네슘은 전자를 잃어 산화되어 마그네슘 이온이 되고, 구리 이온은 전자를 얻어 환원되어 구리가 된다.

└ 전자는 마그네슘에서 구리 이온으로 이동한다.

자료 pick 아연판과 황산 구리(Ⅱ) 수용액의 반응

아연(Zn)판을 푸른색의 황산 구리(Ⅱ)($CuSO_4$) 수용액에 담가 두면 아연판에 붉은색의 금속 구리 결정*이 생기고, 수용액의 푸른색이 점점 옅어진다.

- 산화 반응: 아연(Zn)은 전자를 잃어 산화되어 아연 이온(Zn^{2+})으로 수용액에 녹아든다.

$$Zn \longrightarrow Zn^{2+} + 2e^-\text{(전자 잃음.)}$$

- 환원 반응: 구리 이온(Cu^{2+})은 전자를 얻어 환원되어 구리(Cu)로 아연판의 표면에 석출*된다.

$$Cu^{2+} + 2e^- \longrightarrow Cu\text{(전자 얻음.)}$$

- 전체 반응식: $Zn + Cu^{2+} \longrightarrow Zn^{2+} + Cu$ (산화: Zn → Zn^{2+}, 환원: Cu^{2+} → Cu) ─ 전자는 아연에서 구리 이온으로 이동한다.

4 우리 주변의 산화·환원 반응

(1) 광합성, 세포호흡, 연소, 철의 제련과 산화·환원 반응

광합성	세포호흡
$6CO_2 + 6H_2O \longrightarrow C_6H_{12}O_6 + 6O_2$ 이산화 탄소, 물, 포도당, 산소 산화: H_2O → O_2, 환원: CO_2 → $C_6H_{12}O_6$	$C_6H_{12}O_6 + 6O_2 \longrightarrow 6CO_2 + 6H_2O$ 포도당, 산소, 이산화 탄소, 물 산화: $C_6H_{12}O_6$ → CO_2, 환원: O_2 → H_2O
연소	**철의 제련**
$2C_4H_{10} + 13O_2 \longrightarrow 8CO_2 + 10H_2O$ 뷰테인, 산소, 이산화 탄소, 물 산화: C_4H_{10} → CO_2, 환원: O_2 → H_2O	$Fe_2O_3 + 3CO \longrightarrow 2Fe + 3CO_2$ 산화 철(Ⅲ), 일산화 탄소, 철, 이산화 탄소 산화: CO → CO_2, 환원: Fe_2O_3 → Fe

일산화 탄소(CO)는 코크스(C)의 연소로 생성된다. $2C + O_2 \longrightarrow 2CO$

(2) 여러 가지 산화·환원 반응[6]

① **수소 연료 전지**: 수소와 산소의 산화·환원 반응을 이용해 전기 에너지를 생산한다.

② **철의 부식**: 철이 공기 중의 산소와 반응하면 산화 철로 산화되어 붉은 녹을 생성한다.

③ **과일의 갈변**: 껍질을 벗긴 과일 속 폴리페놀 성분이 산화되어 갈변 현상이 일어난다.
└ 과일의 표면이 갈색으로 변하는 현상이다.

암기 비법

산화·환원 반응
- 산화는 OGEL이다.
→ 산화는 산소(Oxygen)를 얻거나(Gain) 전자(Electron)를 잃는(Lose) 반응이다.
- 환원은 OLEG이다.
→ 환원은 산소(Oxygen)를 잃거나(Lose) 전자(Electron)를 얻는(Gain) 반응이다.

5 전자의 이동에 의한 산화·환원 반응
- **마그네슘의 연소**: 산소의 이동에 의한 산화·환원 반응을 전자의 이동으로 설명할 수 있다.

$$2Mg + O_2 \longrightarrow 2MgO$$
(산화: Mg → MgO, 환원: O_2 → MgO)

Mg이 전자를 잃어 산화되어 Mg^{2+}이 되고, O_2가 전자를 얻어 환원되어 O^{2-}이 된다.

- **아연과 염산의 반응**

$$Zn + 2HCl \longrightarrow ZnCl_2 + H_2$$
(산화: Zn → $ZnCl_2$, 환원: HCl → H_2)

Zn이 전자를 잃어 산화되어 Zn^{2+}이 되고, H^+이 전자를 얻어 환원되어 H_2가 된다.

6 일상생활 속의 산화·환원 반응
- **일회용 손난로**: 손난로에 들어 있는 철 가루가 산소와 반응하여 산화되면서 열이 발생한다.
- **섬유 표백**: 누렇게 변한 옷을 세탁할 때 표백제를 넣으면 산화·환원 반응이 일어나 하얗게 변한다.
- **상처 소독**: 과산화 수소수를 상처에 바르면 산화·환원 반응이 일어나 상처를 소독하고 세균을 살균한다.
- **머리카락 염색**: 염색약에 들어 있는 과산화 수소는 머리카락의 멜라닌 색소를 산화시켜 색이 사라지게 하고, 염료는 머리카락을 다양한 색깔로 물들인다.

용어 뜻풀이

* **결정**(맺을 結, 밝을 晶): 원자나 이온들이 규칙적으로 배열하고 있는 고체 상태의 물질이다.

* **석출**(쪼갤 析, 날 出): 용액으로부터 고체 상태의 물질이 생성되는 현상이다.

산화·환원 반응

개념 42쪽, 43쪽

탐구 목표

- 구리를 겉불꽃과 속불꽃에 넣고 가열했을 때 일어나는 변화를 산소와 관련지어 설명할 수 있다.
- 구리를 질산 은 수용액에 넣었을 때 일어나는 변화를 전자와 관련지어 설명할 수 있다.

탐구 1 구리판의 변화 해석하기

과정 및 결과

❶ 구리판을 알코올램프의 겉불꽃에 넣어 가열했더니 검은색으로 변했다.

❷ ❶에서 가열한 구리판을 다시 속불꽃에 넣어 가열했더니 붉은색으로 변했다.

정리

❶에서 일어나는 변화	❷에서 일어나는 변화
붉은색의 구리(Cu)는 겉불꽃의 산소(O_2)와 반응하여 산화되어 검은색의 산화 구리(Ⅱ)(CuO)로 변한다. 산화: $2Cu + O_2 \longrightarrow 2CuO$ 구리 산소 산화 구리(Ⅱ)	검은색의 산화 구리(Ⅱ)(CuO)는 속불꽃의 일산화 탄소(CO)와 반응하여 환원되어 붉은색의 구리(Cu)로 변하고, 일산화 탄소(CO)는 산화되어 이산화 탄소(CO_2)로 변한다. $CuO + CO \longrightarrow Cu + CO_2$ 산화 구리(Ⅱ) 일산화 탄소 구리 이산화 탄소 (산화: CO → CO_2, 환원: CuO → Cu)

- **겉불꽃과 속불꽃**

알코올램프의 겉불꽃은 공기와 맞닿아 있어서 속불꽃보다 산소가 잘 공급되므로 온도가 더 높다. 속불꽃은 겉불꽃보다 산소가 충분히 공급되지 않아 알코올이 불완전하게 연소되어 일산화 탄소가 많다.

탐구 2 구리와 질산 은 수용액의 반응을 전자의 이동으로 설명하기

과정 및 결과

페트리접시에 구리 테이프를 오려 붙인 후 스포이트로 질산 은 수용액을 구리 테이프가 잠길 만큼 떨어뜨렸더니 수용액은 점점 푸른색으로 변했고, 구리 표면에 은이 달라붙었다.

정리

구리(Cu)와 질산 은($AgNO_3$) 수용액이 반응하면 구리가 전자를 잃어 산화되어 구리 이온(Cu^{2+})으로 변하고, 은 이온(Ag^+)이 전자를 얻어 환원되어 은(Ag)으로 변한다.

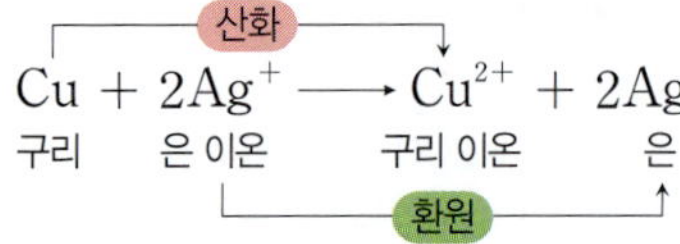

탐구 확인 문제

바른답·알찬풀이 16쪽

01 구리판을 가열할 때 일어나는 반응에 대한 설명으로 옳은 것은 ○표, 옳지 않은 것은 ×표 하시오.

(1) 붉은색의 구리를 알코올램프의 겉불꽃에 넣으면 구리는 환원된다. ( )

(2) 검은색의 산화 구리(Ⅱ)를 알코올램프의 속불꽃에 넣으면 일산화 탄소와 반응하여 환원된다. ( )

02 구리와 질산 은 수용액의 반응에 대한 설명으로 옳은 것만을 〈보기〉에서 있는 대로 고르시오.

보기

ㄱ. 은 이온은 전자를 잃는다.

ㄴ. 산화와 환원이 동시에 일어난다.

ㄷ. 전자는 구리에서 은 이온으로 이동한다.

개념 확인 초성 Quiz

1 식물은 ㄱ ㅎ ㅅ 을/를 하여 이산화 탄소와 물로부터 포도당과 산소를 만든다.

2 광합성, 연소, 철의 제련에는 모두 ㅅ ㅅ 이/가 관여한다.

3 물질이 산소를 얻는 반응을 ㅅ ㅎ (이)라고 한다

4 물질이 ㅈ ㅈ 을/를 얻는 반응을 환원이라고 한다.

5 산화와 환원은 항상 ㄷ ㅅ 에 일어난다.

1 자연과 인류의 역사에 큰 변화를 준 산화·환원 반응

01 다음은 자연과 인류의 역사에 큰 변화를 준 화학 반응에 대한 설명이다. (　　) 안에 들어갈 알맞은 말을 쓰시오.

> 자연과 인류의 역사에 큰 변화를 준 화학 반응에는 식물의 (㉠), 화석 연료의 (㉡), 철의 (㉢) 이/가 있으며, 이 반응은 모두 (㉣)이/가 관여하는 반응이다.

2 산소의 이동에 의한 산화·환원 반응

02 다음은 몇 가지 산화 · 환원 반응의 화학 반응식을 나타낸 것이다. 산화 또는 환원 중에서 (　　) 안에 들어갈 알맞은 말을 쓰시오.

(1) $2CuO + C \longrightarrow 2Cu + CO_2$ (위: (㉠), 아래: (㉡))

(2) $2Mg + CO_2 \longrightarrow 2MgO + C$ (위: (㉠), 아래: (㉡))

(3) $Fe_2O_3 + 3CO \longrightarrow 2Fe + 3CO_2$ (위: (㉠), 아래: (㉡))

3 전자의 이동에 의한 산화·환원 반응

03 다음은 몇 가지 산화 · 환원 반응의 화학 반응식을 나타낸 것이다. 산화 또는 환원 중에서 (　　) 안에 들어갈 알맞은 말을 쓰시오.

(1) $Mg + 2H^+ \longrightarrow Mg^{2+} + H_2$ (위: (㉠), 아래: (㉡))

(2) $Zn + Cu^{2+} \longrightarrow Zn^{2+} + Cu$ (위: (㉠), 아래: (㉡))

(3) $2AgNO_3 + Cu \longrightarrow 2Ag + Cu(NO_3)_2$ (위: (㉠), 아래: (㉡))

04 산화 · 환원 반응에 대한 설명으로 옳은 것은 ○표, 옳지 않은 것은 ×표 하시오.

(1) 산화와 환원은 항상 동시에 일어난다. (　　)

(2) 물질이 전자를 얻으면 산화되고, 전자를 잃으면 환원된다. (　　)

(3) 산소의 이동에 의한 산화·환원 반응을 전자의 이동에 의한 산화·환원 반응으로 설명할 수 있다. (　　)

4 우리 주변의 산화·환원 반응

05 산화 · 환원 반응의 예로 옳은 것은 ○표, 옳지 않은 것은 ×표 하시오.

(1) 실외에 오래 세워 둔 자전거가 녹슨다. (　　)

(2) 벌레에 물렸을 때 암모니아수를 바른다. (　　)

(3) 껍질을 깎아 둔 과일의 표면이 갈색으로 변한다. (　　)

1 자연과 인류의 역사에 큰 변화를 준 산화·환원 반응

01 다음은 광합성과 화석 연료의 연소에 대한 설명이다.

> (가) 식물의 광합성으로 포도당과 (   )이/가 생성된다.
> (나) 화석 연료가 대기 중의 (   )와/과 반응하여 연소하면 열에너지가 발생한다.

(   ) 안에 공통으로 들어갈 알맞은 말은?

① 수소 ② 산소 ③ 질소
④ 아르곤 ⑤ 이산화 탄소

02 자연과 인류의 역사에 큰 변화를 준 화학 반응에 대한 설명으로 옳은 것만을 <보기>에서 있는 대로 고른 것은?

> 보기
> ㄱ. 철의 제련을 통해 산화 철에서 산소를 분리하여 순수한 철을 얻는다.
> ㄴ. 탄소와 수소로 이루어진 화석 연료가 연소하면 이산화 탄소와 물이 생성된다.
> ㄷ. 식물은 빛에너지를 이용하여 물과 산소로부터 포도당과 이산화 탄소를 만드는 광합성을 한다.

① ㄱ ② ㄷ ③ ㄱ, ㄴ
④ ㄴ, ㄷ ⑤ ㄱ, ㄴ, ㄷ

03 철의 제련에 대한 설명으로 옳지 않은 것은?

① 철의 제련 과정에 산소가 관여한다.
② 철의 제련 과정에서 이산화 탄소가 생성된다.
③ 철의 제련을 통해 산화 철이 산화되어 순수한 철이 된다.
④ 자연에서 철은 산소와 결합하여 존재하므로 제련을 통해 순수한 철을 얻는다.
⑤ 인류는 제련한 철로 여러 가지 도구를 만들어 사용하면서 철기 시대를 열었다.

2 산소의 이동에 의한 산화·환원 반응

04 산소의 이동에 의한 산화 · 환원 반응에 대한 설명으로 옳은 것만을 <보기>에서 있는 대로 고른 것은?

> 보기
> ㄱ. 산화와 환원은 항상 동시에 일어난다.
> ㄴ. 물질이 산소를 잃는 반응을 산화라고 한다.
> ㄷ. $2AgNO_3 + Cu \longrightarrow 2Ag + Cu(NO_3)_2$ 반응은 산소가 관여하는 산화 · 환원 반응이다.

① ㄱ ② ㄴ ③ ㄱ, ㄷ
④ ㄴ, ㄷ ⑤ ㄱ, ㄴ, ㄷ

05 다음은 2가지 산화 · 환원 반응의 화학 반응식을 나타낸 것이다.

> (가) $C + O_2 \longrightarrow CO_2$
> (나) $CuO + CO \longrightarrow Cu + CO_2$

(가)와 (나)에서 산화되는 물질을 옳게 짝 지은 것은?

	(가)	(나)		(가)	(나)
①	C	CuO	②	C	CO
③	O_2	CuO	④	O_2	CO
⑤	O_2	CO_2			

중요

06 다음은 2가지 화학 반응식을 나타낸 것이다.

> (가) $CH_4 + 2O_2 \longrightarrow ($ ㉠ $) + 2H_2O$
> (나) $Fe_2O_3 + 3CO \longrightarrow 2Fe + 3($ ㉠ $)$

이에 대한 설명으로 옳은 것만을 <보기>에서 있는 대로 고른 것은?

> 보기
> ㄱ. ㉠은 CO_2이다.
> ㄴ. (가)에서 O_2는 산화된다.
> ㄷ. (나)에서 CO는 환원된다.

① ㄱ ② ㄴ ③ ㄱ, ㄷ
④ ㄴ, ㄷ ⑤ ㄱ, ㄴ, ㄷ

중요

07 다음은 구리(Cu)와 관련된 산화 · 환원 반응 실험이다.

| 실험 과정 |

(가) 도가니에 구리(Cu) 가루를 넣고 가열한다.

(나) (가)에서 생성된 물질과 탄소(C) 가루를 시험관에 함께 넣고 가열한다.

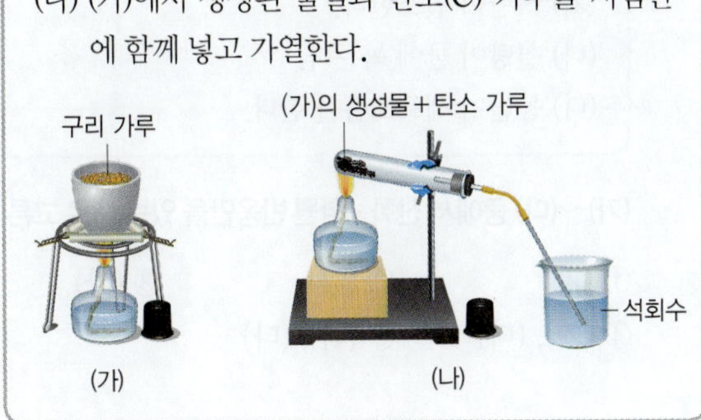

이에 대한 설명으로 옳지 않은 것은?

① (가)에서 구리는 산화된다.

② (가)에서 붉은색의 구리 가루가 검은색으로 변한다.

③ (나)에서 (가)의 생성물은 산화되어 붉은색으로 변한다.

④ (나)에서 이산화 탄소가 발생하여 석회수가 뿌옇게 흐려진다.

⑤ (나)에서 (가)의 생성물과 탄소 가루 사이에 산소를 주고받는 반응이 일어난다.

08 그림은 드라이아이스(CO_2)로 만든 상자 속에 불이 붙은 마그네슘(Mg) 가루를 넣고 공기를 차단한 후 연소시켰더니 흰색 가루와 검은색 가루가 생성된 모습을 나타낸 것이다.

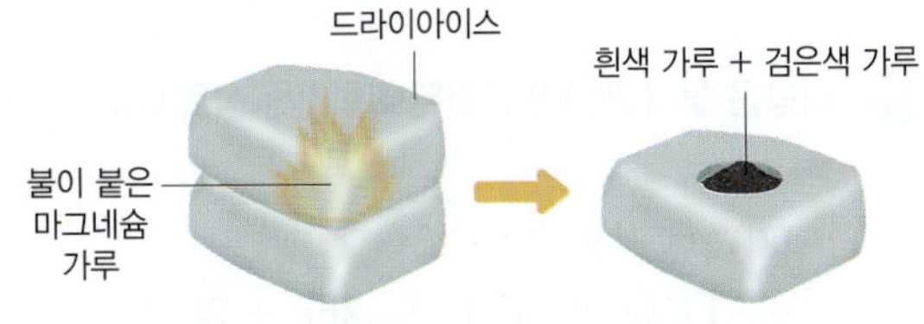

이에 대한 설명으로 옳은 것만을 〈보기〉에서 있는 대로 고른 것은?

보기

ㄱ. 검은색 가루는 MgO이다.

ㄴ. 드라이아이스는 환원된다.

ㄷ. 화학 반응식은 $2Mg + CO_2 \longrightarrow 2MgO + C$ 이다.

① ㄱ ② ㄷ ③ ㄱ, ㄴ

④ ㄴ, ㄷ ⑤ ㄱ, ㄴ, ㄷ

B 전자의 이동에 의한 산화·환원 반응

09 전자의 이동에 의한 산화 · 환원 반응에 대한 설명으로 옳은 것만을 〈보기〉에서 있는 대로 고른 것은?

보기

ㄱ. 물질이 전자를 얻으면 환원된다.

ㄴ. $2Mg + O_2 \longrightarrow 2MgO$ 반응에서 Mg은 전자를 잃는다.

ㄷ. 산화 · 환원 반응이 일어날 때 전자를 잃는 물질과 전자를 얻는 물질이 모두 존재한다.

① ㄴ ② ㄷ ③ ㄱ, ㄴ

④ ㄱ, ㄷ ⑤ ㄱ, ㄴ, ㄷ

중요

10 그림은 황산 구리(Ⅱ)($CuSO_4$) 수용액 속에 아연(Zn)판을 넣었을 때 수용액의 푸른색이 점점 옅어지는 모습을 나타낸 것이다.

이에 대한 설명으로 옳지 않은 것은?

① 아연은 산화된다.

② 구리 이온은 환원된다.

③ 전자는 구리 이온에서 아연으로 이동한다.

④ 수용액 속 음이온 수는 (가)와 (나)에서 같다.

⑤ 수용액 속 구리 이온의 수는 (가)가 (나)보다 많다.

11 다음은 3가지 산화 · 환원 반응의 화학 반응식을 나타낸 것이다.

(가) $2Na + Cl_2 \longrightarrow 2NaCl$
(나) $2Al + 3Cu^{2+} \longrightarrow 2Al^{3+} + 3Cu$
(다) $2Mg + CO_2 \longrightarrow 2MgO + C$

이에 대한 설명으로 옳은 것만을 〈보기〉에서 있는 대로 고른 것은?

보기
ㄱ. (가)에서 산화되는 물질은 Na이다.
ㄴ. (나)에서 환원되는 물질은 Al이다.
ㄷ. (다)에서 전자의 이동에 의한 산화 · 환원 반응이 일어난다.

① ㄱ ② ㄴ ③ ㄷ
④ ㄱ, ㄷ ⑤ ㄴ, ㄷ

중요

12 그림과 같이 질산 은($AgNO_3$) 수용액에 구리(Cu) 선을 넣었더니 구리 선 표면에 은(Ag)이 석출되고, 수용액이 무색에서 푸른색으로 변했다.

이에 대한 설명으로 옳지 않은 것은?

① 구리는 산화된다.
② 은 이온은 환원된다.
③ 수용액 속 양이온의 수는 증가한다.
④ 수용액이 푸른색으로 변하는 것은 구리 이온 때문이다.
⑤ 전자의 이동에 의한 산화 · 환원 반응으로 설명할 수 있다.

4 우리 주변의 산화 · 환원 반응

13 다음은 우리 주변에서 일어나는 3가지 변화이다.

(가) 석탄이 연소한다.
(나) 설탕이 물에 녹는다.
(다) 동물이 세포호흡을 한다.

(가)~(다) 중에서 산화 · 환원 반응만을 있는 대로 고른 것은?

① (가) ② (나) ③ (다)
④ (가), (다) ⑤ (나), (다)

14 다음은 우리 주변에서 일어나는 2가지 반응을 화학 반응식으로 나타낸 것이다.

(가) $6(\ ㉠\ ) + 6H_2O \xrightarrow{\text{빛에너지}} C_6H_{12}O_6 + 6O_2$
(나) $C_3H_8 + 5O_2 \longrightarrow 3(\ ㉠\ ) + 4H_2O$

이에 대한 설명으로 옳은 것만을 〈보기〉에서 있는 대로 고른 것은?

보기
ㄱ. ㉠은 CO_2이다.
ㄴ. (나)에서 C_3H_8은 환원된다.
ㄷ. (가)와 (나)는 산소가 관여하는 산화 · 환원 반응이다.

① ㄴ ② ㄷ ③ ㄱ, ㄴ
④ ㄱ, ㄷ ⑤ ㄱ, ㄴ, ㄷ

15 다음은 철의 제련과 관련된 화학 반응식을 나타낸 것이다.

(가) $2C + O_2 \longrightarrow 2CO$
(나) $Fe_2O_3 + 3CO \longrightarrow 2Fe + 3CO_2$

이에 대한 설명으로 옳은 것만을 〈보기〉에서 있는 대로 고른 것은?

보기
ㄱ. (가)에서 C는 산화된다.
ㄴ. (나)에서 Fe_2O_3은 산화된다.
ㄷ. (가)와 (나)는 산화 · 환원 반응이다.

① ㄱ ② ㄴ ③ ㄱ, ㄷ
④ ㄴ, ㄷ ⑤ ㄱ, ㄴ, ㄷ

단답형 · 서술형 문제

16 다음은 자연과 인류의 역사에 큰 변화를 가져온 3가지 반응의 화학 반응식을 나타낸 것이다.

(가) $6CO_2 + 6H_2O \longrightarrow C_6H_{12}O_6 + 6($ ㉠ $)$
(나) $C_6H_{12}O_6 + 6($ ㉠ $) \longrightarrow 6CO_2 + 6H_2O$
(다) $2C_4H_{10} + 13($ ㉠ $) \longrightarrow 8CO_2 + 10H_2O$

(1) ㉠에 해당하는 물질의 화학식을 쓰시오.

(2) (가)~(다) 중에서 광합성에 해당하는 것을 고르시오.

중요
17 다음은 구리판을 가열하는 실험이다.

| 실험 과정 및 결과 |
(가) 붉은색 구리판을 알코올램프의 겉불꽃에 넣고 가열하였더니 구리판이 검은색으로 변하였다.
(나) (가)의 검은색 구리판을 알코올램프의 속불꽃에 넣고 가열하였더니 구리판이 다시 붉은색으로 변하였다.

(가)

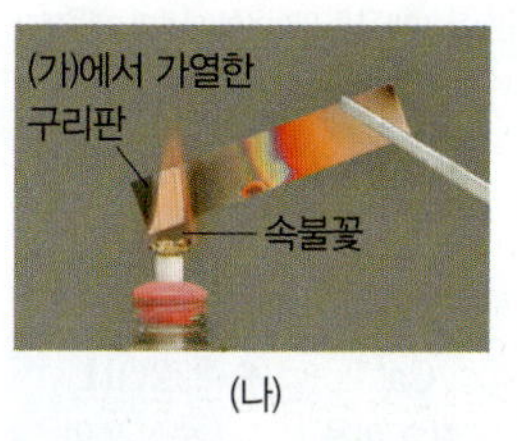

(나)

(가)에서 산화되는 물질과 (나)에서 환원되는 물질을 각각 쓰고, 그 까닭을 설명하시오.

18 다음은 2가지 반응의 화학 반응식을 나타낸 것이다.

(가) $Fe + Cu^{2+} \longrightarrow Fe^{2+} + Cu$
(나) $2Al + 3CuSO_4 \longrightarrow Al_2(SO_4)_3 + 3Cu$

(1) (가)에서 산화되는 물질의 화학식을 쓰고, 그 까닭을 전자의 이동으로 설명하시오.

(2) (나)에서 반응물 사이의 전자의 이동을 설명하시오.

19 그림과 같이 유리관에 검은색의 산화 구리(Ⅱ)(CuO)를 넣고 수소(H_2) 기체를 통과시키면서 가열했더니 산화 구리(Ⅱ)가 붉은색의 구리(Cu)로 변했다.

(1) 이 반응의 화학 반응식을 쓰시오.

(2) 검은색의 산화 구리(Ⅱ)가 붉은색의 구리로 변한 까닭을 산소에 의한 산화·환원 반응과 관련지어 설명하시오.

20 다음은 금속의 산화·환원 반응 실험이다.

| 실험 과정 및 결과 |
황산 구리(Ⅱ)($CuSO_4$) 수용액에 마그네슘(Mg)판을 넣었더니 ㉠ 푸른색이었던 수용액의 색이 점점 옅어지고, ㉡ 마그네슘판의 표면에는 고체가 생성되었다.

(1) ㉠에서 수용액의 푸른색이 점점 옅어지는 까닭을 설명하시오.

(2) ㉡에서 생성된 고체의 화학식을 쓰시오.

(3) 이 반응에서 산화되는 물질과 환원되는 물질을 쓰고, 그 까닭을 설명하시오.

02 화학 변화

05강 산과 염기

핵심 KEY word
산성과 염기성 | 산과 염기 | 산과 염기의 이온화 | 중화 반응 | 중화열

1 산과 염기

(1) 산성과 염기성

산성	염기성
• 대부분 신맛이 난다. • 수용액은 전류가 흐르는 성질이 있다. • 푸른색 리트머스 종이를 붉은색으로 변화시킨다.❶ • BTB 용액을 노란색으로 변화시킨다. • 탄산 칼슘($CaCO_3$)과 반응하여 이산화 탄소(CO_2) 기체를 발생시킨다. • 마그네슘 등의 금속과 반응하여 수소(H_2) 기체를 발생시킨다.❷ $Mg + 2H^+ \longrightarrow Mg^{2+} + H_2$	• 대부분 쓴맛이 난다. • 수용액은 전류가 흐르는 성질이 있다. • 붉은색 리트머스 종이를 푸른색으로 변화시킨다. • 페놀프탈레인 용액을 붉은색으로 변화시킨다. • BTB 용액을 파란색으로 변화시킨다. • 대부분 금속과 반응하지 않는다. • 단백질을 녹이는 성질이 있어 만지면 미끈거린다.

$CaCO_3 + 2H^+ \longrightarrow Ca^{2+} + CO_2 + H_2O$

(2) 산과 염기

① **산**: 수용액에서 수소 이온(H^+)을 내놓는 물질이다. – 우리 주변의 산에는 식초, 레몬즙, 탄산음료 등이 있다.

② **염기**: 수용액에서 수산화 이온(OH^-)을 내놓는 물질이다. – 우리 주변의 염기에는 비눗물, 제산제, 제빵 소다 수용액 등이 있다.

③ **산, 염기의 이온화와 산성, 염기성을 나타내는 이온**

산	염기
• 산의 공통적인 성질인 산성은 수소 이온(H^+) 때문에 나타난다. • 여러 가지 산의 이온화❸ (산의 성질이 종류에 따라 다른 까닭은 음이온이 다르기 때문이다.)	• 염기의 공통적인 성질인 염기성은 수산화 이온(OH^-) 때문에 나타난다. • 여러 가지 염기의 이온화 (염기의 성질이 종류에 따라 다른 까닭은 양이온이 다르기 때문이다.)
HCl (염산) $\longrightarrow$ H^+ (수소 이온) + Cl^- (염화 이온)	$NaOH$ (수산화 나트륨) $\longrightarrow$ Na^+ (나트륨 이온) + OH^- (수산화 이온)
CH_3COOH (아세트산) $\longrightarrow$ H^+ (수소 이온) + CH_3COO^- (아세트산 이온)	KOH (수산화 칼륨) $\longrightarrow$ K^+ (칼륨 이온) + OH^- (수산화 이온)
H_2SO_4 (황산) $\longrightarrow$ $2H^+$ (수소 이온) + SO_4^{2-} (황산 이온)	$Ca(OH)_2$ (수산화 칼슘) $\longrightarrow$ Ca^{2+} (칼슘 이온) + $2OH^-$ (수산화 이온)

아세트산: 식초의 주성분이다.

자료 pick 산성을 나타내는 이온과 염기성을 나타내는 이온

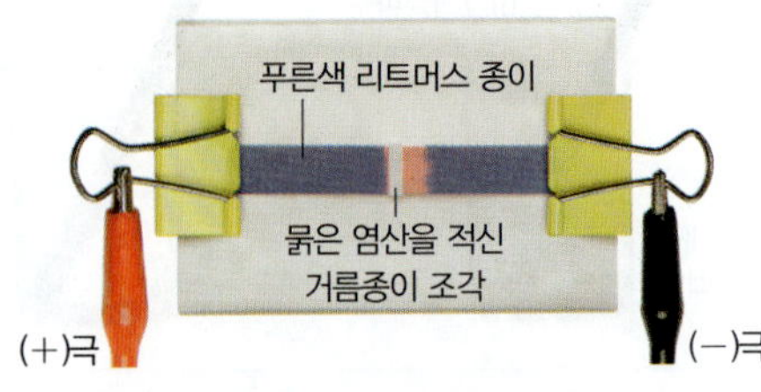

질산 칼륨 수용액을 적신 푸른색 리트머스 종이의 가운데에 묽은 염산(HCl)을 적신 거름종이 조각을 올려놓고 전류를 흘려 주면 푸른색 리트머스 종이가 거름종이 조각에서부터 (−)극 쪽으로 붉은색으로 변한다.

➜ 양이온인 H^+이 (−)극 쪽으로 이동하면서 푸른색 리트머스 종이의 색깔을 변하게 한다.

➜ 산성은 H^+ 때문에 나타나는 성질이다.

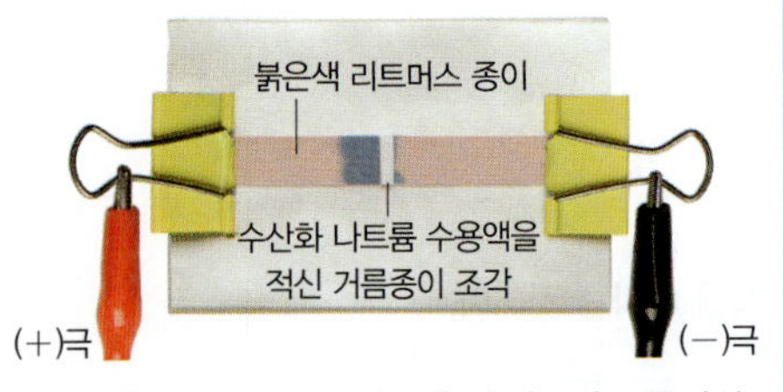

질산 칼륨 수용액을 적신 붉은색 리트머스 종이의 가운데에 수산화 나트륨(NaOH) 수용액을 적신 거름종이 조각을 올려놓고 전류를 흘려 주면 붉은색 리트머스 종이가 거름종이 조각에서부터 (+)극 쪽으로 푸른색으로 변한다.

➜ 음이온인 OH^-이 (+)극 쪽으로 이동하면서 붉은색 리트머스 종이의 색깔을 변하게 한다.

➜ 염기성은 OH^- 때문에 나타나는 성질이다.

---

❶ **지시약**
용액의 액성인 산성, 중성, 염기성에 따라 색이 변하는 물질로, 리트머스 종이, 페놀프탈레인 용액, BTB 용액, 메틸 오렌지 용액 등이 있다.

• **페놀프탈레인 용액**

• **BTB 용액**

• **메틸 오렌지 용액**

❷ **금속과 산의 반응**
산이 모든 금속과 반응하여 수소 기체를 발생하는 것은 아니다. 마그네슘, 아연, 철 등은 산과 반응하지만, 구리, 은, 금 등은 산과 반응하지 않는다.

❸ **이온화**
물질이 물에 녹아 양이온과 음이온으로 나누어지는 현상을 이온화라고 한다.

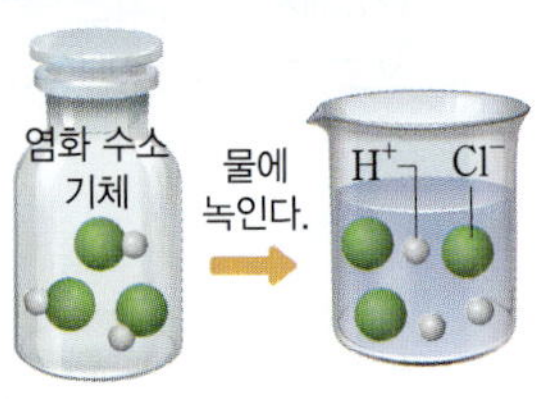

암기 비법
산과 염기의 정의
산은 수소이고, 염기는 오(OH)이다.
→ 산은 수용액에서 수소 이온(H^+)을 내놓는 물질이고, 염기는 수용액에서 수산화 이온(OH^-)을 내놓는 물질이다.

2 중화 반응 탐구 52쪽

(1) 중화* 반응 산의 수소 이온(H^+)과 염기의 수산화 이온(OH^-)이 1 : 1의 개수비로 반응해 물(H_2O)을 생성하는 반응이다. ➜ $H^+ + OH^- \longrightarrow H_2O$

예 묽은 염산과 수산화 나트륨 수용액의 중화 반응

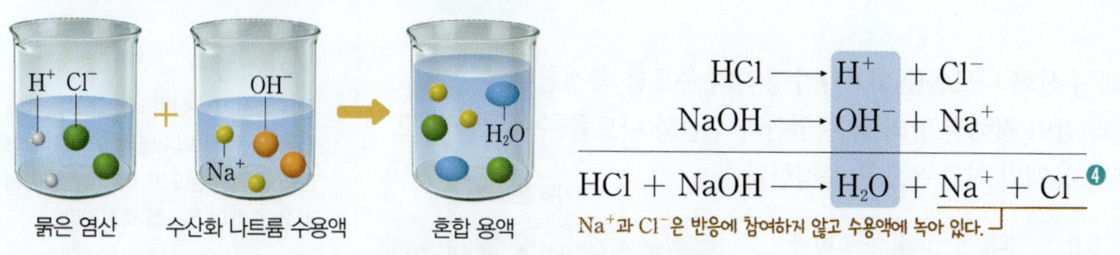

(2) 중화 반응과 중화열

① **중화열**: 중화 반응이 일어날 때 발생하는 열이다. ➜ 중화 반응을 하는 수소 이온(H^+)과 수산화 이온(OH^-)의 수가 많을수록 생성되는 물의 양이 많고 중화열이 많이 발생한다.

② **중화 반응이 일어날 때 온도와 액성 변화❺**

예 농도*와 온도가 같은 묽은 염산과 수산화 나트륨 수용액의 중화 반응: 혼합 용액의 전체 부피가 같을 때 반응한 H^+과 OH^-의 수가 가장 많은 경우의 최고 온도가 가장 높다.

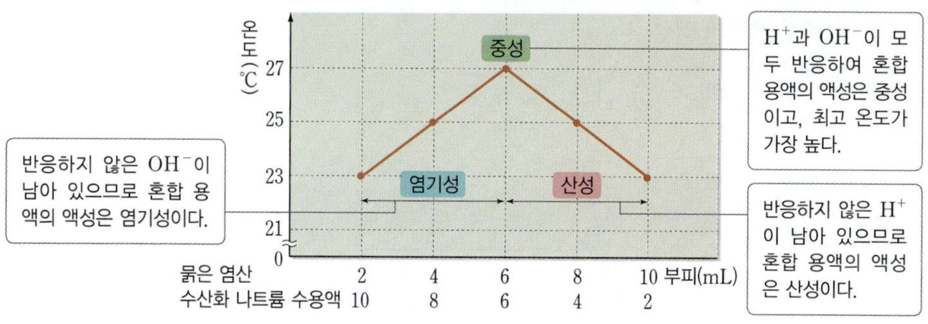

(3) 중화 반응이 일어날 때 이온 수와 액성 변화❻

자료 pick 일정량의 묽은 염산에 수산화 나트륨 수용액을 조금씩 넣을 때 이온 수와 액성 변화

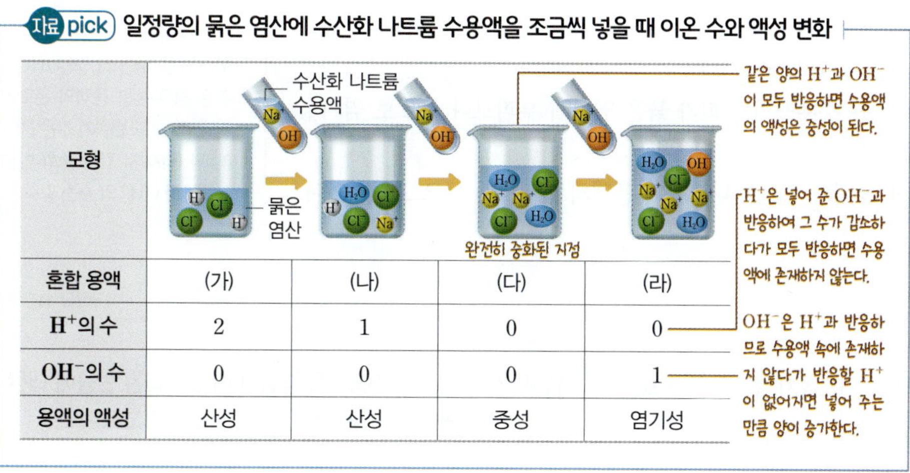

모형				
혼합 용액	(가)	(나)	(다)	(라)
H^+의 수	2	1	0	0
OH^-의 수	0	0	0	1
용액의 액성	산성	산성	중성	염기성

(4) 중화 반응의 이용

① **제산제**: 위산이 분비되어 속이 쓰릴 때 염기성인 제산제를 먹어서 중화한다.

② **생선 비린내 제거**: 식초나 레몬즙으로 염기성인 생선 비린내 성분을 중화한다.

③ **치약**: 염기성인 치약으로 이를 닦아서 충치를 유발하는 산성 물질을 중화한다.

④ **암모니아수**: 벌레에 물렸을 때 바르는 약 속의 암모니아수가 산성인 벌레의 독을 중화한다.

⑤ **산성화된 호수와 토양의 중화**: 산성화된 호수와 토양에 염기성인 석회 가루를 뿌려 중화한다.

---

❹ 중화 반응과 염

산의 음이온과 염기의 양이온으로 이루어진 물질을 염이라고 한다. 예를 들어 묽은 염산과 수산화 나트륨 수용액의 중화 반응에서 생성되는 염은 염화 나트륨(NaCl)이다.

❺ 일정량의 산(염기) 수용액에 염기(산) 수용액을 조금씩 넣을 때 온도 변화

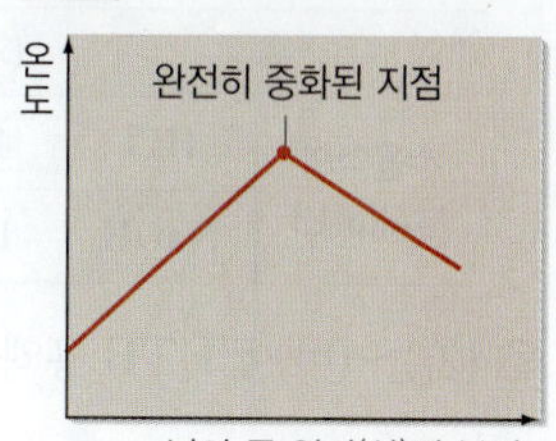

중화 반응이 일어나면 중화열이 발생하므로 온도가 높아지며, 산과 염기가 완전히 중화되었을 때 온도가 가장 높다. 완전히 중화된 지점 이후에는 낮은 온도의 수용액이 가해지므로 온도가 낮아진다.

❻ 일정량의 묽은 염산에 수산화 나트륨 수용액을 넣을 때 이온 수 변화

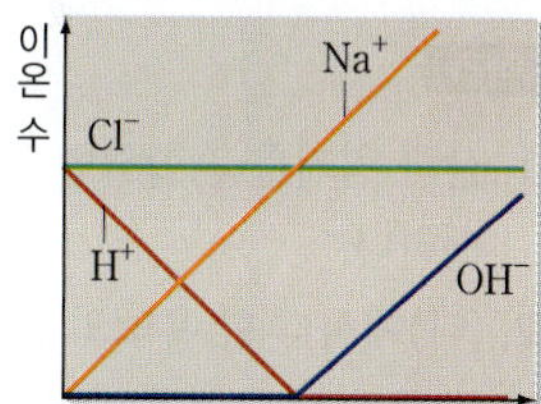

- H^+: OH^-과 반응하여 감소하다가 완전히 중화된 지점 이후부터 존재하지 않는다.
- Cl^-: 반응에 참여하지 않으므로 Cl^- 수는 일정하다.
- Na^+: 반응에 참여하지 않으므로 넣는 만큼 Na^+ 수는 증가한다.
- OH^-: H^+과 반응하므로 처음에는 존재하지 않다가 완전히 중화된 지점 이후부터 증가한다.

용어 뜻풀이

* **중화**(가운데 中, 화목할 和): 산과 염기가 반응하여 산 및 염기의 성질을 잃는 현상이다.
* **농도**(짙을 濃, 법도 度): 용액의 진하고 묽음을 나타내는 수치로, 일정량의 용액 속에 들어 있는 용질의 양을 의미한다.

산과 염기를 혼합할 때의 온도와 색 변화 관찰하기

개념 51쪽

탐구 목표

산과 염기를 혼합할 때의 온도 변화와 지시약의 색 변화를 관찰하고, 측정한 온도를 그래프로 나타낼 수 있다.

과정

❶ 농도가 같은 묽은 염산(HCl)과 수산화 나트륨(NaOH) 수용액의 온도를 측정한다.

❷ 6홈판의 (가)~(마)에 아래 표와 같이 정해진 양의 묽은 염산과 수산화 나트륨 수용액을 넣고 유리 막대로 잘 저은 뒤, 각 혼합 용액의 최고 온도를 측정한다.

홈		(가)	(나)	(다)	(라)	(마)
수용액의 부피(mL)	HCl	2	4	6	8	10
	NaOH	10	8	6	4	2

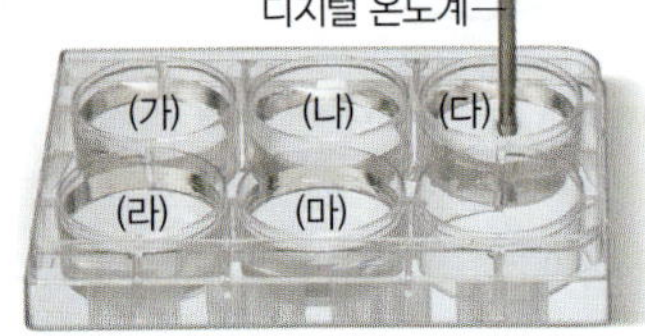

❸ (가)~(마)에 BTB 용액 2~3방울을 떨어뜨리고 색 변화를 관찰한다.

결과

1. 혼합 전 묽은 염산의 온도는 21 ℃, 수산화 나트륨 수용액의 온도는 21 ℃이다.
2. 혼합 용액의 최고 온도, BTB 용액의 색, 혼합 용액의 액성

구분	(가)	(나)	(다)	(라)	(마)
최고 온도(℃)	23	25	27	25	23
BTB 용액의 색	파란색	파란색	초록색	노란색	노란색
용액의 액성	염기성	염기성	중성	산성	산성

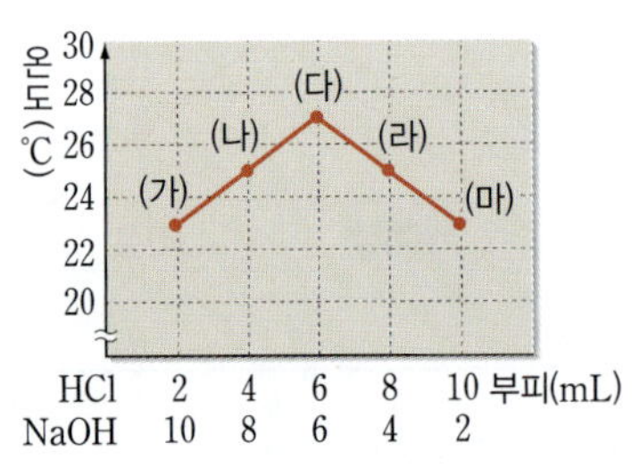

정리

1. 산과 염기를 혼합하면 혼합 용액의 온도가 높아진다. → 중화 반응이 일어날 때 중화열이 발생한다.
2. (다)에서 혼합 용액의 온도가 가장 높다. → 수용액의 온도 변화가 가장 크므로 (다)에서 중화 반응이 가장 많이 일어난다. 반응한 H^+과 OH^-의 수가 가장 많다.
3. (가)와 (나)는 반응 전 수산화 나트륨 수용액의 부피가 묽은 염산의 부피보다 크므로 염기성이다.
4. (라)와 (마)는 반응 전 묽은 염산의 부피가 수산화 나트륨 수용액의 부피보다 크므로 산성이다.

• **유의할 점**
묽은 염산과 수산화 나트륨 수용액을 섞은 뒤 즉시 디지털 온도계를 넣어 혼합 용액의 온도가 더 이상 높아지지 않을 때의 온도를 측정한다.

• **혼합 용액의 온도 변화**
혼합 용액의 전체 부피가 같을 때 중화 반응을 하는 H^+과 OH^-의 수가 같은 경우 혼합 용액의 온도 변화가 같다. 즉, 온도 변화가 같은 (가)와 (마), (나)와 (라)에서 각각 중화 반응을 하는 H^+과 OH^-의 수는 같다.

탐구 확인문제

바른답·알찬풀이 19쪽

01 위 실험에 대한 설명으로 옳은 것은 ○표, 옳지 않은 것은 ×표 하시오.

(1) 중화 반응이 일어날 때 열을 흡수한다. ( )

(2) H^+과 OH^-은 1 : 1의 개수비로 중화 반응 한다. ( )

(3) 지시약을 이용하여 수용액의 액성을 알 수 있다. ( )

(4) (가)와 (마)에서 중화 반응 한 H^+의 수는 같다. ( )

02 산과 염기의 수용액을 혼합할 때 일어나는 반응에 대한 설명으로 옳은 것만을 <보기>에서 있는 대로 고르시오.

보기
ㄱ. 물이 생성된다.
ㄴ. 반응 후 수용액의 액성은 항상 중성이다.
ㄷ. 반응 후 수용액의 온도는 반응 전보다 높다.

개념 확인 초성 Quiz

1 물에 녹아 ㅅ ㅅ ㅇ ㅇ 을/를 내놓는 물질을 산이라고 한다.

2 물에 녹아 수산화 이온을 내놓는 물질을 ㅇ ㄱ (이)라고 한다.

3 산과 염기가 만나 중화 반응이 일어나면 ㅁ 이/가 생성된다.

4 중화 반응이 일어날 때 발생하는 열을 ㅈ ㅎ ㅇ (이)라고 한다.

5 염기성인 제산제는 위산과 ㅈ ㅎ ㅂ ㅇ 을/를 하여 위산 과다로 인한 속쓰림을 줄인다.

1 산과 염기

01 산과 염기에 대한 설명으로 옳은 것은 ○표, 옳지 않은 것은 ×표 하시오.

(1) 산 수용액은 마그네슘과 반응하여 수소 기체를 발생시킨다. ( )

(2) 염기 수용액에 BTB 용액을 떨어뜨리면 노란색으로 변한다. ( )

(3) 산과 염기의 수용액에는 이온이 존재하므로 전원을 연결하면 전류가 흐른다. ( )

(4) 산의 종류마다 성질이 서로 다른 까닭은 산의 양이온 종류가 서로 다르기 때문이다. ( )

02 그림은 2가지 수용액에 들어 있는 입자를 모형으로 나타낸 것이다. (가)와 (나)는 각각 묽은 염산(HCl)과 묽은 황산(H_2SO_4) 중 하나이다.

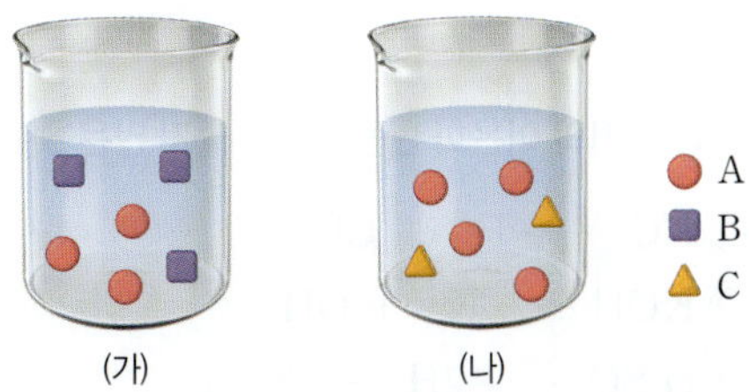

A~C 중 수소 이온에 해당하는 입자를 쓰고, (가)와 (나) 중 묽은 염산에 해당하는 모형을 쓰시오.

2 중화 반응

03 다음은 2가지 중화 반응을 화학 반응식으로 나타낸 것이다. ( ) 안에 공통으로 들어갈 알맞은 화학식을 쓰시오.

- $HCl + KOH \longrightarrow (\quad) + KCl$
- $CH_3COOH + NaOH \longrightarrow (\quad) + CH_3COONa$

04 중화 반응에 대한 설명으로 옳은 것은 ○표, 옳지 않은 것은 ×표 하시오.

(1) 산의 수산화 이온과 염기의 수소 이온이 중화 반응을 한다. ( )

(2) 산의 음이온과 염기의 양이온은 중화 반응에 참여하지 않는다. ( )

(3) 중화 반응이 일어날 때 열이 발생하여 혼합 용액의 온도가 높아진다. ( )

05 그림은 일정량의 묽은 염산(HCl)에 같은 농도의 수산화 나트륨(NaOH) 수용액을 넣어 줄 때 수용액 속에 들어 있는 입자를 모형으로 나타낸 것이다.

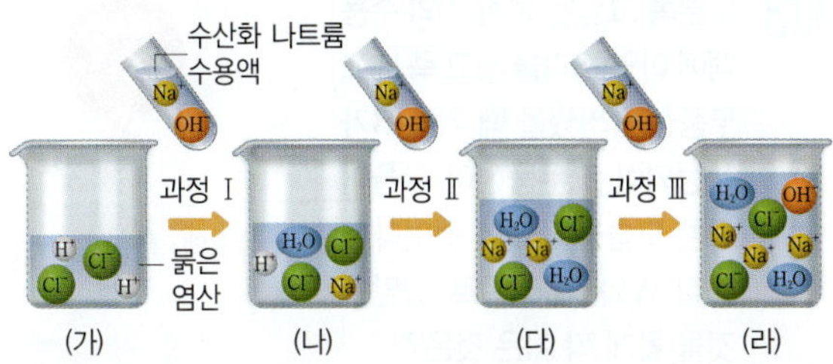

(1) 혼합 용액 (가)~(라)의 액성을 각각 쓰시오.

(2) 과정 Ⅰ~Ⅲ 중에서 중화 반응이 일어나지 않는 것을 고르시오.

1 산과 염기

01 산의 공통적인 성질에 대한 설명으로 옳은 것은?

① 대부분 쓴맛이 난다.
② 수용액에서 수산화 이온을 내놓는다.
③ 탄산 칼슘과 반응하여 수소 기체를 발생시킨다.
④ 푸른색 리트머스 종이를 붉은색으로 변화시킨다.
⑤ 제산제, 치약, 암모니아수 등은 산의 공통적인 성질을 가진다.

02 다음은 어떤 수용액으로 3가지 실험을 한 결과이다.

- 전원 장치를 연결했더니 전류가 흘렀다.
- 페놀프탈레인 용액을 떨어뜨렸더니 붉은색으로 변했다.
- BTB 용액을 떨어뜨렸더니 파란색으로 변했다.

이와 같은 결과를 나타내는 물질만을 <보기>에서 있는 대로 고른 것은?

보기
ㄱ. 아세트산(CH_3COOH) 수용액
ㄴ. 에탄올(C_2H_5OH) 수용액
ㄷ. 수산화 나트륨($NaOH$) 수용액

① ㄱ ② ㄷ ③ ㄱ, ㄴ
④ ㄴ, ㄷ ⑤ ㄱ, ㄴ, ㄷ

03 오른쪽 그림은 물질 A의 수용액에 아연 조각을 넣고 즉시 고무풍선을 씌웠을 때 기체 B가 생성되어 고무풍선이 부풀어 오른 모습을 나타낸 것이다. 물질 A와 기체 B로 알맞은 것을 옳게 짝 지은 것은?

	물질 A	기체 B		물질 A	기체 B
①	HCl	H_2	②	HCl	O_2
③	NaOH	H_2	④	NaOH	O_2
⑤	NaCl	O_2			

04 표는 4가지 수용액을 기준에 따라 분류한 것이다.

(가)	(나)
수산화 나트륨 수용액, 암모니아수	묽은 염산, 아세트산 수용액

수용액을 (가)와 (나)로 구분하기 위한 기준으로 적절한 것만을 <보기>에서 있는 대로 고른 것은?

보기
ㄱ. 달걀 껍데기를 넣어 기체가 발생하는지 확인한다.
ㄴ. 마그네슘 조각을 넣어 기체가 발생하는지 확인한다.
ㄷ. 전원 장치를 연결하여 전류가 흐르는지 확인한다.

① ㄱ ② ㄷ ③ ㄱ, ㄴ
④ ㄴ, ㄷ ⑤ ㄱ, ㄴ, ㄷ

중요

05 표는 물질 (가)~(다)에서 2가지 지시약의 색 변화를 나타낸 것이다. (가)~(다)는 탄산음료, 비눗물, 소금물 중 하나이다.

물질	(가)	(나)	(다)
BTB 용액	파란색	(㉠)	초록색
페놀프탈레인 용액	(㉡)		무색

이에 대한 설명으로 옳지 않은 것은?

① ㉠은 노란색이다.
② ㉡은 붉은색이다.
③ (가)는 비눗물이다.
④ (나)는 푸른색 리트머스 종이를 붉은색으로 변화시킨다.
⑤ (다)는 탄산 칼슘과 반응하여 이산화 탄소 기체를 발생시킨다.

06 산과 염기의 이온화 반응식으로 옳지 않은 것은?

① $HCl \longrightarrow H^+ + Cl^-$
② $KOH \longrightarrow K^+ + OH^-$
③ $H_2SO_4 \longrightarrow 2H^+ + SO_4^{2-}$
④ $Ca(OH)_2 \longrightarrow Ca^{2+} + 2OH^-$
⑤ $CH_3COOH \longrightarrow CH_3CO^+ + OH^-$

중요 **07** 다음은 묽은 염산(HCl)의 성질을 알아보기 위한 실험이다.

| 실험 과정 및 결과 |

질산 칼륨(KNO_3) 수용액을 적신 푸른색 리트머스 종이 위에 묽은 염산(HCl)을 적신 실을 올려놓고 전원을 연결했더니, 푸른색 리트머스 종이가 실에서부터 A극 쪽으로 붉은색으로 변했다.

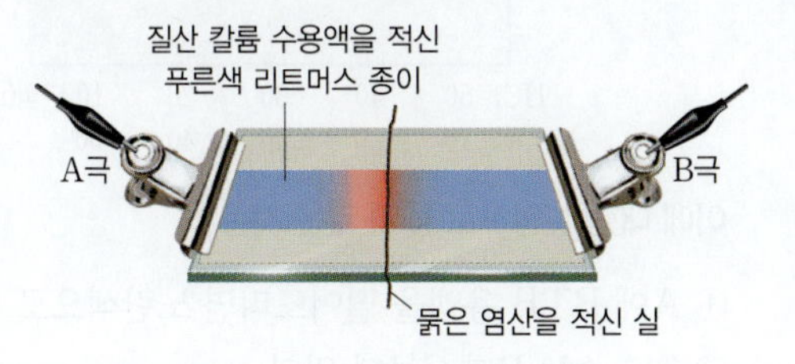

이에 대한 설명으로 옳은 것은?

① A극은 (+)극이다.
② Cl^-은 전원을 연결하면 이동하지 않는다.
③ K^+은 전원을 연결하면 B극으로 이동한다.
④ 푸른색 리트머스 종이가 붉은색으로 변하는 것은 H^+ 때문이다.
⑤ 묽은 염산 대신 수산화 나트륨 수용액으로 실험하면 푸른색 리트머스 종이가 B극 쪽으로 붉은색으로 변한다.

중요 **08** 그림 (가)와 (나)는 묽은 염산(HCl)과 질산(HNO_3) 수용액에 들어 있는 입자를 각각 모형으로 나타낸 것이다.

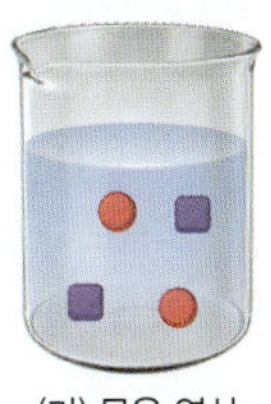
(가) 묽은 염산

(나) 질산 수용액

이에 대한 설명으로 옳은 것만을 〈보기〉에서 있는 대로 고른 것은?

보기
ㄱ. ●는 음이온이다.
ㄴ. (가)에 아연 조각을 넣으면 수소 기체가 발생한다.
ㄷ. (나)에 페놀프탈레인 용액을 떨어뜨리면 붉은색으로 변한다.

① ㄱ ② ㄴ ③ ㄱ, ㄷ
④ ㄴ, ㄷ ⑤ ㄱ, ㄴ, ㄷ

2 중화 반응

09 중화 반응에 대한 설명으로 옳지 않은 것은?

① 산과 염기가 반응하여 물이 생성된다.
② 중화 반응이 일어날 때 열이 발생한다.
③ 산의 음이온과 염기의 양이온이 중화 반응 한다.
④ 산과 염기의 종류가 달라도 중화 반응 하는 양이온과 음이온의 개수비는 같다.
⑤ 일정량의 산 수용액에 염기 수용액을 넣을 때 완전히 중화되는 지점에서 온도가 가장 높다.

10 다음은 2가지 중화 반응을 화학 반응식으로 나타낸 것이다.

• $HCl + NaOH \longrightarrow$ (㉠) + $NaCl$
• $H_2SO_4 + 2KOH \longrightarrow 2$(㉠) + K_2SO_4

이에 대한 설명으로 옳은 것만을 〈보기〉에서 있는 대로 고른 것은?

보기
ㄱ. ㉠은 H_2O이다.
ㄴ. 중화 반응에서 H^+과 OH^-은 1 : 1의 개수비로 반응한다.
ㄷ. 산의 음이온과 염기의 양이온은 중화 반응에 참여하지 않는다.

① ㄱ ② ㄷ ③ ㄱ, ㄴ
④ ㄴ, ㄷ ⑤ ㄱ, ㄴ, ㄷ

11 오른쪽 그림은 수산화 나트륨(NaOH) 수용액에 묽은 염산(HCl)을 넣었을 때 혼합 용액 속에 들어 있는 입자를 모형으로 나타낸 것이다. 이에 대한 설명으로 옳은 것은?

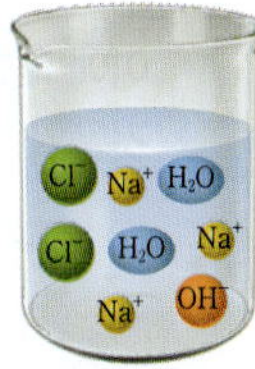

① 혼합 용액은 산성이다.
② Na^+과 Cl^-이 중화 반응을 한다.
③ H^+과 OH^-은 2 : 3의 개수비로 반응한다.
④ 혼합 용액에 들어 있는 양이온 수와 음이온 수는 같다.
⑤ 반응 전 수용액에 들어 있는 양이온 수는 묽은 염산이 수산화 나트륨 수용액보다 많다.

12 그림은 일정량의 수산화 나트륨(NaOH) 수용액에 묽은 염산(HCl)을 넣어 줄 때 수용액 속에 들어 있는 입자를 모형으로 나타낸 것이다.

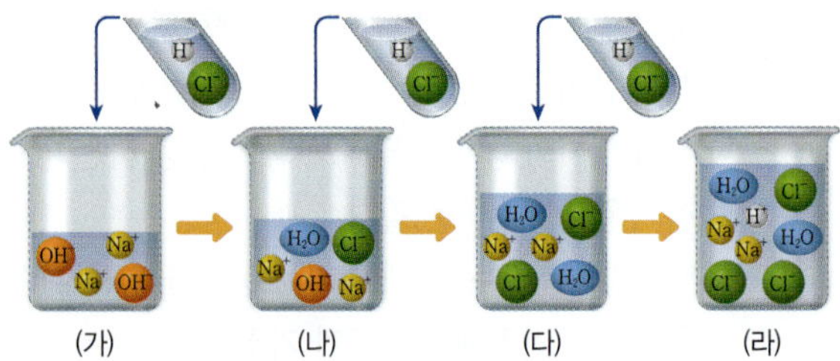

이에 대한 설명으로 옳은 것만을 <보기>에서 있는 대로 고른 것은?

보기

ㄱ. (가)와 (나)의 액성은 산성이다.
ㄴ. (라)에 마그네슘을 넣으면 기체가 발생한다.
ㄷ. 수용액 속에 들어 있는 전체 이온 수는 (나)가 (다)보다 많다.

① ㄱ ② ㄴ ③ ㄱ, ㄷ
④ ㄴ, ㄷ ⑤ ㄱ, ㄴ, ㄷ

13 그림은 묽은 염산(HCl) 10 mL에 수산화 나트륨(NaOH) 수용액을 10 mL씩 차례대로 넣을 때 혼합 용액에 들어 있는 양이온만을 모형으로 나타낸 것이다.

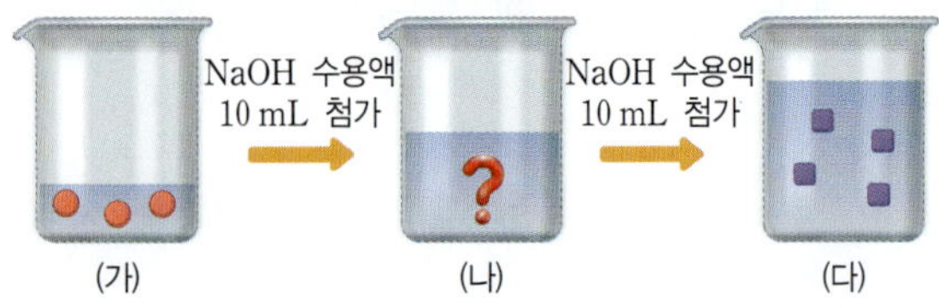

이에 대한 설명으로 옳은 것만을 <보기>에서 있는 대로 고른 것은?

보기

ㄱ. (나)에서 $\frac{Na^+\text{의 수}}{Cl^-\text{의 수}}=\frac{2}{3}$이다.
ㄴ. (나)의 액성은 중성이다.
ㄷ. 음이온 수는 (다)가 (나)의 2배이다.

① ㄱ ② ㄴ ③ ㄱ, ㄷ
④ ㄴ, ㄷ ⑤ ㄱ, ㄴ, ㄷ

중요

14 그림은 농도와 온도가 같은 묽은 염산(HCl)과 수산화 나트륨(NaOH) 수용액의 부피를 달리하여 혼합했을 때 혼합 용액의 최고 온도를 측정하여 나타낸 것이다.

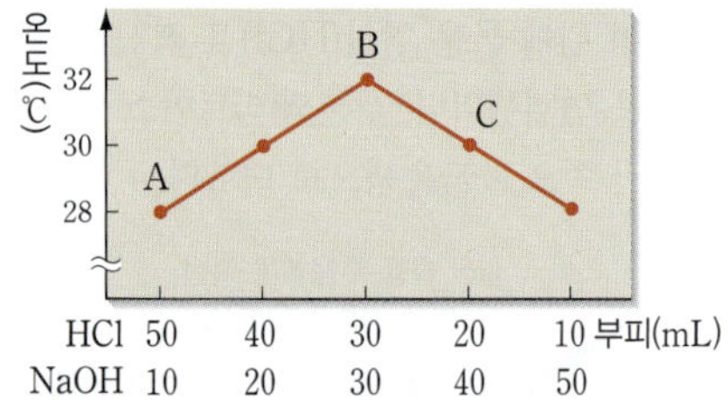

이에 대한 설명으로 옳지 않은 것은?

① A에 BTB 용액을 떨어뜨리면 노란색으로 변한다.
② Cl^- 수는 B가 C보다 많다.
③ 생성된 물 분자 수는 B>C>A이다.
④ 전체 이온 수는 B가 A보다 많다.
⑤ A와 C를 혼합한 용액의 액성은 산성이다.

15 표는 농도와 온도가 같은 묽은 염산(HCl)과 수산화 나트륨(NaOH) 수용액의 부피를 달리하여 혼합했을 때 혼합 용액의 최고 온도를 측정하여 나타낸 것이다.

혼합 용액	(가)	(나)	(다)
HCl의 부피(mL)	2	5	8
NaOH 수용액의 부피(mL)	8	5	2
혼합 용액의 최고 온도(°C)	26	30	26

이에 대한 설명으로 옳은 것만을 <보기>에서 있는 대로 고른 것은?

보기

ㄱ. 생성된 물 분자 수는 (가)와 (다)가 같다.
ㄴ. 발생한 중화열은 (나)가 (다)보다 많다.
ㄷ. (가)에 페놀프탈레인 용액을 떨어뜨리면 붉은색으로 변한다.

① ㄱ ② ㄷ ③ ㄱ, ㄴ
④ ㄴ, ㄷ ⑤ ㄱ, ㄴ, ㄷ

16 중화 반응의 예로 옳지 않은 것은?

① 속이 쓰릴 때 제산제를 먹는다.
② 욕실에 놓아둔 머리핀이 녹슨다.
③ 벌에 쏘였을 때 암모니아수를 바른다.
④ 치약으로 이를 닦아서 충치를 예방한다.
⑤ 생선에 레몬즙을 뿌려 비린내를 제거한다.

단답형 · 서술형 문제

17 다음은 몇 가지 산과 염기의 이온화 반응식을 나타낸 것이다. (   ) 안에 들어갈 알맞은 이온식을 쓰시오.

(1) $HCl \longrightarrow$ (   ) + Cl^-

(2) $CH_3COOH \longrightarrow H^+$ + (   )

(3) $NaOH \longrightarrow Na^+$ + (   )

(4) $H_2SO_4 \longrightarrow$ 2(   ) + SO_4^{2-}

(5) $Ca(OH)_2 \longrightarrow$ (   ) + $2OH^-$

18 다음은 염기의 공통점에 대한 설명이다. (   ) 안에 들어갈 알맞은 말을 쓰시오.

- 붉은색 리트머스 종이를 (㉠)으로 변화시킨다.
- 페놀프탈레인 용액을 (㉡)으로 변화시킨다.
- 수용액에서 이온화하여 (㉢)을/를 내놓는다.

중요 **19** 그림과 같이 질산 칼륨(KNO_3) 수용액을 적신 붉은색 리트머스 종이 위에 수산화 나트륨($NaOH$) 수용액을 적신 거름종이 조각을 올려놓고 전류를 흘려 주었더니 붉은색 리트머스 종이가 거름종이 조각에서부터 (+)극 쪽으로 푸른색으로 변했다.

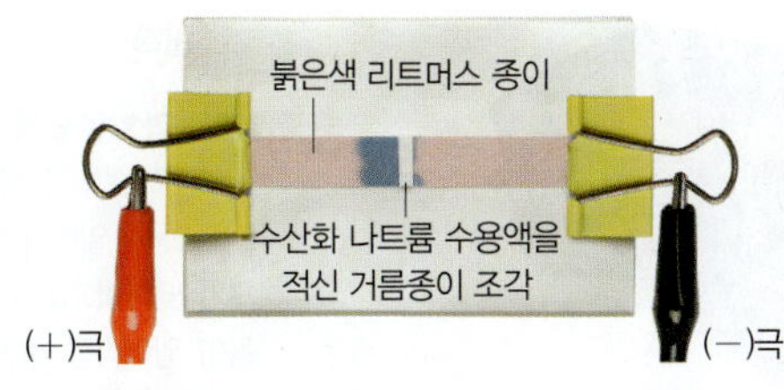

이와 같은 실험 결과가 나타난 까닭을 설명하시오.

중요 **20** 그림은 농도와 온도가 같은 묽은 염산(HCl)과 수산화 나트륨($NaOH$) 수용액의 부피를 달리하여 혼합했을 때 혼합 용액의 온도 변화를 나타낸 것이다.

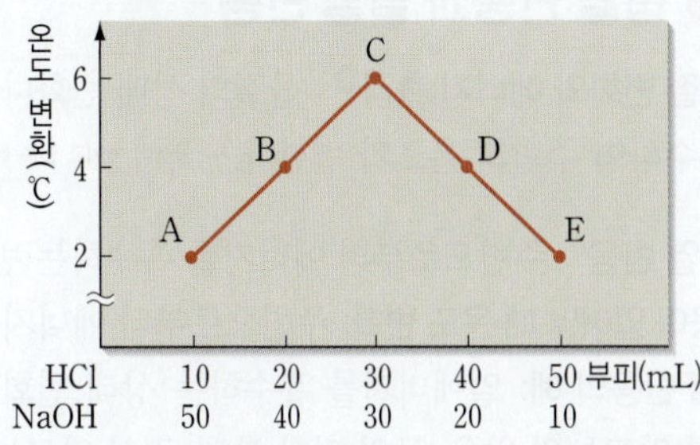

(1) A~E에서 공통으로 일어나는 반응을 화학 반응식과 함께 설명하시오.

(2) A~E 중에서 생성된 물 분자 수가 가장 많은 것을 고르고, 그 까닭을 설명하시오.

21 그림은 일정량의 묽은 염산(HCl)에 수산화 나트륨($NaOH$) 수용액을 쉬지 않고 연속으로 조금씩 넣을 때 수용액 속에 들어 있는 입자를 모형으로 나타낸 것이다. 두 수용액의 온도는 같다.

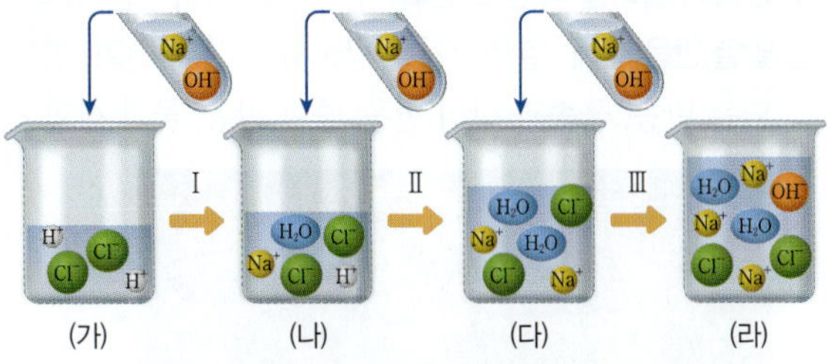

(1) 오른쪽 그림은 혼합 용액 (가)~(라)에 들어 있는 이온 수의 변화를 나타낸 것이다. ㉠~㉣에 해당하는 이온을 각각 쓰시오.

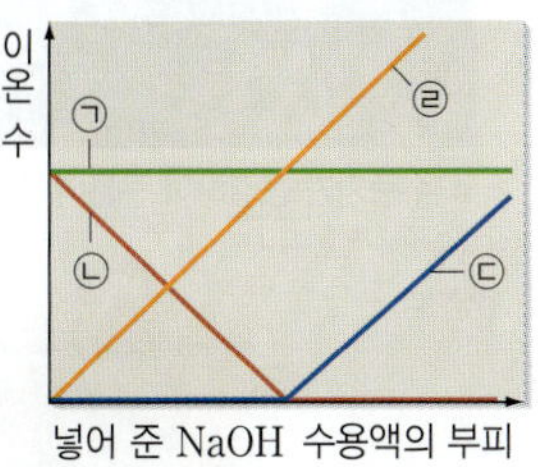

(2) 과정 Ⅰ~Ⅲ에서의 온도 변화를 그 까닭을 포함하여 설명하시오.

02 화학 변화

핵심 KEY word
흡열 반응 | 발열 반응 | 에너지 출입의 이용

에너지의 흡수와 방출

1 흡열 반응과 발열 반응

(1) 물질 변화와 에너지 출입❶ 물질의 상태 변화나 화학 반응이 일어날 때 에너지를 방출하거나 흡수하여 주변의 온도가 변한다. ― 물질이 가지고 있는 에너지가 다르기 때문에 물질의 변화가 일어날 때 에너지가 출입한다.

(2)* 흡열 반응 주변으로부터 에너지를 흡수하는 반응이다.

① **반응이 일어날 때 온도 변화:** 주변으로부터 에너지를 흡수하므로 주변의 온도가 낮아진다.

② **흡열 반응의 예:** 열에너지를 흡수하는 상태 변화, 탄산수소 나트륨의 열분해, 수산화 바륨과 염화 암모늄의 반응, 물의 전기 분해, 질산 암모늄이 물에 녹는 반응 등

▲ 손 소독제에 들어 있는 알코올이 증발하면서 에너지를 흡수한다.

▲ 얼음이 융해하면서 에너지를 흡수한다.❷

▲ 탄산수소 나트륨이 에너지를 흡수하여 분해된다.

▲ 수산화 바륨과 염화 암모늄이 반응하면서 에너지를 흡수한다. ― 주변의 온도가 낮아져 나무판 위에 뿌린 물이 얼어붙는다.

(3)* 발열 반응 주변으로 에너지를 방출하는 반응이다.

① **반응이 일어날 때 온도 변화:** 주변으로 에너지를 방출하므로 주변의 온도가 높아진다.

② **발열 반응의 예:** 열에너지를 방출하는 상태 변화, 염화 칼슘이 물에 녹는 반응, 연소, 철이 산화되는 반응, 금속과 산의 반응, 중화 반응, 물과 산화 칼슘의 반응 등

▲ 수증기가 응결하여 구름이 되면서 에너지를 방출한다.

공기 중의 수증기가 물로 변하는 현상이다.

▲ 염화 칼슘이 물에 녹으면서 에너지를 방출한다.

▲ 뷰테인과 같은 연료가 연소하면서 에너지를 방출한다.

▲ 철이 녹슬면서 에너지를 방출한다.

이전에 배운 내용
- **화학 변화:** 물질이 처음과 성질이 전혀 다른 새로운 물질로 변하는 현상이다.
- **물리 변화:** 물질의 고유한 성질은 변하지 않으면서 모양이나 상태가 달라지는 현상이다.

❶ **화학 반응과 에너지의 출입**
화학 반응이 일어날 때 반응물과 생성물이 가진 에너지 차이만큼 에너지를 흡수하거나 방출한다.

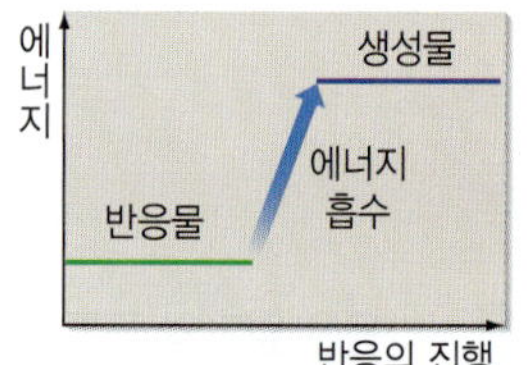

▲ 흡열 반응

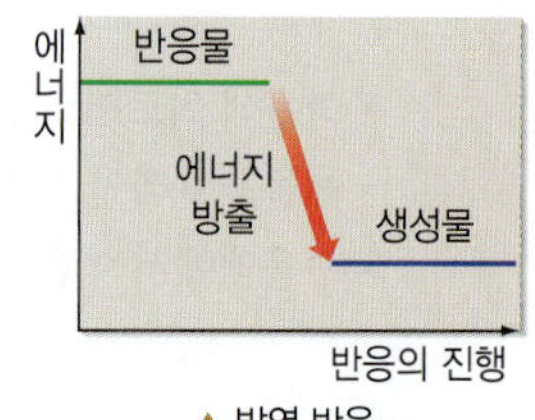

▲ 발열 반응

❷ **상태 변화와 에너지의 출입**
융해, 기화, 승화(고체 → 기체)가 일어날 때는 열에너지를 흡수하고, 응고, 액화, 승화(기체 → 고체)가 일어날 때는 열에너지를 방출한다.

암기 비법
흡열 반응과 발열 반응
흡열은 차갑고, 발열은 뜨겁다.
→ 흡열 반응이 일어나면 주변의 온도가 낮아지고(차갑고), 발열 반응이 일어나면 주변의 온도가 높아진다(뜨겁다).

2 에너지를 흡수하거나 방출하는 반응의 이용

(1) 에너지를 흡수하는 반응(흡열 반응)의 이용[3]

냉찜질 팩	냉찜질 팩에 힘을 가해 물주머니가 터지면 질산 암모늄이 물에 용해되면서 에너지를 흡수하여 차가워진다.
제빵 소다	제빵 소다가 들어간 반죽을 구우면 제빵 소다의 주성분인 탄산수소 나트륨이 에너지를 흡수하여 분해되고, 이산화 탄소 기체가 발생하여 빵이 부푼다.
소화기	소화기 속에 들어 있는 탄산수소 나트륨이 불꽃에 닿아 분해되면서 에너지를 흡수하여 주변의 온도를 낮추고, 이산화 탄소를 발생시켜 불을 끈다.
신선식품 배달용 얼음주머니	신선식품을 배달할 때 얼음주머니를 넣으면 얼음이 물로 융해하면서 에너지를 흡수하여 식품의 온도를 차갑게 유지한다.
에어컨 실내기	에어컨 실내기에서 냉매가 기화하면서 에너지를 흡수하여 실내 온도를 낮춘다.

에어컨 실외기에서 기화한 냉매가 액화하면서 에너지를 방출하므로 주변 온도가 높아진다.

(2) 에너지를 방출하는 반응(발열 반응)의 이용

연료의 연소	연료가 연소될 때 방출하는 에너지를 이용하여 음식을 조리하거나 난방을 하고, 자동차나 선박 등 교통수단의 *동력원으로 이용한다.
일회용 손난로	일회용 손난로를 흔들면 손난로 속 철 가루가 공기 중의 산소와 반응하면서 에너지를 방출하여 따뜻해진다.
발열 도시락	물과 산화 칼슘이 반응할 때 방출하는 에너지로 음식을 데운다.
과수원의 *냉해 예방	과수원에서는 과일나무에 물을 뿌리고 그 물이 얼면서 방출하는 에너지를 이용하여 과일나무의 냉해를 예방한다.

(3) 자연에서 일어나는 에너지를 흡수하거나 방출하는 현상

광합성	식물이 광합성을 하여 양분을 얻을 때 에너지를 흡수한다.
세포호흡	생명체는 세포호흡이 일어날 때 방출된 에너지를 이용하여 생명 활동을 한다.
물의 순환	물이 에너지를 흡수하여 수증기로 증발하고, 수증기가 에너지를 방출하여 응결하면 구름이 된다. 생성된 구름이 눈이나 비로 내리면서 지구권의 물이 순환한다.[4]

(4) 물과 산화 칼슘을 이용한 음식 조리 방법 설계하고 실험하기 

| 과정 |

1. 반응 용기에 산화 칼슘 주머니 1개를 넣고 그 위에 물 120 mL를 붓는다.
2. 물 300 mL가 담긴 조리 용기를 과정 1의 반응 용기에 겹쳐 놓은 뒤 조리 용기의 물에 온도 센서를 꽂고 시간에 따른 물의 온도 변화를 관찰한다.

3. 산화 칼슘 주머니의 개수를 2~5개로 달리하여 과정 1과 2를 반복한 다음 산화 칼슘 주머니의 개수에 따른 온도 변화를 관찰한다.
4. 관찰한 온도 변화를 바탕으로 하여 음식을 정해 조리 방법을 설계하고 조리해 본다.

| 결과 및 정리 |

- 산화 칼슘과 물이 반응할 때 주변으로 에너지를 방출하므로 물의 온도가 높아진다.
- 산화 칼슘과 물의 반응에서 방출하는 에너지를 이용해 음식을 조리할 수 있다.

---

3 냉장고의 원리

냉장고의 증발기에서 액체 상태의 냉매가 기화하면서 에너지를 흡수하여 냉장고 내부의 공기를 냉각한다. 기화한 냉매는 냉장고 뒷면에 있는 응축기에서 액화하면서 에너지를 방출하므로 냉장고 뒷면의 방열판이 따뜻해진다.

4 기상 현상

물이 증발해 수증기가 되고, 수증기가 응결해 구름이 생성되거나 비가 내리는 등의 기상 현상이 일어날 때 물이 상태 변화 하면서 에너지를 흡수하거나 방출한다.

또 다른 탐구

가열 장치 없이 달걀 삶기

과정

1. 알루미늄 포일을 이용해 비커 안에 넣을 그릇을 만든다.
2. 비커에 산화 칼슘 주머니를 넣은 뒤 물을 넣는다.
3. 과정 1에서 만든 알루미늄 포일 그릇에 달걀과 물을 담은 뒤 산화 칼슘 주머니 위에 올려놓는다.

결과 및 정리

- 산화 칼슘과 물이 반응하면서 주변으로 에너지를 방출한다.
- 알루미늄 포일 그릇 속 물의 온도가 높아지면서 달걀이 익는다.

용어 뜻풀이

* **흡열**(빨아들일 吸, 따뜻할 熱): 열을 빨아들이는 것이다.
* **발열**(발할 發, 따뜻할 熱): 열을 내는 것이다.
* **동력원**(움직일 動, 힘 力, 근원 源): 물체를 움직이는 힘의 근원이 되는 에너지이다.
* **냉해**(찰 冷, 해할 害): 농작물이 낮은 기온 때문에 입는 피해이다.

기본 탄탄 문제

개념 확인 초성 Quiz

1 물질의 상태 변화나 화학 반응이 일어날 때 주변의 온도가 높아지거나 낮아지는 것은 ㅇ ㄴ ㅈ 이/가 출입하기 때문이다.

2 주변으로부터 에너지를 흡수하는 반응을 ㅎ ㅇ ㅂ ㅇ (이)라고 한다.

3 주변으로 에너지를 방출하는 반응을 ㅂ ㅇ ㅂ ㅇ (이)라고 한다.

4 중화 반응은 주변으로 에너지를 ㅂ ㅊ 하는 반응의 예이다.

5 광합성은 주변으로부터 에너지를 ㅎ ㅅ 하는 반응의 예이다.

1 흡열 반응과 발열 반응

01 다음은 물질의 상태 변화나 화학 반응이 일어날 때 주변의 온도 변화가 일어나는 까닭에 대한 설명이다. ( ) 안에 들어갈 알맞은 말을 쓰시오.

> 주변으로부터 에너지를 흡수하는 반응이 일어나면 주변의 온도가 (㉠)지고, 주변으로 에너지를 방출하는 반응이 일어나면 주변의 온도가 (㉡)진다.

02 흡열 반응과 발열 반응에 대한 설명으로 옳은 것은 ○표, 옳지 않은 것은 ×표 하시오.

(1) 화학 반응이 일어날 때 주변의 온도가 높아지거나 낮아지는 것은 물질이 출입하기 때문이다. ( )

(2) 흡열 반응은 주변으로부터 에너지를 흡수하는 반응이다. ( )

(3) 흡열 반응이 일어나면 주변의 온도가 높아진다. ( )

(4) 발열 반응은 주변으로 에너지를 방출하는 반응이다. ( )

(5) 발열 반응이 일어나면 주변의 온도가 높아진다. ( )

03 흡열 반응의 예는 '흡열', 발열 반응의 예는 '발열'이라고 쓰시오.

(1) 천연가스가 연소한다. ( )

(2) 식물이 광합성을 한다. ( )

(3) 공기 중에서 철이 녹슨다. ( )

(4) 마그네슘이 산과 반응한다. ( )

(5) 수산화 바륨과 염화 암모늄이 반응한다. ( )

(6) 물에 전류를 흘려 주어 수소와 산소로 분해한다. ( )

04 다음은 우리 주변에서 일어나는 2가지 현상이다.

> (가) 알코올이 증발한다.
> (나) 염화 칼슘이 물에 녹는다.

(가)에 대한 설명은 '(가)', (나)에 대한 설명은 '(나)'라고 쓰시오.

(1) 발열 반응이다. ( )

(2) 주변의 온도가 낮아진다. ( )

(3) 주변으로 에너지를 방출한다. ( )

2 에너지를 흡수하거나 방출하는 반응의 이용

05 에너지를 흡수하는 반응을 이용하는 예는 '흡수', 에너지를 방출하는 반응을 이용하는 예는 '방출'이라고 쓰시오.

(1)

냉찜질 팩 속 질산 암모늄이 물에 용해되면서 시원해진다.
( )

(2)

가스레인지에서 도시가스의 성분인 메테인이 연소한다.
( )

(3)

발열 도시락 속 산화 칼슘과 물이 반응하면서 뜨거워진다.
( )

(4)

탄산수소 나트륨의 열분해 반응을 이용해 불을 끈다.
( )

1 흡열 반응과 발열 반응

01 에너지의 흡수와 방출에 대한 설명으로 옳은 것만을 〈보기〉에서 있는 대로 고른 것은?

보기
ㄱ. 흡열 반응은 주변으로 에너지를 방출하는 반응이다.
ㄴ. 발열 반응은 주변으로부터 에너지를 흡수하는 반응이다.
ㄷ. 발열 반응이 일어나면 주변의 온도가 높아진다.

① ㄱ ② ㄷ ③ ㄱ, ㄴ
④ ㄴ, ㄷ ⑤ ㄱ, ㄴ, ㄷ

02 다음은 우리 주변에서 일어나는 3가지 현상이다.

(가) 광합성
(나) 물의 기화
(다) 드라이아이스의 승화

(가)~(다)의 공통점으로 옳은 것은?

① 산화·환원 반응이다.
② 산과 염기의 중화 반응이다.
③ 반응이 일어나면 주변의 온도가 높아진다.
④ 숯의 연소 반응과 에너지 출입 방향이 같다.
⑤ 주변으로부터 에너지를 흡수하는 반응이다.

중요

03 다음은 발열 반응에 대한 설명이다.

발열 반응이 일어날 때 주변으로 에너지를 (㉠) 하므로 주변의 온도가 (㉡)진다.

( ) 안에 들어갈 알맞은 말을 옳게 짝 지은 것은?

	㉠	㉡		㉠	㉡		㉠	㉡
①	흡수	낮아	②	흡수	높아	③	흡수	일정해
④	방출	낮아	⑤	방출	높아			

중요

04 주변으로 에너지를 방출하는 현상인 것만을 〈보기〉에서 있는 대로 고른 것은?

보기
ㄱ. 철이 녹슨다.
ㄴ. 뷰테인이 연소한다.
ㄷ. 질산 암모늄이 물에 녹는다.

① ㄱ ② ㄷ ③ ㄱ, ㄴ
④ ㄴ, ㄷ ⑤ ㄱ, ㄴ, ㄷ

05 반응이 일어날 때 주변의 온도가 낮아지는 것만을 〈보기〉에서 있는 대로 고른 것은?

보기
ㄱ. 염화 칼슘이 물에 녹는다.
ㄴ. 산화 칼슘과 물이 반응한다.
ㄷ. 수산화 바륨과 염화 암모늄이 반응한다.

① ㄱ ② ㄴ ③ ㄷ
④ ㄱ, ㄷ ⑤ ㄴ, ㄷ

06 다음은 제빵 소다의 주성분인 탄산수소 나트륨($NaHCO_3$)의 열분해 반응의 화학 반응식을 나타낸 것이다.

$$2NaHCO_3 \longrightarrow Na_2CO_3 + H_2O + (\ ㉠\ )$$

이에 대한 설명으로 옳은 것만을 〈보기〉에서 있는 대로 고른 것은?

보기
ㄱ. ㉠은 CO_2이다.
ㄴ. $NaHCO_3$이 분해될 때 에너지를 방출한다.
ㄷ. $NaHCO_3$이 분해되는 반응은 흡열 반응이다.

① ㄴ ② ㄷ ③ ㄱ, ㄴ
④ ㄱ, ㄷ ⑤ ㄱ, ㄴ, ㄷ

07 그림은 도시가스의 주성분인 메테인(CH_4)이 연소되는 모습을 나타낸 것이다.

메테인의 연소 반응에 대한 설명으로 옳지 않은 것은?

① 발열 반응이다.
② 주변의 온도가 높아진다.
③ 주변으로부터 에너지를 흡수한다.
④ 수증기의 액화와 에너지 출입 방향이 같다.
⑤ 묽은 염산과 수산화 나트륨의 중화 반응과 에너지 출입 방향이 같다.

08 다음은 묽은 염산(HCl)과 마그네슘(Mg)이 반응할 때 에너지의 출입을 알아보는 실험이다.

| 실험 과정 |
(가) 시험관에 묽은 염산 20 mL를 넣은 후 묽은 염산의 온도(t_1)를 측정한다.
(나) (가)의 시험관에 마그네슘 조각 3~4개를 넣은 후 용액의 온도(t_2)를 측정한다.

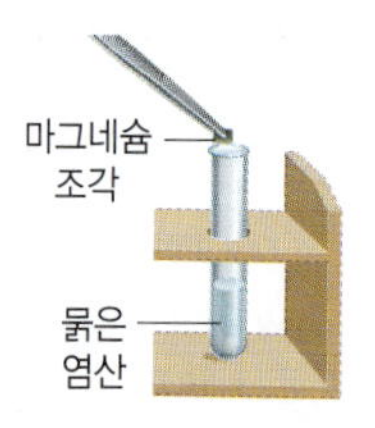

| 실험 결과 |
$t_1 < t_2$이다.

이에 대한 설명으로 옳은 것만을 <보기>에서 있는 대로 고른 것은?

보기
ㄱ. 발열 반응이다.
ㄴ. 주변의 온도가 낮아진다.
ㄷ. 반응물과 생성물의 에너지 차이만큼 에너지를 흡수한다.

① ㄱ ② ㄴ ③ ㄱ, ㄷ
④ ㄴ, ㄷ ⑤ ㄱ, ㄴ, ㄷ

2 에너지를 흡수하거나 방출하는 반응의 이용

09 냉찜질 팩에 이용할 수 있는 화학 반응으로 가장 적절한 것은?

① 철과 산소의 반응
② 물과 산화 칼슘의 반응
③ 염화 칼슘이 물에 녹는 반응
④ 질산 암모늄이 물에 녹는 반응
⑤ 묽은 염산과 수산화 나트륨 수용액의 반응

중요

10 다음은 일상생활에서 일어나는 3가지 현상이다.

(가) 연료를 연소시켜 요리한다.

(나) 물이 증발하면서 시원해진다.

(다) 생물은 세포호흡으로 에너지를 이용한다.

(가)~(다) 중에서 에너지를 방출하는 반응을 이용하는 것만을 있는 대로 고른 것은?

① (가) ② (다) ③ (가), (나)
④ (가), (다) ⑤ (나), (다)

11 그림은 에어컨의 실내기에서 차가운 바람이 나오는 것을 나타낸 것이다.

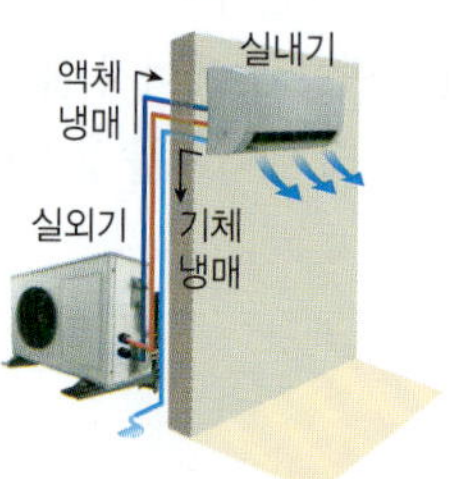

에어컨의 실내기에서 일어나는 변화에 대한 설명으로 옳은 것만을 <보기>에서 있는 대로 고른 것은?

보기
ㄱ. 흡열 반응이 일어난다.
ㄴ. 주변의 온도가 높아진다.
ㄷ. 냉매의 응고가 일어난다.

① ㄱ ② ㄷ ③ ㄱ, ㄴ
④ ㄴ, ㄷ ⑤ ㄱ, ㄴ, ㄷ

중요 **12** 다음은 일상생활에서 사용하는 3가지 장치이다.

(가) 분말 소화기

(나) 발열 도시락

(다) 일회용 손난로

(가)~(다)에서 이용한 반응으로 적절한 것을 〈보기〉에서 골라 옳게 짝 지은 것은?

보기
ㄱ. 철과 산소의 반응
ㄴ. 물과 산화 칼슘의 반응
ㄷ. 탄산수소 나트륨의 열분해

	(가)	(나)	(다)
①	ㄱ	ㄴ	ㄷ
②	ㄴ	ㄱ	ㄷ
③	ㄴ	ㄷ	ㄱ
④	ㄷ	ㄱ	ㄴ
⑤	ㄷ	ㄴ	ㄱ

13 다음은 자연에서 일어나는 현상이다.

(가) 수증기가 응결해 구름이 된다.

(나) 식물이 광합성을 한다.

이에 대한 설명으로 옳은 것만을 〈보기〉에서 있는 대로 고른 것은?

보기
ㄱ. (가)에서 흡열 반응이 일어난다.
ㄴ. (나)에서 에너지를 흡수하는 반응이 일어난다.
ㄷ. 물의 전기 분해는 (나)와 에너지 출입 방향이 같다.

① ㄱ ② ㄷ ③ ㄱ, ㄴ
④ ㄴ, ㄷ ⑤ ㄱ, ㄴ, ㄷ

단답형 · 서술형 문제

14 흡열 반응이 일어날 때 에너지의 이동 방향과 주변의 온도 변화를 설명하시오.

중요 **15** 그림은 휴대용 가열 용기를 나타낸 것이다.

(1) X로 가능한 물질을 1가지만 쓰시오.

(2) X와 물의 반응이 흡열 반응과 발열 반응 중에서 어느 것인지 쓰시오.

16 다음은 에너지의 출입을 활용한 장치를 만드는 실험이다.

| 실험 과정 |
(가) 비닐 팩에 물을 넣고 밀봉한 비닐봉지와 질산 암모늄을 넣은 뒤 비닐 팩의 입구를 밀봉한다.

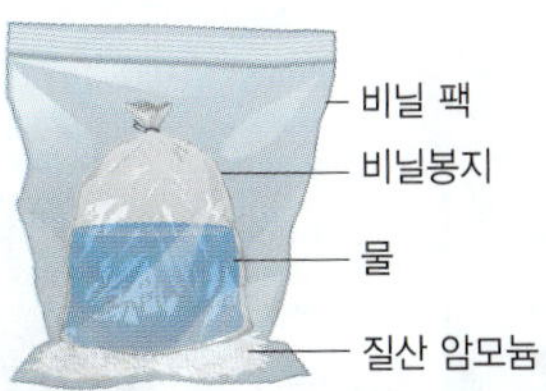

(나) 손으로 물이 든 비닐봉지를 눌러서 터트려 질산 암모늄과 물이 반응하게 한다.

(1) (나)에서 일어난 반응은 무엇인지 에너지 출입과 관련하여 설명하고, 반응이 일어날 때 주변의 온도 변화를 설명하시오.

(2) 위의 장치를 일상생활에서 활용할 수 있는 방법을 1가지만 제시하시오.

04강 산화와 환원 42쪽

1. 자연과 인류의 역사에 큰 변화를 준 산화·환원 반응

① **광합성**: 식물은 빛에너지를 흡수하여 이산화 탄소와 물로부터 포도당과 산소를 생성한다.

② **연소**: 물질이 대기 중의 산소와 반응하여 연소하면 열에너지를 방출한다.

③ **철의 제련**: 열을 가하여 산화 철에서 산소를 제거하고 순수한 철을 얻는다.

④ 광합성, 연소, 철의 제련은 모두 산소가 관여하는 반응이다.

2. 산소의 이동에 의한 산화·환원 반응

① **산화**: 물질이 산소를 (❶) 반응

② **환원**: 물질이 산소를 (❷) 반응

③ **산화·환원 반응의 동시성**: 어떤 물질이 산소를 얻을 때 다른 물질은 산소를 잃으므로 산화와 환원은 동시에 일어난다.

$$2CuO + C \longrightarrow 2Cu + CO_2$$

산화 구리(Ⅱ), 탄소, 구리, 이산화 탄소 (산화: C → CO_2, 환원: CuO → Cu)

3. 전자의 이동에 의한 산화·환원 반응

① **산화**: 물질이 전자를 (❸) 반응

② **환원**: 물질이 전자를 (❹) 반응

③ **산화·환원 반응의 동시성**: 어떤 물질이 전자를 잃을 때 다른 물질은 전자를 얻으므로 산화와 환원은 동시에 일어난다.

예 아연판과 황산 구리(Ⅱ) 수용액의 반응

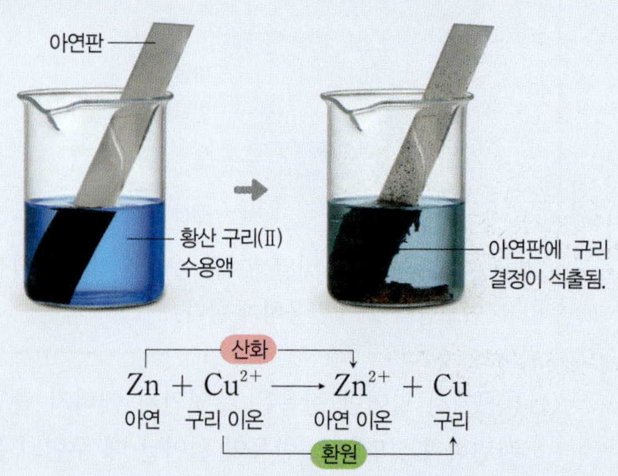

$$Zn + Cu^{2+} \longrightarrow Zn^{2+} + Cu$$

아연, 구리 이온, 아연 이온, 구리 (산화: Zn → Zn^{2+}, 환원: Cu^{2+} → Cu)

4. 우리 주변의 산화·환원 반응

예 광합성, 세포호흡, 연소, 철의 제련, 과일의 갈변, 철의 부식, 수소 연료 전지 등

05강 산과 염기 50쪽

1. 산과 염기

① 산과 염기의 정의와 성질

산	염기
수용액에서 (❺) 을/를 내놓는 물질	수용액에서 (❻) 을/를 내놓는 물질
• 대부분 신맛이 난다. • 수용액은 전류가 흐른다. • 푸른색 리트머스 종이를 붉은색으로 변화시킨다. • BTB 용액을 노란색으로 변화시킨다. • 탄산 칼슘과 반응하여 이산화 탄소 기체를 발생시킨다. • 마그네슘 등의 금속과 반응하여 수소 기체를 발생시킨다.	• 대부분 쓴맛이 난다. • 수용액은 전류가 흐른다. • 붉은색 리트머스 종이를 푸른색으로 변화시킨다. • BTB 용액을 파란색으로 변화시킨다. • 페놀프탈레인 용액을 붉은색으로 변화시킨다. • 대부분 금속과 반응하지 않는다. • 단백질을 녹인다.

② 산의 이온화

• 산이 물에 녹으면 H^+과 음이온으로 이온화한다.

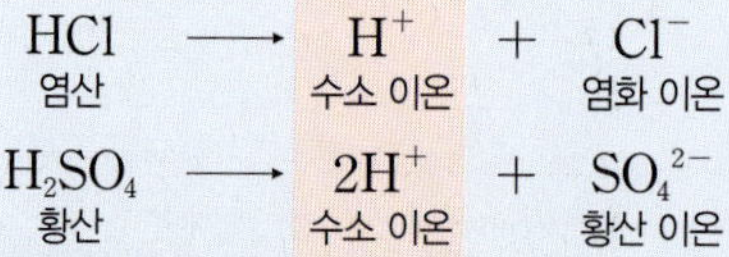

$$HCl \longrightarrow H^+ + Cl^-$$

염산 → 수소 이온 + 염화 이온

$$H_2SO_4 \longrightarrow 2H^+ + SO_4^{2-}$$

황산 → 수소 이온 + 황산 이온

• 산성은 (❼) 때문에 나타난다.

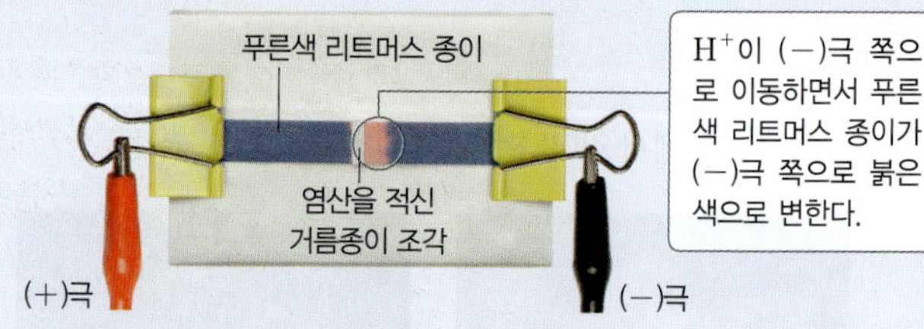

③ 염기의 이온화

• 염기가 물에 녹으면 양이온과 OH^-으로 이온화한다.

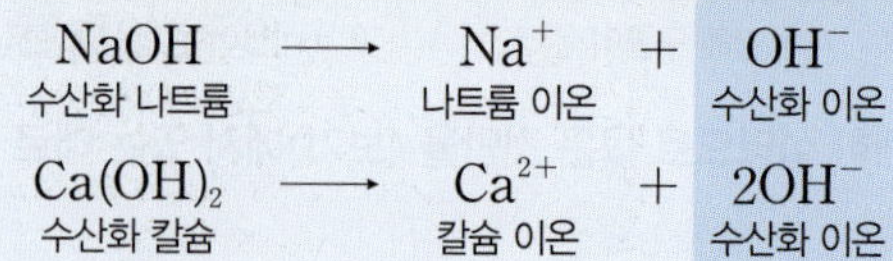

$$NaOH \longrightarrow Na^+ + OH^-$$

수산화 나트륨 → 나트륨 이온 + 수산화 이온

$$Ca(OH)_2 \longrightarrow Ca^{2+} + 2OH^-$$

수산화 칼슘 → 칼슘 이온 + 수산화 이온

• 염기성은 (❽) 때문에 나타난다.

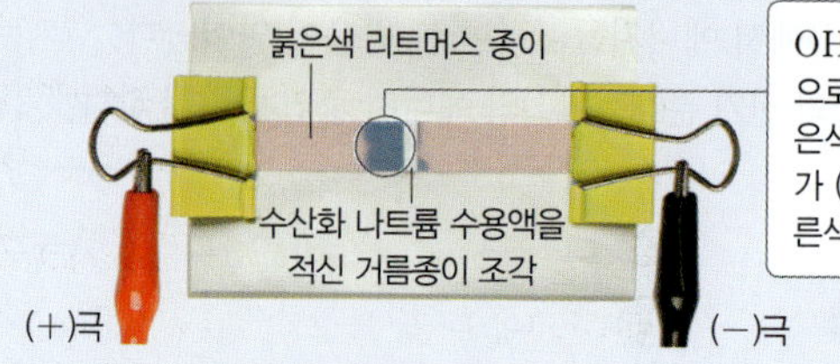

답 ❶ 얻는 ❷ 잃는 ❸ 잃는 ❹ 얻는 ❺ 수소 이온(H^+) ❻ 수산화 이온(OH^-) ❼ 수소 이온(H^+) ❽ 수산화 이온(OH^-)

2. 중화 반응

① **중화 반응**: 산의 H^+과 염기의 OH^-이 (❶)의 개수비로 반응해 물(H_2O)을 생성하는 반응이다.

→ $H^+ + OH^- \longrightarrow H_2O$

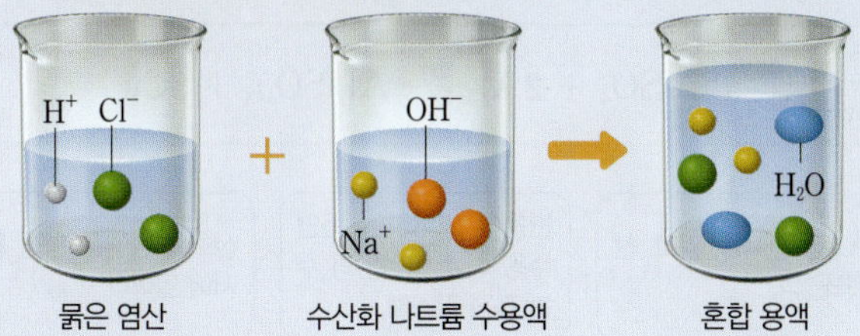

묽은 염산 　 수산화 나트륨 수용액 　 혼합 용액

② **중화 반응과 중화열**

- 중화 반응 하는 H^+과 OH^-의 수가 많을수록 생성되는 물의 양이 많고 (❷)이/가 많이 발생한다.
- 농도와 온도가 같은 산과 염기의 중화 반응에서 혼합 용액의 전체 부피가 같을 때 반응한 H^+과 OH^-의 수가 가장 많은 경우의 최고 온도가 가장 높다.

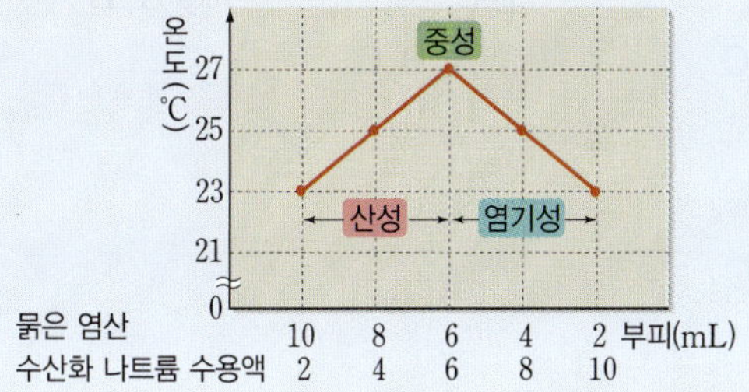

③ **중화 반응이 일어날 때 용액의 이온 수와 액성 변화**

예 일정량의 묽은 염산에 수산화 나트륨 수용액을 조금씩 넣을 때 이온 수와 액성 변화

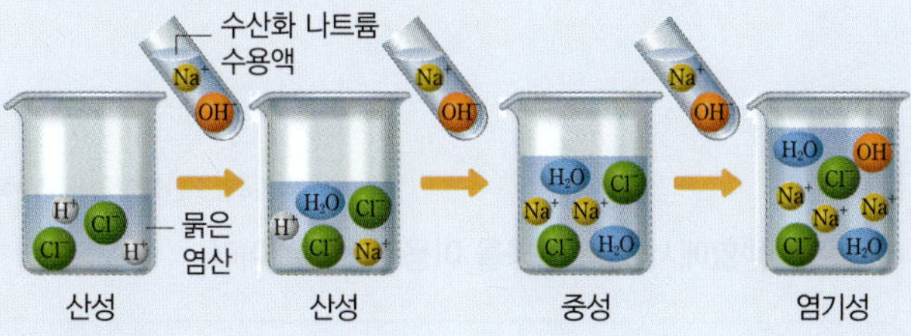

④ **중화 반응의 이용**

제산제	속이 쓰릴 때 제산제를 먹어서 위산을 중화한다.
생선 비린내 제거	식초나 레몬즙으로 생선 비린내 성분을 중화한다.
치약	치약으로 충치를 유발하는 산성 물질을 중화한다.
암모니아수	벌레에 물렸을 때 암모니아수로 벌레 독을 중화한다.
산성화된 호수와 토양의 중화	산성화된 호수와 토양에 (❸) 물질인 석회 가루를 뿌려 중화한다.

06강 에너지의 흡수와 방출

58쪽

1. 흡열 반응과 발열 반응

흡열 반응	발열 반응
• 주변으로부터 에너지를 흡수하는 반응 • 반응이 일어날 때 주변의 온도가 (❹).	• 주변으로 에너지를 방출하는 반응 • 반응이 일어날 때 주변의 온도가 (❺).
예 열에너지를 흡수하는 상태 변화, 탄산수소 나트륨의 열분해, 수산화 바륨과 염화 암모늄의 반응, 물의 전기 분해, 질산 암모늄이 물에 녹는 반응 등	예 열에너지를 방출하는 상태 변화, 염화 칼슘이 물에 녹는 반응, 연소, 철이 산화되는 반응, 금속과 산의 반응, 중화 반응, 물과 산화 칼슘의 반응 등

2. 에너지를 흡수하거나 방출하는 반응의 이용

① **에너지를 흡수하는 반응(흡열 반응)의 이용**

냉찜질 팩	냉찜질 팩에 힘을 가해 물주머니가 터지면 질산 암모늄이 물에 용해되면서 에너지를 (❻)하여 차가워진다.
제빵 소다	반죽을 구우면 제빵 소다의 주성분인 탄산수소 나트륨이 에너지를 흡수하여 분해된다.
소화기	소화기 속에 들어 있는 탄산수소 나트륨이 불꽃에 닿아 분해되면서 에너지를 흡수하여 주변의 온도를 낮춘다.
신선식품 배달용 얼음주머니	얼음주머니의 얼음이 물로 융해하면서 에너지를 흡수하여 신선식품의 온도를 차갑게 유지한다.
에어컨 실내기	에어컨 실내기에서 냉매가 기화하면서 에너지를 흡수하여 실내 온도를 낮춘다.

② **에너지를 방출하는 반응(발열 반응)의 이용**

연료의 연소	연료가 연소될 때 방출하는 에너지를 조리, 난방, 교통수단 등에 이용한다.
일회용 손난로	일회용 손난로를 흔들면 손난로 속 철 가루가 공기 중의 산소와 반응하면서 에너지를 (❼)하여 따뜻해진다.
발열 도시락	물과 산화 칼슘이 반응할 때 방출하는 에너지로 음식을 데운다.
과수원의 냉해 예방	과일나무에 물을 뿌리고 그 물이 얼면서 방출하는 에너지를 이용하여 과일나무의 냉해를 예방한다.

③ **자연에서 일어나는 에너지를 흡수하거나 방출하는 현상**

광합성	식물이 광합성을 할 때 에너지를 흡수한다.
세포호흡	생명체는 세포호흡이 일어날 때 방출된 에너지를 이용하여 생명 활동을 한다.
물의 순환	물이 에너지를 흡수하여 수증기로 증발하고, 수증기가 에너지를 방출하여 응결하면 구름이 된다.

답 ❶ 1 : 1 ❷ 중화열 ❸ 염기성 ❹ 낮아진다 ❺ 높아진다 ❻ 흡수 ❼ 방출

01

04강 | 산화와 환원 42쪽

다음은 자연과 인류의 역사에 큰 변화를 가져온 3가지 반응의 화학 반응식을 나타낸 것이다.

(가) 6(㉠) + $6H_2O \longrightarrow C_6H_{12}O_6 + 6O_2$
(나) $C_6H_{12}O_6 + 6O_2 \longrightarrow$ 6(㉠) + $6H_2O$
(다) $CH_4 + 2O_2 \longrightarrow$ (㉠) + $2H_2O$

이에 대한 설명으로 옳은 것만을 〈보기〉에서 있는 대로 고른 것은?

보기

ㄱ. ㉠은 CO_2이다.
ㄴ. (가)는 광합성이다.
ㄷ. (가)~(다)는 모두 산소가 관여하는 반응이다.

① ㄱ ② ㄴ ③ ㄱ, ㄷ
④ ㄴ, ㄷ ⑤ ㄱ, ㄴ, ㄷ

02

04강 | 산화와 환원 42쪽

다음은 철의 제련과 관련된 2가지 반응의 화학 반응식을 나타낸 것이다.

(가) $2C + O_2 \longrightarrow$ 2(㉠)
(나) Fe_2O_3 + 3(㉠) $\longrightarrow$ 2(㉡) + $3CO_2$

이에 대한 설명으로 옳은 것만을 〈보기〉에서 있는 대로 고른 것은?

보기

ㄱ. ㉠은 CO이고, ㉡은 Fe이다.
ㄴ. (가)에서 C는 환원된다.
ㄷ. (나)에서 Fe_2O_3은 산화된다.

① ㄱ ② ㄷ ③ ㄱ, ㄴ
④ ㄴ, ㄷ ⑤ ㄱ, ㄴ, ㄷ

03

04강 | 산화와 환원 42쪽

다음은 황산 구리(Ⅱ)($CuSO_4$) 수용액에 알루미늄(Al)을 넣었을 때 일어나는 산화 · 환원 반응의 화학 반응식과 이에 대한 학생 A~C의 대화이다.

$$3CuSO_4 + 2Al \longrightarrow Al_2(SO_4)_3 + 3Cu$$

제시한 의견이 옳은 학생만을 있는 대로 고른 것은?

① A ② C ③ A, B
④ B, C ⑤ A, B, C

04

04강 | 산화와 환원 42쪽

다음은 실생활에서 화학 반응을 이용하는 사례이다.

(가) 연료를 연소시켜 음식을 익힌다.
(나) 옷에 묻은 얼룩을 표백제로 제거한다.
(다) 생선회에 레몬즙을 뿌려 비린내를 없앤다.

(가)~(다) 중에서 산화 · 환원 반응을 이용한 사례만을 있는 대로 고른 것은?

① (가) ② (다) ③ (가), (나)
④ (나), (다) ⑤ (가), (나), (다)

05

∞ 05강 | 산과 염기 50쪽

그림은 수용액 (가)~(다)에 들어 있는 양이온을 모형으로 나타낸 것이다. (가)~(다)는 각각 묽은 염산(HCl), 아세트산(CH_3COOH) 수용액, 수산화 나트륨(NaOH) 수용액 중 하나이다.

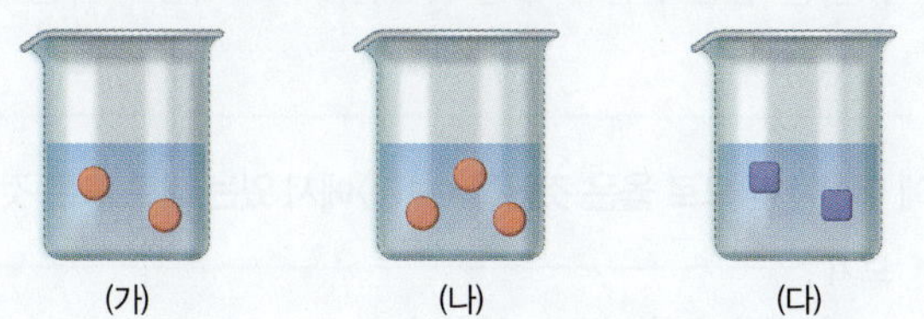

이에 대한 설명으로 옳은 것만을 <보기>에서 있는 대로 고른 것은?

보기
ㄱ. ●는 수소 이온(H^+)이다.
ㄴ. (나)에 탄산 칼슘($CaCO_3$)을 넣으면 기체가 발생한다.
ㄷ. (다)에 페놀프탈레인 용액을 떨어뜨리면 붉은색으로 변한다.

① ㄱ ② ㄷ ③ ㄱ, ㄴ
④ ㄴ, ㄷ ⑤ ㄱ, ㄴ, ㄷ

06

∞ 05강 | 산과 염기 50쪽

그림은 3가지 수용액을 기준에 따라 구분하는 과정을 나타낸 것이다.

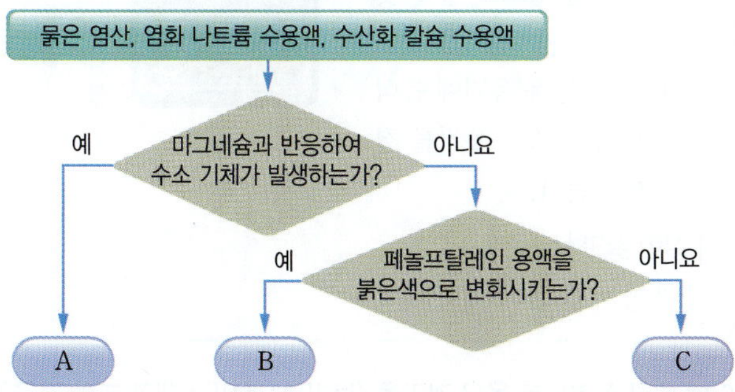

이에 대한 설명으로 옳은 것만을 <보기>에서 있는 대로 고른 것은?

보기
ㄱ. A는 달걀 껍데기와 반응한다.
ㄴ. B에 아세트산 수용액을 넣으면 중화 반응을 한다.
ㄷ. A와 C의 수용액에 들어 있는 음이온의 종류는 같다.

① ㄱ ② ㄴ ③ ㄱ, ㄷ
④ ㄴ, ㄷ ⑤ ㄱ, ㄴ, ㄷ

07

∞ 05강 | 산과 염기 50쪽

그림은 X 수용액에 들어 있는 이온을 모형으로 나타낸 것이다. X 수용액은 묽은 염산(HCl) 또는 묽은 황산(H_2SO_4) 중 하나이며, A는 양이온이고, B는 음이온이다.

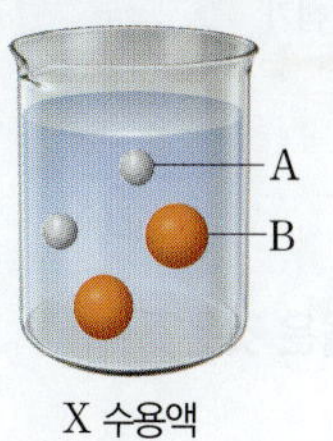

X 수용액

이에 대한 설명으로 옳지 않은 것은?

① A는 수소 이온(H^+)이다.
② X 수용액은 묽은 염산이다.
③ X 수용액에 마그네슘 조각을 넣으면 A와 반응한다.
④ X 수용액에 BTB 용액을 넣으면 B 때문에 노란색으로 변한다.
⑤ X 수용액에 수산화 나트륨 수용액을 넣어 주면 A의 수가 감소한다.

08

∞ 05강 | 산과 염기 50쪽

표는 농도와 온도가 같은 묽은 염산(HCl)과 수산화 나트륨(NaOH) 수용액의 부피를 달리하여 혼합했을 때 혼합 용액 (가)~(다)의 최고 온도를 나타낸 것이다.

혼합 용액	(가)	(나)	(다)
HCl의 부피(mL)	1	5	7
NaOH 수용액의 부피(mL)	9	5	3
혼합 용액의 최고 온도(°C)	26	34	30

이에 대한 설명으로 옳은 것만을 <보기>에서 있는 대로 고른 것은?

보기
ㄱ. (가)에 아연 조각을 넣으면 기체가 발생한다.
ㄴ. 발생한 중화열은 (나)가 (다)보다 많다.
ㄷ. 생성된 물 분자 수는 (다)가 (가)보다 많다.

① ㄱ ② ㄴ ③ ㄱ, ㄷ
④ ㄴ, ㄷ ⑤ ㄱ, ㄴ, ㄷ

09

05강 | 산과 염기 50쪽

그림은 묽은 염산(HCl) 10 mL에 수산화 나트륨(NaOH) 수용액을 10 mL씩 넣어 가며 반응시킬 때 혼합 용액 속에 들어 있는 이온을 모형으로 나타낸 것이다.

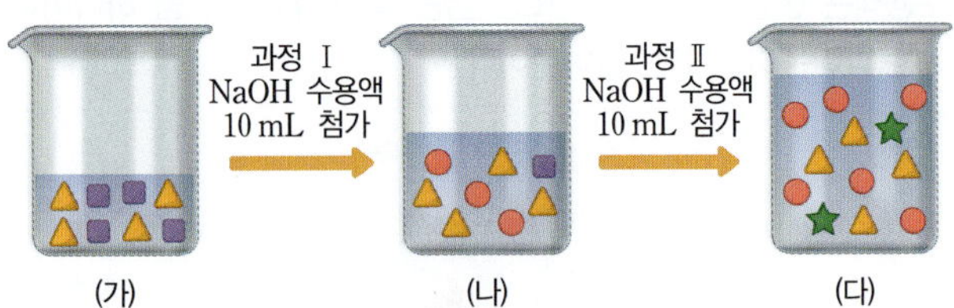

이에 대한 설명으로 옳은 것은?

① ■는 Cl^-이다.
② (나)의 액성은 중성이다.
③ 생성된 물 분자 수는 과정 Ⅰ에서가 과정 Ⅱ에서의 3배이다.
④ (다)에 BTB 용액을 떨어뜨리면 노란색으로 변한다.
⑤ (다)에 실험에서 사용한 묽은 염산 5 mL를 추가로 넣었을 때 혼합 용액의 액성은 산성이다.

10

05강 | 산과 염기 50쪽

오른쪽 그림은 수산화 나트륨(NaOH) 수용액 10 mL에 묽은 염산(HCl)을 넣을 때 혼합 용액 속에 들어 있는 전체 이온 수 변화를 나타낸 것이다. 이에 대한 설명으로 옳은 것만을 〈보기〉에서 있는 대로 고른 것은?

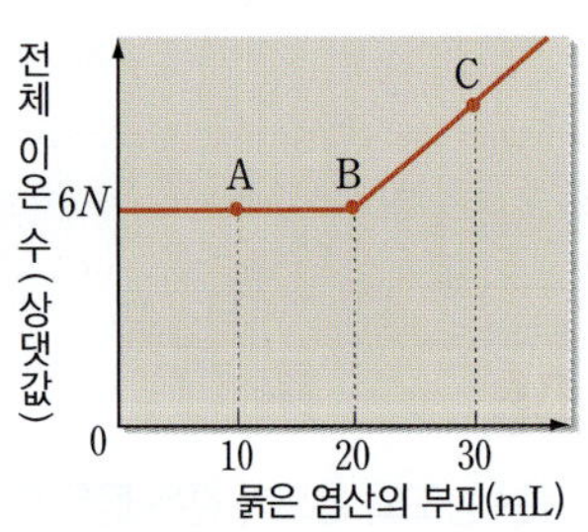

보기
ㄱ. A에서 생성된 물 분자의 수는 $3N$이다.
ㄴ. $\frac{\text{C에서 } Cl^- \text{ 수}}{\text{A에서 } Na^+ \text{ 수}} = \frac{3}{2}$이다.
ㄷ. 중화 반응 한 H^+과 OH^-의 양은 B가 가장 많다.

① ㄱ ② ㄷ ③ ㄱ, ㄴ
④ ㄴ, ㄷ ⑤ ㄱ, ㄴ, ㄷ

11

06강 | 에너지의 흡수와 방출 58쪽

반응이 일어날 때 주변으로부터 에너지를 흡수하는 반응은?

① 세포호흡 ② 물의 전기 분해
③ 도시가스의 연소 반응 ④ 철 가루와 산소의 반응
⑤ 염화 칼슘이 물에 녹는 반응

12

06강 | 에너지의 흡수와 방출 58쪽

다음은 3가지 반응이다.

(가) 물에 질산 암모늄을 녹인다.
(나) 탄산수소 나트륨이 들어 있는 시험관을 가열한다.
(다) 묽은 염산이 들어 있는 시험관에 마그네슘 조각을 넣는다.

이에 대한 설명으로 옳은 것만을 〈보기〉에서 있는 대로 고른 것은?

보기
ㄱ. (가)에서 흡열 반응이 일어난다.
ㄴ. (다)에서 주변의 온도는 낮아진다.
ㄷ. (나)와 (다)에서 이산화 탄소 기체가 발생한다.

① ㄱ ② ㄷ ③ ㄱ, ㄴ
④ ㄴ, ㄷ ⑤ ㄱ, ㄴ, ㄷ

13

06강 | 에너지의 흡수와 방출 58쪽

다음은 물과 산화 칼슘을 이용해 음식을 조리하는 장치를 만드는 실험이다.

| 실험 과정 |
(가) 반응 용기에 산화 칼슘 주머니를 넣고 주머니가 잠길 정도로 물을 붓는다.
(나) (가)의 반응 용기에 음식이 담긴 조리 용기를 겹쳐 놓는다.

| 실험 결과 |
조리 용기 속 음식이 익는다.

이에 대한 설명으로 옳은 것만을 〈보기〉에서 있는 대로 고른 것은?

보기
ㄱ. 발열 반응이 일어난다.
ㄴ. 물과 산화 칼슘이 반응할 때 주변으로부터 에너지를 흡수한다.
ㄷ. 물과 산화 칼슘이 반응할 때 주변의 온도가 높아진다.

① ㄱ ② ㄴ ③ ㄱ, ㄷ
④ ㄴ, ㄷ ⑤ ㄱ, ㄴ, ㄷ

바른답·알찬풀이 25쪽

단답형 · 서술형 문제

14 04강 | 산화와 환원 42쪽

다음은 구리(Cu)와 관련된 실험이다.

| 실험 과정 및 결과 |

(가) 붉은색 구리(Cu) 코일을 공기 중에서 가열하였더니 검은색으로 변했다.

(나) (가)의 검은색 코일을 수소(H_2)와 반응시켰더니 다시 붉은색으로 변했다.

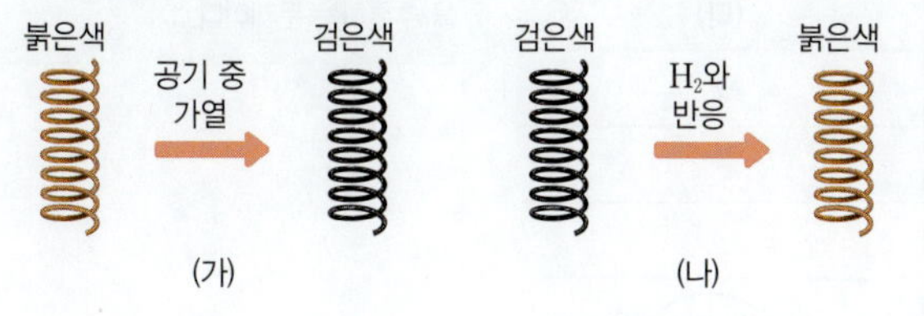

(1) (가)와 (나)에서 일어나는 반응을 각각 화학 반응식으로 쓰시오.

(2) (가)와 (나)에서 일어나는 반응의 공통점을 산소와 관련지어 설명하시오.

15 04강 | 산화와 환원 42쪽

다음은 금속의 산화 · 환원 반응 실험이다. X와 Y는 임의의 원소 기호이다.

| 실험 과정 및 결과 |

(가) 묽은 염산(HCl)이 들어 있는 비커에 금속 X를 넣었더니 X^{2+}이 생성되고, 기체가 발생했다.

(나) $Y(NO_3)_2$ 수용액이 들어 있는 비커에 금속 X를 넣었더니 금속 Y가 석출되고 X^{2+}이 생성됐다.

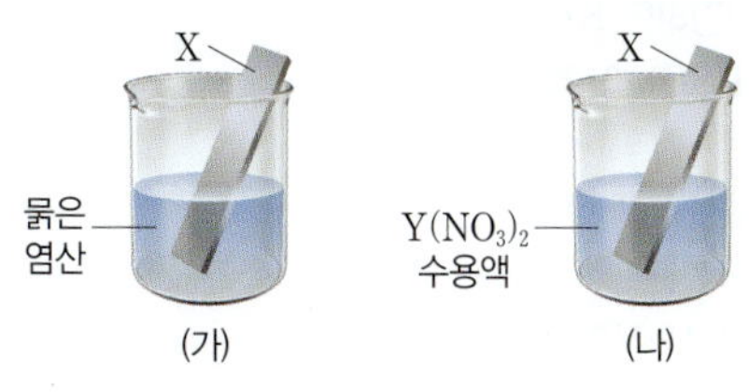

(1) (가)에서 발생한 기체의 화학식을 쓰시오.

(2) (가)와 (나)에서 환원되는 물질의 화학식을 각각 쓰시오.

(3) (가)와 (나)에서 반응이 일어날 때 수용액 속 이온 수 변화를 화학 반응식을 포함하여 각각 설명하시오.

16 05강 | 산과 염기 50쪽

그림은 농도와 온도가 같은 묽은 염산(HCl)과 수산화 나트륨(NaOH) 수용액의 부피를 달리하여 혼합하였을 때 혼합 용액의 최고 온도를 측정하여 나타낸 것이다.

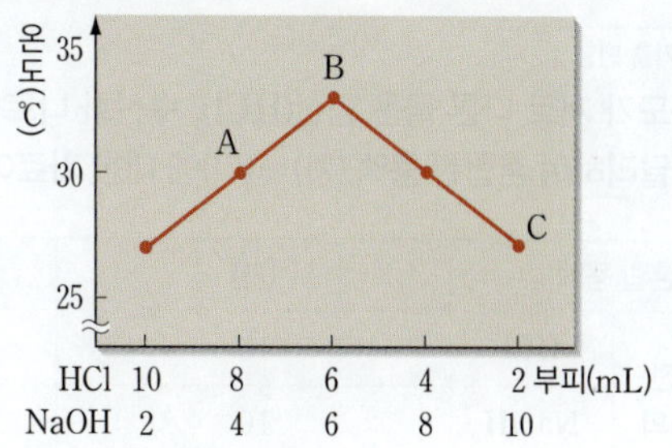

(1) A와 C의 액성을 각각 쓰시오.

(2) A~C 중에서 중화 반응 한 수소 이온과 수산화 이온의 수가 가장 많은 것을 고르고, 그 까닭을 설명하시오.

17 06강 | 에너지의 흡수와 방출 58쪽

다음은 수산화 바륨과 염화 암모늄의 반응과 관련된 실험이다.

| 실험 과정 |

(가) 수산화 바륨과 염화 암모늄을 넣은 삼각 플라스크를 물을 뿌린 나무판 위에 올려놓는다.

(나) 유리 막대로 삼각 플라스크 안의 물질을 잘 섞은 뒤 나무판 위에 올려놓은 삼각 플라스크를 들어 본다.

수산화 바륨 + 염화 암모늄

물

| 실험 결과 |

삼각 플라스크에 나무판이 달라 붙어 함께 들어 올려진다.

(1) 실험 결과로부터 알 수 있는 물의 상태 변화를 설명하시오.

(2) (1)에서 설명한 내용을 바탕으로 하여 수산화 바륨과 염화 암모늄의 반응이 일어날 때 주변의 온도 변화를 설명하시오.

(3) (2)에서 설명한 내용을 바탕으로 하여 수산화 바륨과 염화 암모늄의 반응이 일어날 때 에너지 출입을 설명하시오.

중단원 수능 대비 문제 02 화학 변화

출제 경향 산화·환원 반응에서 산화되는 물질과 환원되는 물질을 찾는 문제, 산화·환원 반응이나 중화 반응에서 수용액에 들어 있는 이온 수에 대한 정보를 이용해 양적 관계를 파악하는 문제, 화학 반응의 예시를 보고 에너지 출입 방향을 구별하는 문제가 주로 출제된다.

문제 분석 연습하기

평가원 기출 변형

표는 농도가 서로 다른 묽은 염산(HCl), 수산화 나트륨(NaOH) 수용액, 수산화 칼륨(KOH) 수용액의 부피를 달리하여 혼합한 용액 (가)~(다)에 대한 자료이다. (가)의 액성은 중성이다.

출제 의도 농도가 서로 다른 산, 염기의 부피를 달리하여 혼합하였을 때 혼합 용액에 들어 있는 양이온 수의 비율로부터 중화 반응 하는 산과 염기의 양을 추론하는 문제이다.

혼합 용액		(가)	(나)	(다)
혼합 전 수용액의 부피(mL)	HCl	10	x	x
	NaOH	10	20	
	KOH	10	30	y
혼합 용액에 존재하는 양이온 수의 비율		$\frac{2}{3}$, $\frac{1}{3}$	$\frac{1}{2}$, $\frac{1}{6}$, $\frac{1}{3}$	$\frac{1}{3}$, $\frac{1}{3}$, $\frac{1}{3}$

이에 대한 설명으로 옳은 것만을 <보기>에서 있는 대로 고른 것은?

보기

ㄱ. (나)는 염기성이다.

ㄴ. $\frac{x}{y}=2$이다.

ㄷ. $\frac{\text{(다)에서 } K^+ \text{의 수}}{\text{(나)에서 } Na^+ \text{의 수}}=2$이다.

① ㄱ ② ㄴ ③ ㄷ ④ ㄱ, ㄴ ⑤ ㄴ, ㄷ

1 핵심 개념 파악하기

Point 산의 H^+과 염기의 OH^-은 1 : 1의 개수비로 중화 반응 하여 H_2O을 생성한다.

반응 전 H^+과 OH^-의 수가 같으면 완전히 중화되므로 수용액 속에 산의 음이온과 염기의 양이온만 남는다.

05강 ㄷ 중화 반응 51쪽

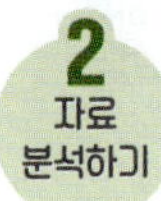

2 자료 분석하기

- (가)는 중성이므로 (가)에 존재하는 양이온은 Na^+과 K^+이다. (나)에서 NaOH 수용액의 부피는 (가)의 2배, KOH 수용액의 부피는 (가)의 3배인데, (나)에서 두 이온 수의 비가 제시된 비율과 일치하려면 (가)에서 Na^+과 K^+ 수의 비는 1 : 2여야 한다.
- (가)에서 NaOH 수용액 10 mL에 Na^+, OH^-이 각각 N씩 들어 있다고 가정하면 KOH 수용액 10 mL에는 K^+, OH^-이 각각 $2N$씩 들어 있고, HCl 10 mL에는 H^+, Cl^-이 각각 $3N$씩 들어 있다.
- (나)에 Na^+ $2N$, K^+ $6N$이 들어 있으므로 H^+ 수는 $4N$이다. 따라서 반응한 H^+과 OH^- 수는 각각 $8N$이고, 혼합 전 H^+ 수는 $12N$이므로 HCl의 부피(x)는 40 mL이다.
- (다)에서 Cl^-의 수가 $12N$이므로 혼합 용액에 들어 있는 전체 양이온의 수도 $12N$이어야 한다. 따라서 (다)에는 Na^+, K^+, H^+이 각각 $4N$씩 들어 있다.

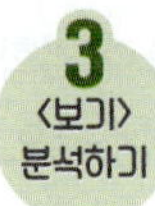

3 <보기> 분석하기

ㄱ. (나)는 염기성이다. (×) → (나)에서 반응 후 H^+이 남으므로 혼합 용액의 액성은 산성이다.

ㄴ. $\frac{x}{y}=2$이다. (○) → $x=40$이고, (다)에서 K^+의 수가 $4N$이므로 $y=20$이다.

ㄷ. $\frac{\text{(다)에서 } K^+ \text{의 수}}{\text{(나)에서 } Na^+ \text{의 수}}=2$이다. (○)
→ (나)에서 Na^+의 수는 $2N$, (다)에서 K^+의 수는 $4N$이다.

정답 ⑤

수능 문제 도전하기

1 수능 기출 변형

다음은 3가지 반응의 화학 반응식이다.

(가) $2C + O_2 \longrightarrow 2($ ㉠ $)$
(나) $Fe_2O_3 + 3($ ㉠ $) \longrightarrow 2Fe + 3CO_2$
(다) $4Al + 3O_2 \longrightarrow 2Al_2O_3$

이에 대한 설명으로 옳은 것만을 〈보기〉에서 있는 대로 고른 것은?

보기
ㄱ. (가)에서 탄소(C)는 환원된다.
ㄴ. (나)에서 ㉠은 산화된다.
ㄷ. (다)는 산화 · 환원 반응이다.

① ㄱ ② ㄷ ③ ㄱ, ㄴ ④ ㄴ, ㄷ ⑤ ㄱ, ㄴ, ㄷ

출제 의도 주어진 화학 반응식으로부터 산화되는 물질과 환원되는 물질이 무엇인지 찾고, 산화·환원 반응의 여부를 알아내는 문제이다.

자료 분석 Tip
산소를 얻는 반응은 산화, 산소를 잃는 반응은 환원이다.

2 수능 기출 변형

다음은 금속 A～C의 산화·환원 반응 실험이다.

| 실험 과정 |
(가) A^+ $15N$개가 들어 있는 수용액 V mL를 비커에 담는다.
(나) (가)의 비커에 금속 B를 넣어 반응시킨다.
(다) (나)의 비커에 금속 C를 넣어 반응시킨다.

| 실험 결과 및 자료 |
- (나) 과정 후 B는 모두 B^{2+}이 되었다.
- (다) 과정에서 B^{2+}은 C와 반응하지 않으며, (다) 과정 후 C는 C^{m+}이 되었다.
- 각 과정 후 수용액 속에 들어 있는 금속 양이온의 종류와 수

과정	(나)	(다)
금속 양이온의 종류	A^+, B^{2+}	B^{2+}, C^{m+}
전체 양이온 수(개)	$12N$	$6N$

이에 대한 설명으로 옳은 것만을 〈보기〉에서 있는 대로 고른 것은? (단, A～C는 임의의 원소 기호이고 물과 반응하지 않으며, 음이온은 반응에 참여하지 않는다.)

보기
ㄱ. $m=3$이다.
ㄴ. (나)와 (다)에서 A^+은 환원된다.
ㄷ. (다) 과정 후 양이온 수 비는 $B^{2+} : C^{m+}=1:1$이다.

① ㄱ ② ㄷ ③ ㄱ, ㄴ ④ ㄴ, ㄷ ⑤ ㄱ, ㄴ, ㄷ

출제 의도 금속과 금속 양이온의 산화·환원 반응이 금속의 종류를 달리해 가며 일어날 때 수용액 속에 존재하는 양이온의 종류와 수로부터 양적 관계를 알아내는 문제이다.

자료 분석 Tip
수용액 속 금속 양이온 수의 변화는 산화·환원 반응의 화학 반응식을 이용하여 추론할 수 있다.

3 평가원 기출 변형

그림 (가)와 (나)는 2가지 금속 이온 X^{2+}과 Y^{m+}이 각각 들어 있는 수용액에 금속 Z를 넣어 반응을 완결시켰을 때, 반응 전과 후 수용액에 존재하는 양이온의 종류와 수를 나타낸 것이다.

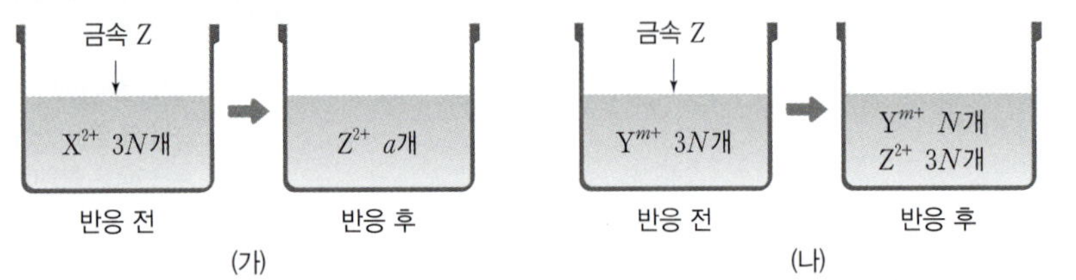

이에 대한 설명으로 옳은 것만을 〈보기〉에서 있는 대로 고른 것은? (단, X~Z는 임의의 원소 기호이고, X~Z는 물과 반응하지 않으며, 음이온은 반응에 참여하지 않는다.)

보기

ㄱ. $a=3N$이다.
ㄴ. $m=1$이다.
ㄷ. (가)와 (나)에서 Z는 모두 산화된다.

① ㄱ ② ㄴ ③ ㄱ, ㄷ ④ ㄴ, ㄷ ⑤ ㄱ, ㄴ, ㄷ

출제 의도 금속과 금속 양이온의 산화·환원 반응에서 수용액 속에 존재하는 양이온의 종류와 수로부터 양적 관계를 알아내는 문제이다.

자료 분석 Tip
수용액에서 양이온과 음이온의 총 전하량의 합은 0이고, 음이온은 반응에 참여하지 않으므로 양이온의 총 전하량은 일정하다.

4 교육청 기출 변형

표는 수용액 (가)~(다)에 페놀프탈레인 용액을 넣었을 때 수용액의 색과 금속 아연(Zn) 조각을 넣었을 때 기체 발생 여부를 나타낸 것이다. (가)~(다)는 각각 묽은 염산(HCl), 염화 나트륨(NaCl) 수용액, 수산화 나트륨(NaOH) 수용액 중 하나이다.

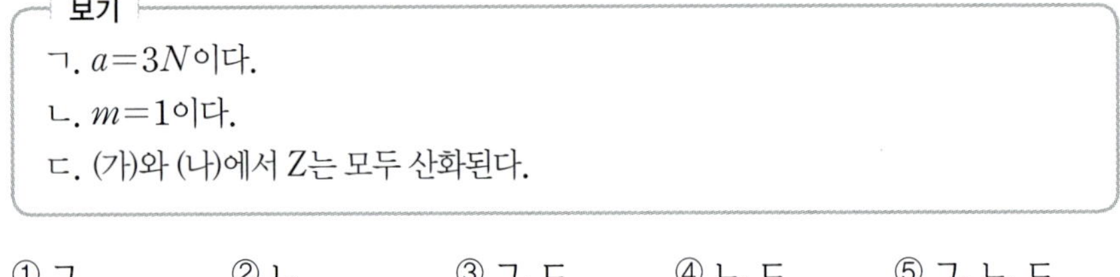

수용액	(가)	(나)	(다)
페놀프탈레인 용액을 넣었을 때 수용액의 색	붉은색	무색	㉠
금속 Zn 조각을 넣었을 때 기체 발생 여부	발생하지 않음.	발생함.	발생하지 않음.

이에 대한 설명으로 옳은 것만을 〈보기〉에서 있는 대로 고른 것은?

보기

ㄱ. (가)는 NaOH 수용액이다.
ㄴ. (나)의 액성은 산성이다.
ㄷ. '붉은색'은 ㉠으로 적절하다.

① ㄱ ② ㄷ ③ ㄱ, ㄴ ④ ㄴ, ㄷ ⑤ ㄱ, ㄴ, ㄷ

이런 보기도 나온다!

ㄹ. (가)와 (나)를 혼합하면 중화 반응이 일어난다. ( )
ㅁ. (나)에 탄산 칼슘을 넣으면 기체가 발생한다. ( )
ㅂ. (가)와 (다)에 들어 있는 양이온의 종류는 같다. ( )

출제 의도 산과 염기의 성질을 이용하여 산성, 중성, 염기성 물질을 구별할 수 있는지를 묻는 문제이다.

자료 분석 Tip
페놀프탈레인 용액의 색 변화와 아연과의 반응 여부로 산성, 중성, 염기성 물질을 구별할 수 있다.

바른답·알찬풀이 28쪽

5 교육청 기출

표는 수산화 나트륨(NaOH) 수용액과 묽은 염산(HCl)의 부피를 달리하여 혼합한 용액 (가)~(다)에 대한 자료이다. ㉠과 ㉡은 각각 H^+, Na^+, Cl^-, OH^- 중 하나이고, (가)에서 $\frac{OH^-\text{의 수}}{Na^+\text{의 수}}=\frac{1}{2}$이다.

혼합 용액	혼합 전 수용액의 부피(mL)		혼합 용액 속 $\frac{㉠\text{의 수}}{㉡\text{의 수}}$
	NaOH	HCl	
(가)	10	5	
(나)	10	15	$\frac{1}{2}$
(다)	10	30	x

이에 대한 설명으로 옳은 것만을 〈보기〉에서 있는 대로 고른 것은?

보기
ㄱ. ㉠은 H^+이다.
ㄴ. $x=1$이다.
ㄷ. 생성된 H_2O 분자 수는 (나)에서가 (가)에서의 2배이다.

① ㄱ ② ㄷ ③ ㄱ, ㄴ ④ ㄱ, ㄷ ⑤ ㄴ, ㄷ

출제 의도 산과 염기의 혼합 용액 속 이온 수의 비로부터 중화 반응의 양적 관계를 추론하는 문제이다.

자료 분석 Tip
Na^+은 반응하지 않으므로 (가)에서 $\frac{OH^-\text{의 수}}{Na^+\text{의 수}}$로부터 혼합 전 수용액의 OH^- 중 절반만 반응했음을 알 수 있고, 이를 통해 중화 반응 하는 산과 염기의 양적 관계를 추론할 수 있다.

6 평가원 기출 변형

다음은 일상생활에서 이용하는 물질에 대한 자료와 이에 대한 학생 A~C의 대화이다.

• ㉠ 메테인(CH_4)을 연소시켜 난방을 하거나 음식을 익힌다.
• ㉡ 질산 암모늄(NH_4NO_3)이 물에 용해되는 반응을 이용하여 냉찜질 팩을 차갑게 만든다.

제시한 내용이 옳은 학생만을 있는 대로 고른 것은?

① A ② B ③ A, C ④ B, C ⑤ A, B, C

이런 보기도 나온다!
학생 D. ㉠이 연소할 때 주변으로부터 에너지를 흡수해. ( )
학생 E. ㉡이 일어날 때 주변의 온도는 낮아져. ( )
학생 F. 화학 반응이 일어날 때 에너지의 출입이 일어나. ( )

출제 의도 주변의 온도 변화로부터 에너지의 출입 방향을 추론하는 문제이다.

자료 분석 Tip
반응이 일어날 때 주변의 온도가 높아지면 발열 반응, 주변의 온도가 낮아지면 흡열 반응이 일어난 것이다.

01 환경 변화와 생물다양성

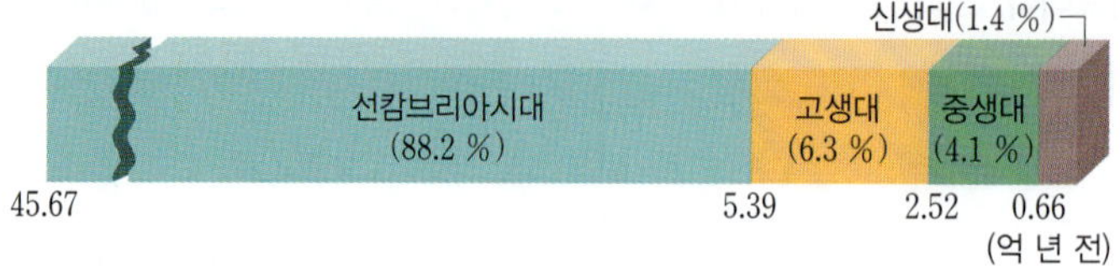

▲ 지질 시대의 구분

01강 지질 시대의 환경과 생물 변화

10쪽

지질 시대는 지구 환경의 급격한 변화로 인한 생물계의 큰 변화를 기준으로 선캄브리아시대, 고생대, 중생대, 신생대로 구분한다.

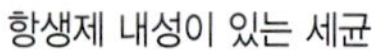

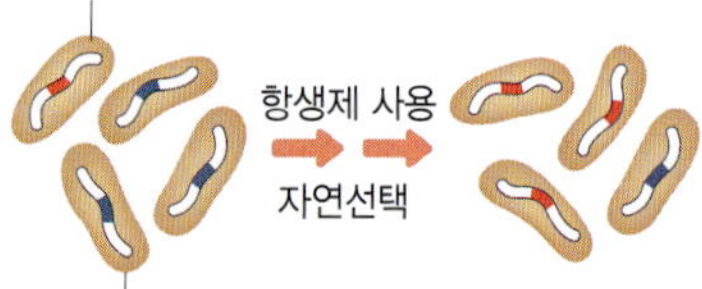

▲ 자연선택에 의한 세균 집단의 적응

02강 생물의 진화

18쪽

항생제를 지속적으로 사용하는 환경에서 항생제 내성이 있는 세균이 자연선택되어 세균 집단이 항생제가 있는 환경에 적응한다.

▲ 생물다양성의 3가지 요소

03강 생물다양성과 보전

26쪽

생물다양성은 유전적 다양성, 종다양성, 생태계다양성의 3가지 요소로 이루어져 있다.

02 화학 변화

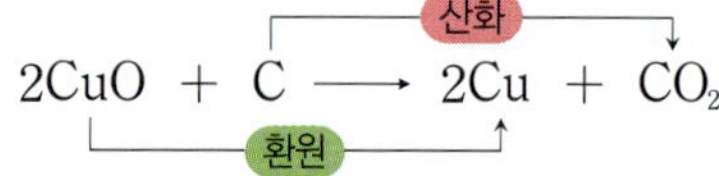

▲ 산소의 이동에 의한 산화·환원 반응

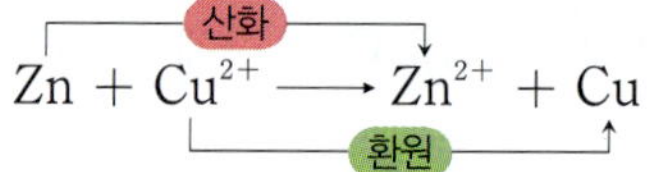

▲ 전자의 이동에 의한 산화·환원 반응

04강 산화와 환원

42쪽

산화는 물질이 산소를 얻거나, 전자를 잃는 반응이고, 환원은 물질이 산소를 잃거나, 전자를 얻는 반응이다. 산화와 환원은 항상 동시에 일어난다.

▲ 중화 반응

05강 산과 염기

50쪽

산은 수용액에서 수소 이온(H^+)을, 염기는 수용액에서 수산화 이온(OH^-)을 내놓는 물질이다. 산과 염기를 섞으면 H^+과 OH^-이 1 : 1의 개수비로 중화 반응을 한다.

▲ 손 소독제에 들어 있는 알코올이 증발하면서 에너지를 흡수한다.

▲ 뷰테인과 같은 연료가 연소하면서 에너지를 방출한다.

06강 에너지의 흡수와 방출

58쪽

주변으로부터 에너지를 흡수하는 흡열 반응이 일어나면 주변의 온도가 낮아진다. 주변으로 에너지를 방출하는 발열 반응이 일어나면 주변의 온도가 높아진다.

I 변화와 다양성

01 환경 변화와 생물다양성

01

그림은 어느 지질 시대의 화석을 나타낸 것이다.

이에 대한 설명으로 옳은 것만을 〈보기〉에서 있는 대로 고른 것은?

보기
ㄱ. 이 화석은 완족류의 화석이다.
ㄴ. 공룡은 이 생물과 같은 지질 시대에 번성하였다.
ㄷ. 이 생물이 생존하던 시대는 전체 지질 시대 중 가장 긴 기간을 차지한다.

① ㄱ ② ㄷ ③ ㄱ, ㄴ
④ ㄴ, ㄷ ⑤ ㄱ, ㄴ, ㄷ

02

그림은 어느 지역의 지층에서 산출되는 화석의 범위를 나타낸 것이다.

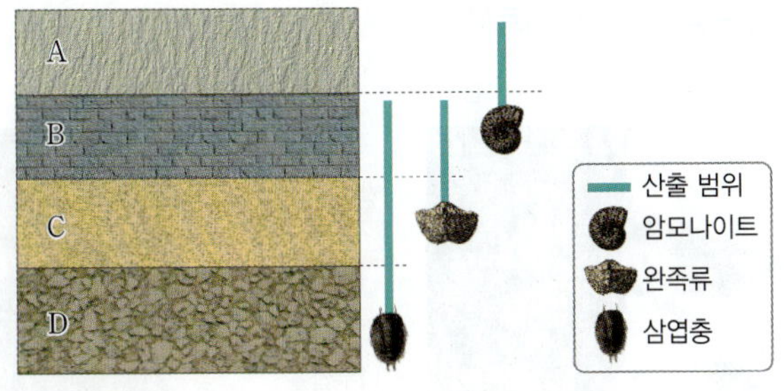

이에 대한 설명으로 옳은 것만을 〈보기〉에서 있는 대로 고른 것은?

보기
ㄱ. A는 고생대에 퇴적되었다.
ㄴ. A와 B 사이는 지질 시대의 경계로 적절하다.
ㄷ. A~D 모두 당시의 바다 환경에서 퇴적되었다.

① ㄱ ② ㄷ ③ ㄱ, ㄴ
④ ㄴ, ㄷ ⑤ ㄱ, ㄴ, ㄷ

03

다음은 지질 시대 동안 지구에서 일어난 주요 사건을 나타낸 것이다.

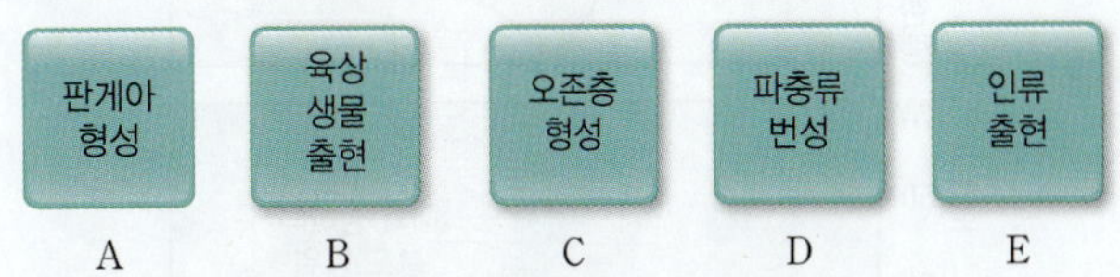

A~E를 시간 순서대로 옳게 나열한 것은?

① A → C → B → D → E
② A → C → D → B → E
③ C → A → B → D → E
④ C → B → A → D → E
⑤ C → B → D → A → E

04

그림 (가)는 고생대 이후 생물 과의 수 변화를, (나)는 어느 지층에서 발견된 화석을 나타낸 것이다.

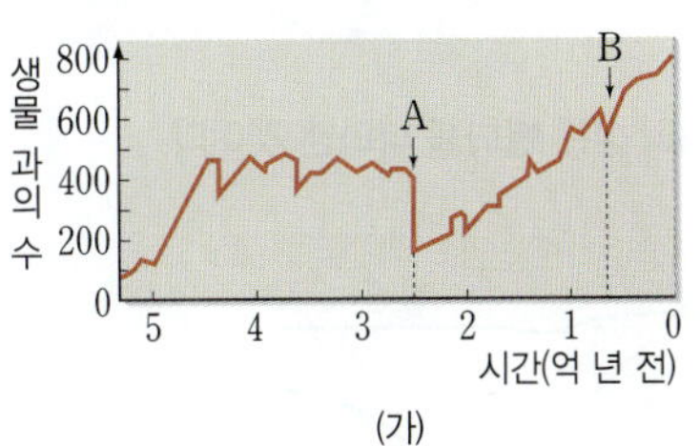

(가)

(나)

이에 대한 설명으로 옳은 것만을 〈보기〉에서 있는 대로 고른 것은?

보기
ㄱ. (가)에서 A는 판게아 형성과 관련이 있다.
ㄴ. (나)가 멸종한 시기에 매머드도 멸종했다.
ㄷ. (나)가 멸종한 시기에 생물 과의 수 감소가 가장 크게 나타났다.

① ㄱ ② ㄷ ③ ㄱ, ㄴ
④ ㄴ, ㄷ ⑤ ㄱ, ㄴ, ㄷ

05

그림은 고생대 이후 기후 변화와 대륙 빙하의 분포 범위를 나타낸 것이다.

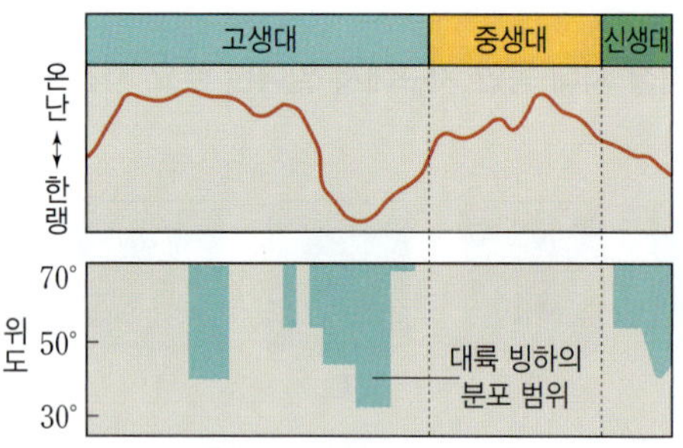

이에 대한 설명으로 옳은 것만을 <보기>에서 있는 대로 고른 것은?

보기
ㄱ. 고생대에는 약 30° 미만의 저위도에서도 빙하를 관찰할 수 있었다.
ㄴ. 중생대에는 빙하기가 여러 번 반복되었다.
ㄷ. 신생대의 평균 해수면 높이는 중생대보다 낮았을 것이다.

① ㄱ ② ㄷ ③ ㄱ, ㄴ
④ ㄴ, ㄷ ⑤ ㄱ, ㄴ, ㄷ

06 서술형

그림은 지질 시대 동안 대기의 성분 변화를 나타낸 것이다.

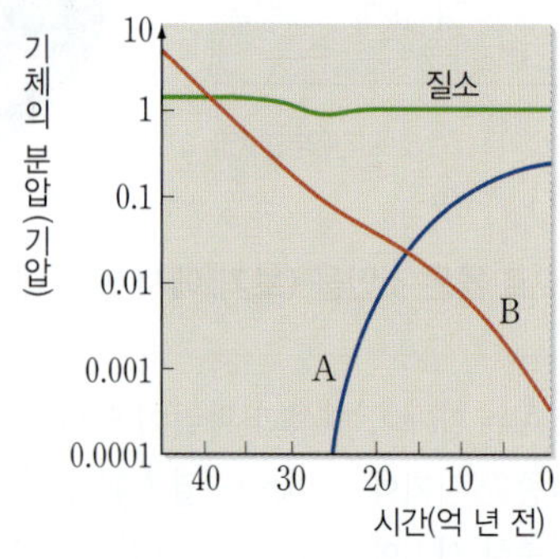

(1) A가 무엇인지 쓰시오.

(2) B가 무엇인지 쓰고, 대기 중 B의 분압이 급격하게 감소하는 까닭을 설명하시오.

07

그림은 토끼 집단의 진화 과정을 나타낸 것이다. (가)와 (나)는 각각 자연선택과 돌연변이 중 하나이다.

이에 대한 설명으로 옳은 것만을 <보기>에서 있는 대로 고른 것은? (단, 토끼 집단의 털색 형질만 고려한다.)

보기
ㄱ. (가)는 토끼 집단의 종다양성을 증가시켰다.
ㄴ. (나)는 자연선택이다.
ㄷ. (나)가 일어난 원인 중 하나는 흰색 털 토끼가 생존에 불리하여 자손을 남기지 못한 것이다.

① ㄱ ② ㄷ ③ ㄱ, ㄴ
④ ㄴ, ㄷ ⑤ ㄱ, ㄴ, ㄷ

08

그림은 한 종으로 이루어진 어떤 곤충 집단의 진화 과정을 나타낸 것이다. A와 B는 몸 색깔이 서로 다른 개체이며, 포식자인 새의 눈에 띄는 정도가 서로 다르다.

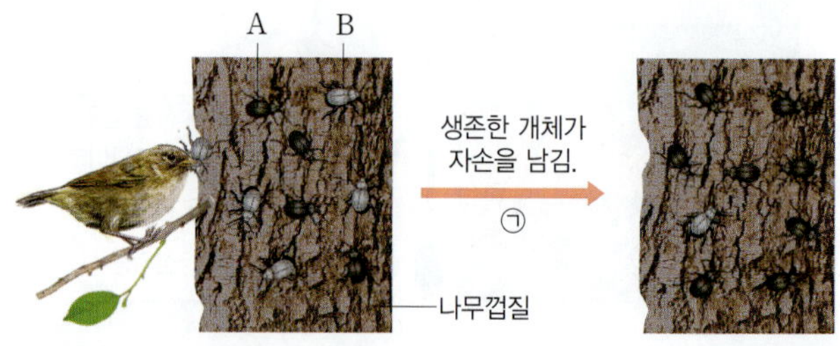

이에 대한 설명으로 옳지 않은 것은? (단, 제시된 조건 이외는 고려하지 않는다.)

① 이 곤충의 몸 색깔에 변이가 있다.
② A와 B는 서로 다른 몸 색깔 유전자를 가진다.
③ B가 A보다 환경에 적합한 몸 색깔을 가진다.
④ ㉠에서 자연선택이 일어났다.
⑤ ㉠에서 A와 몸 색깔이 같은 개체의 비율이 증가했다.

09

표는 다윈의 자연선택설에 따라 갈라파고스 제도에서 어떤 핀치가 진화한 과정의 일부를 단계별로 나타낸 것이다. ㉠과 ㉡은 각각 변이와 자연선택 중 하나이다.

단계	과정
㉠	부리 모양이 다양한 개체들이 살고 있었다.
생존경쟁	ⓐ 먹이에 대한 경쟁이 일어나 크고 두꺼운 부리를 가진 개체가 많이 살아남았다.
㉡	(가)

이에 대한 설명으로 옳은 것만을 〈보기〉에서 있는 대로 고른 것은?

보기
ㄱ. 유성생식에 의해 ㉠이 나타날 수 있다.
ㄴ. ⓐ는 크고 두꺼운 부리를 이용하여 잘 먹을 수 있다.
ㄷ. '크고 두꺼운 부리 형질이 더 많은 자손에게 전달되었다.'는 (가)에 해당한다.

① ㄱ ② ㄴ ③ ㄱ, ㄷ
④ ㄴ, ㄷ ⑤ ㄱ, ㄴ, ㄷ

10

그림은 어떤 세균 집단이 변화하는 과정을 나타낸 것이다. ㉠과 ㉡은 각각 세균 증식과 항생제 사용 중 하나이고, A와 B는 항생제 내성이 없는 세균과 항생제 내성이 있는 세균을 순서 없이 나타낸 것이다.

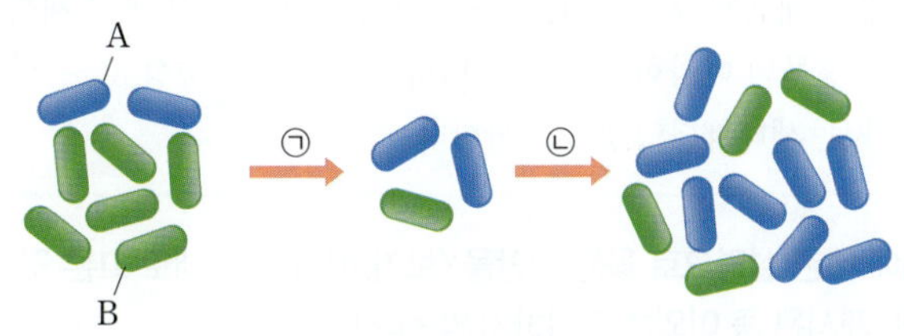

이에 대한 설명으로 옳은 것만을 〈보기〉에서 있는 대로 고른 것은?

보기
ㄱ. A는 항생제 내성이 없는 세균이다.
ㄴ. ㉠에 의해 항생제 내성 형질의 변이가 처음 나타났다.
ㄷ. ㉡에서 항생제 내성이 있는 형질이 더 많은 자손에게 전달되었다.

① ㄱ ② ㄷ ③ ㄱ, ㄴ
④ ㄱ, ㄷ ⑤ ㄴ, ㄷ

11 

그림은 바다가 형성된 후 (가) 지역에서 일어난 나비 집단의 진화 과정을 나타낸 것이다. ㉠과 ㉡은 각각 흰색 몸 색깔 나비와 검은색 몸 색깔 나비이다.

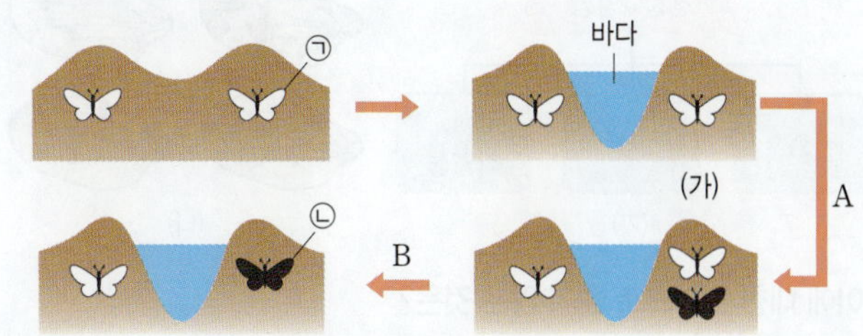

A와 B 시기에 (가) 지역에서 일어난 현상을 다음 용어를 모두 포함하여 각각 설명하시오.

몸 색깔 돌연변이 자연선택 환경

12

그림은 생물다양성의 3가지 요소 (가)~(다)의 예를 나타낸 것이다. (가)~(다)는 각각 종다양성, 생태계다양성, 유전적 다양성 중 하나이다.

(가)

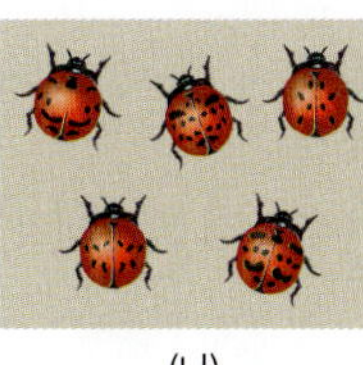
(나)

(다)

이에 대한 설명으로 옳은 것만을 〈보기〉에서 있는 대로 고른 것은?

보기
ㄱ. (가)에는 자연환경의 다양함이 포함된다.
ㄴ. 기린과 얼룩말의 털 색깔이 다른 것은 (나)의 예이다.
ㄷ. (다)는 유전적 다양성이다.

① ㄱ ② ㄴ ③ ㄷ
④ ㄱ, ㄴ ⑤ ㄴ, ㄷ

13

그림 (가)는 생물다양성의 3가지 요소를, (나)는 같은 종의 초파리 개체들이 가지는 다양한 날개를 나타낸 것이다. (나)는 A의 예이다.

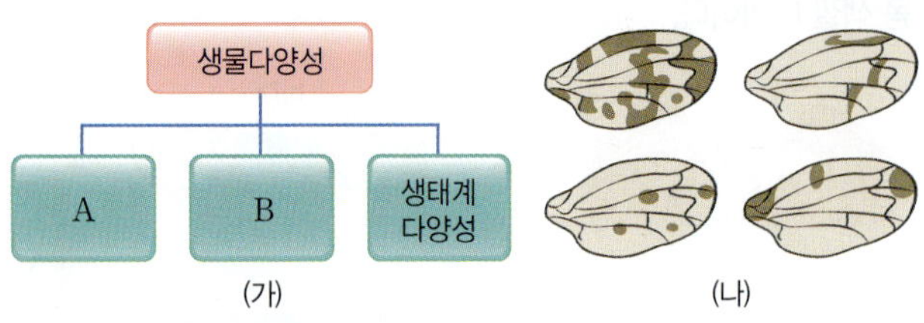

이에 대한 설명으로 옳지 않은 것은?

① A는 유전적 다양성이다.
② (나)의 날개 무늬는 유전형질이다.
③ 생태계다양성은 종다양성에 영향을 준다.
④ 생물 사이의 먹고 먹히는 관계가 단순한 생태계일수록 B가 높다.
⑤ 다양한 식물의 종자를 보관하는 것은 A를 보전하기 위한 노력에 해당한다.

14

다음은 생물다양성에 대한 자료이다.

- 생물다양성은 (가)~(다)로 구성된다. (가)~(다)는 종다양성, 생태계다양성, 유전적 다양성을 순서 없이 나타낸 것이다.
- 숲에 무당벌레, 달팽이, 참나무, 고슴도치 등이 살고 있는 것은 (가)의 예이다.
- 같은 종의 달팽이라도 껍질 무늬가 다양한 것은 (나)의 예이다.

이에 대한 설명으로 옳은 것만을 〈보기〉에서 있는 대로 고른 것은?

보기
ㄱ. (가)는 종다양성이다.
ㄴ. 변이가 다양한 생물집단은 (나)가 낮다.
ㄷ. 우리나라에 갯벌, 습지, 바다가 있는 것은 (다)의 예이다.

① ㄱ ② ㄴ ③ ㄱ, ㄷ
④ ㄴ, ㄷ ⑤ ㄱ, ㄴ, ㄷ

15 서술형

다음은 생물다양성에 대한 학생 A~C의 대화이다.

(1) 제시한 내용이 옳지 않은 학생을 모두 쓰시오.

(2) (1)과 같이 생각한 까닭을 설명하시오.

16

다음은 생물다양성협약에 대한 자료이다.

'생물다양성협약'은 생물다양성의 보전, 생물자원의 지속 가능한 이용, ㉠ 생물자원을 이용하여 얻어지는 이익의 공정하고 공평한 분배를 위하여 1992년 유엔환경개발회의에서 채택된 협약이다. 생물다양성은 생태계 내에 존재하는 생물의 다양한 정도를 의미하며 유전적 다양성, ㉡ 종다양성, 생태계다양성을 포함한다.

이에 대한 설명으로 옳은 것만을 〈보기〉에서 있는 대로 고른 것은? (단, 제시된 종 이외는 고려하지 않는다.)

보기
ㄱ. 심장병 치료제로 사용되는 디기탈리스는 ㉠에 해당한다.
ㄴ. 생물다양성협약의 체결은 생물다양성보전을 위한 노력에 해당한다.
ㄷ. 같은 종의 무당벌레에서 무늬가 다양하게 나타나는 것은 ㉡에 해당한다.

① ㄱ ② ㄷ ③ ㄱ, ㄴ
④ ㄴ, ㄷ ⑤ ㄱ, ㄴ, ㄷ

02 화학 변화

17

다음은 우리 주변에서 일어나는 3가지 반응이다.

(가) 광합성이 일어난다.

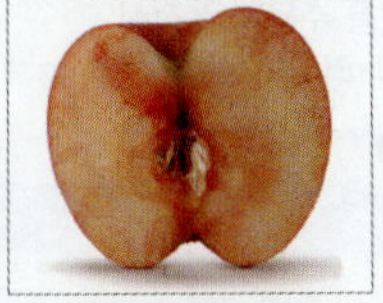
(나) 사과가 갈변한다.

(다) 화석 연료가 연소한다.

이에 대한 설명으로 옳은 것만을 〈보기〉에서 있는 대로 고르시오.

보기
ㄱ. (가)에서 포도당이 생성된다.
ㄴ. (다)에서 이산화 탄소가 생성된다.
ㄷ. (가)~(다)는 모두 산화 · 환원 반응이다.

18

다음은 구리(Cu)를 이용한 실험이다.

| 실험 과정 및 결과 |
(가) 구리(Cu)를 알코올램프의 (㉠)에 넣어 산소(O_2)와 반응시켰더니 산화 구리(Ⅱ)(CuO)가 생성됐다.
(나) (가)에서 생성된 산화 구리(Ⅱ)(CuO)를 알코올램프의 (㉡)에 넣어 일산화 탄소(CO)와 반응시켰더니 다시 구리(Cu)로 변했다.

이에 대한 설명으로 옳지 않은 것은?

① ㉠은 '겉불꽃', ㉡은 '속불꽃'이 적절하다.
② (가)에서 환원되는 물질은 O_2이다.
③ (가)에서 Cu가 전자를 잃는 반응이 일어난다.
④ (나)에서 산화되는 물질은 CuO이다.
⑤ (나)에서 CuO의 산소는 CO로 이동한다.

19 서술형

다음은 NaCl의 생성 반응을 화학 반응식으로 나타낸 것이다.

$$2Na + Cl_2 \longrightarrow 2NaCl$$

이 반응에서 산화되는 물질과 환원되는 물질을 각각 쓰고, 그 까닭을 설명하시오.

20

다음은 2가지 금속의 산화 · 환원 반응 실험에 대한 자료이다.

(가) 황산 구리(Ⅱ) 수용액에 마그네슘판을 넣었더니 마그네슘판 표면에 구리가 석출됐다.
(나) 질산 은 수용액에 마그네슘판을 넣었더니 마그네슘판 표면에 은이 석출됐다.

이에 대한 설명으로 옳은 것만을 〈보기〉에서 있는 대로 고른 것은? (단, 음이온과 물은 반응에 참여하지 않는다.)

보기
ㄱ. (가)와 (나)에서 마그네슘은 산화된다.
ㄴ. (가)에서 전자는 구리 이온에서 마그네슘으로 이동한다.
ㄷ. (나)에서 수용액 속 전체 이온 수는 반응 전이 반응 후보다 많다.

① ㄱ ② ㄴ ③ ㄱ, ㄷ
④ ㄴ, ㄷ ⑤ ㄱ, ㄴ, ㄷ

21

그림은 X^{m+}이 들어 있는 수용액에 금속 Y를 넣었을 때 수용액 속에 들어 있는 금속 양이온만을 모형으로 나타낸 것이다.

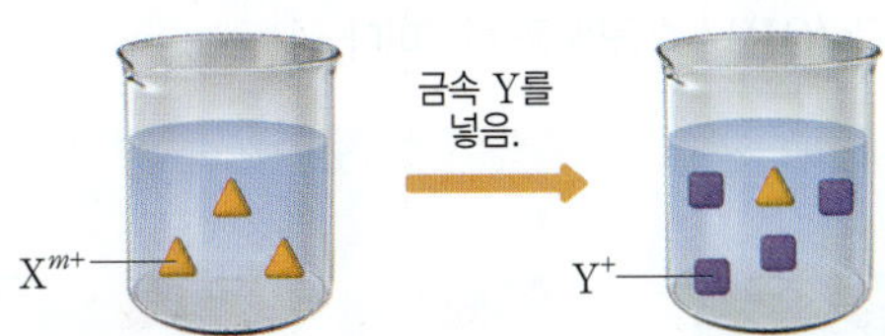

이에 대한 설명으로 옳은 것만을 〈보기〉에서 있는 대로 고른 것은? (단, X와 Y는 임의의 원소 기호이고, 음이온과 물은 반응에 참여하지 않는다.)

보기
ㄱ. $m=3$이다.
ㄴ. X^{m+}은 환원된다.
ㄷ. 전자는 Y에서 X^{m+}으로 이동한다.

① ㄱ ② ㄷ ③ ㄱ, ㄴ
④ ㄴ, ㄷ ⑤ ㄱ, ㄴ, ㄷ

22

표는 묽은 염산(HCl), 수산화 나트륨(NaOH) 수용액, 에탄올(C_2H_5OH) 수용액을 3가지 기준에 따라 분류한 것이다.

기준	예	아니요
수용액에 전류가 흐르는가?		(가)
수용액에 마그네슘 조각을 넣으면 기체가 발생하는가?	(나)	
수용액에 페놀프탈레인 용액을 넣으면 붉은색으로 변하는가?	(다)	

이에 대한 설명으로 옳은 것만을 〈보기〉에서 있는 대로 고른 것은?

보기
ㄱ. (가)에 해당하는 수용액은 1가지이다.
ㄴ. 묽은 염산(HCl)은 (나)에 해당한다.
ㄷ. 수산화 나트륨(NaOH) 수용액과 에탄올(C_2H_5OH) 수용액은 (다)에 해당한다.

① ㄱ ② ㄴ ③ ㄷ
④ ㄱ, ㄴ ⑤ ㄱ, ㄷ

23

그림은 수용액 (가)~(다)에 들어 있는 이온을 모형으로 나타낸 것이다. (가)~(다)는 각각 묽은 염산(HCl), 묽은 황산(H_2SO_4), 수산화 칼슘($Ca(OH)_2$) 수용액 중 하나이다.

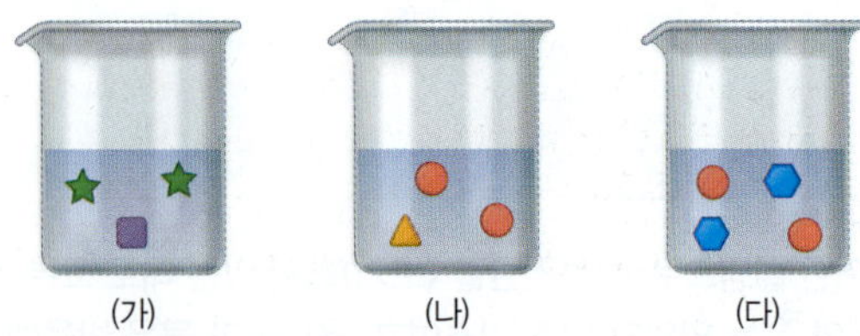

이에 대한 설명으로 옳은 것만을 〈보기〉에서 있는 대로 고른 것은?

보기
ㄱ. ★는 수산화 이온(OH^-)이다.
ㄴ. (가)와 (다)를 혼합하면 물이 생성된다.
ㄷ. (나)에 탄산 칼슘($CaCO_3$)을 넣으면 기체가 발생한다.

① ㄱ ② ㄴ ③ ㄱ, ㄷ
④ ㄴ, ㄷ ⑤ ㄱ, ㄴ, ㄷ

24

그림과 같이 질산 칼륨 수용액을 적신 푸른색 리트머스 종이 위에 ㉠을 적신 실을 올려놓고 전류를 흘려 주었더니 리트머스 종이가 실에서부터 A극 쪽으로 붉게 변했다.

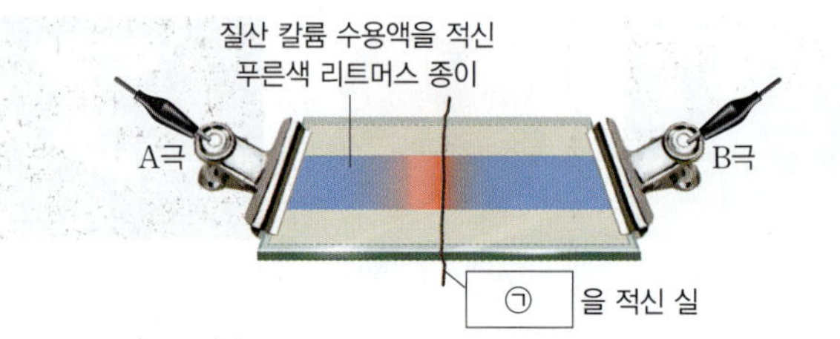

이에 대한 설명으로 옳은 것만을 〈보기〉에서 있는 대로 고른 것은?

보기
ㄱ. A극은 (−)극이다.
ㄴ. 수산화 나트륨 수용액은 ㉠으로 적절하다.
ㄷ. 푸른색 리트머스 종이가 붉게 변하는 것은 H^+ 때문이다.

① ㄱ ② ㄴ ③ ㄱ, ㄷ
④ ㄴ, ㄷ ⑤ ㄱ, ㄴ, ㄷ

25 서술형

일정량의 묽은 염산에 수산화 나트륨 수용액을 조금씩 넣어 줄 때 완전히 중화가 일어난 지점을 확인하는 방법을 2가지 설명하시오.

26

그림은 수산화 나트륨(NaOH) 수용액 10 mL에 묽은 염산(HCl) 5 mL와 15 mL를 차례대로 넣었을 때, 수용액 (가)~(다)에 들어 있는 양이온을 모형으로 나타낸 것이다.

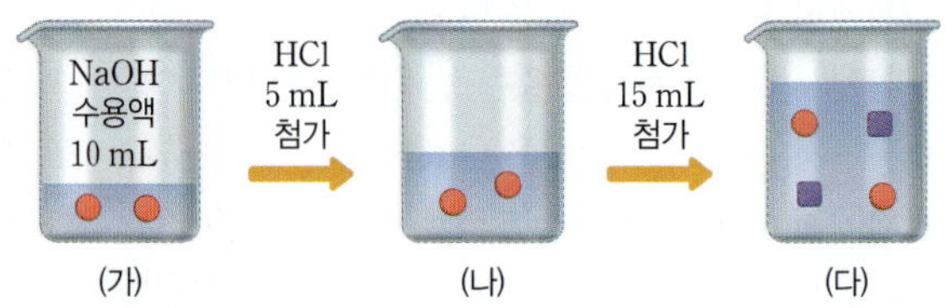

이에 대한 설명으로 옳은 것만을 〈보기〉에서 있는 대로 고른 것은?

보기
ㄱ. ■는 수소 이온(H^+)이다.
ㄴ. (나)에 BTB 용액을 떨어뜨리면 파란색으로 변한다.
ㄷ. 수용액에 들어 있는 전체 이온 수는 (나)가 (가)보다 많다.

① ㄱ ② ㄷ ③ ㄱ, ㄴ
④ ㄴ, ㄷ ⑤ ㄱ, ㄴ, ㄷ

27

그림 (가)는 수산화 나트륨(NaOH) 수용액 15 mL에 묽은 염산(HCl)을 넣을 때 이온 X의 수 변화를 나타낸 것이고, (나)는 (가)의 혼합 용액 ㉢에 들어 있는 양이온만을 모형으로 나타낸 것이다.

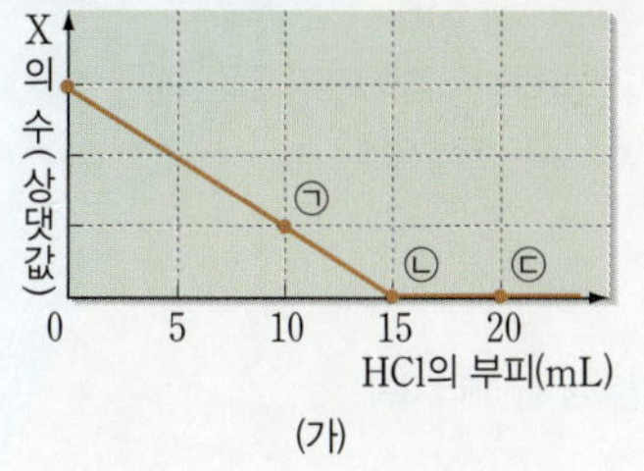

(가)

(나)

이에 대한 설명으로 옳은 것만을 <보기>에서 있는 대로 고른 것은?

보기

ㄱ. X는 수산화 이온(OH^-)이다.

ㄴ. 수용액에 들어 있는 음이온 수는 ㉡에서가 ㉠에서보다 많다.

ㄷ. 수용액에 들어 있는 ▲의 수는 ㉢에서가 ㉡에서보다 많다.

① ㄱ ② ㄷ ③ ㄱ, ㄴ
④ ㄴ, ㄷ ⑤ ㄱ, ㄴ, ㄷ

28

표는 농도와 온도가 같은 묽은 염산(HCl)과 수산화 나트륨(NaOH) 수용액의 부피를 달리하여 혼합한 용액 (가)~(다)에 대한 자료를 나타낸 것이다. (가)~(다)는 각각 산성, 중성, 염기성 중 하나이다.

혼합 용액		(가)	(나)	(다)
혼합 전 수용액의 부피(mL)	HCl	2	5	7
	NaOH	8	5	3
전체 이온 수		xN	$10N$	yN
생성된 H_2O 분자 수		$2N$	zN	$3N$
혼합 용액의 최고 온도(°C)		22	25	t

이에 대한 설명으로 옳은 것만을 <보기>에서 있는 대로 고르시오.

보기

ㄱ. (가)에 페놀프탈레인 용액을 떨어뜨리면 붉은색으로 변한다.

ㄴ. $\frac{x+y}{z}=6$이다.

ㄷ. $22<t<25$이다.

29

다음은 에너지의 출입과 관련된 반응에 대한 설명이다.

- ㉠ 질산 암모늄(NH_4NO_3)을 물에 용해시키면 흡열 반응이 일어난다.
- ㉡ 염화 칼슘($CaCl_2$)을 물에 용해시키면 수용액의 온도가 높아진다.

이에 대한 설명으로 옳은 것은?

① ㉠은 냉찜질 팩에 사용할 수 있다.
② ㉠이 물에 용해될 때 주변의 온도는 높아진다.
③ ㉠이 물에 용해될 때 주변으로 에너지를 방출한다.
④ ㉡이 물에 용해되는 반응은 흡열 반응이다.
⑤ ㉡이 물에 용해될 때 주변으로부터 에너지를 흡수한다.

30 서술형

오른쪽 그림과 같이 진한 황산을 물에 용해시켰더니 수용액의 온도가 높아졌다. 이 반응이 흡열 반응인지 발열 반응인지 쓰고, 그 까닭을 설명하시오.

31

다음은 실생활에서 일어나는 3가지 현상이다.

㉠ 산화 칼슘과 물이 반응하여 휴대용 도시락이 따뜻해진다.

손 소독제를 손에 바르면 ㉡ 에탄올이 증발하면서 손이 시원해진다.

㉢ 철 가루가 산소와 반응하여 손난로가 뜨거워진다.

㉠~㉢ 중에서 주변으로부터 에너지를 흡수하는 현상만을 있는 대로 고른 것은?

① ㉠ ② ㉡ ③ ㉠, ㉢
④ ㉡, ㉢ ⑤ ㉠, ㉡, ㉢

Ⅱ 환경과 에너지

이 단원 한 줄 요약

인류는 생태계와 지구 환경 보전을 위해 노력하고, 지구 환경 문제 해결을 위한 에너지의 지속가능하고 효율적인 활용이 중요하다.

◆ 이 단원의 학습 연계

선수 학습

초등학교 3~4학년군
- 생물과 환경

중학교
- 날씨와 기후 변화
- 수권과 해수의 순환
- 전류의 자기 작용
- 역학적 에너지 전환과 보존
- 전기 에너지의 발생과 전환

이 단원의 학습

- 생태계구성요소
- 생태계평형
- 대기와 해양의 상호작용
- 온실 기체와 지구 온난화
- 핵융합
- 발전
- 에너지 전환과 효율

후속 학습

생명과학
- 생명 시스템의 구성

지구과학
- 지구와 대기의 상호작용

물리학
- 에너지와 열
- 전기와 자기의 상호작용

전자기와 양자
- 전류에 의한 자기장
- 전자기 유도

통합과학2 이전에 배운 내용을 떠올리면서 빈칸에 들어갈 알맞은 말을 쓰시오.

1

□□□은/는 어떤 공간에서 영향을 주고받는 모든 생물요소와 비생물요소이다.

07강 생물과 환경

2

생태계를 구성하는 생물의 종류와 수 또는 양이 균형을 이루며 안정적인 상태를 유지하는 것을 □□□□□(이)라고 한다.

08강 생태계평형

3

대기 중 온실 기체의 양이 많아져 지구의 평균 기온이 점점 상승하는 현상을 □□ □□□(이)라고 한다.

09강 지구 환경의 변화

4

운동 에너지나 위치 에너지 등 다른 에너지를 □□ 에너지로 전환하는 것을 발전이라고 한다.

10강 태양 에너지와 발전

5

물체가 자유 낙하 할 때 공기 저항이나 마찰이 없으면 물체의 역학적 에너지는 항상 일정하게 □□된다.

11강 에너지 효율과 신재생 에너지

답 | 1 생태계 2 생태계평형 3 지구 온난화 4 전기 5 보존

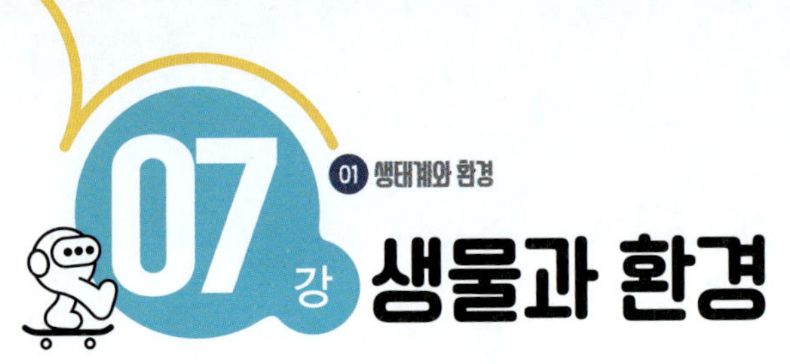

생물과 환경

1 생태계구성요소

(1) 생태계❶ 생물이 다른 생물과 어울려 살아가는 한편 주변 환경과도 서로 영향을 주고받으며 살아가는 체계이다. ➜ 생태계에는 생물과 생물이 살아가는 서식지의 환경이 모두 포함된다.

① 생태계는 생물과 생물, 생물과 환경이 서로 영향을 주고받으며 스스로 유지된다.

② 지구에는 규모가 큰 열대우림에서부터 규모가 작은 연못에 이르기까지 특성이 서로 다른 다양한 생태계가 있다.

(2) 생태계구성요소 생태계는 생물요소와 비생물요소로 이루어져 있다. (생물요소는 살아 있는 것, 비생물요소는 살아 있지 않은 것이다.)

① **생물요소**: 생태계에서 살아가는 모든 생물이다. ➜ 양분과 에너지가 이동하는 단계에 따라 생산자, 소비자, 분해자로 구분한다.

생산자	빛에너지를 이용해 광합성을 하여 살아가는 데 필요한 양분❷을 스스로 만든다. 예 식물, 식물*플랑크톤, *조류 등
소비자	다른 생물을 먹이로 섭취하여 양분을 얻는다. 예 동물, 동물 플랑크톤 등
분해자	다른 생물의 사체나 배설물을 분해하여 양분을 얻는다. 예 버섯, 곰팡이 등

② **비생물요소**: 빛, 공기, 온도, 물, 토양 등 생물이 살아가는 데 영향을 미치는 환경이다. ➜ 생물이 살아가는 터전을 제공하며, 생태계를 유지하는 데 중요한 역할을 한다.

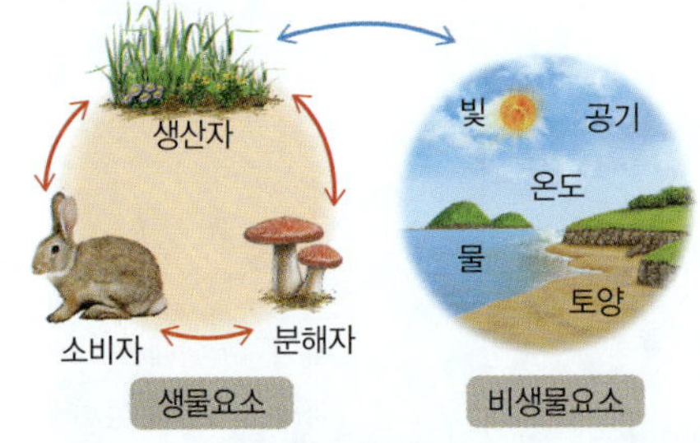

▲ 생태계구성요소

(3) 생태계의 구조 생태계는 개체 → 개체군 → 군집 → 생태계의 단계적인 구조를 이루고 있다.

① 생태계에서 생물은 대부분 무리를 이루어 살아가며 개체군과 군집을 이룬다.

개체군	일정한 지역에 사는 같은 생물종의 개체들로 이루어진 무리이다. 한 종의 생물종으로 이루어져 있다.
군집	일정한 지역에 사는 모든 개체군의 무리이다. 여러 종의 생물종으로 이루어져 있다.

② 생태계는 생물요소와 비생물요소가 상호작용 하며 유지되는 체계이다.

▲ 생태계의 구조

이전에 배운 내용

• **생태계**: 숲, 바다, 강 등 다양한 생태계가 있으며, 각 생태계에는 생물요소와 비생물요소가 있다.

❶ 생태계
일정한 공간에서 생물이 자연환경과 밀접한 관계를 맺으며 상호작용 하면서 유지되는 시스템이다. 인공적으로 만들어진 연못 등도 외부의 개입 없이 스스로 유지되면 생태계이다.

❷ 양분
생물의 몸을 구성하고, 에너지원으로 사용되며, 생명활동을 조절하는 영양소이다. 특히 탄수화물, 지방, 단백질과 같이 에너지원으로 이용되는 영양소는 탄소(C)와 수소(H)를 포함하는 유기물이다.

암기 비법
생태계구성요소와 생물요소
생태계구성요소는 생생비, 생물요소는 생소분이다.
→ 생태계구성요소는 생물요소와 비생물요소로 이루어져 있고, 생물요소는 생산자, 소비자, 분해자로 구분한다.

2 생물과 환경의 상호 관계 상호 관계와 상호작용 모두 서로 영향을 주고받는다는 뜻이다.

(1) 생물과 환경의 상호 관계 생태계의 생물요소[3]와 비생물요소는 서로 영향을 주고받는다.
➜ 생태계를 건강하게 유지하려면 생물요소와 비생물요소 사이의 상호작용이 균형을 이루어야 한다.

비생물요소 → 생물요소	비생물요소는 생물의 생활 방식, 번식 방법, 서식 장소 등에 영향을 미치며, 생물은 서식지의 비생물요소(환경)에 적응한다. 예 건조한 곳에 사는 선인장과 알로에는 줄기에 물을 저장하는 조직이 발달해 있다.
생물요소 → 비생물요소	생물의 다양한 생명활동은 주변의 비생물요소(환경)에 영향을 미친다. 예 비버가 강에 댐을 만들면 강의 흐름이 느려지고 댐 주변이 습지 환경으로 바뀐다.

자료 pick 생태계구성요소의 상호작용

생태계
생물요소
개체군 A
개체군 B
㉠
㉡
비생물요소

- ㉠은 비생물요소가 생물요소에 영향을 미치는 것이다. ➜ 생물이 환경에 적응하는 것은 ㉠의 사례에 해당한다.
  예 추운 지역에 살아 피하 지방층[4]이 발달한 펭귄
- ㉡은 생물요소가 비생물요소에 영향을 미치는 것이다. ➜ 생물에 의해 환경이 변하는 것은 ㉡의 사례에 해당한다.
  예 대기 중으로 메테인을 방출하는 소, 인간이 드론을 이용해 비료를 뿌려 비옥해진 땅

(2) 생물과 환경의 상호 관계 사례

온도	• 사막여우는 북극여우보다 몸집이 작고 귀가 크다. ➜ 사막여우는 몸의 표면을 통한 열의 방출[5]이 촉진된다. 북극여우는 몸집이 크고 귀가 작아 몸의 표면을 통한 열의 방출이 억제된다. • 추운 지역에 사는 펭귄과 바다코끼리는 피하 지방층이 발달했고, 한라솜이풀은 잎과 줄기에 털이 나 있다. ➜ 낮은 온도에서 체온을 유지하기 위한 적응 결과이다. • 개구리나 다람쥐는 추운 겨울에 땅속에서 겨울잠을 잔다. • 일부 식물은 온도가 낮아지면 단풍이 들고 낙엽을 만든다. • 식물의 증산작용으로 숲은 다른 곳보다 시원하다.
빛	• 강한 빛을 받는 잎은 약한 빛을 받는 잎보다 울타리조직이 발달해 두께가 두껍다.[6] └ 강한 빛을 받는 잎에서 광합성이 더 활발하게 일어난다. • 국화는 낮이 짧아지는 시기에 꽃이 핀다. • 닭, 꾀꼬리 등은 *일조 시간이 길어질 때, 산양, 사슴 등은 일조 시간이 짧아질 때 번식한다. • 숲이 울창해지면 지표에 도달하는 빛의 세기가 약해진다.
물	• 선인장은 뿌리가 발달해 있고 가시로 변한 잎을 가진다. ➜ 잎의 증산작용을 통한 물의 손실을 줄인다. • 곤충은 몸 표면이 키틴질로 되어 있고, 도마뱀과 뱀은 몸 표면이 비늘로 덮여 있다. ➜ 몸의 표면을 통한 물의 손실을 줄인다. 곤충, 도마뱀, 뱀 등은 대부분 건조한 육지에서 서식한다. • 고래의 배설물은 해양의 물질 순환에 도움을 준다. • 물에서 서식하는 연꽃의 줄기와 뿌리에는 공기가 통하는 통기조직이 발달되어 있다.
공기	• 고산 지대에 사는 사람은 저지대에 사는 사람보다 적혈구 수가 많다. ─ 고산 지대 사람은 산소를 효율적으로 운반할 수 있다. • 식물은 광합성을 하여 공기 중의 산소 농도를 높인다.
토양	• 염분이 높은 땅에 사는 함초는 염분을 저장하는 조직이 발달했다. • 토양의 깊이에 따라 공기의 양이 달라 서로 다른 종류의 세균이 분포한다. • 지렁이는 토양에 구멍을 뚫어 토양의 통기성을 높인다.

▲ 북극여우와 사막여우(온도)

▲ 선인장의 가시(물)

▲ 연꽃의 줄기(물)

▲ 함초의 염분 저장(토양)

3 생물요소 사이의 상호 관계
- 생태계에서 생물요소는 서로 먹고 먹히거나, 도움을 주는 등 생물요소 사이에서도 서로 영향을 주고받는다.
- 생물요소 사이의 상호작용이 균형을 이루어야 생태계가 안정적으로 유지된다.

4 피하 지방층
피부의 아래쪽에 있으며, 지방이 저장되어 있는 층이다. 지방은 단열 효과가 있으므로 피하 지방층은 몸 안의 열이 빠져나가는 것을 막아 체온을 유지시키는 역할을 한다.

5 몸의 표면을 통한 열의 방출
- 사막여우는 북극여우보다 몸의 부피에 대한 표면적의 비율이 높아 열을 효과적으로 방출하므로 온도가 높은 환경에서 체온이 높아지는 것을 막을 수 있다.
- 아메리카 사막토끼는 귀가 크고, 북극토끼는 귀와 꼬리가 작다.

6 빛의 세기와 잎의 두께
강한 빛을 받는 잎은 약한 빛을 받는 잎보다 잎의 두께가 두껍다.

▲ 강한 빛을 받는 잎

▲ 약한 빛을 받는 잎

용어 뜻풀이
- * **플랑크톤**(Plankton): 물속에서 떠다니며 생활하는 작은 생물들로, 부유 생물이라고 한다.
- * **조류**(마름 藻, 무리 類): 물속에서 광합성을 하며 살아가는 원생생물 무리이다. 해캄, 미역, 다시마 등이 있다.
- * **일조 시간**(해 日, 비칠 照, 때 時, 사이 間): 햇빛이 구름 등에 가리지 않고 지표면을 비춘 시간이다.

기본 탄탄 문제

개념 확인 초성 Quiz

1 ㅅ ㅌ ㄱ 은/는 생물이 다른 생물과 어울려 살아가면서 주변 환경과 영향을 주고받으며 살아가는 체계이다.

2 생태계는 생물요소와 ㅂ ㅅ ㅁ ㅇ ㅅ (으)로 이루어져 있다.

3 생태계의 생물요소는 생산자, 소비자, ㅂ ㅎ ㅈ (으)로 구분한다.

4 생태계는 개체 → 개체군 → ㄱ ㅈ → 생태계의 단계적인 구조를 이루고 있다.

5 개구리가 땅속에서 겨울잠을 자는 것은 ㅇ ㄷ 이/가 생물에 영향을 미친 사례이다.

1 생태계구성요소

01 생태계구성요소에 대한 설명으로 옳은 것은 ○표, 옳지 않은 것은 ×표 하시오.

(1) 토양 속 세균은 생물요소에 속한다. ( )

(2) 빛, 공기, 온도, 물, 토양은 모두 비생물요소에 속한다. ( )

(3) 다른 생물을 먹이로 섭취하여 양분을 얻는 생물요소는 생산자이다. ( )

(4) 생물요소와 비생물요소는 독립적으로 작용하므로 서로 영향을 미치지 않는다. ( )

02 오른쪽 그림은 생태계의 생물요소를 양분과 에너지가 이동하는 단계에 따라 (가)~(다)로 구분하여 나타낸 것이다. (가)~(다)는 각각 분해자, 생산자, 소비자 중 하나이다. (가)~(다)는 각각 무엇인지 쓰시오.

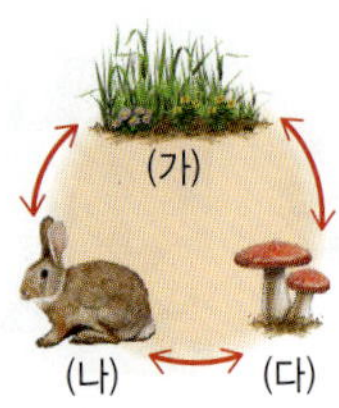

03 생태계의 구조에 대한 설명으로 옳은 것은 ○표, 옳지 않은 것은 ×표 하시오.

(1) 생태계는 생물요소로만 이루어져 있다. ( )

(2) 한 생물종의 개체들이 모여 개체군이 된다. ( )

(3) 일정한 지역에 사는 모든 개체군의 무리를 군집이라고 한다. ( )

2 생물과 환경의 상호 관계

04 다음은 생물과 환경의 상호 관계 사례 (가)~(다)를 나타낸 것이다.

> (가) 소는 대기 중으로 메테인을 방출한다.
> (나) 비버가 강에 댐을 만들면 강의 흐름이 느려진다.
> (다) 알로에는 줄기에 물을 저장하는 조직이 발달해 있다.

(가)~(다) 중에서 생물요소가 비생물요소에 영향을 미친 사례는 어느 것인지 모두 고르시오.

05 그림 (가)와 (나)는 사막여우와 북극여우를 순서 없이 나타낸 것이다.

(가)

(나)

(가)와 (나)의 이름을 각각 쓰고, 이 두 여우의 생김새 차이에 영향을 미친 비생물요소는 무엇인지 쓰시오.

06 다음은 생물과 환경의 상호 관계 사례 (가)~(다)를 나타낸 것이다.

> (가) 국화는 낮이 짧아지는 시기에 꽃이 핀다.
> (나) 도마뱀과 뱀은 몸 표면이 비늘로 덮여 있다.
> (다) 고산 지대에 사는 사람은 적혈구 수가 많다.

(가)~(다)와 가장 관련이 깊은 비생물요소는 무엇인지 각각 쓰시오.

1 생태계구성요소

01 다음은 생태계구성요소에 대한 설명이다.

• 생태계는 생물요소와 ㉠으로 구성된다.
• 생물요소는 ㉡, 소비자, 분해자로 구분한다.

이에 대한 설명으로 옳지 않은 것은?

① ㉠은 비생물요소이다.
② 생태계에서 생물요소와 ㉠은 서로 영향을 주고받는다.
③ 빛, 공기, 온도, 물, 토양은 모두 ㉠에 속한다.
④ ㉡은 생산자이다.
⑤ 식물과 버섯은 모두 ㉡에 속한다.

02 표는 생태계의 생물요소 (가)~(다)의 예를 나타낸 것이다.

구분	(가)	(나)	(다)
예	곰팡이	동물 플랑크톤	식물 플랑크톤

이에 대한 설명으로 옳지 않은 것은?

① (가)는 분해자이다.
② (가)는 광합성을 한다.
③ 사람은 (나)에 속한다.
④ (나)는 다른 생물을 먹이로 섭취한다.
⑤ (다)는 살아가는 데 필요한 양분을 스스로 만든다.

중요

03 표는 (가)~(다)의 특징을 나타낸 것이다. (가)~(다)는 각각 군집, 개체군, 생태계 중 하나이다.

구분	특징
(가)	?
(나)	같은 생물종의 개체가 무리를 이루어 산다.
(다)	㉠ 생물요소와 ㉡ 비생물요소를 모두 포함한다.

이에 대한 설명으로 옳은 것은?

① (가)는 여러 생물종으로 구성된다.
② (가)와 (나)는 모두 ㉡에 속한다.
③ (다)는 숲에서만 형성된다.
④ ㉠에는 생산자와 소비자만 있다.
⑤ 토양과 토양 속 세균은 모두 ㉡에 속한다.

04 그림은 생태계구성요소 (가)와 (나)를 나타낸 것이다. (가)와 (나)는 각각 생물요소와 비생물요소 중 하나이다.

이에 대한 설명으로 옳은 것만을 〈보기〉에서 있는 대로 고른 것은?

보기
ㄱ. (가)는 (나)의 생명활동에 영향을 미친다.
ㄴ. (나)에서 여러 군집이 모여 하나의 개체군을 이룬다.
ㄷ. A~C 중에서 생물의 사체나 배설물을 분해하는 요소는 B이다.

① ㄱ ② ㄴ ③ ㄷ
④ ㄱ, ㄴ ⑤ ㄴ, ㄷ

중요

05 그림은 생태계구성요소를 나타낸 것이다. ㉠과 ㉡은 각각 생물요소와 비생물요소 중 하나이고, ⓐ와 ⓑ는 생산자와 소비자를 순서 없이 나타낸 것이며, ⓐ는 광합성을 하여 양분을 얻는다.

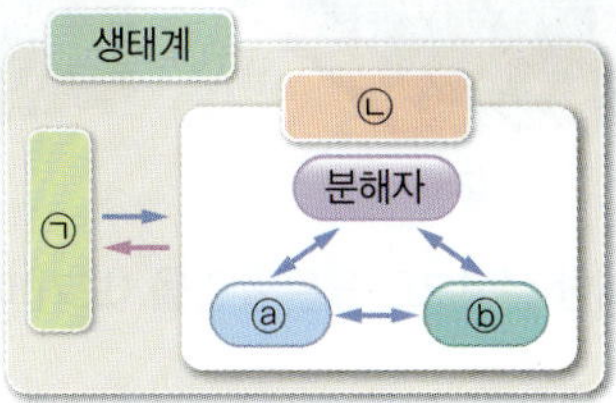

이에 대한 설명으로 옳은 것은?

① ㉠은 생물요소이다.
② 물과 토양은 모두 ㉡에 속한다.
③ 버섯과 곰팡이는 모두 ⓐ에 속한다.
④ 분해자와 ⓐ는 하나의 개체군을 이룬다.
⑤ ⓑ는 다른 생물을 먹이로 섭취하여 양분을 얻는다.

06 다음은 생태계를 구성하는 생물요소 (가)에 대한 설명이다. (가)는 생산자, 소비자, 분해자 중 하나이다.

- 광합성을 하여 ㉠을 화학 에너지로 전환한다.
- 생태계의 생물요소가 살아가는 데 필요한 유기물을 공급하는 역할을 한다.

이에 대한 설명으로 옳은 것만을 〈보기〉에서 있는 대로 고른 것은?

보기
ㄱ. 빛에너지는 ㉠에 해당한다.
ㄴ. 식물과 식물 플랑크톤은 (가)에 속한다.
ㄷ. (가)에 속하는 모든 생물종은 하나의 개체군을 이룬다.

① ㄱ ② ㄷ ③ ㄱ, ㄴ
④ ㄴ, ㄷ ⑤ ㄱ, ㄴ, ㄷ

2 생물과 환경의 상호 관계

07 그림은 한 식물에서 서로 다른 곳에 달린 잎 (가)와 (나)의 단면을 나타낸 것이다.

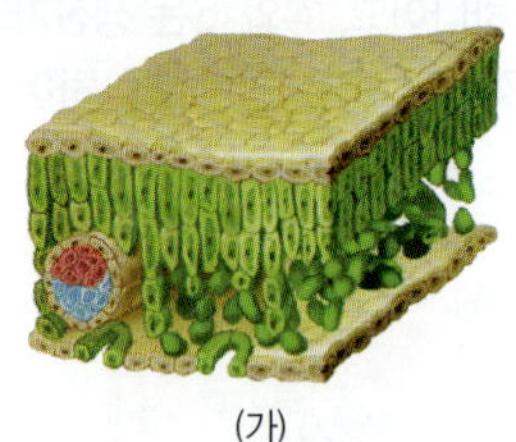
(가)

(나)

이에 대한 설명으로 옳은 것만을 〈보기〉에서 있는 대로 고른 것은?

보기
ㄱ. 생물이 빛에 적응한 사례이다.
ㄴ. (가)는 (나)보다 울타리조직이 발달했다.
ㄷ. (나)는 (가)보다 강한 빛을 받는 곳에 있는 잎이다.

① ㄱ ② ㄴ ③ ㄷ
④ ㄱ, ㄴ ⑤ ㄴ, ㄷ

08 오른쪽 그림은 피하 지방층이 발달한 바다코끼리의 모습을 나타낸 것이다. 이와 가장 관련 깊은 비생물요소와 생물요소의 상호 관계 사례로 옳은 것은?

① 곤충은 몸 표면이 키틴질로 되어 있다.
② 창가에 둔 식물의 줄기가 굽어 자란다.
③ 함초는 염분을 저장하는 조직이 발달했다.
④ 연꽃의 줄기와 뿌리에 통기조직이 발달되어 있다.
⑤ 사막여우는 북극여우보다 몸집이 작고 귀가 크다.

09 비생물요소가 생물요소에 영향을 미친 사례로 옳은 것만을 〈보기〉에서 있는 대로 고른 것은?

보기
ㄱ. 도마뱀과 뱀은 몸의 표면이 비늘로 덮여 있다.
ㄴ. 고래의 배설물은 해양의 물질 순환에 도움을 준다.
ㄷ. 지렁이는 토양에 구멍을 뚫어 토양의 통기성을 높인다.

① ㄱ ② ㄴ ③ ㄷ
④ ㄱ, ㄴ ⑤ ㄴ, ㄷ

중요
10 표는 생물과 환경의 상호 관계 사례 (가)~(다)를 나타낸 것이다.

구분	사례
(가)	ⓐ개구리는 겨울잠을 잔다.
(나)	ⓑ사슴은 가을에 번식을 한다.
(다)	ⓒ지렁이에 의해 ⓓ토양이 비옥해진다.

이에 대한 설명으로 옳지 않은 것은?

① (가)는 온도가 생물에 영향을 미친 사례이다.
② ⓐ와 ⓑ는 모두 소비자에 속한다.
③ 같은 지역에 서식하는 ⓑ와 ⓒ는 하나의 군집을 이룬다.
④ ⓓ는 비생물요소에 속한다.
⑤ (다)는 비생물요소가 생물요소에 영향을 미친 사례이다.

중요 **11** 그림은 생태계구성요소 사이의 상호작용을 나타낸 것이다.

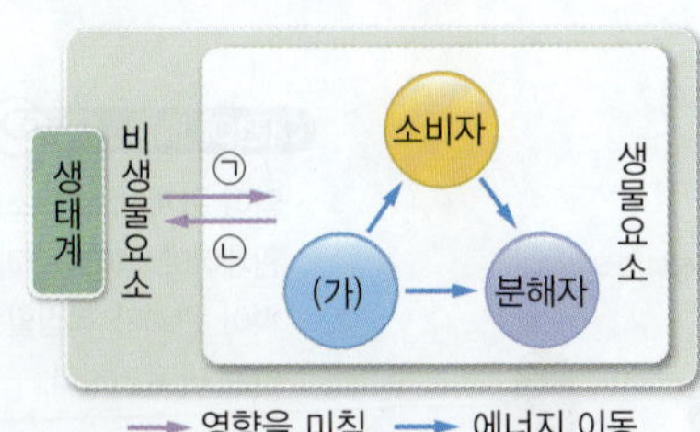

이에 대한 설명으로 옳지 않은 것은?

① (가)는 광합성을 한다.
② 미역 등의 해조류는 (가)에 속한다.
③ 생태계의 비생물요소와 생물요소는 서로 영향을 주고받는다.
④ 한라송이풀의 잎에 털이 나 있는 것은 ㉠의 사례에 해당한다.
⑤ 토양의 깊이에 따라 서로 다른 종류의 세균이 분포하는 것은 ㉡의 사례에 해당한다.

중요 **12** 표는 비생물요소 (가)~(다)가 생물요소에 영향을 미친 사례를, 그림은 여우 ㉠과 ㉡을 나타낸 것이다. (가)~(다)는 각각 빛, 물, 온도 중 하나이고, ㉠과 ㉡은 사막여우와 북극여우를 순서 없이 나타낸 것이다. 그림과 가장 관련이 깊은 비생물요소는 (가)와 (나) 중 하나이다.

구분	사례
(가)	뱀의 몸이 비늘로 덮여 있다.
(나)	?
(다)	?

이에 대한 설명으로 옳은 것만을 〈보기〉에서 있는 대로 고른 것은?

보기
ㄱ. (가)는 물이다.
ㄴ. ㉠은 ㉡보다 몸의 표면을 통한 열의 방출이 촉진된다.
ㄷ. 꾀꼬리는 봄에 번식하고, 노루는 가을에 번식하는 것은 (다)의 사례에 해당한다.

① ㄱ ② ㄴ ③ ㄱ, ㄷ
④ ㄴ, ㄷ ⑤ ㄱ, ㄴ, ㄷ

단답형 · 서술형 문제

13 다음은 (가)~(다)에 대한 설명이다. (가)~(다)는 군집, 개체군, 생태계를 순서 없이 나타낸 것이다.

- (가)는 여러 생물종으로 이루어져 있다.
- 빛과 생산자는 모두 (나)에 속한다.
- (다)는 ___?___

(1) (가)~(다)는 무엇인지 각각 쓰시오.

(2) 밑줄 친 부분에 들어갈 (다)의 특징을 설명하시오.

14 표는 비생물요소 (가)~(다)와 생물요소의 상호 관계 사례를 나타낸 것이다. (가)~(다)는 빛, 공기, 온도, 물, 토양 중 서로 다른 하나이다.

구분	사례
(가)	선인장은 가시로 변한 잎을 가진다.
(나)	국화는 낮이 짧아지는 시기에 꽃이 핀다.
(다)	아메리카 사막토끼는 귀가 크고, 북극토끼는 귀와 꼬리가 작다.

(가)~(다)는 무엇인지 각각 쓰시오.

15 그림은 생태계구성요소 (가)와 (나) 사이의 상호작용을 나타낸 것이다. (가)와 (나)는 각각 비생물요소와 생물요소 중 하나이며, 지렁이에 의해 토양이 비옥해지는 것은 ㉠의 사례이다.

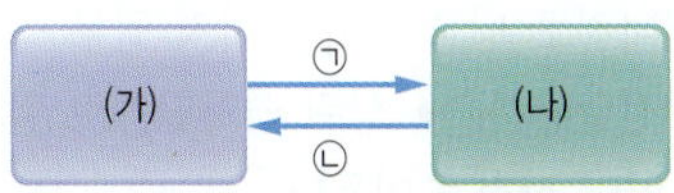

(1) (가)와 (나)는 무엇인지 각각 쓰시오.

(2) ㉡의 사례를 1가지만 설명하시오.

생태계평형

핵심 KEY word 먹이사슬 | 먹이그물 | 생태계평형 | 생태피라미드 | 생태계평형의 회복

1 먹이 관계와 생태피라미드

(1) 먹이 관계와 생태계평형

① **먹이 관계**: 생물 사이에서 먹고 먹히면서 에너지가 이동하는 관계이다. 먹는 생물은 포식자, 먹히는 생물은 피식자이다.

- 여러 생물종으로 이루어진 군집에서 나타나며, 먹이사슬과 먹이그물이 있다.❶

먹이사슬	먹이 관계가 사슬처럼 한 줄로만 연결되어 있다.
먹이그물❷	여러 개의 먹이사슬이 그물과 같이 복잡하게 얽혀 있다.

- 생산자 → 1차 소비자 → 2차 소비자 → 3차 소비자 → … → 최종 소비자의*영양단계 순서로 에너지가 전달되면서 먹이 관계가 형성된다.❸

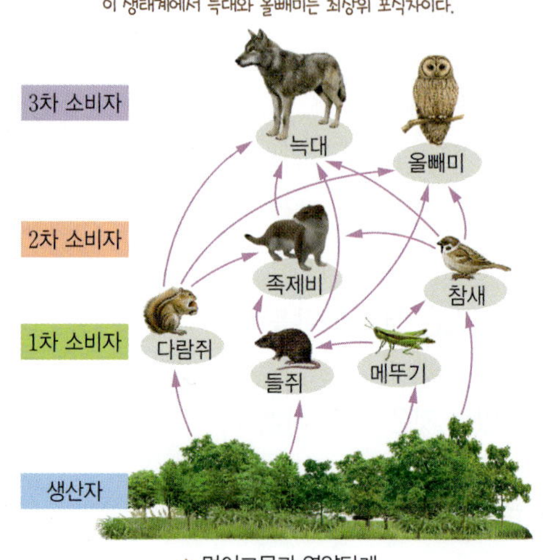

▲ 먹이그물과 영양단계

② **생태계평형**: 생태계에서 생물의 종류, 개체수, 에너지의 이동 등이 안정적으로 유지되는 상태이다. ➜ 먹이 관계는 생태계평형을 유지하고 회복하는 데 중요한 요소이다.

(2) 생태피라미드

① **생태계에서 에너지의 전환**: 생태계에서 에너지는 태양의 빛에너지 → 유기물(양분) 속의 화학 에너지 → 생물의 생활 에너지와 열에너지의 형태로 전환된다.

자료 pick 생태계에서 에너지의 이동과 전환

생산자의 광합성에 의해 태양의 빛에너지는 화학 에너지로 전환되어 포도당과 같은 유기물 속에 저장된다.

↓

먹이 관계를 따라 생산자에서 최종 소비자에게로 가면서 유기물에 저장된 화학 에너지가 이동한다.

↓

사체나 배설물에 포함된 양분을 분해자가 이용함으로써 분해자에게로 화학 에너지가 이동한다.

➜ **모든 영양단계의 생물**: 세포호흡을 하여 유기물 속 화학 에너지를 생명활동에 사용한다. ➜ 세포호흡 과정에서 열에너지가 방출된다.

② 생물이 가진 에너지의 일부는 생명활동을 하는 데 쓰이거나 열에너지로 방출되고, 나머지 일부 에너지가 상위 영양단계로 전달된다. ➜ 상위 영양단계로 갈수록 전달되는 에너지의 양이 점점 줄어든다.

③ **생태피라미드**: 일반적으로 안정한 생태계에서 에너지양, 생물량❹, 개체수가 상위 영양단계로 갈수록 줄어들어 피라미드 형태로 나타나는 것이다.

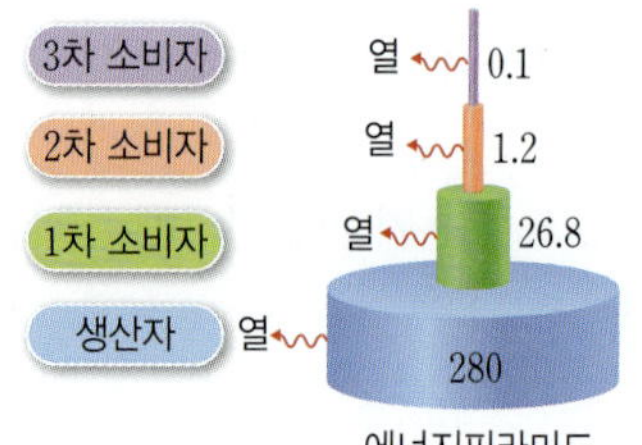

▲ 생태피라미드(에너지피라미드)

이전에 배운 내용

- **먹이 관계**: 생물요소들의 먹고 먹히는 관계이며, 먹이사슬과 먹이그물이 있다. 먹이 관계가 복잡할수록 생물이 생존하는 데 유리하다.

❶ 먹이사슬과 먹이그물

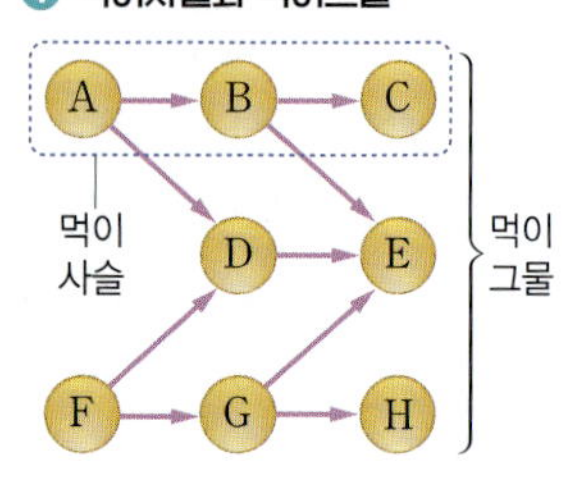

❷ 먹이그물과 영양단계

먹이그물에서 소비자의 영양단계는 먹이에 따라 달라질 수 있다.

예 늑대가 족제비(2차 소비자)를 먹는 경우에는 3차 소비자가 되고, 다람쥐(1차 소비자)를 먹는 경우에는 2차 소비자가 된다.

❸ 먹이 관계에서 에너지의 이동

먹이 관계에서 상위 영양단계의 생물(포식자)이 하위 영양단계의 생물(피식자)을 먹음으로써 양분(유기물)에 저장된 형태로 에너지가 전달된다.

❹ 생물량

- 일정한 지역에 서식하는 생물의 총중량이며, 생물이 가지고 있는 유기물의 양 또는 건조 질량으로 나타낸다.
- 일반적으로 상위 영양단계로 갈수록 생물의 크기는 커지지만 개체수가 감소하여 생물량은 감소한다.

2 생태계평형의 회복 자료 92쪽

(1) 생태계평형 회복 원리 안정된 생태계는 여러 가지 요인에 의해 생태계평형이 일시적으로 깨지더라도 먹이 관계가 잘 형성되어 있으므로 다시 원래 상태로 회복할 수 있다.

(2) 생태계평형 회복 과정 예 2차 소비자의 개체수가 일시적으로 감소한 경우

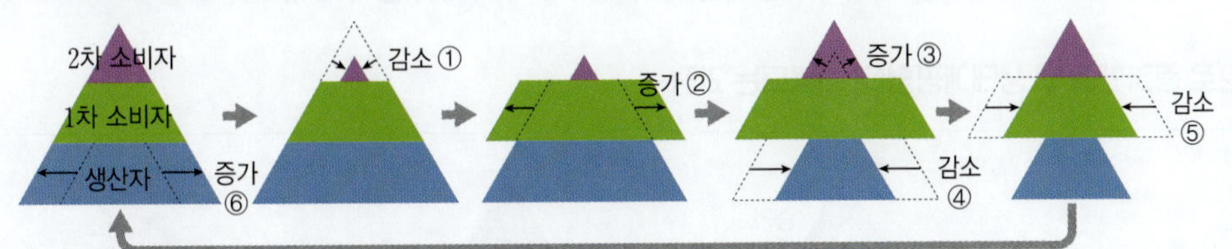

① 환경 변화에 의해 2차 소비자의 개체수가 일시적으로 감소한다.
② 1차 소비자는 2차 소비자에게 적게 잡아먹혀 개체수가 증가한다.
③ 2차 소비자는 먹이가 많아져 개체수가 증가한다. 2차 소비자의 먹이는 1차 소비자이다. ④ 생산자는 1차 소비자에게 많이 잡아먹혀 개체수가 감소한다. 1차 소비자의 먹이는 생산자이다.
⑤ 1차 소비자는 2차 소비자에게 많이 잡아먹히고, 먹이가 줄어들어 개체수가 감소한다.
⑥ 생산자는 1차 소비자에게 적게 잡아먹혀 개체수가 증가한다. → 생태계평형이 회복된다.

3 환경 변화와 생태계

(1) 생태계평형을 깨뜨리는 환경 변화❺ 생태계평형을 깨뜨리는 환경 변화는 생물다양성을 감소시키는 요인과 같다.

① 인위적인 개발과 무분별한 벌목에 의한 서식지파괴❻, 환경오염, 온실 기체의 증가에 의한 기후 변화❼, 남획, 외래생물의 유입 등 다양한 요인이 있다.

② 인간의 활동과 관련이 깊다. → 생물의 생존을 어렵게 만들어 생물다양성을 감소시킴으로써 생태계평형을 깨뜨리는 요인으로 작용한다.

자료 pick 인간의 활동에 의한 생태계평형 파괴 사례

① 1905년 미국의 카이바브 고원에서 사슴을 보호하기 위해 사슴의 포식자인 늑대 사냥을 허용한 결과 늑대의 개체수가 감소했다.

② 늑대(포식자)가 줄어들어 사슴(피식자)이 적게 잡아먹히면서 사슴의 개체수가 급격하게 증가했다.

③ 사슴의 먹이인 풀이 많은 수의 사슴에게 과도하게 먹힘으로써 식물군집의 양이 크게 감소했다.

④ 먹이가 부족해진 사슴의 개체수가 급격하게 감소해 늑대 사냥 이전보다도 적어졌다.

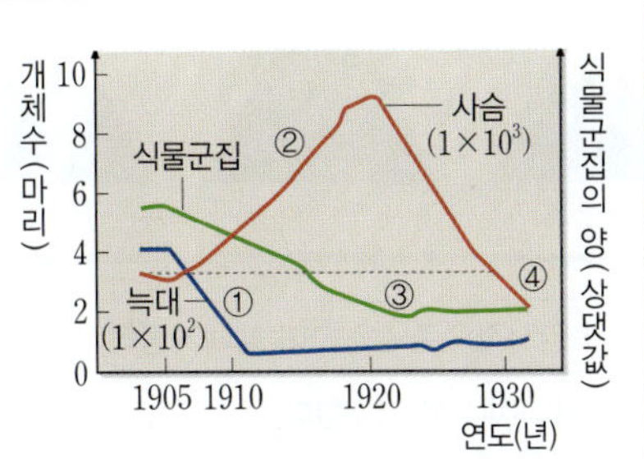

▲ 늑대 사냥 허용 후 사슴과 늑대의 개체수, 식물군집의 양 변화

(2) 생태계평형 유지를 위한 노력 생물다양성보전을 위한 노력과 같다.

① 기후 변화의 원인 중 하나인 이산화 탄소의 배출량을 낮춘다. → 파리 협정❽과 같은 국제 협약을 채택해 모든 국가가 기후 변화에 적극적으로 대처하며, 신재생에너지를 활용해 화석 연료를 대체한다.

② 환경 영향 평가❾와 같은 제도적 장치를 활용해 무분별한 개발을 막는다.

③ 도로, 철도, 댐 등을 건설할 때 동물이 단절된 서식지 사이를 오갈 수 있는 생태통로를 만든다.

④ 숲이나 공원 등을 조성하고 하천을 복원해 도시의 생태적 기능을 높인다.

⑤ 생태적 가치가 높은 구역과 멸종 위기에 처한 생물을 천연기념물로 지정하여 보호한다.

암기 비법

생태계평형의 회복 원리

생태계평형의 회복 원리는 증증감, 감감증이다.

→ 한 영양단계의 개체수가 증가하면 상위 영양단계는 증가, 하위 영양단계는 감소하고, 한 영양단계의 개체수가 감소하면 상위 영양단계는 감소, 하위 영양단계는 증가한다.

❺ 환경 변화와 생태계
- 생태계는 크고 급격한 환경 변화에 의해 평형이 깨질 수 있으며, 오랜 시간이 지나면 새로운 생태계로 변할 수도 있다.
- 생태계에 영향을 미치는 환경 변화 요인에는 화산 활동, 지진 등의 자연적 요인도 있다.

❻ 서식지파괴의 사례
- 아마존 열대우림은 최근 20여 년간 전체 열대우림의 약 7 %가 사라졌다.
- 대규모 간척 사업으로 갯벌의 면적이 줄어들었다.

❼ 기후 변화의 사례
- 지구 온난화로 알프스산맥에서는 빙하의 절반 이상이 사라졌다.
- 지구 곳곳에서 폭염, 폭우 등의 이상 기후 현상이 나타나고 있다.

❽ 파리 협정

2015년에 채택된 기후 변화에 대한 국제 협약이며, 전 세계의 온도 상승을 2 ℃보다 훨씬 낮은 수준에서 유지하고, 더 나아가 1.5 ℃ 상승까지 억제하도록 노력하는 것을 목표로 한다.

❾ 환경 영향 평가

개발로 인해 환경이 파괴되거나 오염되는 것을 방지하기 위해 개발이 환경에 미칠 영향을 종합적으로 예측·분석·평가하는 제도이다.

용어 뜻풀이

* 영양단계(trophic level): 먹이 관계에서 한 생물이 차지하는 위치이다.

생태계평형 회복 과정

개념 91쪽

✖ 먹이 관계에 의해 개체군의 크기가 변함으로써 생태계평형이 회복되는 과정과 사례에 대해 자세히 알아보자.

1 1차 소비자의 개체수가 일시적으로 증가했을 때 생태계평형이 회복되는 과정

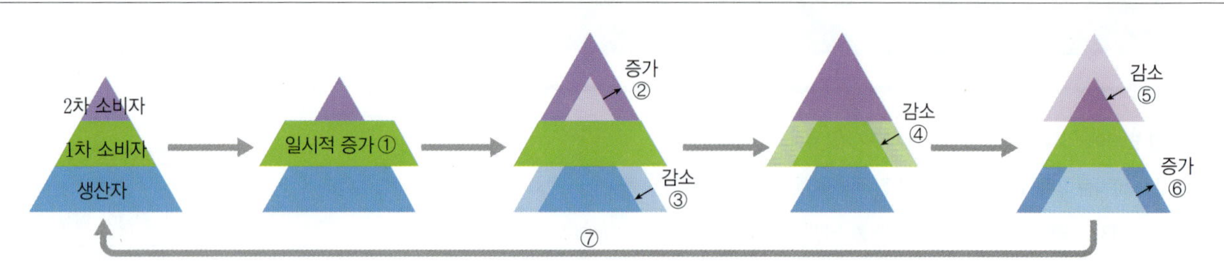

① 환경 변화에 의해 1차 소비자의 개체수가 일시적으로 증가하여 생태계평형이 깨진다.

② 2차 소비자는 먹이(1차 소비자)가 늘어나 개체수가 증가한다.
③ 생산자는 1차 소비자에게 많이 잡아먹혀 개체수가 감소한다.

④ 1차 소비자는 2차 소비자에게 많이 잡아먹히고, 먹이(생산자)가 줄어들어 개체수가 감소한다.

⑤ 2차 소비자는 먹이(1차 소비자)가 줄어들어 개체수가 감소한다.
⑥ 생산자는 1차 소비자에게 적게 잡아먹혀 개체수가 증가한다.

⑦ 생태계평형이 회복된다.

2 생산자의 개체수가 일시적으로 감소했을 때 생태계평형이 회복되는 과정

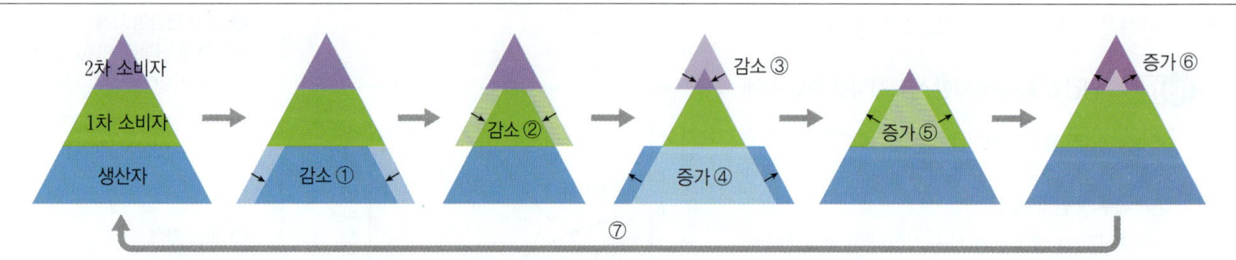

① 환경 변화에 의해 생산자의 개체수가 일시적으로 감소하여 생태계평형이 깨진다.

② 1차 소비자는 먹이(생산자)가 줄어들어 개체수가 감소한다.

③ 2차 소비자는 먹이(1차 소비자)가 줄어들어 개체수가 감소한다.
④ 생산자는 1차 소비자에게 적게 잡아먹혀 개체수가 증가한다.

⑤ 1차 소비자는 2차 소비자에게 적게 잡아먹히고, 먹이(생산자)가 늘어나 개체수가 증가한다.

⑥ 2차 소비자는 먹이(1차 소비자)가 늘어나 개체수가 증가한다.

⑦ 생태계평형이 회복된다.

Q1 1차 소비자의 개체수가 일시적으로 증가하면 생산자의 개체수는 어떻게 변화하는지 쓰시오.

Q2 2차 소비자의 개체수가 일시적으로 감소하면 1차 소비자의 개체수는 어떻게 변화하는지 쓰시오.

Q3 생태계평형 회복에 중요한 요소인 생물 사이의 먹고 먹히는 관계를 무엇이라고 하는지 쓰시오.

답 **Q1** 감소 **Q2** 증가 **Q3** 먹이 관계

개념 확인 초성 Quiz

1 ㅁ ㅇ ㄱ ㄱ 은/는 생물 사이에서 먹고 먹히면서 에너지가 이동하는 관계이다.

2 여러 개의 먹이사슬이 복잡하게 얽혀 ㅁ ㅇ ㄱ ㅁ 이/가 형성된다.

3 생태계에서 생물의 개체수, 에너지의 이동 등이 안정적으로 유지되는 상태를 ㅅ ㅌ ㄱ ㅍ ㅎ (이)라고 한다.

4 생태계에서 에너지양은 상위 영양단계로 갈수록 줄어들어 ㅍ ㄹ ㅁ ㄷ 형태로 나타난다.

5 안정된 생태계는 평형이 일시적으로 깨지더라도 먹이 관계에 의해 다시 원래 상태로 ㅎ ㅂ 될 수 있다.

1 먹이 관계와 생태피라미드

01 먹이 관계와 생태계평형에 대한 설명으로 옳은 것은 ○표, 옳지 않은 것은 ×표 하시오.

(1) 먹이그물이 형성된 생태계는 먹이사슬만 형성된 생태계보다 생태계평형이 파괴되기 쉽다. ( )

(2) 먹이 관계는 생태계평형을 유지하고 회복하는 데 중요한 요소이다. ( )

02 다음은 생태계에서의 에너지 이동과 전환에 대한 설명이다.

- 생산자의 광합성에 의해 태양의 빛에너지는 (㉠) 에너지로 전환되어 포도당과 같은 유기물 속에 저장된다.
- 안정된 생태계에서 에너지양은 상위 영양단계로 갈수록 줄어들어 오른쪽 그림과 같은 피라미드 형태를 나타낸다.

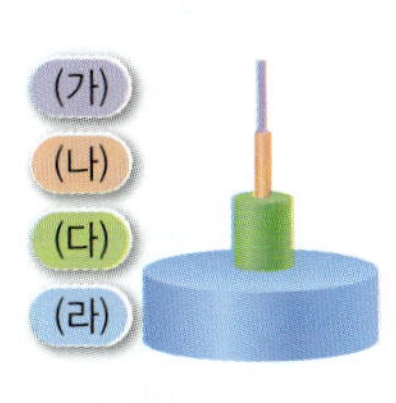

(1) ㉠에 알맞은 말을 쓰시오.

(2) (가)~(라)에 해당하는 영양단계를 각각 쓰시오.

2 생태계평형의 회복

03 다음은 어떤 생태계에서 2차 소비자의 개체수가 일시적으로 감소했을 때 생태계평형이 회복되는 과정을 순서 없이 나타낸 것이다.

(가) 생산자의 개체수 증가
(나) 1차 소비자의 개체수 감소
(다) 1차 소비자의 개체수 증가
(라) 2차 소비자의 개체수 증가와 생산자의 개체수 감소

(가)~(라)를 일어나는 순서대로 나열하시오.

04 생태계평형 회복 과정에서 일어나는 개체군의 변동에 대한 설명으로 옳은 것은 ○표, 옳지 않은 것은 ×표 하시오.

(1) 생산자의 개체수가 증가하면 1차 소비자의 개체수는 감소한다. ( )

(2) 1차 소비자의 개체수가 감소하면 생산자의 개체수는 증가한다. ( )

(3) 2차 소비자의 개체수가 증가하면 1차 소비자의 개체수는 증가한다. ( )

3 환경 변화와 생태계

05 다음은 환경 변화와 생태계평형 유지에 대한 설명이다.

- ㉠인간의 다양한 활동은 생물다양성을 감소시켜 생태계평형을 깨뜨리는 환경 변화 요인으로 작용한다.
- 생태계평형 유지를 위해 기후 변화의 원인 중 하나인 ㉡의 배출량을 낮추기 위한 노력이 필요하다.

(1) ㉠의 예를 1가지만 쓰시오.

(2) ㉡에 알맞은 기체의 이름을 1가지만 쓰시오.

1 먹이 관계와 생태피라미드

01 다음은 생태계의 먹이 관계에 대한 설명이다.

> • 생태계에서는 먹이 관계가 사슬처럼 한 줄로만 연결되어 있는 ㉠과 여러 개의 ㉠이 그물처럼 얽혀 있는 ㉡이 나타난다.
> • 먹이 관계에서 에너지는 ㉢ → 1차 소비자 → … → 최종 소비자의 순서로 이동한다.

이에 대한 설명으로 옳지 않은 것은?

① ㉠은 먹이사슬이다.
② ㉡은 먹이그물이다.
③ ㉡이 복잡할수록 생태계평형이 잘 유지된다.
④ ㉢은 먹이 관계에서 가장 상위 영양단계이다.
⑤ ㉢은 태양의 빛에너지를 화학 에너지로 전환한다.

중요

02 그림은 생태계 (가)와 (나)의 먹이 관계를 나타낸 것이다.

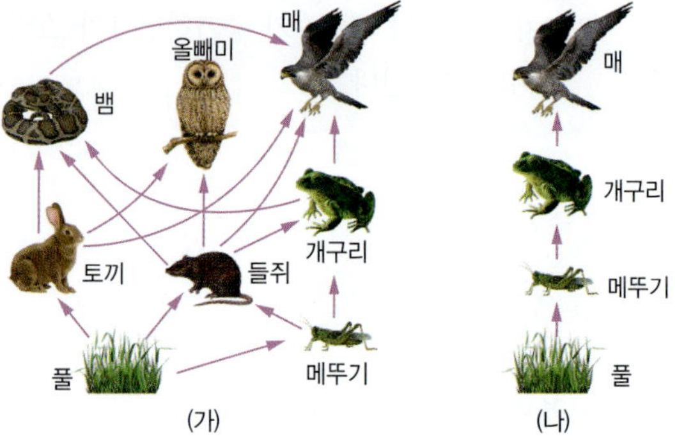

이에 대한 설명으로 옳은 것만을 〈보기〉에서 있는 대로 고른 것은? (단, 제시된 먹이 관계 이외는 고려하지 않는다.)

> 보기
> ㄱ. (가)와 (나)에서 모두 개구리는 3차 소비자이다.
> ㄴ. 메뚜기가 사라질 때 생태계평형은 (가)에서가 (나)에서보다 잘 유지된다.
> ㄷ. (나)에서 2차 소비자가 가진 에너지의 일부만 3차 소비자에게 전달된다.

① ㄱ ② ㄴ ③ ㄱ, ㄷ
④ ㄴ, ㄷ ⑤ ㄱ, ㄴ, ㄷ

03 오른쪽 그림은 어떤 생태계의 먹이 관계를 나타낸 것이다. A~H는 각각 생산자와 소비자 중 하나이다. 이에 대한 설명으로 옳은 것만을 〈보기〉에서 있는 대로 고른 것은? (단, 제시된 먹이 관계 이외는 고려하지 않는다.)

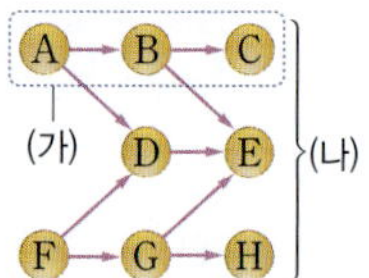

> 보기
> ㄱ. A와 F는 모두 생산자이다.
> ㄴ. B에서 E에게로 열에너지가 전달된다.
> ㄷ. 이 생태계의 최종 소비자는 3차 소비자이다.

① ㄱ ② ㄴ ③ ㄷ
④ ㄱ, ㄴ ⑤ ㄴ, ㄷ

04 다음은 생태계에서 일어나는 에너지의 이동과 전환을 나타낸 것이다. ㉠~㉢은 모두 에너지이다.

> (가) 생산자는 ㉠을 흡수해 에너지원이 되는 양분을 만든다.
> (나) 생산자에서 최종 소비자에게로 ㉡이 이동한다.
> (다) 모든 생물은 세포호흡을 통해 환경으로 ㉢을 방출한다.

㉠~㉢에 알맞은 말을 옳게 짝 지은 것은?

	㉠	㉡	㉢
①	빛에너지	열에너지	화학 에너지
②	빛에너지	화학 에너지	열에너지
③	열에너지	화학 에너지	빛에너지
④	열에너지	빛에너지	화학 에너지
⑤	화학 에너지	열에너지	빛에너지

05 생태계평형에 대한 설명으로 옳은 것만을 〈보기〉에서 있는 대로 고른 것은?

> 보기
> ㄱ. 평형을 이룬 생태계에서는 생물의 개체수가 안정적으로 유지된다.
> ㄴ. 먹이그물이 형성된 생태계는 먹이사슬만 형성된 생태계보다 생태계평형을 유지하기 어렵다.
> ㄷ. 먹이 관계에 의해 한 영양단계의 변화가 다른 영양단계에 영향을 미치며 생태계평형이 유지된다.

① ㄱ ② ㄴ ③ ㄱ, ㄷ
④ ㄴ, ㄷ ⑤ ㄱ, ㄴ, ㄷ

06 그림은 생태계 (가)와 (나)에서 생산자와 소비자의 에너지양을 나타낸 것이다.

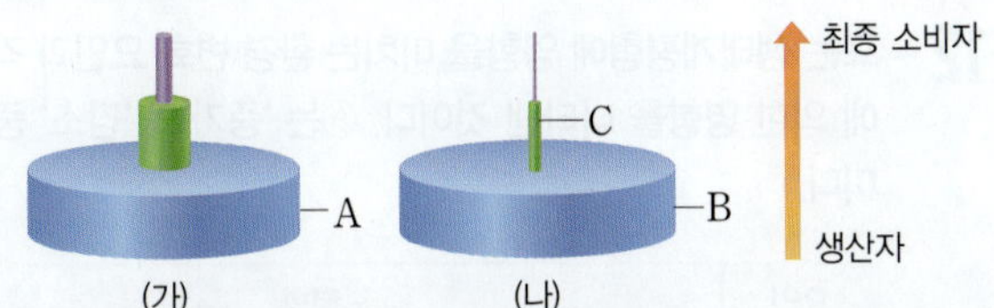

이에 대한 설명으로 옳은 것만을 〈보기〉에서 있는 대로 고른 것은?

보기
ㄱ. A에서 열에너지가 방출된다.
ㄴ. B가 가진 에너지는 모두 C에게로 전달된다.
ㄷ. (가)와 (나)에서 모두 에너지양은 피라미드 형태로 나타난다.

① ㄱ ② ㄴ ③ ㄱ, ㄷ
④ ㄴ, ㄷ ⑤ ㄱ, ㄴ, ㄷ

2 생태계평형의 회복

07 그림은 어떤 생태계에서 영양단계에 따른 에너지양을 나타낸 것이다. A～C 중 하나는 생산자이다.

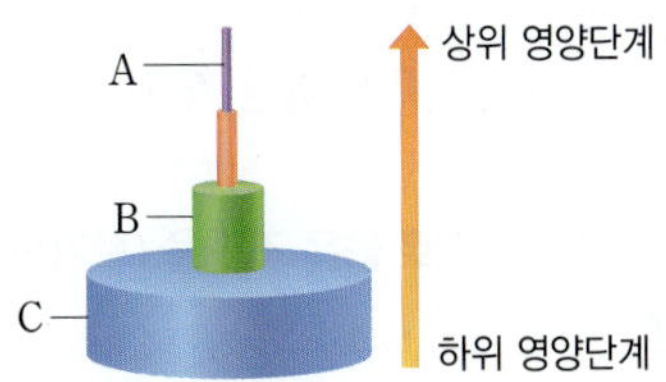

이에 대한 설명으로 옳지 않은 것은? (단, 제시된 영양단계 이외는 고려하지 않는다.)

① A는 최종 소비자이다.
② B는 1차 소비자이다.
③ C는 빛에너지를 화학 에너지로 전환한다.
④ A의 개체수가 감소하면 B의 개체수는 증가한다.
⑤ B의 개체수가 증가하면 C의 개체수는 감소한다.

중요

08 그림은 어떤 생태계에서 1차 소비자의 개체수가 일시적으로 증가했을 때 생태계평형이 회복되는 과정을 나타낸 것이다.

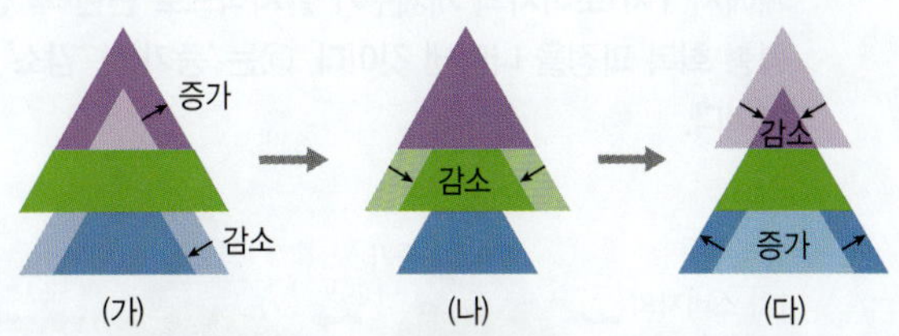

이에 대한 설명으로 옳은 것만을 〈보기〉에서 있는 대로 고른 것은? (단, 제시된 영양단계 이외는 고려하지 않는다.)

보기
ㄱ. (가)에서 생산자의 개체수가 증가했다.
ㄴ. (나)에서 1차 소비자는 2차 소비자에게 많이 잡아먹혀 개체수가 감소했다.
ㄷ. (다)에서 2차 소비자의 개체수 변화는 2차 소비자의 먹이량 감소와 관련이 있다.

① ㄱ ② ㄴ ③ ㄷ
④ ㄱ, ㄴ ⑤ ㄴ, ㄷ

09 다음은 생산자, 1차 소비자, 2차 소비자로 구성된 어떤 생태계에서 2차 소비자의 개체수가 일시적으로 증가했을 때 생태계평형의 회복 과정을 순서 없이 나타낸 것이다.

(가) 생산자의 개체수 감소
(나) 1차 소비자의 개체수 감소
(다) 1차 소비자의 개체수 증가
(라) 생산자의 개체수 증가, 2차 소비자의 개체수 감소

(가)～(라)를 일어나는 순서대로 옳게 나열한 것은?

① (가) → (라) → (다) → (나)
② (가) → (다) → (나) → (라)
③ (나) → (다) → (라) → (가)
④ (나) → (라) → (다) → (가)
⑤ (다) → (라) → (나) → (가)

중요

10 그림은 생산자, 1차 소비자, 2차 소비자로 구성된 어떤 생태계에서 1차 소비자의 개체수가 일시적으로 변한 후 생태계평형 회복 과정을 나타낸 것이다. ⓐ는 '증가'와 '감소' 중 하나이다.

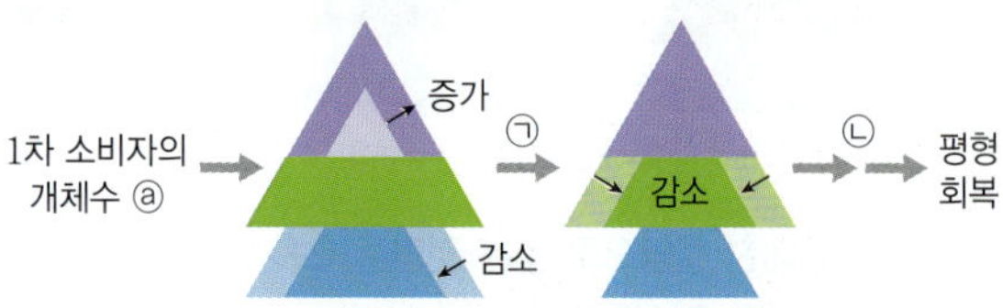

이에 대한 설명으로 옳은 것만을 〈보기〉에서 있는 대로 고른 것은?

보기

ㄱ. ⓐ는 '증가'이다.

ㄴ. ㉠ 과정에서 생산자 → 1차 소비자 방향으로 에너지가 이동한다.

ㄷ. ㉡ 과정에서 2차 소비자의 개체수가 감소한다.

① ㄱ ② ㄴ ③ ㄱ, ㄷ
④ ㄴ, ㄷ ⑤ ㄱ, ㄴ, ㄷ

11 그림은 어떤 생태계의 생태피라미드를, 자료는 이 생태계에서 B의 개체수가 일시적으로 증가했을 때 일어난 생태계평형 회복 과정을 순서대로 나타낸 것이다. A ~ C는 영양단계이고, ㉠과 ㉡은 각각 A와 C 중 하나이다.

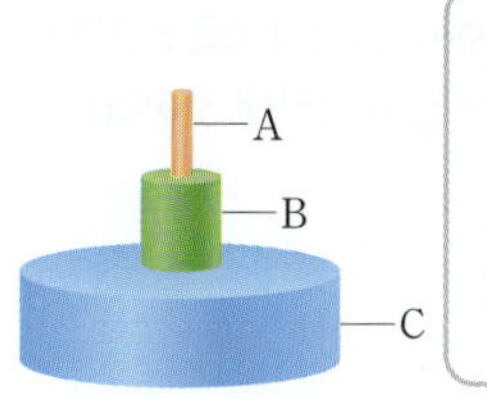

(가) ㉠의 개체수가 감소하고, ㉡의 개체수가 증가한다.
(나) B의 개체수가 감소한다.
(다) ?

이에 대한 설명으로 옳은 것만을 〈보기〉에서 있는 대로 고른 것은? (단, 제시된 영양단계 이외는 고려하지 않는다.)

보기

ㄱ. ㉠은 A이다.

ㄴ. ㉡의 에너지 중 일부가 B에게 전달된다.

ㄷ. (다)에서 ㉠은 개체수가 증가하고, ㉡은 개체수가 감소한다.

① ㄱ ② ㄷ ③ ㄱ, ㄴ
④ ㄴ, ㄷ ⑤ ㄱ, ㄴ, ㄷ

B 환경 변화와 생태계

중요

12 표는 생태계평형에 영향을 미치는 환경 변화 요인과 각 요인에 의한 영향을 나타낸 것이다. ⓐ는 '증가'와 '감소' 중 하나이다.

요인	영향
㉠	생물다양성을 ⓐ시켜 생태계를 파괴할 수 있다.
남획	?

이에 대한 설명으로 옳은 것만을 〈보기〉에서 있는 대로 고른 것은?

보기

ㄱ. 환경오염은 ㉠에 해당한다.

ㄴ. 남획에 의해 특정 생물의 개체수가 ⓐ할 수 있다.

ㄷ. ㉠과 남획은 모두 생태계의 먹이 관계를 복잡하게 만드는 요인이다.

① ㄱ ② ㄷ ③ ㄱ, ㄴ
④ ㄴ, ㄷ ⑤ ㄱ, ㄴ, ㄷ

13 다음은 생태계평형을 유지하기 위한 노력을 나타낸 것이다.

(가) 생태계 복원
(나) 생태통로 설치
(다) 도시 숲과 옥상 정원 조성

이에 대한 설명으로 옳은 것만을 〈보기〉에서 있는 대로 고른 것은?

보기

ㄱ. 멸종 위기종 복원은 (가)에 해당한다.

ㄴ. (나)에 의해 서식지의 단절을 막을 수 있다.

ㄷ. (다)는 도시와 건물의 온도를 높이기 위한 노력 중 하나이다.

① ㄱ ② ㄷ ③ ㄱ, ㄴ
④ ㄴ, ㄷ ⑤ ㄱ, ㄴ, ㄷ

단답형 · 서술형 문제

14 그림은 안정한 생태계에서 일어나는 에너지의 이동을 나타낸 것이다. ㉠~㉢은 모두 서로 다른 형태의 에너지이며, (가)는 생물요소 중 하나이다.

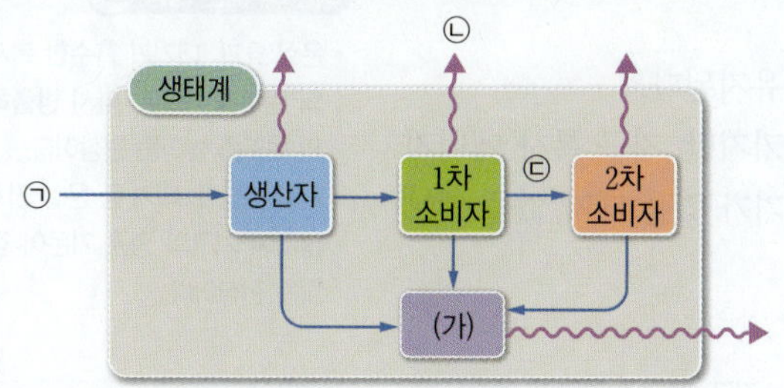

(1) ㉠~㉢은 각각 무엇인지 쓰시오.

(2) (가)의 이름을 쓰시오.

중요

15 표 (가)는 어떤 생태계에서 먹이 관계를 이루고 있는 영양단계 A~C의 에너지양을 상댓값으로 나타낸 것이고, (나)는 생명체에서 일어나는 어떤 물질대사를 나타낸 것이다. 이 생태계에서 에너지양은 피라미드 형태로 나타나며, A~C 중 하나에 식물 플랑크톤이 속해 있다.

영양단계	A	B	C
에너지양	100	20	2

(가)

이산화 탄소 + 물 ⟶ 포도당 + 산소

(나)

(1) A~C 중 (나)의 물질대사가 일어나는 영양단계의 기호와 이름을 모두 쓰시오.

(2) 이 생태계에서 상위 영양단계로 갈수록 에너지양은 어떻게 변하는지 그 까닭과 함께 설명하시오.

중요

16 그림은 생산자, 1차 소비자, 2차 소비자로 구성된 어떤 생태계에서 2차 소비자의 개체수가 일시적으로 감소한 후 일어난 생태계평형 회복 과정을 나타낸 것이다.

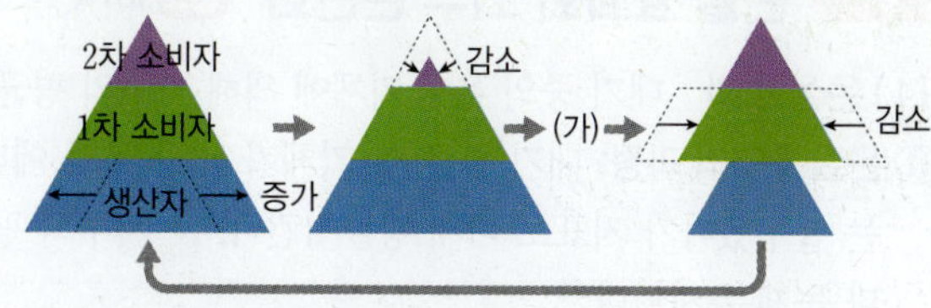

(가) 과정에서 일어나는 각 영양단계의 개체수 변화를 순서대로 모두 설명하시오.

중요

17 그림은 생산자, 1차 소비자, 2차 소비자로 구성된 어떤 생태계에서 생산자의 개체수 변화 (가)로 인해 일어난 생태계평형 회복 과정을 나타낸 것이다.

(가)

⬇

1차 소비자의 개체수가 감소한다.

⬇

생산자의 개체수가 증가하고, ㉠2차 소비자의 개체수가 감소한다.

⬇

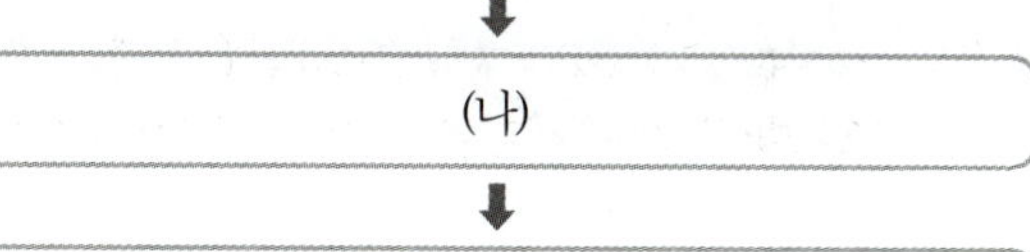

(나)

⬇

2차 소비자의 개체수가 증가하며 생태계평형이 유지된다.

(1) ㉠이 일어난 까닭을 설명하시오.

(2) (가)와 (나)에서 일어난 개체수 변화를 각각 설명하시오.

18 다음은 여러 가지 환경 변화 요인을 나타낸 것이다.

- 남획
- 환경오염
- 무분별한 벌목
- 온실 기체의 증가

위 요인들의 공통점을 다음 용어를 모두 포함하여 설명하시오.

생물다양성 　 생태계평형

핵심 KEY word
온실 효과 | 지구 온난화 | 대기 대순환 | 해수의 표층 순환 | 사막화 | 엘니뇨

09강 지구 환경의 변화

1 온실 효과와 지구 온난화 탐구 101쪽

(1) 온실 효과 대기 중의 온실 기체에 의해 지구의 평균 기온이 높게 유지된다.❶

① **온실 효과의 과정**: 대기 중 온실 기체가 태양 복사 에너지는 통과시키지만, 지구 복사 에너지는 흡수했다가 지표로 다시 방출시킨다. ➜ 지구의 평균 기온은 대기가 있을 때가 없을 때보다 높게 유지된다.❷

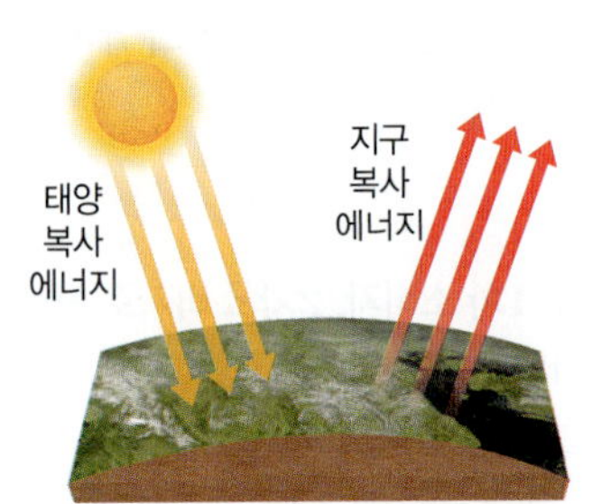

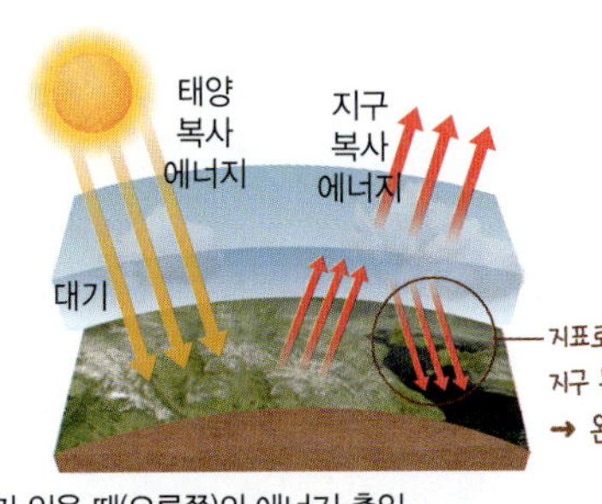

▲ 지구에 대기가 없을 때(왼쪽)와 대기가 있을 때(오른쪽)의 에너지 출입

② **지구 온난화**: 인간 활동의 증가로 대기 중 온실 기체가 많아지면서(온실 효과 강화 → 지구 온난화) 지구의 평균 기온이 상승하는 현상이다.

자료 pick 지구 평균 기온 변화와 대기 중 이산화 탄소 농도 변화

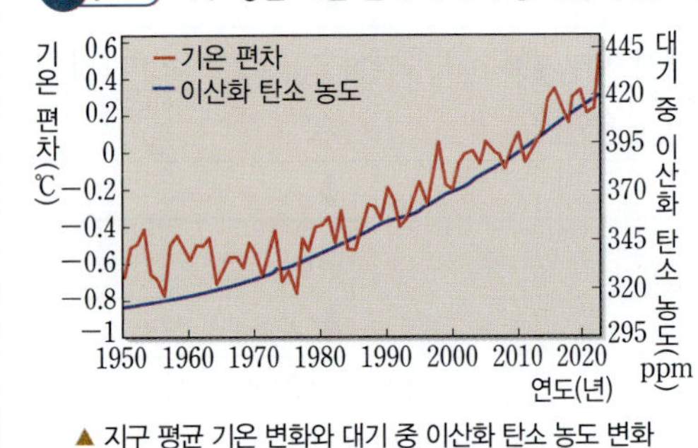

▲ 지구 평균 기온 변화와 대기 중 이산화 탄소 농도 변화

- **지구 평균 기온 변화**: 지구 평균 기온은 변동성이 매우 크게 나타나지만 관측 기간 동안 점차 증가하는 추세를 보인다.
- **이산화 탄소 농도 변화**: 대기 중 이산화 탄소 농도는 관측 기간 동안 점차 증가하는 추세를 보인다.

➜ 지구 평균 기온 변화와 대기 중 이산화 탄소 농도는 서로 유사한 경향을 보인다.

(2) 지구 온난화가 우리나라에 미치는 영향❸

우리나라의 최고, 평균, 최저 기온의 변화

기온(℃): 24, 20, 16, 12, 8, 4

최고 기온 +0.12 ℃/10년
평균 기온 +0.18 ℃/10년
최저 기온 +0.24 ℃/10년

1910 1930 1950 1970 1990 2010
연도(년)

↓

우리나라는 1910년경부터 기온이 상승하는 경향을 보이며, 특히 최저 기온의 상승이 가파르다.

우리나라 계절의 길이 변화

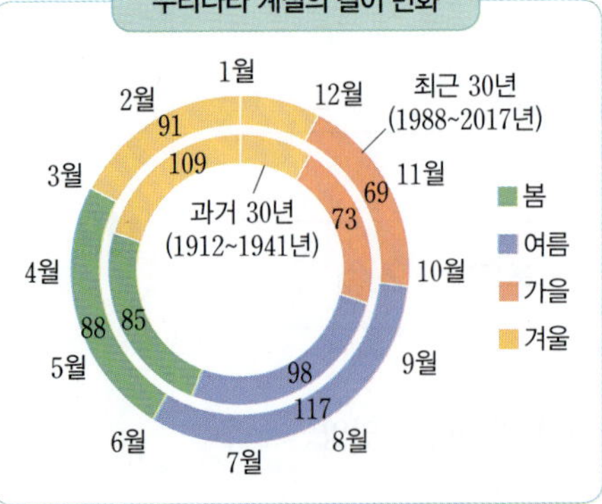

↓

과거 30년에 비해 최근 30년은 봄과 여름의 길이가 늘었고, 가을과 겨울의 길이가 줄었다.

이전에 배운 내용

- **온실 효과**: 대기가 흡수한 복사 에너지의 일부를 지표로 다시 방출하여 지표의 온도를 높이는 현상이다.
- **지구 온난화**: 대기 중 온실 기체의 양이 많아져 지구의 평균 기온이 점점 상승하는 현상이다.

❶ 온실 기체

- 온실 효과를 일으키는 기체를 온실 기체라고 한다. 온실 기체에는 수증기, 이산화 탄소, 메테인, 오존 등이 있다.
- 인류의 화석 연료 사용 등에 의해 대기 중 온실 기체(이산화 탄소)가 증가하고 있다.

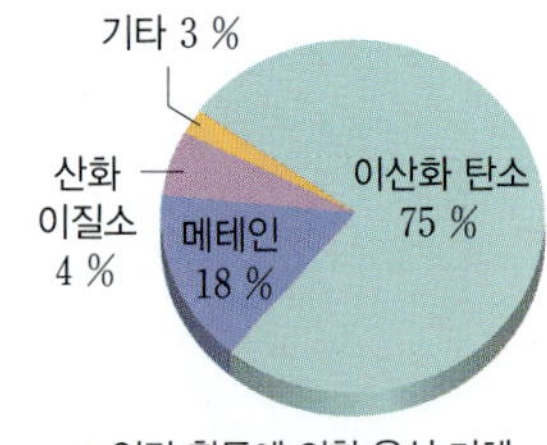

▲ 인간 활동에 의한 온실 기체 배출량

❷ 열수지 평형

지구는 흡수하는 복사 에너지의 양과 방출하는 복사 에너지의 양이 같은 복사 평형 상태이다. 따라서 평균 기온이 일정한 상태를 유지하고 있으며, 이를 열수지 평형이라고 한다.

❸ 지구 온난화의 또 다른 영향

농작물의 재배지가 북상하고 있으며 아열대 기후 지역이 확대되고 있다. 또 봄꽃의 개화 시기도 점점 빨라지고 있다.

(3) 지구 온난화의 영향과 대책

① **해수면 높이 상승**: 해수의 열팽창과 함께 대륙 빙하가 녹아 바다로 유입되어 해수면이 상승한다.

② **이상 기후 현상**: 폭우, 홍수, 강력한 태풍, 가뭄, 사막화 등의 이상 기후가 발생하고, 기후대가 변하여 생태계 변화, 식량 생산 감소, 질병 증가 등이 일어난다.

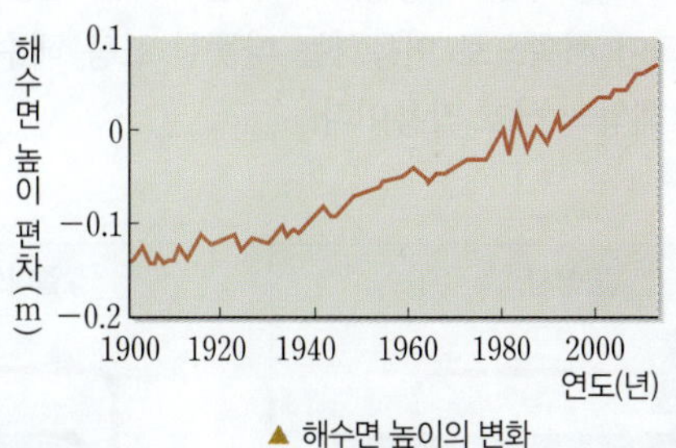

▲ 해수면 높이의 변화

③ **지구 온난화의 대책**: 지구 온난화를 감소시키기 위해서는 화석 연료 사용량을 줄이고 신재생 에너지를 개발하는 등의 노력을 기울여야 한다.

2 사막화와 엘니뇨

(1) 대기와 해수의 순환

① **대기 대순환**: 위도에 따른 에너지 불균형과 지구의 자전으로 지구 전체 규모의 대기 대순환이 일어난다. ➜ 적도 지역의 따뜻한 공기는 상승하고 극지방의 차가운 공기는 하강한다.❹❺

② **해수의 표층 순환***: 대기 대순환으로 해수의 표면에 바람이 지속적으로 불면서 표층 해수가 일정한 방향으로 흐른다.
└ 해류

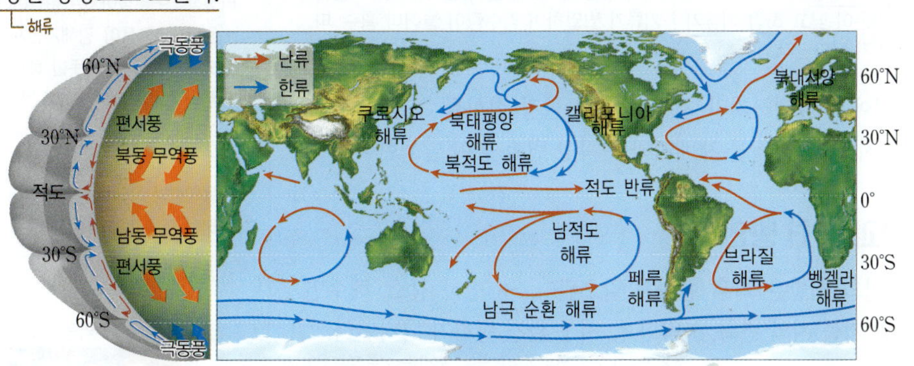

▲ 대기 대순환과 해수의 표층 순환

(2) 사막화* 사막 주변 지역의 토지가 황폐해지면서 점차 사막으로 변하는 현상이다.

① **사막이 형성되는 지역**: 위도 30° 부근은 대기 대순환에 의해 하강 기류가 형성되기 때문에 맑고 건조한 날씨가 지속되어 사막이 형성된다.

원인	자연적 원인	• 대기 대순환의 변화에 따라 일부 지역에 강수량이 감소하였다. • 장기간에 걸쳐 가뭄이 지속되었다.
	인위적 원인	인간에 의한 농작물 과잉 경작, 무분별한 삼림 벌채, 지나친 가축 방목이 지속되었다.
영향	• 생물이 서식지를 잃게 되면서 생태계가 변화하고 생물다양성이 감소한다. • 물 부족 현상이 나타나며, 황사의 발생 빈도가 증가하고 세력이 강해진다.❻ • 경작지의 감소로 농작물의 수확량이 감소한다.	
대책	• 무분별한 삼림 파괴를 억제하고, 숲의 면적을 확대한다. • 사막화 방지 협약에 가입하여 국가 간 협력 체계를 구축한다.	

전 세계의 사막 지역과 사막화 지역의 위치

60°N / 30°N / 0° / 30°S / 60°S
사하라 사막 / 고비 사막 / 아라비아 사막 / 그레이트 빅토리아 사막
■ 사막 지역 ■ 사막화 지역

② **사막화 가속 현상**: 최근 지구 온난화로 인해 증발량이 증가하여 가뭄과 같은 기상 이변이 일어나 사막화가 가속되고 있다.

❹ **대기 대순환**
- **극순환**: 극지방에서 냉각된 공기가 하강, 위도 60°로 이동 ➜ 극동풍 형성
- **페렐 순환**: 위도 30° 부근에서 하강, 위도 60°로 이동 ➜ 편서풍 형성
- **해들리 순환**: 적도 부근에서 가열된 공기가 상승, 위도 30°로 이동 후 하강하여 다시 적도로 이동 ➜ 무역풍 형성

암기 비법

대기 대순환
대기 대순환은 무서동이다.
저위도 지상에서는 무역풍이, 중위도 지상에서는 편서풍이, 고위도 지상에서는 극동풍이 분다.

❺ **위도에 따른 복사 에너지의 양 분포와 에너지 이동**
대기와 해수의 순환에 의해 저위도의 남는 에너지가 고위도로 이동하여 지구 전체의 에너지 평형을 이룬다.

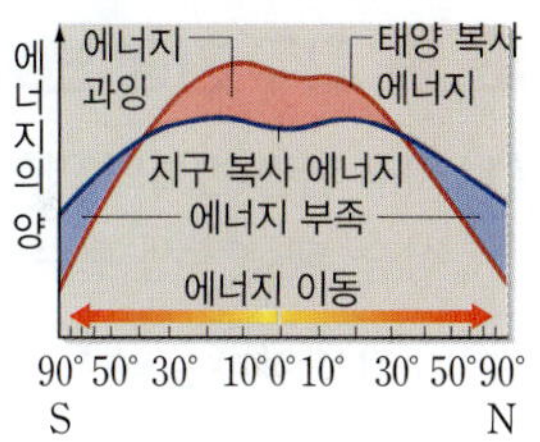

❻ **우리나라의 황사 현상**
중국 북부와 몽골의 사막 또는 황토 지대에서 상공으로 올라간 모래 먼지가 상층의 서풍을 타고 이동하다가 우리나라 상공에서 서서히 하강하는 현상이다. 황사는 주로 봄철에 발생하고, 호흡기 질환이나 눈병, 정밀 기계의 고장 등을 일으켜 국제적인 환경 문제로 주목받고 있다.

용어 뜻풀이
- * **표층 순환**(겉 表, 층 層, 좇을 循, 고리 環): 대기 대순환에 의해 해양의 깊이 100 m 이내의 표층에서 이루어지는 해수의 순환이다.
- * **사막**(모래 沙, 사막 漠): 연평균 강수량이 250 mm 이하로, 매우 건조하여 식물이 자라기 힘든 지역이다.

(3) 엘니뇨 적도 부근 동태평양의 표층 수온이 평상시보다 높아지는 현상이다.

① **엘니뇨의 원인:** *무역풍이 약화되어 서쪽으로 이동하는 따뜻한 표층 해수의 흐름이 약해졌기 때문이다. ➜ 엘니뇨는 대기와 해양의 상호 작용이다.

② **평상시와 엘니뇨 발생 시 비교**❼❽

구분	평상시	엘니뇨 발생 시
모식도	서, 동, 무역풍, 표층 해수의 이동 방향, 따뜻한 해수, 찬 해수, 용승	서, 동, 무역풍 약화, 표층 해수의 이동 방향, 따뜻한 해수, 찬 해수, 용승 약화
대기 대순환에 의한 표층 해수 흐름	무역풍에 의해 동쪽에서 서쪽으로 따뜻한 표층 해수가 이동한다.	무역풍이 약화되어 서쪽으로 이동하는 따뜻한 표층 해수의 흐름이 약해진다.
서태평양의 기후	따뜻한 해수가 동쪽으로부터 이동해 오면서 공기가 열과 수증기를 공급받는다. → 상승 기류가 발달하여 강수대를 형성한다.	평상시보다 수온이 낮아진다. → 하강 기류가 발달하여 강수량이 적은 건조한 날씨가 계속되어 가뭄 및 산불이 발생한다.
동태평양의 기후	표층 해수가 서쪽으로 이동하므로 깊은 곳의 찬 해수가 표층으로 상승하여(용승) 수온이 서쪽보다 낮다. → 기온이 낮고 하강 기류가 발달해 건조한 날씨가 나타난다.	깊은 곳에서 올라오는 찬 해수의 흐름(용승)이 약해져 평상시보다 수온이 높아진다. → 상승 기류가 발달하여 강수량이 늘어나 홍수 피해가 생긴다.

③ **엘니뇨의 영향:** 엘니뇨는 적도 부근에서 발생하지만 지구 곳곳에 환경 변화를 일으킨다. ➜ 엘니뇨에 의해 생물 개체수와 서식지 변화, 농작물 재배지와 수확량 변화 등이 발생한다.

B 지구 환경 변화의 영향과 대처 방안

(1) 지구 환경 변화의 영향 인간 중심의 개발은 기후 변화를 일으킨다. ➜ 빙하 감소, 해수면 상승, 태풍 발생 횟수 증가, 홍수와 가뭄 지역 변화, 사막화 등 지구 환경 변화가 나타난다. (작물 재배지 북상, 난류성 어종 북상, 길어지는 여름 일수 등의 변화가 나타난다.)

(2) 대처 방안과 노력❾

① **대처 방안:** 자원 절약, 화석 연료의 대체 에너지 개발, 온실 기체 감축, 탄소 저감 기술 개발, 과도한 삼림 파괴 방지, 사막화 억제, 국가 간 협력을 통한 황사 피해 방지 등이 있다.

② **기후 변화에 적응 노력:** 도시 농업 활성화 등을 통한 식량 대책 마련, 도심 속 습지 공원 확대 등을 통해 기후 변화에 적응하고 있다.

(3) 기후 변화로 인한 생태계와 지구계의 미래 시나리오 구상하기 탐구 pick

| 과정 및 결과 |

그림은 상황 A(탄소 감축 노력 없이 화석 연료를 사용), B(탄소 감축에 적극적으로 노력)에 따른 연도별 이산화 탄소 배출량을 예상한 것이다. 상황 A와 B일 때, 2100년에는 생태계와 인간 생활이 어떻게 변화할지 예상하여 정리해 보자.

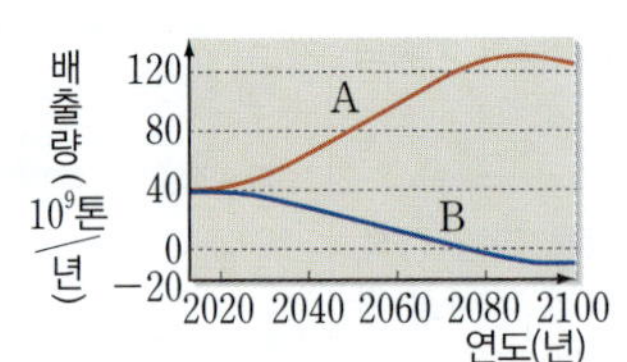

| 정리 |

상황 A에 따른 변화	• 겨울이 따뜻해져 난방기 사용이 감소하고 냉방기 사용은 증가한다. • 동해에서 난류성 어종인 고등어, 갈치, 오징어가 많이 잡히게 된다. • 여름에 열대야 현상이 일어나는 날이 증가한다.
상황 B에 따른 변화	• 화석 연료를 사용하는 제품이 줄어든다. • 도심 속 녹지 공간이 증가한다. • 감소하던 육지 빙하의 면적이 점차 증가한다.

❼ **열대 태평양 수온 구조**

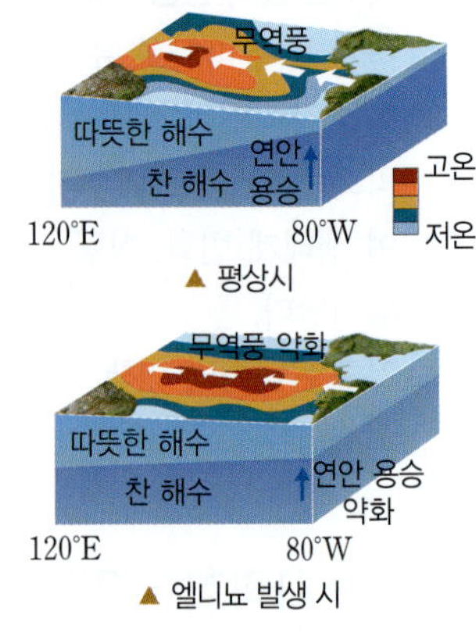

▲ 평상시

▲ 엘니뇨 발생 시

❽ **라니냐의 발생**

적도 부근 동태평양의 해수면 온도가 비정상적으로 낮아지는 현상이다.

- **원인:** 무역풍이 강해지면서 서쪽으로 이동하는 따뜻한 해수의 흐름이 강해졌기 때문이다.
- **피해:** 서태평양 쪽에서는 강수량이 증가하여 홍수 피해가 생기고, 동태평양 쪽에서는 강수량이 감소하여 가뭄 피해가 생긴다.

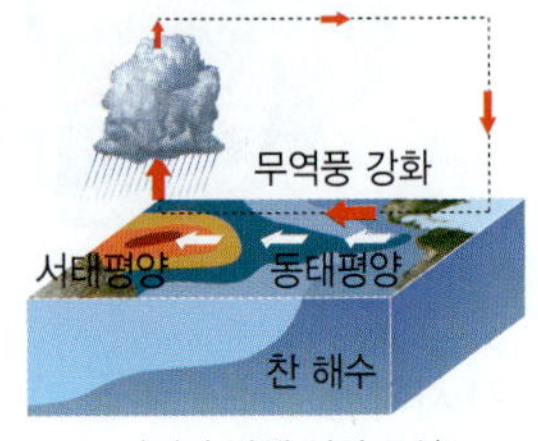

▲ 라니냐 발생 시의 모식도

❾ **일상생활에서 온실 기체를 줄이기 위한 노력**

대중교통 이용하기, 일회용품 줄이기, 친환경 제품 구입하기, 자원 절약하기 등을 통해 일상생활에서 온실 기체를 줄이기 위한 노력을 할 수 있다.

용어 뜻풀이

* **무역풍**(바꿀 貿, 바꿀 易, 바람 風): 위도 0°~30° 사이의 저위도에서 일정하게 부는 바람으로, 과거 상인들이 이 바람을 타고 항해했기 때문에 붙여진 이름이다.

지구 온난화로 인한 지구 열수지 변동 탐구하기

개념 98쪽

탐구 목표

지구 온난화에 따라 지구 열수지가 어떻게 변동되는지 추론할 수 있다.

과정 및 결과

그림은 지구의 열수지 평형을 나타낸 것이다.

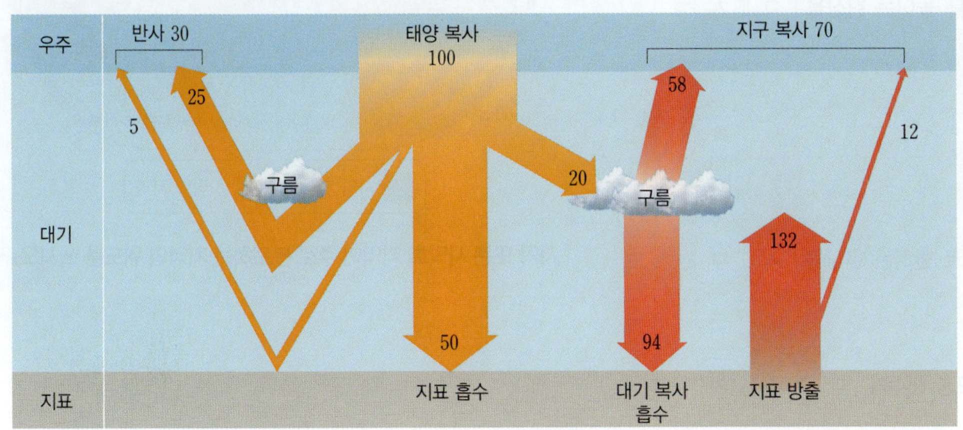

구분	지표	대기	우주
유입되는 에너지양	50(지표 흡수) +94(대기 복사 흡수) =144	20(태양 복사) +132(지표 방출) =152	30(반사) +70(지구 복사) =100
유출되는 에너지양	144(지표 방출) =144	94(지표로 대기 복사) +58(우주로 대기 방출) =152	100(태양 복사) =100

정리

1. **지구의 열수지 평형**: 지표, 대기, 우주로 구분하여 각각 유입되는 에너지양과 유출되는 에너지양을 비교하면, 지구는 흡수하는 태양 복사 에너지의 양과 방출하는 지구 복사 에너지의 양이 같은 열수지 평형 상태에 있음을 알 수 있다.
2. **지구 온난화**: 대기 중 이산화 탄소의 농도가 증가하면 대기가 흡수하는 에너지양이 증가하고, 대기가 지표로 방출하는 에너지양도 증가한다. 이는 지표가 재흡수하는 에너지양이 증가하는 원인이 되어 지표의 온도가 상승한다.

또 다른 탐구

과정

페트병 A와 B에 물을 절반 정도 채우고 B에만 발포 바이타민을 넣는다. 온도계를 끼운 고무마개로 페트병 A와 B의 입구를 막고, 전등을 켠 후 10분 동안 1분 간격으로 페트병의 온도 변화를 관찰한다.

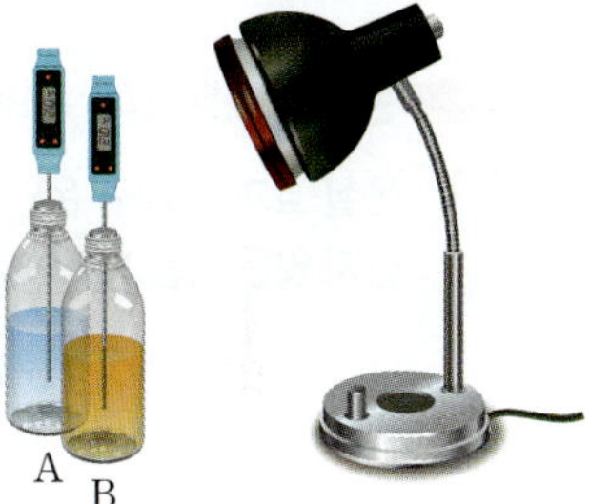

결과 및 정리

발포 바이타민을 넣은 페트병 B가 A에 비해 온도가 더 높게 나타난다. → 페트병 B에 넣은 발포 바이타민이 물과 반응하여 발생한 이산화 탄소가 온실 기체의 역할을 했기 때문이다.

탐구 확인 문제

바른답·알찬풀이 42쪽

01 위 탐구에 대한 설명으로 옳은 것은 ○표, 옳지 않은 것은 ×표 하시오.

(1) 지구는 열수지 평형 상태에 있다. ( )

(2) 지표와 대기로 유입되는 에너지양은 같다. ( )

(3) 구름은 태양 복사를 반사하는 역할을 한다. ( )

(4) 대기가 없는 경우 지표로 유입되는 에너지양은 100보다 클 것이다. ( )

02 대기 중 이산화 탄소 농도가 증가하는 경우에 대한 설명으로 옳은 것만을 <보기>에서 있는 대로 고르시오.

보기

ㄱ. 지표의 온도가 상승한다.

ㄴ. 대기가 흡수하는 에너지양이 증가한다.

ㄷ. 지구가 우주로 방출하는 에너지양이 100보다 커진다.

개념 확인 초성 Quiz

1 대기 중 온실 기체가 지구 복사 에너지를 흡수하였다가 지표로 재방출시켜 지표면과 대기의 온도를 높이는 현상을 ㅇ ㅅ ㅎ ㄱ (이)라고 한다.

2 지구 평균 기온이 상승하는 현상을 ㅈ ㄱ ㅇ ㄴ ㅎ (이)라고 한다.

3 사막 주변의 토지가 점차 사막으로 변하는 현상을 ㅅ ㅁ ㅎ (이)라고 한다.

4 평상시 태평양 적도 부근에서는 표층 해수가 ㄷ 쪽에서 ㅅ 쪽으로 흐른다.

5 동태평양 적도 부근 해역의 수온이 평상시보다 ㄴ 아지는 현상을 엘니뇨라고 한다.

1 온실 효과와 지구 온난화

01 온실 효과와 지구 온난화에 대한 설명으로 옳은 것은 ○표, 옳지 않은 것은 ×표 하시오.

(1) 대기 중 온실 기체는 태양 복사 에너지를 대부분 흡수한다. ( )

(2) 대기 중 온실 기체 농도가 증가하면 지구 평균 기온은 상승한다. ( )

(3) 지구의 평균 기온은 대기가 없을 때보다 대기가 있을 때 높게 유지된다. ( )

02 다음은 지구 온난화의 영향에 대한 설명이다. ( ) 안에 들어갈 알맞은 말을 쓰시오.

> 지구 온난화의 영향으로 해수면의 높이가 (㉠)하고, 폭우, 홍수 등의 이상 기후가 발생한다. 지구 온난화가 진행될수록 우리나라의 계절 중 여름의 길이가 (㉡)진다.

2 사막화와 엘니뇨

03 그림은 사막과 사막화 지역의 위치를 나타낸 것이다.

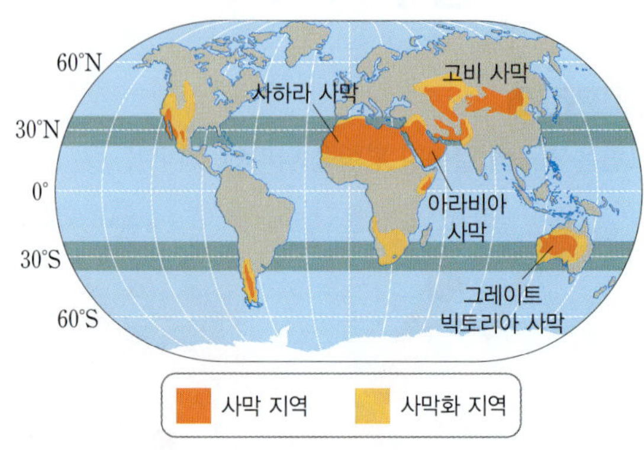

사막 또는 사막화 지역이 주로 분포하는 지역의 위도를 쓰시오.

04 다음은 엘니뇨에 대한 설명이다.

> 무역풍이 약화되어 서쪽으로 이동하는 따뜻한 표층 해수의 흐름이 약해지면 적도 부근 동태평양의 표층 수온이 평상시보다 높아지는 현상이 발생하는데, 이를 엘니뇨라고 한다.

엘니뇨 발생 시 나타나는 동태평양 적도 부근의 강수량은 평상시와 어떻게 다른지 쓰시오.

3 지구 환경 변화의 영향과 대처 방안

05 지구 환경 변화의 영향과 대처 방안에 대한 설명으로 옳은 것은 ○표, 옳지 않은 것은 ×표 하시오.

(1) 인간 중심의 개발은 기후 변화에 영향을 주지 않는다. ( )

(2) 자원 절약, 대체 에너지 개발은 기후 변화를 억제하기 위한 방법들이다. ( )

(3) 탄소 감축 노력 없이 화석 연료를 계속 사용할 경우 지구 평균 기온은 상승할 것이다. ( )

1 온실 효과와 지구 온난화

(중요)

01 온실 효과에 대한 설명으로 옳은 것만을 〈보기〉에서 있는 대로 고른 것은?

보기
ㄱ. 지구 평균 기온이 점차 높아지는 현상이다.
ㄴ. 지구 평균 기온은 대기가 없는 경우보다 대기가 있는 경우가 더 높다.
ㄷ. 온실 기체에는 수증기, 이산화 탄소, 메테인 등이 있다.

① ㄱ ② ㄴ ③ ㄱ, ㄷ
④ ㄴ, ㄷ ⑤ ㄱ, ㄴ, ㄷ

02 그림은 우리나라 계절의 길이 변화를 나타낸 것이다. (가)와 (나)는 각각 과거 30년(1912~1941년)과 최근 30년(1988~2017년) 중 한 시기이다.

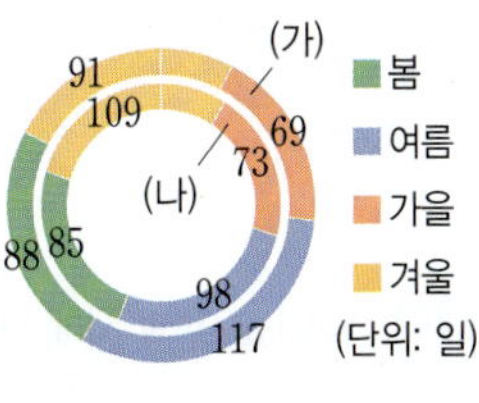

이에 대한 설명으로 옳은 것만을 〈보기〉에서 있는 대로 고른 것은?

보기
ㄱ. 과거 30년의 계절 길이는 (가)이다.
ㄴ. (가) 시기는 (나) 시기보다 여름이 길다.
ㄷ. (가) 시기는 (나) 시기보다 대기 중 이산화 탄소 농도가 낮다.

① ㄱ ② ㄴ ③ ㄱ, ㄷ
④ ㄴ, ㄷ ⑤ ㄱ, ㄴ, ㄷ

03 지구 온난화의 영향을 옳게 설명한 것만을 〈보기〉에서 있는 대로 고른 것은?

보기
ㄱ. 생태계 변화
ㄴ. 해수면의 높이 상승
ㄷ. 이상 기후 현상의 증가

① ㄱ ② ㄷ ③ ㄱ, ㄴ
④ ㄴ, ㄷ ⑤ ㄱ, ㄴ, ㄷ

04 그림은 복사 평형을 이루고 있는 지구의 열수지이다.

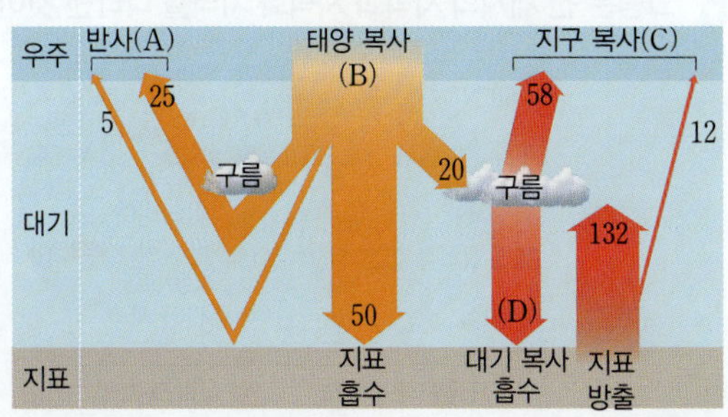

이에 대한 설명으로 옳은 것만을 〈보기〉에서 있는 대로 고른 것은?

보기
ㄱ. A=B−C이다.
ㄴ. 지구 대기는 B를 흡수하지 않고 대부분 통과시킨다.
ㄷ. 지구 온난화가 진행되면 D는 94보다 커진다.

① ㄱ ② ㄷ ③ ㄱ, ㄴ
④ ㄴ, ㄷ ⑤ ㄱ, ㄴ, ㄷ

2 사막화와 엘니뇨

05 그림은 대기 대순환과 해수의 표층 순환을 나타낸 것이다.

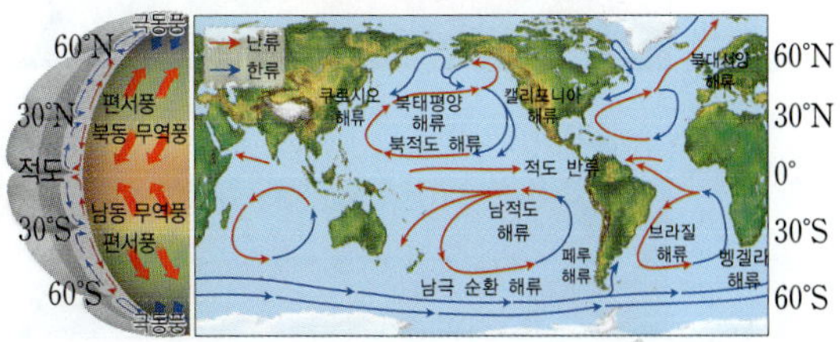

이에 대한 설명으로 옳은 것만을 〈보기〉에서 있는 대로 고른 것은?

보기
ㄱ. 극지방에서는 공기가 상승하는 흐름이 나타난다.
ㄴ. 대기 대순환은 적도를 기준으로 대칭적으로 나타난다.
ㄷ. 대기와 해수의 순환은 지구의 에너지 평형에 기여한다.

① ㄱ ② ㄴ ③ ㄱ, ㄷ
④ ㄴ, ㄷ ⑤ ㄱ, ㄴ, ㄷ

중요

06 그림은 전 세계의 사막과 사막화 지역을 나타낸 것이다.

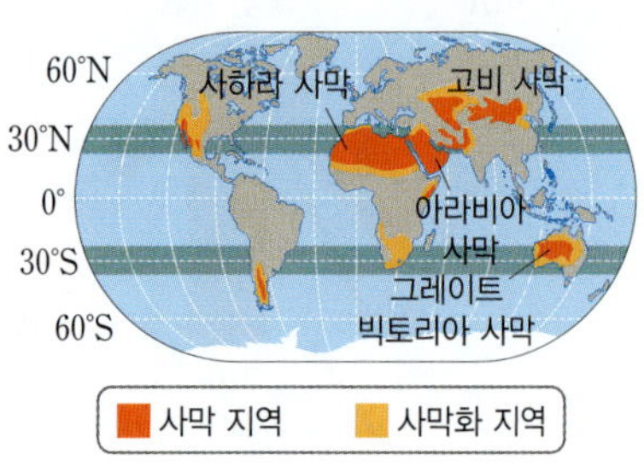

이에 대한 설명으로 옳은 것만을 〈보기〉에서 있는 대로 고른 것은?

보기

ㄱ. 사막화 지역은 주로 사막 부근에 발달한다.
ㄴ. 위도 60° 부근에는 맑고 건조한 날씨가 지속된다.
ㄷ. 농작물 과잉 경작, 삼림 벌채 등은 사막화를 가속한다.

① ㄱ ② ㄷ ③ ㄱ, ㄴ
④ ㄱ, ㄷ ⑤ ㄴ, ㄷ

중요

07 그림 (가)와 (나)는 평상시와 엘니뇨 발생 시의 태평양 적도 부근 해역의 표층 수온 분포를 순서 없이 나타낸 것이다.

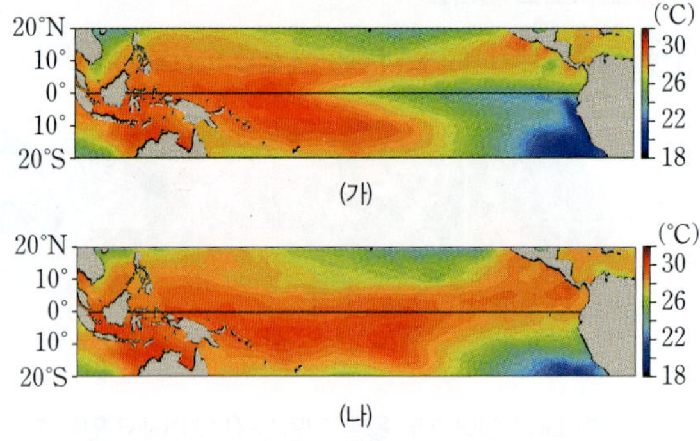

이에 대한 설명으로 옳은 것만을 〈보기〉에서 있는 대로 고른 것은?

보기

ㄱ. 엘니뇨 발생 시의 표층 수온 분포는 (나)이다.
ㄴ. 남적도 해류의 흐름은 (가)보다 (나)에서 더 강하다.
ㄷ. 동태평양 적도 해역의 해수면 높이는 (가)보다 (나)에서 더 낮다.

① ㄱ ② ㄷ ③ ㄱ, ㄴ
④ ㄱ, ㄷ ⑤ ㄴ, ㄷ

08 그림 (가)와 (나)는 평상시와 엘니뇨 발생 시 태평양 적도 부근의 대기 순환을 순서 없이 나타낸 것이다.

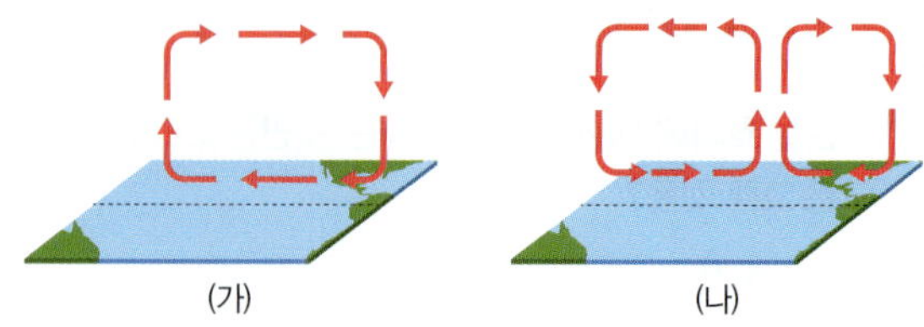

이에 대한 설명으로 옳은 것만을 〈보기〉에서 있는 대로 고른 것은?

보기

ㄱ. 무역풍의 평균 풍속은 (가)가 (나)보다 빠르다.
ㄴ. 동태평양 적도 해역의 수온은 (가)가 (나)보다 낮다.
ㄷ. 서태평양 적도 해역의 강수량은 (가)가 (나)보다 많다.

① ㄱ ② ㄷ ③ ㄱ, ㄴ
④ ㄴ, ㄷ ⑤ ㄱ, ㄴ, ㄷ

09 엘니뇨 발생 시에 대한 설명으로 옳지 않은 것은?

① 무역풍이 약화되어 발생한다.
② 동태평양 적도 해역은 평상시보다 건조해진다.
③ 따뜻한 표층 해수가 평상시보다 서쪽으로 덜 이동한다.
④ 서태평양 적도 해역은 평상시보다 쉽게 산불이 발생할 수 있다.
⑤ 적도 주변 지역뿐만 아니라 다른 위도 지역에도 기후 변화를 일으킨다.

B 지구 환경 변화의 영향과 대처 방안

10 지구 환경 변화에 대한 설명으로 옳은 것만을 〈보기〉에서 있는 대로 고른 것은?

보기

ㄱ. 다양한 생물종이 멸종 위기에 처하게 된다.
ㄴ. 해수의 온도가 상승하면 해수면이 낮아진다.
ㄷ. 지구 온난화에 의해 태풍이나 집중 호우 같은 기상 이변이 자주 발생할 수 있다.

① ㄱ ② ㄴ ③ ㄱ, ㄷ
④ ㄴ, ㄷ ⑤ ㄱ, ㄴ, ㄷ

단답형 · 서술형 문제

11 그림은 탄소 감축에 적극적으로 노력했을 때와 그렇지 않을 때 예상되는 이산화 탄소 배출량 A, B를 순서 없이 나타낸 것이다.

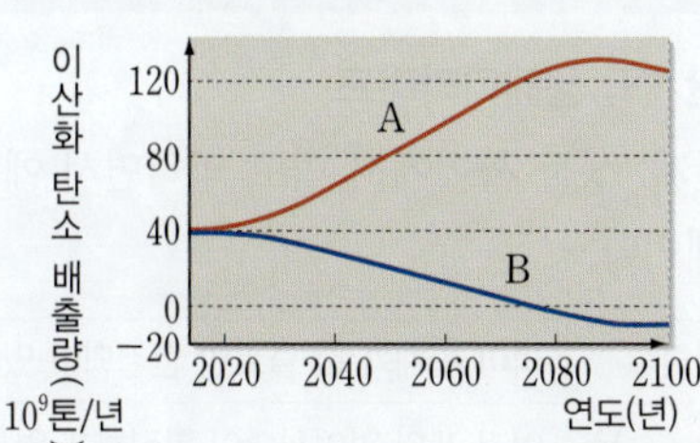

이에 대한 설명으로 옳은 것만을 〈보기〉에서 있는 대로 고른 것은?

보기

ㄱ. 탄소 감축에 적극적으로 노력했을 때의 이산화 탄소 배출량은 A이다.
ㄴ. 지구 평균 기온은 A일 때보다 B일 때 더 낮을 것이다.
ㄷ. 여름철의 길이는 A일 때보다 B일 때 더 길 것이다.

① ㄱ ② ㄴ ③ ㄱ, ㄷ
④ ㄴ, ㄷ ⑤ ㄱ, ㄴ, ㄷ

중요

12 그림은 지구 온난화와 관련된 현상들의 순환 과정을 나타낸 것이다.

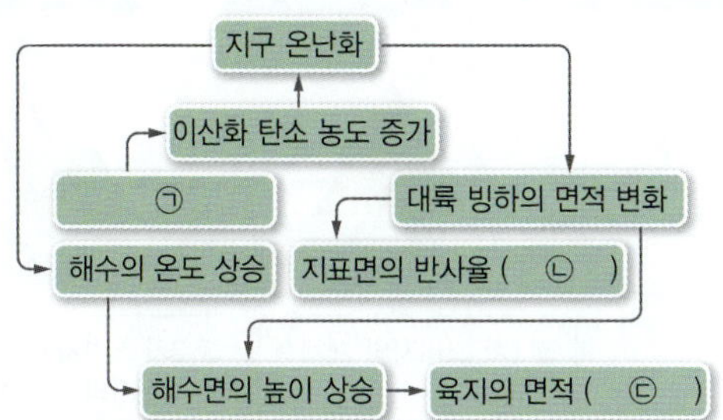

( ) 안에 들어갈 알맞은 말을 옳게 짝 지은 것은?

	㉠	㉡	㉢
①	화석 연료 사용 증가	증가	감소
②	화석 연료 사용 증가	감소	감소
③	화석 연료 사용 증가	증가	증가
④	삼림 복원	감소	증가
⑤	삼림 복원	증가	감소

13 그림은 1900년 이후의 해수면의 높이 변화를 나타낸 것이다.

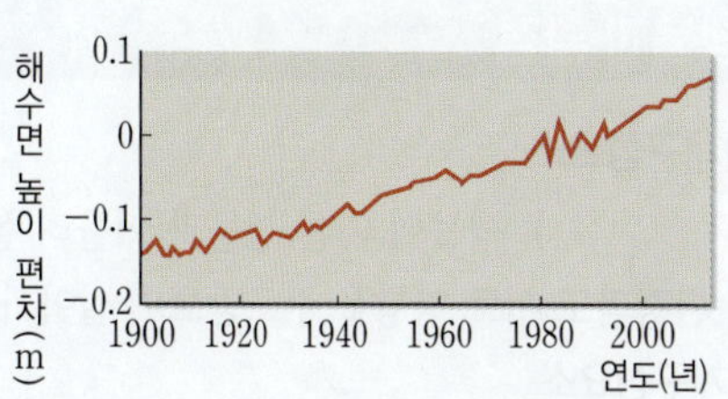

위와 같은 경향성을 보이는 원인을 설명하시오.

14 다음은 사막화의 원인을 나열한 것이다.

대기 대순환의 변화, 가뭄, 과잉 방목, 삼림 벌채, 농경지 확장

위 원인을 자연적 원인과 인위적 원인으로 구분하여 쓰시오.

15 그림은 평상시 태평양 적도 부근 대기와 해양의 모습을 나타낸 것이다.

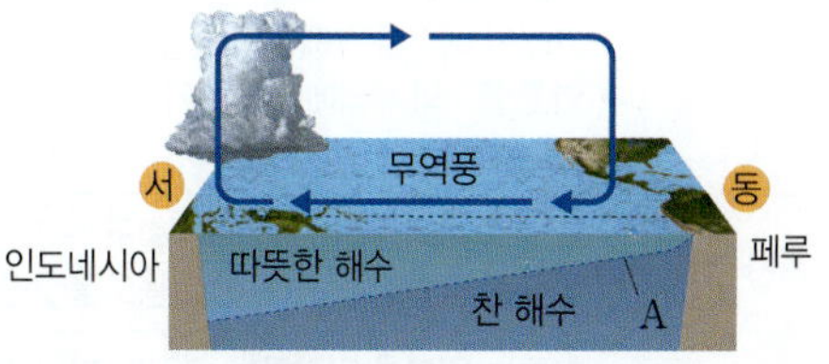

엘니뇨 발생 시 따뜻한 해수와 찬 해수가 이루는 경계(A)의 기울기 변화를 대기와 해양의 상호작용으로 설명하시오.

07강 생물과 환경 84쪽

1. 생태계구성요소

① (❶): 생물이 다른 생물과 어울려 살아가는 한편 주변 환경과도 서로 영향을 주고받으며 살아가는 체계이다.

② 생태계구성요소

(❷)	생태계에서 살아가는 모든 생물이다. ➜ 광합성을 하는 생산자, 다른 생물을 먹이로 섭취하는 소비자, 다른 생물의 사체나 배설물을 분해하는 분해자로 구분한다.
비생물요소	빛, 공기, 온도, 물, 토양 등 생물이 살아가는 데 영향을 미치는 환경이다. ➜ 생물이 살아가는 터전을 제공한다.

③ 생태계의 구조: 생태계는 개체 → 개체군 → 군집 → 생태계의 단계적인 구조를 이루고 있다.

개체군	일정한 지역에 사는 같은 생물종의 개체들로 이루어진 무리이다.
군집	일정한 지역에 사는 모든 개체군의 무리이다.

2. 생물과 환경의 상호 관계

① 생물과 환경의 상호 관계

(❸)요소 → (❹)요소	비생물요소는 생물의 생활 방식, 번식 방법, 서식 장소 등에 영향을 미친다.
생물요소 → 비생물요소	생물의 다양한 생명활동은 주변의 비생물요소(환경)에 영향을 미친다.

② 생물과 환경의 상호 관계 사례

온도	• 사막여우는 북극여우보다 몸집이 작고 귀가 크다. • 펭귄과 바다코끼리는 피하 지방층이 발달했다. • 식물의 증산작용으로 숲은 다른 곳보다 시원하다.
(❺)	• 강한 빛을 받는 잎은 두께가 두껍다. • 국화는 낮이 짧아지는 시기에 꽃이 핀다. • 숲에 의해 지표에 도달하는 빛의 세기가 약해진다.
물	• 선인장은 가시로 변한 잎을 가진다. • 도마뱀과 뱀은 몸 표면이 비늘로 덮여 있다. • 고래의 배설물은 해양의 물질 순환에 도움을 준다. • 연꽃 줄기와 뿌리에는 공기가 통하는 통기조직이 발달되어 있다.
공기	• 고산 지대에 사는 사람은 적혈구 수가 많다. • 식물은 광합성을 하여 산소 농도를 높인다.
토양	• 함초는 염분을 저장하는 조직이 발달했다. • 토양의 깊이에 따라 서로 다른 세균이 분포한다. • 지렁이는 토양의 통기성을 높인다.

08강 생태계평형 90쪽

1. 먹이 관계와 생태피라미드

① **먹이 관계**: 생물 사이에서 먹고 먹히면서 에너지가 이동하는 관계이다.

먹이사슬	먹이 관계가 한 줄로만 연결되어 있다.
(❻)	여러 개의 먹이사슬이 복잡하게 얽혀 있다.

② 생산자 → 1차 소비자 → 2차 소비자 → 3차 소비자 → … → 최종 소비자의 영양단계 순서로 에너지가 이동한다.

③ (❼): 생태계에서 생물의 종류, 개체수, 에너지의 이동 등이 안정적으로 유지되는 상태이다.

④ 생태피라미드
- 생물이 가진 에너지 중 세포호흡을 통해 생명활동을 하는 데 쓰이거나 열에너지로 방출되고 남은 에너지의 일부가 상위 영양단계로 전달된다. ➜ 상위 영양단계로 갈수록 전달되는 에너지의 양이 점점 줄어든다.
- 안정한 생태계에서 에너지양, 생물량, 개체수가 상위 영양단계로 갈수록 줄어들어 피라미드 형태로 나타난다.

2. 생태계평형의 회복

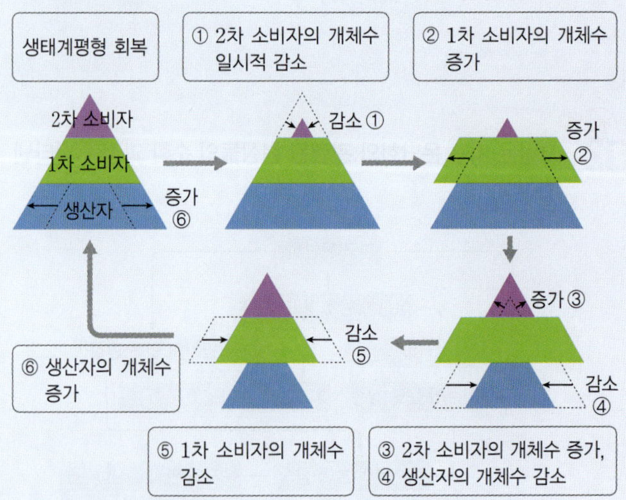

3. 환경 변화와 생태계

① **생태계평형을 깨뜨리는 환경 변화**: 서식지파괴, 환경오염, 기후 변화, 남획, 외래생물의 유입 등

② **생태계평형보전을 위한 노력**
- 파리 협정과 같은 국제 협약 채택, 신재생에너지 활용
- 환경 영향 평가와 같은 제도적 장치 활용
- 생태통로 설치, 숲이나 공원 조성, 하천 복원

답 ❶ 생태계 ❷ 생물요소 ❸ 비생물 ❹ 생물 ❺ 빛 ❻ 먹이그물 ❼ 생태계평형

09강 지구 환경의 변화 98쪽

1. 온실 효과와 지구 온난화

① **온실 효과**: 대기 중 (❶)에 의해 지구 평균 기온이 높게 유지되는 현상이다.

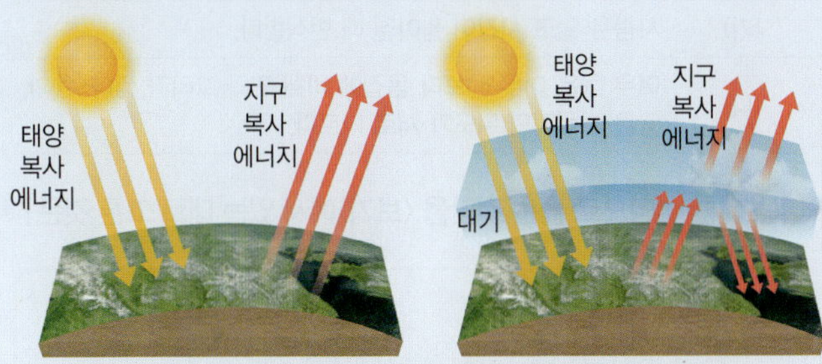

▲ 지구에 대기가 없을 때(왼쪽)와 대기가 있을 때(오른쪽)의 에너지 출입

② (❷): 대기 중 온실 기체가 많아지면서 지구의 평균 기온이 상승하는 현상이다.

③ **지구 온난화의 영향과 대책**

영향	• 해수면 높이 상승: 해수의 열팽창과 대륙 빙하 융해로 발생 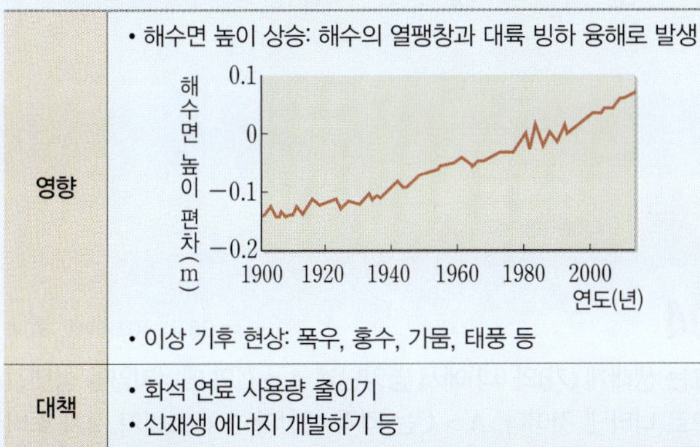 • 이상 기후 현상: 폭우, 홍수, 가뭄, 태풍 등
대책	• 화석 연료 사용량 줄이기 • 신재생 에너지 개발하기 등

2. 사막화와 엘니뇨

① **대기와 해수의 순환**

대기의 순환	위도에 따른 에너지 불균형과 지구 자전으로 지구 전체 규모의 대기 대순환이 일어난다.
해수의 순환	해수의 표면에서 바람이 지속적으로 불면서 표층 해수가 일정한 방향으로 흐른다.
대기와 해수의 순환	위도에 따른 지구의 에너지 (❸)을/를 해소한다.

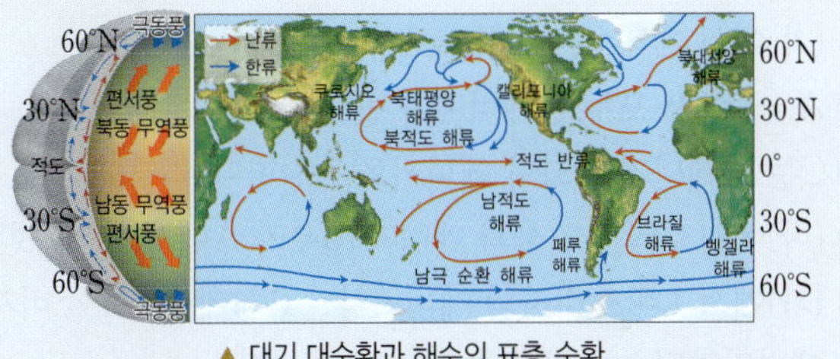

▲ 대기 대순환과 해수의 표층 순환

② **사막화**

- 사막 주변 지역이 점차 사막으로 변하는 현상이다.
- 사막이 분포하는 지역은 대체로 대기 대순환의 하강 기류에 의해 맑고 건조한 날씨가 지속되는 위도 (❹) 부근이다.

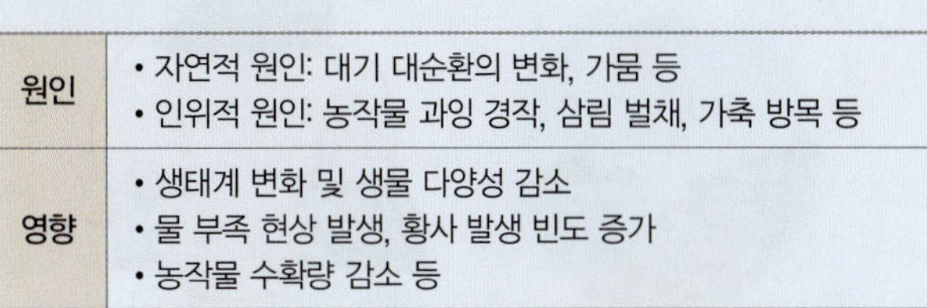

원인	• 자연적 원인: 대기 대순환의 변화, 가뭄 등 • 인위적 원인: 농작물 과잉 경작, 삼림 벌채, 가축 방목 등
영향	• 생태계 변화 및 생물 다양성 감소 • 물 부족 현상 발생, 황사 발생 빈도 증가 • 농작물 수확량 감소 등

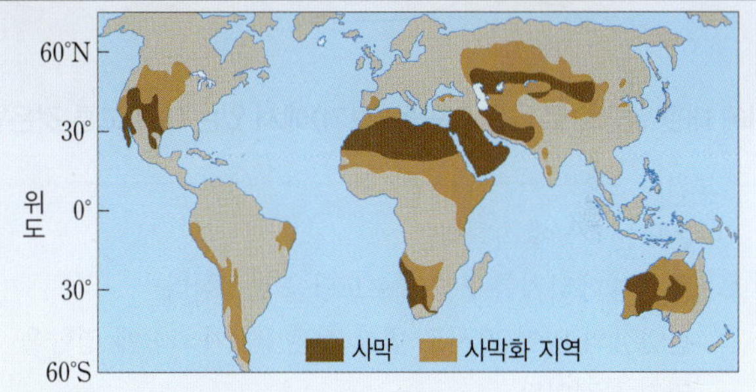

③ (❺)

- 무역풍이 약화되어 적도 부근 동태평양의 표층 수온이 평상시보다 높아지는 현상이다.
- 대기와 해양의 상호 작용에 의해 발생한다.

표층 해수의 흐름 변화	무역풍 약화 → (❻)으로 이동하는 표층 해수의 흐름 약화
서태평양의 기후 변화	평상시보다 수온 하강 → 하강 기류가 발달하여 강수량이 적은 건조한 날씨, 가뭄, 산불 발생
동태평양의 기후 변화	상승하던 찬 해수의 흐름(용승) 약화 → 수온 상승 → 상승 기류가 발달하여 강수량 증가, 홍수 피해

▲ 평상시

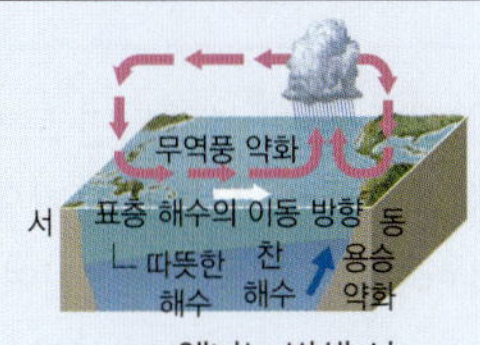

▲ 엘니뇨 발생 시

3. 지구 환경 변화의 영향과 대처 방안

① **지구 환경 변화**: 인간 중심의 개발로 인해 빙하 감소, 해수면 상승, 태풍 발생 증가, 홍수와 가뭄 지역 변화 등의 지구 환경 변화가 나타난다.

② **대처 방안과 노력**: 자원 절약, 대체 에너지 개발, 온실 기체 감축 등의 노력을 통해 지구 환경 변화를 억제할 수 있다.

③ **기후 변화에 적응**: 빠르게 변화하는 기후 변화에 인간이 적응하기 위한 노력이 필요하다.

답 ❶ 온실 기체 ❷ 지구 온난화 ❸ 불균형 ❹ 30° ❺ 엘니뇨 ❻ 서쪽

01 생태계와 환경

01

07강 | 생물과 환경 84쪽

그림은 생태계구성요소 (가)와 (나)를 나타낸 것이다. (가)와 (나)는 각각 생물요소와 비생물요소 중 하나이다.

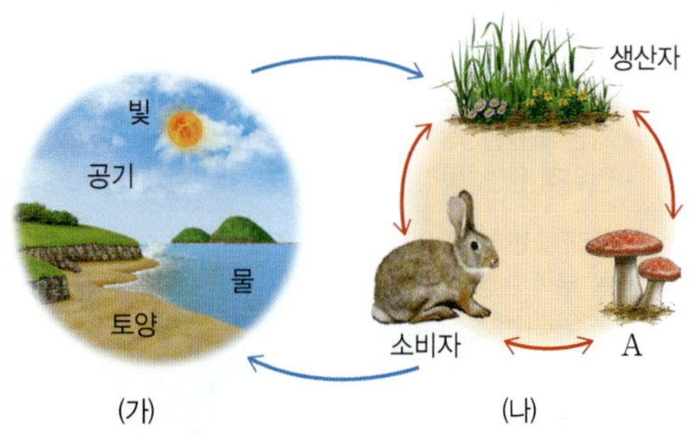

이에 대한 설명으로 옳은 것만을 〈보기〉에서 있는 대로 고른 것은?

> **보기**
> ㄱ. 온도는 (가)에 속한다.
> ㄴ. A는 빛에너지를 흡수해 포도당을 합성한다.
> ㄷ. 선인장의 잎이 가시로 변한 것은 (나)가 (가)에 영향을 미친 사례이다.

① ㄱ　② ㄴ　③ ㄷ
④ ㄱ, ㄴ　⑤ ㄴ, ㄷ

02

07강 | 생물과 환경 84쪽

다음은 생물요소와 비생물요소의 상호작용 사례를 나타낸 것이다. ㉢은 '더운'과 '추운' 중 하나이다.

> (가) ㉠ 낙엽이 분해되면 토양이 비옥해진다.
> (나) ㉡의 광합성으로 공기의 성분이 변한다.
> (다) 여우와 토끼는 ㉢ 지역에 살수록 몸집이 커지고 말단 부위가 작아지는 경향이 있다.

이에 대한 설명으로 옳지 않은 것은?

① 분해자에 의해 ㉠이 일어난다.
② 식물은 ㉡에 해당한다.
③ ㉢은 '추운'이다.
④ (다)에서 여우와 토끼는 같은 개체군에 속한다.
⑤ (가)와 (나)는 모두 생물요소가 비생물요소에 영향을 미친 사례이다.

03

07강 | 생물과 환경 84쪽

표는 비생물요소 (가)와 (나)에 의한 생물과 환경의 상호 관계 사례를 나타낸 것이다.

요소	사례
(가)	사슴은 일조 시간이 짧아질 때 번식한다.
(나)	여우 ㉠은 여우 ㉡보다 몸집에 비해 귀와 꼬리가 짧다. ㉠과 ㉡은 서식지의 위도가 서로 다르다.

이에 대한 설명으로 옳은 것만을 〈보기〉에서 있는 대로 고른 것은?

> **보기**
> ㄱ. 빛은 (가)에 해당한다.
> ㄴ. ㉡이 ㉠보다 추운 지역에 서식한다.
> ㄷ. (나)는 비생물요소가 생물요소에 영향을 미친 사례이다.

① ㄱ　② ㄴ　③ ㄱ, ㄴ
④ ㄱ, ㄷ　⑤ ㄴ, ㄷ

04

08강 | 생태계평형 90쪽

표는 생태계 (가)와 (나)에서 영양단계 A~C의 에너지양을 상댓값으로 나타낸 것이다. A~C는 각각 생산자, 1차 소비자, 2차 소비자 중 하나이며, (가)에서 에너지양과 개체수는 모두 피라미드 형태이다.

영양단계	에너지양
A	5
B	1
C	60

(가)

영양단계	에너지양
A	1
B	0.1
C	100

(나)

이에 대한 설명으로 옳지 않은 것은?

① (가)에서 개체수는 A가 B보다 많다.
② A~C에서 모두 열에너지가 방출된다.
③ C는 빛에너지를 화학 에너지로 전환한다.
④ (나)에서 C의 유기물과 에너지 일부가 A에게로 이동한다.
⑤ (가)에서 1차 소비자의 에너지양은 (나)에서 2차 소비자의 에너지양의 100배이다.

05

08강 | 생태계평형 90쪽

그림은 어떤 생태계에서 2차 소비자의 개체수가 일시적으로 감소했을 때 생태계평형 회복 과정에서 일어나는 개체군 변동을 나타낸 것이다. (가)와 (나)에서 모두 1차 소비자의 개체수가 변한다.

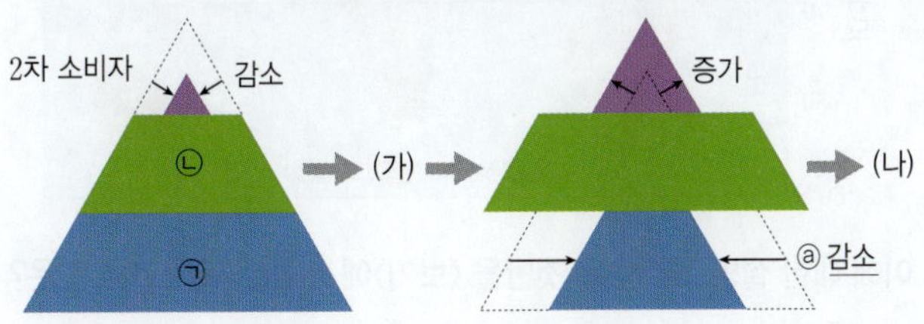

이에 대한 설명으로 옳은 것만을 <보기>에서 있는 대로 고른 것은?

보기

ㄱ. 1차 소비자의 개체수는 (가)에서 감소하고, (나)에서 증가한다.
ㄴ. 생산자가 1차 소비자에게 많이 잡아먹힌 것은 ⓐ의 원인에 해당한다.
ㄷ. ㉠과 ㉡ 중 빛에너지의 흡수는 ㉠에서만 일어나고, 열에너지의 방출은 ㉡에서만 일어난다.

① ㄱ ② ㄴ ③ ㄷ ④ ㄱ, ㄴ ⑤ ㄴ, ㄷ

06

08강 | 생태계평형 90쪽

그림은 미국의 카이바브 고원에서 일어난 ㉠과 ㉡의 개체수, 식물 군집의 양 변화를 나타낸 것이다. ㉠과 ㉡은 각각 늑대와 사슴 중 하나이며, ㉠, ㉡, 식물은 먹이사슬을 이루고 있다.

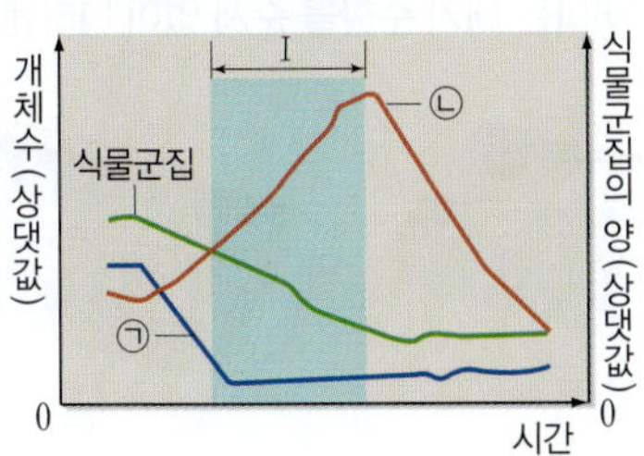

이에 대한 설명으로 옳은 것만을 <보기>에서 있는 대로 고른 것은? (단, 제시된 자료 이외는 고려하지 않는다.)

보기

ㄱ. ㉠은 1차 소비자이다.
ㄴ. Ⅰ에서 ㉡의 개체수가 증가해 ㉠의 개체수가 감소했다.
ㄷ. Ⅰ에서 식물은 사슴에게 많이 잡아먹혀 양이 감소했다.

① ㄱ ② ㄷ ③ ㄱ, ㄴ ④ ㄴ, ㄷ ⑤ ㄱ, ㄴ, ㄷ

07

09강 | 지구 환경의 변화 98쪽

그림은 지구에 입사하는 태양 복사 에너지를 100 단위로 했을 때 지구의 열수지 평형을 나타낸 것이다.

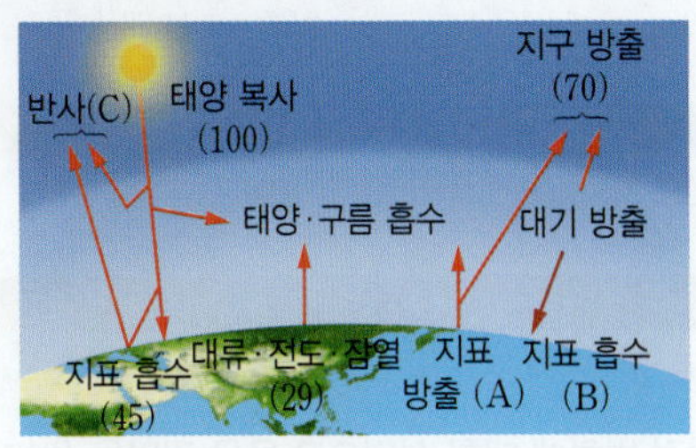

이에 대한 설명으로 옳은 것만을 <보기>에서 있는 대로 고른 것은?

보기

ㄱ. 대기 중 온실 기체의 농도가 높아지면 A, B 모두 증가한다.
ㄴ. 대규모 화산 분출은 C를 증가시킨다.
ㄷ. C는 30이다.

① ㄱ ② ㄷ ③ ㄱ, ㄴ ④ ㄴ, ㄷ ⑤ ㄱ, ㄴ, ㄷ

08

09강 | 지구 환경의 변화 98쪽

그림은 1980~1989년 북극해 얼음 면적 평균으로부터의 변화율을 나타낸 것이다.

이에 대한 설명으로 옳은 것만을 <보기>에서 있는 대로 고른 것은?

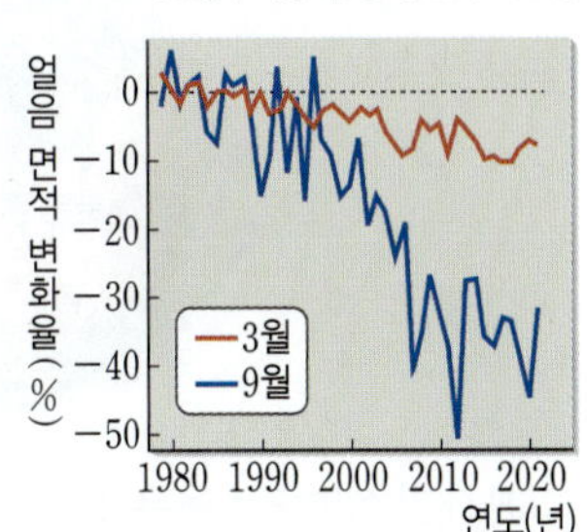

보기

ㄱ. 1980년 이후 북극해 얼음 면적은 지속적으로 감소하고 있다.
ㄴ. 북극해 얼음 면적은 3월보다 9월에 더 많이 감소하였다.
ㄷ. 대기 중 탄소 배출을 억제하는 것은 북극해 얼음 면적 변화를 줄일 수 있는 방법이다.

① ㄱ ② ㄷ ③ ㄱ, ㄴ ④ ㄴ, ㄷ ⑤ ㄱ, ㄴ, ㄷ

09

09강 | 지구 환경의 변화 98쪽

그림은 지구 온난화에 따라 변화하는 우리나라 수도권의 계절별 길이와 각 계절이 시작되는 날짜를 예상하여 나타낸 것이다.

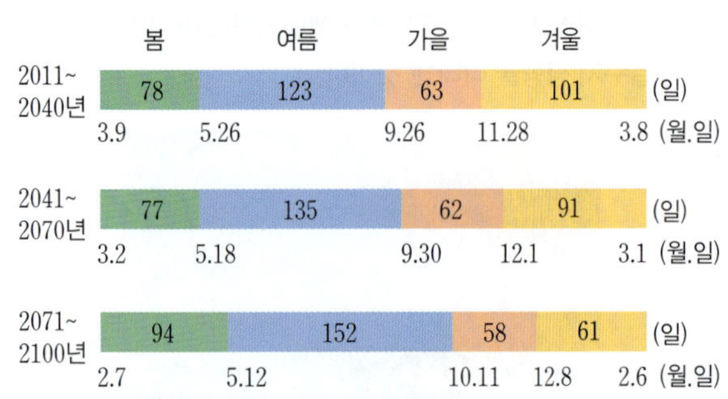

예상되는 계절 변화에 대한 설명으로 옳은 것만을 〈보기〉에서 있는 대로 고른 것은?

보기

ㄱ. 여름의 길이가 점차 늘어날 것이다.
ㄴ. 겨울이 시작되는 날이 점차 빨라질 것이다.
ㄷ. 사과 재배 가능 지역이 점차 남하할 것이다.

① ㄱ ② ㄷ ③ ㄱ, ㄴ
④ ㄴ, ㄷ ⑤ ㄱ, ㄴ, ㄷ

10

09강 | 지구 환경의 변화 98쪽

그림은 대기 대순환 모형을 나타낸 것이다.

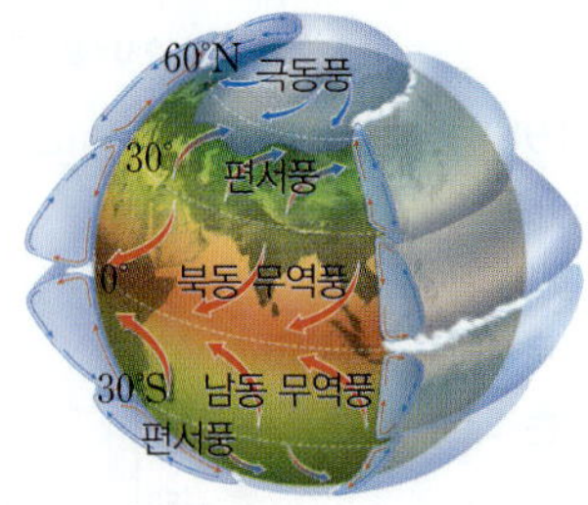

이에 대한 설명으로 옳은 것만을 〈보기〉에서 있는 대로 고른 것은?

보기

ㄱ. 위도 30° 부근에서 하강 기류가 나타난다.
ㄴ. 적도 부근에 저압대가 형성되어 강수량이 많다.
ㄷ. 대기 대순환에 의해 표층 해수의 일정한 흐름이 만들어진다.

① ㄱ ② ㄷ ③ ㄱ, ㄴ
④ ㄴ, ㄷ ⑤ ㄱ, ㄴ, ㄷ

11

09강 | 지구 환경의 변화 98쪽

그림은 사막과 사막화가 진행되고 있는 지역을 나타낸 것이다.

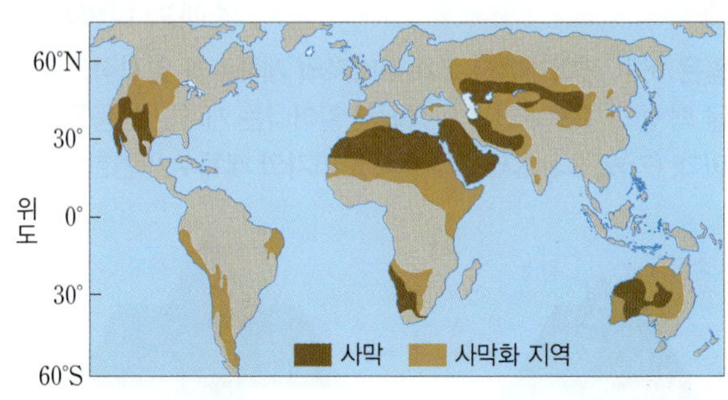

이에 대한 설명으로 옳은 것만을 〈보기〉에서 있는 대로 고른 것은?

보기

ㄱ. 사막화는 적도 부근에서 가장 심하게 나타난다.
ㄴ. 과잉 경작, 무분별한 삼림 벌채는 사막화를 가속한다.
ㄷ. 사막화가 진행될수록 주변 지역에 황사 발생이 증가할 것이다.

① ㄱ ② ㄷ ③ ㄱ, ㄴ
④ ㄴ, ㄷ ⑤ ㄱ, ㄴ, ㄷ

12

09강 | 지구 환경의 변화 98쪽

그림 (가)와 (나)는 각각 평상시와 엘니뇨 발생 시에 태평양 적도 부근 해역에서 일어나는 대기 순환을 순서 없이 나타낸 것이다.

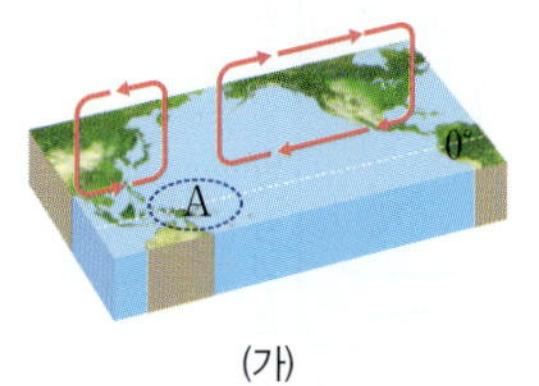

(가)

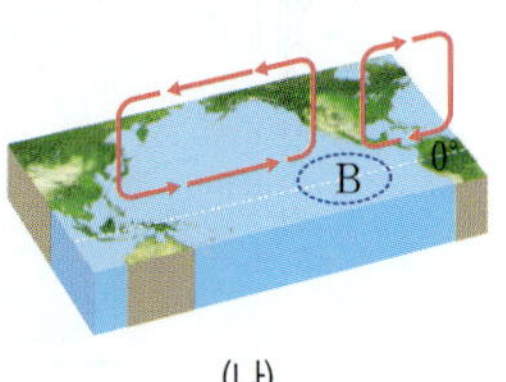

(나)

이에 대한 설명으로 옳은 것만을 〈보기〉에서 있는 대로 고른 것은?

보기

ㄱ. (가)는 엘니뇨 발생 시의 대기 순환이다.
ㄴ. A 해역의 표층 수온은 (가)보다 (나)일 때 높다.
ㄷ. B 해역의 강수량은 (가)보다 (나)일 때 많다.

① ㄱ ② ㄷ ③ ㄱ, ㄴ
④ ㄴ, ㄷ ⑤ ㄱ, ㄴ, ㄷ

단답형 · 서술형 문제

13

07강 | 생물과 환경 84쪽

그림은 어떤 안정된 생태계를 나타낸 것이다.

(1) 위 생태계의 비생물요소를 3가지 쓰시오.

(2) 위 생태계에서 생산자에 속하는 생물을 2가지 쓰시오.

14

08강 | 생태계평형 90쪽

그림은 생태계 (가)와 (나)의 먹이 관계를 나타낸 것이다. A ~ H는 서로 다른 생물종이다.

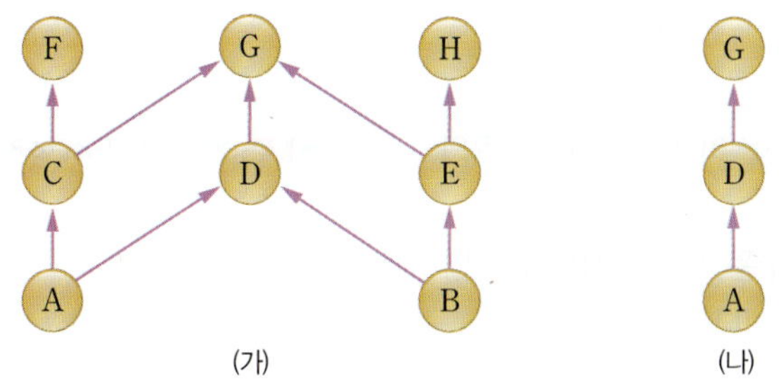

(1) (가)와 (나)의 먹이 관계의 이름을 순서대로 쓰시오.

(2) (가)와 (나) 중에서 D가 사라졌을 때 생태계평형이 보다 잘 유지되는 생태계는 어느 것인지 쓰고, 그렇게 생각한 까닭을 설명하시오.

15

08강 | 생태계평형 90쪽

다음은 어떤 생태계에서 영양단계 A와 B의 개체수가 변화하는 과정을 나타낸 것이다. A와 B는 각각 1차 소비자와 생산자 중 하나이다.

> A의 개체수 증가 → B의 개체수 증가 → ㉠ A의 개체수 감소 → B의 개체수 감소 → A의 개체수 증가

A와 B의 영양단계를 각각 쓰고, ㉠이 일어나는 까닭을 설명하시오.

16

09강 | 지구 환경의 변화 98쪽

오른쪽 그림은 위도에 따른 복사 에너지의 양을 나타낸 것이다. A와 B는 각각 에너지 부족과 에너지 과잉을 의미한다.

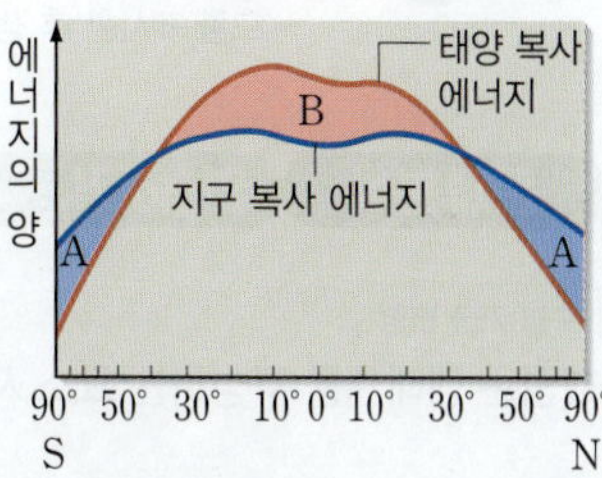

(1) A와 B의 면적을 비교하고, 그렇게 나타나는 까닭을 설명하시오.

(2) 지구의 에너지 불균형을 해소하는 2가지 순환을 쓰시오.

17

09강 | 지구 환경의 변화 98쪽

그림은 1880년부터 2021년까지 이산화 탄소 농도 변화와 지구의 평균 기온 편차를 나타낸 것이다.

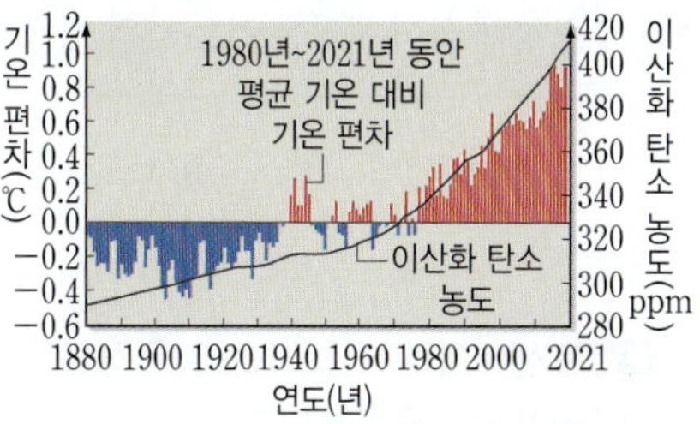

지구의 평균 기온 편차는 이산화 탄소 농도와 어떤 관계가 있는지 추론하여 설명하시오.

18

09강 | 지구 환경의 변화 98쪽

다음은 지구 열수지 변동에 대한 실험이다.

| 실험 과정 |

- 물을 절반 정도 채운 페트병 A, B를 준비하고, B에만 발포 바이타민을 넣는다.
- A, B를 전등에서 20 cm 떨어진 곳에 나란히 놓은 후, 1분 간격으로 페트병의 온도 변화를 측정한다.

| 실험 결과 |

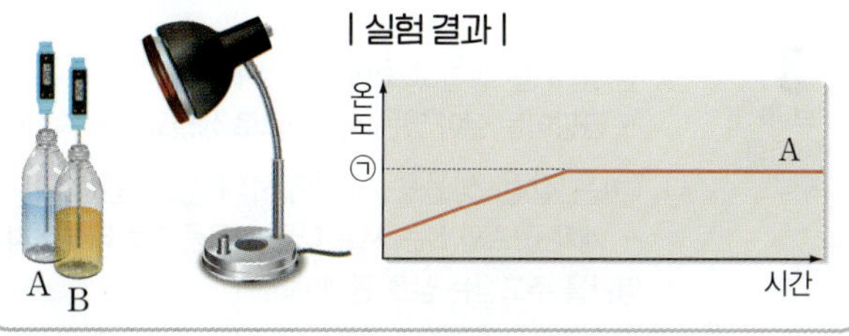

A의 최고 온도가 ㉠과 같을 때 B의 최고 온도를 ㉠과 비교하고, 그 까닭을 설명하시오.

출제 경향 생태계의 구성 요소를 제시한 후 각 요소의 특징과 생물과 환경 사이의 상호 관계를 묻는 문제, 그리고 생태계의 먹이 관계와 생태피라미드를 제시한 후 생태계평형 회복 과정에서 영양단계에 따른 개체수 변화를 묻는 문제가 주로 출제된다.

문제 분석 연습하기

수능 기출 변형

그림은 생태계를 구성하는 요소 사이의 상호 관계를 나타낸 것이다.

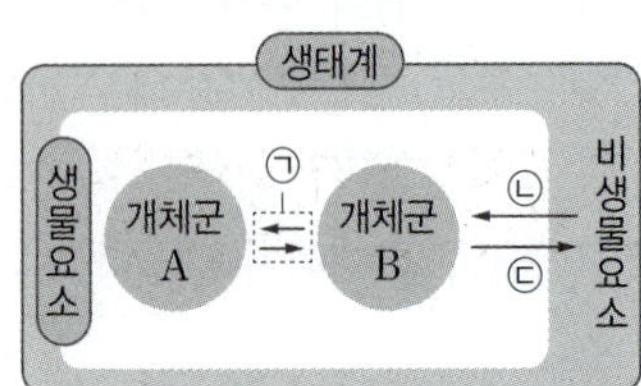

이에 대한 설명으로 옳은 것만을 ⟨보기⟩에서 있는 대로 고른 것은?

보기

ㄱ. 곰팡이는 생물요소에 속한다.
ㄴ. ㉠은 같은 생물종 사이에서의 상호 관계이다.
ㄷ. 식물이 빛을 향해 굽어 자라는 것은 ㉢의 예에 해당한다.

① ㄱ ② ㄴ ③ ㄷ ④ ㄱ, ㄷ ⑤ ㄴ, ㄷ

출제 의도 생태계의 생물요소와 비생물요소의 특징을 이해하고, 두 요소 사이의 상호 관계 사례에서 영향을 주는 요소와 받는 요소를 구분하여 추론하는 문제이다.

Point 생태계의 생물요소는 같은 생물종의 개체들이 모여 개체군을 이루고, 여러 생물종의 개체군이 모여 군집을 이룬다.

곰팡이를 비롯한 모든 생물은 생물요소에 속하며, 군집 안의 두 개체군 사이에서 영향을 주고받는 것은 서로 다른 생물종 사이에서의 상호 관계이다.

07강 1 생태계구성요소 84쪽

- 생태계는 생물요소와 비생물요소로 구성된다. → 모든 생물은 생물요소에 속하고, 생물이 아닌 것(빛, 공기, 온도, 물, 토양 등)은 모두 비생물요소에 속한다.
- 개체군은 한 생물종의 개체들로 구성된다. → 개체군 A와 B는 서로 다른 생물종으로 이루어져 있다.
- 생태계에서 생물요소와 비생물요소는 서로 영향을 주고받으며 상호작용 한다. → 비생물요소가 생물요소에 영향을 미치거나(㉡), 생물요소가 비생물요소에 영향을 미친다(㉢).

3
⟨보기⟩ 분석하기

ㄱ. 곰팡이는 생물요소에 속한다. (○)
→ 곰팡이는 살아 있는 생물이므로 생물요소에 속한다.

ㄴ. ㉠은 같은 생물종 사이에서의 상호 관계이다. (×)
→ 개체군 A와 B는 서로 다른 생물종으로 이루어져 있으므로 ㉠은 서로 다른 생물종 사이에서 영향을 주고받는 상호 관계이다.

ㄷ. 식물이 빛을 향해 굽어 자라는 것은 ㉢의 예에 해당한다. (×)
→ 식물이 빛을 향해 굽어 자라는 것은 광합성에 필요한 빛을 잘 흡수하기 위한 적응 결과이므로 비생물요소(빛)가 생물요소(식물)에 영향을 미치는 ㉡의 예에 해당한다.

정답 ①

수능 문제 도전하기

1 평가원 기출 변형

그림은 생태계를 구성하는 요소 사이의 상호 관계를 나타낸 것이고, 자료는 숲에 서식하는 식물종 X에 대한 설명이다.

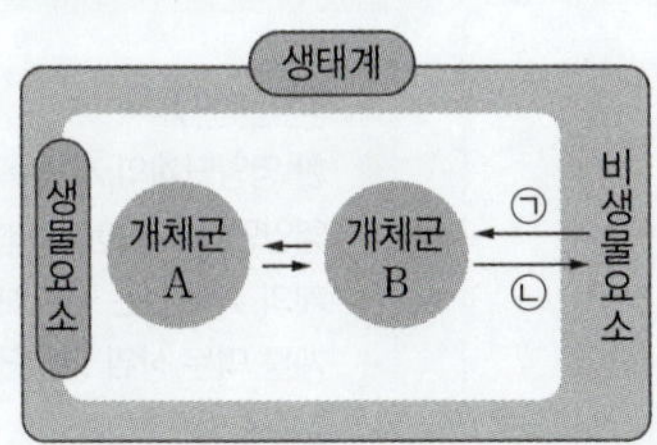

- ⓐX는 광합성을 통해 산소를 방출함으로써 공기 중의 산소 농도를 높인다.
- X는 여러 생물에게 먹이와 서식지를 제공함으로써 숲에 사는 생물의 ⓑ종다양성을 높인다.

이에 대한 설명으로 옳은 것만을 〈보기〉에서 있는 대로 고른 것은?

보기
ㄱ. X는 생물요소에 속한다.
ㄴ. ⓐ는 ㉠에 해당한다.
ㄷ. ⓑ는 일정한 지역에 다양한 생물종이 서식하는 것을 의미한다.

① ㄱ ② ㄴ ③ ㄷ ④ ㄱ, ㄴ ⑤ ㄱ, ㄷ

출제 의도 생태계구성요소의 특징을 바탕으로 생물요소와 비생물요소를 구분하고, 두 요소 사이의 상호 관계 사례에서 영향을 주는 요소와 받는 요소를 구분하는 문제이다.

자료 분석 Tip
생태계의 모든 생물은 생물요소에 속하며, 생물의 생명활동으로 주변 환경이 변하는 것은 생물요소가 비생물요소에 영향을 미치는 사례이다.

2 평가원 기출 변형

그림 (가)와 (나)는 각각 서로 다른 생태계에서 생산자, 1차 소비자, 2차 소비자, 3차 소비자의 에너지양을 상댓값으로 나타낸 생태피라미드이다. (나)에서 1차 소비자의 에너지양은 (가)에서 2차 소비자의 에너지양의 10배이다.

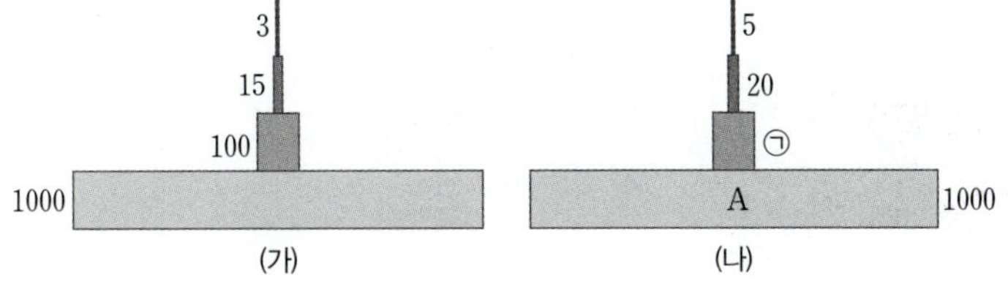

(가) (나)

이에 대한 설명으로 옳은 것만을 〈보기〉에서 있는 대로 고른 것은?

보기
ㄱ. ㉠은 30이다.
ㄴ. A는 3차 소비자이다.
ㄷ. (가)와 (나)에서 모두 에너지양은 상위 영양단계로 갈수록 감소한다.

① ㄱ ② ㄷ ③ ㄱ, ㄴ ④ ㄱ, ㄷ ⑤ ㄴ, ㄷ

출제 의도 생태피라미드의 의미를 바탕으로 생태피라미드에서 각 영양단계를 파악하고, 영양단계에 따라 에너지양의 변화를 추론하는 문제이다.

자료 분석 Tip
생태피라미드에서는 아래에서 위로 갈수록 영양단계가 높아지므로 가장 아래에는 생산자가 있고, 가장 위에는 최종 소비자가 있다.

3 교육청 기출 변형

다음은 어떤 지역에서 생태계평형이 파괴되었다가 회복되는 과정을 나타낸 자료이다. ㉠과 ㉡은 각각 '감소'와 '증가' 중 하나이다.

(가) 남획으로 인해 늑대의 개체수가 급격히 감소하였다.
(나) 늑대의 먹이인 사슴의 개체수가 (㉠)하였다.
(다) 사슴의 먹이인 식물이 감소하고 초원이 황폐해졌다.
(라) 늑대의 개체수를 복원하자 사슴의 개체수가 (㉡)하였다.
(마) 식물의 양이 변하면서 생태계평형이 회복되었다.

이에 대한 설명으로 옳은 것만을 ⟨보기⟩에서 있는 대로 고른 것은? (단, 제시된 먹이 관계 이외의 다른 요인은 고려하지 않는다.)

보기
ㄱ. ㉠은 '증가'이다.
ㄴ. 먹이 관계는 생태계평형 유지에 관여한다.
ㄷ. 식물이 가진 에너지는 모두 사슴에게로 전달된다.

① ㄱ ② ㄷ ③ ㄱ, ㄴ ④ ㄴ, ㄷ ⑤ ㄱ, ㄴ, ㄷ

이런 보기도 나온다!
ㄹ. (가)에서 남획은 생태계평형을 파괴한 환경 변화 요인이다. ( )
ㅁ. (라)에서 늑대와 사슴은 모두 열에너지를 방출한다. ( )
ㅂ. (마)에서 식물의 양은 ㉡하였다. ( )

출제 의도 먹이 관계에 따른 생태계평형 회복 과정을 바탕으로 각 영양단계에서의 개체수 변화를 파악하고, 에너지의 이동을 추론하는 문제이다.

자료 분석 Tip
한 영양단계의 개체수가 감소하면 이 영양단계의 먹이가 되는 하위 영양단계의 개체수는 증가하고, 이 영양단계를 먹는 상위 영양단계의 개체수는 감소한다.

4 수능 기출 변형

그림 (가)는 1850년~2019년 동안 전 지구와 아시아의 기온 편차(관측값−기준값)를, (나)는 (가)의 A 기간 동안 대기 중 CO_2 농도를 나타낸 것이다. 기준값은 1850년~2019년의 평균 기온이다.

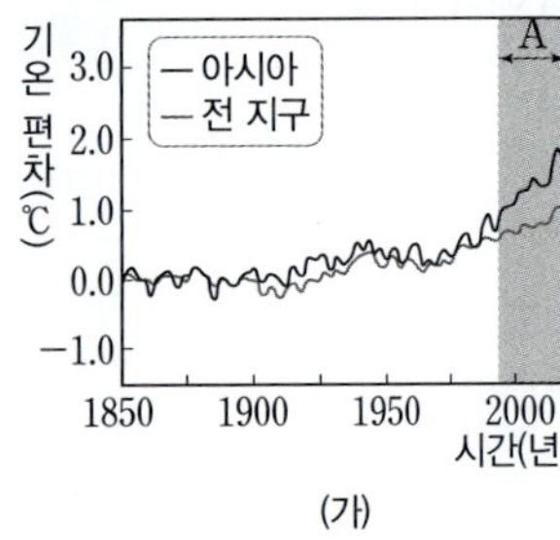

(가)

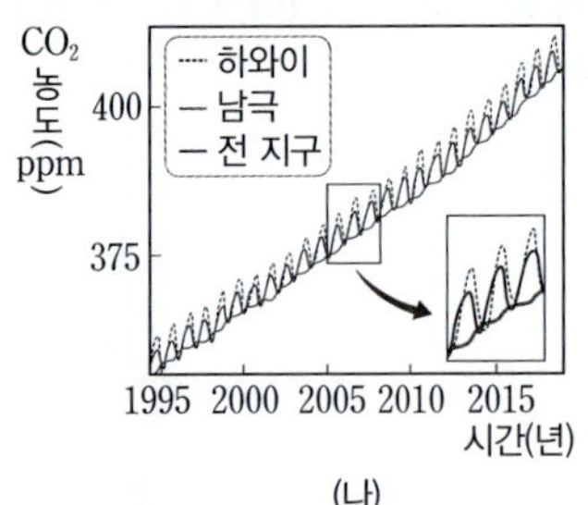

(나)

이 자료에 대한 설명으로 옳은 것만을 ⟨보기⟩에서 있는 대로 고른 것은?

보기
ㄱ. (가)에서 1975년 이후의 기온 상승은 아시아가 전 지구보다 급격하게 나타났다.
ㄴ. (나)에서 CO_2 농도의 연교차는 하와이가 남극보다 작다.
ㄷ. A 기간 동안 전 지구의 CO_2 농도는 높아지는 경향을 보인다.

① ㄱ ② ㄴ ③ ㄱ, ㄷ ④ ㄴ, ㄷ ⑤ ㄱ, ㄴ, ㄷ

출제 의도 주어진 그림을 통해 기온 변화 및 대기 중 CO_2 농도 변화를 파악하는 문제이다.

자료 분석 Tip
전 지구적으로 기온이 상승하는 경향을 보인다. 대기 중 CO_2 농도는 계절에 따라 변동이 나타나는데, 이러한 계절 변동은 하와이가 남극보다 더 크게 나타난다.

5 교육청 기출 변형

그림은 사막과 사막화 지역의 일부를 대기 대순환과 함께 나타낸 것이다.

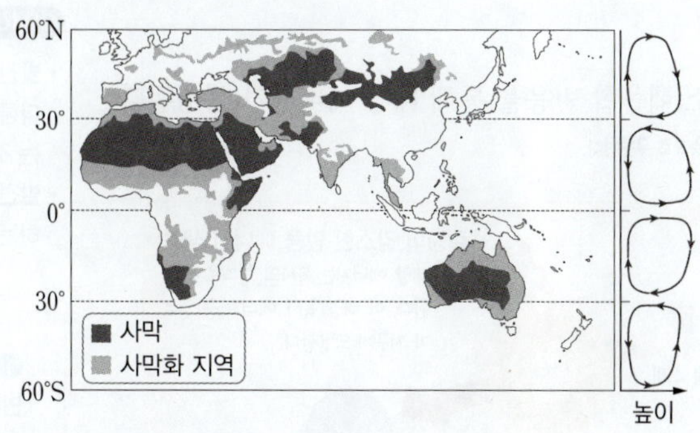

이에 대한 설명으로 옳은 것만을 〈보기〉에서 있는 대로 고른 것은?

보기
ㄱ. 사막은 주로 대기 대순환의 하강 기류가 나타나는 위도에 분포한다.
ㄴ. 사막화가 진행되는 지역에서는 농작물 생산량이 감소한다.
ㄷ. 중국과 몽골의 사막화는 우리나라의 황사 발생 일수를 증가시킬 수 있다.

① ㄱ ② ㄴ ③ ㄱ, ㄷ ④ ㄴ, ㄷ ⑤ ㄱ, ㄴ, ㄷ

출제 의도 사막과 사막화 지역의 위치가 대기 대순환과 어떤 관계가 있는지 파악하는 문제이다.

자료 분석 Tip
사막이 많이 위치하고 있는 위도는 위도 30° 부근으로, 대기 대순환의 하강 기류가 나타나는 지역이다.

6 수능 기출 변형

오른쪽 그림은 동태평양 적도 부근 해역에서 A 시기와 B 시기에 관측한 구름의 양을 높이에 따라 나타낸 것이다. A와 B는 각각 평상시와 엘니뇨 발생 시 중 하나이다.
이에 대한 설명으로 옳은 것만을 〈보기〉에서 있는 대로 고른 것은?

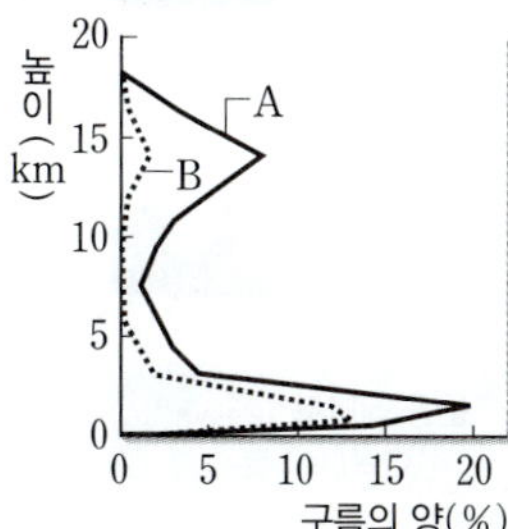

보기
ㄱ. A는 엘니뇨 발생 시이다.
ㄴ. 서태평양 적도 부근 해역에서 상승 기류는 A가 B보다 활발하다.
ㄷ. 동태평양 적도 부근 해역에서 깊은 곳에서 상승하는 찬 해수의 흐름은 A가 B보다 강하다.

① ㄱ ② ㄴ ③ ㄷ ④ ㄱ, ㄷ ⑤ ㄴ, ㄷ

이런 보기도 나온다!
ㄹ. 무역풍의 세기는 A가 B보다 세다. ( )
ㅁ. 서태평양 적도 부근 해역의 해수면 기압은 A가 B보다 높다. ( )
ㅂ. A일 때 동태평양 적도 부근 해역의 높이 편차(관측값 − 평년값)는 (+) 값이다. ( )

출제 의도 구름의 양과 높이를 분석하여 A와 B를 각각 엘니뇨 발생 시와 평상시로 구분한 후 주어진 보기를 해결하는 문제이다.

자료 분석 Tip
엘니뇨 발생 시에는 동태평양 적도 부근 해역의 표층 수온이 상승하고, 이에 따라 상승 기류가 활발해지고 구름이 평상시보다 더 많이 생성된다.

02 에너지

핵심 KEY word
태양 에너지 | 핵융합 | 전자기 유도 | 발전 | 화력 발전 | 핵발전

태양 에너지와 발전

1 태양 에너지의 생성과 핵융합

(1) 태양 에너지 태양 중심부에서 일어나는 수소 핵융합 반응을 통해 태양 에너지가 생성된다.
└ 태양은 중심부(핵), 복사층, 대류층으로 구분된다.

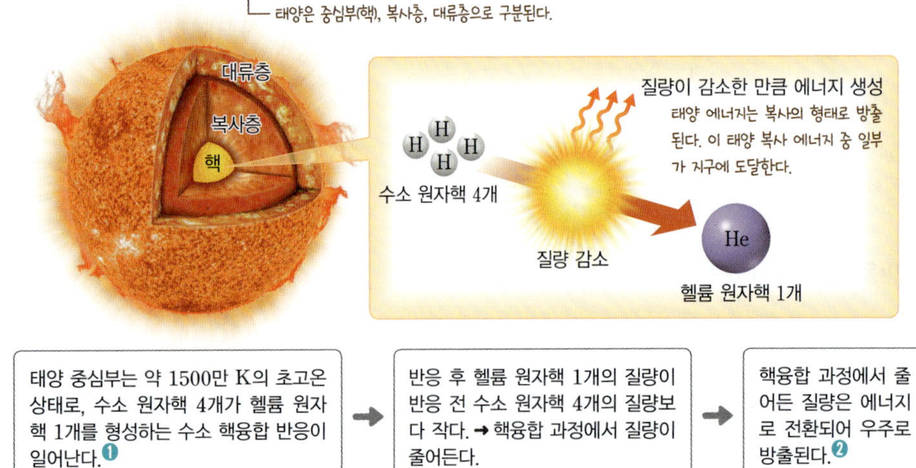

태양 중심부는 약 1500만 K의 초고온 상태로, 수소 원자핵 4개가 헬륨 원자핵 1개를 형성하는 수소 핵융합 반응이 일어난다.❶ ➜ 반응 후 헬륨 원자핵 1개의 질량이 반응 전 수소 원자핵 4개의 질량보다 작다. ➜ 핵융합 과정에서 질량이 줄어든다. ➜ 핵융합 과정에서 줄어든 질량은 에너지로 전환되어 우주로 방출된다.❷

(2) 태양 에너지의 전환과 흐름 지구에 도달한 태양 에너지는 지구에서 에너지 흐름과 물질 순환을 일으키고 생명 유지 활동의 에너지원이 된다. 지구가 흡수하는 태양 에너지는 태양에서 생성된 전체 에너지의 약 $\frac{1}{20억}$ 정도이다.

① 지구에서 태양 에너지의 전환

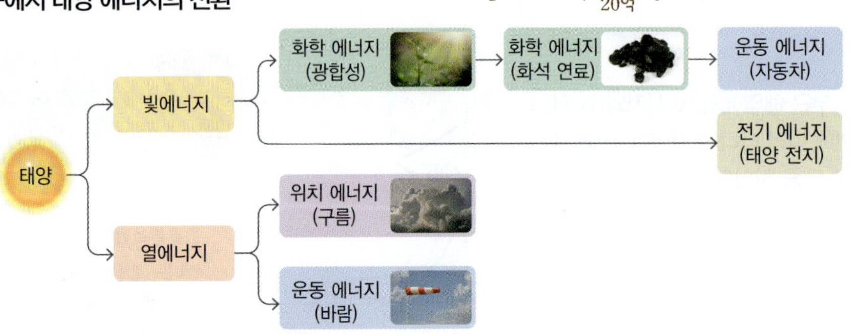

② 지구에서 태양 에너지의 흐름: 태양 에너지는 대기와 해수의 순환을 통해 에너지를 전달하고, 탄소 순환과 기상 현상을 일으킨다.

탄소 순환*	기상 현상
탄소는 식물의 광합성을 거쳐 화학 에너지로 저장되고, 다양한 형태의 에너지로 전환된다.❸	태양 에너지가 물과 대기에 흡수되어 여러 가지 기상 현상을 일으킨다.❹
열에너지 등 / 화석 연료 연소 → 대기 중 이산화 탄소 → 광합성 → 화학 에너지 → 화석 연료 (화학 에너지)	구름 → 비 → 강, 댐 (운동 에너지, 위치 에너지) → 수력 발전소 (전기 에너지) → 바다

이전에 배운 내용
- **발전**: 운동 에너지나 위치 에너지 등 다른 에너지를 전기 에너지로 전환하는 것
- **발전기**: 전기 에너지를 생산할 때 사용하는 장치

❶ 태양 중심부에서의 수소 핵융합 반응
태양 중심부에서는 수소 원자핵 6개가 여러 단계의 핵반응을 통해 헬륨 원자핵 1개와 수소 원자핵 2개가 되는 핵융합 반응이 일어난다.
➜ 결과적으로 수소 원자핵 4개가 뭉쳐 헬륨 원자핵 1개를 만든다.

❷ 질량과 에너지의 관계
아인슈타인의 질량 에너지 동등성 이론에 따라 질량과 에너지는 서로 변환될 수 있는 물리량으로, 핵융합 반응에서 감소한 질량만큼 에너지로 전환된다.

❸ 광합성
식물의 광합성을 통해 태양의 빛에너지가 화학 에너지 형태로 저장된다.

❹ 태양 에너지와 기상 현상
태양 에너지를 흡수한 물이 수증기가 되어 상승하면 위치 에너지로 전환된다. 수증기가 응결하며 물방울이 되어 비나 눈으로 내리면 운동 에너지로 전환된다.

2 발전과 전자기 유도 탐구 119쪽

(1) 전자기 유도 자석과 코일의 상대 운동으로 코일 내부를 통과하는 자기장이 변할 때 코일에 전류가 흐르는 현상이다.

(2) 유도 전류 전자기 유도 현상에 의해 코일에 흐르는 전류이다.

① **유도 전류의 방향:** 코일을 통과하는 자기장의 변화를 방해하는 방향이다.⑤ → 렌츠 법칙이라고 한다.

→: 자석에 의한 자기장, - - ►: 유도 전류에 의한 자기장

구분	N극을 가까이 할 때	N극을 멀리 할 때	코일을 N극에서 멀리 할 때	코일을 N극에 가까이 할 때
자기장 변화	N, 유도 전류	N	N	N
유도 전류	자석의 N극을 가까이 할 때와 멀리 할 때 유도 전류의 방향이 반대이다.		코일에 자석의 N극을 가까이 할 때와 멀리 할 때 유도 전류의 방향이 반대이다.⑥	

② **유도 전류의 세기:** 코일을 감은 수가 많을수록, 자석의 세기가 셀수록, 자석과 코일의 상대 운동이 더 빠를수록 유도 전류가 세다. → 패러데이 법칙이라고 한다.

③ **전자기 유도에서의 에너지 전환:** 자석이나 코일의 운동 에너지가 전자기 유도에 의해 전기 에너지로 전환된다.

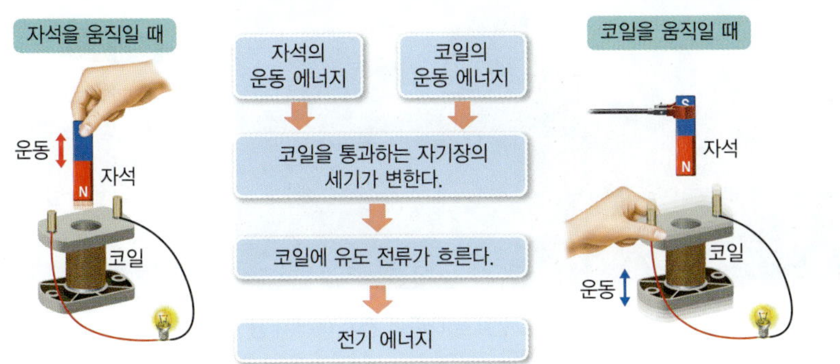

(3) 발전기* 전자기 유도 현상을 이용해 운동 에너지를 전기 에너지로 전환하는 장치이다.⑦

① **발전기의 원리:** 고정된 자석 사이에서 코일이 회전할 때 코일을 통과하는 자기장의 세기가 변하여 코일에 유도 전류가 흐른다.⑧

N
자석
S
코일

② **발전소 발전기에서 에너지 전환:** 화학 에너지, 위치 에너지, 운동 에너지, 핵에너지 등 다양한 에너지 → 터빈의 운동 에너지 → 발전기에서 전기 에너지로 전환

자료 pick 발전소의 발전기 구조

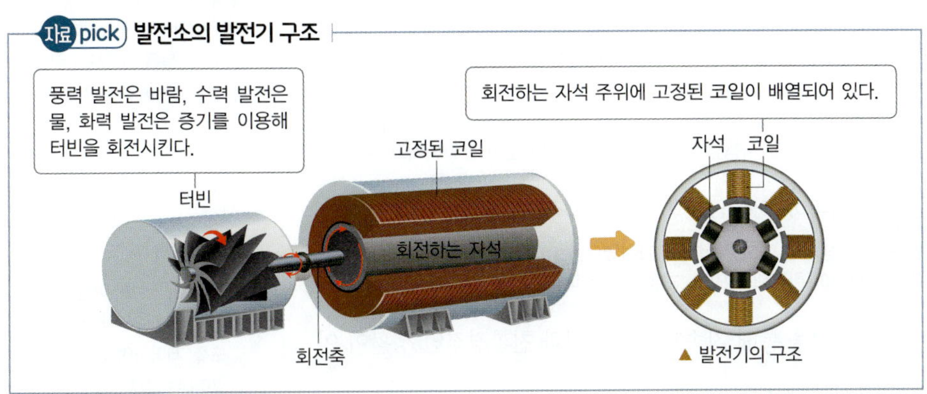

▲ 발전기의 구조

---

⑤ 원형 도선에 의한 전자기 유도

자석이 코일에 가까워질 때는 자석에 척력이 작용하는 방향으로, 멀어질 때는 인력이 작용하는 방향으로 유도 전류가 흐른다.

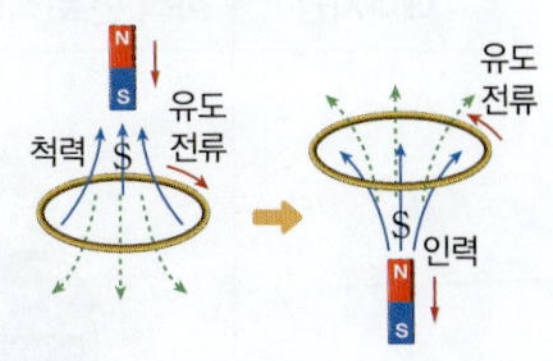

⑥ 코일이 움직일 때의 전자기 유도

- 코일 위쪽에 고정된 자석의 N극에서 코일이 멀어지면 코일 위쪽이 S극이 되어 서로 당기는 자기력이 작용하도록 유도 전류가 흐른다.
- 코일 위쪽에 고정된 자석의 N극을 향해 코일이 가까이 가면 코일 위쪽이 N극이 되어 서로 밀어 내는 자기력이 작용하도록 유도 전류가 흐른다.

⑦ 전자기 유도의 이용

발전기, 교통카드와 단말기, 스마트 기기의 무선 충전기, 상점의 도난 방지 장치 등

⑧ 전동기와 전자기 유도

전동기의 양쪽 단자에 발광 다이오드를 연결하고, 전동기의 축을 돌리면 발광 다이오드가 깜박인다.

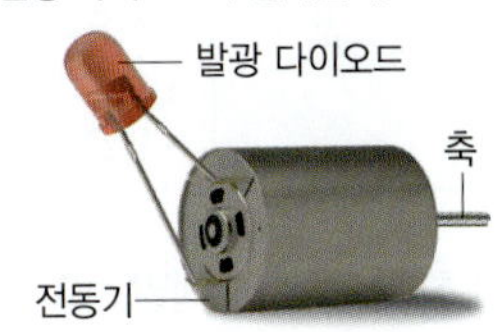

용어 뜻풀이

* **순환**(좇을 循, 고리 環): 주기적으로 되풀이되는 과정이다.

* **발전기**(발생할 發, 전기 電, 기계 機): 역학적 에너지를 전기 에너지로 전환시키는 장치이다.

E 화력 발전과 핵발전

(1) 화력 발전과 핵발전⑨

종류	화력 발전	핵발전
에너지원	화석 연료(석탄, 석유, 천연가스)	핵연료(우라늄, 플루토늄)
발전 원리	화석 연료가 연소할 때 발생하는 열에너지로 물을 끓이고, 이때 발생하는 수증기로 터빈을 돌린다.	*원자로에서 핵연료가 핵분열할 때 발생하는 열에너지로 물을 끓이고, 이때 발생한 수증기로 터빈을 돌린다.⑩
에너지 전환	화학 에너지 → 열에너지 → 운동 에너지 → 전기 에너지	핵에너지 → 열에너지 → 운동 에너지 → 전기 에너지

(2) 화력 발전과 핵발전의 장단점

종류	화력 발전	핵발전
발전소		
장점	• 건설 비용과 시간이 적게 든다. • 건설 장소의 제약이 작다. • 다양한 화석 연료를 사용할 수 있어 연료 공급의 안정성이 높다. • 가동이 필요한 시간이 짧아 갑작스런 전력 수요에 대응할 수 있다.	• 적은 양의 핵연료로 대량의 전기 에너지 공급이 가능하다. • 화력 발전에 비해 이산화 탄소의 배출량이 적다. • 에너지 효율이 높다.
단점	• 연소 과정에서 이산화 탄소 등의 온실 기체와 대기 오염 물질을 배출한다. • 석유나 천연가스의 해외 의존도가 높다. • 화석 연료 매장량에 한계가 있다. • 연료의 운반과 저장 비용이 크다.	• 핵연료 매장량에 한계가 있다. • 방사성 폐기물 처리가 어렵다. • 한 번의 사고로도 막대한 피해가 발생한다. • 냉각수 방류로 인한 해수 온도 상승으로 생태계가 교란된다.⑪

(3) 화력 발전과 핵발전이 생활에 미치는 영향

① **긍정적 영향과 부정적 영향**

긍정적 영향	• 공장과 가정에서 다양한 전기 기구를 사용할 수 있게 되어 인간의 삶이 편리해지고 발전하였다. • 전기 에너지로 작동하는 기기를 이용하는 첨단 과학 기술도 발전할 수 있었다.
부정적 영향	• 환경오염, 기후 변화에 따른 생태계 파괴 위험이 증가하였다. • 화석 연료와 핵연료의 매장량이 한정되어 있어 고갈 문제를 피할 수 없다.

② **대책**: 다양한 신재생 에너지를 이용한 발전을 통해 지속가능한 발전과 친환경적인 생활이 이루어지도록 노력해야 한다.

⑨ 수력 발전
높은 곳에 있는 물의 위치 에너지를 운동 에너지로 전환하여 이 운동 에너지로 터빈을 돌린다.

⑩ 핵분열 과정
우라늄 원자핵이 중성자와 충돌하면서 더 작은 원자핵으로 분열한다. 이때 반응 전 물질의 질량보다 반응 후 물질의 질량이 감소한다. 이 질량 결손에 해당하는 에너지가 방출된다.

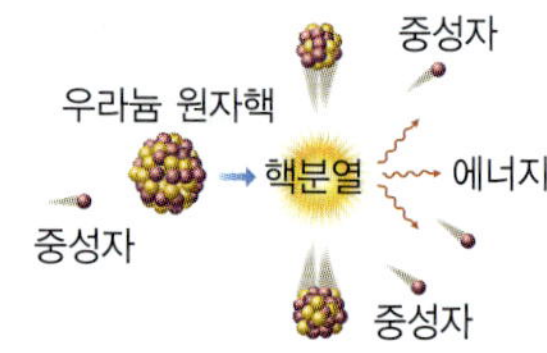

암기 비법
발전과 에너지 전환
화력 발전은 화열운전, 핵발전은 핵열운전
• 화력 발전: 화학 → 열 → 운동 → 전기
• 핵발전: 핵 → 열 → 운동 → 전기

⑪ 핵발전과 냉각수
핵발전 과정에서 원자로 내부에 들어가는 물은 방사능을 띠게 되므로 외부로 방출할 수 없다. 그래서 고온 고압의 수증기가 터빈을 돌린 후 냉각된 물이 다시 원자로로 돌아간다. 이때 수증기를 냉각시키기 위해 많은 양의 냉각수가 필요하다. 따라서 핵발전소는 물을 확보하기 쉬운 바닷가나 호수 주변에 건설한다.

용어 뜻풀이
* **원자로**(근원 原, 아들 子, 화로 爐): 원자 핵분열 연쇄 반응의 진행 속도를 제어하여 원자력을 서서히 끌어내는 장치이다.

자석과 코일을 이용하여 운동 에너지가 전기 에너지로 전환되는 과정 탐구하기

탐구 목표

코일과 자석의 상대 운동을 통해 전기 에너지가 만들어지는 원리를 설명할 수 있다.

과정 및 결과

코일과 검류계를 집게 달린 전선으로 연결한 뒤, 막대자석을 고정된 코일 근처에서 움직일 때와 자석을 고정하고 코일을 움직일 때 검류계 바늘의 움직임을 관찰한다. 코일에 전류가 흐를 때만 검류계 바늘이 움직인다.

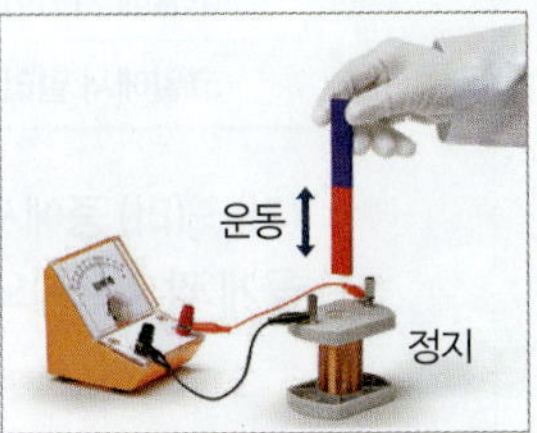

▲ 자석을 움직일 때

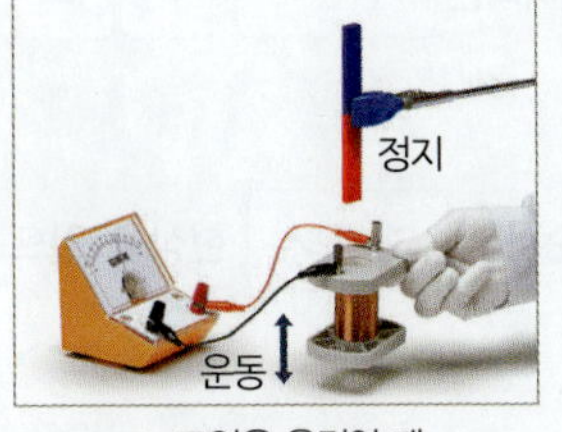

▲ 코일을 움직일 때

• 검류계
검류계는 약한 전류가 흐를 때 전류의 방향과 세기를 측정하는 기구이다.

자석이나 코일		검류계 바늘의 움직임	알 수 있는 사실
(가) 자석과 코일이 정지해 있을 때		검류계 바늘이 움직이지 않는다.	전류가 흐르지 않는다.
(나) 자석의 N극을 움직일 때	가까이	오른쪽으로 움직인다.	• N극과 코일이 가까워질 때, S극과 코일이 멀어질 때 유도 전류의 방향이 같다. • N극과 코일이 멀어질 때, S극과 코일이 가까워질 때 유도 전류의 방향이 같다.
	멀리	왼쪽으로 움직인다.	
(다) 자석의 S극을 움직일 때	가까이	왼쪽으로 움직인다.	
	멀리	오른쪽으로 움직인다.	
(라) N극 주위에서 코일을 움직일 때	가까이	오른쪽으로 움직인다.	
	멀리	왼쪽으로 움직인다.	
(마) S극 주위에서 코일을 움직일 때	가까이	왼쪽으로 움직인다.	
	멀리	오른쪽으로 움직인다.	
(바) 더 센 자석을 움직일 때		검류계 바늘이 크게 움직인다.	전류가 더 세게 흐른다.
(사) 자석이나 코일을 더 빠르게 움직일 때		검류계 바늘이 크게 움직인다.	
(아) 코일을 더 많이 감았을 때		검류계 바늘이 크게 움직인다.	

정리

1. **유도 전류의 발생:** 코일을 통과하는 자기장의 변화가 있을 때 유도 전류가 흐른다.
2. **유도 전류의 방향:** 자석이나 코일의 운동 방향을 반대로 하거나 자석의 극을 바꾸면 유도 전류의 방향이 반대이다.
3. **유도 전류의 세기:** 더 센 자석을 움직일 때, 자석이나 코일을 더 빠르게 움직일 때, 코일을 많이 감았을 때 유도 전류의 세기가 커진다.

또 다른 탐구

과정

1. 코일, 철판, 네오디뮴 자석, 날개 등을 이용해 간이 발전기를 만든다.
2. 선풍기를 작동하여 간이 발전기의 날개가 회전할 때 발광 다이오드의 변화를 관찰한다.

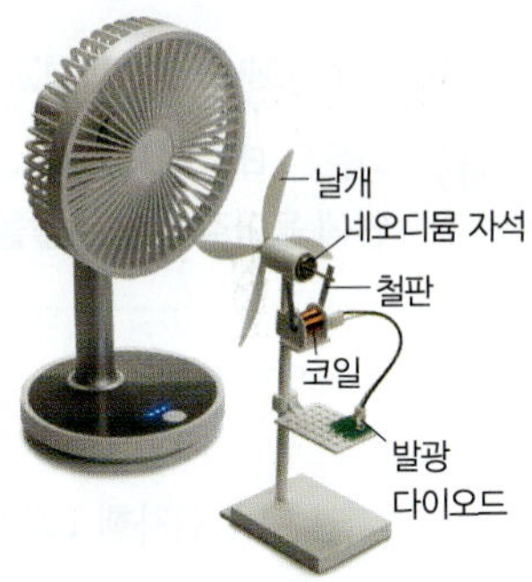

결과 및 정리

날개가 회전할 때 전자기 유도에 의해 유도 전류가 흘러 발광 다이오드에 불이 켜진다.

탐구 확인 문제

바른답·알찬풀이 49쪽

01 위 실험에 대한 설명으로 옳은 것은 ○표, 옳지 않은 것은 ×표 하시오.

(1) 코일을 통과하는 자기장이 변하면 유도 전류가 흐른다. ( )

(2) 자석의 N극을 코일에 가까이 할 때와 멀리 할 때 유도 전류의 방향은 서로 반대이다. ( )

(3) 더 센 자석과 더 많이 감은 코일이 정지해 있을 때는 검류계 바늘이 크게 움직인다. ( )

02 유도 전류의 세기를 증가시키는 방법에 대한 설명으로 옳은 것만을 <보기>에서 있는 대로 고르시오.

보기

ㄱ. 센 자석을 사용한다.
ㄴ. 코일의 감은 수를 적게 한다.
ㄷ. 코일을 더 빠르게 움직인다.

개념 확인 초성 Quiz

1 태양 에너지는 태양 중심부에서 일어나는 ㅅ ㅅ ㅎ ㅇ ㅎ 반응을 통해 생성된다.

2 지구에서 태양 에너지는 탄소 순환과 ㄱ ㅅ 현상을 일으킨다.

3 전자기 유도는 코일과 자석의 상대 운동으로 코일을 통과하는 ㅈ ㄱ ㅈ 이/가 변할 때 코일에 유도 전류가 흐르는 현상이다.

4 전자기 유도 현상을 이용해 운동 에너지를 전기 에너지로 전환하는 장치를 ㅂ ㅈ ㄱ (이)라고 한다.

5 화력 발전은 석탄, 석유 등의 ㅎ ㅅ ㅇ ㄹ 에 저장된 화학 에너지를 이용하여 전기 에너지를 생산한다.

1 태양 에너지의 생성과 핵융합

01 다음은 태양에서 일어나는 핵반응에 대한 설명이다. ( ) 안에 들어갈 알맞은 말을 쓰시오.

> 태양에서는 수소 (㉠) 반응을 통해 수소가 헬륨으로 바뀐다. 이 반응에서는 수소 원자핵 (㉡)개가 헬륨 원자핵 1개가 된다.

02 지구에서 태양 에너지의 전환과 흐름에 대한 설명으로 옳은 것은 ○표, 옳지 않은 것은 ×표 하시오.

(1) 대기 중의 이산화 탄소를 식물에 저장하여 탄소 순환을 일으킨다. ( )
(2) 물을 증발시켜 기상 현상이 일어나게 한다. ( )
(3) 우라늄에 저장되어 핵에너지의 근원이 된다. ( )

2 발전과 전자기 유도

03 표는 정지한 코일 주위에서 자석의 운동을 분류한 것이다.

구분	N극	S극
코일에 가까이 할 때	(가)	(나)
코일에서 멀리 할 때	(다)	(라)

(가)~(라) 중에서 코일에 흐르는 전류의 방향이 같은 것끼리 옳게 짝 지으시오.

04 그림은 터빈에 연결된 자석이 회전할 때 코일에 전류가 흐르는 발전기의 구조를 나타낸 것이다.

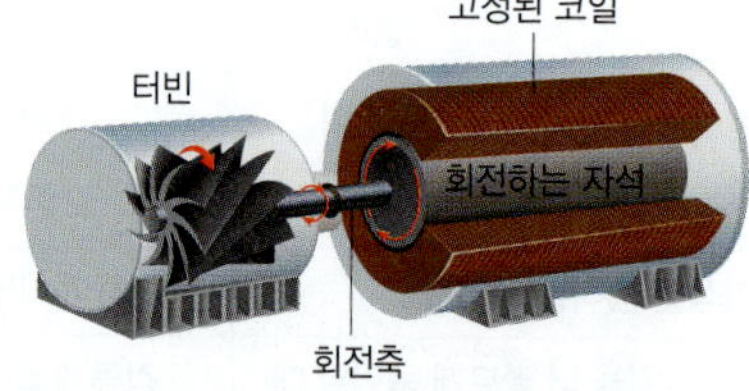

발전 과정에서 일어나는 에너지 전환을 쓰시오.

3 화력 발전과 핵발전

05 핵발전에 대한 설명으로 옳은 것은 ○표, 옳지 않은 것은 ×표 하시오.

(1) 핵에너지의 근원은 태양 에너지이다. ( )
(2) 발전 과정에서 많은 양의 물이 필요하다. ( )
(3) 적은 양의 핵연료로 대량의 전기 에너지 생산이 가능하다. ( )
(4) 화력 발전에 비해 이산화 탄소 배출량이 많다. ( )

1 태양 에너지의 생성과 핵융합

01 그림은 태양에서 일어나는 핵반응을 나타낸 것이다.

이에 대한 설명으로 옳은 것만을 〈보기〉에서 있는 대로 고른 것은?

> **보기**
> ㄱ. 수소 핵융합 반응이다.
> ㄴ. 온도가 1000만 K 이하인 태양 복사층에서 일어난다.
> ㄷ. 수소 원자핵 4개의 질량의 합은 헬륨 원자핵 1개의 질량과 같다.

① ㄱ ② ㄴ ③ ㄱ, ㄷ
④ ㄴ, ㄷ ⑤ ㄱ, ㄴ, ㄷ

중요

02 그림은 수소 핵융합 반응에 대한 학생 A, B, C의 대화를 나타낸 것이다.

제시한 내용이 옳은 학생만을 있는 대로 고른 것은?

① A ② C ③ A, B
④ B, C ⑤ A, B, C

03 태양 에너지에 대한 설명으로 옳은 것은?

① 핵반응 과정에서 질량이 증가한다.
② 수소 핵융합 반응을 통해 생성된다.
③ 태양 전체에서 핵반응이 고르게 일어난다.
④ 지구에서 사용하는 모든 에너지의 근원이다.
⑤ 태양에서 생성된 에너지는 모두 지구에 도달한다.

04 지구에 도달한 태양 에너지의 전환에 대한 설명으로 옳은 것만을 〈보기〉에서 있는 대로 고른 것은?

> **보기**
> ㄱ. 대기에 흡수되어 바람의 역학적 에너지로 전환된다.
> ㄴ. 광합성을 통해 화학 에너지로 바뀌어 식물에 저장된다.
> ㄷ. 지각에 흡수되어 우라늄의 핵에너지로 전환된다.

① ㄱ ② ㄷ ③ ㄱ, ㄴ
④ ㄴ, ㄷ ⑤ ㄱ, ㄴ, ㄷ

중요

05 그림은 지구에서 일어나는 태양 에너지의 전환을 나타낸 것이다.

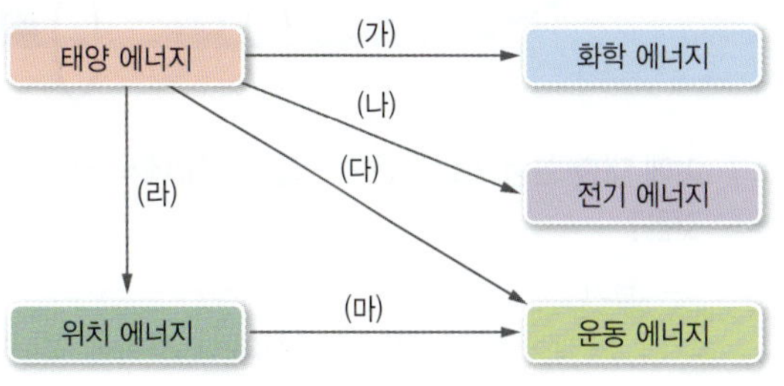

(가)~(마)에 해당하는 예로 가장 적절한 것은?

① (가) - 식물이 광합성을 통해 포도당을 합성한다.
② (나) - 물이 에너지를 흡수하여 증발한다.
③ (다) - 구름에서 비나 눈으로 내린다.
④ (라) - 바람에 의해 파도가 생긴다.
⑤ (마) - 석탄이 연소하며 물을 끓인다.

2 발전과 전자기 유도

06 (중요) 오른쪽 그림은 코일에 전구를 연결한 뒤 코일 근처에서 자석의 N극을 움직이는 모습을 나타낸 것이다. 이에 대한 설명으로 옳은 것은?

자석 / N / 코일 / 전구

① 전동기의 원리이다.
② 자석의 운동 에너지가 전기 에너지로 전환된다.
③ 자석을 천천히 움직일수록 전구가 더 밝아진다.
④ 자석을 고정하고 코일을 움직이면 전류가 흐르지 않는다.
⑤ 자석을 가까이 할 때와 멀리 할 때 코일에 흐르는 전류의 방향이 같다.

07 그림은 마찰이 없는 레일의 한 점에 가만히 놓은 자석이 레일을 따라 운동하여 원형 도선 A, B를 지나는 모습을 나타낸 것이다.

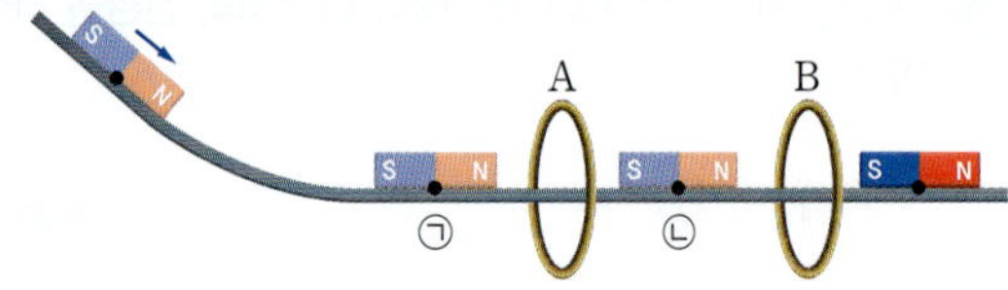

이에 대한 설명으로 옳은 것만을 ⟨보기⟩에서 있는 대로 고른 것은?

> **보기**
> ㄱ. 자석이 ㉠을 지날 때 자석과 A 사이에 척력이 작용한다.
> ㄴ. 자석이 ㉡을 지날 때 A, B에 흐르는 유도 전류의 방향은 같다.
> ㄷ. 자석의 속력은 ㉡에서가 ㉠에서보다 작다.

① ㄱ ② ㄷ ③ ㄱ, ㄴ
④ ㄱ, ㄷ ⑤ ㄴ, ㄷ

08 (중요) 그림은 자석 사이에서 코일이 회전할 때 코일에 전류가 흐르는 것을 나타낸 것이다.

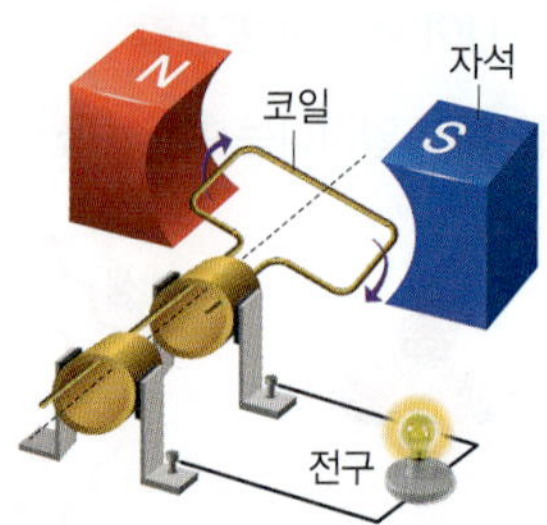

이에 대한 설명으로 옳은 것만을 ⟨보기⟩에서 있는 대로 고른 것은?

> **보기**
> ㄱ. 코일을 빠르게 회전시킬수록 전구가 밝다.
> ㄴ. 코일의 운동 에너지가 전기 에너지로 전환된다.
> ㄷ. 자석의 N극과 S극을 바꾸면 전류가 흐르지 않는다.

① ㄱ ② ㄷ ③ ㄱ, ㄴ
④ ㄴ, ㄷ ⑤ ㄱ, ㄴ, ㄷ

09 다음은 자전거 발전기에 대한 설명이다.

> 자전거 발전기는 고정된 코일과 바퀴에 접촉된 회전축에 연결된 자석으로 이루어져 있다. 바퀴를 돌리면 자석이 함께 회전하게 되어 코일에 유도 전류가 흐른다.
>
> 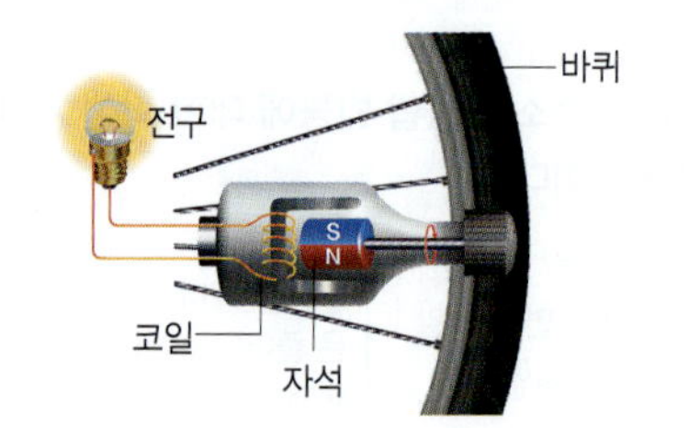
>

이에 대한 설명으로 옳은 것만을 ⟨보기⟩에서 있는 대로 고른 것은?

> **보기**
> ㄱ. 바퀴를 빠르게 돌릴수록 전구가 밝다.
> ㄴ. 자석이 회전하면 코일을 지나는 자기장이 변한다.
> ㄷ. 자전거 발전기의 원리는 전자기 유도로 설명할 수 있다.

① ㄱ ② ㄷ ③ ㄱ, ㄴ
④ ㄴ, ㄷ ⑤ ㄱ, ㄴ, ㄷ

E 화력 발전과 핵발전

중요 **10** 화력 발전과 핵발전의 공통점으로 옳은 것은?

① 고온, 고압의 수증기로 터빈을 돌린다.
② 물을 얻기 쉬운 바닷가나 호숫가에 건설한다.
③ 발전 과정에서 이산화 탄소를 배출하지 않는다.
④ 태양 에너지를 근원으로 하는 에너지를 이용한다.
⑤ 발전기에 연결된 터빈을 회전시키는 에너지원이 같다.

11 그림은 화력 발전소의 구조를 나타낸 것이다.

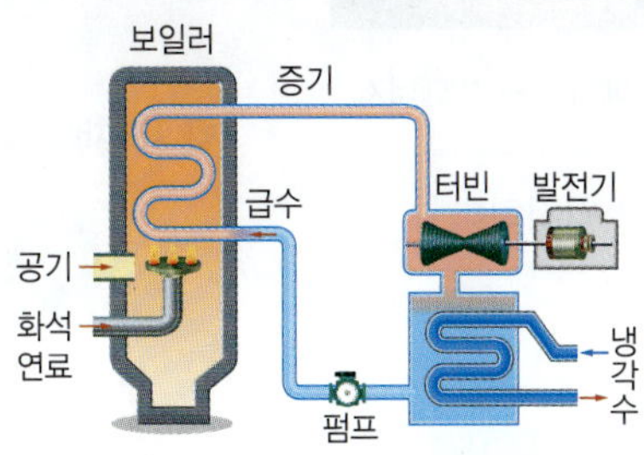

이에 대한 설명으로 옳은 것만을 〈보기〉에서 있는 대로 고른 것은?

보기
ㄱ. 보일러에서 열에너지가 화학 에너지로 전환된다.
ㄴ. 발전기에서 운동 에너지가 전기 에너지로 전환된다.
ㄷ. 화석 연료의 에너지만큼 전기 에너지가 생산된다.

① ㄴ ② ㄷ ③ ㄱ, ㄴ
④ ㄱ, ㄷ ⑤ ㄴ, ㄷ

12 핵발전소가 우리 생활에 미치는 영향으로 적절하지 않은 것은?

① 방사성 폐기물 처리장이 필요하다.
② 핵에너지와 안전 관련 과학기술이 발전할 수 있다.
③ 적은 양의 핵연료로 대량의 전기 에너지를 생산한다.
④ 건설 과정에서 지역 주민들의 반대를 극복해야 한다.
⑤ 재생 가능한 에너지이므로 지속가능한 발전이 가능하다.

단답형·서술형 문제

13 태양 중심부에서 일어나는 핵융합 반응의 과정을 쓰고, 태양 에너지가 생성되는 원리를 설명하시오.

14 그림은 발광 킥보드 바퀴의 구조를 나타낸 것이다.

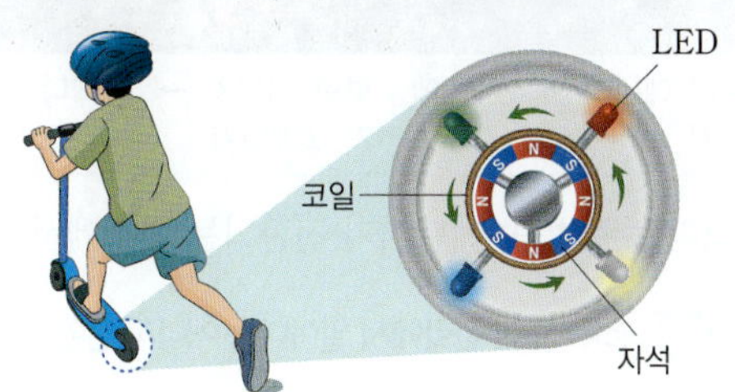

킥보드를 타고 빠르게 달릴수록 발광 킥보드 바퀴 불빛의 밝기가 어떻게 달라지는지 쓰고, 그 까닭을 전자기 유도와 관련지어 설명하시오.

15 그림은 화력 발전소에서 전기 에너지가 만들어지는 발전 과정을 나타낸 것이다.

화석 연료를 연소시켜 생긴 고온, 고압의 수증기가 터빈을 돌릴 때 일어나는 에너지 전환 과정을 4단계로 설명하시오.

02 에너지

핵심 KEY word
에너지 전환 | 에너지 효율 | 열효율 | 신재생 에너지

11강 에너지 효율과 신재생 에너지

1 에너지의 전환과 보존

(1) 에너지 일을 할 수 있는 능력을 에너지라고 한다. 단위는 J(줄)을 사용한다.❶

(2) 에너지 전환과 보존

① **에너지 전환:** 에너지는 한 형태에서 다른 형태로 바뀔 수 있다.

자연 현상에서 에너지 전환		일상생활에서 에너지 전환	
비	모닥불	가솔린 자동차❷	조명 기구
위치 에너지 → 운동 에너지	화학 에너지 → 빛에너지, 열에너지	석유의 화학 에너지 → 운동 에너지	전기 에너지 → 빛에너지

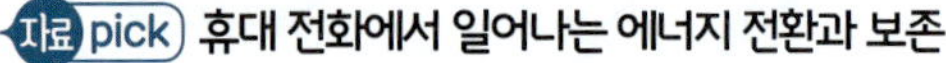

② **에너지 보존 법칙:** 에너지가 전환되는 과정에서 에너지의 총량은 변하지 않고 일정하다.

자료 pick 휴대 전화에서 일어나는 에너지 전환과 보존

- 에너지 전환: 휴대 전화를 사용할 때는 전기 에너지가 다양한 형태의 에너지로 전환된다.
- 에너지 보존: 전환된 모든 에너지를 합하면 공급한 전기 에너지의 양과 같다.❸

▲ 휴대 전화에서 일어나는 에너지 전환

2 에너지 효율

(1) 에너지 효율 공급한 에너지 중 유용하게 사용한 에너지의 비율이다.

$$\text{에너지 효율}(\%) = \frac{\text{유용하게 사용한 에너지}}{\text{공급한 에너지}} \times 100$$

유용하게 사용한 에너지 = 공급한 에너지 − 버려진 에너지

(2) 열기관 열에너지를 이용하여 일을 하는 장치이다.

➜ 고온부에서 열을 흡수(Q_1)하여 일(W)을 하고, 나머지는 저온부로 방출(Q_2)한다.❹

(3) 열효율(e) 열기관의 에너지 효율로, 열기관에 공급한 에너지 중 열기관이 한 일의 비율이다.

$$\text{열효율}(e) = \frac{\text{열기관이 한 일}(W)}{\text{공급한 에너지}(Q_1)} = \frac{Q_1 - Q_2}{Q_1} = 1 - \frac{Q_2}{Q_1}$$

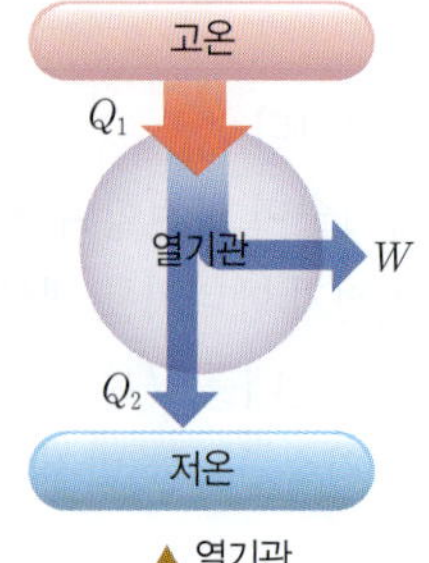

▲ 열기관

❶ **에너지의 종류**
- **빛에너지:** 빛의 형태로 전달되는 에너지
- **열에너지:** 온도가 다른 물체 사이에서 이동하는 에너지
- **화학 에너지:** 물체에 저장되어 있는 에너지
- **전기 에너지:** 전류가 흐를 때 전달되는 에너지
- **역학적 에너지:** 물체의 운동 에너지와 위치 에너지의 합
- **핵에너지:** 원자핵이 핵반응할 때 발생하는 에너지

❷ **자동차에서 에너지 전환**

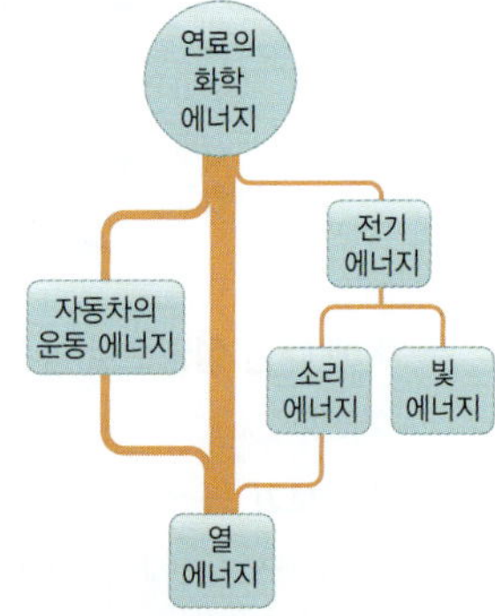

▲ 연료의 에너지가 전환되는 과정

❸ **전기 에너지의 유용성**
전기 에너지는 다른 에너지보다 에너지의 저장, 전달, 전환이 쉬워 일상생활에서 편리하고 유용하게 쓰인다.

암기 비법
에너지 효율(%)
공유는 100점
→ 에너지 효율은 공급한 에너지 중 유용하게 사용한 에너지의 비율(%)이다.

❹ **열기관에서 에너지 보존**
공급한 열에너지(Q_1)는 열기관이 한 일(W)과 방출한 열에너지(Q_2)의 합과 같다.

$Q_1 = Q_2 + W$

(4) 에너지 효율을 높이려는 노력 에너지 전환 과정에서 일부는 열에너지로 전환되어 유용하게 쓸 수 없는 에너지로 전환된다. 따라서 에너지 효율을 높이려는 노력이 필요하다.⑤

에너지 효율 관리 제도	전기 자동차, 하이브리드 자동차	고효율 전기 기구	에너지 제로 주택	열병합 발전
• 에너지 소비 효율 등급 • 에너지 절약 표시	• 엔진과 모터를 같이 사용 • 운행 중 운동 에너지를 전기 에너지로 전환	• 스마트 플러그 • LED 전등 • 대기 전력 감소	신재생 에너지를 적극적으로 사용	열을 난방, 온수 등에 활용

B 신재생 에너지

(1) 신재생 에너지 화석 연료의 고갈과 기후 위기에 대비하여 고갈 우려가 없고 친환경적인 에너지 개발이 필요하다.⑥

① **신에너지:** 기존의 화석 연료를 변환시켜 이용하는 에너지이다.
→ 수소 에너지, 연료 전지, 석탄 액화 가스화 (연료 전지: 화학 반응을 이용하여 전기 에너지를 생산한다.)

② **재생 에너지:** 자연의 햇빛, 강수, 지열, 생물 유기체 등을 변환하여 이용하는 에너지이다.
→ 태양 에너지, 풍력 에너지, 해양 에너지, 수력 에너지, 지열 에너지, 바이오 에너지, 폐기물 에너지 (바이오 에너지: 농작물, 음식물 쓰레기 등을 태우거나 연료로 가공한다.)

(2) 신재생 에너지의 발전 원리와 장단점

에너지	발전 원리	장단점	
태양광 발전	태양 전지가 빛에너지를 흡수하면 *기전력을 생성하는 원리를 이용하여 전기 에너지를 생산한다.⑦	장점	• 유지와 보수가 간편하다. • 연료가 고갈될 염려가 없다.
		단점	• 발전 시간이 제한적이다. • 다른 발전 방식에 비해 발전 효율이 낮다.
풍력 발전	바람의 운동 에너지를 이용하여 날개를 돌리고, 날개에 연결된 발전기에서 전기 에너지를 생산한다.	장점	• 환경오염을 일으키지 않는다. • 설치 기간이 짧고 발전 효율이 높다.
		단점	• 발전 지역이 제한적이다. • 정확한 발전량을 예측하기 어렵다.
수력 발전	높은 곳에 있는 물이 떨어지며 터빈을 돌리고, 터빈에 연결된 발전기에서 터빈의 운동 에너지가 전기 에너지로 전환된다.⑧	장점	• 연료비가 들지 않는다. • 환경오염 물질이 거의 발생하지 않는다.
		단점	• 댐 건설 비용이 많이 든다. • 댐 건설 과정에서 환경과 생태계가 파괴된다.
조력 발전	방조제를 쌓아 밀물과 썰물에 의해 나타나는 바닷물의 높이차를 이용하여 전기 에너지를 생산한다.⑨	장점	• 자원 고갈의 염려가 없고, 유지 비용이 적다. • 오염 물질이나 온실 기체를 배출하지 않는다. • 영구적으로 사용할 수 있다.
		단점	• 설치 장소가 제한적이다. • 발전소 건설 비용이 많이 든다.
파력 발전	파도의 운동 에너지를 이용하여 전기 에너지를 생산한다.	장점	• 자원 고갈의 염려가 없다. • 연료비가 들지 않고 유지 비용이 적다.
		단점	• 날씨나 파도에 따라 발전량이 변한다. • 적절한 설치 장소를 찾기 어렵다.
연료 전지	수소와 산소의 산화·환원 반응으로 연료의 화학 에너지를 전기 에너지로 전환한다.	장점	• 환경오염 물질을 거의 내놓지 않는다. • 에너지 효율이 높다.
		단점	• 수소의 대량 생산과 안전한 저장, 운반과 관련된 기술 개발이 필요하다.

⑤ 지능형 전력망(스마트 그리드)
소비자의 수요량과 전력 회사의 공급량에 대한 정보를 실시간으로 주고받는 기술을 이용하여 생산과 소비, 저장을 관리함으로써 효율을 높일 수 있다.

⑥ 화석 연료
과거 지구에 살았던 동식물의 유해가 지층 속에서 오랜 시간 높은 열과 압력을 받아 생성된 에너지 자원
예 석탄, 석유, 천연가스

⑦ 태양 전지
태양 전지는 반도체로 구성되어 있다. 반도체가 햇빛을 흡수하면 전자가 에너지를 얻어 외부 회로를 따라 이동한다.

⑧ 수력 발전의 원리

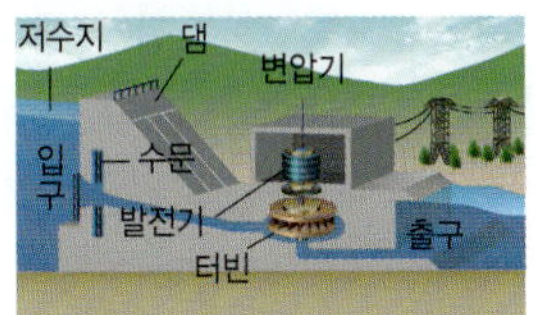

▲ 수력 발전

⑨ 조력 발전의 원리

▲ 조력 발전

용어 뜻풀이
* **효율**(본받을 效, 비율 率): 들인 노력과 얻은 결과의 비율이다.
* **기전력**(일어날 起, 번개 電, 힘 力): 두 점 사이에 전위차를 발생시켜 전류를 흐르게 하는 동력이다.

바른답·알찬풀이 52쪽

개념 확인 초성 Quiz

1 에너지가 ㅈ ㅎ 되는 과정에서 에너지의 총량은 변하지 않고 일정하다.

2 공급한 에너지 중에서 유용하게 사용하는 에너지의 비율을 ㅇ ㄴ ㅈ ㅎ ㅇ (이)라고 한다.

3 ㅇ ㄱ ㄱ 은/는 열에너지를 흡수하여 일을 하는 장치이다.

4 신에너지와 ㅈ ㅅ 에너지는 연료가 고갈될 염려가 없고 친환경적인 에너지이다.

5 ㅍ ㄹ 발전은 바람의 운동 에너지를 전기 에너지로 전환한다.

1 에너지의 전환과 보존

01 다음은 선풍기에서 일어나는 에너지 전환에 대한 설명이다. ( ) 안에 들어갈 알맞은 말을 쓰시오.

> 선풍기는 전기 에너지를 운동 에너지로 전환하는데 이때 일부는 (㉠)(으)로 전환되어 주변으로 흩어진다. 전환된 에너지의 합은 선풍기에 공급된 전기 에너지와 같다. 이를 에너지 (㉡) 법칙이라고 한다.

02 휴대 전화에서 일어나는 에너지 전환에 대한 설명으로 옳은 것은 ○표, 옳지 않은 것은 ×표 하시오.

(1) 휴대 전화가 진동할 때는 전기 에너지가 운동 에너지로 전환한다. ( )

(2) 스피커에서 소리가 들릴 때는 전기 에너지가 빛에너지로 전환한다. ( )

(3) 휴대 전화에서 전환된 모든 에너지를 합하면 휴대 전화에 공급한 전기 에너지의 양과 같다. ( )

2 에너지 효율

03 다음 열기관 A, B의 열효율을 구하시오.

(1) A는 100 J의 열에너지를 흡수하여 30 J의 일을 하였다.

(2) B는 30 J의 일을 하고 30 J의 열에너지를 방출하였다.

04 에너지 효율을 높이려는 노력으로 적절한 것은 ○표, 적절하지 않은 것은 ×표 하시오.

(1) 에너지 효율 관리 제도를 통해 에너지 효율이 높은 제품을 사용하도록 유도한다. ( )

(2) LED 전등 대신 백열 전구를 사용한다. ( )

(3) 풍력 발전과 지열 에너지를 이용하여 주택에 에너지를 공급한다. ( )

3 신재생 에너지

05 다음은 신재생 에너지를 이용한 발전에 대한 설명이다.

> 수소와 산소의 산화·환원 반응으로 연료의 (㉠) 에너지를 전기 에너지로 전환한다. 환경오염 물질을 거의 내놓지 않고 에너지 효율이 높지만 (㉡)의 대량 생산과 안전한 저장, 운반과 관련된 기술 개발이 필요하다.

(1) ( ) 안에 들어갈 알맞은 말을 쓰시오.

(2) 위 글에서 설명하고 있는 발전 방식을 쓰시오.

1 에너지의 전환과 보존

01 여러 가지 에너지에 대한 설명으로 옳은 것은?

① 달리는 자동차는 역학적 에너지를 가진다.
② 식물의 열매에는 열에너지가 저장되어 있다.
③ 빛은 질량이 없으므로 에너지를 가지고 있지 않다.
④ 수력 발전에서는 물의 역학적 에너지가 모두 전기 에너지로 전환된다.
⑤ 원자핵이 핵융합할 때는 에너지를 방출하고 핵분열할 때는 에너지를 흡수한다.

02 그림은 전기 에너지와 바람의 운동 에너지가 전환되는 것을 나타낸 것이다.

전기 에너지 ⇄ (㉠ →, ← ㉡) 바람의 운동 에너지

㉠, ㉡에 해당하는 기구나 장치를 옳게 짝 지은 것은?

	㉠	㉡
①	선풍기	풍력 발전
②	스피커	태양광 발전
③	형광등	조력 발전
④	전기 난로	파력 발전
⑤	전기 자동차	마이크

03 (중요) 에너지 전환 사례와 에너지 전환 과정을 옳게 연결한 것은?

① 비: 운동 에너지 → 위치 에너지
② 전기 주전자: 화학 에너지 → 전기 에너지
③ 휴대 전화 화면: 전기 에너지 → 화학 에너지
④ 스피커: 운동 에너지 → 전기 에너지
⑤ 전기 자전거 모터: 전기 에너지 → 운동 에너지

2 에너지 효율

04 에너지 효율에 대한 설명으로 옳은 것만을 〈보기〉에서 있는 대로 고른 것은?

보기
ㄱ. 공급한 에너지 중 유용하게 사용한 에너지의 비율이다.
ㄴ. 에너지를 사용할 때 일부가 열에너지로 전환된다.
ㄷ. 항상 100 %보다 작다.

① ㄱ ② ㄷ ③ ㄱ, ㄴ
④ ㄴ, ㄷ ⑤ ㄱ, ㄴ, ㄷ

05 (중요) 그림은 자동차에 공급한 연료의 에너지가 전환되는 것을 나타낸 것이다.

이에 대한 설명으로 옳은 것만을 〈보기〉에서 있는 대로 고른 것은?

보기
ㄱ. 이 자동차의 에너지 효율은 40 %이다.
ㄴ. 연료의 에너지의 36 %가 배기가스로 방출된다.
ㄷ. 이 과정에서 160 kJ의 에너지는 소멸한다.

① ㄱ ② ㄴ ③ ㄱ, ㄷ
④ ㄴ, ㄷ ⑤ ㄱ, ㄴ, ㄷ

06 그림은 열효율이 0.4인 열기관이 고열원에서 열에너지 Q_1을 흡수하여 일을 하고 저열원으로 12 kJ을 방출하는 것을 나타낸 것이다.

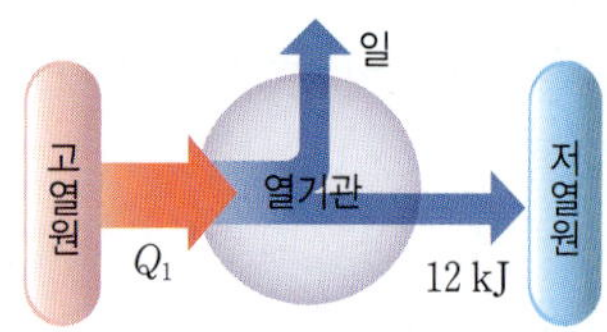

Q_1은?

① 20 kJ ② 24 kJ ③ 30 kJ
④ 32 kJ ⑤ 40 kJ

07 그림은 어떤 열기관이 고열원에서 Q_1의 열을 받아 W의 일을 하고 저열원으로 Q_2의 열을 방출하는 것을 나타낸 것이다. 표는 이 열기관의 W에 따른 Q_1, Q_2를 나타낸 것이다.

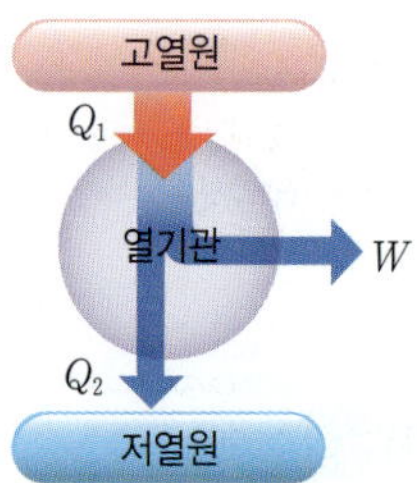

W	Q_1	Q_2
(가)	300 J	210 J
150 J	(나)	(다)

(가)+(나)+(다)는?

① 480 J ② 740 J ③ 850 J
④ 940 J ⑤ 1020 J

08 에너지 효율을 높이려는 노력으로 적절하지 않은 것은?

① 재생 가능한 에너지를 활용하는 주택을 보급한다.
② 백열등이나 형광등보다 발광 다이오드 전등을 사용한다.
③ 지능형 전력망을 이용해 전력 생산과 소비를 효율적으로 관리한다.
④ 개별화된 교통 수요에 대응하도록 자가용 승용차를 적극 사용한다.
⑤ 에너지 소비 효율 등급제를 통해 에너지 효율이 높은 제품을 사용하도록 유도한다.

B 신재생 에너지

09 표는 발전 방식 A~C의 특징을 나타낸 것이다.

특징	A	B	C
전자기 유도 현상을 이용한다.	○	○	×
발전량이 날씨의 영향을 받는다.	×	○	○

A~C에 해당하는 발전을 옳게 짝 지은 것은?

	A	B	C
①	핵발전	화력 발전	연료 전지
②	화력 발전	풍력 발전	태양광 발전
③	수력 발전	연료 전지	태양광 발전
④	풍력 발전	화력 발전	조력 발전
⑤	연료 전지	태양광 발전	풍력 발전

중요☆
10 신재생 에너지에 대한 설명으로 가장 적절한 것은?

① 화석 연료와 같이 자원 고갈의 염려가 높다.
② 설치 지역에 제한 없이 발전소를 세울 수 있다.
③ 발전 과정에서 환경오염 물질을 대량으로 배출한다.
④ 화력 발전보다 발전 효율이 높아 대량 전력 공급이 가능하다.
⑤ 재생 가능한 에너지를 사용하므로 지속적인 발전이 가능하다.

11 그림 (가)와 (나)는 각각 파력 발전소와 조력 발전소 구조를 나타낸 것이다.

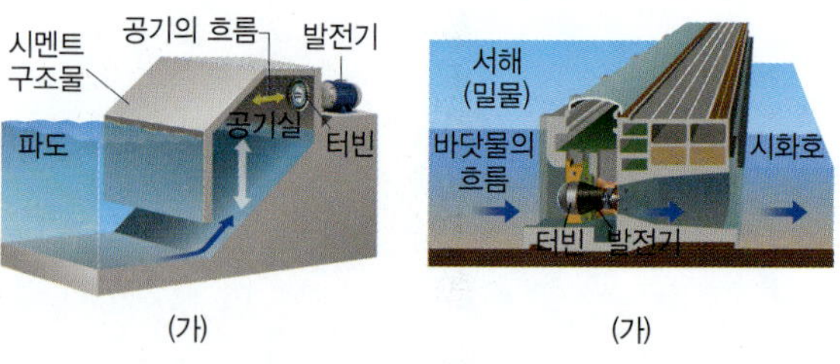

(가) (가)

두 발전 방식의 공통점으로 옳지 않은 것은?

① 해양 에너지를 이용한다.
② 방파제에 설치할 수 있다.
③ 전력 생산량이 일정하지 않다.
④ 갯벌 생태계를 파괴할 수 있다.
⑤ 전자기 유도 현상을 이용하여 발전한다.

12 다음은 태양광 발전에 대한 설명이다.

> 태양광 발전은 날씨의 영향을 받으므로 ㉠발전 시간이 제한적이고 다른 발전 방식에 비해 ㉡발전 효율이 낮으며, 태양 전지판에서 반사되는 빛이 사람이나 동물에게 피해를 주기도 한다. 또한 ㉢화력 발전에 비해 설치 면적이 넓고, 초기 설치 비용이 많이 든다.
>
> 

태양광 발전을 다른 발전 방식과 비교하여 설명한 것으로 옳은 것만을 <보기>에서 있는 대로 고른 것은?

보기
ㄱ. 핵발전도 ㉠과 같은 단점이 있다.
ㄴ. 태양 전지판의 설치 면적이 넓을수록 ㉡을 높일 수 있다.
ㄷ. 발전 시 ㉢보다 많은 이산화 탄소를 배출한다.

① ㄱ ② ㄴ ③ ㄱ, ㄷ
④ ㄴ, ㄷ ⑤ ㄱ, ㄴ, ㄷ

13 친환경 에너지 도시에 대한 설명으로 옳은 것만을 <보기>에서 있는 대로 고른 것은?

보기
ㄱ. 화석 연료의 사용 비율을 점차 증가시킨다.
ㄴ. 냉난방용으로 태양광 발전을 사용하기도 한다.
ㄷ. 그 지역에 위치한 시설의 특성을 이용하여 설계한다.

① ㄱ ② ㄷ ③ ㄱ, ㄴ
④ ㄴ, ㄷ ⑤ ㄱ, ㄴ, ㄷ

단답형 · 서술형 문제

14 그림은 1시간 동안 사용한 전등의 열화상 사진을 나타낸 것이다.

전등

(1) 전등을 사용할 때 전기 에너지는 어떤 에너지로 전환되는지 쓰시오.

(2) 에너지 효율이 100 %가 될 수 없는 까닭을 전등을 사용할 때와 관련지어 설명하시오.

15 그림 (가)는 화석 연료를 사용하는 자동차를, (나)는 전기 자동차의 에너지 비율을 나타낸 것으로 연료의 화학 에너지와 배터리의 전기 에너지는 각각 100 %이다.

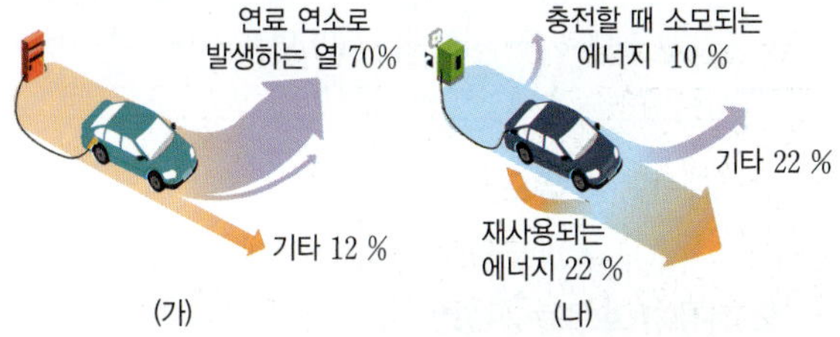

공급한 에너지 중 자동차의 운동 에너지로 전환된 비율을 구하고, 두 자동차의 에너지 효율을 비교하시오.

16 그림은 태양광 발전과 풍력 발전을 나타낸 것이다.

태양광 발전 풍력 발전

두 발전 방식의 공통적인 단점을 1가지만 설명하시오.

10강 태양 에너지와 발전 116쪽

1. 태양 에너지의 생성과 핵융합

① **태양 에너지**: 태양 중심부에서 수소 (❶) 반응을 통해 생성된다.

수소 원자핵 4개의 질량 합: 4.032 u

헬륨 원자핵 1개의 질량: 4.003 u

반응물	반응	생성물	에너지
수소 원자핵 4개	핵융합	헬륨 원자핵 1개	감소한 질량에 해당하는 만큼 에너지 발생

② **지구에서 태양 에너지의 전환**: 지구에 도달한 태양 에너지는 지구에서 다양한 에너지로 전환되어 에너지 흐름과 물질 순환을 일으키고 생명 유지 활동의 에너지원이 된다.

③ **지구에서 태양 에너지의 순환**

(❷)	기상 현상
광합성을 거쳐 화학 에너지로 저장되고, 다양한 형태의 에너지로 전환된다.	태양 에너지가 물과 대기에 흡수되어 여러 가지 기상 현상을 일으킨다.

2. 발전과 전자기 유도

① (❸): 코일과 자석의 상대 운동으로 코일에 유도 전류가 흐르는 현상이다.

② **유도 전류의 방향과 세기**

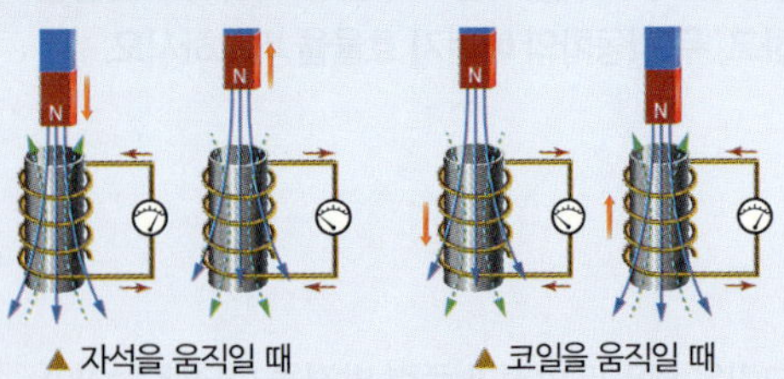

▲ 자석을 움직일 때 ▲ 코일을 움직일 때

유도 전류 방향	코일을 통과하는 자기장의 변화를 방해하는 방향으로 자기장을 만들도록 유도 전류가 흐른다.
유도 전류 세기	자석과 코일의 속력이 (❹)수록, 자석의 세기가 셀수록, 코일을 더 많이 감을수록 유도 전류의 세기가 크다.
자기력	자석의 운동을 방해하는 방향으로 자기력 작용 ⇨ 접근하면 밀어 내고, 멀어지면 끌어당긴다.

③ **전자기 유도에서의 에너지 전환**: 자석과 코일의 운동 에너지가 전자기 유도에 의해 전기 에너지로 전환된다.

④ **발전기**

- 원리: 고정된 자석 사이에서 코일이 회전하거나 고정된 코일 주위에서 자석이 회전할 때 코일에 유도 전류가 흐른다.

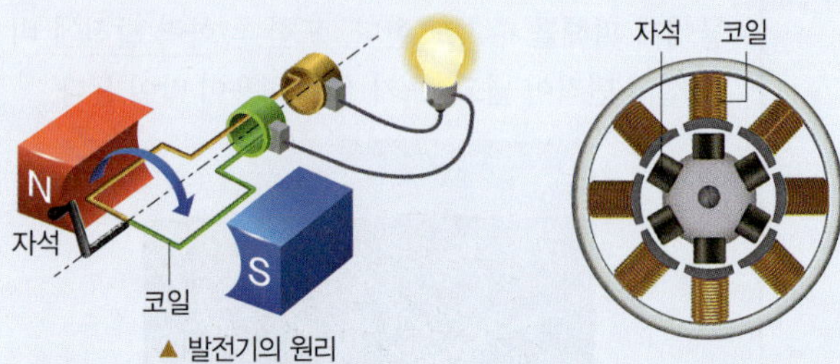

▲ 발전기의 원리

- 발전소 발전기에서 에너지 전환: 화학 에너지, 위치 에너지, 운동 에너지, 핵에너지 등 다양한 에너지 → 터빈의 운동 에너지 → 발전기에서 (❺)(으)로 전환

3. 화력 발전과 핵발전

① **발전 원리**

구분	화력 발전	핵발전
에너지원	화석 연료	핵에너지
발전 원리	연료가 연소할 때 발생하는 열에너지로 물을 끓이고, 이때 발생하는 수증기로 터빈을 돌려 발전기에서 전기 에너지를 생산한다.	핵연료가 핵분열할 때 발생한 열에너지로 물을 끓이고, 이때 발생한 수증기로 터빈을 돌려 발전기에서 전기 에너지를 생산한다.
에너지 전환	화학 에너지 → 열에너지 → 운동 에너지 → 전기 에너지	핵에너지 → 열에너지 → (❻) → 전기 에너지

② **장단점**

구분	화력 발전	핵발전
장점	• 건설 비용과 시간이 적게 듦. • 건설 장소의 제약이 작음. • 연료 공급 안정성이 높음. • 가동이 필요한 시간이 짧아 갑작스런 전력 수요에 대응	• 적은 양의 핵연료로 대량의 전기 에너지 공급 • 화력 발전에 비해 이산화 탄소 배출량이 적음. • 에너지 효율이 높음.
단점	• 연소 과정에서 이산화 탄소 등의 (❼)와 대기 오염 물질을 배출 • 화석 연료 매장량에 한계가 있음. • 연료 운반과 저장 비용이 큼.	• 핵연료 매장량에 한계가 있음. • 방사성 폐기물 처리 어려움. • 한 번의 사고로도 막대한 피해가 발생 • 냉각수 방류로 인한 해수 온도 상승으로 생태계가 교란

③ **화력 발전과 핵발전이 생활에 미치는 영향**: 대량의 전기 에너지를 공급하여 문명이 발달하고 생활이 편리해졌지만 환경오염, 기후 위기를 유발하여 생태계 파괴 위험 증가

답 ❶ 핵융합 ❷ 탄소 순환 ❸ 전자기 유도 ❹ 빠를 ❺ 전기 에너지 ❻ 운동 에너지 ❼ 온실 기체

11강 에너지 효율과 신재생 에너지 124쪽

1. 에너지의 전환과 보존

① (❶): 일을 할 수 있는 능력으로, 단위는 J(줄)을 사용 ⇨ 운동 에너지, 위치 에너지, 전기 에너지, 빛에너지, 소리 에너지, 열에너지, 화학 에너지, 핵에너지 등

② **에너지 전환**

자연 현상에서 에너지 전환		일상생활에서 에너지 전환	
비	모닥불	가솔린 자동차	조명 기구
위치 에너지 → 운동 에너지	화학 에너지 → 빛에너지, 열에너지	석유의 화학 에너지 → 운동 에너지	전기 에너지 → 빛에너지

③ (❷) **법칙**: 에너지가 전환되는 과정에서 에너지 총량은 일정하다.

2. 에너지 효율
공급한 에너지 중에서 유용하게 사용한 에너지의 비율이다.

$$에너지\ 효율(\%)=\frac{유용하게\ 사용한\ 에너지}{공급한\ 에너지}\times 100$$

① (❸): 고온부에서 열을 흡수하여 일을 하는 장치이다.

② **열효율**: 열기관의 에너지 효율로, 열기관에 공급한 에너지 중 열기관이 한 일의 비율이다.

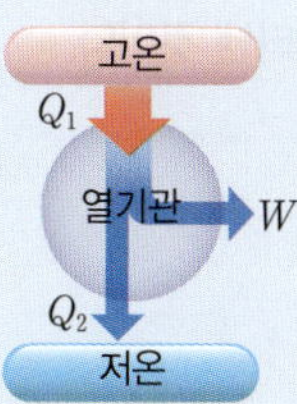

▲ 열기관

$$열효율(e)=\frac{열기관이\ 한\ 일(W)}{공급한\ 에너지(Q_1)}=\frac{Q_1-Q_2}{Q_1}=1-\frac{Q_2}{Q_1}$$

③ **에너지 효율을 높이려는 노력**

에너지 효율 관리 제도	전기 자동차, (❹) 자동차	고효율 전기 기구	열병합 발전
• 에너지 소비 효율 등급 • 에너지 절약 표시	• 엔진과 모터를 같이 사용 • 멈출 때 운동 에너지를 전기 에너지로 전환	• 스마트 플러그 • LED 전등 • 대기 전력 감소	• 열을 난방, 온수 등에 활용

3. 신재생 에너지

① **신재생 에너지**: 기존의 화석 연료를 변환해 이용하는 신에너지와 재생 가능한 햇빛, 강수, 지열, 생물 유기체 등을 이용하는 (❺) 에너지로 구분한다.

신에너지	수소 에너지, 연료 전지, 석탄 액화 가스화
재생 에너지	태양 에너지, 풍력 에너지, 해양 에너지, 수력 에너지, 지열 에너지, 바이오 에너지, 폐기물 에너지

② **신재생 에너지를 이용한 발전 원리와 장단점**

에너지	발전 원리와 장단점	
태양광 발전	원리	태양 전지가 빛에너지를 흡수하면 기전력을 생성하는 원리를 이용하여 전기 에너지를 생산한다.
	장단점	• 유지와 보수가 간편하다. • 다른 발전 방식에 비해 발전 효율이 낮다.
풍력 발전	원리	바람의 운동 에너지를 이용하여 날개를 돌리고, 날개에 연결된 발전기에서 전기 에너지를 생산한다.
	장단점	• 환경오염을 일으키지 않는다. • 발전 지역이 제한적이다.
수력 발전	원리	높은 곳의 물이 떨어지며 터빈을 돌리고, 발전기에서 운동 에너지가 전기 에너지로 전환된다.
	장단점	• 연료비가 들지 않는다. • 환경오염 물질이 거의 발생하지 않는다.
(❻) 발전	원리	방조제를 쌓아 밀물과 썰물에 의해 나타나는 바닷물의 높이차를 이용하여 전기 에너지를 생산한다.
	장단점	• 자원 고갈의 염려가 없고, 유지 비용이 적다. • 오염 물질이나 온실 기체를 배출하지 않는다. • 설치 장소가 제한적이다.
파력 발전	원리	(❼)의 운동 에너지를 이용하여 전기 에너지를 생산한다.
	장단점	• 자원 고갈의 염려가 없고, 유지 비용이 적다. • 날씨나 파도에 따라 발전량이 변한다.
연료 전지	원리	수소와 산소의 산화·환원 반응으로 연료의 화학 에너지를 전기 에너지로 전환한다.
	장단점	• 환경오염 물질을 거의 내놓지 않는다. • 에너지 효율이 높다.

▲ 조력 발전

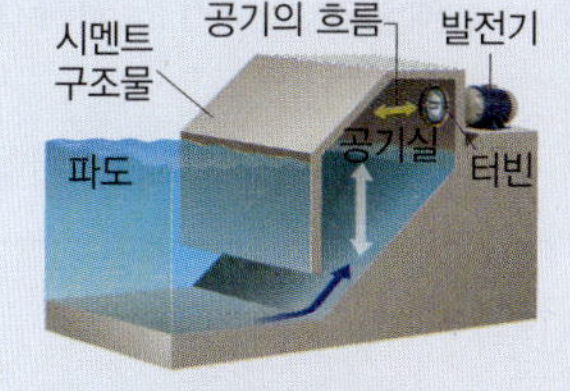

▲ 파력 발전

답 ❶ 에너지 ❷ 에너지 보존 ❸ 열기관 ❹ 하이브리드 ❺ 재생 ❻ 조력 ❼ 파도

01

10강 | 태양 에너지와 발전 116쪽

그림은 태양에서 수소 원자핵 4개가 핵반응하여 (가)가 생성되는 과정에서 에너지가 발생하는 것을 모식적으로 나타낸 것이다.

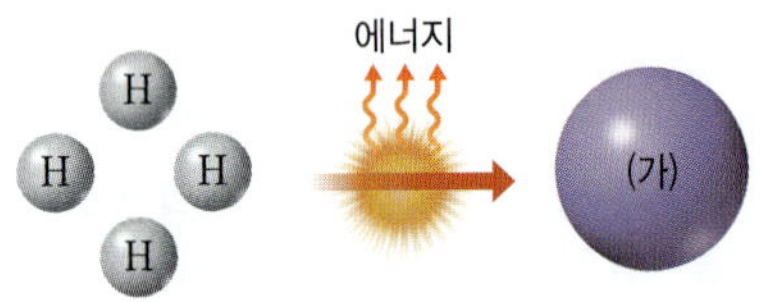

이에 대한 설명으로 옳은 것만을 〈보기〉에서 있는 대로 고른 것은?

보기

ㄱ. 핵융합 반응이다.
ㄴ. (가)는 헬륨 원자핵이다.
ㄷ. 반응 전 수소 원자핵의 질량 합이 반응 후 헬륨 원자핵의 질량보다 작다.

① ㄱ ② ㄷ ③ ㄱ, ㄴ ④ ㄴ, ㄷ ⑤ ㄱ, ㄴ, ㄷ

02

10강 | 태양 에너지와 발전 116쪽

그림은 태양의 내부 구조를 나타낸 것이다.

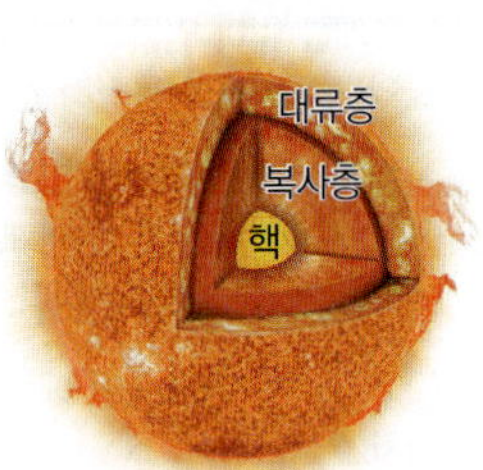

태양에서 일어나는 수소 핵융합 반응에 대한 설명으로 옳은 것만을 〈보기〉에서 있는 대로 고른 것은?

보기

ㄱ. 수소 핵융합 과정에서 방출하는 에너지는 모두 지구에 도달한다.
ㄴ. 핵융합은 무거운 원자가 가벼운 원자로 핵변환되는 현상이다.
ㄷ. 수소 핵융합 반응은 태양 중심부에서 일어난다.

① ㄱ ② ㄷ ③ ㄱ, ㄴ ④ ㄴ, ㄷ ⑤ ㄱ, ㄴ, ㄷ

03

10강 | 태양 에너지와 발전 116쪽

그림은 지구에서 일어나는 탄소 순환 과정의 일부를 나타낸 것이다.

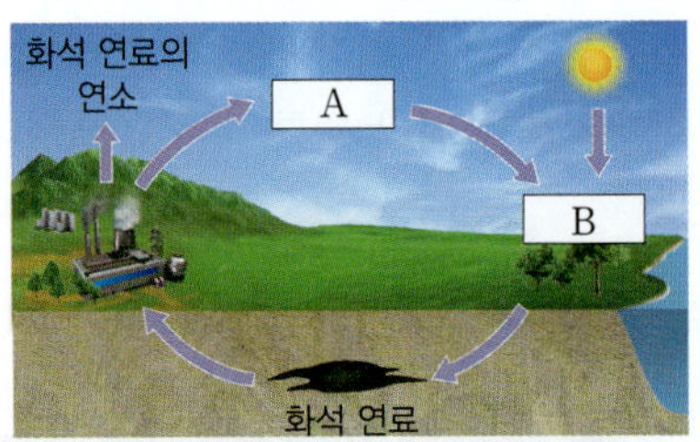

이에 대한 설명으로 옳은 것만을 〈보기〉에서 있는 대로 고른 것은?

보기

ㄱ. A는 화석 연료가 연소할 때 기체 상태로 배출된다.
ㄴ. B 과정에서 태양 에너지를 화학 에너지로 전환한다.
ㄷ. A를 포도당으로 합성할 때 빛에너지를 방출한다.

① ㄱ ② ㄷ ③ ㄱ, ㄴ ④ ㄴ, ㄷ ⑤ ㄱ, ㄴ, ㄷ

04

10강 | 태양 에너지와 발전 116쪽

그림은 태양 에너지가 지구에서 다양한 에너지로 전환되는 것을 나타낸 것이다.

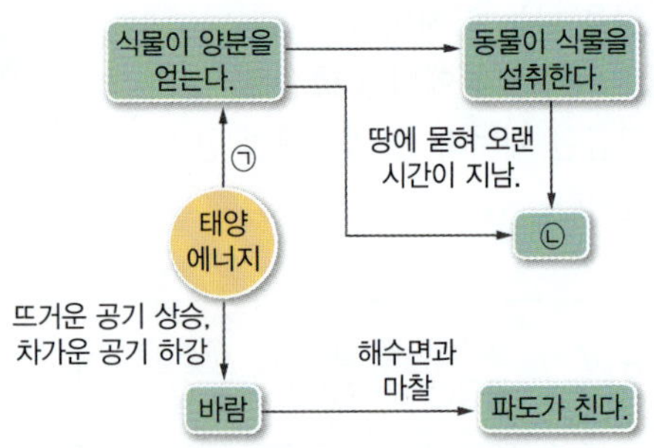

이에 대한 설명으로 옳은 것만을 〈보기〉에서 있는 대로 고른 것은?

보기

ㄱ. '광합성'은 ㉠으로 적당하다.
ㄴ. ㉡에는 석탄, 석유, 우라늄, 천연가스 등이 있다.
ㄷ. 바람은 태양 에너지가 역학적 에너지로 전환된 것이다.

① ㄱ ② ㄴ ③ ㄱ, ㄷ ④ ㄴ, ㄷ ⑤ ㄱ, ㄴ, ㄷ

05 ∞ 10강 | 태양 에너지와 발전 116쪽

전자기 유도를 이용한 발전에 대한 설명으로 옳지 않은 것은?

① 운동 에너지가 전기 에너지로 전환된다.
② 풍력 발전, 화력 발전, 태양광 발전 등이 있다.
③ 코일과 자석이 점점 빨리 멀어지면 전류가 흐른다.
④ 코일과 자석이 같은 속도로 운동하면 전기 에너지가 생성되지 않는다.
⑤ 시간에 따른 코일을 통과하는 자기장 변화가 클수록 더 큰 유도 전류가 흐른다.

06 ∞ 10강 | 태양 에너지와 발전 116쪽

그림 (가), (나)와 같이 자기장 내에서 코일을 시계 방향으로 회전시켰다. (가)는 코일의 단면이 자기장의 방향과 나란한 순간이고, (나)는 (가)에서 90° 만큼 회전한 순간이다.

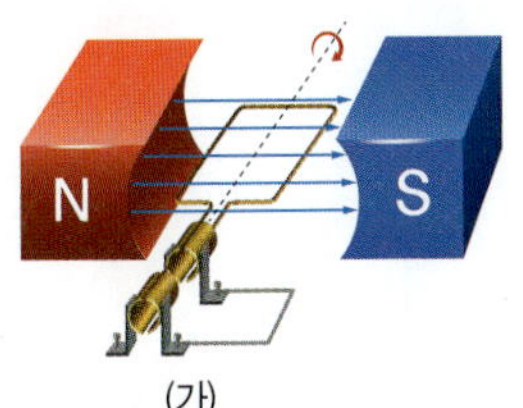

(가)

(나)

이에 대한 설명으로 옳은 것만을 〈보기〉에서 있는 대로 고른 것은?

보기
ㄱ. (가) → (나) 과정에서 코일에 흐르는 전류의 방향이 바뀐다.
ㄴ. (나)의 순간 유도 전류의 세기가 최대이다.
ㄷ. 코일의 회전 속력이 클수록 유도 전류가 더 세다.

① ㄱ ② ㄷ ③ ㄱ, ㄴ
④ ㄴ, ㄷ ⑤ ㄱ, ㄴ, ㄷ

07 ∞ 10강 | 태양 에너지와 발전 116쪽

화석 연료에 대한 설명으로 옳은 것은?

① 석유, 석탄, 우라늄 등이 있다.
② 태양 에너지가 화학 에너지로 전환된 것이다.
③ 발전 과정에서 온실 기체를 방출하지 않는다.
④ 우리나라 에너지원별 발전량에서 차지하는 비율이 낮다.
⑤ 지각 내부에서 계속 생성되므로 지속가능한 에너지원이다.

08 ∞ 10강 | 태양 에너지와 발전 116쪽

그림은 핵발전소의 구조를 모식적으로 나타낸 것이다.

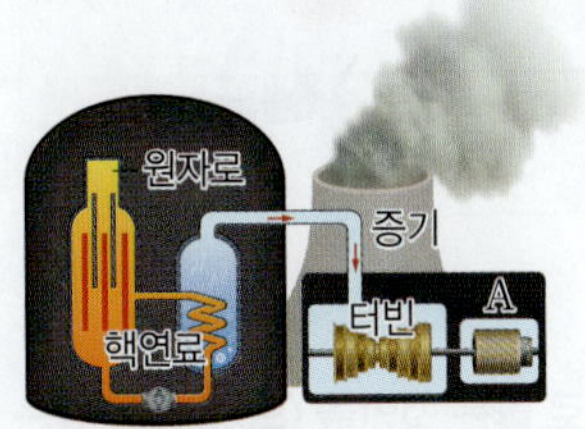

이에 대한 설명으로 옳지 않은 것은?

① 원자로에서 핵융합으로 열에너지가 생성된다.
② A에서 운동 에너지가 전기 에너지로 전환된다.
③ 핵에너지는 태양 에너지를 근원으로 하지 않는다.
④ 바다로 배출된 냉각수로 인해 해수 온도가 상승한다.
⑤ 방사성 폐기물을 안전하게 처리할 수 있는 시설이 필요하다.

09 ∞ 11강 | 에너지 효율과 신재생 에너지 124쪽

그림은 지구에서 태양 에너지가 전기 에너지로 전환되는 과정을 나타낸 것이다. A, B, C는 화력 발전, 태양광 발전, 풍력 발전을 순서 없이 나타낸 것이다.

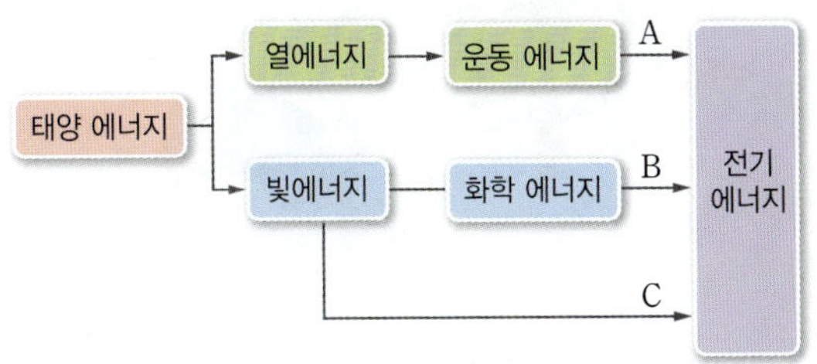

이에 대한 설명으로 옳은 것만을 〈보기〉에서 있는 대로 고른 것은?

보기
ㄱ. A는 화력 발전이다.
ㄴ. B는 전자기 유도를 이용해 발전한다.
ㄷ. C는 지속가능한 발전 방식이다.

① ㄱ ② ㄴ ③ ㄷ
④ ㄱ, ㄴ ⑤ ㄴ, ㄷ

10 ∞ 11강 | 에너지 효율과 신재생 에너지 124쪽

그림은 온도가 T_1인 열원에서 Q_1의 열을 흡수하여 일을 하고 온도가 T_2인 열원으로 Q_2의 열을 방출하는 열기관을 나타낸 것이다.

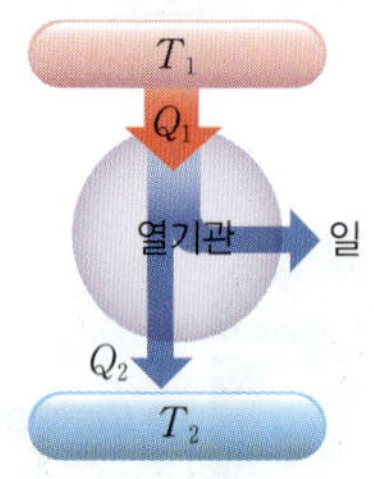

이에 대한 설명으로 옳은 것만을 〈보기〉에서 있는 대로 고른 것은?

보기
ㄱ. $T_1 > T_2$이다.
ㄴ. $Q_2 = 0$인 열기관은 만들 수 없다.
ㄷ. $\frac{Q_2}{Q_1}$가 작을수록 열효율이 높다.

① ㄱ ② ㄴ ③ ㄱ, ㄷ
④ ㄴ, ㄷ ⑤ ㄱ, ㄴ, ㄷ

11 ∞ 11강 | 에너지 효율과 신재생 에너지 124쪽

그림은 자동차에 공급된 연료의 에너지가 다양하게 전환되는 것을 나타낸 것이다.

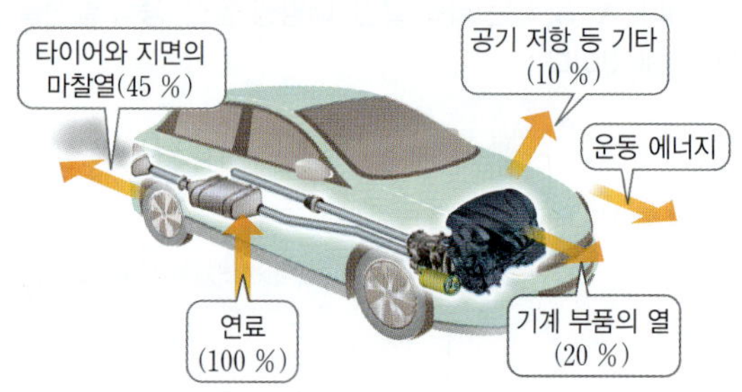

이에 대한 설명으로 옳은 것만을 〈보기〉에서 있는 대로 고른 것은?

보기
ㄱ. 자동차의 에너지 효율은 20 %이다.
ㄴ. 공급된 에너지는 최종적으로 열로 전환된다.
ㄷ. 지면과의 마찰로 전환된 열은 유용한 에너지로 쉽게 전환할 수 있다.

① ㄱ ② ㄴ ③ ㄷ
④ ㄱ, ㄷ ⑤ ㄴ, ㄷ

12 ∞ 11강 | 에너지 효율과 신재생 에너지 124쪽

다음은 발전 방식 A, B, C를 두 가지 기준 Ⅰ, Ⅱ에 따라 분류한 것을 나타낸 것이다. A, B, C는 각각 풍력 발전, 화력 발전, 조력 발전 중 하나이다.

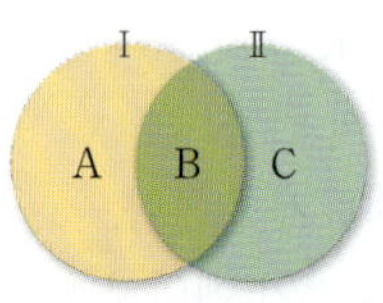

분류 기준
Ⅰ. 기체의 흐름을 이용하여 발전한다.
Ⅱ. 에너지원이 고갈되지 않는다.

이에 대한 설명으로 옳은 것만을 〈보기〉에서 있는 대로 고른 것은?

보기
ㄱ. A는 발전 과정에서 온실 기체를 방출한다.
ㄴ. B는 발전량을 계획적으로 조절할 수 있다.
ㄷ. C는 지속가능하고 생태계에 영향이 없는 방법이다.

① ㄱ ② ㄷ ③ ㄱ, ㄴ
④ ㄴ, ㄷ ⑤ ㄱ, ㄴ, ㄷ

13 ∞ 11강 | 에너지 효율과 신재생 에너지 124쪽

다음은 신재생 에너지를 사용하는 기술이나 장치에 대한 설명이다.

(가) 지붕에 태양 전지가 설치된 버스 정류장에서는 태양의 (㉠)을/를 전기 에너지로 전환하여 휴대 전화를 충전할 수 있다.
(나) 소형 수력 발전기를 흐르는 물에 담그면 물의 (㉡)을/를 전기 에너지로 전환할 수 있다.

이에 대한 설명으로 옳은 것만을 〈보기〉에서 있는 대로 고른 것은?

보기
ㄱ. ㉠은 빛에너지이다.
ㄴ. ㉡은 열에너지이다.
ㄷ. (나)는 전자기 유도를 이용한다.

① ㄱ ② ㄴ ③ ㄷ
④ ㄱ, ㄷ ⑤ ㄴ, ㄷ

단답형 · 서술형 문제

14 ∞ 10강 | 태양 에너지와 발전 116쪽

다음은 태양 에너지에 관한 설명이다.

(가) 태양 에너지는 수소 원자핵 4개가 헬륨 원자핵 1개로 변할 때 줄어든 (㉠)이/가 에너지로 전환된 것이다.
(나) 지구에 도달한 태양 에너지에 의해 기상 현상이 나타난다.

수소
헬륨
태양 에너지
(가)

구름
비
수증기
물
태양 에너지
(나)

(1) ㉠에 들어갈 알맞은 말을 쓰시오.

(2) (나)에서 구름 속의 물방울이 비가 되어 내릴 때 에너지 전환을 설명하시오.

15 ∞ 10강 | 태양 에너지와 발전 116쪽

그림은 화력 발전과 핵발전에서 에너지 전환 과정을 나타낸 것이다.

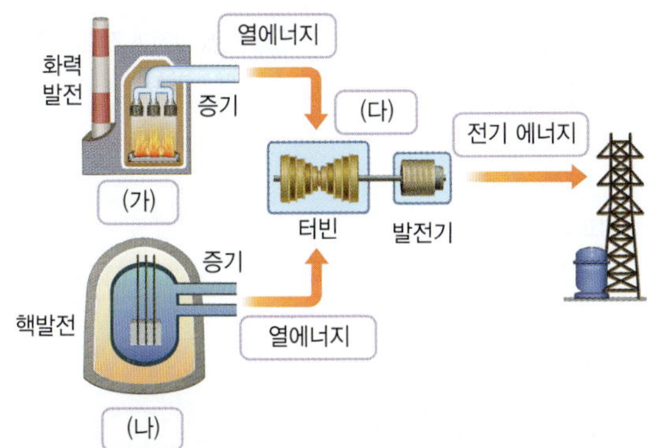

(1) (가)~(다)에 들어갈 알맞은 에너지 형태를 쓰시오.

(2) 터빈과 발전기에서 에너지 전환을 설명하시오.

16 ∞ 10강 | 태양 에너지와 발전 116쪽

다음은 전자기 유도 실험이다.

| 실험 과정 |
코일에 검류계를 연결하고 코일 위에서 자석을 1초에 1회전하도록 일정하게 돌리면서 검류계를 관찰한다.

자석
검류계
코일

| 실험 결과 |
전류의 최댓값은 50 mA이다.

검류계로 측정한 전류의 최댓값을 더 크게 할 수 있는 방법을 2가지 설명하시오.

17 ∞ 11강 | 에너지 효율과 신재생 에너지 124쪽

그림은 발전기를 이용하여 조명 장치를 켜는 과정에서 에너지 전환을 나타낸 것이다.

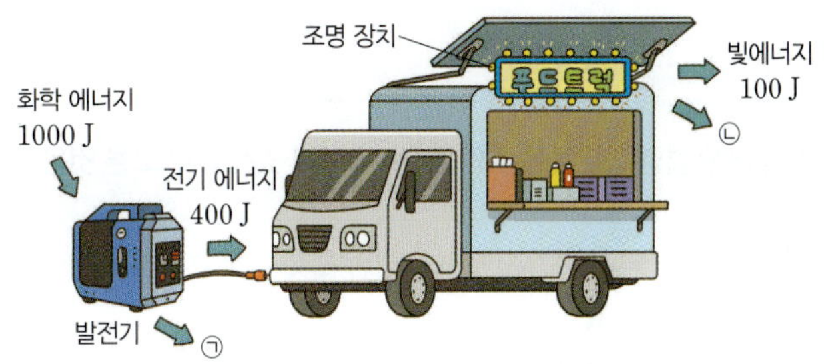

(1) ㉠과 ㉡에 모두 포함되는 에너지를 쓰시오.

(2) 발전기와 조명 장치의 에너지 효율을 에너지 전환 과정을 포함하여 풀이 과정과 함께 각각 구하시오.

18 ∞ 11강 | 에너지 효율과 신재생 에너지 124쪽

그림은 태양광 발전소와 풍력 발전소를 각각 나타낸 것이다.

태양광 발전소　　풍력 발전소

화석 연료를 이용한 발전이 갖는 문제를 해결하는 관점에서 태양광 발전과 풍력 발전의 특징을 2가지 설명하시오.

출제 경향 전자기 유도에서 자석의 방향, 높이 등을 변화시키며 코일에 가까이 하거나 멀리 할 때 코일에 흐르는 전류의 방향 변화, 코일이나 자석이 받는 힘의 종류에 관련된 내용을 묻는 문제가 출제된다.

문제 분석 연습하기

수능 기출 변형

다음은 전자기 유도에 대한 실험이다.

| 실험 과정 |

(가) 실험 A~C와 같이 자석의 N극 방향과 높이를 바꾸어 가며 코일의 중심 위에서 연직으로 가만히 떨어뜨린다.

(나) 전류 센서로 측정한 데이터를 이용해 코일에 유도된 전류와 시간 관계 그래프를 그린다.

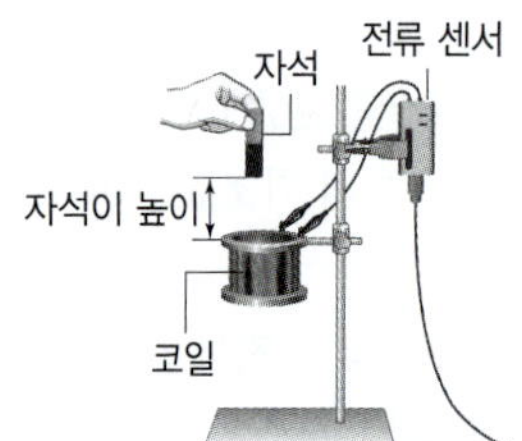

실험	자석의 N극 방향	자석의 높이
A	아래	h
B	위	h
C	위	$2h$

| 실험 결과 |

• 실험 A~C에 대한 그래프는 각각 ㉠~㉢ 중 하나이다.

㉠ 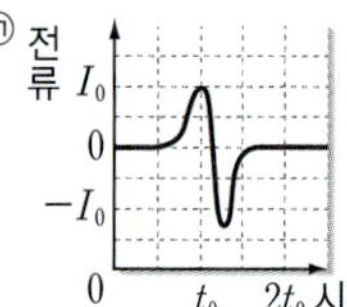

㉡ 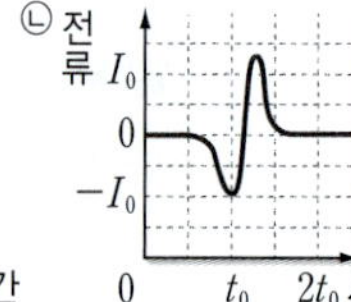

㉢ 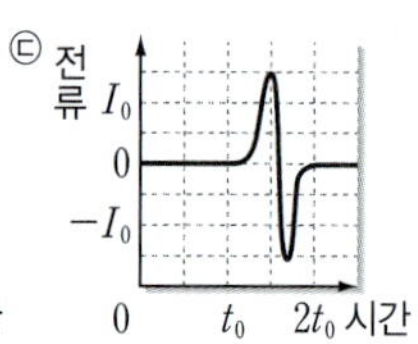

이에 대한 설명으로 옳은 것만을 〈보기〉에서 있는 대로 고른 것은?

보기

ㄱ. 자석이 코일에 들어가기 직전과 빠져나간 직후 유도 전류 방향은 서로 반대이다.
ㄴ. ㉡은 실험 A의 결과이다.
ㄷ. ㉢은 실험 C의 결과이다.

① ㄱ ② ㄴ ③ ㄱ, ㄷ ④ ㄴ, ㄷ ⑤ ㄱ, ㄴ, ㄷ

출제 의도 낙하 운동에서 자석의 속력 변화를 연계하여 전자기 유도에서 유도 전류의 방향과 세기를 추론하는 문제이다.

1 핵심 개념 파악하기

Point 자석이 낙하할 때 더 높은 곳에서 낙하할수록 코일을 통과하는 속력이 빠르다.

유도 전류는 자석의 운동을 방해하는 방향으로 자기장을 형성하도록 흐른다.

10강 ㄷ 발전과 전자기 유도 ➲ 117쪽

2 자료 분석하기

• ㉢에서 가장 큰 전류가 흐르므로 자석이 가장 높은 곳에서 떨어질 때의 결과이다.
• ㉠과 ㉢은 자석이 접근할 때 유도 전류가 (+)로 같으므로, 같은 극이 코일을 향해 운동한다.

3 〈보기〉 분석하기

ㄱ. 자석이 코일에 들어가기 직전과 빠져나간 직후 유도 전류 방향은 서로 반대이다. (○)
→ 자석의 극이 접근할 때와 멀어질 때 유도 전류는 서로 반대 방향으로 흐른다.

ㄴ. ㉡은 실험 A의 결과이다. (○)
→ 자석이 접근할 때 ㉡은 ㉠과 ㉢의 유도 전류 방향과 서로 반대이므로 ㉡은 A의 결과이다.

ㄷ. ㉢은 실험 C의 결과이다. (○)
→ ㉢은 가장 큰 유도 전류가 흐르므로 가장 높은 곳에서 자석을 놓은 실험 C의 결과이다.

정답 ⑤

바른답·알찬풀이 57쪽

수능 문제 도전하기

1 교육청 기출 변형

다음은 학생이 태양 에너지에 대해 조사한 자료이다.

• 태양 에너지의 생성: ㉠수소 원자핵 4개가 헬륨 원자핵 1개가 되는 반응 과정에서 에너지가 생성된다.
• 지구에서 태양 에너지의 전환 사례

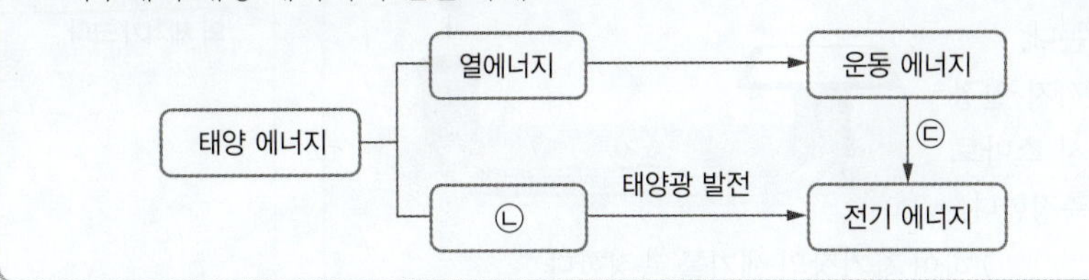

이에 대한 설명으로 옳은 것만을 〈보기〉에서 있는 대로 고른 것은?

보기
ㄱ. ㉠은 핵융합 반응이다.
ㄴ. ㉡은 빛에너지이다.
ㄷ. 풍력 발전은 ㉢으로 적절하다.

① ㄱ ② ㄴ ③ ㄱ, ㄷ ④ ㄴ, ㄷ ⑤ ㄱ, ㄴ, ㄷ

출제 의도 태양 에너지의 생성과 전환을 이해하는 문제이다.

자료 분석 Tip
빛과 열의 형태로 지구로 전달된 태양 에너지는 다양한 에너지로 전환된다.

2 교육청 기출 변형

그림 (가), (나)는 각각 핵발전, 화력 발전을 나타낸 것이다.

(가)

(나)

이에 대한 설명으로 옳은 것만을 〈보기〉에서 있는 대로 고른 것은?

보기
ㄱ. (가)는 핵분열 반응을 이용한다.
ㄴ. (나)는 지속가능한 발전 방식이다.
ㄷ. (가), (나)에서 '열에너지 → 운동 에너지 → 전기 에너지'의 에너지 전환이 공통으로 나타난다.

① ㄱ ② ㄷ ③ ㄱ, ㄴ ④ ㄱ, ㄷ ⑤ ㄱ, ㄴ, ㄷ

출제 의도 핵발전과 화력 발전을 이해하고 공통점을 분석하는 문제이다.

자료 분석 Tip
화력 발전의 에너지원은 화석 연료이다.

3 교육청 기출 변형

다음은 전자기 유도에 대한 실험이다.

| 실험 과정 |

(가) 그림과 같이 코일 P, Q를 서로 연결하고, 자기장 측정 앱이 실행 중인 스마트폰을 P 위에 놓는다.

(나) 자석의 N극을 Q의 윗면까지 일정한 속력으로 접근시키면서 스마트폰으로 자기장의 세기를 측정한다.

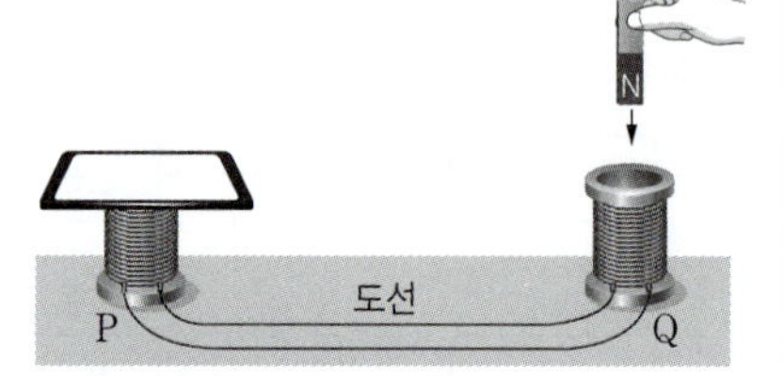

(다) (나)에서 자석의 속력만 (㉠) 하여 자기장의 세기를 측정한다.

| 실험 결과 |

과정	(나)	(다)
자기장의 세기의 최댓값	B_0	$1.7B_0$

이에 대한 설명으로 옳은 것만을 〈보기〉에서 있는 대로 고른 것은? (단, 스마트폰은 P의 전류에 의한 자기장의 세기만 측정한다.)

보기

ㄱ. 자석이 Q에 접근할 때, P에 전류가 흐른다.
ㄴ. '작게'는 ㉠에 해당한다.
ㄷ. (나)에서 자석과 Q 사이에는 서로 당기는 자기력이 작용한다.

① ㄱ ② ㄴ ③ ㄷ ④ ㄱ, ㄴ ⑤ ㄱ, ㄷ

출제 의도 전자기 유도가 일어날 때 자석의 운동과 유도 전류의 세기를 추론하는 문제이다.

자료 분석 Tip
(나)보다 (다)에서 자기장의 세기가 크므로 (나)보다 (다)에서 유도 전류의 세기가 크다.

4 교육청 기출 변형

다음은 자전거에 장착된 발전기에 대한 설명이다.

자전거의 바퀴를 회전시키면 발전기의 자석이 회전하여 코일에 유도 전류가 흐르는 (㉠) 현상으로 전구에 불이 켜진다.

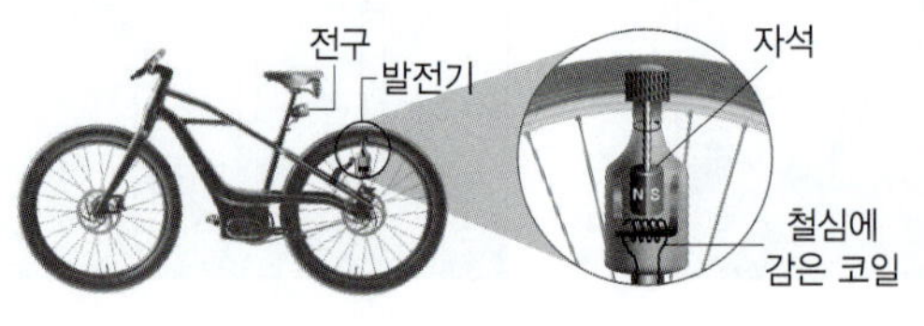

이를 설명한 내용으로 옳은 것만을 〈보기〉에서 있는 대로 고른 것은?

보기

ㄱ. '전자기 유도'는 ㉠으로 적절하다.
ㄴ. 자석이 회전하면 코일 내부의 자기장이 변한다.
ㄷ. 발전기에서 운동 에너지가 전기 에너지로 전환된다.

① ㄱ ② ㄴ ③ ㄱ, ㄷ ④ ㄴ, ㄷ ⑤ ㄱ, ㄴ, ㄷ

출제 의도 자석의 회전으로 인한 자기장의 변화와 이로 인한 전자기 유도를 파악할 수 있는지를 묻는 문제이다.

자료 분석 Tip
자전거 바퀴가 돌아가면 바퀴에 접촉된 회전축이 회전한다. 회전축에 연결된 자석이 회전하면 철심을 감싸고 있는 코일을 통과하는 자기장의 세기와 방향이 변한다.

5 교육청 기출 변형

그림은 외부에 일을 하는 열기관의 에너지 흐름을 나타낸 것이다. 표는 열기관 A, B가 고열원에서 흡수하는 열량 Q_1, 저열원으로 방출하는 열량 Q_2와 A, B의 열효율을 나타낸 것이다.

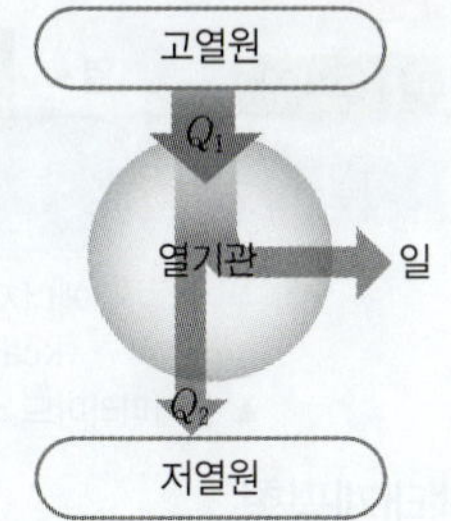

열기관	Q_1	Q_2	열효율
A	$10E_0$	㉠	e
B	$15E_0$	$9E_0$	$2e$

㉠은?

① $2E_0$ ② $3E_0$ ③ $6E_0$ ④ $7E_0$ ⑤ $8E_0$

이런 보기도 나온다!

ㄹ. 열기관이 한 일은 B가 A의 2배이다. ( )
ㅁ. 같은 열을 공급하면 Q_2는 A가 B보다 크다. ( )
ㅂ. 같은 양의 일을 하려면 A가 B보다 더 많은 열을 흡수해야 한다. ( )

출제 의도 열기관의 열효율을 이용해 열기관에 출입한 열량을 알아내는 문제이다.

자료 분석 Tip
B가 한 일은 $6E_0$이고, A가 한 일은 $10E_0-$㉠이다.

6 교육청 기출 변형

그림은 세 가지 발전 방식을 분류한 것이다. A, B, C는 각각 조력 발전, 파력 발전, 화력 발전 중 하나이다.

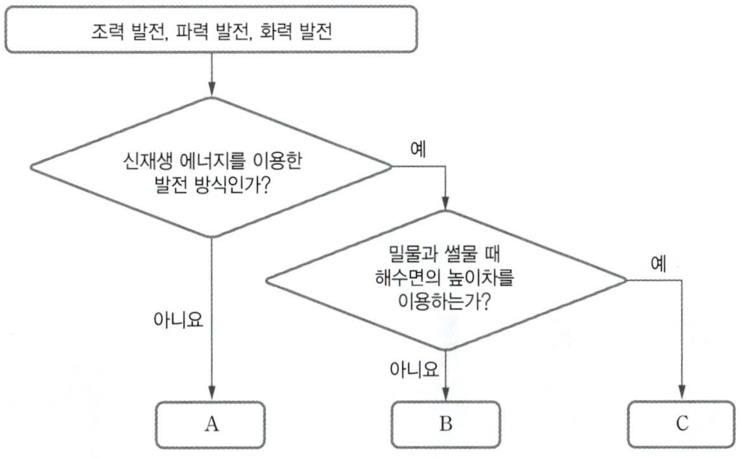

이에 대한 설명으로 옳은 것만을 〈보기〉에서 있는 대로 고른 것은?

보기

ㄱ. A는 발전 과정에서 터빈을 돌린다.
ㄴ. B는 파력 발전이다.
ㄷ. C는 설치 장소의 제한이 없다.

① ㄱ ② ㄷ ③ ㄱ, ㄴ ④ ㄴ, ㄷ ⑤ ㄱ, ㄴ, ㄷ

출제 의도 여러 가지 발전 방식을 기준에 따라 분류하고 특징을 비교하는 문제이다.

자료 분석 Tip
A는 화력 발전, B는 파력 발전, C는 조력 발전이다.

Ⅱ 단원 핵심 자료 모아 보기

01 생태계와 환경

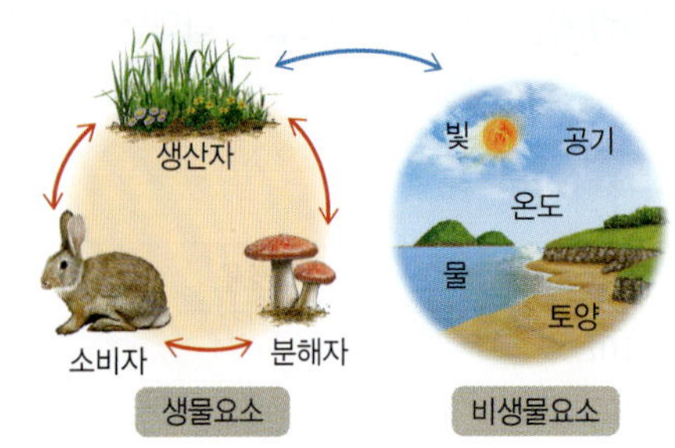

▲ 생태계구성요소

3차 소비자 / 2차 소비자 / 1차 소비자 / 생산자

열 0.1 / 열 1.2 / 열 26.8 / 열 280

에너지피라미드 (kcal/m^2·일)

▲ 생태피라미드

07강 생물과 환경 84쪽

생태계구성요소 중 생물요소는 생태계에서 살아가는 모든 생물이고, 비생물요소는 생물이 살아가는 데 영향을 미치는 환경이다.

08강 생태계평형 90쪽

안정한 생태계에서 에너지양, 생물량, 개체수가 상위 영양단계로 갈수록 줄어들어 피라미드 형태로 나타난다.

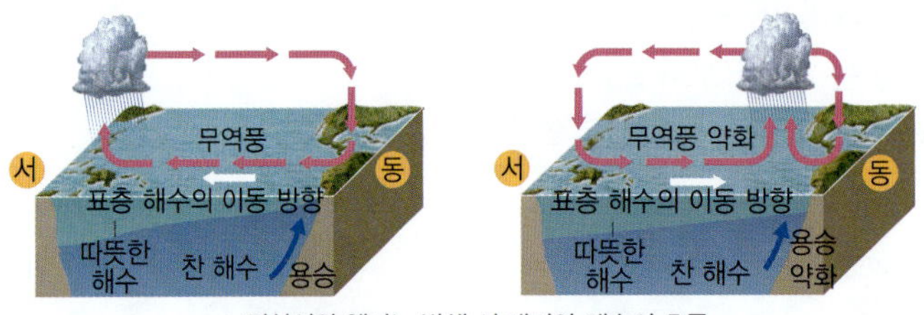

▲ 평상시와 엘니뇨 발생 시 대기와 해수의 흐름

09강 지구 환경의 변화 98쪽

엘니뇨는 무역풍이 약화되어 적도 부근 동태평양의 표층 수온이 평상시보다 높아지는 현상이다. 엘니뇨는 적도 부근에서 발생하지만 대기와 해양의 상호작용으로 지구 곳곳에 환경 변화를 일으킨다.

02 에너지

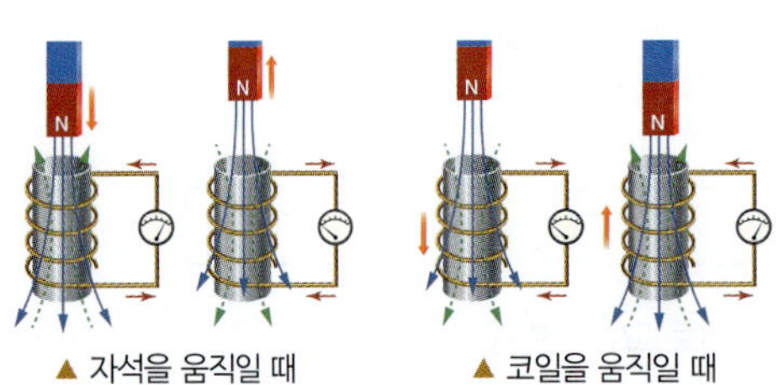

▲ 자석을 움직일 때 ▲ 코일을 움직일 때

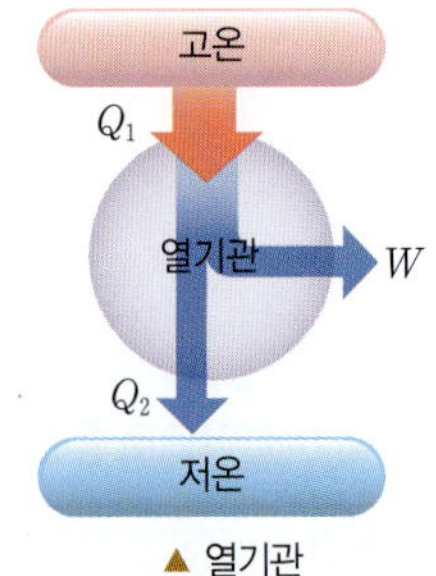

▲ 열기관

10강 태양 에너지와 발전 116쪽

자석과 코일의 상대 운동으로 코일을 통과하는 자기장의 세기가 변할 때 코일에 전류가 유도되어 흐르는 현상을 전자기 유도라고 한다. 발전소의 발전기는 전자기 유도 현상을 이용해 전기 에너지를 생산한다.

11강 에너지 효율과 신재생 에너지 124쪽

공급한 에너지 중에서 유용하게 사용된 에너지의 비율을 에너지 효율이라고 한다. 열기관은 고온부에서 열을 흡수하여 일을 하는 장치로, 열기관의 에너지 효율을 열효율이라고 한다.

Ⅱ 환경과 에너지

01 생태계와 환경

01

그림은 생태계의 구조를 나타낸 것이다. A~C는 각각 군집, 개체군, 생태계 중 하나이다.

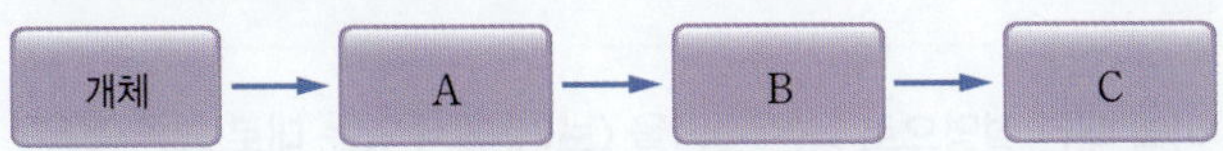

이에 대한 설명으로 옳은 것만을 〈보기〉에서 있는 대로 고른 것은?

보기
ㄱ. A는 여러 생물종으로 구성된다.
ㄴ. B는 개체군이다.
ㄷ. 고래가 해양의 물질 순환에 도움을 주는 것은 C에서 일어난다.

① ㄱ ② ㄷ ③ ㄱ, ㄴ
④ ㄱ, ㄷ ⑤ ㄴ, ㄷ

02

그림은 생태계를 구성하는 요소 사이의 관계를, 표는 생물요소와 비생물요소의 상호 관계 (가)와 (나)를 나타낸 것이다.

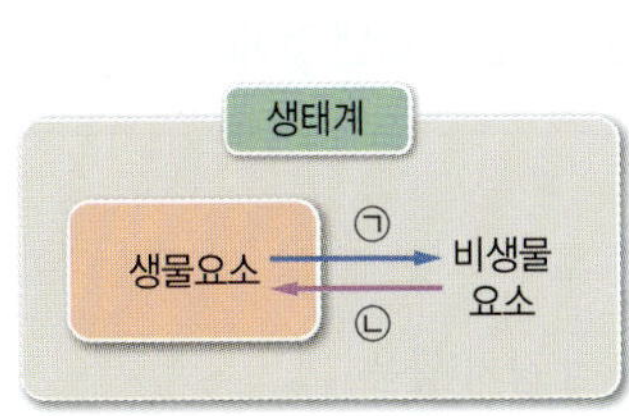

구분	상호 관계
(가)	지렁이는 토양에 구멍을 뚫어 토양의 통기성을 높인다.
(나)	고산 지대에 사는 사람들은 평지에 사는 사람들보다 적혈구의 수가 많다.

이에 대한 설명으로 옳은 것만을 〈보기〉에서 있는 대로 고른 것은?

보기
ㄱ. (가)는 ㉠의 사례이다.
ㄴ. (나)와 가장 관련이 깊은 비생물요소는 온도이다.
ㄷ. 아메리카 사막토끼의 귀가 큰 것은 ㉡의 사례이다.

① ㄱ ② ㄴ ③ ㄷ
④ ㄱ, ㄷ ⑤ ㄴ, ㄷ

03 서술형

다음은 생태계구성요소 사이의 상호 관계에 대한 2가지 사례를 나타낸 것이다.

(가) ㉠ 비버는 강에 댐을 만들어 물의 흐름을 느리게 한다.
(나) ㉡ 식물의 증산작용으로 숲은 다른 곳보다 온도가 낮다.

(1) ㉠과 ㉡이 양분을 얻는 방법을 각각 설명하시오.

(2) (가)와 (나)의 공통점을 다음 용어를 모두 포함하여 설명하시오.

영향　　비생물요소　　생물요소

04

다음은 생태계평형을 회복하는 과정에 대한 자료이다.

그림은 어떤 생태계에서 영양단계별 개체수 변화를 나타낸 것이다.

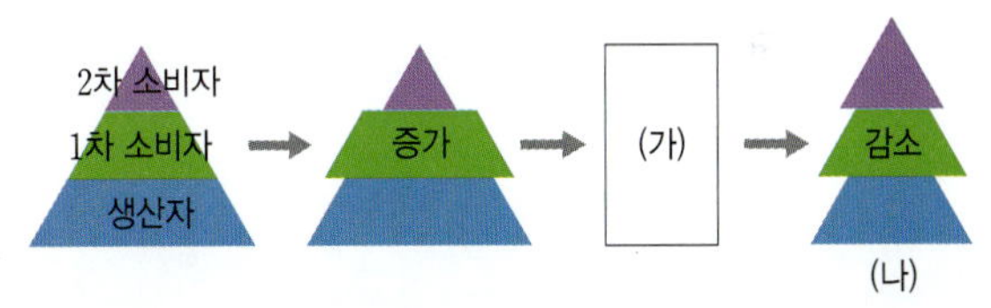

• 1차 소비자의 개체수가 일시적으로 증가하여 (가)에서 생산자의 개체수는 (ⓐ)하고, 2차 소비자의 개체수는 (ⓑ)한다. ⓐ와 ⓑ는 각각 '감소'와 '증가' 중 하나이다.
• (나)에서 ㉠의 개체수가 감소한 후, (나) 이후에 ㉡의 개체수가 (ⓐ)하고, ㉢의 개체수가 (ⓑ)하는 과정을 거쳐 생태계평형이 회복되었다. ㉠~㉢은 각각 서로 다른 영양단계이다.

이에 대한 설명으로 옳은 것은? (단, 제시된 자료 이외는 고려하지 않는다.)

① ⓐ는 '증가'이다.
② ㉠은 빛에너지를 화학 에너지로 전환한다.
③ 식물 플랑크톤은 ㉢에 속한다.
④ ㉡에서 ㉢으로 유기물 속 화학 에너지가 이동한다.
⑤ 밑줄 친 현상의 원인은 ㉢의 먹이가 늘어났기 때문이다.

05

다음은 2차 소비자의 개체수가 일시적으로 증가했을 때 생태계평형이 회복되는 과정을 순서 없이 나타낸 것이다.

> (가) 생산자의 개체수 감소
> (나) 1차 소비자의 개체수 감소
> (다) 1차 소비자의 개체수 증가
> (라) 생산자의 개체수 증가, 2차 소비자의 개체수 감소

(가)~(라)를 일어난 순서대로 옳게 나열한 것은?

① (가) → (나) → (다) → (라)
② (가) → (나) → (라) → (다)
③ (나) → (다) → (라) → (가)
④ (나) → (라) → (다) → (가)
⑤ (다) → (나) → (라) → (가)

06 서술형

그림은 생산자, 1차 소비자, 2차 소비자로 구성된 어떤 생태계에서 1차 소비자의 개체수가 일시적으로 증가했을 때 평형이 회복되는 과정을 순서 없이 나타낸 것이다.

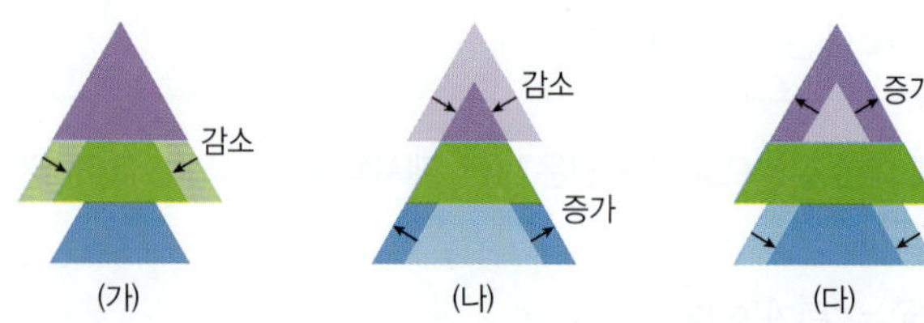

(1) (가)~(다)를 일어나는 순서대로 나열하시오.

(2) (나)에서 두 영양단계의 개체수가 변한 까닭을 각각 설명하시오.

07

다음은 생태계평형이 깨진 3가지 사례를 나타낸 것이다.

> (가) 숲 사이로 도로가 건설되어 숲이 둘로 나뉘어졌다.
> (나) 평균 기온의 상승으로 알프스산맥의 빙하가 절반 이상 사라졌다.
> (다) 아마존 열대우림은 지난 50여 년간 전체 서식지의 20 % 이상이 파괴되었다.

이에 대한 설명으로 옳은 것만을 〈보기〉에서 있는 대로 고른 것은?

> 보기
> ㄱ. 생태통로 설치는 (가)를 해결하기 위한 노력에 해당한다.
> ㄴ. (나)의 원인 중 하나는 대기 중 이산화 탄소의 증가이다.
> ㄷ. (다)의 원인 중 하나는 인간의 벌목이다.

① ㄱ ② ㄴ ③ ㄱ, ㄷ
④ ㄴ, ㄷ ⑤ ㄱ, ㄴ, ㄷ

08

다음은 생태계평형 유지와 관련된 요인을 나타낸 것이다.

> • 신재생에너지 활용
> • 도시 숲과 옥상 정원 조성
> • 환경 영향 평가와 같은 제도적 장치 활용

이 요인들의 공통점으로 옳은 것만을 〈보기〉에서 있는 대로 고른 것은?

> 보기
> ㄱ. 생물다양성을 감소시킨다.
> ㄴ. 생태계의 평형 회복 능력을 높인다.
> ㄷ. 생태계의 먹이 관계를 단순하게 만든다.

① ㄱ ② ㄴ ③ ㄷ
④ ㄱ, ㄴ ⑤ ㄴ, ㄷ

09

지구 온난화 방지를 위한 대책으로 옳은 것만을 ⟨보기⟩에서 있는 대로 고른 것은?

보기
ㄱ. 삼림 지역의 확대
ㄴ. 친환경 에너지 개발
ㄷ. 화석 연료 개발 예산 확충
ㄹ. 이산화 탄소 포집 기술 개발

① ㄱ, ㄷ ② ㄴ, ㄹ ③ ㄷ, ㄹ
④ ㄱ, ㄴ, ㄷ ⑤ ㄱ, ㄴ, ㄹ

10

그림은 1980년 10월과 2020년 10월 북극 해빙의 면적을 비교한 것이다.

1980년 10월

2020년 10월

이 기간 동안 감소한 물리량으로 옳은 것만을 ⟨보기⟩에서 있는 대로 고른 것은?

보기
ㄱ. 육지 면적
ㄴ. 북극해의 반사율
ㄷ. 대기 중 이산화 탄소 농도
ㄹ. 해수의 이산화 탄소 용해도

① ㄱ, ㄴ ② ㄱ, ㄷ ③ ㄷ, ㄹ
④ ㄴ, ㄹ ⑤ ㄱ, ㄴ, ㄹ

11

그림은 복사 평형 상태에 있는 지구의 열수지를 나타낸 것이다.

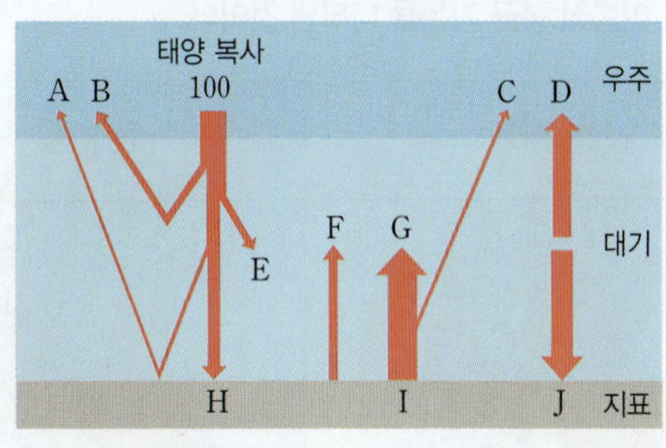

이에 대한 설명으로 옳은 것만을 ⟨보기⟩에서 있는 대로 고른 것은?

보기
ㄱ. C+D=E+H이다.
ㄴ. C는 대부분 가시광선 영역에서 방출된다.
ㄷ. 대기 중 이산화 탄소 농도가 증가하면 J가 감소한다.

① ㄱ ② ㄴ ③ ㄱ, ㄷ
④ ㄴ, ㄷ ⑤ ㄱ, ㄴ, ㄷ

12

그림은 태평양 해수의 표층 순환과 대기 대순환을 나타낸 것이다.

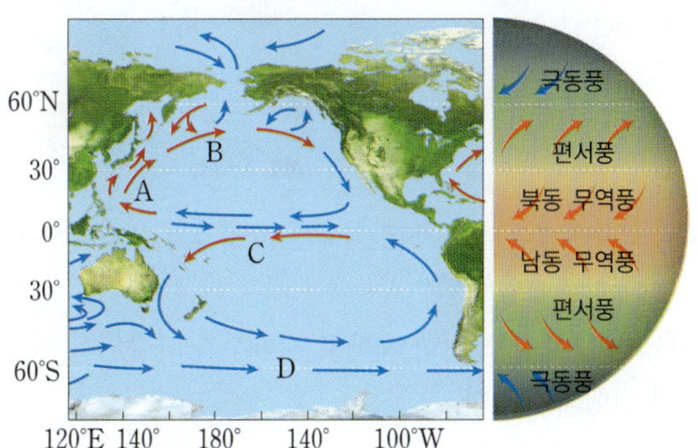

이에 대한 설명으로 옳은 것만을 ⟨보기⟩에서 있는 대로 고른 것은?

보기
ㄱ. A는 저위도의 에너지를 고위도로 전달한다.
ㄴ. B와 D는 동쪽에서 서쪽으로 흐른다.
ㄷ. C는 편서풍에 의해 형성되었다.

① ㄱ ② ㄷ ③ ㄱ, ㄴ
④ ㄴ, ㄷ ⑤ ㄱ, ㄴ, ㄷ

13 서술형

그림 (가)와 (나)는 각각 1991~2000년과 2011~2020년의 우리나라 여름철 평균 기온을 나타낸 것이다.

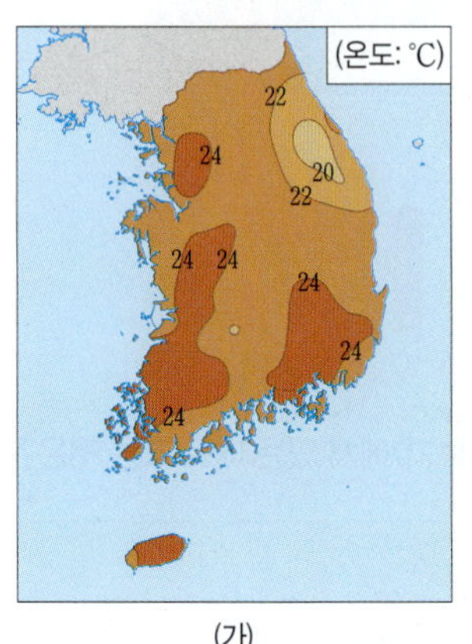

(가)

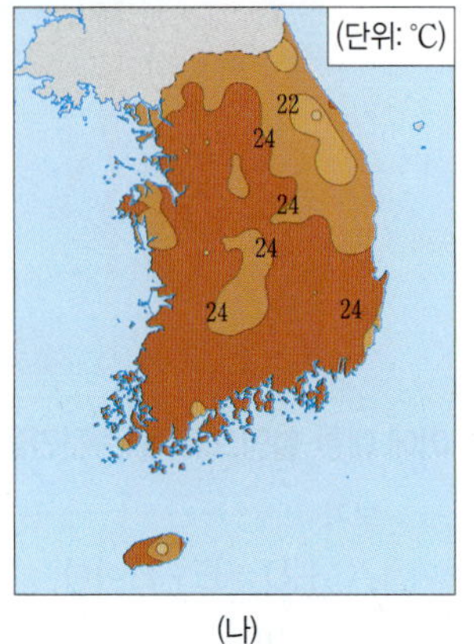

(나)

(가) 시기와 비교하여 (나) 시기에 우리나라 전역의 여름철 평균 기온이 대체로 어떻게 변화했는지 쓰고, 서울, 경기도, 강원도 지역과 남해안, 제주도 지역의 기온 변화를 비교해 설명하시오.

14

다음은 사막 및 사막화 지역과 사막화의 원인 중 일부를 설명한 것이다.

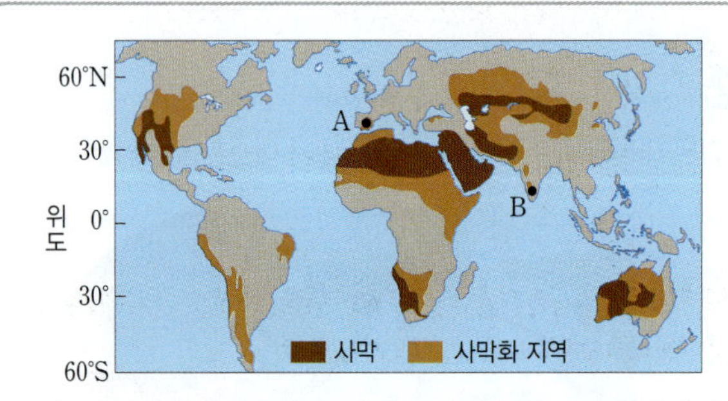

- A 지역: 대규모 농작물 재배로 지하수가 고갈되어 사막화가 진행되고 있다.
- B 지역: 대규모 면화 재배로 지하수가 고갈되어 사막화가 진행되고 있다.

이에 대한 설명으로 옳은 것만을 <보기>에서 있는 대로 고른 것은?

보기

ㄱ. 사막은 주로 적도에 분포한다.
ㄴ. 사막화는 위도 30° 이하의 저위도에서만 발생한다.
ㄷ. 과다한 토지 경작은 사막화를 가속할 수 있다.

① ㄱ ② ㄷ ③ ㄱ, ㄴ
④ ㄴ, ㄷ ⑤ ㄱ, ㄴ, ㄷ

15

그림은 북반구 여름철에 관측한 태평양 적도 부근 해역의 표층 수온 편차(관측값－평년값)를 나타낸 것이다. 이 시기는 엘니뇨와 라니냐 시기 중 하나이다.

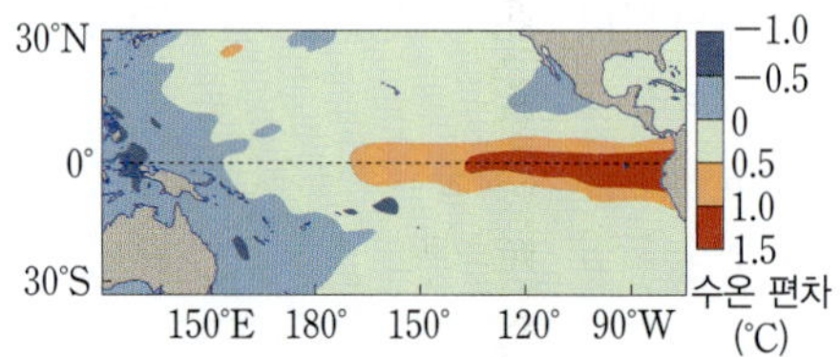

이 시기에 대한 설명으로 옳은 것만을 <보기>에서 있는 대로 고른 것은?

보기

ㄱ. 무역풍의 세기는 평년보다 약하다.
ㄴ. 서태평양 적도 부근 해역의 강수량은 평년보다 적다.
ㄷ. 동태평양 적도 부근 해역의 해수면 기압은 평년보다 낮다.

① ㄱ ② ㄷ ③ ㄱ, ㄴ
④ ㄴ, ㄷ ⑤ ㄱ, ㄴ, ㄷ

16

그림 (가)와 (나)는 평상시와 엘니뇨 시기의 적도 부근 해역의 모습을 순서 없이 나타낸 것이다.

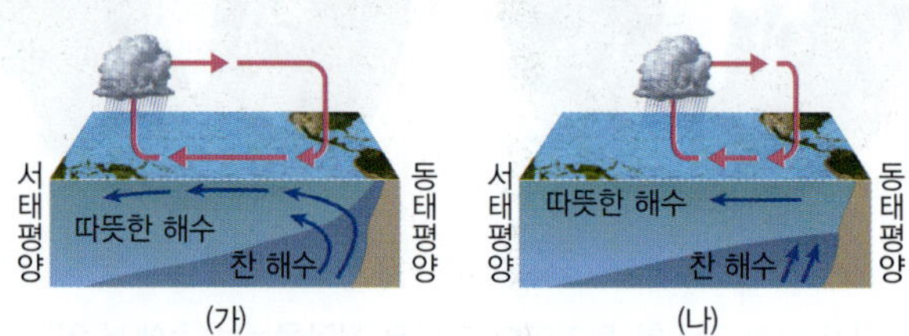

(가) 시기가 (나) 시기에 비해 큰 값을 갖는 것만을 <보기>에서 있는 대로 고른 것은?

보기

ㄱ. 무역풍의 세기
ㄴ. 서태평양 적도 부근 해역의 반사율
ㄷ. 동태평양 적도 부근 해역의 표층 수온

① ㄱ ② ㄷ ③ ㄱ, ㄴ
④ ㄴ, ㄷ ⑤ ㄱ, ㄴ, ㄷ

02 에너지

17

그림은 태양의 내부 구조를 나타낸 것이다.

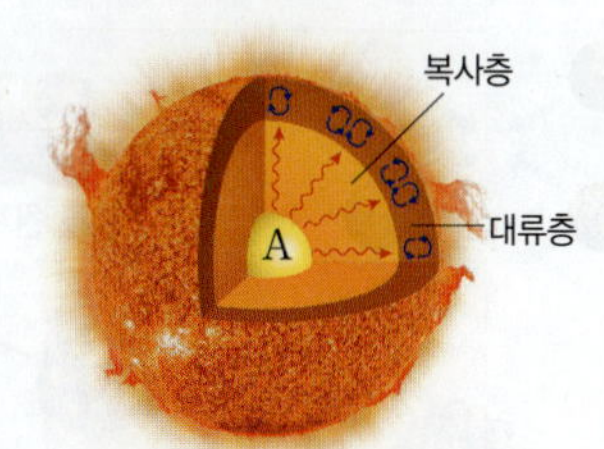

이에 대한 설명으로 옳은 것은?

① A에서 핵분열 반응이 일어난다.
② 핵반응 과정에서 질량이 줄어든다.
③ A에는 수소와 헬륨이 기체 분자 상태로 존재한다.
④ A에서 생성된 에너지의 대부분이 지구에 전달된다.
⑤ 에너지가 표면으로 전달될 때 복사층에서 대류가 일어난다.

18

그림은 태양 중심부에서 일어나는 핵반응을 나타낸 것이다.

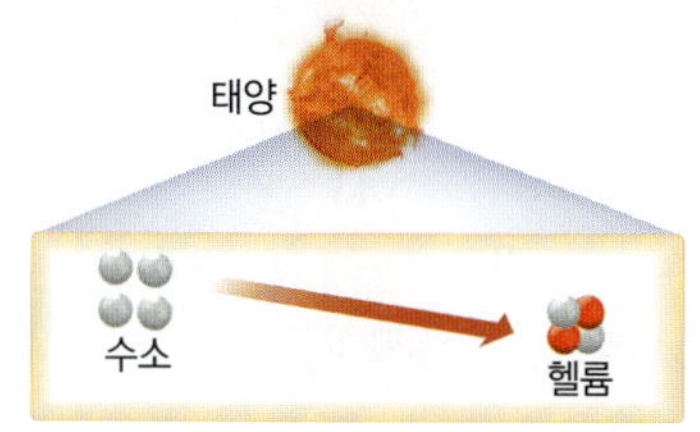

이에 대한 설명으로 옳은 것만을 <보기>에서 있는 대로 고른 것은?

보기
ㄱ. 핵융합 반응이다.
ㄴ. 에너지가 방출된다.
ㄷ. 방사성 물질이 생성된다.

① ㄱ　　② ㄴ　　③ ㄷ
④ ㄱ, ㄴ　　⑤ ㄴ, ㄷ

19

다음은 기상 현상이 나타나는 과정에 대한 설명이다.

태양 표면에서 지구까지 (㉠)을/를 통해 전달된 태양 에너지는 기권과 수권에서 (㉡)의 형태로 흡수되어 물을 증발시키고, 수증기가 상승하여 구름을 형성한다. 무거워진 물방울이 중력의 작용으로 아래로 떨어지면 비가 내린다. 이 과정에서 태양 에너지는 물방울의 (㉢)(으)로 전환된다.

㉠~㉢에 들어갈 말을 옳게 짝 지은 것은?

	㉠	㉡	㉢
①	대류	열에너지	운동 에너지
②	대류	화학 에너지	운동 에너지
③	복사	열에너지	화학 에너지
④	복사	열에너지	역학적 에너지
⑤	복사	화학 에너지	열에너지

20

그림 (가)~(라)는 검류계가 연결된 코일과 자석의 운동을 나타낸 것이다. (가)~(라)에서 자석이나 코일이 움직이는 속력은 모두 같다.

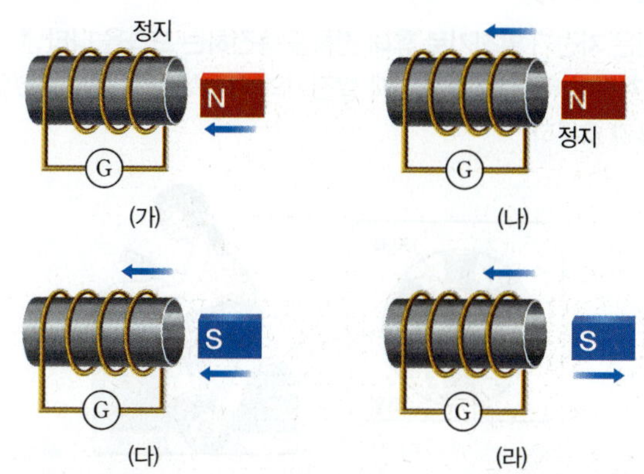

검류계에 흐르는 전류의 방향이 같은 것끼리 짝 지은 것으로 옳은 것은?

① (가), (나)　　② (가), (다)　　③ (가), (라)
④ (나), (다)　　⑤ (나), (라)

21

다음은 전자기 유도 실험 과정이다.

(가) 자석 1개, 4회 감은 코일 A, 8회 감은 코일 B, 검류계를 준비한다.
(나) 자석을 A에 일정한 속력으로 접근시킨다.
(다) 자석을 (나)와 같은 속력으로 B에 접근시킨다.
(라) 자석을 (다)에서보다 빠른 속력으로 B에서 멀어지게 한다.

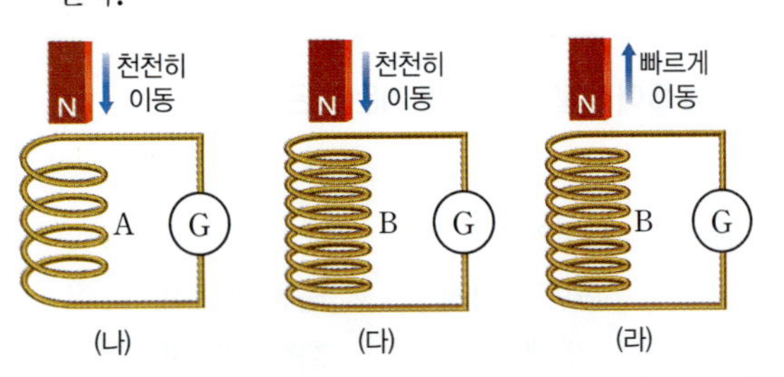

이에 대한 설명으로 옳은 것만을 <보기>에서 있는 대로 고른 것은?

보기
ㄱ. 검류계에 흐르는 전류의 방향은 (나)와 (다)에서 같다.
ㄴ. 유도 전류의 최댓값은 (다)가 (라)보다 작다.
ㄷ. 자석이 받는 자기력의 방향은 (나)와 (라)에서 같다.

① ㄱ ② ㄷ ③ ㄱ, ㄴ
④ ㄴ, ㄷ ⑤ ㄱ, ㄴ, ㄷ

22 서술형

그림은 자전거 발전기로 휴대 전화를 충전하는 모습을 나타낸 것이다. 자전거 바퀴가 돌아갈 때 발전기의 자석이 회전하면서 코일에 전류가 흐른다.

사람의 화학 에너지가 전환되는 과정을 다음 용어를 모두 포함하여 설명하시오.

화학 에너지, 전기 에너지, 운동 에너지, 전자기 유도

23

그림 (가), (나)는 핵융합과 핵분열 반응을 순서 없이 나타낸 것이다. 핵분열 반응에서 방출되는 에너지는 핵융합 반응에서 방출되는 에너지보다 크다.

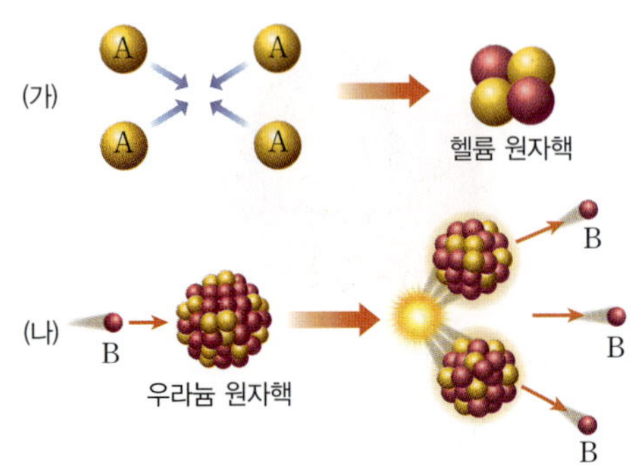

이에 대한 설명으로 옳은 것은?

① 핵융합 반응은 (나)이다.
② A와 B는 같은 물질이다.
③ 핵발전소의 원자로에서는 (가)가 일어난다.
④ 핵반응 전후에 감소한 질량은 (가)가 (나)보다 작다.
⑤ (가), (나)에서 모두 감소한 에너지가 질량으로 전환된다.

24

그림은 여러 가지 에너지와 에너지의 전환의 예를 나타낸 것이다.

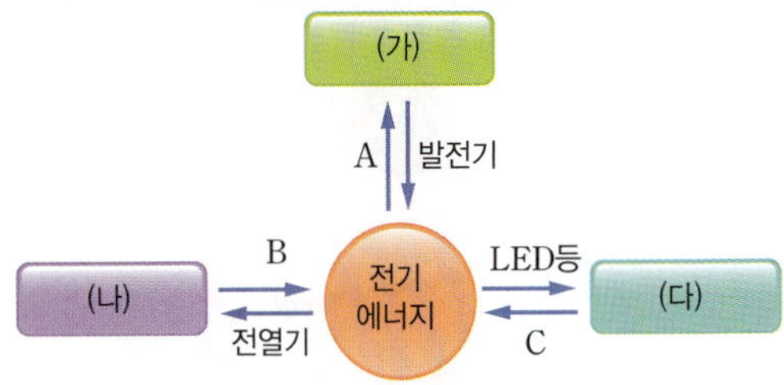

이에 대한 설명으로 옳은 것만을 <보기>에서 있는 대로 고른 것은?

보기
ㄱ. A는 전기 에너지를 모두 (가)로 전환한다.
ㄴ. 태양열 발전은 B, 태양광 발전은 C로 적당하다.
ㄷ. 백열 전구는 (나)와 (다)를 동시에 방출한다.

① ㄱ ② ㄴ ③ ㄱ, ㄷ
④ ㄴ, ㄷ ⑤ ㄱ, ㄴ, ㄷ

25 

표는 화석 연료만을 이용하는 자동차 A, B의 엔진에 공급되는 에너지와 엔진이 하는 일을 나타낸 것이다.

구분	A	B
엔진에 공급되는 에너지(kJ)	100	80
엔진이 하는 일(kJ)	18	16

A, B가 같은 거리를 이동하여 엔진이 같은 일을 했을 때, 에너지 효율을 근거로 하여 A, B가 배출하는 온실 가스의 양을 비교해 설명하시오.

26

그림은 열기관 A～E에 공급한 열과 열기관이 방출한 열을 나타낸 것이다.

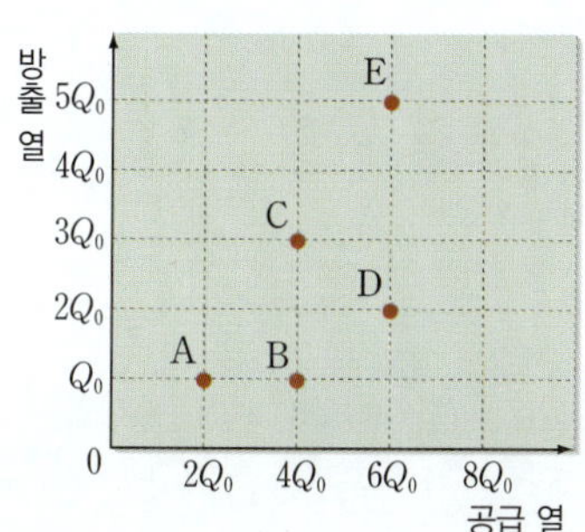

A～E 중에서 같은 일을 하기 위해 가장 적은 열이 필요한 것은?

① A ② B ③ C ④ D ⑤ E

27

그림은 신재생 에너지를 이용하는 발전 방식으로 (가)는 수소 에너지, (나)는 태양광 발전을 나타낸 것이다.

(가)

(나)

(가), (나)의 공통점만을 <보기>에서 있는 대로 고른 것은?

보기

ㄱ. 발전 과정에서 온실 기체를 방출하지 않는다.
ㄴ. 발전량을 계획적으로 조절할 수 있다.
ㄷ. 전자기 유도를 이용하지 않는다.

① ㄴ ② ㄷ ③ ㄱ, ㄴ ④ ㄱ, ㄷ ⑤ ㄱ, ㄴ, ㄷ

28

그림은 신재생 에너지를 이용하는 발전 방식 A, B, C의 원리를 간단하게 나타낸 것이다. A, B, C는 각각 태양광 발전, 조력 발전, 지열 발전을 순서 없이 나타낸 것이다.

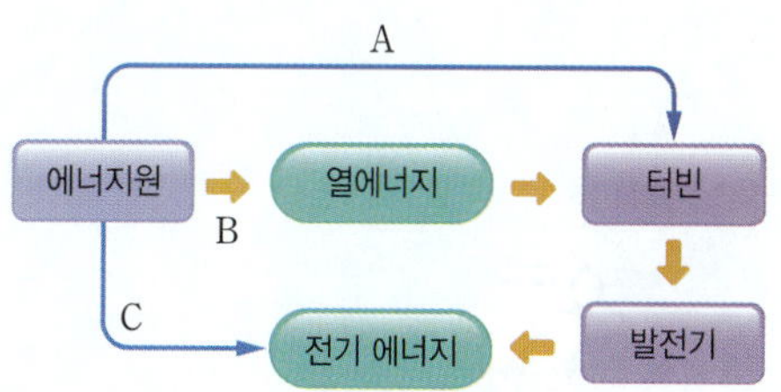

이에 대한 설명으로 옳은 것만을 <보기>에서 있는 대로 고른 것은?

보기

ㄱ. A는 설치 가능 지역이 제한적이다.
ㄴ. B는 해양 생태계에 영향을 미친다.
ㄷ. C로 큰 전력을 얻기 위해서는 넓은 면적이 필요하다.

① ㄱ ② ㄷ ③ ㄱ, ㄴ ④ ㄱ, ㄷ ⑤ ㄴ, ㄷ

Ⅲ 과학과 미래 사회

이 단원 한 줄 요약

과학기술의 발전은 미래 사회에 긍정적 영향과 부정적 영향을 모두 줄 수 있으므로 건전한 가치 판단과 윤리 의식을 바탕으로 하여 책임 있게 과학기술을 적용하고 활용해야 한다.

◆ 이 단원의 학습 연계

선수 학습	이 단원의 학습
중학교 • 과학과 인류의 지속가능한 삶 통합과학1 • 물질과 규칙성	• 감염병 진단 방법 • 과학의 유용성 • 빅데이터 • 과학기술의 발전과 한계 • 과학 윤리

통합과학2 이전에 배운 내용을 떠올리면서 빈칸에 들어갈 알맞은 말을 쓰시오.

1

□□은/는 여러 개의 뉴클레오타이드가 결합하여 형성된 물질로 DNA와 RNA가 있다.

2

컴퓨터가 정보를 학습하여 인간처럼 일을 처리할 수 있게 만드는 기술을 □□□□ 기술이라고 한다.

답 | 1 핵산 2 인공지능

핵심 KEY word
감염병 진단 방법 | 빅데이터 | 과학기술의 발전과 한계 | 과학 관련 사회적 쟁점(SSI)

12강 과학과 미래 사회

1 과학의 유용성과 빅데이터의 활용

(1) 과학을 이용한 감염병의 진단과 추적

① **감염병**: 세균이나 바이러스 같은 병원체에 의해 생기는 질병이다.

② **감염병 진단 방법**: 과학 원리가 활용된다.

구분	단백질을 이용한 감염병 진단 검사 (항원항체반응의 과학 원리를 활용)	핵산을 이용한 감염병 진단 검사 (DNA 복제와 관련한 과학 원리를 활용)
진단 원리	• 병원체(항원)의 단백질을 검출하여 감염 여부를 확인하는 검사 방법이다.❶ • 검사 대상자에게서 채취한 시료에 병원체의 단백질이 포함되어 있어 검출 시약의 색을 변하게 하면 감염병에 걸렸다고 판단한다.	• 병원체의 핵산을 여러 차례 증폭(복제)하여 감염 여부를 확인하는 검사 방법이다. • 검사 대상자에게서 채취한 시료에서 병원체의 핵산을 증폭시켰을 때 핵산의 양이 늘어나면 감염병에 걸렸다고 판단한다.
특징	핵산을 이용한 감염병 진단 검사보다 정확도가 낮지만 진단 속도가 빨라 감염 여부를 신속하게 확인할 수 있다.	단백질을 이용한 감염병 진단 검사보다 진단 속도가 느리지만 감염 여부를 정확하게 확인할 수 있다.
이용	신속 항원 검사, 감염병 자가 진단 도구	중합효소연쇄반응(PCR) 검사

③ **감염병의 추적**: 감염병의 확산 규모를 파악하고 전파 경로를 추적하는 데 인공지능, 정보 통신 기술,*빅데이터 기술 등이 활용된다. ➜ 과학이 유용하게 활용된다.

(2) 과학을 이용한 미래 사회 문제의 해결

과학은 미래 사회의 여러 문제를 예측하고, 해결하는 데 유용하게 이용될 수 있다.

문제	과학적 해결 방안
화석 연료 고갈로 인한 에너지 부족이 우려되고 있다.	화석 연료에 의존하지 않는 신재생 에너지를 개발한다.
지구 온난화가 심해지면서 기후 변화로 인한 자연재해가 증가하고 있다.	온실 기체의 배출을 줄이는 탄소 저감 기술, 신재생 에너지를 개발한다.

(3) 빅데이터의 활용

① **빅데이터**: 방대하고 복잡한 데이터의 집합을 빅데이터라고 한다. ➜ 센서와 정보 통신 기술의 발달로 다양한 데이터를 실시간으로 수집하고 전환할 수 있게 되면서 등장한 개념이다.

② **빅데이터의 활용 분야**: 빅데이터를 분석하여 복잡한 문제를 빠르게 해결할 수 있다.❷

활용 분야	활용되는 빅데이터	효과
과학 실험	여러 연구자가 실험한 대량의 연구 자료	연구 결과의 정확성을 높이고, 복잡한 문제를 해결할 수 있다.
기상 관측	다양한 관측소와 인공위성으로 얻은 대량의 기상 관련 자료	일기예보의 정확도를 높이고, 장기간의 기후 변화를 예측할 수 있다.
유전체 분석	다양한 생물의 유전체 연구 자료	개인에게 발생 가능한 질병을 예측하고, 유전자에 맞춘 치료법을 개발할 수 있다.
신약 개발	기존의 약물과 화학 물질 관련 자료	신약 후보 물질과 합성법을 찾는 시간을 단축하여 짧은 기간 안에 신약을 개발할 수 있다.

③ **빅데이터 활용의 문제점**:*편향되거나 충분히 검증되지 않은 정보가 수집되어 잘못된 결론을 도출할 수 있고, 데이터를 수집·분석·관리하는 과정에서 개인 정보가 유출될 수 있다. ➜ 문제점을 최소화하기 위해 노력하고, 빅데이터를 올바르게 활용하는 방안을 찾아 실천해야 한다.

이전에 배운 내용

• **핵산**: 인산, 당, 염기로 이루어진 뉴클레오타이드가 결합하여 긴 사슬 모양으로 형성된 고분자 물질로, DNA와 RNA가 있다.

❶ 병원체(항원)의 검출

• **병원체(항원)**: 우리 몸에 침입해 면역반응을 일으키는 물질이다.
• **항체**: 병원체에 대항하기 위해 우리 몸에서 만들어진 물질로 특정 항원에만 결합하는 특성이 있다.
• **항원의 검출법**: 병원체와 검출 시약 속의 항체가 결합하는 항원항체 반응을 이용한다.

암기 비법

감염병의 진단
항단은 신속하고, 핵폭탄은 정확하다.
→ 항원의 단백질을 검출하는 검사 방법은 신속 항원 검사에 이용되고, 핵산을 증폭시켜 확인하는 검사 방법은 정확한 PCR 검사에 이용된다.

❷ 빅데이터의 활용 사례

• 언어 빅데이터를 활용해 외국어를 상황에 맞게 번역한다.
• 학습 분석 빅데이터를 이용해 학생별로 맞춤 교육을 제공한다.
• 상품 구매 빅데이터를 활용해 개인별로 유용한 상품 정보를 제공한다.
• 통화량 및 교통 카드 빅데이터로 유동 인구를 분석해 심야 버스 노선을 결정한다.

2 과학기술의 발전과 윤리

(1) 과학기술의 발전과 한계

① **과학기술이 활용되는 분야**

과학기술	특징	활용 사례
인공지능 로봇	• 인공지능 기술을 활용하여 상황을 스스로 판단하며 자율적으로 움직이는 로봇이다. • 센서를 통해 주변 상황을 인식하고 입력된 명령을 수행하기 위한 판단을 내려 행동을 결정한다.	• 자율주행 자동차의 인공지능이 도로의 상태나 교통 상황을 감지하여 최적의 경로로 목적지까지 운행한다. • 로봇 청소기, 안내 로봇, 서빙 로봇 등을 이용해 사람이 하는 일을 돕는다.
사물 인터넷(IoT)	• 각종 사물에 센서와 통신 기능을 내장하고 인터넷에 연결하여 실시간으로 얻은 정보를 전송하고 통신하는 기술이다. • 실시간으로 다양한 정보를 수집하여 문제 상황을 인식하고, 원격 제어를 통해 문제에 대처할 수 있다.❸	• 집 안의 조명, 온도, 보안 잠금 등의 정보를 실시간으로 수집하고 원격으로 조절한다. • 교통 정보를 실시간으로 수집하거나 주차장의 빈자리 정보를 쉽게 찾는다. • 공장에서 생산량을 효율적으로 조절하고, 사고가 발생했을 때 실시간으로 대처한다.

② **과학기술의 유용성과 한계:** 과학기술의 발전은 여러 방면에 유용하기도 하지만, 한계와 문제점도 있어 양면성을 띠고 있다. ➜ 관련 법률과 윤리적 지침이 필요하고, 건전한 가치 판단에 따라 책임 있게 과학기술을 이용해야 한다.

과학기술	유용성	한계점
인공지능	• 산업 현장에서 생산성이 증가한다. • 다양한 문제 상황에서 최적의 결과를 산출하는 데 활용할 수 있다.	• 인공지능의 판단에 대한 윤리적 문제가 발생할 수 있다. • 인공지능 기술을 이용한 창작물의 지식 재산권 문제가 발생할 수 있다.❹
로봇	화재 현장 등 위험한 곳에서 로봇을 이용하여 안전하게 문제를 해결할 수 있다.	로봇이 인간을 대체하면서 일자리가 감소할 수 있다.
정보 통신 기술	• 필요한 정보를 빠르고 쉽게 활용할 수 있다. • 일 처리 속도가 증가한다. • 일상생활이 자동화되고 원거리에서 기기를 조작할 수 있어 편의성이 증가한다.	• 개인 정보가 유출될 수 있다. • 익명성을 악용한 허위 사실 유포나 사이버 언어폭력 문제가 발생할 수 있다. • 해킹의 위험성이 있다.

(2) 과학 관련 사회적 쟁점*과 과학 윤리

① **과학 관련 사회적 쟁점(SSI, Socio-Scientific Issues):** 과학기술의 발전 과정에서 발생하는 사회적 · 윤리적 문제를 의미한다. — 과학기술의 영향은 여러 분야에서 복합적으로 나타나므로 예측하지 못한 다양한 쟁점이 발생할 수 있다.

쟁점 소재	의견	
	찬성	반대
신재생 에너지 활용의 확대	에너지 부족 문제를 해결할 수 있고, 운영 과정에서 환경 오염 물질을 적게 배출한다.	발전소를 설치하고 운영하는 과정에서 생태계를 파괴할 수 있다.
유전자 편집 기술	신약 개발, 유전 질환 치료에 활용할 수 있고, 유전자 변형 생물을 개발하여 이용할 수 있다.	생명 윤리를 침해할 수 있고, 안전성의 문제가 있다.
자율 주행 자동차의 운행	인공지능이 다양한 정보를 수집하여 처리하므로 사람의 실수로 인한 교통사고의 위험성이 감소한다.	기술적 오류로 사고가 일어나게 되었을 때 윤리적 문제와 법적 책임 문제가 발생할 수 있다.

② **과학 윤리:** 과학기술을 연구하고 이용할 때 지켜야 할 윤리적 원칙과 기준을 의미한다.

• 과학기술 관련 문제가 발생했을 때는 과학적 이해와 윤리적 태도를 기반으로 가치 판단해야 한다. ➜ 과학기술이 바람직하게 발전하기 위해서 과학 윤리를 지켜야 한다.❺

❸ 스마트팜
센서, 정보 통신 기술, 빅데이터 기술 등을 이용하여 농장의 환경을 제어하는 기술이다. 센서로 농장의 온도, 습도, 일조량 등을 측정하고, 이 데이터를 사물 인터넷 기능을 갖춘 장비에 전송해 농작물의 재배에 알맞은 환경을 자동으로 유지할 수 있다.

❹ 지식 재산권
교육, 연구, 문화, 예술, 기술 등 인간의 창작물이나 창작 방법 등에 부여된 재산에 대한 권리를 의미한다. 지식 재산권은 인간의 정신적 창작물에 법적인 권리를 부여함으로써 인간이 적극적으로 창작을 할 수 있도록 보호하는 장치가 된다.

❺ 연구 윤리
과학자가 과학기술을 연구하고 이용하면서 지켜야 할 원칙이나 행동 양식을 연구 윤리라고 한다.
- **정직성과 개방성:** 연구 절차와 결과를 조작하거나 거짓으로 만들어 내지 않고, 연구 내용을 공개한다.
- **실험 대상에 대한 존중:** 실험 대상을 윤리적으로 대하며 실험 대상의 생명과 존엄성을 존중한다.
- **지식 재산권 존중:** 다른 과학자의 연구 결과를 함부로 사용하지 않는다.
- **상호 존중:** 함께 연구하는 동료들을 존중하고 연구 참여자들의 성과를 공정하게 나눈다.
- **사회적 책임:** 사회에 악영향을 미치는 연구는 피하고 공공의 이익을 위해 노력한다.

용어 뜻풀이
* **빅데이터(Big Data):** 기존의 기술로는 수집 · 저장 · 분석하기 어려울 만큼 매우 방대한 양의 데이터를 의미한다.
* **편향**(치우칠 偏, 향할 向): 한쪽으로 치우친 것을 말한다.
* **쟁점**(다툴 爭, 점 點): 서로 다른 의견을 가진 사람들이 자기 주장을 내세우며 다툴 때 그 중심이 되는 내용이다.

바른답·알찬풀이 62쪽

개념 확인 초성 Quiz

1 ㄱ ㅇ ㅂ 의 진단과 추적에 과학이 활용된다.

2 병원체의 ㄷ ㅂ ㅈ 을/를 검출하는 감염병 진단 방법은 진단 시간이 짧아 감염 여부를 신속하게 확인할 수 있다.

3 ㅂ ㄷ ㅇ ㅌ 은/는 방대하고 복잡한 데이터의 집합을 의미한다.

4 ㅇ ㄱ ㅈ ㄴ ㄹ ㅂ 은/는 인공지능 기술을 활용하여 상황을 스스로 판단하며 자율적으로 움직인다.

5 과학기술의 발전 과정에서 발생하는 사회적 · 윤리적 문제를 과학 관련 사회적 ㅈ ㅈ (이)라고 한다.

1 과학의 유용성과 빅데이터의 활용

01 사회의 여러 문제를 해결하기 위해 과학기술을 활용하는 사례로 옳은 것만을 〈보기〉에서 있는 대로 고르시오.

보기
ㄱ. 감염병을 진단하여 치료하고, 감염병의 확산을 막기 위해 전파 경로를 추적한다.
ㄴ. 탄소 저감 기술을 개발하여 지구 온난화로 인한 기후 변화 문제를 해결하고자 노력한다.
ㄷ. 신재생 에너지의 개발로 화석 연료 고갈에 따른 에너지 부족 문제를 극복하고자 노력한다.

02 빅데이터에 대한 설명으로 옳은 것은 ○표, 옳지 않은 것은 ×표 하시오.

(1) 복잡한 문제를 오랜 시간에 걸쳐 해결하는 데 이용한다. ( )
(2) 빅데이터를 활용하면 연구 결과의 정확성을 높일 수 있다. ( )
(3) 과학, 의학, 산업 등의 일부 전문 분야에서 활용되고 있으며, 일상생활에서는 활용되지 않는다. ( )
(4) 이용 과정에서 검증되지 않은 데이터를 사용하면 잘못된 결론을 도출할 우려가 있으므로 주의해야 한다. ( )

2 과학기술의 발전과 윤리

03 다음은 어떤 과학기술에 대한 설명이다. ( ) 안에 들어갈 알맞은 말을 쓰시오.

( )은/는 각종 사물에 센서와 통신 기능을 내장하고 인터넷에 연결하여 정보를 전송하고 통신하는 기술이다.

04 과학기술의 유용성에 대한 설명으로 옳은 것만을 〈보기〉에서 있는 대로 고르시오.

보기
ㄱ. 인공지능을 이용해 산업 현장에서 생산성을 향상시킨다.
ㄴ. 화재 현장에 로봇을 투입하여 안전하게 화재를 진압한다.
ㄷ. 집 안의 가전제품을 인터넷에 연결하여 해킹의 위험이 줄어든다.

05 다음 설명의 ( ) 안에 들어갈 말로 가장 적절한 것은?

현대 사회에서 과학기술의 영향력이 커짐에 따라 과학기술을 연구하고 이용하는 과정에서 윤리 문제가 발생하게 된다. 이에 따라 과학기술이 바람직하게 발전하기 위해서는 ( )을/를 지키면서 과학기술을 연구하고 이용해야 한다.

① 과학 쟁점 ② 과학 윤리 ③ 과학기술
④ 과학 정책 ⑤ 과학 법률

1 과학의 유용성과 빅데이터의 활용

01 감염병에 대한 설명으로 옳은 것만을 〈보기〉에서 있는 대로 고른 것은?

> 보기
> ㄱ. 세균이나 바이러스와 같은 병원체에 의해 생기는 질병이다.
> ㄴ. 병원체의 단백질 또는 핵산을 검출하여 진단할 수 있다.
> ㄷ. 과학기술의 발전에 따라 감염병을 진단하는 것이 가능하다.

① ㄱ ② ㄴ ③ ㄱ, ㄷ
④ ㄴ, ㄷ ⑤ ㄱ, ㄴ, ㄷ

중요 **02** 그림은 감염병을 진단하는 2가지 방법을 나타낸 것이다.

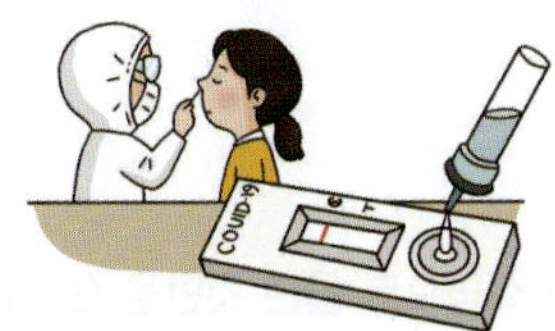

(가) 신속 항원 검사

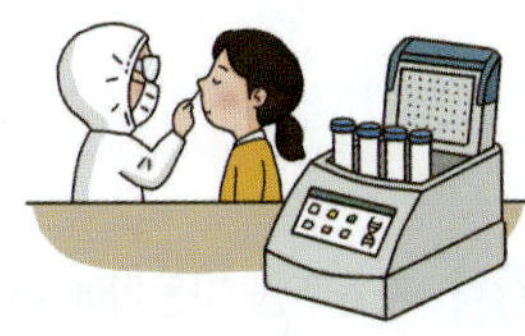
(나) 중합효소연쇄반응(PCR) 검사

이에 대한 설명으로 옳지 않은 것은?

① (가)와 (나)에는 과학 원리가 활용된다.
② (가)에서는 병원체의 단백질을 검출하여 감염 여부를 확인한다.
③ (나)에서는 병원체의 핵산을 증폭하여 감염 여부를 확인한다.
④ (가)는 (나)보다 정확하게 감염 여부를 확인할 수 있다.
⑤ (가)는 (나)보다 빠르게 감염 여부를 확인할 수 있다.

03 표는 감염병 X의 진단 실험에서 시험관 (가)~(다)에 포획 항체, 진단 시료, 검출 시약, 진단 반응물을 순서대로 첨가한 뒤 나타난 결과를 나타낸 것이다.

시험관	(가)	(나)	(다)
진단 시료	감염 확인 시료	비감염 확인 시료	사람 A 시료
결과	붉은색으로 변함.	변화 없음.	붉은색으로 변함.

이에 대한 설명으로 옳은 것만을 〈보기〉에서 있는 대로 고른 것은?

> 보기
> ㄱ. 사람 A는 감염병 X에 감염되었다.
> ㄴ. (가)에는 병원체의 단백질이 들어 있다.
> ㄷ. 이 실험으로 감염병 자가 진단 도구의 원리를 설명할 수 있다.

① ㄱ ② ㄷ ③ ㄱ, ㄴ
④ ㄴ, ㄷ ⑤ ㄱ, ㄴ, ㄷ

04 그림은 사람 A와 B로부터 채취한 시료에서 병원체 X의 핵산을 증폭시킨 결과를 나타낸 것이다.

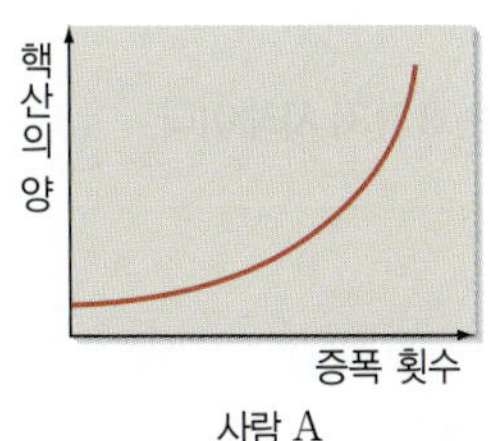

사람 A

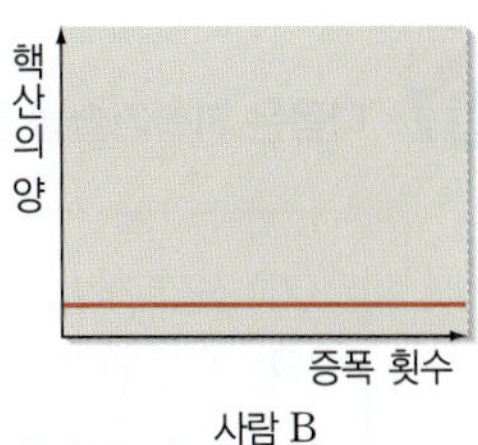

사람 B

이에 대한 설명으로 옳은 것만을 〈보기〉에서 있는 대로 고른 것은?

> 보기
> ㄱ. 병원체 X에 감염된 사람은 A이다.
> ㄴ. 증폭 횟수를 늘리면 사람 B의 핵산의 양이 증가하는 것을 확인할 수 있다.
> ㄷ. 중합효소연쇄반응(PCR) 검사에 이용되는 감염병 진단 방법이다.

① ㄱ ② ㄴ ③ ㄱ, ㄷ
④ ㄴ, ㄷ ⑤ ㄱ, ㄴ, ㄷ

05 미래 사회의 문제와 이를 해결하는 데 적합한 과학기술을 짝지은 것으로 적절하지 않은 것은?

	문제	과학기술
①	화석 연료 고갈	생분해성 소재 개발
②	화석 연료 고갈	신재생 에너지 개발
③	지구 온난화로 인한 기후 변화	탄소 저감 기술 개발
④	지구 온난화로 인한 기후 변화	신재생 에너지 개발
⑤	환경 오염에 따른 생태계 파괴	생분해성 소재 개발

06 빅데이터와 관련 있는 설명으로 옳지 않은 것은?

① 빅데이터는 방대한 양의 데이터 집합을 의미한다.
② 빅데이터를 분석하면 문제 상황에 대한 다양한 예측이 가능하다.
③ 빅데이터를 활용하면 현상을 빠르게 이해할 수 있지만 예측의 정확도가 떨어진다.
④ 데이터를 효과적으로 저장하고 처리하는 기술이 발전하면서 등장한 개념이다.
⑤ 센서의 개발, 정보 통신 기술의 발달, 인공위성의 발달 등으로 다양한 정보를 실시간으로 얻어낼 수 있다.

중요

07 다음은 과학기술을 활용하는 3가지 사례이다.

(가) 신약 개발
(나) 기상 관측
(다) 개인 맞춤형 광고 제공

이에 대한 설명으로 옳은 것만을 〈보기〉에서 있는 대로 고른 것은?

보기
ㄱ. (가)~(다)에는 모두 빅데이터를 활용할 수 있다.
ㄴ. (나)에서 실시간 정보는 확인할 수 있지만 장기간의 기후 변화는 예측하기 어렵다.
ㄷ. (다)에서 개인 정보 유출의 문제가 발생할 수 있다.

① ㄴ ② ㄷ ③ ㄱ, ㄴ
④ ㄱ, ㄷ ⑤ ㄱ, ㄴ, ㄷ

2 과학기술의 발전과 윤리

08 그림은 생활 속에 이용되는 로봇의 예이다.

(가) 청소 로봇

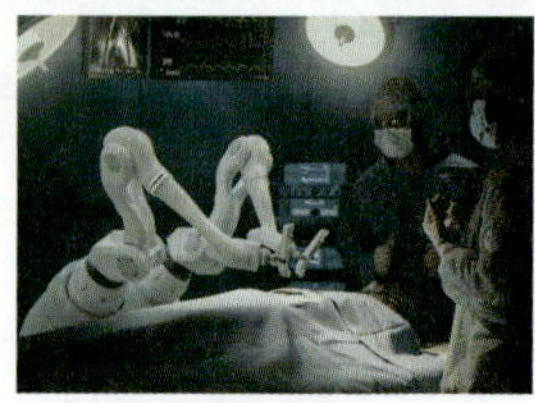
(나) 의료 로봇

이에 대한 설명으로 옳은 것만을 〈보기〉에서 있는 대로 고른 것은?

보기
ㄱ. (가)와 (나)는 인공지능 기술을 활용한 로봇이다.
ㄴ. (가)는 센서를 통해 정보를 수집하며 적절한 행동을 선택하고 수행한다.
ㄷ. (나)는 정해진 동작만 수행할 수 있다.

① ㄱ ② ㄷ ③ ㄱ, ㄴ
④ ㄴ, ㄷ ⑤ ㄱ, ㄴ, ㄷ

중요

09 자율주행 자동차에 대한 설명으로 옳은 것만을 〈보기〉에서 있는 대로 고른 것은?

보기
ㄱ. 인공지능 기술을 활용한다.
ㄴ. 기술적 오류가 발생하면 안전상의 문제가 생길 수 있다.
ㄷ. 센서를 통해 교통 상황을 감지하여 자동차의 속도를 조절할 수 있다.

① ㄱ ② ㄴ ③ ㄱ, ㄷ
④ ㄴ, ㄷ ⑤ ㄱ, ㄴ, ㄷ

바른답·알찬풀이 62쪽

10 그림은 생활 속에서 사물 인터넷(IoT)이 활용되는 2가지 예를 나타낸 것이다.

(가) 스마트팜

(나) 맞춤형 건강 관리

이에 대한 설명으로 옳은 것만을 ⟨보기⟩에서 있는 대로 고른 것은?

보기
ㄱ. (가)와 (나)에서 모두 실시간으로 얻은 정보를 전송하고 통신한다.
ㄴ. (가)에서 스마트 기기로 농장의 환경을 관리할 수 있다.
ㄷ. (나)에서는 센서로 개인의 건강 정보를 측정하고, 이를 실시간으로 전송하여 개인의 건강 관리에 도움을 줄 수 있다.

① ㄱ ② ㄷ ③ ㄱ, ㄴ
④ ㄴ, ㄷ ⑤ ㄱ, ㄴ, ㄷ

11 다음은 과학 윤리에 대한 학생 A ~ C의 대화이다.

과학기술을 연구하고 이용할 때 과학 윤리를 지켜야 해.

과학자는 연구 결과를 실제와 다르게 발표할 수 있어.

과학자는 사회에 악영향을 미치는 연구는 피하고 공공의 이익을 위해 노력해야 해.

제시한 내용이 옳은 학생만을 있는 대로 고른 것은?

① A ② B ③ A, C
④ B, C ⑤ A, B, C

단답형 · 서술형 문제

12 다음은 과학기술을 활용하는 사례에 대한 설명이다.

(가) 수많은 연구자들이 수집한 결과를 분석하여 개개인이 수행하기 어려운 과학 실험을 수행한다.
(나) 수만 명의 유전자 데이터를 분석하여 더 정확한 연구 결과를 얻는다.
(다) 심야 시간대의 교통카드 이용 정보를 분석하여 심야 버스 배차 시간을 조절한다.

(1) (가) ~ (다)에서 공통으로 이용된 과학기술을 쓰시오.

(2) (1)에서 답한 과학기술을 사용할 때의 장점과 문제점을 각각 1가지씩 설명하시오.

중요

13 다음은 과학 관련 사회적 쟁점 중 1가지를 설명한 것이다.

생명 공학 기술이 발전함에 따라 유전자 편집 기술이 많은 영역에서 연구, 활용되고 있다. 이 기술을 이용하면 DNA에 특정 유전자를 추가할 수도 있고, 반대로 특정 유전자를 인위적으로 삭제할 수도 있다.

(1) 유전자 편집 기술을 활용할 수 있는 방안을 1가지만 설명하시오.

(2) 유전자 편집 기술의 개발로 일어날 수 있는 문제점을 1가지만 설명하시오.

핵심 개념 QUIZ

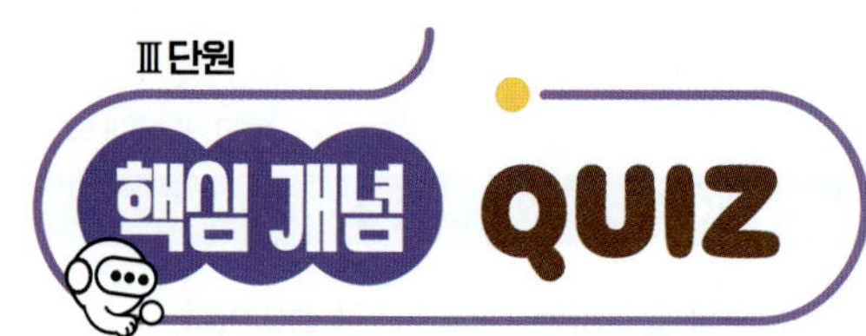

제시된 질문에 알맞은 답을 골라 도착점까지 무사히 이동해 보자.

❶ "감염병의 진단과 추적에 과학이 유용하게 활용된다."
㉠ ○ ···› 앞으로 1칸
㉡ × ···› 앞으로 2칸

앞으로 2칸 이동

뒤로 2칸 이동

❷ 방대하고 복잡한 데이터의 집합을 무엇이라고 하는가?
㉠ 인공지능 ···› 앞으로 2칸
㉡ 빅데이터 ···› 앞으로 1칸

앞으로 2칸 이동

뒤로 2칸 이동

❸ "과학기술의 발전은 모든 방면에서 유용하며 한계와 문제점이 없다."
㉠ ○ ···› 앞으로 1칸
㉡ × ···› 앞으로 2칸

뒤로 1칸 이동

앞으로 1칸 이동

❹ 과학기술의 발전 과정에서 발생하는 사회적·윤리적 문제를 무엇이라고 하는가?
㉠ 과학 관련 사회적 쟁점(SSI) ···› 앞으로 2칸
㉡ 과학 윤리 ···› 앞으로 1칸

뒤로 1칸 이동

앞으로 1칸 이동

도착

답 ❶ ㉠ ❷ ㉡ ❸ ㉡ ❹ ㉠

Ⅲ 과학과 미래 사회

01

표는 감염병 진단 방법에 대한 자료를 나타낸 것이다.

구분	(가)	(나)
분석 대상	병원체의 (㉠)	병원체의 단백질
원리	병원체의 (㉠)을/를 증폭하여 감염 여부를 확인	병원체의 단백질을 검출하여 감염 여부를 확인
이용	중합효소연쇄반응(PCR) 검사	㉡

이에 대한 설명으로 옳은 것만을 <보기>에서 있는 대로 고른 것은?

보기
ㄱ. ㉠은 항원이다.
ㄴ. ㉡은 신속 항원 검사이다.
ㄷ. (가)는 (나)보다 빠른 진단이 가능하다.

① ㄱ　② ㄴ　③ ㄱ, ㄷ
④ ㄴ, ㄷ　⑤ ㄱ, ㄴ, ㄷ

02

다음은 감염병이 발생했을 때 우리나라에서 시행된 감염병 확산 방지 대책이다.

(가) GPS, 카드 결제 내역 등의 정보를 바탕으로 감염자의 이동 경로를 확인한다.
(나) 진단 기술 및 백신과 치료제를 개발하여 이용한다.
(다) 공간의 방역과 소독을 철저히 한다.

(가)~(다)와 관련된 설명으로 옳은 것만을 <보기>에서 있는 대로 고른 것은?

보기
ㄱ. 정보 통신 기술의 발전으로 (가)의 과정을 빠르게 수행할 수 있었다.
ㄴ. 생명 과학 기술의 발전으로 (나)의 과정이 가능했다.
ㄷ. 방역 로봇과 같은 인공지능 로봇의 개발은 (다)의 과정을 빠르고 정확하게 수행하는 데 도움이 될 수 있다.

① ㄱ　② ㄷ　③ ㄱ, ㄴ
④ ㄴ, ㄷ　⑤ ㄱ, ㄴ, ㄷ

03

다음은 감염병 진단 원리를 체험하는 실험이다.

| 실험 과정 |
(가) 홈판을 뒤집어서 각 홈 밑면에 유성펜으로 1~4를 쓴다.
(나) 홈 1~4에 포획 항체를 각각 넣은 뒤 다음과 같이 진단 시료를 넣는다.

1	2	3	4
감염 확인 시료	비감염 확인 시료	사람 A의 시료	사람 B의 시료

(다) (나)의 홈에 검출 시약, 진단 반응물을 차례로 넣고 용액의 색 변화를 관찰한다.

| 실험 결과 |
- 용액의 색 변화가 있는 홈: 1, 4
- 용액의 색 변화가 없는 홈: 2, 3

이에 대한 설명으로 옳은 것만을 <보기>에서 있는 대로 고른 것은?

보기
ㄱ. 사람 A는 감염되었다.
ㄴ. 감염병 자가 진단 도구에 이용되는 진단 방법이다.
ㄷ. 사람 B의 시료에는 병원체의 단백질이 포함되어 있다.

① ㄱ　② ㄷ　③ ㄱ, ㄴ
④ ㄴ, ㄷ　⑤ ㄱ, ㄴ, ㄷ

04 서술형

다음은 미래 사회에 예상되는 문제와 관련된 기사의 일부이다.

지구 온난화로 해수면이 상승하고, 기후 변화 때문에 홍수가 잦아지면서 도시들이 점점 사라져 가고 있다. 현재와 같은 추세가 지속되면 저지대의 도시들이 바다 밑으로 사라질 수 있다. 이로 인해 각 지역은 경제적인 피해를 크게 입을 수 있고, '기후 난민'이 대거 발생할 수 있다.

위 기사에 제시된 문제 상황을 해결하기 위해 과학이 할 수 있는 일을 1가지만 설명하시오.

05

빅데이터의 활용 분야에 대한 설명이 옳은 것만을 <보기>에서 있는 대로 고른 것은?

보기
ㄱ. 의사소통 – 다양한 언어 빅데이터를 토대로 자동 번역 기술의 정확도를 높인다.
ㄴ. 유전체 분석 – 수만 명의 유전체 연구 자료를 분석하여 모든 환자를 같은 방법으로 치료한다.
ㄷ. 과학 실험 – 여러 연구자가 실험한 대량의 연구 자료를 분석하여 연구 결과의 정확성을 높인다.
ㄹ. 기상 관측 – 인공위성 및 센서를 이용한 실시간 기상 데이터를 활용하여 날씨 예측의 정확성을 높인다.

① ㄱ, ㄴ ② ㄱ, ㄷ ③ ㄴ, ㄹ
④ ㄱ, ㄷ, ㄹ ⑤ ㄴ, ㄷ, ㄹ

06

다음은 빅데이터를 활용하는 3가지 사례에 대한 설명이다.

(가) 지역별, 계절별 제품의 판매 내역 자료를 바탕으로 제품의 생산량을 조절한다.
(나) 고객의 검색 기록, 구매 내역 자료를 바탕으로 고객의 취향에 맞는 상품을 제시한다.
(다) 기존의 약물과 화학 물질 자료를 분석하여 새로운 의약품을 개발하는 기간을 단축한다.

이에 대한 설명으로 옳지 않은 것은?

① 다양한 경로로 수집한 데이터는 생활 속 여러 영역에서 유용하게 이용된다.
② (가)에서 수집한 정보가 편향될 경우 예측의 정확도가 떨어질 수 있다.
③ (나)의 과정에서 개인 정보 유출 및 사생활 침해의 문제가 발생할 수 있다.
④ (다)에서 출처와 상관없이 얻어 낸 많은 양의 데이터를 참고하면 정확하고 신뢰도 높은 결과를 도출할 수 있다.
⑤ 빅데이터 활용 과정에서 데이터를 선별하고 비판적으로 평가할 필요가 있다.

07

다음은 인공지능 로봇에 대한 설명이다.

인공지능 로봇은 인공지능 기술을 활용해 상황을 스스로 판단하여 자율적으로 움직이는 로봇이다. 이 로봇은 센서와 정보를 주고받으며 적절한 행동을 선택하거나 배우고 실행한다.

인공지능 로봇을 활용할 수 있는 분야를 <보기>에서 있는 대로 고른 것은?

보기
ㄱ. 물건을 위치 및 시간을 고려하여 배송하는 배송 드론
ㄴ. 대형 규모의 쇼핑몰에서 매장의 위치나 편의 시설을 안내해 주는 로봇
ㄷ. 물류 창고에서 물건을 체계적으로 정리하고 옮기는 데 사용되는 로봇

① ㄱ ② ㄷ ③ ㄱ, ㄴ
④ ㄴ, ㄷ ⑤ ㄱ, ㄴ, ㄷ

08 서술형

다음은 과학기술이 적용된 생활 속 상황에 대한 설명이다.

자율주행 자동차를 타고 출근하는 길에 오늘 업무에 필요한 물건을 드론 배송으로 주문하였다. 집을 나설 때 냉방기 전원을 끄는 것을 깜빡한 것 같아 스마트 기기를 이용해 집 안 가전제품의 전원 상태를 확인하였다.

(1) 제시된 상황에서 찾아볼 수 있는 과학기술 1가지를 설명하시오.

(2) (1)에서 답한 과학기술의 유용성과 한계점을 각각 1가지씩 설명하시오.

09

그림은 과학기술이 활용된 2가지 예이다.

(가) 청소 로봇

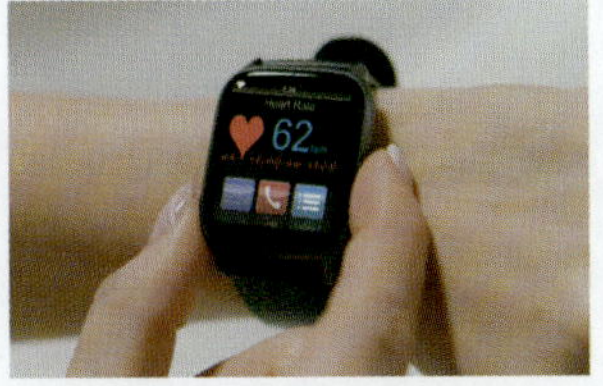

(나) 스마트 시계

(가)와 (나)에 적용된 과학기술의 공통점을 〈보기〉에서 있는 대로 고른 것은?

보기
ㄱ. 집 안에서만 조작할 수 있다.
ㄴ. 센서를 이용하여 정보를 수집한다.
ㄷ. 스마트 기기와 연동하여 정보를 주고받거나 기기를 조작할 수 있다.

① ㄱ ② ㄷ ③ ㄱ, ㄴ
④ ㄴ, ㄷ ⑤ ㄱ, ㄴ, ㄷ

10

다음은 신재생 에너지와 관련한 기사의 일부이다.

신재생 에너지는 지구 온난화의 주원인인 온실 기체를 거의 배출하지 않고, 무한히 사용할 수 있어서 화석 연료를 대체할 수 있다. 그러나 신재생 에너지 설비가 자연 환경을 해치는 경우도 있다. 예를 들어 풍력 발전의 경우 설치 과정에서 많은 산지가 훼손되며, 발전소의 소음이 소음 공해를 일으키고 생태계를 교란하기도 한다.

이에 대한 설명으로 옳은 것은?

① 신재생 에너지는 생태계에 부정적 영향을 끼치지 않는다.
② 신재생 에너지는 환경을 파괴하는 주범이므로 개발되어서는 안 된다.
③ 신재생 에너지는 온실 기체를 배출하지 않으므로 환경에 긍정적인 영향만 끼친다.
④ 신재생 에너지는 에너지 고갈 문제를 해결할 수 있으므로 무조건으로 개발해야 한다.
⑤ 신재생 에너지를 개발할 때 발생할 수 있는 여러 문제를 고려하여 예방하고, 필요한 규제 및 정책을 마련해야 한다.

11

다음은 과학 관련 사회적 쟁점과 관련된 기사의 일부이다.

유전자 재조합 기술과 유전자 편집 기술은 최근 급속히 발전하고 있다. 이러한 기술은 생물의 품종 개량을 통해 식량난을 해결하는 등 인류가 처한 여러 문제를 해결하는 데에 ㉠ 긍정적인 영향을 끼치고 있다. 그러나 이러한 기술에 유익함만 있는 것은 아니다. ㉡ 인공적인 유전자 조작 기술이 가져올 위험성과 윤리적 문제에 대해서 반드시 논의할 필요가 있다.

유전자 재조합 및 편집 기술에 대한 ㉠과 ㉡의 예로 옳지 않은 것은?

① ㉠ - 농작물의 생산량을 증가시킬 수 있다.
② ㉠ - 유전적 질환을 근본적으로 치료할 수 있다.
③ ㉠ - 유전자 치료의 안전성 문제가 발생하지 않는다.
④ ㉡ - 생명의 존엄성을 침해할 수 있다.
⑤ ㉡ - 유전자가 변형된 생물이 생태계를 교란할 수 있다.

12 서술형

다음은 과학자 A~C의 연구 사례에 대한 설명이다.

- 과학자 A: 연구를 진행하면서 참고한 선행 연구의 출처를 논문에 표기했다.
- 과학자 B: 실제로 실험한 결과 대신 만들어 낸 데이터를 사용해 연구 결과를 발표했다.
- 과학자 C: 논문을 발표할 때 공동으로 연구한 동료들의 이름을 연구에 기여한 순서대로 표기했다.

연구 윤리를 지키지 않은 과학자를 쓰고, 이 과학자의 행동에서 고쳐야 할 점을 설명하시오.

메모

CHECK LIST

SUMMARY

통합과학2

시험대비편

Mirae N 에듀

시험 대비편

01강 | 지질 시대의 환경과 생물 변화

01 그림은 지질 시대의 상대적 길이를 나타낸 것이다.

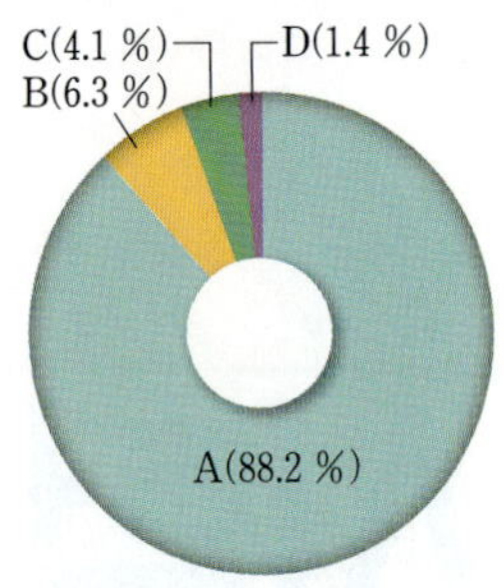

A ~ D에 해당하는 지질 시대를 각각 쓰시오.

02 다음 (   ) 안에 들어갈 알맞은 말을 쓰시오.

- 지구의 육지가 모여 하나의 대륙이 형성되면서 생물이 대량으로 멸종한 시기는 (㉠) 말이다.
- 신생대에는 간빙기와 (㉡)이/가 몇 차례 반복되었다.

[03~06] 지질 시대에 대한 설명으로 옳은 것은 ○표, 옳지 않은 것은 ×표 하시오.

03 포유류는 신생대에 처음 등장하였다. (   )

04 중생대에 번성한 대표적인 생물은 필석, 완족류, 겉씨식물이다. (   )

05 선캄브리아시대에 등장한 남세균은 바다와 대기 중 산소 농도를 증가시켰다. (   )

06 화석은 과거에 살았던 생물의 생활 환경이나 지층의 생성 시기를 알려준다. (   )

07 다음 생물을 지구상에 먼저 등장했던 것부터 순서대로 나열하시오.

ㄱ. 공룡	ㄴ. 갑주어
ㄷ. 화폐석	ㄹ. 에디아카라 생물군

[08~10] 다음은 지질 시대의 환경과 생물에 대한 설명이다. 고생대에 해당하는 설명에는 '고', 중생대에 해당하는 설명에는 '중', 신생대에 해당하는 설명에는 '신'이라고 쓰시오.

08 판게아의 분리로 서식지 환경이 다양해졌다. (   )

09 거대 곤충과 양치식물이 번성하였다. (   )

10 말기에 인류의 조상이 출현하였다. (   )

11 그림은 고생물의 지리적 분포 면적과 생존 기간을 나타낸 것이다.

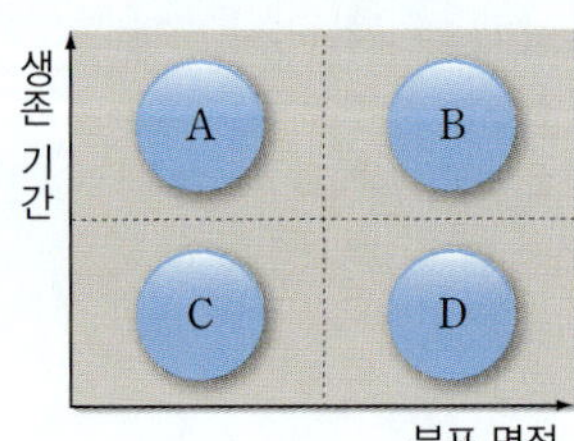

공룡과 고사리는 A ~ D 중 각각 무엇에 해당하는지 쓰시오.

[12~14] 지질 시대에 대한 설명을 서로 관련 있는 것끼리 옳게 연결하시오.

12 중생대 화산 활동 • • ㉠ 육상 생물 등장

13 판게아 형성 • • ㉡ 삼엽충 멸종

14 오존층 형성 • • ㉢ 온난한 기후

02강 생물의 진화

바른답·알찬풀이 66쪽

01 다음 ( ) 안에 들어갈 알맞은 말을 쓰시오.

> 같은 생물종이라도 개체마다 특정 형질을 결정하는 서로 다른 (㉠)을/를 가지면 서로 다른 형질이 나타나 (㉡)이/가 발생한다.

02 변이를 발생시키는 요인 중 하나이며, DNA에 변화가 생겨 유전자의 염기서열이 변해 유전정보가 달라지는 현상을 무엇이라고 하는지 쓰시오.

[03~08] 변이와 자연선택에 대한 설명으로 옳은 것은 ○표, 옳지 않은 것은 ×표 하시오.

03 사랑앵무의 털색 차이, 무당벌레의 날개 무늬와 색깔 차이, 사람의 피부색 차이 등은 모두 변이에 해당한다. ( )

04 달맞이꽃 집단에서 갑자기 키와 꽃이 큰 큰달맞이꽃이 나타나 변이가 발생하는 것은 돌연변이 때문이다. ( )

05 유성생식은 다양한 유전자 조합을 가진 자손이 태어나게 함으로써 변이를 발생시키는 요인이 된다. ( )

06 자연선택은 생존과 번식에 유리한 형질을 가진 개체가 살아남아 자손을 더 많이 남기는 과정이다. ( )

07 자연선택은 변이가 없는 생물집단에서 일어난다. ( )

08 생물집단이 변화하는 환경에 적응하는 과정은 자연선택과 관계없이 일어난다. ( )

09 다음 ( ) 안에 들어갈 알맞은 말을 고르시오.

> 어떤 세균 집단이 항생제에 노출되는 환경 변화를 겪으면 항생제 내성이 ㉠(없는, 있는) 세균이 생존에 ㉡(유리, 불리)하여 더 많은 자손을 남기는 자연선택이 일어나므로 항생제 내성이 있는 세균의 비율이 ㉢(감소, 증가)하여 세균 집단은 항생제가 있는 환경에 적응한다.

10 그림은 딱정벌레 집단에서 일어난 자연선택 과정을 나타낸 것이다.

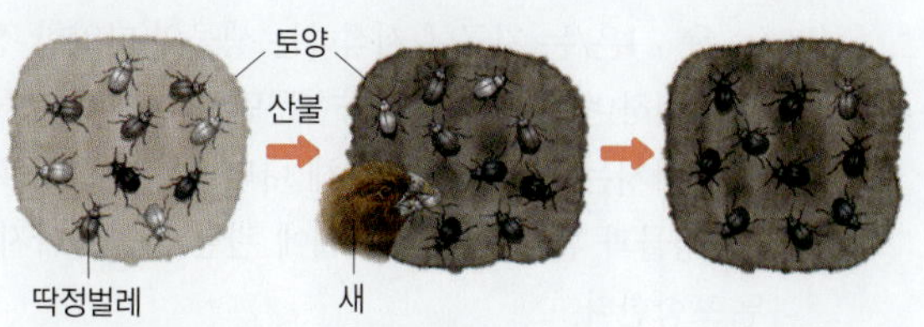

산불이 난 이후 밝은 몸 색깔과 어두운 몸 색깔 중에서 환경에 더 적합한 형질은 어느 것인지 쓰시오.

11 다음은 자연선택 과정에 대한 모의실험이다.

> (가) 초록색 도화지 위에 빨간색, 초록색, 노란색 초콜릿을 각각 10개씩 늘어놓는다.
> (나) 모둠원은 각자 눈을 감았다가 뜨자마자 제일 먼저 눈에 띄는 초콜릿을 5개씩 손으로 집어낸다.
> (다) 도화지 위에 남아 있는 초콜릿과 같은 색의 초콜릿을 남은 수만큼 추가해 늘어놓는다.
> (라) 과정 (나)~(다)를 5회 반복한다.

모의실험 결과 도화지 위에 가장 많이 남아 있을 것으로 예상되는 초콜릿의 색깔은 무엇인지 쓰시오.

12 다음은 생물집단의 진화 원리 중 (가)와 (나)의 의미를 나타낸 것이다.

구분	의미
(가)	주어진 환경에 유리한 형질을 가져 가장 잘 적응한 개체가 경쟁에서 살아남는다.
(나)	살아남은 개체는 다른 개체보다 더 많은 자손을 남겨 자신의 유전자를 자손에게 물려준다.

(가)와 (나)는 무엇인지 각각 쓰시오.

13 그림은 갈라파고스 제도에서 일어난 핀치의 진화 과정을 나타낸 것이다.

A와 B 중에서 크고 단단한 씨앗이 많은 섬에서 진화한 핀치 집단은 어느 것인지 쓰시오.

03강 | 생물다양성과 보전

01 다음 (　　) 안에 들어갈 알맞은 말을 쓰시오.

> (㉠)은/는 지구에 서식하는 생물의 다양한 정도를 의미하며, 생물종의 다양함뿐만 아니라 한 생물집단이 가지는 (㉡)에 의해 나타나는 형질의 다양함, 생물과 환경의 상호 관계에 관한 다양함까지 모두 포함한다.

[02~05] 생물다양성에 대한 설명으로 옳은 것은 ○표, 옳지 않은 것은 ×표 하시오.

02 지구에 사는 모든 생물과 지구의 모든 자연환경은 생물다양성에 포함된다. (　　)

03 헬리코니우스나비의 날개 무늬가 다양한 것은 종다양성의 예이다. (　　)

04 서식하는 생물종의 수가 많을수록, 각 생물종의 개체수가 고를수록 종다양성이 높다. (　　)

05 생태계다양성은 지구 전체 또는 특정 지역에서 생물이 살 수 있는 생태계의 다양함이다. (　　)

06 그림은 생물다양성의 3가지 요소 (가)~(다)를 나타낸 것이다.

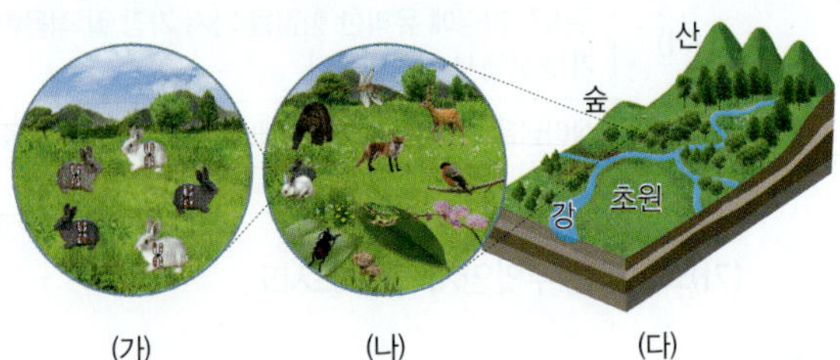

(가)~(다)에 해당하는 요소를 각각 쓰시오.

07 다음 (　　) 안에 들어갈 알맞은 말을 고르시오.

> 서식지 ㉠(보호, 파괴) 및 단편화, 불법 포획과 남획, 환경오염과 기후 변화, 외래생물의 유입 등은 모두 생물다양성을 ㉡(감소, 증가)시키는 원인이며, 인간의 활동과 관련이 ㉢(있다, 없다).

08 표는 생물다양성의 3가지 요소 (가)~(다)의 예를 나타낸 것이다.

요소	예
(가)	지구에 바다, 습지, 사막, 강 등이 있다.
(나)	바다에 미역, 고래, 새우 등이 살고 있다.
(다)	기린은 개체마다 크기와 무늬가 조금씩 다르다.

(가)~(다) 중에서 종다양성은 어느 것인지 고르시오.

09 다음은 생물다양성의 3가지 요소 (가)~(다)에 대한 설명이다.

> • (가)가 높으면 다양한 환경에서 생물집단이 진화할 수 있다.
> • (나)가 높으면 개체들의 형질이 다양하므로 환경 변화에 대한 생물집단의 적응력이 높아진다.
> • (다)가 높으면 생물 사이의 먹고 먹히는 관계가 복잡하게 형성되어 생태계가 안정적으로 유지된다.

(가)~(다)에 해당하는 요소를 각각 쓰시오.

[10~13] 생물자원의 종류와 각 생물자원의 대표적인 예를 옳게 연결하시오.

10 의약품 • 　　• ㉠ 효모

11 에너지 • 　　• ㉡ 목화, 누에

12 의복 재료 • 　　• ㉢ 옥수수, 사탕수수

13 산업용 재료 • 　　• ㉣ 조팝나무, 버드나무

14 다음 (　　) 안에 들어갈 알맞은 말을 쓰시오.

> 생물다양성을 보전하기 위해 생물다양성이 높은 지역을 (㉠)(으)로 지정해 관리하며, 단편화된 서식지를 연결하는 (㉡)을/를 설치하여 동물이 안전하게 이동할 수 있게 한다.

04강 산화와 환원

[01~03] 다음은 산화와 환원에 대한 설명이다. (　　) 안에 들어갈 알맞은 말을 쓰시오.

01 광합성, 연소, 철의 제련은 모두 (　　　　　)(이)가 관여하는 반응이다.

02 물질이 산소를 얻는 반응을 (㉠)(이)라 하고, 물질이 산소를 잃는 반응을 (㉡)(이)라고 한다.

03 물질이 전자를 얻는 반응을 (㉠)(이)라 하고, 물질이 전자를 잃는 반응을 (㉡)(이)라고 한다.

[04~06] 산소의 이동 또는 전자의 이동에 의한 산화 · 환원 반응에 대한 설명으로 옳은 것은 ○표, 옳지 않은 것은 ×표 하시오.

04 산소의 이동에 의한 산화 · 환원 반응에서 어떤 물질이 산소를 얻을 때 다른 물질은 산소를 잃는다. (　　)

05 전자의 이동에 의한 산화 · 환원 반응에서 어떤 물질이 전자를 잃을 때 다른 물질도 전자를 잃는다. (　　)

06 산화와 환원은 항상 동시에 일어난다. (　　)

[07~09] 산화 또는 환원 중에서 빈칸에 들어갈 알맞은 말을 쓰시오.

07 $CuO + CO \longrightarrow Cu + CO_2$ (㉠: $CO \rightarrow CO_2$ [　　　], ㉡: $CuO \rightarrow Cu$ [　　　])

08 $Fe_2O_3 + 3CO \longrightarrow 2Fe + 3CO_2$ (㉠: $CO \rightarrow CO_2$ [　　　], ㉡: $Fe_2O_3 \rightarrow Fe$ [　　　])

09 $Zn + Cu^{2+} \longrightarrow Zn^{2+} + Cu$ (㉠: $Zn \rightarrow Zn^{2+}$ [　　　], ㉡: $Cu^{2+} \rightarrow Cu$ [　　　])

[10~11] 다음은 광합성의 화학 반응식을 나타낸 것이다. 물음에 답하시오.

$$6CO_2 + 6H_2O \longrightarrow C_6H_{12}O_6 + 6O_2$$

10 광합성이 일어날 때 산화된 물질의 화학식을 쓰시오.

11 광합성이 일어날 때 환원된 물질의 화학식을 쓰시오.

[12~14] 오른쪽 그림은 질산 은($AgNO_3$) 수용액에 구리(Cu) 선을 넣은 모습을 나타낸 것이고, 다음은 이때 일어나는 반응의 화학 반응식을 나타낸 것이다. (　　) 안에 들어갈 알맞은 말을 고르시오.

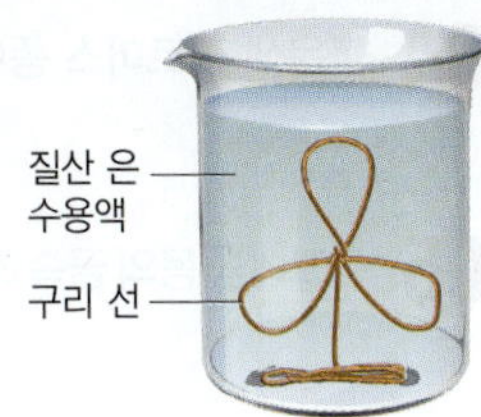

$$2Ag^+ + Cu \longrightarrow 2Ag + Cu^{2+}$$

12 반응이 일어날 때 은 이온(Ag^+)이 전자를 (얻는다, 잃는다).

13 반응이 일어날 때 구리(Cu)가 전자를 (잃어, 얻어) 산화된다.

14 반응이 진행됨에 따라 수용액의 색은 무색에서 (변하지 않는다, 푸른색으로 변한다).

[15~17] 다음은 묽은 염산(HCl)이 들어 있는 비커에 아연(Zn)판을 넣었을 때 일어나는 반응에 대한 설명이다. (　　) 안에 들어갈 알맞은 말을 쓰시오.

15 이 반응은 (　　　　　)의 이동에 의한 산화 · 환원 반응으로 설명할 수 있다.

16 반응이 일어날 때 수소 이온(H^+)은 전자를 (　　　　　) 환원된다.

17 반응이 일어날 때 아연(Zn)은 (㉠)을/를 잃어 (㉡) 된다.

05강 산과 염기

[01~05] 산의 성질에 대한 설명이면 '산', 염기의 성질에 대한 설명이면 '염기', 산과 염기 모두 해당하는 성질에 대한 설명이면 '공통'이라고 쓰시오.

01 대부분 신맛이 난다. ( )

02 수용액에 전류가 흐른다. ( )

03 페놀프탈레인 용액을 붉은색으로 변화시킨다. ( )

04 붉은색 리트머스 종이를 푸른색으로 변화시킨다. ( )

05 마그네슘 등의 금속과 반응하여 수소(H_2) 기체를 발생시킨다. ( )

06 표는 용액의 액성에 따른 지시약의 색 변화를 나타낸 것이다. ( ) 안에 들어갈 알맞은 말을 쓰시오.

구분	(㉠)	중성	(㉡)
페놀프탈레인 용액	붉은색	무색	(㉢)
BTB 용액	(㉣)	(㉤)	노란색

[07~09] 그림은 질산 칼륨 수용액을 적신 붉은색 리트머스 종이의 가운데에 수산화 나트륨(NaOH) 수용액을 적신 거름종이 조각을 올려놓고 전류를 흘려 주었을 때의 변화를 나타낸 것이다. 이에 대한 설명으로 옳은 것은 ○표, 옳지 않은 것은 ×표 하시오.

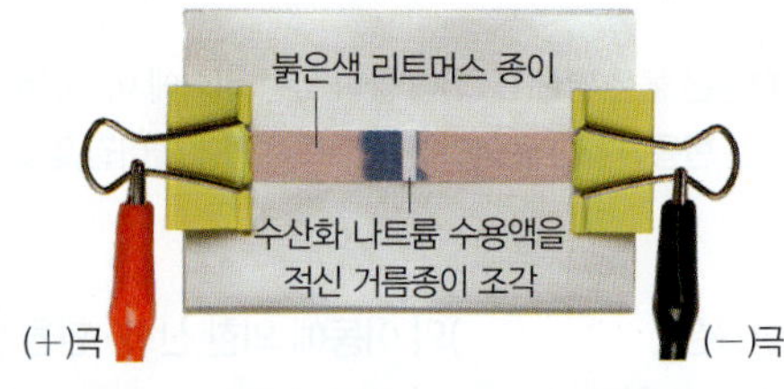

07 염기성을 나타내는 이온은 음이온이다. ( )

08 염기성은 수산화 이온(OH^-) 때문에 나타나는 성질이다. ( )

09 수산화 나트륨 대신 아세트산으로 실험해도 위의 실험과 동일한 변화를 관찰할 수 있다. ( )

[10~13] 다음은 몇 가지 산과 염기의 이온화 반응식이다. ( ) 안에 들어갈 알맞은 화학식 또는 이온식을 쓰시오.

10 ( ) $\longrightarrow H^+ + CH_3COO^-$

11 $H_2SO_4 \longrightarrow 2($ $) + SO_4^{2-}$

12 $KOH \longrightarrow K^+ + ($ $)$

13 $Ca(OH)_2 \longrightarrow ($ ㉠ $) + 2($ ㉡ $)$

14 다음은 묽은 염산(HCl)과 수산화 나트륨(NaOH) 수용액을 혼합할 때 일어나는 반응의 화학 반응식이다. ( ) 안에 들어갈 알맞은 화학식을 쓰시오.

$$HCl + NaOH \longrightarrow (\quad) + Na^+ + Cl^-$$

[15~17] 다음은 중화 반응에 대한 설명이다. ( ) 안에 들어갈 알맞은 말을 고르시오.

15 산의 (㉠ 수소, 수산화) 이온과 염기의 (㉡ 수소, 수산화) 이온이 1 : 1의 개수비로 반응해 물(H_2O)을 생성하는 반응을 중화 반응이라고 한다.

16 중화 반응이 일어날 때 중화열이 발생하므로 온도가 (높아, 낮아)진다.

17 중화 반응을 하는 수소 이온과 수산화 이온의 수가 많을수록 중화열이 (적게, 많이) 발생한다.

[18~20] 제시된 예가 산화·환원 반응의 예이면 '산', 중화 반응의 예이면 '중'이라고 쓰시오.

18 껍질을 벗긴 과일이 갈색으로 변한다. ( )

19 식초나 레몬즙으로 생선 비린내를 제거한다. ( )

20 벌레에 물렸을 때 암모니아수가 들어 있는 약을 바른다. ( )

06강 에너지의 흡수와 방출

[01~05] 흡열 반응에 대한 설명이면 '흡열', 발열 반응에 대한 설명이면 '발열', 흡열 반응과 발열 반응 모두에 해당하는 설명이면 '공통'이라고 쓰시오.

01 주변으로부터 에너지를 흡수하는 반응이다. ( )

02 반응이 일어날 때 주변의 온도가 높아진다. ( )

03 주변으로 에너지를 방출하는 반응이다. ( )

04 반응이 일어날 때 주변의 온도가 낮아진다. ( )

05 물질의 상태 변화나 화학 반응이 일어날 때 에너지의 출입이 발생하며, 이로 인해 주변의 온도가 변한다. ( )

[06~10] 다음은 일상생활에서 볼 수 있는 현상이다. (가)~(라) 중에서 각각의 설명에 해당하는 것의 기호를 있는 대로 고르시오.

> (가) 얼음이 녹았다.
> (나) 냉동 제품 포장 상자에 있던 고체 드라이아이스가 사라졌다.
> (다) 가스레인지에 불을 켜서 음식을 만들었다.
> (라) 산성화된 호수를 중화하기 위해 석회 가루를 뿌렸다.

06 흡열 반응이다. ( )

07 발열 반응이다. ( )

08 물질의 상태 변화이다. ( )

09 반응이 일어날 때 주변의 온도가 낮아진다. ( )

10 반응이 일어날 때 주변의 온도가 높아진다. ( )

[11~12] 다음은 물의 순환에 대한 설명이다. ( ) 안에 들어갈 알맞은 말을 고르시오.

> (가) 지표의 물이 증발해 수증기가 되고, (나) 수증기가 응결하여 구름이 생성된다. 생성된 구름이 눈이나 비로 내리면서 지구권의 물이 순환한다.

11 (가)는 (㉠ 흡열, 발열) 반응으로, 반응이 일어날 때 주변으로부터 에너지를 (㉡ 흡수, 방출)한다.

12 (나)는 (㉠ 흡열, 발열) 반응으로, 반응이 일어날 때 주변으로 에너지를 (㉡ 흡수, 방출)한다.

[13~15] 그림 (가)~(바)는 일상생활에서 에너지가 출입하는 반응을 이용하는 예를 나타낸 것이다. 물음에 답하시오.

(가) 연료의 연소

(나) 손 소독제 속 에탄올의 증발

(다) 호스로 뿌려 준 물의 증발

(라) 휴대용 발열 도시락

(마) 일회용 손난로

(바) 세포호흡

13 (가)~(바) 중에서 주변으로부터 에너지를 흡수하는 반응을 이용하는 예를 있는 대로 고르시오.

14 (가)~(바) 중에서 주변으로 에너지를 방출하는 반응을 이용하는 예를 있는 대로 고르시오.

15 (라)와 같은 장치를 만들기 위해 물 외에 필요한 물질을 1가지만 쓰시오.

07강 생물과 환경

바른답·알찬풀이 69쪽

01 다음 (   ) 안에 들어갈 알맞은 말을 쓰시오.

> 생물과 생물, 생물과 환경이 서로 영향을 주고받으며 스스로 유지되는 체계인 (㉠)은/는 생물요소와 (㉡)(으)로 이루어져 있다.

02 그림은 생태계구성요소 (가)와 (나)를 나타낸 것이다.

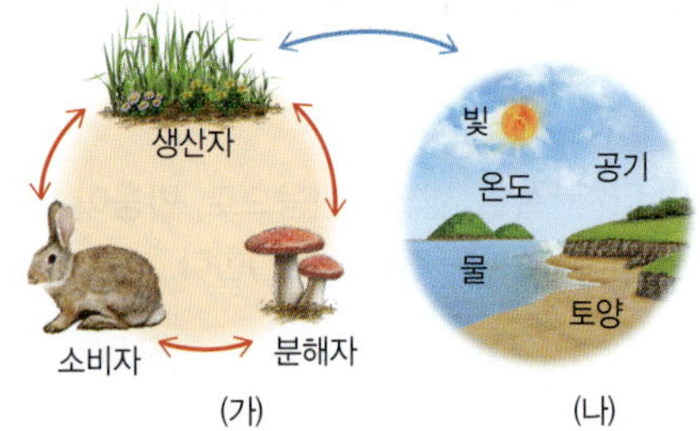

(가)와 (나)는 무엇인지 각각 쓰시오.

[03~06] 생태계구성요소에 대한 설명으로 옳은 것은 ○표, 옳지 않은 것은 ×표 하시오.

03 비생물요소는 생물요소가 살아가는 데 필요한 터전을 제공한다. (   )

04 소비자는 광합성을 하여 살아가는 데 필요한 양분을 스스로 만든다. (   )

05 생태계의 생물요소와 비생물요소는 서로 영향을 주고받으며 상호작용 한다. (   )

06 비버가 강에 댐을 만들어 댐 주변이 습지로 바뀌는 것은 비생물요소가 생물요소에 영향을 미친 사례이다. (   )

[07~09] 생물요소의 구분과 각 생물요소에 해당하는 생물의 예를 옳게 연결하시오.

07 생산자 •   • ㉠ 늑대, 독수리

08 소비자 •   • ㉡ 소나무, 선인장

09 분해자 •   • ㉢ 송이버섯, 푸른곰팡이

[10~12] 그림은 생태계구성요소의 상호 관계를 나타낸 것이다. 다음 사례가 ㉠~㉢ 중에서 어느 것에 해당하는지 각각 고르시오.

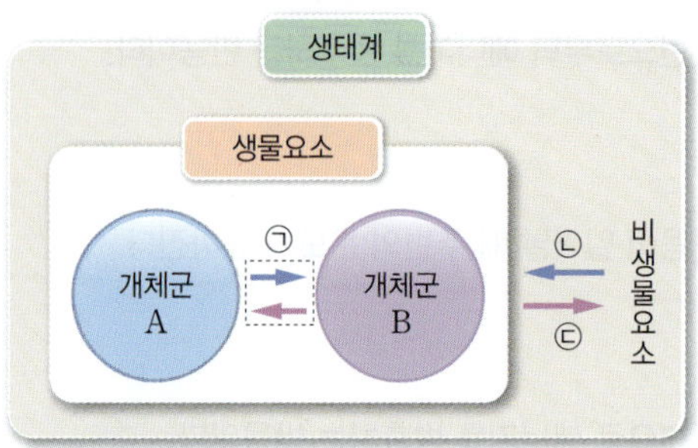

10 늑대가 사슴을 잡아먹는다. (   )

11 개구리는 추운 겨울에 땅속에서 겨울잠을 잔다. (   )

12 지렁이는 토양에 구멍을 뚫어 토양의 통기성을 높인다. (   )

13 그림 (가)는 선인장의 가시를, (나)는 염분을 저장하는 함초를 나타낸 것이다.

(가)   (나)

(가)와 (나)에 영향을 미친 비생물요소를 각각 쓰시오.

14 다음은 생물과 환경의 상호 관계 사례 (가)~(다)를 나타낸 것이다.

> (가) 산양은 일조 시간이 짧아질 때 번식한다.
> (나) 식물은 광합성을 하여 산소 농도를 높인다.
> (다) 사막여우는 북극여우보다 몸집이 작고 귀가 크다.

(가)~(다)와 가장 관련이 깊은 비생물요소를 각각 쓰시오.

08강 생태계평형

01 다음 (   ) 안에 들어갈 알맞은 말을 쓰시오.

> 먹이 관계가 한 줄로만 연결되면 (㉠)이/가 되고, 여러 개의 (㉠)이/가 복잡하게 얽히면 (㉡) 이/가 된다.

02 생태계에서 생물의 종류, 개체수, 에너지의 이동 등이 안정적으로 유지되는 상태를 무엇이라고 하는지 쓰시오.

03 그림은 생태계에서 에너지의 이동과 전환을 나타낸 것이다.

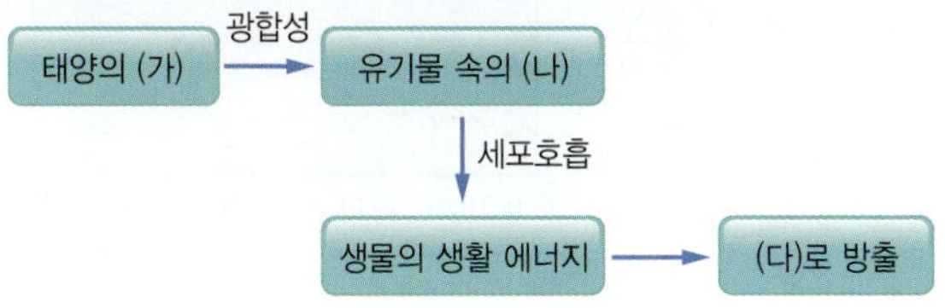

(가)~(다)에 알맞은 에너지를 각각 쓰시오.

04 일반적으로 안정한 생태계에서 에너지양, 생물량, 개체수가 상위 영양단계로 갈수록 줄어들어 피라미드 형태로 나타나는 것을 무엇이라고 하는지 쓰시오.

[05~09] 먹이 관계와 생태계평형 유지에 대한 설명으로 옳은 것은 ○표, 옳지 않은 것은 ×표 하시오.

05 먹이 관계에서 1차 소비자를 잡아먹는 영양단계는 2차 소비자이다. (   )

06 먹이 관계에 따라 하위 영양단계의 에너지는 모두 상위 영양단계로 이동한다. (   )

07 1차 소비자의 개체수가 일시적으로 증가하면 생산자의 개체수는 증가하고, 2차 소비자의 개체수는 감소한다. (   )

08 온실 기체의 증가, 남획, 천적이 없는 외래생물의 유입은 모두 생태계평형을 깨뜨리는 요인에 해당한다. (   )

09 파리 협정 채택, 신재생에너지 활용, 환경 영향 평가 제도는 모두 생태계평형을 보전하기 위한 노력에 해당한다. (   )

[10~12] 그림은 안정한 생태계의 생태피라미드를 나타낸 것이다. A~D는 서로 다른 영양단계이며, 각각 생산자와 소비자 중 하나이다. 다음 설명에 해당하는 영양단계의 기호와 이름을 모두 쓰시오.

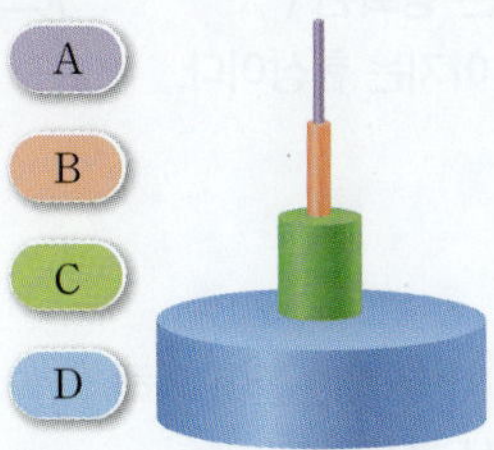

10 빛에너지를 화학 에너지로 전환하는 영양단계이다. (   )

11 이 생태계에서 최종 소비자에 해당하는 영양단계이다. (   )

12 2차 소비자의 개체수가 일시적으로 증가하면 이 영양단계의 개체수는 감소한다. (   )

13 그림은 1차 소비자의 개체수가 일시적으로 증가했을 때 생태계평형이 회복되는 과정을 순서 없이 나타낸 것이다.

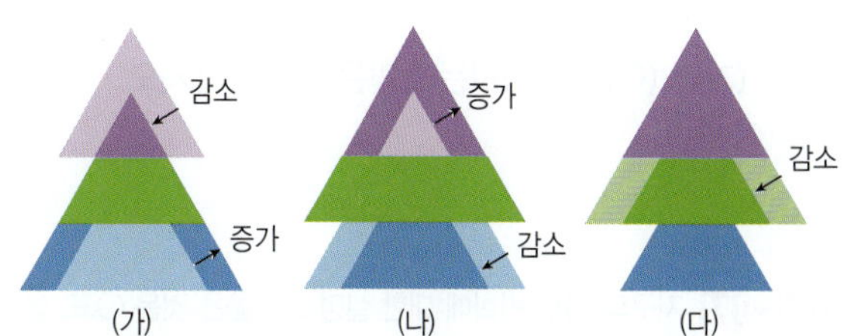

(가)~(다)를 일어나는 순서대로 나열하시오.

14 다음은 2차 소비자의 개체수가 일시적으로 감소했을 때 일어나는 생태계평형 회복 과정을 나타낸 것이다. (   ) 안에 들어갈 알맞은 말을 고르시오.

> 2차 소비자의 개체수 감소 → 1차 소비자의 개체수 ㉠(감소, 증가) → 2차 소비자의 개체수 ㉡(감소, 증가), 생산자의 개체수 ㉢(감소, 증가) → 1차 소비자의 개체수 ㉣(감소, 증가) → 2차 소비자의 개체수 ㉤(감소, 증가), 생산자의 개체수 ㉥(감소, 증가)

09강 지구 환경의 변화

바른답·알찬풀이 70쪽

[01~03] 다음은 지구 환경 변화에 대한 설명이다. (　　) 안에 들어갈 알맞은 말을 쓰시오.

01 지구 온난화는 강화된 (　　　　　)(으)로 인해 지구의 평균 기온이 높아지는 현상이다.

02 사막은 주로 대기 대순환에 의해 (　　　　　)이/가 나타나는 지역에서 형성된다.

03 (　　　　　)은/는 동태평양 적도 해역의 표층 수온이 평상시보다 높아진 상태가 지속되는 현상이다.

04 그림은 북반구의 대기 대순환을 나타낸 것이다.

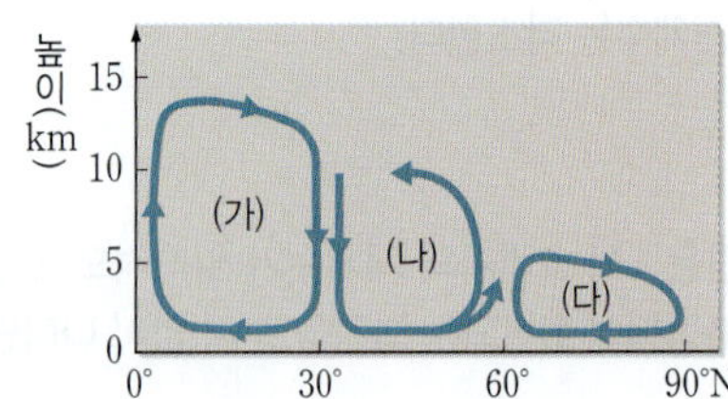

(가)～(다)에 해당하는 알맞은 명칭을 쓰시오.

[05~07] 지구의 기후 변화에 대한 설명으로 옳은 것은 ○표, 옳지 <u>않은</u> 것은 ×표 하시오.

05 화석 연료 사용이 증가하면 대기 중 이산화 탄소의 농도가 증가한다. (　　)

06 화산 폭발에 의해 대기 중으로 화산재가 대량으로 유입되면 지구의 반사율이 증가한다. (　　)

07 지구의 평균 기온은 선캄브리아시대 이후 계속 상승하였다. (　　)

08 다음은 사막화의 원인과 관련된 설명이다. (　　) 안에 들어갈 알맞은 말을 고르시오.

> 대기 대순환의 변화에 따라 어떤 지역에 강수량이 ㉠(감소, 증가)하면 사막화가 발생할 수 있다. 또한 지나친 가축 방목에 의해 목초지가 ㉡(감소, 증가)하면 사막화가 진행된다.

09 그림은 지구 온난화에 따른 해수면의 높이 편차를 나타낸 것이다.

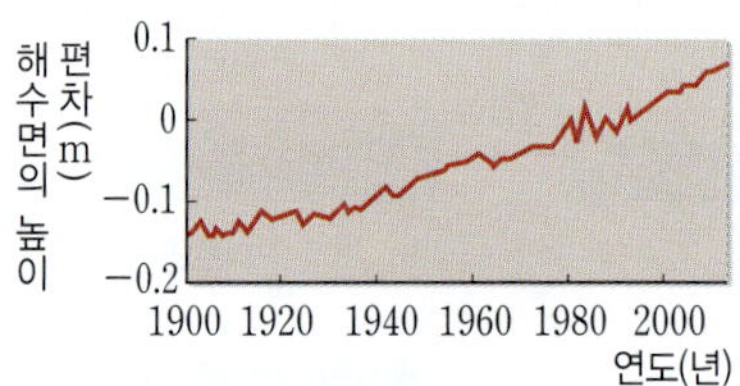

해수면의 높이가 상승하는 원인을 2가지 쓰시오.

10 지구 온난화로 발생한 이상 기후 현상을 줄이거나 적응하는 방안으로 적절한 것만을 <보기>에서 있는 대로 고르시오.

> 보기
> ㄱ. 기후 변화 협약 참여
> ㄴ. 온실 기체 배출량 감축
> ㄷ. 기후 변화에 강한 농작물 개발

11 그림 (가)와 (나)는 각각 평상시와 엘니뇨 발생 시 태평양 적도 부근 대기와 해양의 모습을 나타낸 것이다.

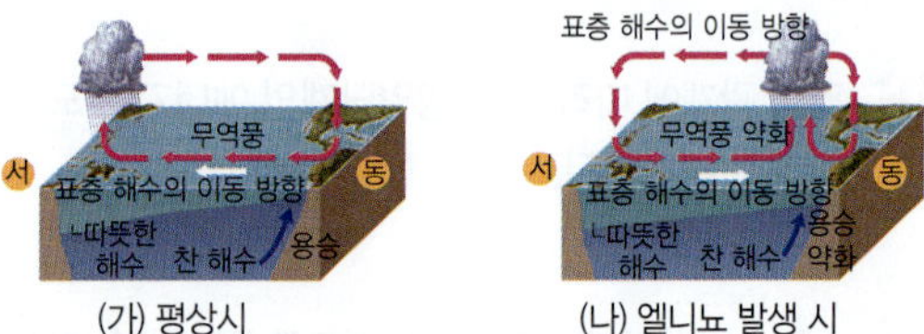

(가) 평상시　(나) 엘니뇨 발생 시

(가)보다 (나)에서 발생하는 현상으로 적절한 것만을 <보기>에서 있는 대로 고르시오.

> 보기
> ㄱ. 무역풍이 약해진다.
> ㄴ. 서태평양으로 흐르는 따뜻한 해수의 흐름이 강해진다.
> ㄷ. 동태평양 심해에서 차가운 해수가 강하게 상승한다.

10강 태양 에너지와 발전

바른답·알찬풀이 70쪽

01 다음 (　　) 안에 들어갈 알맞은 말을 쓰시오.

> 태양 (㉠)의 온도는 약 1500만 K인 초고온 상태로, (㉡) 핵융합 반응이 일어난다. 이때 줄어든 (㉢)이/가 에너지로 방출된다.

[02~05] 지구에 도달한 태양 에너지의 전환과 순환에 대한 설명으로 옳은 것은 ○표, 옳지 않은 것은 ×표 하시오.

02 대기와 해수의 순환을 통해 에너지를 지구 곳곳으로 전달한다. (　　)

03 태양 전지에 의해 빛에너지가 직접 전기 에너지로 전환된다. (　　)

04 광합성을 통해 공기 중의 수소를 식물에 저장한다. (　　)

05 물과 대기에 흡수되어 여러 가지 기상 현상을 일으킨다. (　　)

[06~08] 다음 설명이 화력 발전에 해당하면 '화', 핵발전에 해당하면 '핵', 두 가지 다 해당하면 '화+핵'이라고 쓰시오.

06 화석 연료의 화학 에너지를 전기 에너지로 전환한다. (　　)

07 열에너지를 이용해 터빈을 돌린다. (　　)

08 발전 과정에서 방사성 폐기물이 발생한다. (　　)

09 그림은 태양 중심부에서 일어나는 핵융합 반응을 나타낸 것이다.

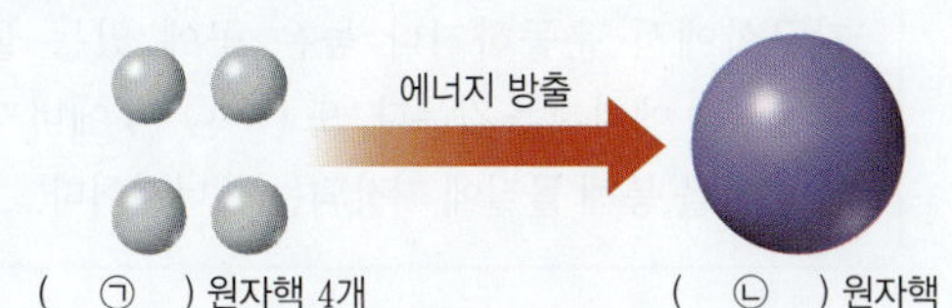

반응물 ㉠과 생성물 ㉡을 각각 쓰시오.

10 다음 (　　) 안에 들어갈 알맞은 말을 고르시오.

> 코일에 자석의 N극을 가까이 하면 코일에는 유도 전류가 흘러 자석의 자기장과 ㉠(같은, 반대) 방향으로 자기장을 만든다. 자석과 코일 사이에는 서로 ㉡(당기는, 밀어 내는) 방향으로 자기력을 받는다.

11 코일에 유도 전류가 흐르는 경우만을 〈보기〉에서 있는 대로 고르시오.

> 보기
> ㄱ. 자석의 S극이 코일에서 멀어질 때
> ㄴ. 자석의 N극이 코일을 스치고 지나갈 때
> ㄷ. 자석이 코일 속에서 정지해 있을 때

12 그림은 화력 발전과 핵발전에서 에너지 전환 과정을 나타낸 것이다.

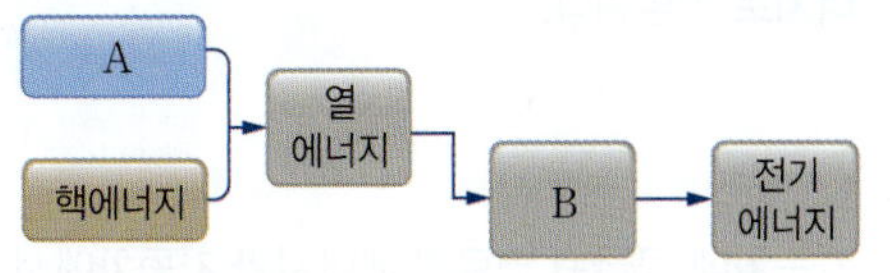

A, B에 들어갈 에너지의 형태를 쓰시오.

11강 에너지 효율과 신재생 에너지

01 다음 ( ) 안에 들어갈 알맞은 말을 쓰시오.

> 지구상에서 운동하거나 높은 곳에 있는 물체는 (㉠) 에너지를 갖는다. 또 (㉡) 에너지는 화학 결합을 통해 물질에 저장되는 에너지이다.

[02~05] 전기 기구의 사용 목적을 고려하여 전기 에너지가 전환되는 에너지의 형태와 전기 기구를 옳게 연결하시오.

02 운동 에너지 • • ㉠ 전등

03 열에너지 • • ㉡ 전기 자전거

04 화학 에너지 • • ㉢ 충전기

05 빛에너지 • • ㉣ 전열기

[06~09] 자동차에서의 에너지 전환에 대한 설명으로 옳은 것은 ○표, 옳지 않은 것은 ×표 하시오.

06 엔진에서는 연료의 화학 에너지가 피스톤의 운동 에너지와 열에너지로 바뀐다. ( )

07 연료의 에너지는 모두 자동차의 운동 에너지로 쓰인다. ( )

08 바퀴와 지면의 마찰에 의해 자동차의 운동 에너지가 열에너지로 전환된다. ( )

09 자동차에 공급된 연료의 에너지와 자동차에서 전환된 에너지의 총량은 항상 같다. ( )

[10~11] 그림은 고열원에서 100 J의 열을 받아 작동하는 열기관을 나타낸 것이다.

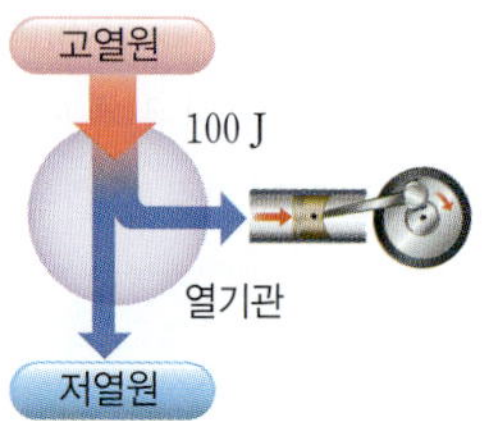

10 열기관이 한 일이 40 J일 때, 이 열기관의 열효율은 얼마인지 쓰시오.

11 열기관이 저열원으로 방출한 열이 75 J일 때, 이 열기관의 열효율은 얼마인지 쓰시오.

12 태양광 발전에 대한 설명으로 옳은 것만을 〈보기〉에서 있는 대로 고르시오.

> 보기
> ㄱ. 전자기 유도를 이용하여 발전한다.
> ㄴ. 태양의 빛에너지를 에너지원으로 이용한다.
> ㄷ. 날씨에 상관없이 발전량이 일정하다.

13 신재생 에너지에 대한 설명으로 옳은 것만을 〈보기〉에서 있는 대로 고르시오.

> 보기
> ㄱ. 태양광 발전, 수력 발전, 핵발전이 있다.
> ㄴ. 자원 고갈의 염려가 없다.
> ㄷ. 대량의 전기 에너지를 일정하게 발전한다.

12강 과학과 미래 사회

[01~04] 다음은 감염병과 감염병의 진단 및 추적에 대한 설명이다. ( ) 안에 들어갈 알맞은 말을 쓰시오.

01 세균이나 바이러스 같은 병원체에 의해 생기는 질병을 ( )(이)라고 한다.

02 신속 항원 검사나 감염병 자가 진단 도구 등 진단 속도가 빠른 진단 검사는 병원체의 ( )을/를 검출하여 감염 여부를 확인하는 검사 방법이다.

03 중합효소연쇄반응(PCR)은 병원체의 ( )을/를 여러 차례 증폭(복제)하여 감염 여부를 확인하는 검사 방법이다.

04 감염병의 확산 규모를 파악하고 전파 경로를 추적하는 데 인공지능, 정보 통신 기술 등 과학과 과학기술이 ( ) 하게 활용된다.

[05~06] 미래 사회에 발생할 문제를 해결하기 위해 과학기술이 유용하게 이용되는 사례로 적절한 것은 ○표, 적절하지 않은 것은 ×표 하시오.

05 화석 연료의 고갈로 인한 에너지 부족 문제를 해결하기 위해 신재생 에너지를 개발한다. ( )

06 지구 온난화가 심해지면서 기후 변화로 인한 자연재해가 증가하는 문제를 해결하기 위해 온실 기체의 배출을 늘리는 기술을 연구한다. ( )

[07~09] 빅데이터, 인공지능 로봇, 사물 인터넷(IoT)에 대한 설명을 각각 옳게 연결하시오.

07 빅데이터 • • ㉠ 인공지능 기술을 활용하여 자율적으로 움직이는 로봇

08 인공지능 로봇 • • ㉡ 각종 사물에 센서와 통신 기능을 내장하고 정보를 주고받는 기술

09 사물 인터넷(IoT) • • ㉢ 방대하고 복잡한 데이터의 집합

[10~13] 빅데이터에 대한 설명으로 옳은 것은 ○표, 옳지 않은 것은 ×표 하시오.

10 센서와 정보 통신 기술의 발달로 다양한 데이터를 실시간으로 수집하고 전환할 수 있게 되면서 등장한 개념이다. ( )

11 빅데이터는 과학 실험, 유전체 분석, 신약 개발 등에 유용하게 이용될 수 있다. ( )

12 다양한 관측소와 인공위성으로 얻은 대량의 기상 관련 자료는 빅데이터로 볼 수 있다. ( )

13 정확한 정보로만 구성되어 있으므로 검증 없이 신뢰하고 이용할 수 있다. ( )

14 그림은 생활 속에서 어떤 기술을 활용하는 예를 나타낸 것이다.

(가) 스마트팜 (나) 맞춤형 건강 관리

(가)와 (나)에서 활용하는 기술은 무엇인지 쓰시오.

15 과학기술의 발전 과정에서 발생하는 사회적 · 윤리적 문제를 무엇이라고 하는지 쓰시오.

16 과학자가 과학기술을 연구하고 이용하면서 지켜야 할 원칙과 기준으로 적절한 것을 <보기>에서 있는 대로 고르시오.

보기
ㄱ. 연구 절차와 결과를 조작하지 않는다.
ㄴ. 실험 대상의 생명과 존엄성을 존중한다.
ㄷ. 다른 과학자의 지식 재산권을 존중한다.
ㄹ. 개인의 이익을 위해 사회에 악영향을 미치는 연구도 수행한다.

01 환경 변화와 생물다양성

난이도 하

01 지질 시대의 환경과 생물에 대한 설명으로 옳은 것은?

① 지질 시대는 고생대부터 신생대까지의 기간이다.
② 지질 시대 중에서 가장 온난했던 시기는 신생대이다.
③ 지질 시대를 구분하는 주요 기준은 화석의 변화이다.
④ 지질 시대의 상대적 길이는 중생대가 고생대보다 길다.
⑤ 지질 시대 동안 생물다양성은 거의 일정하게 유지되었다.

02 다음 (가)~(라)는 각 지질 시대의 환경과 생물의 변화를 순서 없이 나타낸 것이다.

(가) 양치식물이 크게 번성하였다.
(나) 최초로 다세포 생물이 출현하였다.
(다) 현재와 비슷한 수륙 분포를 보이게 되었다.
(라) 활발한 화산 활동으로 전반적으로 온난하였다.

시간의 순서대로 옳게 나열한 것은?

① (가) → (나) → (다) → (라)
② (가) → (나) → (라) → (다)
③ (나) → (가) → (다) → (라)
④ (나) → (가) → (라) → (다)
⑤ (나) → (다) → (가) → (라)

서술형

03 최초의 육상 식물은 고생대 중기 무렵에 출현하였다. 이 시기에 육상 식물이 출현할 수 있었던 까닭을 대기의 조성과 관련지어 설명하시오.

04 그림은 어느 지질 시대의 환경과 생물을 나타낸 것이다.

이 지질 시대에 대한 설명으로 옳은 것은?

① 신생대에 해당한다.
② 육지에서 겉씨식물이 번성하였다.
③ 바다에서 삼엽충 등 다양한 무척추동물이 번성하였다.
④ 초대륙 판게아가 형성되어 해안가 서식지가 축소되었다.
⑤ 이 시기의 지층에서 에디아카라 생물군 화석이 산출된다.

05 그림은 지질 시대를 A~D로 구분하여 나타낸 것이다.

이에 대한 설명으로 옳은 것만을 〈보기〉에서 있는 대로 고른 것은?

보기

ㄱ. A는 선캄브리아시대이다.
ㄴ. 암모나이트는 B에 번성하였다.
ㄷ. 화석이 가장 적게 산출되는 시기는 D이다.

① ㄱ ② ㄷ ③ ㄱ, ㄴ
④ ㄴ, ㄷ ⑤ ㄱ, ㄴ, ㄷ

06 다음은 개체군에서 관찰되는 현상 (가)에 대한 설명이다.

> (가)는 같은 생물종의 개체 사이에서 유전자의 차이로 인해 형질의 차이가 나타나는 것이다.

이에 대한 설명으로 옳은 것만을 〈보기〉에서 있는 대로 고른 것은?

보기
ㄱ. (가)는 변이이다.
ㄴ. 유성생식은 (가)를 감소시키는 요인이다.
ㄷ. (가)가 있는 개체군에서 진화가 일어날 수 있다.

① ㄱ ② ㄴ ③ ㄱ, ㄷ
④ ㄴ, ㄷ ⑤ ㄱ, ㄴ, ㄷ

07 다음은 변이에 대한 설명이다.

> 변이의 발생 요인 중 ㉠은 DNA에 변화가 일어나는 현상이고, ㉡은 암수 생식세포의 수정에 의해 자손이 태어나는 현상이다.

㉠과 ㉡에 알맞은 말을 옳게 짝 지은 것은?

	㉠	㉡
①	진화	자연선택
②	진화	유성생식
③	돌연변이	유성생식
④	돌연변이	자연선택
⑤	자연선택	유성생식

08 생물의 진화에 대한 설명으로 옳은 것만을 〈보기〉에서 있는 대로 고른 것은?

보기
ㄱ. 생물집단이 한 세대 안에서 변하는 현상이다.
ㄴ. 진화의 결과 지구에 사는 생물종이 다양해졌다.
ㄷ. 생물집단이 환경에 적응하는 과정에서 진화가 일어난다.

① ㄱ ② ㄷ ③ ㄱ, ㄴ
④ ㄴ, ㄷ ⑤ ㄱ, ㄴ, ㄷ

09 그림은 생물다양성의 3가지 요소 (가)~(다)를 나타낸 것이다. (가)~(다)는 각각 종다양성, 생태계다양성, 유전적 다양성 중 하나이다.

(가)

(나)

(다)

이에 대한 설명으로 옳은 것만을 〈보기〉에서 있는 대로 고른 것은?

보기
ㄱ. (가)에는 자연환경의 다양함이 포함된다.
ㄴ. 남획과 서식지단편화는 모두 (나)를 보전하기 위한 방안이다.
ㄷ. 모든 개체가 유전적으로 동일한 생물집단에서 (다)가 다양하게 나타난다.

① ㄱ ② ㄴ ③ ㄷ
④ ㄱ, ㄴ ⑤ ㄴ, ㄷ

서술형

10 표는 생물다양성의 3가지 요소 A~C의 예를 나타낸 것이다. A~C는 각각 종다양성, 생태계다양성, 유전적 다양성 중 하나이다.

요소	예
A	같은 부모에게서 태어난 고양이들의 털 무늬가 서로 다르다.
B	최근에 아마존 열대우림에서 수백종의 새로운 생물이 발견되었다.
C	?

(1) A~C에 해당하는 요소를 각각 쓰시오.

(2) C의 예를 1가지만 설명하시오.

난이도 중

서술형

11 표는 화석 A, B의 특징을 정리한 것이고, 그림은 어느 지층에서 산출된 화석의 모습을 나타낸 것이다.

구분	A	B
지리적 분포	넓다.	좁다.
개체수	많다.	많다.
생존 기간	짧다.	길다.

그림의 화석은 A, B 중 어느 것에 해당하는지 쓰고, 그렇게 판단한 까닭을 설명하시오.

12 그림 (가)와 (나)는 서로 다른 시기에 퇴적된 지층에서 발견된 생물 화석의 모습을 나타낸 것이다.

(가)

(나)

이에 대한 설명으로 옳은 것만을 〈보기〉에서 있는 대로 고른 것은?

보기
ㄱ. (가)가 발견된 지층은 (나)가 발견된 지층보다 먼저 퇴적되었다.
ㄴ. (나)가 번성한 시기에 공룡도 번성하였다.
ㄷ. (가)와 (나) 모두 바다에서 살았던 생물이다.

① ㄱ ② ㄷ ③ ㄱ, ㄴ
④ ㄴ, ㄷ ⑤ ㄱ, ㄴ, ㄷ

13 그림은 고생대 이후 번성한 주요 동물계를 나타낸 것이다.

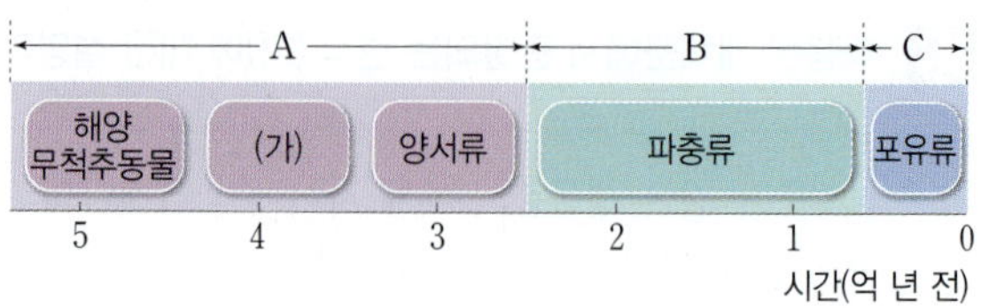

이에 대한 설명으로 옳은 것만을 〈보기〉에서 있는 대로 고른 것은?

보기
ㄱ. 어류는 (가)로 적절하다.
ㄴ. B 시기에 겉씨식물이 번성하였다.
ㄷ. C 시기에 인류의 조상이 나타났다.

① ㄱ ② ㄷ ③ ㄱ, ㄴ
④ ㄴ, ㄷ ⑤ ㄱ, ㄴ, ㄷ

14 그림 (가)는 고생대, 중생대, 신생대의 상대적 길이를 A~C로 순서 없이 나타낸 것이고, (나)는 어느 지질 시대의 생물과 환경을 복원한 모습이다.

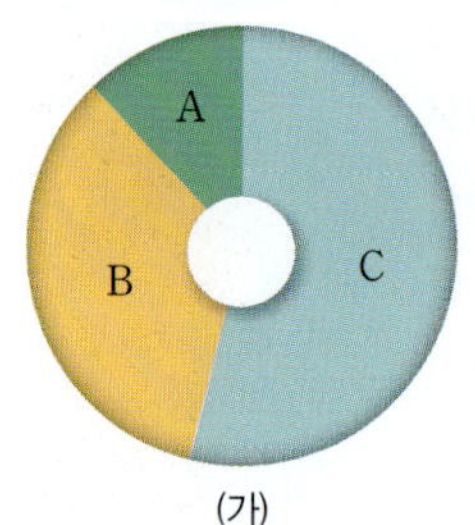

(가)

(나)

이에 대한 설명으로 옳은 것만을 〈보기〉에서 있는 대로 고른 것은?

보기
ㄱ. 육상 식물의 광합성이 시작된 시기는 A이다.
ㄴ. (나)는 B 시기의 모습을 나타낸 것이다.
ㄷ. 생물계의 급격한 변화는 A~C를 구분하는 기준으로 이용된다.

① ㄱ ② ㄷ ③ ㄱ, ㄴ
④ ㄴ, ㄷ ⑤ ㄱ, ㄴ, ㄷ

15 그림은 어느 지역의 지층 A~E에서 발견되는 화석 (가)~(바)의 산출 범위를 나타낸 것이다.

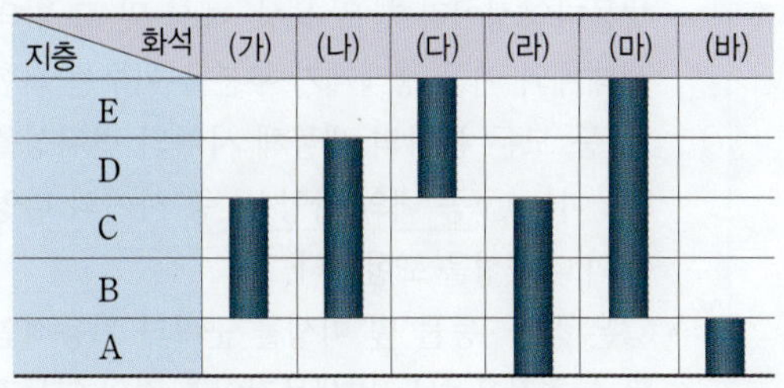

이에 대한 설명으로 옳은 것만을 〈보기〉에서 있는 대로 고른 것은?

보기
ㄱ. A와 B 사이를 경계로 지질 시대를 구분할 수 있다.
ㄴ. B와 C 사이에 생물 대멸종이 있었다.
ㄷ. (바)는 지층 퇴적 당시의 자연환경을 알아내는 데 유용하다.

① ㄱ ② ㄷ ③ ㄱ, ㄴ
④ ㄴ, ㄷ ⑤ ㄱ, ㄴ, ㄷ

16 그림 (가)와 (나)는 각각 고생대 이후 해양 생물 과의 수 변화와 수륙 분포의 변화를 나타낸 것이다.

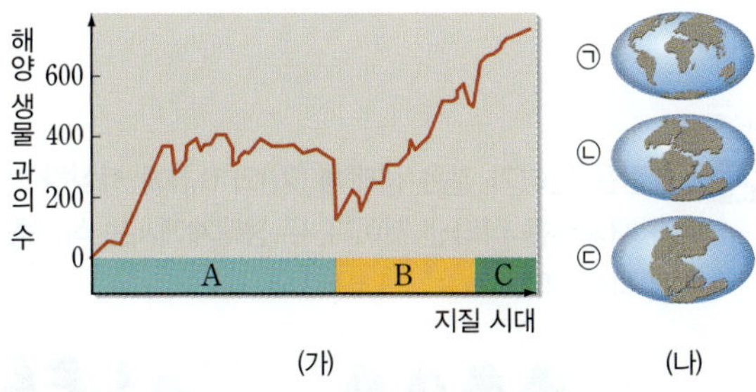

이에 대한 설명으로 옳은 것만을 〈보기〉에서 있는 대로 고른 것은?

보기
ㄱ. 이 기간 동안 생물 대멸종은 총 5번 일어났다.
ㄴ. B 시기의 수륙 분포는 ㉠에 가장 가깝다.
ㄷ. 가장 큰 규모의 생물 대멸종은 수륙 분포가 ㉡일 때 일어났다.

① ㄱ ② ㄴ ③ ㄱ, ㄷ
④ ㄴ, ㄷ ⑤ ㄱ, ㄴ, ㄷ

서술형

17 다음은 항생제 내성 세균의 출현과 진화 과정을 나타낸 것이다.

처음에는 모든 세균에 항생제 내성이 없었다.

⬇

ⓐ가 일어나 항생제 저항성 유전자가 만들어져 일부 세균이 항생제 내성을 가지게 되었다.

⬇

항생제 내성 형질에 대한 자연선택이 일어났다.

⬇

㉠항생제 내성 세균의 비율이 ⓑ하도록 진화했다.

(1) ⓐ에 알맞은 말을 쓰시오.

(2) '증가'와 '감소' 중에서 ⓑ에 알맞은 말은 어느 것인지 쓰고, ㉠이 일어난 까닭을 자연선택과 연관 지어 설명하시오.

18 다음은 자연선택 과정에 대한 모의실험이다.

| 실험 과정 |
(가) 흰색 도화지 위에 ㉠빨간색, 검정색, 노란색, 흰색의 털실 구슬을 각각 10개씩 늘어놓는다.
(나) 모둠원 모두 눈을 감았다가 뜨면서 가장 먼저 눈에 띄는 것을 1개씩 집어내는 과정을 5회 반복한다.
(다) 도화지 위에 남은 털실 구슬의 수를 세고, 같은 색의 털실 구슬을 남은 수만큼 더 올려놓는다.
(라) 과정 (나)~(다)를 3회 반복한다.

이에 대한 설명으로 옳은 것만을 〈보기〉에서 있는 대로 고른 것은? (단, 주어진 자료 이외는 고려하지 않는다.)

보기
ㄱ. ㉠은 변이를 비유한 것이다.
ㄴ. (나)에서 눈에 잘 띄는 색깔은 환경에 적합한 형질을 비유한 것이다.
ㄷ. 모의실험 결과 도화지 위에 검정색 털실 구슬이 가장 많이 남을 것이다.

① ㄱ ② ㄴ ③ ㄷ
④ ㄱ, ㄴ ⑤ ㄴ, ㄷ

19 다음은 자연선택에 의한 기린의 진화 과정을 순서 없이 나타낸 것이다.

(가) 긴 목을 갖는 기린이 출현하게 되었다.
(나) 높은 곳의 나뭇잎을 두고 경쟁이 일어났다.
(다) ㉠목 길이가 다양한 개체들이 살고 있었다.
(라) 많은 자손에게 ㉡특정한 형질이 전달되는 자연 선택이 일어났다.

이에 대한 설명으로 옳지 않은 것은?

① ㉠은 변이에 해당한다.
② ㉡은 목이 짧은 형질이다.
③ (가)에서 진화가 일어났다.
④ (나)에서 생존경쟁이 일어났다.
⑤ (다) → (나) → (라) → (가) 순으로 일어났다.

20 그림은 갈라파고스 제도의 어떤 섬에서 일어난 핀치 집단의 진화 과정을 나타낸 것이다. A 과정에서 특정한 먹이를 두고 경쟁이 일어났으며, B 과정에서 자연선택이 일어났다.

이에 대한 설명으로 옳은 것만을 〈보기〉에서 있는 대로 고른 것은? (단, 주어진 자료 이외는 고려하지 않는다.)

보기
ㄱ. A 과정에서 길고 뾰족한 부리로 먹기에 유리한 먹이를 두고 경쟁이 일어났다.
ㄴ. B 과정에서 크고 두꺼운 부리 형질이 자손에게 전달되었다.
ㄷ. 부리의 모양은 개체의 생존에 영향을 미치지 않는 형질이다.

① ㄱ ② ㄴ ③ ㄱ, ㄴ
④ ㄱ, ㄷ ⑤ ㄴ, ㄷ

21 다음은 생물다양성협약의 내용 일부이다.

- 생물다양성이라 함은 육상·해상 및 그 밖의 수중 생태계와 이들 생태계가 부분을 이루는 복합 생태계 등 모든 분야의 생물체 사이의 변이성을 말한다. 이는 ㉠종 내의 다양성, 종 사이의 다양성 및 ㉡의 다양성을 포함한다.
- ㉡은 식물·동물 및 미생물 군락과 기능적인 단위로 상호작용 하는 비생물적인 환경의 역동적인 복합체를 말한다.

이에 대한 설명으로 옳은 것만을 〈보기〉에서 있는 대로 고른 것은?

보기
ㄱ. ㉠은 종다양성을 의미한다.
ㄴ. ㉡은 생태계이다.
ㄷ. 이 협약은 생물다양성을 보전하기 위한 국제 협약 중 하나이다.

① ㄱ ② ㄷ ③ ㄱ, ㄴ
④ ㄴ, ㄷ ⑤ ㄱ, ㄴ, ㄷ

서술형
22 그림은 넓이가 같은 생태계 (가)와 (나)에 서식하는 식물종과 개체수를 나타낸 것이다. 두 생태계에서는 식물종 A~D만 서식한다.

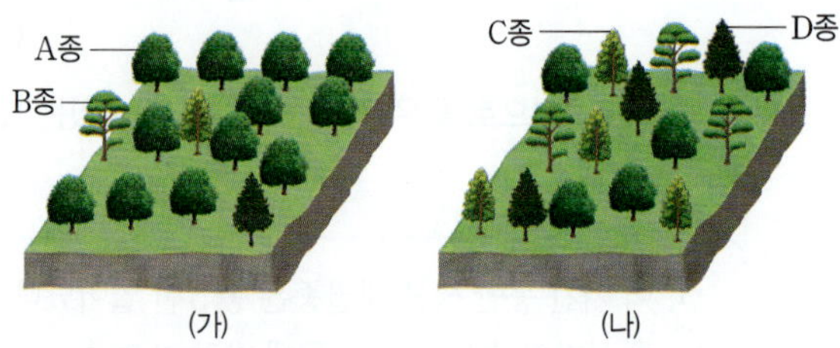

(1) 위 자료와 가장 관련이 깊은 생물다양성의 요소를 쓰시오.

(2) (1)의 요소는 (가)와 (나) 중 어느 생태계에서 더 높은지 쓰고, 그렇게 생각한 까닭을 설명하시오.

난이도 상

23 그림은 지질 시대 동안 생물계의 변화를 나타낸 것이다.

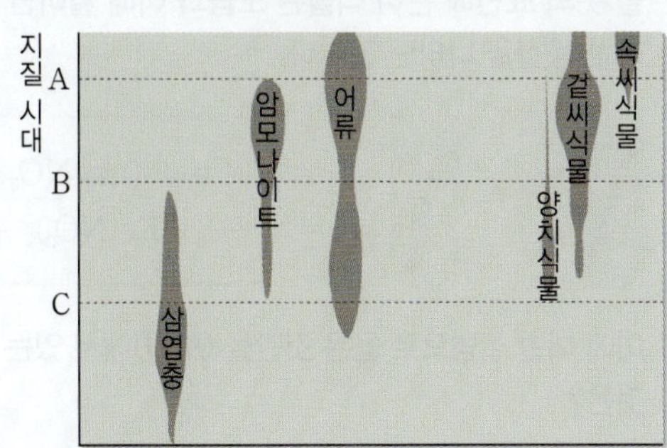

이에 대한 설명으로 옳은 것만을 〈보기〉에서 있는 대로 고른 것은?

보기
ㄱ. 공룡이 멸종한 시기는 A이다.
ㄴ. 초대륙 판게아가 형성된 시기는 B이다.
ㄷ. 고생대와 중생대의 경계는 C이다.

① ㄱ ② ㄷ ③ ㄱ, ㄴ
④ ㄴ, ㄷ ⑤ ㄱ, ㄴ, ㄷ

24 그림은 어느 지역의 지질 단면과 산출 화석을 나타낸 것이다.

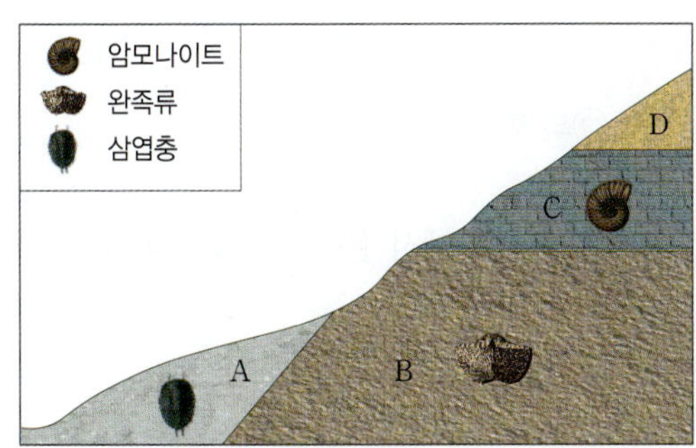

이에 대한 설명으로 옳은 것만을 〈보기〉에서 있는 대로 고른 것은? (단, 지층의 역전은 없었다.)

보기
ㄱ. A층은 D층보다 먼저 형성되었다.
ㄴ. B층과 C층은 연속적으로 퇴적되었다.
ㄷ. C층은 판게아가 형성되기 이전에 퇴적되었다.

① ㄱ ② ㄷ ③ ㄱ, ㄴ
④ ㄴ, ㄷ ⑤ ㄱ, ㄴ, ㄷ

25 그림은 어떤 생물집단의 진화 과정에서 일어난 유전자 구성의 변화를 나타낸 것이다. 각 개체는 몸 색깔을 결정하는 2개의 대립유전자를 가지며, A와 a는 서로 다른 몸 색깔을 결정하는 대립유전자이다.

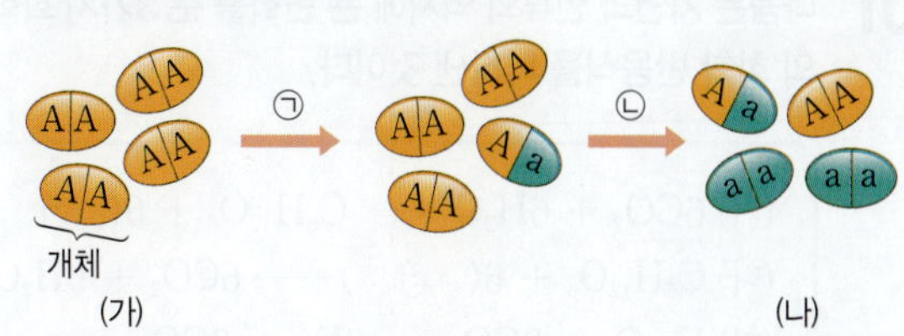

이에 대한 설명으로 옳은 것만을 〈보기〉에서 있는 대로 고른 것은? (단, 이 집단은 외부와의 개체 출입이 없다.)

보기
ㄱ. ㉠ 과정에서 돌연변이가 일어나 a가 만들어졌다.
ㄴ. A와 a 중 ㉡ 과정에서 환경에 적합한 대립유전자는 a이다.
ㄷ. (가)와 (나)에는 모두 몸 색깔에 변이가 있다.

① ㄱ ② ㄴ ③ ㄱ, ㄴ
④ ㄱ, ㄷ ⑤ ㄴ, ㄷ

26 표는 생물다양성의 3가지 요소 A~C의 특징을, 그림은 A와 B 중 하나의 예를 나타낸 것이다. A~C는 종다양성, 생태계다양성, 유전적 다양성 중 하나이다.

요소	특징
A	?
B	㉠ 비생물요소의 다양함을 포함한다.
C	?

이에 대한 설명으로 옳은 것만을 〈보기〉에서 있는 대로 고른 것은?

보기
ㄱ. A는 한 생물종 내에서 나타난다.
ㄴ. 사막과 바다는 ㉠의 특성이 서로 다르다.
ㄷ. 사자와 호랑이의 털 무늬가 서로 다른 것은 C의 예이다.

① ㄱ ② ㄴ ③ ㄱ, ㄷ
④ ㄴ, ㄷ ⑤ ㄱ, ㄴ, ㄷ

I. 변화와 다양성

02 화학 변화

난이도 하

01 다음은 자연과 인류의 역사에 큰 변화를 준 3가지 화학 반응의 화학 반응식을 나타낸 것이다.

(가) $6CO_2 + 6H_2O \longrightarrow C_6H_{12}O_6 + 6($ ㉠ $)$
(나) $C_6H_{12}O_6 + 6($ ㉠ $) \longrightarrow 6CO_2 + 6H_2O$
(다) $Fe_2O_3 + 3CO \longrightarrow 2Fe + 3CO_2$

이에 대한 설명으로 옳은 것은?

① ㉠은 CO이다.
② (가)는 세포호흡이다.
③ (나)는 식물의 광합성이다.
④ (다)는 철의 제련 반응이다.
⑤ (가)~(다) 중 산화·환원 반응은 2가지이다.

02 다음은 3가지 산화·환원 반응의 화학 반응식을 나타낸 것이다.

(가) $Mg + FeSO_4 \longrightarrow MgSO_4 + Fe$
(나) $CuO + CO \longrightarrow Cu + CO_2$
(다) $2CO + O_2 \longrightarrow 2CO_2$

이에 대한 설명으로 옳은 것만을 <보기>에서 있는 대로 고른 것은?

보기
ㄱ. (가)에서 Mg은 산화된다.
ㄴ. (나)와 (다)에서 CO는 환원된다.
ㄷ. (가)~(다)는 모두 산소의 이동에 의한 산화·환원 반응으로 설명할 수 있다.

① ㄱ ② ㄴ ③ ㄱ, ㄴ
④ ㄱ, ㄷ ⑤ ㄴ, ㄷ

서술형
03 마그네슘이(Mg)이 연소하여 산화 마그네슘(MgO)을 생성하는 반응의 화학 반응식을 쓰고, 반응에서 전자를 잃는 물질과 전자를 얻는 물질을 산화·환원 반응과 관련지어 설명하시오.

04 다음은 질산 은($AgNO_3$) 수용액에 철(Fe) 못을 넣었을 때 철 못의 표면에 은이 석출된 모습과 이때 일어난 반응의 화학 반응식을 나타낸 것이다.

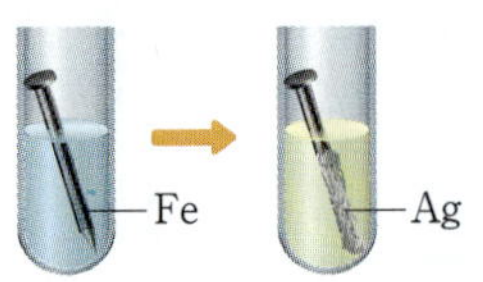

$Fe + 2AgNO_3 \longrightarrow Fe(NO_3)_2 + 2Ag$

이에 대한 설명으로 옳은 것만을 <보기>에서 있는 대로 고른 것은?

보기
ㄱ. Ag^+이 환원된다.
ㄴ. Fe에서 Ag^+으로 전자가 이동한다.
ㄷ. 반응이 일어날 때 수용액 속 양이온의 수는 감소한다.

① ㄱ ② ㄷ ③ ㄱ, ㄴ
④ ㄴ, ㄷ ⑤ ㄱ, ㄴ, ㄷ

05 그림은 구리(Cu)와 관련된 반응 (가)와 (나)를 모식적으로 나타낸 것이다.

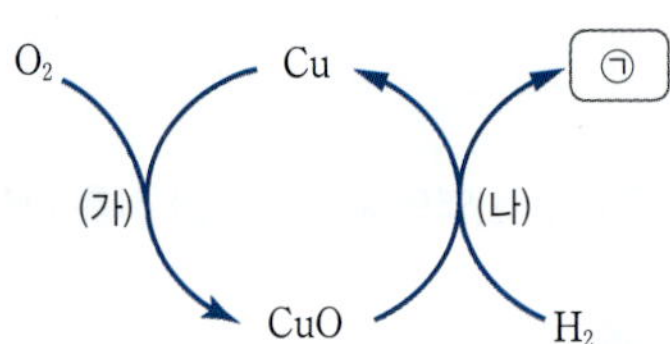

(1) ㉠의 화학식을 쓰시오.

(2) (가)와 (나)에서 환원되는 물질의 화학식을 각각 쓰시오.

06 다음은 화학 반응의 예를 나타낸 것이다.

(가) 철로 된 열쇠가 녹슨다.
(나) 산성화된 토양에 석회 가루를 뿌린다.
(다) 생선의 비린내를 제거하기 위해 레몬즙을 뿌린다.

(가)~(다) 중 산화·환원 반응의 예만을 있는 대로 고른 것은?

① (가) ② (나) ③ (가), (다)
④ (나), (다) ⑤ (가), (나), (다)

07 다음은 물질 X 수용액의 성질이다.

- 수용액에서 전류가 흐른다.
- 수용액에 탄산 칼슘을 넣으면 기체가 발생한다.
- 수용액에 푸른색 리트머스 종이를 대면 리트머스 종이가 붉은색으로 변한다.

물질 X로 가장 적절한 것은?

① 암모니아(NH_3)
② 에탄올(C_2H_5OH)
③ 염화 나트륨(NaCl)
④ 아세트산(CH_3COOH)
⑤ 수산화 칼슘($Ca(OH)_2$)

서술형

08 오른쪽 그림은 묽은 염산(HCl) 30 mL와 수산화 나트륨(NaOH) 수용액 20 mL를 반응시켰을 때 혼합 용액의 이온 모형을 나타낸 것이다.

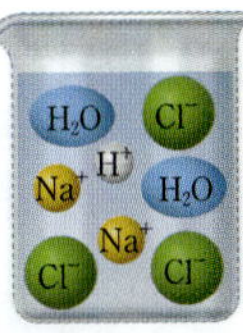

(1) 반응 전 묽은 염산(HCl) 30 mL와 수산화 나트륨(NaOH) 수용액 20 mL에 들어 있는 이온을 각각 모형으로 나타내시오.

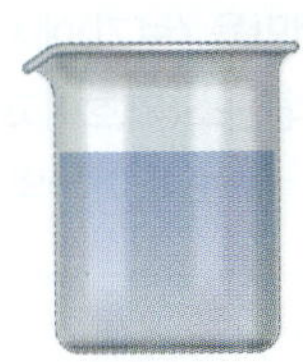
묽은 염산

수산화 나트륨 수용액

(2) 혼합 용액의 액성은 무엇인지 쓰시오.

(3) 혼합 용액이 완전히 중화되기 위해 더 넣어 주어야 하는 수용액의 종류와 부피를 쓰고, 그 까닭을 설명하시오.

09 표는 농도와 온도가 같은 묽은 염산(HCl)과 수산화 나트륨(NaOH) 수용액의 부피를 달리하여 혼합했을 때 혼합 용액의 최고 온도를 나타낸 것이다.

혼합 용액	혼합 전 수용액의 부피(mL)		최고 온도(°C)
	HCl	NaOH	
(가)	5	25	28
(나)	10	20	30
(다)	15	15	t
(라)	20	10	30
(마)	25	5	28

이에 대한 설명으로 옳은 것만을 〈보기〉에서 있는 대로 고른 것은?

보기
ㄱ. $t>30$이다.
ㄴ. (가)와 (라)를 혼합하였을 때 혼합 용액의 액성은 산성이다.
ㄷ. 중화 반응으로 생성된 물 분자 수는 (나)가 (마)보다 많다.

① ㄱ ② ㄴ ③ ㄱ, ㄷ
④ ㄴ, ㄷ ⑤ ㄱ, ㄴ, ㄷ

10 다음은 일상생활에서 일어나는 현상이다.

- ㉠ 메테인(CH_4)을 연소시켜 난방을 한다.
- 손난로를 흔들면 손난로 속에 있는 ㉡ 철 가루가 산소와 반응하면서 에너지를 방출한다.
- 에탄올(C_2H_5OH)을 묻힌 솜으로 피부를 닦으면 ㉢ 에탄올이 기화되면서 피부가 시원해진다.

이에 대한 설명으로 옳은 것만을 〈보기〉에서 있는 대로 고른 것은?

보기
ㄱ. ㉠은 흡열 반응이다.
ㄴ. ㉡이 일어날 때 주변의 온도는 높아진다.
ㄷ. ㉢이 일어날 때 주변으로 에너지를 방출한다.

① ㄱ ② ㄴ ③ ㄱ, ㄷ
④ ㄴ, ㄷ ⑤ ㄱ, ㄴ, ㄷ

난이도 중

11 그림과 같이 묽은 염산(HCl)에 아연(Zn)판을 넣었더니 수소(H_2) 기체가 발생하였다.

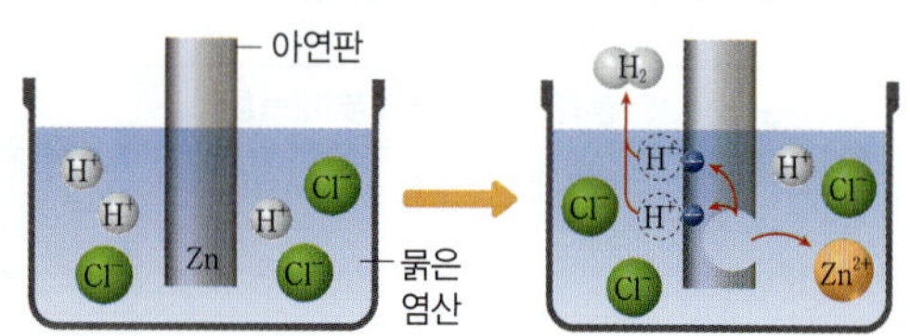

이에 대한 설명으로 옳은 것만을 〈보기〉에서 있는 대로 고른 것은?

보기
ㄱ. 아연판의 질량은 점점 감소한다.
ㄴ. 수용액에 들어 있는 이온의 수는 점점 감소한다.
ㄷ. 전자의 이동에 의한 산화·환원 반응이 일어난다.

① ㄱ ② ㄴ ③ ㄱ, ㄷ
④ ㄴ, ㄷ ⑤ ㄱ, ㄴ, ㄷ

서술형
12 그림 (가)는 A^{2+}이 들어 있는 수용액에 금속 B를 넣은 모습을, (나)는 (가)에서 시간에 따른 수용액 속 양이온 수의 변화를 나타낸 것이다. (가)에서 A^{2+}은 금속 A가 되었고, 금속 B는 B^{m+}이 되었다.

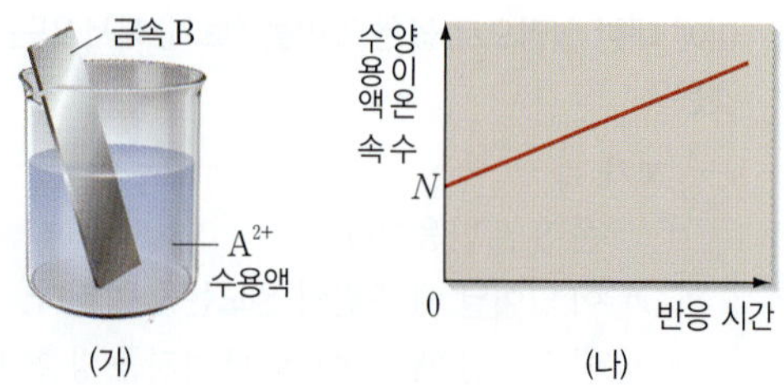

(가) (나)

m은 얼마인지 쓰고, 그 까닭을 설명하시오. (단, A와 B는 임의의 원소 기호이고, 물과 음이온은 반응에 참여하지 않으며, m은 3 이하의 자연수이다.)

13 그림과 같이 마그네슘(Mg)과 묽은 염산(HCl)을 반응시킬 때 발생하는 기체 X를 산화 구리(Ⅱ)(CuO)와 반응시키면 기체 Y가 발생한다.

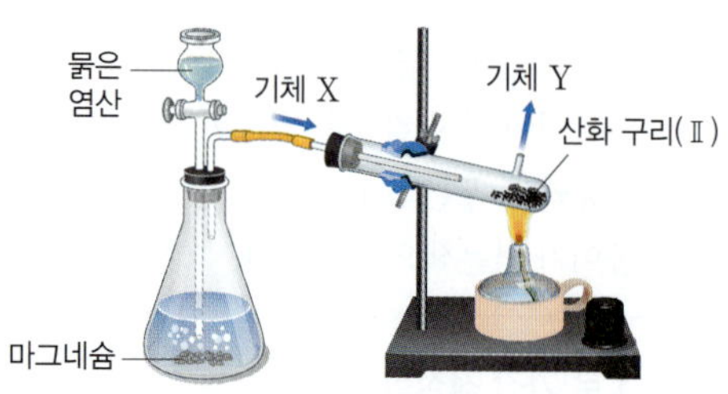

이에 대한 설명으로 옳은 것만을 〈보기〉에서 있는 대로 고른 것은?

보기
ㄱ. X가 발생할 때 H^+은 전자를 잃는다.
ㄴ. Y가 발생할 때 X는 산화된다.
ㄷ. Y가 발생할 때 전자는 산화 구리(Ⅱ)에서 X로 이동한다.

① ㄴ ② ㄷ ③ ㄱ, ㄴ
④ ㄱ, ㄷ ⑤ ㄴ, ㄷ

14 그림은 A^{a+}이 들어 있는 수용액에 금속 B를 넣어 반응시킨 후 금속 C를 넣어 반응시켰을 때 수용액 속에 들어 있는 금속 양이온만을 모형으로 나타낸 것이다.

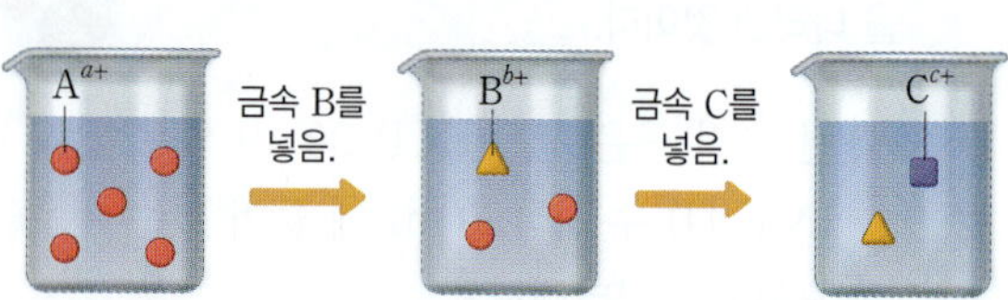

이에 대한 설명으로 옳은 것만을 〈보기〉에서 있는 대로 고른 것은? (단, A~C는 임의의 원소 기호이고, 물과 음이온은 반응에 참여하지 않으며, a~c는 3 이하의 자연수이다.)

보기
ㄱ. 금속 B를 넣었을 때 전자는 A^{a+}에서 B로 이동한다.
ㄴ. 금속 C를 넣었을 때 A^{a+}은 환원된다.
ㄷ. $\dfrac{a \times c}{b} = \dfrac{2}{3}$이다.

① ㄱ ② ㄴ ③ ㄱ, ㄷ
④ ㄴ, ㄷ ⑤ ㄱ, ㄴ, ㄷ

바른답·알찬풀이 76쪽

15 다음은 산과 염기의 성질을 알아보기 위한 실험이다.

| 실험 과정 |
(가) 식초와 비눗물을 각각 준비한다.
(나) 각 용액의 전기 전도성을 측정한다.
(다) 각 용액에 달걀 껍데기를 넣고 변화를 관찰한다.
(라) 각 용액에 BTB 용액을 2～3방울씩 떨어뜨리고 색 변화를 관찰한다.

| 실험 결과 |

용액	식초	비눗물
(나)에서 전기 전도성의 존재 여부	있음.	있음.
(다)에서 기체 발생 여부	발생함.	발생하지 않음.
(라)에서 용액의 색 변화	노란색	파란색

이에 대한 설명으로 옳지 않은 것은?

① 식초에는 H^+이 들어 있다.
② 비눗물에 전원을 연결하면 전류가 흐른다.
③ 암모니아수로 실험하면 (다)에서 기체가 발생한다.
④ 식초가 달걀 껍데기와 반응하면 CO_2 기체가 발생한다.
⑤ 비눗물에 페놀프탈레인 용액을 떨어뜨리면 붉은색으로 변한다.

16 그림과 같이 질산 칼륨(KNO_3) 수용액을 적신 붉은색 리트머스 종이 위에 ㉠을 적신 실을 올려놓고 전류를 흘려 주었더니 리트머스 종이가 실에서부터 A극 쪽으로 푸른색으로 변했다. ㉠은 묽은 황산(H_2SO_4)과 수산화 나트륨(NaOH) 수용액 중 하나이다.

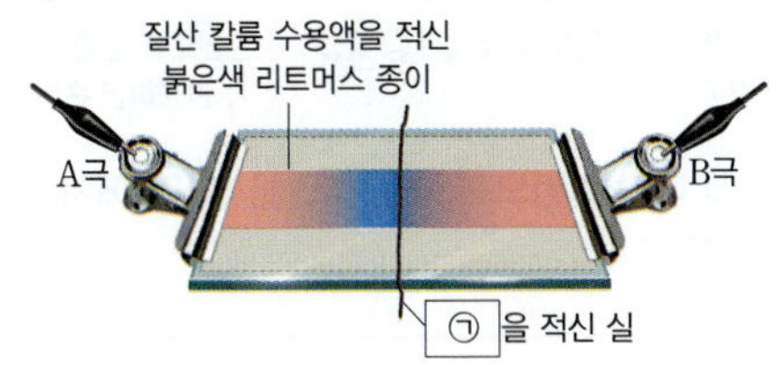

이에 대한 설명으로 옳은 것만을 〈보기〉에서 있는 대로 고르시오.

ㄱ. ㉠은 NaOH 수용액이다.
ㄴ. A극은 (−)극이다.
ㄷ. KNO_3 수용액은 전기 전도성이 있다.

17 그림은 묽은 염산(HCl) 20 mL에 수산화 나트륨(NaOH) 수용액 10 mL와 5 mL를 차례대로 넣을 때 혼합 용액 속에 들어 있는 이온을 모형으로 나타낸 것이다.

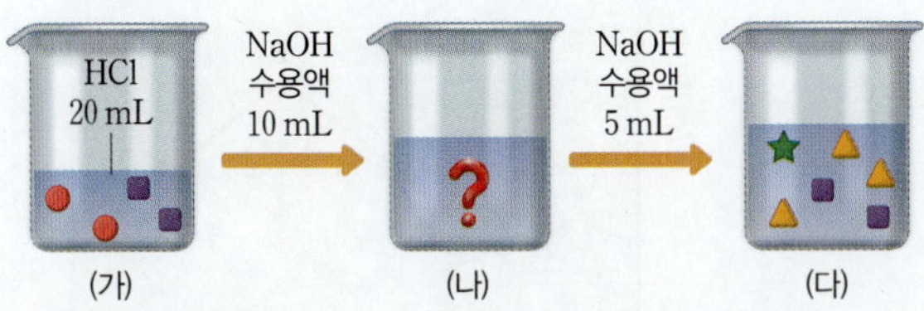

이에 대한 설명으로 옳은 것만을 〈보기〉에서 있는 대로 고른 것은?

보기
ㄱ. ●는 H^+이다.
ㄴ. (나)에서 혼합 용액의 액성은 중성이다.
ㄷ. (다)에 HCl 10 mL를 추가로 넣으면 $\frac{▲의\ 수}{■의\ 수}=1$이 된다.

① ㄱ ② ㄷ ③ ㄱ, ㄴ
④ ㄴ, ㄷ ⑤ ㄱ, ㄴ, ㄷ

서술형
18 그림은 같은 부피의 묽은 염산(HCl), 묽은 황산(H_2SO_4), 수산화 나트륨(NaOH) 수용액에 들어 있는 이온 모형을 순서 없이 나타낸 것이다.

(가) (나) (다)

(가)～(다) 중에서 2가지 수용액을 혼합하였을 때 혼합 용액의 최고 온도가 가장 높은 것끼리 짝 지어 쓰고, 그 까닭을 설명하시오. (단, (가)～(다)의 온도는 같다.)

19 그림은 농도와 온도가 같은 묽은 염산(HCl)과 수산화 나트륨(NaOH) 수용액의 부피를 달리하여 반응시켰을 때 혼합 용액의 최고 온도를 나타낸 것이다.

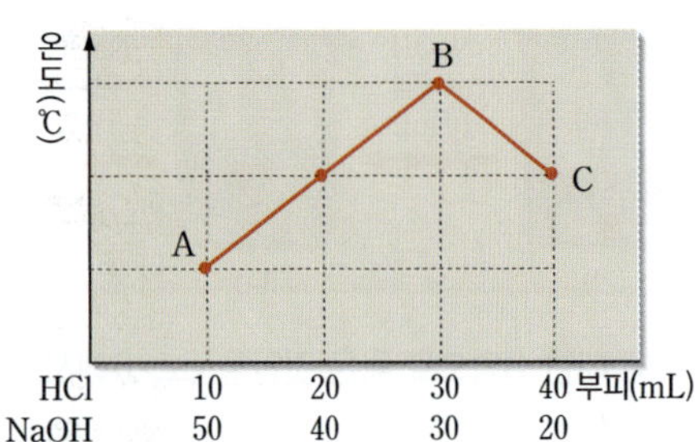

혼합 용액 A～C에 대한 설명으로 옳은 것만을 〈보기〉에서 있는 대로 고른 것은?

보기
ㄱ. A에 아연 조각을 넣으면 기체가 발생한다.
ㄴ. 반응으로 생성된 물 분자의 수는 B가 가장 많다.
ㄷ. 혼합 용액에 들어 있는 전체 이온 수는 B가 C보다 많다.

① ㄴ ② ㄷ ③ ㄱ, ㄴ
④ ㄱ, ㄷ ⑤ ㄱ, ㄴ, ㄷ

20 표는 묽은 염산(HCl), 수산화 나트륨(NaOH) 수용액, 수산화 칼륨(KOH) 수용액의 부피를 달리하여 혼합한 용액에 대한 자료를 나타낸 것이다. (가)～(다)의 액성은 각각 산성, 중성, 염기성 중 하나이다.

혼합 용액	혼합 전 수용액의 부피(mL)			생성된 물 분자 수
	HCl	NaOH	KOH	
(가)	10	10	0	$2N$
(나)	10	0	20	$3N$
(다)	20	20	10	$6N$

이에 대한 설명으로 옳은 것만을 〈보기〉에서 있는 대로 고른 것은?

보기
ㄱ. (가)는 산성이다.
ㄴ. $\frac{\text{(다)에서 } Cl^- \text{의 수}}{\text{(나)에서 } K^+ \text{의 수}} = \frac{3}{2}$이다.
ㄷ. (가)와 (나)를 혼합한 용액은 중성이다.

① ㄱ ② ㄴ ③ ㄱ, ㄷ
④ ㄴ, ㄷ ⑤ ㄱ, ㄴ, ㄷ

21 다음은 수산화 나트륨(NaOH)과 관련된 실험이다.

| 실험 과정 및 결과 |
(가) 그림과 같이 물이 담긴 비커에 수산화 나트륨을 넣었더니 온도가 높아졌다.
(나) (가)의 비커에 묽은 염산을 넣었더니 온도가 (㉠).

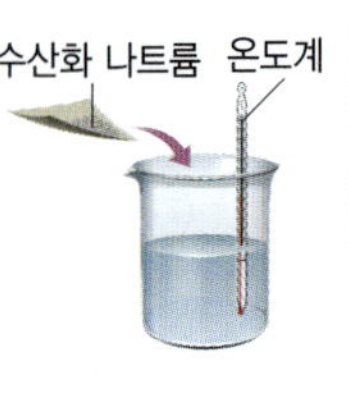

이에 대한 설명으로 옳은 것만을 〈보기〉에서 있는 대로 고른 것은?

보기
ㄱ. '낮아졌다'는 ㉠으로 적절하다.
ㄴ. (가)에서 반응이 일어날 때 주변으로 에너지를 방출한다.
ㄷ. (가)와 (나)의 반응은 모두 발열 반응이다.

① ㄱ ② ㄴ ③ ㄱ, ㄷ
④ ㄴ, ㄷ ⑤ ㄱ, ㄴ, ㄷ

서술형
22 염화 칼슘은 도로에 쌓인 눈을 녹이는 제설제로 사용되는 물질이다. 염화 칼슘을 제설제로 사용하는 까닭을 에너지의 출입과 관련지어 설명하시오.

23 다음은 에너지 출입과 관련된 현상이다.

㉠ 뷰테인(C_4H_{10})을 연소시켜 ㉡ 물을 끓인다.

손난로를 흔들어 ㉢ 철 가루와 산소가 반응하면 손난로가 따뜻해진다.

이에 대한 설명으로 옳은 것만을 〈보기〉에서 있는 대로 고른 것은?

보기
ㄱ. ㉠의 연소 반응이 일어나면 주변의 온도는 높아진다.
ㄴ. ㉡이 끓을 때 주변으로부터 에너지를 흡수한다.
ㄷ. ㉢과 산소의 반응은 발열 반응이다.

① ㄱ ② ㄷ ③ ㄱ, ㄴ
④ ㄴ, ㄷ ⑤ ㄱ, ㄴ, ㄷ

난이도 상

24 다음은 금속 A~C의 산화·환원 반응 실험이다.

| 실험 과정 |
(가) 금속 양이온 A^+과 B^{2+}이 들어 있는 수용액을 준비한다.
(나) 수용액에 금속 C를 넣어 반응시킨다.

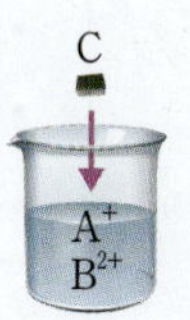

| 실험 결과 |
• 과정 (나) 이후 C는 모두 C^{2+}이 되었고, 반응한 A^+과 B^{2+}은 각각 A와 B가 되었다.
• 각 과정 후 수용액 속의 금속 양이온의 종류와 수

과정	수용액 속의 금속 양이온의 종류와 수
(가)	A^+ $3N$, B^{2+} xN
(나)	B^{2+} $1.5N$, C^{2+} $3N$

이에 대한 설명으로 옳은 것만을 〈보기〉에서 있는 대로 고르시오. (단, A~C는 임의의 원소 기호이다. A^+과 B^{2+}은 각각 C하고만 반응하고, A~C는 물과 반응하지 않으며, 음이온은 반응에 참여하지 않는다.)

보기
ㄱ. $x=3$이다.
ㄴ. 과정 (나)에서 전자는 B^{2+}에서 C로 이동한다.
ㄷ. 과정 (나)에서 생성된 B 원자의 수는 $1.5N$이다.

25 표는 묽은 염산(HCl)과 수산화 칼륨(KOH) 수용액의 부피를 달리하여 혼합한 용액에 대한 자료를 나타낸 것이다.

혼합 용액		(가)	(나)
혼합 전 수용액의 부피(mL)	HCl	V_1	$3V_1$
	KOH	xV_2	V_2
혼합 용액에 존재하는 양이온 모형		● ● ● ●	▲ ● ●
생성된 물 분자 수(상댓값)		$2N$	yN

$(x+y)\times\frac{V_1}{V_2}$는? (단, 혼합 용액의 부피는 혼합 전 용액의 부피 합과 같고, (가)와 (나)의 부피는 같다.)

① 2 ② 3 ③ 4
④ 5 ⑤ 6

26 표는 묽은 염산(HCl)과 수산화 나트륨(NaOH) 수용액의 부피를 달리하여 혼합한 용액에 대한 자료를 나타낸 것이다. (가)의 액성은 염기성이다.

혼합 용액		(가)	(나)	(다)
혼합 전 수용액의 부피(mL)	HCl	10	30	40
	NaOH	20	30	20
혼합 용액에 존재하는 이온 수의 비율		$\frac{1}{2}$, $\frac{1}{8}$, $\frac{3}{8}$	$\frac{1}{2}$, $\frac{1}{6}$, $\frac{1}{3}$	

이에 대한 설명으로 옳은 것만을 〈보기〉에서 있는 대로 고른 것은?

보기
ㄱ. (나)의 액성은 염기성이다.
ㄴ. $\frac{(나)에서\ Na^+의\ 수}{(가)에서\ Cl^-의\ 수}=2$이다.
ㄷ. 생성된 물 분자 수는 (다)에서가 (가)에서의 $\frac{4}{3}$배이다.

① ㄱ ② ㄴ ③ ㄷ
④ ㄱ, ㄴ ⑤ ㄴ, ㄷ

서술형
27 다음은 일상생활에서 사용하는 장치에 이용되는 2가지 반응에 대한 설명이다. 물질 X와 Y는 각각 산화 칼슘(CaO)과 질산 암모늄(NH_4NO_3) 중 하나이다.

㉠ 물질 X가 물에 용해되는 반응을 이용하여 냉찜질 팩을 차갑게 한다.

㉡ 물질 Y와 물의 반응을 이용하여 휴대용 도시락을 따뜻하게 한다.

(1) X와 Y가 각각 어떤 물질인지 쓰시오.

(2) ㉠과 ㉡이 일어날 때 에너지의 출입 방향과 주변의 온도 변화를 각각 설명하시오.

Ⅱ. 환경과 에너지

01 생태계와 환경

난이도 하

01 다음은 생태계를 구성하는 (가)~(다)의 특징을 나타낸 것이다. (가)~(다)는 각각 분해자, 생산자, 소비자 중 하나이다.

- (가)는 ㉠을 흡수해 광합성을 한다.
- (나)는 다른 생물을 먹이로 섭취한다.
- (다)는 ㉡을 분해하여 양분을 얻는다.

이에 대한 설명으로 옳은 것만을 <보기>에서 있는 대로 고른 것은?

보기
ㄱ. 열에너지는 ㉠에 해당한다.
ㄴ. 동물 플랑크톤은 (나)에 속한다.
ㄷ. 생물의 사체나 배설물은 ㉡에 해당한다.

① ㄱ ② ㄴ ③ ㄱ, ㄷ
④ ㄴ, ㄷ ⑤ ㄱ, ㄴ, ㄷ

02 다음은 생태계구성요소에 대한 자료이다.

- 생태계구성요소에는 (가)와 (나)가 있다. (가)와 (나)는 각각 생물요소와 비생물요소 중 하나이다.
- 오른쪽 그림은 ㉠북극 지역에 서식하는 토끼의 짧은 귀를 나타낸 것이다. 이는 (나)가 (가)에 영향을 미친 사례에 해당한다.

이에 대한 설명으로 옳은 것만을 <보기>에서 있는 대로 고른 것은?

보기
ㄱ. (가)에는 물과 토양 등이 있다.
ㄴ. ㉠과 가장 관련이 깊은 비생물요소는 온도이다.
ㄷ. 소가 대기 중으로 메테인을 방출하는 것은 (가)가 (나)에 영향을 미친 사례이다.

① ㄱ ② ㄴ ③ ㄷ
④ ㄱ, ㄴ ⑤ ㄴ, ㄷ

03 다음은 비생물요소 (가)와 생물요소와의 상호 관계에 대한 사례를 나타낸 것이다.

- 동물의 호흡은 공기 조성에 영향을 미친다.
- 식물은 광합성을 하여 공기 중의 산소 농도를 높인다.

(가)와 가장 관련이 깊은 상호 관계의 사례로 옳은 것은?

① 꾀꼬리는 봄에 번식한다.
② 낙엽이 분해되면 토양이 비옥해진다.
③ 사막에 사는 캥거루쥐는 땀을 흘리지 않는다.
④ 식물의 증산작용으로 숲은 다른 곳보다 시원하다.
⑤ 고산 지대에 사는 사람은 평지에 사는 사람보다 적혈구 수가 많다.

서술형

04 그림은 생태계 (가)와 (나)의 먹이 관계를 나타낸 것이다.

(가)와 (나)의 차이점을 다음 용어를 모두 포함하여 설명하시오.

먹이 관계 생태계평형

05 다음은 어떤 생물군집에서 두 개체군 A와 B의 개체수가 주기적으로 변하는 과정을 나타낸 것이다. A와 B 사이에서 먹이 관계가 형성되며, A와 B 중 하나는 광합성을 한다.

A의 개체수 증가 → B의 개체수 증가 → A의 개체수 감소 → B의 개체수 (㉠) → A의 개체수 증가

A와 B의 영양단계와 ㉠에 알맞은 말을 각각 쓰시오.

06 대기 중 온실 기체의 농도가 증가함에 따라 나타나는 지구 환경 변화에 대한 설명으로 옳지 않은 것은?

① 지구의 평균 기온이 상승한다.
② 겨울보다 여름의 일수가 증가한다.
③ 해양 생물의 서식 환경이 달라진다.
④ 대기가 지표로 재복사하는 에너지양이 증가한다.
⑤ 우리나라의 경우 한류성 어종이 더 많이 잡힌다.

07 다음은 지구 온난화의 영향에 대한 설명이다.

> 지구의 평균 기온이 상승하면 육지 빙하의 면적이 (㉠)하고, 해수의 열팽창에 의해 해수면이 (㉡)한다.

이에 대한 설명으로 옳은 것만을 〈보기〉에서 있는 대로 고른 것은?

보기
ㄱ. ㉠은 '증가'이다.
ㄴ. ㉡은 '상승'이다.
ㄷ. 지구 온난화가 지속되면 해안 저지대가 침수될 수 있다.

① ㄱ ② ㄴ ③ ㄱ, ㄷ
④ ㄴ, ㄷ ⑤ ㄱ, ㄴ, ㄷ

08 그림은 북반구에서 대기 대순환의 모형을 나타낸 것이다.

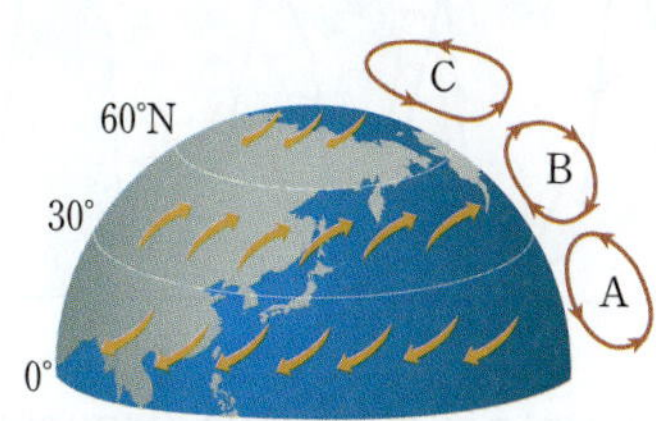

이에 대한 설명으로 옳은 것만을 〈보기〉에서 있는 대로 고른 것은?

보기
ㄱ. A는 해들리 순환이다.
ㄴ. B에 의해 지상에 무역풍이 만들어진다.
ㄷ. 극지방에서는 차가운 공기가 하강한다.

① ㄱ ② ㄴ ③ ㄱ, ㄷ
④ ㄴ, ㄷ ⑤ ㄱ, ㄴ, ㄷ

09 그림은 전 세계의 주요 사막과 사막화 지역을 나타낸 것이다.

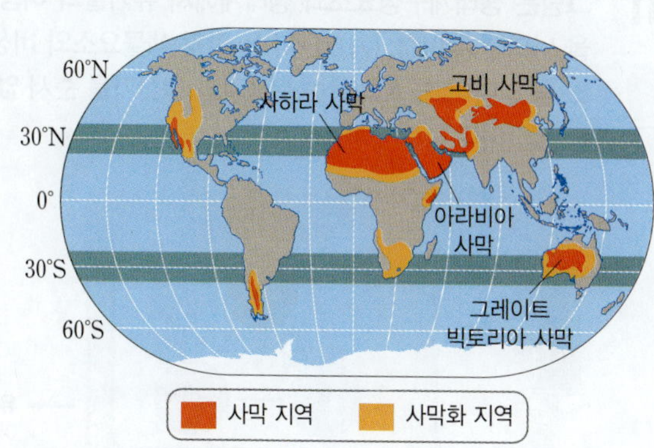

이에 대한 설명으로 옳은 것만을 〈보기〉에서 있는 대로 고른 것은?

보기
ㄱ. 사막은 중위도보다 적도 지역에 주로 분포한다.
ㄴ. 대기 대순환에 의해 하강 기류가 지속되는 지역에 주로 사막이 나타난다.
ㄷ. 사막화는 위도에 관계없이 진행되고 있다.

① ㄱ ② ㄴ ③ ㄱ, ㄷ
④ ㄴ, ㄷ ⑤ ㄱ, ㄴ, ㄷ

서술형

10 그림 (가)와 (나)는 평상시와 엘니뇨 발생 시 태평양 적도 부근의 대기 순환을 순서 없이 나타낸 것이다.

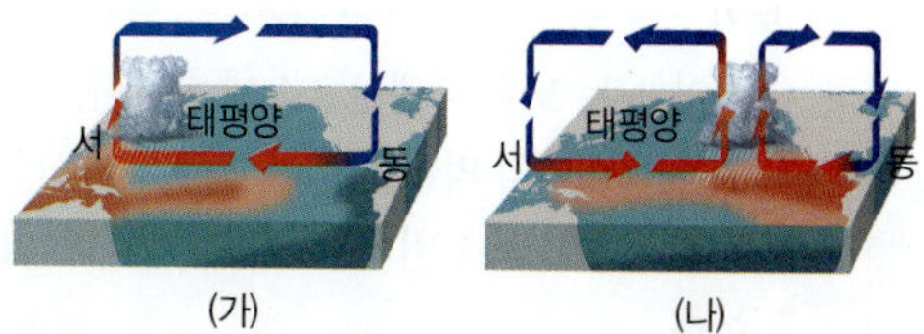

(가) (나)

(가)와 (나) 중 엘니뇨 발생 시의 대기 순환을 고르고, 이때 동태평양 적도 부근의 평균 해수면 온도를 평상시와 비교하여 설명하시오.

난이도 중

11 그림은 생태계구성요소와 생태계에서 유기물의 이동 방향을 나타낸 것이다. (가)와 (나)는 각각 생물요소와 비생물요소 중 하나이고, A와 B는 분해자와 생산자를 순서 없이 나타낸 것이다.

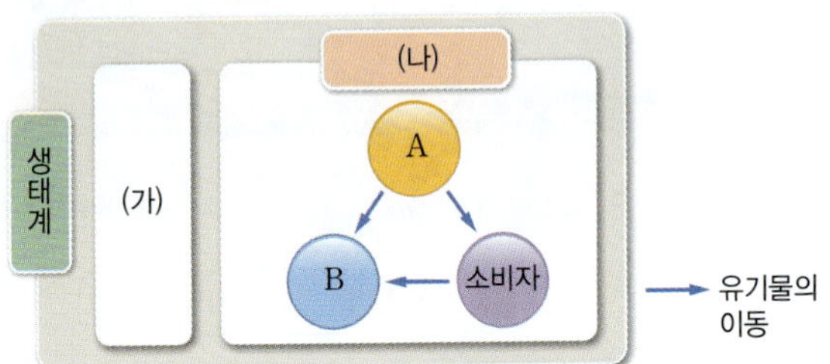

이에 대한 설명으로 옳은 것만을 <보기>에서 있는 대로 고른 것은?

보기
ㄱ. A는 빛에너지를 흡수하고, 열에너지를 방출한다.
ㄴ. 송이버섯과 푸른곰팡이는 모두 B에 속한다.
ㄷ. 연꽃의 줄기와 뿌리에 통기조직이 발달되어 있는 것은 (나)가 (가)에 영향을 미친 사례이다.

① ㄱ ② ㄷ ③ ㄱ, ㄴ
④ ㄴ, ㄷ ⑤ ㄱ, ㄴ, ㄷ

12 다음은 강의 녹조 현상에 대한 자료이다.

- 원인: 영양염류 증가, ⓐ수온 상승, ⓑ강수량 감소
- 영향: 광합성 세균의 이상 증식으로 물속 산소량이 감소하여 물고기가 죽으므로 ㉠강의 종다양성이 감소함.
- 특징: ㉡유속이 빨라지면 광합성 세균의 증식이 억제되어 녹조 현상이 완화됨.

이에 대한 설명으로 옳은 것만을 <보기>에서 있는 대로 고른 것은?

보기
ㄱ. ⓐ와 ⓑ는 모두 비생물요소에 속한다.
ㄴ. ㉠은 생태계의 먹이 관계를 복잡하게 만든다.
ㄷ. ㉡은 생물요소가 비생물요소에 영향을 미친 사례이다.

① ㄱ ② ㄴ ③ ㄷ
④ ㄱ, ㄴ ⑤ ㄴ, ㄷ

서술형

13 다음은 생태계 (가)와 (나)에 대한 자료이다.

- (가)와 (나)는 모두 생산자, 1차 소비자, 2차 소비자로 구성되며, (가)와 (나)에서 모두 에너지양은 피라미드 형태를 나타낸다.
- (가)의 1차 소비자의 에너지양은 (나)의 최종 소비자의 에너지양의 10배이고, (가)의 생산자의 에너지양은 (나)의 1차 소비자의 에너지양의 5배이다.
- 그림은 (가)와 (나)의 에너지양피라미드를 나타낸 것이다.

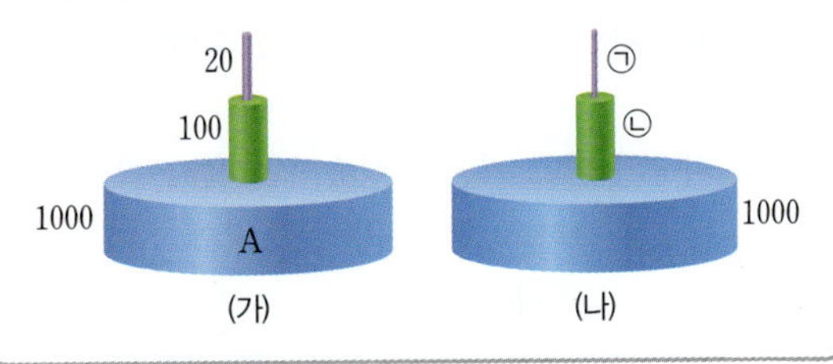

(1) A가 양분을 얻는 방법을 설명하시오.

(2) ㉠과 ㉡의 값을 각각 쓰고, ㉠이 ㉡보다 작은 까닭을 설명하시오.

14 그림은 어떤 생태계에서 개체군 A와 B의 개체수 변화를 나타낸 것이다. A와 B는 각각 1차 소비자와 2차 소비자 중 하나이다.

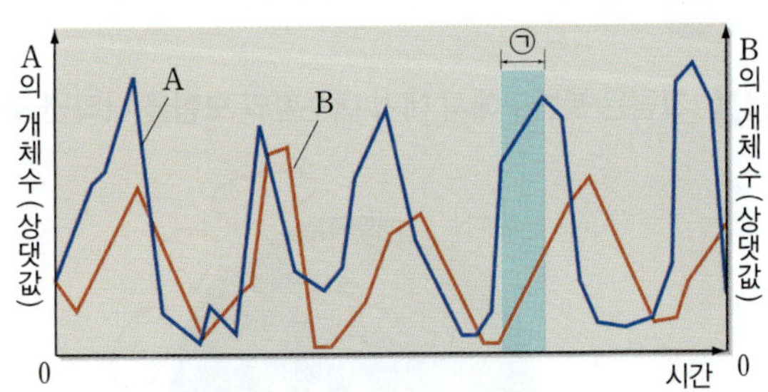

이에 대한 설명으로 옳은 것만을 <보기>에서 있는 대로 고른 것은?

보기
ㄱ. A에서 B에게로 화학 에너지가 이동한다.
ㄴ. 이 생태계에서 A와 B는 하나의 군집을 이룬다.
ㄷ. ㉠에서 A의 개체수가 증가하여 B의 개체수가 증가한다.

① ㄱ ② ㄴ ③ ㄱ, ㄷ
④ ㄴ, ㄷ ⑤ ㄱ, ㄴ, ㄷ

15 그림은 생산자, 1차 소비자, 2차 소비자로 구성된 어떤 생태계에서 환경 변화 (가) 이후에 일어난 생태계평형 회복 과정을 나타낸 것이다. (가)에서 생산자의 개체수 변화가 일어났다.

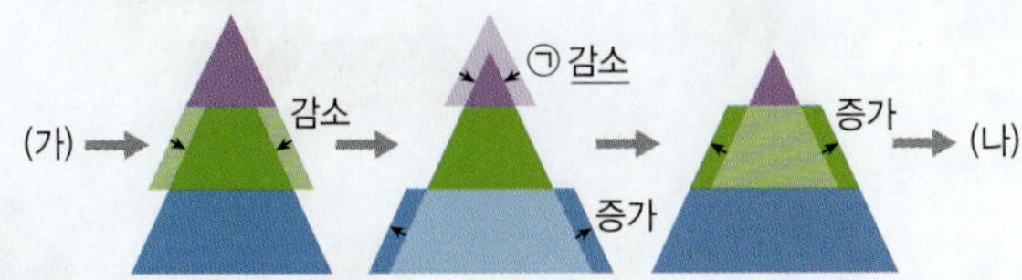

이에 대한 설명으로 옳은 것만을 〈보기〉에서 있는 대로 고른 것은? (단, 제시된 자료 이외는 고려하지 않는다.)

보기

ㄱ. (가)에서 생산자의 개체수가 감소했다.
ㄴ. ㉠은 2차 소비자의 먹이가 줄어들었기 때문이다.
ㄷ. (나)에서 2차 소비자의 개체수가 증가하면서 생태계평형이 회복된다.

① ㄱ ② ㄴ ③ ㄱ, ㄷ
④ ㄴ, ㄷ ⑤ ㄱ, ㄴ, ㄷ

16 표는 영양단계 A~D가 먹이사슬을 이루고 있는 생태계에서 한 영양단계의 개체수가 증가할 때 나머지 영양단계의 개체수 변화를 나타낸 것이다.

구분	개체수 변화			
	A	B	C	D
A의 개체수 증가	−	감소	감소	ⓐ증가
B의 개체수 증가	㉠	−	㉡	증가
C의 개체수 증가	증가	증가	−	감소
D의 개체수 증가	㉢	감소	증가	−

이에 대한 설명으로 옳은 것만을 〈보기〉에서 있는 대로 고른 것은?

보기

ㄱ. ㉠~㉢은 모두 '증가'이다.
ㄴ. C에서 광합성과 세포호흡이 모두 일어난다.
ㄷ. ⓐ는 A의 개체수 증가로 D가 포식자에게 적게 잡아먹혀 일어난 변화이다.

① ㄱ ② ㄴ ③ ㄱ, ㄷ
④ ㄴ, ㄷ ⑤ ㄱ, ㄴ, ㄷ

17 그림은 온실 효과가 일어나는 과정을 나타낸 것이다.

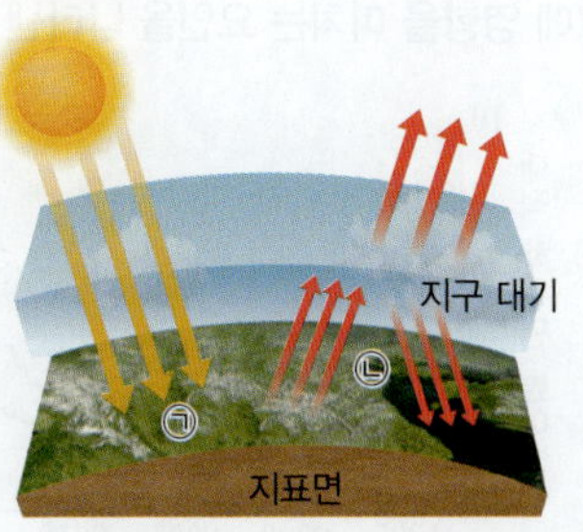

이에 대한 설명으로 옳은 것만을 〈보기〉에서 있는 대로 고른 것은?

보기

ㄱ. $\frac{\text{가시광선 영역의 에너지양}}{\text{적외선 영역의 에너지양}}$은 ㉠이 ㉡보다 크다.
ㄴ. 산업 활동에 의해 대기 중 에어로졸이 증가하면 ㉠이 감소한다.
ㄷ. 지구 표면의 평균 온도는 대기가 있을 때가 대기가 없을 때보다 높다.

① ㄱ ② ㄴ ③ ㄱ, ㄷ
④ ㄴ, ㄷ ⑤ ㄱ, ㄴ, ㄷ

18 그림은 1968년~2018년 우리나라 주변 해역의 평균 표층 수온을 나타낸 것이다.

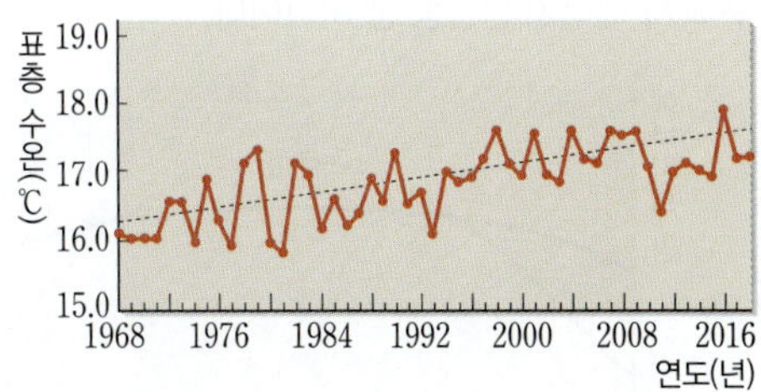

이에 대한 설명으로 옳은 것만을 〈보기〉에서 있는 대로 고른 것은?

보기

ㄱ. 이 기간 동안 우리나라 주변 해역의 평균 표층 수온은 3 ℃ 이상 상승했다.
ㄴ. 우리나라 주변 해역의 평균 해수면 높이는 높아졌을 것이다.
ㄷ. 우리나라의 열대야 일수가 증가했을 것이다.

① ㄱ ② ㄴ ③ ㄱ, ㄷ
④ ㄴ, ㄷ ⑤ ㄱ, ㄴ, ㄷ

19 그림은 1993년부터 최근까지 전 지구 해수면의 높이 상승과 그에 영향을 미치는 요인을 나타낸 것이다.

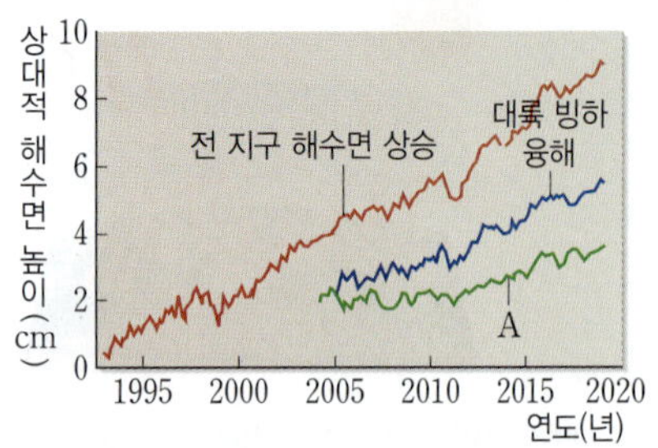

이에 대한 설명으로 옳은 것만을 〈보기〉에서 있는 대로 고른 것은?

> **보기**
> ㄱ. 전 지구 해수면은 상승하는 경향을 보인다.
> ㄴ. 이 기간 동안 대륙 빙하에 의한 반사율은 증가했다.
> ㄷ. A는 해수의 열팽창이다.

① ㄱ ② ㄴ ③ ㄱ, ㄷ
④ ㄴ, ㄷ ⑤ ㄱ, ㄴ, ㄷ

20 그림은 지구의 위도별 연평균 복사 에너지양의 분포를 나타낸 것이다. A와 B는 각각 태양 복사 에너지 흡수량과 지구 복사 에너지 방출량 중 하나이다.

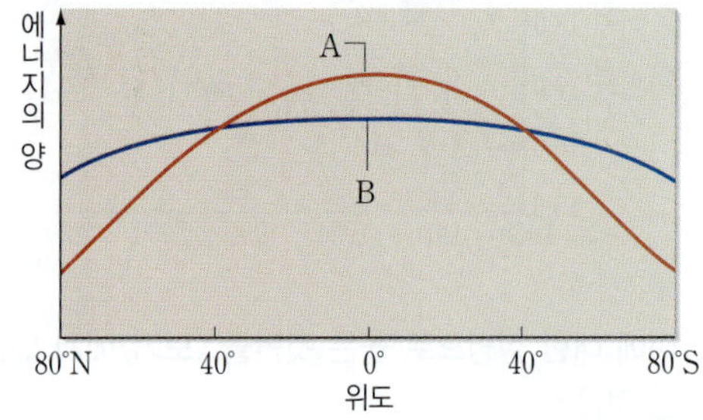

이에 대한 설명으로 옳은 것만을 〈보기〉에서 있는 대로 고른 것은?

> **보기**
> ㄱ. A는 태양 복사 에너지 흡수량이다.
> ㄴ. 지구 전체로 보았을 때 A>B이다.
> ㄷ. 고위도의 남는 에너지가 저위도로 이동한다.

① ㄱ ② ㄴ ③ ㄱ, ㄷ
④ ㄴ, ㄷ ⑤ ㄱ, ㄴ, ㄷ

21 그림은 전 세계 사막 지역 및 사막화 지역의 분포를 나타낸 것이다.

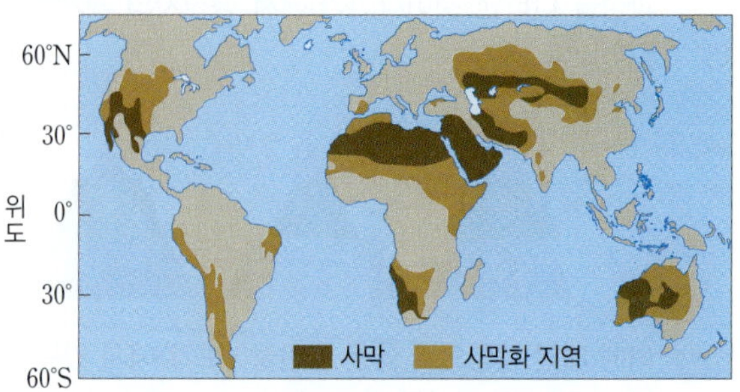

사막 지역 및 사막화 지역에 대한 설명으로 옳은 것은?

① 주로 적도 부근에 분포한다.
② 저압대보다는 고압대에서 잘 발달한다.
③ (증발량−강수량) 값이 (−)인 지역에 잘 발달한다.
④ 대기 대순환에서 공기가 상승하는 지역에 잘 발달한다.
⑤ 삼림 벌채, 가축 방목 등은 사막화를 완화하는 방법이다.

22 그림은 엘니뇨 발생 시 태평양에서 나타나는 강수량 편차(관측값−평년값)의 분포를 나타낸 것이다.

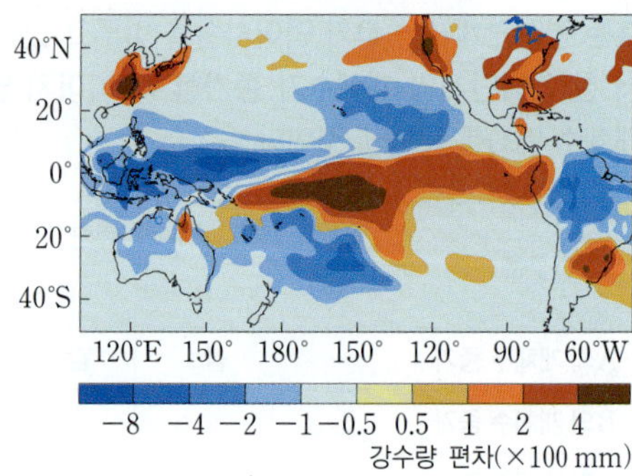

이에 대한 설명으로 옳은 것만을 〈보기〉에서 있는 대로 고른 것은?

> **보기**
> ㄱ. 동태평양 적도 부근 해역의 강수량은 평년보다 감소했다.
> ㄴ. 동태평양 적도 부근 해역의 평균 해수면 기압은 평년보다 높다.
> ㄷ. 서태평양 적도 부근 해역에는 평년보다 가뭄이 발생할 가능성이 높다.

① ㄱ ② ㄷ ③ ㄱ, ㄴ
④ ㄴ, ㄷ ⑤ ㄱ, ㄴ, ㄷ

난이도 상

23 표는 생태계구성요소 사이의 상호 관계에 대한 사례 (가)~(다)를 나타낸 것이다.

구분	사례
(가)	국화는 가을에 꽃이 핀다.
(나)	개구리는 추운 겨울에 겨울잠을 잔다.
(다)	토끼풀의 수가 증가하면 토끼의 수가 증가한다.

이에 대한 설명으로 옳은 것만을 〈보기〉에서 있는 대로 고른 것은?

보기
ㄱ. (가)와 가장 관련이 깊은 비생물요소는 온도이다.
ㄴ. (가)~(다) 중 비생물요소가 생물요소에 영향을 미친 사례는 2가지이다.
ㄷ. (다)의 토끼풀에서 토끼에게로 열에너지가 전달된다.

① ㄱ ② ㄴ ③ ㄱ, ㄷ
④ ㄴ, ㄷ ⑤ ㄱ, ㄴ, ㄷ

서술형
24 그림 (가)는 개체군 A와 B의 시간에 따른 개체수를, (나)는 (가)에서 나타나는 개체수의 주기적인 변화를 구간별로 구분하여 나타낸 것이다. A와 B는 각각 1차 소비자와 2차 소비자 중 하나이다.

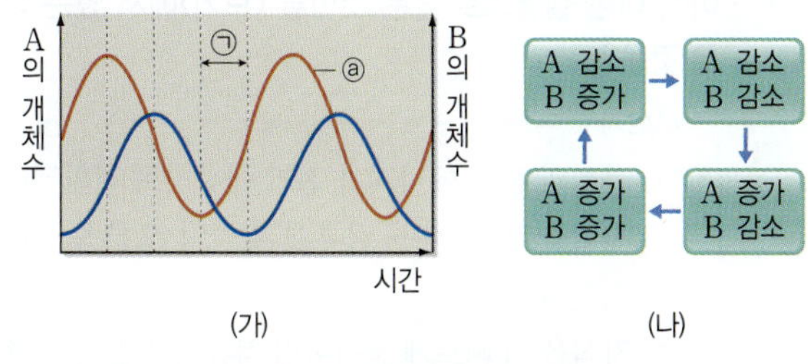

(가) (나)

(1) ⓐ는 A와 B 중에서 어느 것인지 쓰시오.

(2) ㉠에서 일어나는 A와 B의 개체수 변화를 이러한 변화가 일어나는 까닭과 함께 설명하시오.

25 그림은 지구에 입사하는 태양 복사 에너지를 100 단위로 했을 때 지구의 에너지 출입을 나타낸 것이다. A~D는 에너지 단위를 나타낸다.

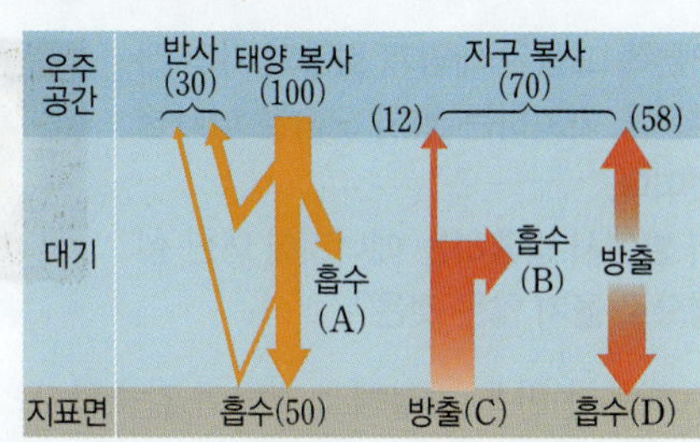

이에 대한 설명으로 옳은 것만을 〈보기〉에서 있는 대로 고른 것은?

보기
ㄱ. A는 20이다.
ㄴ. B<C<D이다.
ㄷ. 대기 중 이산화 탄소 농도가 증가하면 B가 증가한다.

① ㄱ ② ㄴ ③ ㄱ, ㄷ
④ ㄴ, ㄷ ⑤ ㄱ, ㄴ, ㄷ

26 그림 (가)는 서태평양 적도 부근 해역의 표층에 도달하는 태양 복사 에너지 편차(관측값−평년값)를, (나)는 태평양 적도 부근 해역에서 A, B 중 한 시기에 1년 동안 관측한 20 °C 등수온선의 깊이 편차를 나타낸 것이다. A와 B는 각각 엘니뇨와 라니냐 시기 중 하나이다.

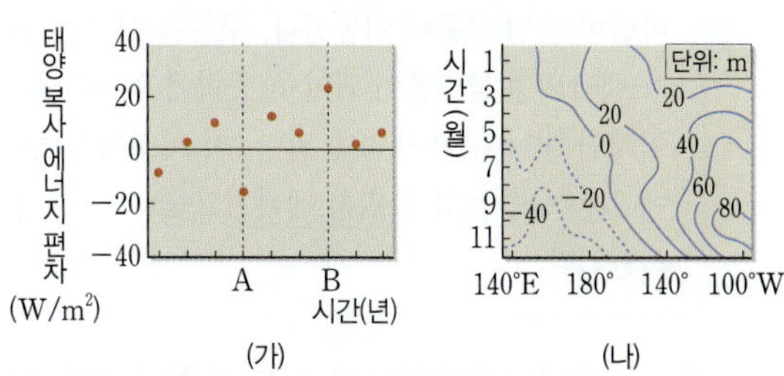

(가) (나)

이에 대한 설명으로 옳은 것만을 〈보기〉에서 있는 대로 고른 것은?

보기
ㄱ. A는 엘니뇨 시기이다.
ㄴ. (나)는 B에 해당한다.
ㄷ. B일 때 서태평양 적도 부근 해역에 강수량이 증가한다.

① ㄱ ② ㄴ ③ ㄱ, ㄷ
④ ㄴ, ㄷ ⑤ ㄱ, ㄴ, ㄷ

II. 환경과 에너지

02 에너지

난이도 하

01 오른쪽 그림은 태양계 질량의 거의 대부분을 차지하는 별의 모습을 나타낸 것이다.
이 별에서 방출하는 에너지에 대한 설명으로 옳지 않은 것은?

① 핵융합 반응 과정에서 질량이 감소한다.
② 표면에서 빛에너지와 열에너지를 방출한다.
③ 중심부에서 우라늄의 핵반응을 통해 에너지를 방출한다.
④ 방출하는 에너지의 일부가 복사를 통해 지구로 전달된다.
⑤ 지구에서 대기와 물의 순환을 일으키는 에너지의 근원이다.

02 다음은 기상 현상이 일어나는 과정을 설명한 글이다.

> 지구에 도달한 태양 에너지가 ㉠빛에너지로 전환하여 물을 수증기로 증발시킨다. 수증기가 상승하면서 구름이 형성된다. 대기에 흡수된 태양 에너지에 의해 바람이 불면 구름이 이동한다. 구름을 이루는 수증기가 냉각되면 물방울이 되어 ㉡중력에 의해 아래로 떨어지면 비나 눈이 내리게 된다. 이 과정에서 높은 곳에 있는 물방울의 ㉢위치 에너지가 ㉣화학 에너지로 전환된다.

㉠~㉣ 중에서 옳지 않은 내용 2개를 찾아 옳게 고치시오.

03 운동 에너지가 전기 에너지로 전환되는 현상을 이용한 발전에 해당하지 않는 것은?

① 핵발전 ② 화력 발전
③ 풍력 발전 ④ 조력 발전
⑤ 태양광 발전

04 코일과 자석이 운동할 때 코일에 전류가 흐르지 않는 경우는?

① 정지한 코일에서 자석이 멀어질 때
② 정지한 자석을 향해 코일이 접근할 때
③ 코일과 자석이 같은 방향으로 같은 속력으로 운동할 때
④ 정지한 코일 아래에서 자석이 가까워졌다 멀어졌다 할 때
⑤ 정지한 코일 위에서 실에 매달린 자석이 좌우로 진동할 때

05 그림과 같이 검류계를 연결한 코일에 자석의 N극을 가까이 하였더니 검류계 바늘이 왼쪽으로 움직였다.

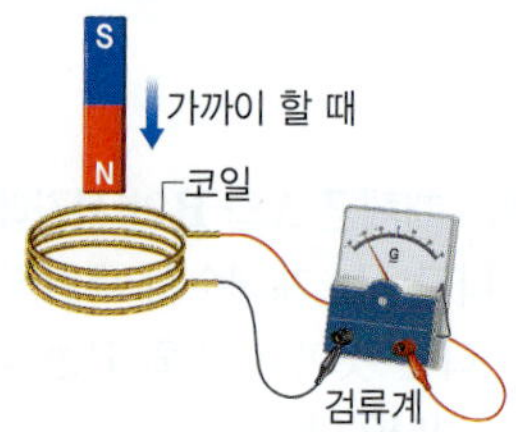

이에 대한 설명으로 옳은 것만을 <보기>에서 있는 대로 고른 것은?

> 보기
> ㄱ. 자석의 운동 에너지가 전기 에너지로 전환된다.
> ㄴ. 자석을 멀리 하면 검류계 바늘이 오른쪽으로 움직인다.
> ㄷ. 자석을 더 빠르게 움직이면 검류계 바늘이 더 적게 움직인다.

① ㄱ ② ㄷ ③ ㄱ, ㄴ
④ ㄴ, ㄷ ⑤ ㄱ, ㄴ, ㄷ

06 표는 핵에너지를 이용한 발전 (가), (나)에서 일어나는 핵반응을 비교한 것이다.

핵반응	반응 전 물질	반응 후 물질	질량 변화
(가)	4개의 수소 원자핵	1개의 (㉠) 원자핵	감소
(나)	우라늄 원자핵과 중성자	2개의 원자핵과 2～3개의 중성자	(㉡)

이에 대한 설명으로 옳은 것만을 〈보기〉에서 있는 대로 고른 것은?

보기
ㄱ. (가)에서는 방사성 폐기물이 발생한다.
ㄴ. ㉠은 헬륨이다.
ㄷ. '증가'는 ㉡으로 적절하다.

① ㄱ ② ㄴ ③ ㄷ
④ ㄱ, ㄷ ⑤ ㄴ, ㄷ

07 그림은 여러 가지 에너지가 전환되는 것을 나타낸 것이다.

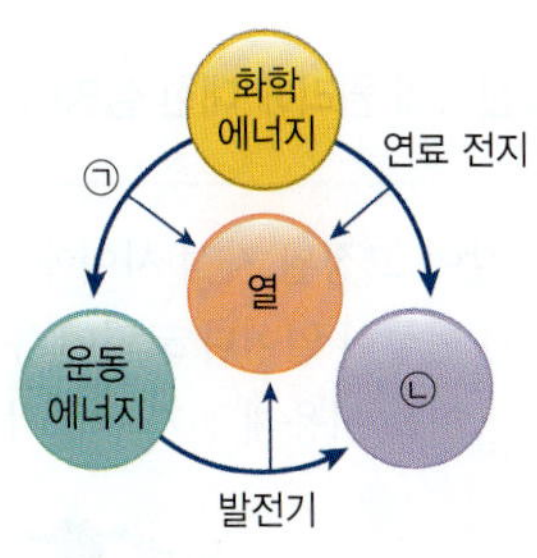

이에 대한 설명으로 옳은 것만을 〈보기〉에서 있는 대로 고른 것은?

보기
ㄱ. '태양 전지'는 ㉠으로 적절하다.
ㄴ. ㉡은 전기 에너지이다.
ㄷ. 효율이 높은 연료 전지는 화학 에너지가 열에너지로 전환되지 않는다.

① ㄱ ② ㄴ ③ ㄷ
④ ㄱ, ㄷ ⑤ ㄴ, ㄷ

08 표는 형광등과 발광 다이오드(LED) 전등에 공급된 전기 에너지와 발생한 빛에너지, 에너지 효율을 나타낸 것이다.

구분	형광등	LED 전등
공급된 전기 에너지	(㉠)	E
발생한 빛에너지	$0.4E$	$0.8E$
에너지 효율(%)	10	(㉡)

이에 대한 설명으로 옳은 것만을 〈보기〉에서 있는 대로 고른 것은?

보기
ㄱ. ㉠은 E이다.
ㄴ. ㉡은 '20'이다.
ㄷ. 같은 밝기의 빛을 방출하기 위해 소비하는 전기 에너지는 형광등이 LED 전등의 8배이다.

① ㄱ ② ㄴ ③ ㄷ
④ ㄱ, ㄷ ⑤ ㄴ, ㄷ

서술형

09 그림은 열효율이 0.2인 열기관이 고열원에서 Q_1의 열을 흡수하여 W의 일을 하고 저열원으로 8 kJ의 열을 방출하는 것을 나타낸 것이다.

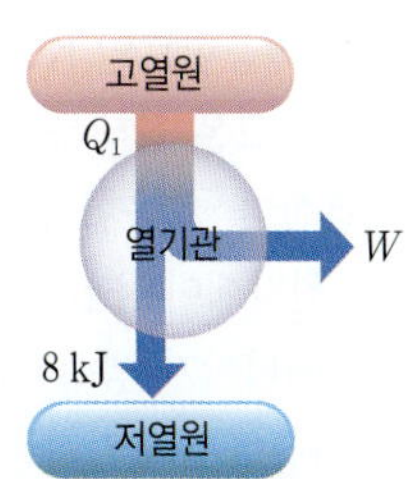

Q_1과 W를 풀이 과정과 함께 구하시오.

10 조력 발전, 풍력 발전, 지열 발전의 공통점으로 옳은 것은?

① 해양 생태계 파괴 우려가 있다.
② 전자기 유도를 이용하여 발전한다.
③ 에너지의 근원은 태양 에너지이다.
④ 위치 에너지를 전기 에너지로 전환한다.
⑤ 날씨나 기후에 상관없이 일정한 전기 에너지를 생산한다.

난이도 중

11 그림 (가)는 태양의 내부 구조를 나타낸 것으로, A, B, C는 복사층, 대류층, 핵 중 하나이다. 그림 (나)는 태양 에너지 생성 과정에서 일어나는 핵반응을 나타낸 것이다.

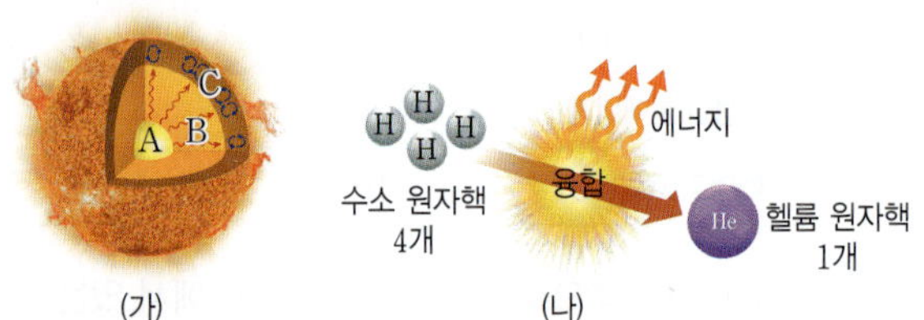

이에 대한 설명으로 옳지 <u>않은</u> 것은?

① B는 복사층이다.
② (나)는 수소 핵융합 반응이다.
③ (나)는 A에서 일어나는 반응이다.
④ 시간이 지날수록 태양의 질량은 증가한다.
⑤ 헬륨 원자핵 1개의 질량은 수소 원자핵 4개의 질량보다 작다.

12 다음은 핵융합을 이용한 발전에 관한 신문 기사의 일부이다.

> 한국형 연구용 핵융합로인 KSTAR는 핵융합이 일어날 수 있는 초고온 상태를 유지하기 위해 강력한 자기장을 이용한다. 핵융합 반응에서는 플라스마 상태의 ㉠ 수소 원자핵이 융합하여 (A) 원자핵이 될 때 막대한 에너지가 생성된다. 핵융합 발전은 ㉡ 화석 연료를 사용하는 발전과는 달리 거의 무한한 대용량 에너지원이다.

이에 대한 설명으로 옳은 것만을 〈보기〉에서 있는 대로 고른 것은?

보기
ㄱ. A는 헬륨이다.
ㄴ. ㉠에서 방출되는 에너지에 해당하는 만큼 수소 원자핵의 질량이 증가한다.
ㄷ. ㉡에 포함된 에너지의 근원은 태양 에너지이다.

① ㄱ ② ㄴ ③ ㄱ, ㄷ
④ ㄴ, ㄷ ⑤ ㄱ, ㄴ, ㄷ

13 다음은 태양 에너지로 인해 일어나는 자연 현상에 관한 설명이다.

> 식물은 ㉠ 광합성을 통해 태양 에너지를 ㉡ 다른 형태의 에너지로 전환하여 열매나 뿌리에 저장한다. 이렇게 저장된 화학 에너지는 생명체가 생명 활동을 유지하는 데 쓰인다. 한편 불균등하게 가열된 공기가 이동하면서 바람이 불면 태양 에너지가 (㉢)(으)로 전환된다.

㉠~㉢에 대한 설명으로 옳은 것만을 〈보기〉에서 있는 대로 고른 것은?

보기
ㄱ. ㉠에서 식물은 빛에너지를 방출한다.
ㄴ. ㉡은 화학 에너지이다.
ㄷ. '역학적 에너지'는 ㉢으로 적절하다.

① ㄴ ② ㄷ ③ ㄱ, ㄴ
④ ㄱ, ㄷ ⑤ ㄴ, ㄷ

14 다음은 발전기의 원리에 대한 설명이다.

> 그림과 같이 고정된 자석 사이에서 코일이 회전하면 (㉠) 현상이 일어나 코일에 유도 전류가 흐른다. 발전기는 이를 이용해 전기 에너지를 공급한다.

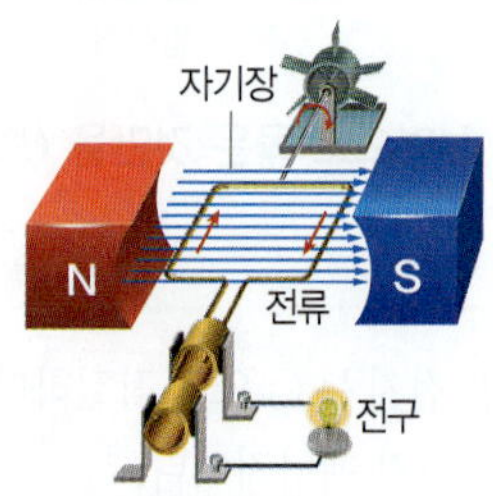

(1) ㉠에 들어갈 알맞은 말을 쓰시오.

(2) 발전기에서 일어나는 에너지 전환을 코일의 움직임과 관련지어 설명하시오.

15 그림 (가)는 자석의 S극을 일정한 속력으로 코일을 통과시키는 모습을 나타낸 것이다. 점 a, b는 자석이 지나는 직선 경로상의 지점이다. 그림 (나)는 (가)에서 자석의 운동 방향을 반대로 하여 일정한 속력으로 코일을 통과시키는 모습을 나타낸 것이다. (가), (나)에서 자석의 속력은 각각 v, $2v$이다.

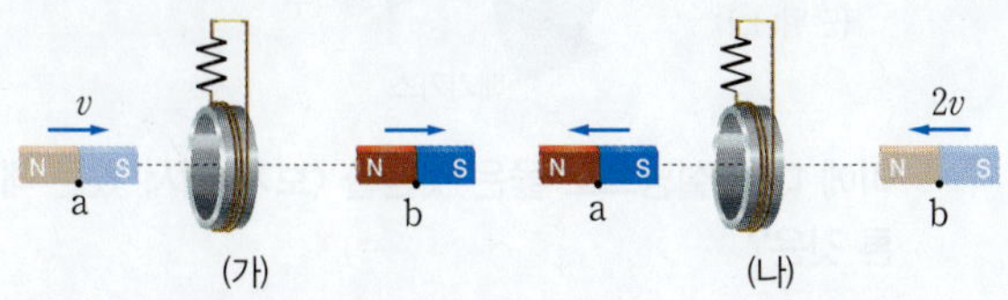

이에 대한 설명으로 옳은 것만을 〈보기〉에서 있는 대로 고른 것은?

보기

ㄱ. (가)의 a, b에서 유도 전류의 방향은 같다.
ㄴ. (나)의 a, b에서 자석이 받는 힘의 방향은 같다.
ㄷ. 자석이 a를 지날 때 유도 전류의 세기는 (나)에서가 (가)에서보다 크다.

① ㄱ ② ㄷ ③ ㄱ, ㄴ
④ ㄴ, ㄷ ⑤ ㄱ, ㄴ, ㄷ

16 그림은 화력 발전과 핵발전 과정에서 에너지 전환을 나타낸 것이다.

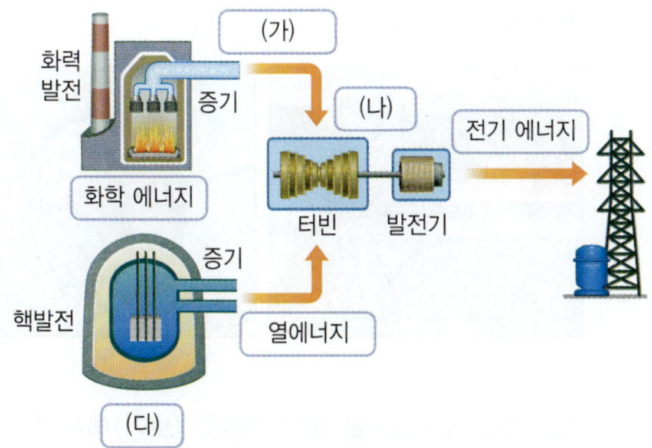

(가)~(다)에 들어갈 에너지의 형태를 옳게 짝 지은 것은?

	(가)	(나)	(다)
①	열에너지	운동 에너지	핵에너지
②	열에너지	핵에너지	운동 에너지
③	빛에너지	핵에너지	운동 에너지
④	운동 에너지	화학 에너지	핵에너지
⑤	운동 에너지	핵에너지	화학 에너지

17 그림은 화석 연료와 핵연료를 이용한 발전의 특징을 나타낸 것이다.

화석 연료: 발전할 때 온실 기체를 배출한다.
핵연료: 우라늄의 핵분열을 이용한다.
공통: (가)

(가)에 들어갈 내용으로 옳은 것만을 〈보기〉에서 있는 대로 고른 것은?

보기

ㄱ. 에너지원 고갈의 우려가 있다.
ㄴ. 고온 고압의 증기로 터빈을 돌려 발전한다.
ㄷ. 냉각수를 얻기 쉬운 바닷가나 호수 주변에 건설한다.

① ㄱ ② ㄴ ③ ㄱ, ㄴ
④ ㄱ, ㄷ ⑤ ㄴ, ㄷ

18 그림은 세 종류의 에너지 (가), (나), (다)가 서로 전환되는 사례를 나타낸 것이다.

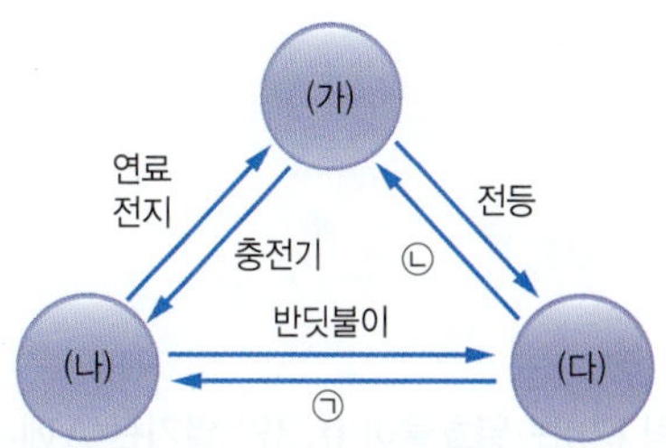

이에 대한 설명으로 옳은 것만을 〈보기〉에서 있는 대로 고른 것은?

보기

ㄱ. 에너지 전환 과정에서 에너지의 일부는 항상 (가)로 바뀌어 주변으로 흩어진다.
ㄴ. '광합성'은 ㉠으로 적절하다.
ㄷ. ㉡을 이용한 발전 방식은 신재생 에너지를 이용한다.

① ㄱ ② ㄷ ③ ㄱ, ㄴ
④ ㄴ, ㄷ ⑤ ㄱ, ㄴ, ㄷ

19 그림 (가)는 하이브리드 자동차가 오르막길과 내리막길을 주행할 때 전지(배터리)와 엔진, 전동기(모터)를 조합하여 사용하는 것을 나타낸 것이다. 그림 (나)는 (가)에서 일어나는 에너지 전환을 나타낸 것이다.

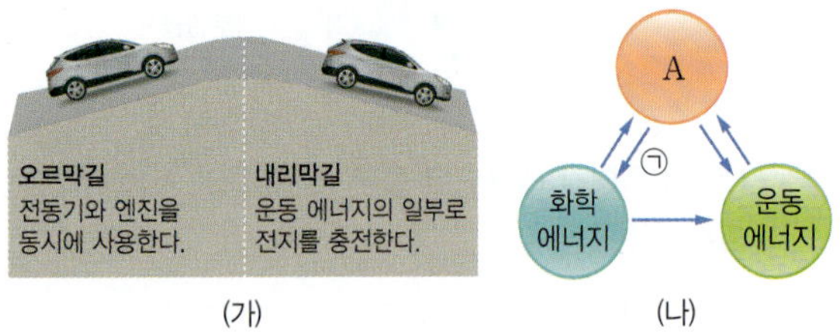

(가) (나)

이에 대한 설명으로 옳은 것만을 〈보기〉에서 있는 대로 고른 것은?

> 보기
> ㄱ. A는 전기 에너지이다.
> ㄴ. ㉠은 오르막길에서 일어난다.
> ㄷ. 내리막길에서는 전자기 유도가 일어난다.

① ㄱ ② ㄴ ③ ㄱ, ㄷ
④ ㄴ, ㄷ ⑤ ㄱ, ㄴ, ㄷ

서술형

20 그림 (가)는 열효율이 0.2인 열기관 A에서 W의 일을 하고 저열원으로 8 kJ의 열을 방출하는 것을 나타낸 것이다. 그림 (나)는 열기관 B가 A와 같은 일 W를 할 때 저열원으로 3 kJ의 열을 방출하는 것을 나타낸 것이다.

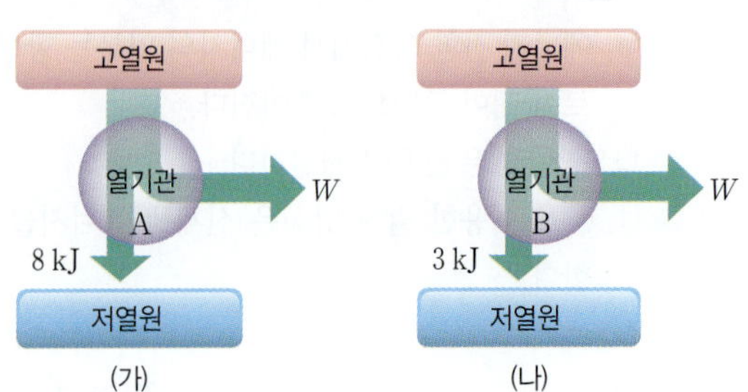

(가) (나)

B의 열효율을 풀이 과정과 함께 구하시오.

21 그림은 에너지 효율이 20 %인 자동차에 공급된 연료의 화학 에너지가 전환되는 것을 나타낸 것이다.

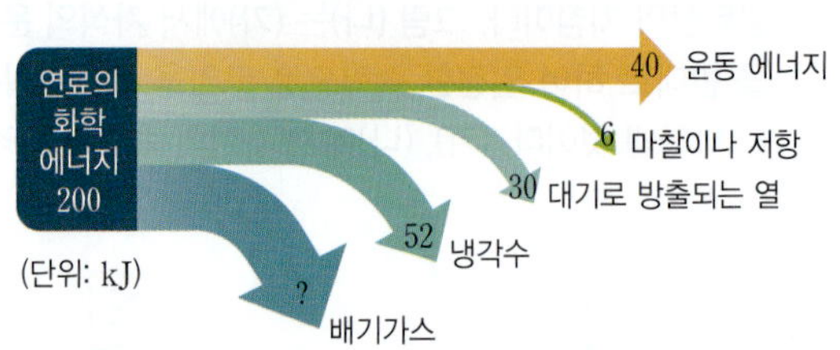

이에 대한 설명으로 옳은 것만을 〈보기〉에서 있는 대로 고른 것은?

> 보기
> ㄱ. 운동 에너지로 전환되는 에너지는 40 kJ이다.
> ㄴ. 배기가스로 배출되는 에너지의 비율은 36 %이다.
> ㄷ. 에너지 전환 과정에서 전체 에너지의 양은 감소한다.

① ㄴ ② ㄷ ③ ㄱ, ㄴ
④ ㄱ, ㄷ ⑤ ㄱ, ㄴ, ㄷ

22 그림 (가)는 태양 전지 A가 설치된 의자에서 휴대 전화를 충전하는 모습을, (나)는 휴대용 수력 발전기 B를 흐르는 물에 넣어 둔 모습을 나타낸 것이다.

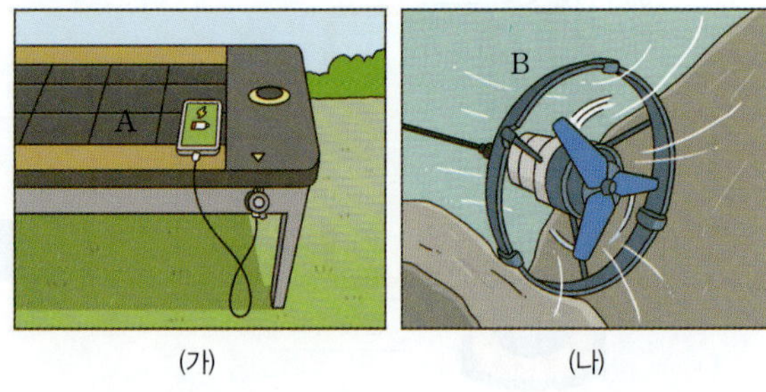

(가) (나)

A와 B의 공통점으로 옳은 것만을 〈보기〉에서 있는 대로 고른 것은?

> 보기
> ㄱ. 전자기 유도 현상을 이용한다.
> ㄴ. 재생 에너지를 전기 에너지로 전환한다.
> ㄷ. 발전 과정에서 환경오염 물질을 배출하지 않는다.

① ㄴ ② ㄷ ③ ㄱ, ㄴ
④ ㄱ, ㄷ ⑤ ㄴ, ㄷ

난이도 상

23 그림 (가), (나)는 각각 태양 중심부에서 일어나는 핵반응과 원자로에서 일어나는 핵반응을 나타낸 것이다.

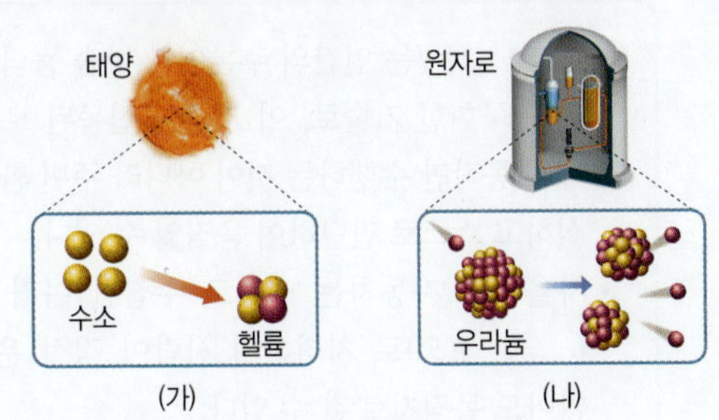

이에 대한 설명으로 옳은 것만을 〈보기〉에서 있는 대로 고른 것은?

보기
ㄱ. (가), (나) 모두 에너지를 방출한다.
ㄴ. 반응 후 (가)에서는 질량이 줄어들고 (나)에서는 질량이 늘어난다.
ㄷ. (가)에서 발생하는 에너지가 지구에 도달하여 우라늄의 핵에너지로 저장된다.

① ㄱ ② ㄷ ③ ㄱ, ㄴ
④ ㄴ, ㄷ ⑤ ㄱ, ㄴ, ㄷ

24 그림은 전류 센서를 연결한 코일을 고정하고, 자석을 코일의 중심 위에서 연직으로 가만히 놓아 떨어뜨리는 모습을 나타낸 것이다. 표는 자석의 N극의 방향과 코일 윗면에서 자석을 놓은 지점까지의 높이를 나타낸 것이다.

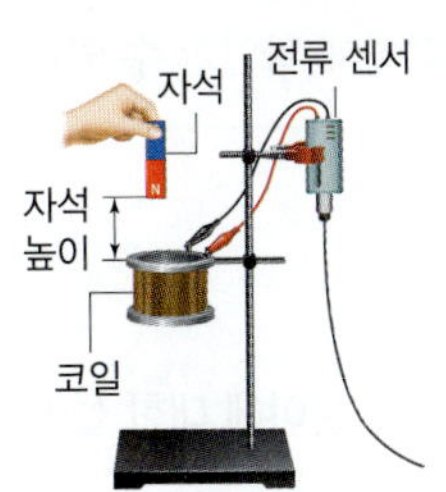

실험	N극 방향	자석 높이
A	위	h
B	아래	h
C	아래	$2h$

자석이 코일의 윗면에 들어가는 순간에 대한 설명으로 옳은 것만을 〈보기〉에서 있는 대로 고른 것은?

보기
ㄱ. A와 B에서 유도 전류의 방향은 같다.
ㄴ. 유도 전류의 세기는 C가 B보다 크다.
ㄷ. A와 C에서 자석이 받는 자기력의 방향은 같다.

① ㄱ ② ㄴ ③ ㄱ, ㄷ
④ ㄴ, ㄷ ⑤ ㄱ, ㄴ, ㄷ

25 그림은 열기관 A, B를 연결하여 A, B가 각각 2 kJ의 일을 하는 모습을 나타낸 것이다. A의 열효율은 0.2이다.

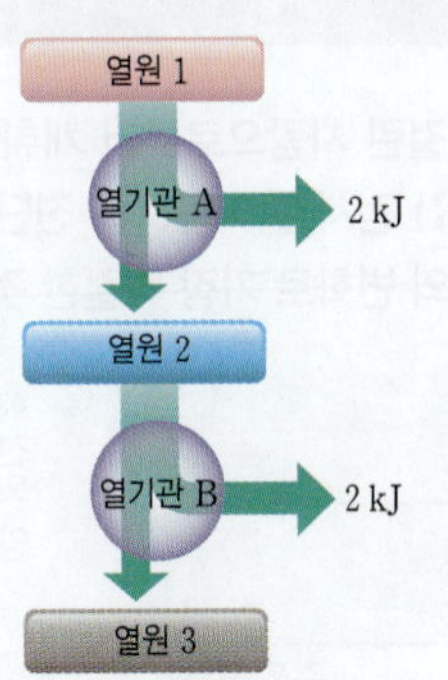

B의 열효율은? (단, 열은 열원과 열기관 사이에서만 이동한다.)

① 0.2 ② 0.25 ③ 0.3
④ 0.4 ⑤ 0.5

서술형
26 다음은 어떤 발전 방식의 원리를 나타낸 것이다.

밀물과 썰물에 의해 나타나는 바닷물의 높이차를 이용하여 전기 에너지를 생산한다. 밀물 때는 바닷물을 저수지로 유입하여 터빈을 가동하고, 썰물 때는 수문을 열어 저수지에서 물을 방출한다.

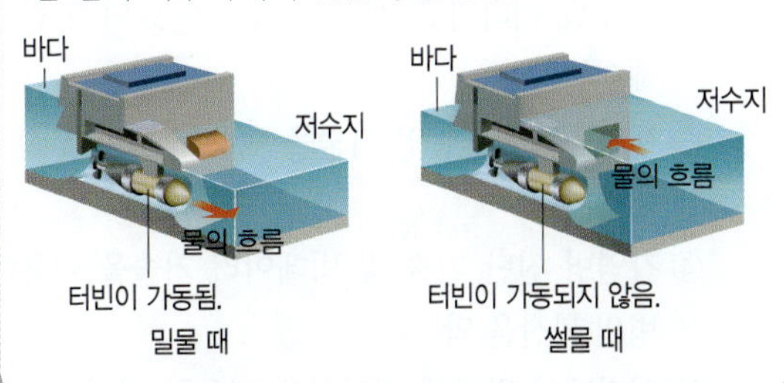

이 발전 방식의 장점과 단점을 1가지씩 설명하시오.

Ⅲ 과학과 미래 사회

난이도 하

01 감염병에 걸린 사람으로부터 채취한 시료를 중합효소연쇄 반응(PCR) 검사를 이용하여 진단할 때 증폭 횟수에 따른 핵산의 양의 변화로 가장 적절한 것은?

①
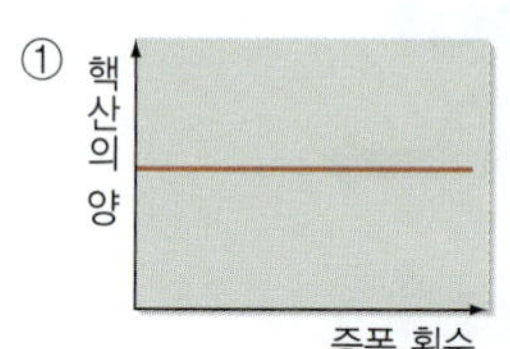

②
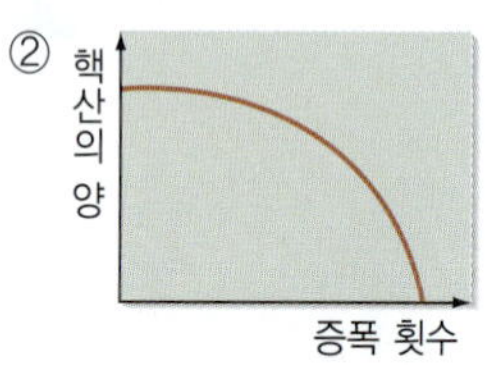

③
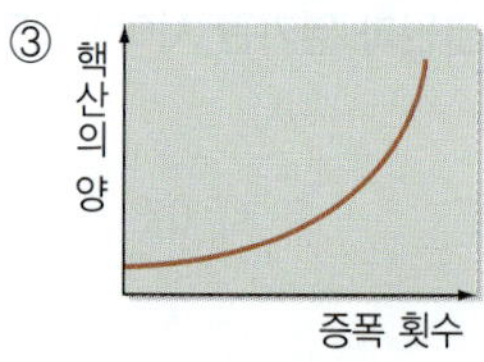

④
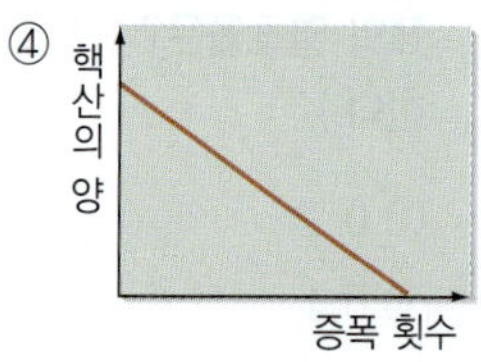

⑤
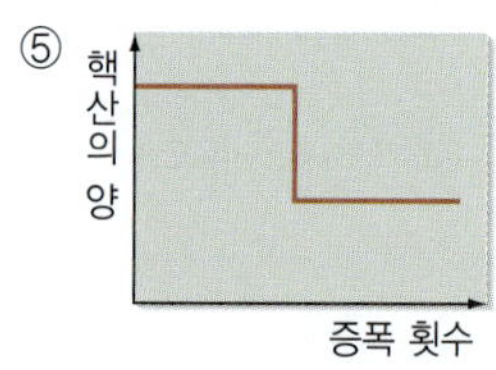

02 과학기술을 활용한 결과의 성격이 나머지와 다른 하나는?

① 화재 현장에 로봇을 투입해 안전하게 화재를 진압한다.
② 신재생 에너지를 개발해 화석 연료의 고갈 문제를 해결한다.
③ 생명 공학 및 농업 기술을 이용해 식량 부족 문제를 해결한다.
④ 감염병 진단 기술 및 빅데이터 기술을 이용해 감염병의 확산을 막는다.
⑤ 인터넷이 발달해 익명성을 이용한 사이버 언어폭력 문제가 늘어난다.

03 다음은 어떤 과학기술에 대한 설명이다. (　　) 안에 공통으로 들어갈 알맞은 말을 쓰시오.

- (　　)은/는 인간의 추론이나 학습 능력을 컴퓨터에 구현한 기술로, 이 기술이 접목된 로봇은 정해진 동작만 수행하는 것이 아니라 주변 환경을 인식하고 스스로 판단하여 움직일 수 있다.
- 자율주행 자동차는 센서로 수집한 여러 정보를 (　　)(으)로 처리하여 사람이 직접 운전하지 않아도 목적지로 갈 수 있다.

난이도 중

04 다음은 감염병 진단 방법 중 1가지에 대한 설명이다.

병원체의 (㉠)에는 고유한 유전 물질이 들어 있는데, 이를 진단에 충분한 양으로 증폭하여 감염병을 진단할 수 있다.

이 진단 방법에 대한 설명으로 옳은 것만을 〈보기〉에서 있는 대로 고르시오.

보기
ㄱ. ㉠은 핵산이다.
ㄴ. 감염병 자가 진단 도구에 이용된다.
ㄷ. 감염 여부를 비교적 정확하게 확인할 수 있다.

서술형

05 다음은 어떤 과학기술을 활용하는 분야에 대한 설명이다.

(가) 학습량, 학습 정도, 관심 분야 등 학습 자료를 분석하여 개인별 맞춤 교육을 진행한다.
(나) 실시간 교통량 분석으로 가장 최적화된 교통 정보를 제공한다.
(다) 소비자의 검색어, 구매 내역 등의 자료를 토대로 개인별 관심 제품을 추천한다.

(가)~(다)에서 공통으로 활용한 과학기술을 쓰고, 이를 활용하는 또 다른 사례를 1가지만 설명하시오.

06 그림은 과학기술의 이용 사례를 나타낸 것이다.

(가) 인공지능 출판

(나) 사물 인터넷(IoT)

(가)와 (나)에 대한 설명으로 옳지 않은 것은?

① (가)를 이용해 빠른 시간에 창작물을 제작할 수 있다.
② (가)를 이용할 때 지식 재산권 문제가 발생하지 않는다.
③ (나)를 이용할 때 개인 정보 유출의 가능성이 있다.
④ (나)를 이용해 집 밖에서 집 안의 기기를 조작할 수 있다.
⑤ (가)와 (나)는 유용성과 한계점을 모두 가지고 있다.

07 다음은 과학 관련 사회적 쟁점과 관련한 기사의 일부이다.

> 자율주행 자동차를 타고 가는 도중에 브레이크가 고장이 났다. 그런데 앞쪽에는 길을 건너고 있는 사람들이 있었다. 핸들을 그대로 유지하면 길을 건너는 사람들이 다치게 되고, 핸들을 틀어서 경로를 변경하면 탑승자가 다친다고 가정할 때, 자율주행 자동차는 어떤 알고리즘으로 프로그래밍해야 할까? 이처럼 자율주행 자동차를 개발할 때는 ㉠ 윤리적 문제를 고려해야 한다.

이에 대한 설명으로 옳은 것만을 〈보기〉에서 있는 대로 고른 것은?

보기
ㄱ. 과학기술의 발달에는 양면성이 존재한다.
ㄴ. ㉠이 발생하면 과학적 근거에 기반하여 모든 문제를 해결할 수 있다.
ㄷ. 과학기술의 발전을 위해서는 ㉠과 관련된 주체들이 모여 문제를 논의·합의하는 과정이 필요하다.

① ㄱ ② ㄴ ③ ㄱ, ㄷ ④ ㄴ, ㄷ ⑤ ㄱ, ㄴ, ㄷ

난이도 상

08 다음은 단백질을 이용한 감염병 진단 실험이다.

| 실험 과정 |
(가) 홈판의 각 홈에 Ⅰ～Ⅳ를 표시한다.
(나) 홈 Ⅰ～Ⅳ에 포획 항체를 2방울씩 넣은 뒤, 다음과 같이 진단 시료를 2방울씩 넣고 5분 동안 놓아 둔다.

Ⅰ	Ⅱ	Ⅲ	Ⅳ
감염병 양성 표준 시료	감염병 음성 표준 시료	사람 1의 검체	사람 2의 검체

(다) 홈 Ⅰ～Ⅳ에 검출 시약 2방울과 진단 반응 시약 2방울을 차례로 넣고 색 변화를 관찰한다.

| 실험 결과 |
홈 Ⅰ, Ⅳ에서는 용액이 붉은색으로 변했고, Ⅱ, Ⅲ에서는 색 변화가 나타나지 않았다.

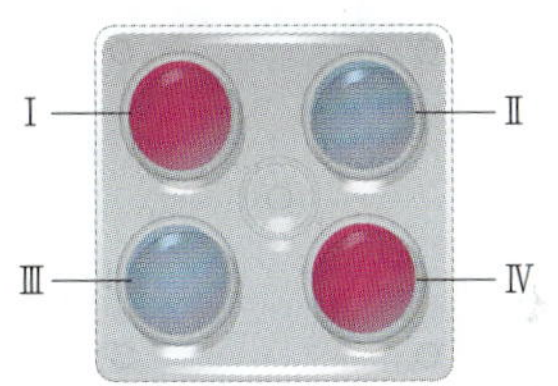

이에 대한 설명으로 옳은 것만을 〈보기〉에서 있는 대로 고른 것은?

보기
ㄱ. 사람 2는 감염병에 걸린 상태이다.
ㄴ. 신속 항원 검사는 이와 같은 원리를 이용한다.
ㄷ. 진단 시료에 병원체의 단백질이 있으면 반응이 일어난다.

① ㄱ ② ㄷ ③ ㄱ, ㄴ ④ ㄴ, ㄷ ⑤ ㄱ, ㄴ, ㄷ

서술형
09 다음은 연구 윤리에 대한 설명이다.

> 과학자가 과학기술을 연구하고 이용하면서 지켜야 할 원칙이나 행동 양식을 연구 윤리라고 한다.

과학자가 지켜야 할 연구 윤리의 예를 1가지만 설명하시오.

메모

CHECK LIST

SUMMARY

고등
도서 안내

문학 입문서

손쉬운

작품 이해에서 문제 해결까지
손쉬운 비법을 담은 문학 입문서

현대 문학, 고전 문학

비주얼 개념서

LOOK 룩

이미지 연상으로 필수 개념을 쉽게 익히는
비주얼 개념서

국어 문법
영어 분석독해

수학 개념 기본서

수학중심

개념과 유형을 한 번에 잡는 강력한
개념 기본서

수학 Ⅰ, 수학 Ⅱ, 확률과 통계, 미적분, 기하

수학 문제 기본서

유형중심

체계적인 유형별 학습으로 실전에서 강력한
문제 기본서

수학 Ⅰ, 수학 Ⅱ, 확률과 통계, 미적분

사회·과학 필수 기본서

개념 학습과 유형 학습으로 내신과 수능을 잡는
필수 기본서

[2022 개정]
사회 통합사회1, 통합사회2, 한국사1, 한국사2
과학 통합과학1, 통합과학2, 물리학, 화학, 생명과학, 지구과학

[2015 개정]
사회 한국지리, 사회·문화, 생활과 윤리, 윤리와 사상
과학 물리학 Ⅰ, 화학 Ⅰ, 생명과학 Ⅰ, 지구과학 Ⅰ

기출 분석 문제집

완벽한 기출 문제 분석으로 시험에 대비하는 1등급 문제집

[2022 개정]
수학 공통수학1, 공통수학2, 대수, 확률과 통계, 미적분 Ⅰ
사회 통합사회1, 통합사회2, 한국사1, 한국사2, 세계시민과 지리, 사회와 문화, 세계사, 현대사회와 윤리
과학 통합과학1, 통합과학2

[2015 개정]
국어 문학, 독서
수학 수학 Ⅰ, 수학 Ⅱ, 확률과 통계, 미적분, 기하
사회 한국지리, 세계지리, 생활과 윤리, 윤리와 사상, 사회·문화, 정치와 법, 경제, 세계사, 동아시아사
과학 물리학 Ⅰ, 화학 Ⅰ, 생명과학 Ⅰ, 지구과학 Ⅰ, 물리학 Ⅱ, 화학 Ⅱ, 생명과학 Ⅱ, 지구과학 Ⅱ

엔픽

통합과학2

바른답 알찬풀이

Mirae N 에듀

바른답✦ 알찬풀이

Study Point

1. 알찬 해설
정확하고 자세한 해설을 통해 문제의 핵심을 찾을 수 있습니다.

2. 오답 피하기
옳지 않은 보기에 대한 자세한 해설을 통해 오답의 함정을 피할 수 있습니다.

3. 개념 더하기, 자료 분석
개념 더하기, 자료 분석을 통해 문제 해결의 접근법을 알 수 있습니다.

바른답 알찬풀이

개념학습편

I 변화와 다양성

01 환경 변화와 생물다양성

01강 지질 시대의 환경과 생물 변화

기본 탄탄 문제 13쪽

1 선캄브리아시대 2 화석 3 오존층 4 신생대 5 생물 대멸종

01 A: 고생대, B: 중생대, C: 신생대 02 (1) × (2) ○ (3) × (4) ○ 03 (가) → (다) → (나) 04 (1) 판게아 (2) A → C → B 05 (1) ㉢ (2) 암모나이트, 공룡 등

01 답 A: 고생대, B: 중생대, C: 신생대

전체 지질 시대에서 각 지질 시대가 차지하는 비율은 선캄브리아시대 > 고생대 > 중생대 > 신생대 순이다.

02 답 (1) × (2) ○ (3) × (4) ○

(1) 생물의 단단한 부분 이외에 생물이 살았던 흔적이 지층에 남아 있는 것도 화석이 될 수 있다.
(2) 생물은 환경 변화에 매우 민감하기 때문에 화석이 지질 시대의 구분이 될 수 있다. 대표적으로 공룡 화석은 지질 시대를 구분하는 데 유용한 화석이다.
(3) 지질 시대 중 선캄브리아시대의 화석은 거의 발견되지 않는다.
(4) 산호는 현재 따뜻하고 얕은 바다 환경에 서식하고 있으므로 산호 화석이 발견된 지역은 과거에 수온이 높고 수심이 얕은 바다였음을 알 수 있다.

03 답 (가) → (다) → (나)

(가)는 선캄브리아시대의 에디아카라 생물군, (나)는 신생대의 화폐석, (다)는 중생대의 암모나이트 화석이다.

04 답 (1) 판게아 (2) A → C → B

(1) 고생대 말기에는 대륙이 하나로 합쳐져 초대륙인 판게아를 형성하였다.
(2) A는 선캄브리아시대, B는 신생대, C는 고생대에 대한 설명이다.

05 답 (1) ㉢ (2) 암모나이트, 공룡 등

(1) 지질 시대 동안 가장 큰 멸종은 해양 생물 과의 수가 가장 많이 줄어든 시기로, 고생대 말기인 ㉢이다.
(2) ㉤은 중생대 말기의 대멸종으로 중생대를 대표하던 암모나이트, 공룡 등의 생물이 멸종하였다.

실력 쑥쑥 문제 14~17쪽

01 ⑤ 02 ① 03 ② 04 ③ 05 ① 06 ① 07 ④ 08 ③ 09 ③ 10 ③ 11 ⑤ 12 ⑤ 13 ② 14 ④ 15 ④

단답형·서술형 문제

16 답 (라) → (가) → (다) → (나)

17 예시 답안 선캄브리아시대의 생물은 개체수가 적었고, 대부분의 생물에는 단단한 부분이 없었기 때문에 화석으로 남기 어려웠다. 또한 오랜 세월 동안 지각 변동을 받아 화석이 거의 남아 있지 않다.

18 예시 답안 남세균의 광합성으로 대기 중 산소 농도가 증가하기 시작하였다. 대기 중 산소는 자외선과 반응하여 오존층을 형성하였고, 이 오존층이 생물에 유해한 자외선을 차단하여 바다에 살던 생물들이 육상으로 진출할 수 있었다.

19 예시 답안 현생 산호는 주로 저위도에 분포하는데 고생대 지층의 산호 화석은 고위도에도 분포하고 있으므로 고생대 이후 대륙이 이동했다는 것을 알 수 있다.

20 예시 답안 암모나이트 화석으로부터 이 지층이 중생대 바다에서 퇴적되었다는 것을 알 수 있으며, 고사리 화석으로부터 지층이 퇴적될 당시 환경이 따뜻하고 습한 육지 환경이었다는 것을 알 수 있다.

21 예시 답안 지질 시대를 2개로 구분할 수 있다. 지질 시대는 화석을 기준으로 구분할 수 있으므로 화석의 종류로 보아 지층 C와 D를 경계로 구분한다.

22 예시 답안 대규모 지진과 쓰나미를 일으켰다. 운석에 의해 튕겨 나간 뜨거운 암석이 산불을 일으켰다. 대기 중으로 상승한 먼지가 햇빛을 가려 지구의 기온이 낮아졌다. 등

01 답 ⑤

ㄱ. 시간에 따라 생물이 변해 온 모습을 연구하여 생물의 진화 과정을 알 수 있다.
ㄴ. 산출되는 화석이 급격하게 변화하는 것은 지질 시대의 구분 기준이 된다. 따라서 화석 연구를 통해 지층이 생성된 지질 시대를 알 수 있다.
ㄷ. 생물은 환경 변화에 매우 민감하여 화석 연구를 통해 생물이 살았던 당시의 기후를 알 수 있다.

02 답 ①

생물의 사체나 활동 흔적이 지층 속에 남아 있는 것을 화석이라고 한다. 생물의 사체나 흔적이 훼손되기 전에 빠르게 매몰되어야 화석으로 보존될 가능성이 커진다. 선캄브리아시대에는 단단한 껍데기를 가진 생물이 드물었고, 선캄브리아시대에 생성된 지층은 오랜 세월 동안 지각 변동을 받았다. 이로 인해 당시 환경을 알려줄 수 있는 화석이 거의 산출되지 않는다.

03

답 ②

자료 분석 표준 화석과 시상 화석

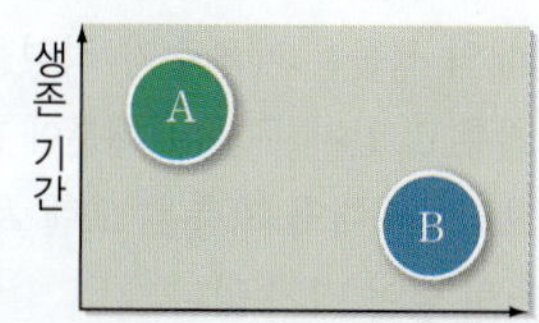

- A: 분포 면적이 좁고 생존 기간이 길어 지층 퇴적 당시의 자연환경을 알아내는 데 유용하다. 이와 같은 화석을 시상 화석이라고 한다. 시상 화석의 예로는 산호, 고사리 등이 있다.
- B: 분포 면적이 넓고 생존 기간이 짧아 지질 시대를 구분하는 데 유용한 화석이다. 이와 같은 화석을 표준 화석이라고 한다. 표준 화석의 예로는 삼엽충, 공룡, 암모나이트 등이 있다.

A는 분포 면적이 좁고 생존 기간이 길다. 따라서 A는 지층 퇴적 당시의 자연환경을 알아내는 데 유용하다. 반면, B는 분포 면적이 넓고 생존 기간이 짧으므로 그 시대를 대표하는 화석이 되며, 지질 시대를 구분하는 데 유용하다. A, B에 해당하는 적절한 예로는 A는 산호, B는 삼엽충이다.

04

답 ③

ㄱ. (가)는 지질 시대 중에서 가장 긴 시간을 차지하고 있는 선캄브리아시대이다.

ㄴ. (나)는 고생대이다. 고생대에는 양서류와 양치식물이 번성하였다.

오답 피하기 ㄷ. (다)는 중생대, (라)는 신생대이다. 중생대는 지질 시대 중 평균 기온이 가장 온난했던 시기이고, 신생대 말기에는 빙하기와 간빙기가 반복되었다.

05

답 ①

ㄱ. (나)는 삼엽충으로 바다에 서식했던 동물이다.

오답 피하기 ㄴ. (다)의 화폐석이 번성한 시대는 신생대이다. 포유류는 중생대에 출현하였고, 신생대에 번성하였다.

ㄷ. (가)는 중생대 공룡, (나)는 고생대 삼엽충, (다)는 신생대 화폐석이다. 따라서 화석을 포함한 지층은 (나) → (가) → (다) 순으로 형성되었다.

06

답 ①

ㄱ. (가)는 산호 화석이다. 현재 산호는 따뜻하고 얕은 바다에 서식하므로 (가)의 산호 화석이 퇴적될 당시 환경도 따뜻하고 얕은 바다였다.

오답 피하기 ㄴ. (나)는 고사리 화석이다. (나)의 고사리 화석이 퇴적될 당시 이 지역은 온난하고 습윤한 기후였다.

ㄷ. (가)와 (나)는 특정 환경에서만 서식하고 생존 기간이 길어 지층 퇴적 당시의 환경을 알려주지만, 지층의 퇴적 시기는 알 수 없다.

07

답 ④

(가)는 중생대, (나)는 고생대, (다)는 신생대의 모습이다.

ㄴ. 고생대에 오존층이 형성되어 자외선이 차단되었으므로 육상 생물이 출현하였다.

ㄷ. 신생대에는 속씨식물이 번성하였다.

오답 피하기 ㄱ. 오래된 시대부터 나열하면 (나) → (가) → (다) 순이다.

08

답 ③

③ 중생대는 지질 시대 중 평균 기온이 가장 온난했던 시기로, 이 기간 동안에는 빙하기가 나타나지 않았다.

오답 피하기 ①, ④, ⑤ 빙하기와 간빙기가 반복된 때는 신생대이다. 신생대 전기에는 대체로 온난한 기후였고, 말기에는 빙하기와 간빙기가 반복되었다. 신생대 말기에는 빙하기가 4회 나타났다.

② 고생대에는 대체로 온난한 기후가 나타났으나 중기와 말기에 빙하기가 있었다.

09

답 ③

ㄱ. 바다에서 암모나이트가 번성하였고, 대체로 기후가 온난한 지질 시대는 중생대이다.

ㄷ. 화산 활동이 발생하면 대기 중으로 화산 가스가 유입된다. 화산 가스에는 많은 양의 온실 기체가 포함되어 있다. 중생대에는 활발한 화산 활동에 의해 대기 중 온실 기체의 농도가 증가하였다.

오답 피하기 ㄴ. 중생대에 번성한 생물은 공룡, 암모나이트, 겉씨식물 등이다. 매머드는 신생대에 번성한 육상 생물이다.

10

답 ③

- 학생 A: 에디아카라 생물군 화석은 선캄브리아시대 말기에 출현한 최초의 다세포 생물의 화석이다.
- 학생 B: 고생대 바다에는 삼엽충이나 완족류와 같은 다양한 해양 무척추동물이 번성하였고, 어류, 양서류 등도 번성하였다.

오답 피하기 • 학생 C: 고생대 말기에 판게아가 형성되어 해안가 서식지가 축소되고 급격한 환경 변화가 일어났다. 이후 대륙과 해양이 점차 분리되어 중생대 중기에는 대륙과 해양의 분포가 다양해졌다. 이러한 변화는 생물에게 여러 서식지를 제공하는 데 도움이 되었고, 이에 따라 생물다양성이 증가하였다.

11

답 ⑤

ㄴ. 선캄브리아시대 말기에는 최초의 다세포 생물(에디아카라 생물군)이 출현하였다.

ㄷ. 선캄브리아시대에는 최초의 생물이 출현한 이후 광합성을 하는 남세균이 등장하여 바다와 대기 중에 산소가 많아졌다.

오답 피하기 ㄱ. 선캄브리아시대는 오존층이 형성되기 전이므로 생명체에 유해한 자외선이 도달하지 않는 바다에서 생물이 서식하였다. 따라서 이 지질 시대의 육상 생물 화석은 발견될 수 없다. 육상 생물 화석이 발견되는 시기는 오존층이 형성된 고생대 이후이다.

12 답 ⑤

ㄱ. 지질 시대 동안 많은 생물이 한꺼번에 멸종하는 대규모의 멸종이 총 5번 있었다.

ㄴ. 대멸종에서 살아남은 생물은 멸종한 생물의 공간을 차지하여 번성하거나, 환경 변화에 적응하면서 다양한 종으로 진화하여 생물다양성을 형성하였다.

ㄷ. 기온 변화, 화산 폭발, 운석 충돌, 대륙 이동에 따른 수륙 분포의 변화, 해수면 변화, 소행성 충돌 등으로 지구 환경이 변했을 때 변화한 환경에 적응하지 못한 생물은 멸종하게 된다. 대멸종은 이러한 여러 가지 요인들이 복합적으로 작용하여 발생한 것으로 추정한다.

13 답 ②

㉠~㉤은 지질 시대에 발생한 5번의 대멸종 시기를 나타낸 것이다.

ㄷ. 판게아는 고생대 말기인 ㉢ 시기에 형성되었다.

오답 피하기 ㄱ, ㄴ. 그림에서 해양 생물 과의 수 변화가 가장 큰 시기는 고생대 말기의 대멸종이 일어난 ㉢이다. 이 시기는 판게아의 형성으로 서식지가 축소되고 기후 변화 등의 급격한 환경 변화가 일어나 삼엽충 등 해양 생물 대부분과 많은 육상 생물이 멸종하였다.

14 답 ④

(가)는 고생대 말기, (나)는 중생대 중기, (다)는 신생대 말기의 수륙 분포를 나타낸다.

ㄴ. 고생대 말기의 수륙 분포에서 점차 변화하여 중생대 중기에 이르러서는 해안가가 증가하는 등 수륙 분포가 다양해졌다. 이에 따라 생물 서식지가 증가하고 생물종의 수가 크게 증가하였다.

ㄷ. 신생대 말기에는 대서양과 인도양이 넓어지고 태평양이 좁아지면서 현재와 비슷한 수륙 분포가 형성되었다.

오답 피하기 ㄱ. (가)와 같은 고생대 말기에 판게아가 형성되면서 급격한 환경 변화가 일어나 고생대에 번성하던 삼엽충 등 많은 생물이 멸종하였다. 암모나이트는 중생대에 번성했던 생물이다.

15 답 ④

ㄴ. 그림에서 중생대에는 다른 지질 시대와 달리 현재 평균 기온보다 항상 높았음을 알 수 있다. 따라서 기온의 변동 폭이 가장 작았던 지질 시대는 중생대이다.

ㄷ. 신생대에는 중기까지 대체로 온난한 기후를 보였지만, 말기에는 빙하기와 간빙기가 여러 차례 반복되어 나타났으므로 대륙 빙하의 면적은 신생대 전기보다 말기에 더 넓었을 것이다.

오답 피하기 ㄱ. 생물 대멸종은 빙하기와 상관없이 일어났다.

16 답 (라) → (가) → (다) → (나)

(가)는 고생대, (나)는 신생대, (다)는 중생대, (라)는 선캄브리아시대에 대한 설명이다. 따라서 순서대로 나열하면 (라) → (가) → (다) → (나)이다.

17

화석이 형성되기 위해서는 생물체의 개체수가 많아야 하고, 넓은 지역에 분포해야 하며, 생물체에 단단한 부분이 있어야 한다. 그러나 선캄브리아시대의 생물은 개체수가 적었을 뿐 아니라 대부분 단단한 부분을 갖추고 있지 못했기 때문에 화석으로 남기 어려웠다. 또한 선캄브리아시대의 지층은 오랜 세월 동안 지각 변동을 받아 화석이 거의 남아 있지 않다.

채점 기준	배점(%)
개체수, 단단한 부분, 지각 변동을 모두 포함하여 까닭을 설명한 경우	100
개체수, 단단한 부분, 지각 변동 중 2가지를 포함하여 까닭을 설명한 경우	70
개체수, 단단한 부분, 지각 변동 중 1가지만 포함하여 까닭을 설명한 경우	40

18

선캄브리아시대에 나타난 남세균이 광합성을 통해 바다와 대기 중 산소 농도를 증가시켰다. 늘어난 대기 중 산소는 자외선과 반응하여 오존층을 형성하였고, 오존층은 유해한 자외선을 차단하여 당시 자외선을 피해 바닷속에서만 살고 있었던 생물들이 육상으로 진출할 수 있었다.

채점 기준	배점(%)
제시된 4가지를 모두 사용하여 육상 생물이 출현한 까닭을 설명한 경우	100
2가지 또는 3가지만 사용하여 육상 생물이 출현한 까닭을 설명한 경우	50

19

현생 산호는 주로 저위도에 서식하고 있다. 그러나 고생대 지층에서 발견된 산호 화석은 저위도에서 고위도까지 고르게 분포한다. 이를 통해 고생대 이후 대륙이 이동하면서 산호가 퇴적된 지층도 함께 이동했다는 사실을 알 수 있다.

채점 기준	배점(%)
현생 산호의 분포 및 산호 화석의 분포 차이를 분석하여 대륙의 이동을 설명한 경우	100
대륙의 이동만 설명한 경우	50

20

암모나이트는 중생대 바다에서 번성하였으므로 암모나이트 화석으로부터 이 지층이 중생대 바다에서 퇴적되었다는 것을 알 수 있다. 고사리는 따뜻하고 습도가 높은 육지 환경에 서식하므로 고사리 화석으로부터 당시 환경이 따뜻하고 습한 육지 환경이었다는 것을 알 수 있다.

채점 기준	배점(%)
알 수 있는 환경 2가지를 모두 옳게 설명한 경우	100
알 수 있는 환경 중 1가지만 옳게 설명한 경우	50

21

자료 분석 화석의 변화에 따른 지질 시대 구분

지층 \ 화석		a	b	c	d	e
F	지질 시대 ①			●	●	●
E				●	●	●
D				●		●
C	지질 시대 ②	●	●	●		
B		●	●	●		
A		●	●	●		

지질 시대는 지층에서 발견되는 화석의 급격한 변화를 기준으로 구분한다. 지층이 순서대로 쌓였다면 지층 C와 D 사이에서 a, b가 사라졌고, e가 출현했으므로 지질 시대는 [A, B, C]와 [D, E, F]로 구분할 수 있다.

화석의 급격한 변화로 지질 시대를 구분할 수 있다. 지층 C와 D의 경계에서 a, b가 사라졌고, e가 나타났다. 따라서 지층 A～F를 지층 C와 D를 경계로 2개의 지질 시대로 나눌 수 있다.

채점 기준	배점(%)
지질 시대를 옳게 구분하고 그 까닭이 타당한 경우	100
지질 시대만 옳게 구분한 경우	50

22

커다란 운석이 충돌하면 대규모 지진과 쓰나미를 일으킬 수 있다. 또한 운석에 의해 튕겨 나간 뜨거운 암석이 산불을 일으킬 수 있다. 대기 중으로 상승한 먼지가 햇빛을 가려 지구 기온을 하강시킬 수 있다.

02강 생물의 진화

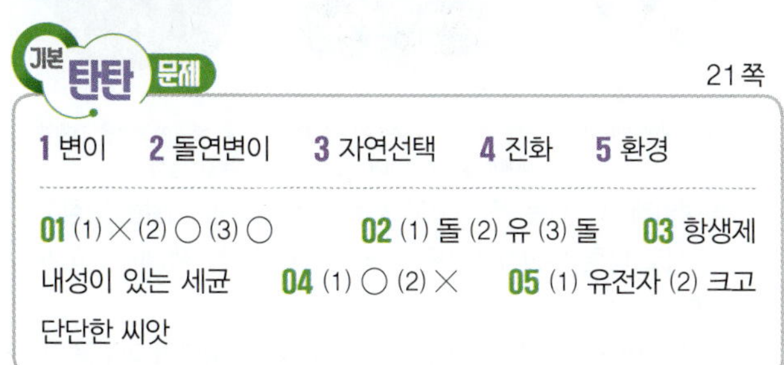

기본 탄탄 문제 21쪽

1 변이 2 돌연변이 3 자연선택 4 진화 5 환경

01 (1) × (2) ○ (3) ○ 02 (1) 돌 (2) 유 (3) 돌 03 항생제 내성이 있는 세균 04 (1) ○ (2) × 05 (1) 유전자 (2) 크고 단단한 씨앗

01

답 (1) × (2) ○ (3) ○

(1) 변이는 같은 생물종의 개체 사이에서 나타나는 형질의 차이이다.

(2) 변이는 개체마다 가지고 있는 유전자의 차이에 의해 서로 다른 형질이 나타나는 것이다.

(3) 사람의 피부색은 다양하므로 유전자의 차이에 의한 변이의 예이다.

02

답 (1) 돌 (2) 유 (3) 돌

(1), (3) DNA의 유전정보에 변화가 생기는 돌연변이가 일어나면 새로운 유전자가 만들어져 자손에게 전달된다.

(2) 유성생식 과정에서 생식세포의 다양한 조합으로 부모의 유전자가 다양하게 조합되어 자손에게 전달된다.

03

답 항생제 내성이 있는 세균

세균 집단에서 자연선택이 일어나 항생제 내성이 있는 세균의 비율이 증가했으므로 항생제를 사용하는 환경에서 항생제 내성이 있는 세균이 생존에 유리해 자연선택되면서 일어난 적응 과정이다.

04

답 (1) ○ (2) ×

(1) (가)의 딱정벌레 집단에 몸 색깔이 서로 다른 개체들이 있으므로 몸 색깔에 변이가 있었다.

(2) 자연선택 결과 몸 색깔이 어두운 개체의 비율은 (나)에서가 (가)에서보다 높아졌다.

05

답 (1) 유전자 (2) 크고 단단한 씨앗

(1) 자연선택된 개체는 자신의 유리한 유전자를 더 많은 자손에게 전달함으로써 생물집단이 환경에 적응하면서 진화가 일어난다.

(2) 섬 (가)에서는 핀치의 주된 먹이인 크고 단단한 씨앗을 쉽게 먹을 수 있는 부리 형질이 자연선택되어 크고 두꺼운 부리를 갖는 핀치로 진화했다.

실력 쑥쑥 문제 22～25쪽

01 ⑤ 02 ④ 03 ③ 04 ① 05 ③ 06 ① 07 ②
08 ② 09 ⑤ 10 ④ 11 ② 12 ③

단답형·서술형 문제

13 답 자연선택

14 답 (가) 돌연변이, (나) 유성생식

15 (1) 답 B (2) 예시 답안 ㉠ 과정에서 자연선택이 일어나 살충제 내성을 갖는 개체가 살아남아 더 많은 자손에게 자신의 유전자를 전달하므로 살충제 내성을 갖는 개체의 비율이 증가한다.

16 (1) 예시 답안 개체 사이에서 유전자의 차이에 의해 형질이 다양하게 나타나는 변이를 비유한 것이다. (2) 예시 답안 노란색 초콜릿, 노란색 도화지 색깔과 비슷해 눈에 잘 띄지 않아 가장 적게 제거되기 때문이다.

17 예시 답안 (가)에서는 선인장을 먹기에 유리한 길고 뾰족한 부리가 자연선택되어 A로 진화했고, (나)에서는 크고 단단한 씨앗을 먹기에 유리한 크고 두꺼운 부리가 자연선택되어 B로 진화했다.

01 답 ⑤

ㄱ, ㄴ. 서로 다른 ㉠을 가지면 만들어지는 ㉡의 종류나 양이 달라지므로 ㉠은 단백질 합성에 필요한 유전정보가 저장된 유전자이고, ㉡은 유전자에 의해 합성되는 단백질이다. 유전자는 자손에게 전달되므로 유전자(㉠)의 차이에 의한 변이는 자손에게 전달된다.

ㄷ. 유전자에 의해 합성된 단백질의 작용으로 형질이 나타나므로 개체마다 만들어지는 단백질(㉡)의 종류나 양이 달라지면 개체 사이에 서로 다른 표현형이 나타날 수 있다.

개념 더하기⁺ 유전자와 단백질

- 유전자: 유전물질인 DNA로 이루어져 있으며, 특정한 단백질을 만드는 데 필요한 아미노산서열을 저장하고 있는 DNA의 특정한 부위이다.
- 단백질: 많은 수의 아미노산이 펩타이드결합으로 연결된 물질이며, 유전자에 저장된 정보를 이용해 만들어진다. 생명체에서 효소, 호르몬, 항체 등의 주성분으로 이용되어 형질이 나타나게 한다.

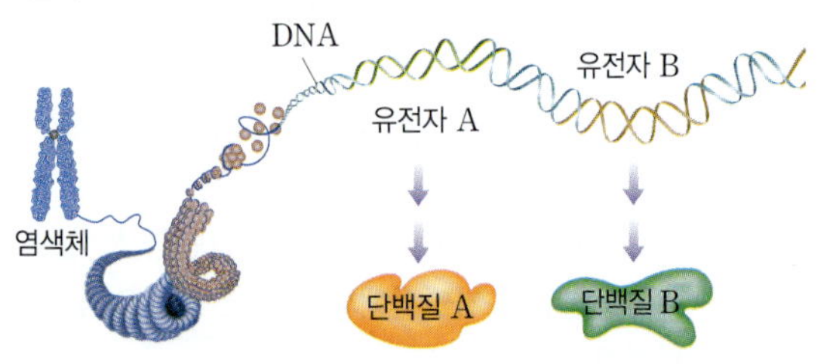

02 답 ④

① (가)는 암수 생식세포의 수정에 의해 자손이 태어나므로 유성생식이다.

②, ③ (나)는 유전물질인 DNA에 변화가 생겨 유전자(㉠)의 염기서열이 변해 유전정보가 달라지는 것이므로 돌연변이이다.

⑤ 돌연변이(나)가 일어나면 새로운 유전정보가 저장된 유전자가 만들어지고, 이 유전자가 자손에게 전달되어 자손이 새로운 형질을 가지게 되면 변이가 발생한다.

오답 피하기 ④ 부모의 생식세포마다 유전자 조합이 다르므로 유성생식(가)이 일어나면 다양한 유전자 조합을 가진 자손이 태어난다. 따라서 자손의 유전자 조합이 부모와 달라져 형질의 차이가 생기므로 변이가 발생한다.

03 답 ③

ㄱ. (가)~(다)는 각각 같은 생물종의 개체 사이에서 나타나는 형질(털색, 무늬, 피부색 등)의 차이를 나타낸 것이므로 변이의 예이다.

ㄷ. 같은 생물종이라도 개체 사이에 털색, 무늬, 피부색 등 특정 형질을 결정하는 유전자(대립유전자)에 차이가 있으면 형질이 서로 다르게 나타나므로 변이가 발생한다.

오답 피하기 ㄴ. 변이는 개체마다 가지고 있는 유전자(대립유전자)의 차이에 의해 나타나며, 유전자는 자손에게 전달되므로 변이는 자손에게 전달된다.

04 답 ①

학생 A: 자연선택은 생존과 번식에 유리한 형질을 가진 개체가 살아남아 자손을 더 많이 남기는 과정이다.

오답 피하기 학생 B: 변이가 없는 생물집단에서는 모든 개체의 형질이 동일하므로 환경에 보다 적합한 형질이 없다. 따라서 변이가 없는 집단에서는 자연선택이 일어나지 않으며, 변이가 다양한 집단에서 자연선택이 일어난다.

학생 C: 자연선택되는 형질은 생존과 번식에 유리한 특징을 갖도록 하는 유전자에 의해 나타난다. 자연선택되어 살아남은 개체는 자신의 유리한 유전자를 자손에게 전달하면서 여러 세대에 걸쳐 자연선택이 일어난다.

05 답 ③

①, ⑤ 항생제에 노출되는 환경에서는 항생제 내성이 있는 형질이 환경에 적합해 생존에 유리하다. 따라서 자연선택되는 개체 ⓐ는 항생제 내성이 있는 세균(㉡)이다.

② ㉠과 ㉡은 항생제 내성에 대한 형질이 서로 다르므로 이를 결정하는 서로 다른 유전자를 가진다.

④ ㉠과 ㉡은 같은 생물종이지만 항생제 내성에 대한 형질이 서로 다르므로 (가)에서 X에 ㉠과 ㉡이 모두 있는 것은 변이의 예이다.

오답 피하기 ③ 자연선택에 의해 환경에 적합한 항생제 내성이 있는 세균이 많이 살아남아 번식하므로 (다)의 X에서 항생제 내성이 있는 세균(ⓐ)의 비율이 증가하며 X는 항생제가 있는 환경에 적응한다.

06 답 ①

자료 분석 자연선택과 집단의 적응

토양
산불
㉠
A B C
새

몸 색깔에 변이가 있다.

산불 이후 몸 색깔이 어두운 개체는 새에게 잘 잡아먹히지 않는다.

몸 색깔이 어두운 개체의 비율이 높다.

- 딱정벌레 A~C는 몸 색깔이 서로 다르므로 몸 색깔을 결정하는 서로 다른 유전자를 가진다. → 이 집단은 몸 색깔에 변이가 있다.
- 산불로 인해 토양의 색깔이 어두워지면서 몸 색깔이 어두운 개체(C)가 새의 눈에 잘 띄지 않았다. → 몸 색깔이 어두운 개체가 생존에 유리하다.
- 자연선택에 의해 몸 색깔이 어두운 형질이 자손에게 많이 전달된다. → 시간이 지나면서 집단 내에서 몸 색깔이 어두운 개체의 비율이 증가한다.

ㄱ. 딱정벌레 A~C는 몸 색깔이 서로 다르므로 몸 색깔 유전자가 서로 다르다.

오답 피하기 ㄴ. 산불로 인해 토양의 색깔이 어두워지면서 토양보다 밝은색의 딱정벌레(B)가 토양과 비슷한 몸 색깔을 가진 어두운 색의 딱정벌레(C)보다 포식자인 새에게 많이 잡아먹혔다. 따라서 산불로 인해 밝은 몸 색깔 형질이 어두운 몸 색깔 형질보다 생존에 불리했다.

ㄷ. 산불로 인해 어두운 몸 색깔 형질이 생존에 유리해지면서 자연선택이 일어났으며, 그 결과 ㉠ 과정에서 이 딱정벌레 집단 내 어두운 몸 색깔을 가진 개체의 비율이 증가하여 어두운 몸 색깔이 되게 하는 유전자의 비율도 증가했다.

07

답 ②

자료 분석 자연선택

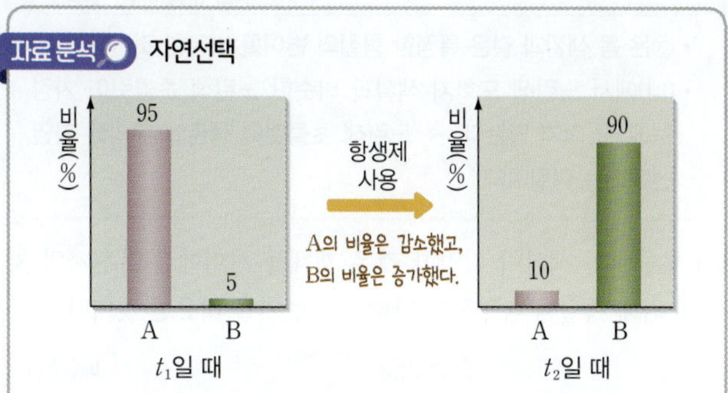

- A의 비율은 t_1일 때 95 %이고, t_2일 때 10 %이다. 항생제 사용 후 A의 비율이 감소했으므로 A는 생존에 불리한 개체이다.
  ➜ A는 항생제 내성이 없는 세균이다.
- B의 비율은 t_1일 때 5 %이고, t_2일 때 90 %이다. 항생제 사용 후 B의 비율이 증가했으므로 B는 생존에 유리한 개체이다.
  ➜ B는 항생제 내성이 있는 세균이다.

ㄴ. 항생제를 사용하는 환경에서는 항생제 내성이 있는 세균이 항생제 내성이 없는 세균보다 생존에 유리하다. 그런데 자연선택 결과 A의 비율은 감소했고, B의 비율은 증가했으므로 A는 항생제 내성이 없는 세균, B는 항생제 내성이 있는 세균이다. A와 B는 항생제 내성 형질이 서로 다르므로 가지고 있는 유전정보(유전자)에 차이가 있다.

오답 피하기 ㄱ. A는 자연선택이 일어나 집단 내 비율이 감소했으므로 생존에 불리한 항생제 내성이 없는 세균이다.

ㄷ. t_2일 때가 t_1일 때보다 집단 내 항생제 내성이 없는 세균(A)의 비율이 낮다.

08

답 ②

(가)는 같은 생물종의 개체 사이에 나타나는 형질의 차이인 변이이고, (나)는 환경에 적합한 형질을 가진 개체가 살아남아 자손을 더 많이 남기는 자연선택이다. (다)는 새로운 생물종이 출현하는 진화이다.

09

답 ⑤

ㄱ. (가)의 집단에서 각 개체들은 목 길이가 서로 다르므로 목 길이에 대한 서로 다른 유전자를 가진다. 따라서 (가)의 집단에서 목 길이에 대한 변이가 있었다.

ㄴ. A 과정에서 높은 곳에 있는 잎을 먹기 쉬운 목이 긴 개체가 환경에 유리해 생존경쟁에서 더 많이 살아남았다.

ㄷ. B 과정에서 환경에 유리한 목이 긴 형질을 가진 개체가 자손에게 목이 긴 형질에 대한 유전자를 전달하는 자연선택이 반복되면서 자손의 목 길이가 길어지는 방향으로 진화가 일어났다.

10

답 ④

① (가)에는 항생제 내성이 없는 세균만 있지만, (나)에는 항생제 내성을 갖게 하는 유전자를 가진 항생제 내성이 있는 세균이 있으므로 A 과정에서 돌연변이가 일어나 항생제 내성을 갖게 하는 유전자가 새롭게 만들어졌다.

②, ③ (나)와 달리 (다)에는 항생제 내성이 있는 세균만 있으므로 B 과정에서 자연선택이 일어나 환경에 적합한 항생제 내성을 갖게 하는 유전자가 자손에게 전달되었다.

⑤ 자연선택 결과 항생제 내성이 있는 세균만 남게 되었으므로 항생제 내성의 유무는 개체의 생존에 영향을 미친다.

오답 피하기 ④ (나)에는 항생제 내성이 없는 세균과 항생제 내성이 있는 세균이 모두 있으므로 항생제 내성 형질에 대한 변이가 있지만, (다)에는 항생제 내성이 있는 세균만 있으므로 항생제 내성 형질에 대한 변이가 없다.

11

답 ②

자료 분석 자연선택에 의한 핀치의 진화

- A~C는 부리 모양이 서로 다르다.
- ㉠ 과정 이후 B만 생존했다. ➜ ㉠ 과정에서 생존경쟁이 일어났다.
- ㉡ 과정 이후 더 크고 두꺼운 부리를 가지는 (가)로 진화했다.
  ➜ ㉡ 과정에서 자연선택이 일어나 B가 크고 두꺼운 부리 모양 유전자를 자손에게 전달했다.

ㄷ. 생존한 개체는 모두 B의 부리 모양 ⓑ를 가졌으며, ㉡ 과정을 거쳐 진화한 (가)는 더욱 크고 두꺼운 부리를 가지게 되었다. 따라서 ㉡ 과정에서 A~C 중 B의 유전자가 가장 많은 자손에게 전달되면서 진화가 일어나 (가)가 출현하게 되었다.

오답 피하기 ㄱ. 핀치의 조상에서 부리 모양이 ⓐ~ⓒ로 서로 다른 개체들이 있으며, 이 개체들은 부리 모양을 결정하는 유전자가 서로 다르므로 유전적으로 달랐다.

ㄴ. 생존한 개체의 부리 모양은 모두 ⓑ이고, 조상에서 부리 모양이 ⓑ인 개체는 크고 단단한 씨앗을 주로 먹었으므로 ㉠ 과정에서 크고 단단한 씨앗에 대한 경쟁이 일어났다.

12 답 ③

ㄱ. 환경이 오염되면서 ㉠이 ㉡보다 포식자에게 쉽게 노출되므로 ㉠이 포식자에게 더 잘 잡아먹혀 생존에 불리하다. 검은색 후추나방이 생존에 유리해졌으므로 검은색 후추나방은 ㉡이고, ㉠은 흰색 후추나방이다.

ㄴ. (가)에서는 흰색 후추나방(㉠)의 비율이 매우 높았지만, (다)에서는 검은색 후추나방(㉡)의 비율이 매우 높다. 이는 (나) → (다) 과정에서 자연선택이 일어나 생존에 유리한 검은색 후추나방이 살아남아 많은 자손을 남겼고, 자손에게 검은색 몸 색깔 형질을 전달했기 때문이다.

오답 피하기 ㄷ. (나) → (다) 과정에서 자연선택이 일어나 검은색 몸 색깔이 되게 하는 유전자가 높은 비율로 자손에게 전달되었다. 따라서 검은색 몸 색깔이 되게 하는 유전자의 비율은 (나)일 때가 (가)일 때보다 높다.

13 답 자연선택

협곡에 의해 나누어진 두 집단이 서로 다른 환경에 적응하면서 오랜 시간 다른 형질에 대한 자연선택이 일어나 다른 생물종으로 진화하였다.

14 답 (가) 돌연변이, (나) 유성생식

(가)에서는 달맞이꽃 집단에서 돌연변이가 일어나 새로운 유전자(형질)를 가진 큰달맞이꽃이 나타났고, (나)에서는 유성생식을 통해 서로 다른 유전자 조합을 가진 자손이 태어났다.

개념 더하기⊕ 돌연변이와 유성생식

- 돌연변이: DNA에 변화가 생겨 유전자의 염기서열이 변해 유전정보가 달라지는 현상이다. → 새로운 유전정보가 저장된 돌연변이 유전자가 만들어질 수 있다.
- 유성생식: 암수 생식세포의 수정에 의해 자손이 태어나는 생식 방법이다. → 생식세포마다 가지고 있는 유전자에 차이가 있으므로 자손들은 서로 다른 유전자 조합을 가진다.

15

(1) 살충제를 살포하는 환경에서는 살충제 내성을 갖는 개체가 생존에 유리해 자연선택되므로 집단 내 비율이 높아진다.

(2) ㉠ 과정에서 자연선택이 일어나 살충제 내성을 갖는 개체가 더 많이 살아남는다. 살아남은 개체는 자손에게 생존에 유리한 자신의 형질(유전자)을 전달하므로 자연선택 결과 집단 내에서 살충제 내성을 갖는 개체의 비율이 증가한다.

채점 기준	배점(%)
살충제 내성을 갖는 개체가 자손에게 유리한 형질(유전자)을 전달하는 것과 살충제 내성을 갖는 개체의 비율이 증가하는 것을 모두 옳게 설명한 경우	100
살충제 내성을 갖는 개체가 자손에게 유리한 형질(유전자)을 전달하는 것과 살충제 내성을 갖는 개체의 비율이 증가하는 것 중 1가지만 옳게 설명한 경우	60

16

자료 분석 자연선택 모의실험

| 실험 과정 |

(가) 노란색 도화지 위에 ㉠ 빨간색, 초록색, 노란색 초콜릿을 각각 10개씩 늘어놓는다. └몸 색깔과 같은 형질의 변이를 비유한 것이다.

(나) 모둠원은 각자 눈을 감았다가 뜨자마자 제일 먼저 눈에 띄는 초콜릿을 5개씩 손으로 집어낸다.

(다) 도화지 위에 남아 있는 초콜릿의 개수를 센 후, 같은 색 초콜릿을 남은 수만큼 추가해 늘어놓는다.┐

(라) 과정 (나)~(다)를 5회 반복한다. 같은 색 초콜릿을 추가하는 것은 생존한 개체의 번식을 비유한 것이다.

- ㉠은 몸 색깔과 같은 특정한 형질의 변이를 비유한 것이다.
- (나)에서 노란색 도화지 색깔과 비슷한 노란색 초콜릿이 가장 눈에 잘 띄지 않는다. → 노란색 초콜릿이 생존에 유리해 자연선택되는 형질이다.

(1) 초콜릿의 색깔이 다양한 것은 개체들 사이에서 유전자의 차이에 의해 형질이 다양하게 나타나는 변이를 비유한 것이다.

채점 기준	배점(%)
개체 사이의 유전자 차이(다양함), 형질의 차이(다양함), 변이를 모두 포함하여 옳게 설명한 경우	100
개체 사이의 유전자 차이(다양함), 형질의 차이(다양함), 변이 중 2가지만 포함하여 옳게 설명한 경우	60

(2) 모의실험 결과 노란색 도화지 색깔과 비슷해 눈에 잘 띄지 않아 가장 적게 제거되는 노란색 초콜릿이 가장 많이 남아 비율이 가장 높을 것이다.

채점 기준	배점(%)
노란색 초콜릿을 쓰고, 노란색 도화지 색깔과 비슷해 눈에 잘 띄지 않아 가장 적게 제거되기 때문이라고 옳게 설명한 경우	100
노란색 초콜릿만 쓴 경우	50

17

선인장을 먹기에는 선인장의 가시를 제거하기 쉬운 길고 뾰족한 부리가 유리하고, 단단한 씨앗을 먹기에는 씨앗을 깨기 쉬운 크고 두꺼운 부리가 유리하다. 따라서 (가)에서는 선인장을 먹기에 유리한 길고 뾰족한 부리가 자연선택되어 A로 진화했고, (나)에서는 단단한 씨앗을 먹기에 유리한 크고 두꺼운 부리가 자연선택되어 B로 진화했다.

채점 기준	배점(%)
(가)에서는 선인장을 먹기에 유리한 길고 뾰족한 부리가 자연선택되어 A로 진화했고, (나)에서는 단단한 씨앗을 먹기에 유리한 크고 두꺼운 부리가 자연선택되어 B로 진화했다고 옳게 설명한 경우	100
(가)와 (나)에서 각각 어느 집단이 진화했는지를 그렇게 생각한 까닭과 함께 1가지만 옳게 설명한 경우	50

28쪽

1 생물다양성 2 유전적 다양성 3 종다양성 4 생태계다양성
5 보전

01 (가) 종다양성, (나) 생태계다양성, (다) 유전적 다양성
02 (1) × (2) × (3) ○ (4) ○ 03 (가) 04 (1) ○ (2) ○ (3) ×
05 (1) ㉣ (2) ㉠ (3) ㉢ (4) ㉡ 06 (1) 생태통로 (2) 생물다양성협약, 람사르 협약 등

01 답 (가) 종다양성, (나) 생태계다양성, (다) 유전적 다양성

(가)는 생물종의 다양함을, (나)는 생태계의 다양함을 , (다)는 한 생물종에서 나타나는 유전적 차이의 다양함을 의미한다.

02 답 (1) × (2) × (3) ○ (4) ○

(1) 생물다양성의 요소에는 환경의 다양함까지 포함하는 생태계 다양성이 있다.
(2) 변이가 다양한 생물집단일수록 개체들 사이의 유전적 차이가 다양하므로 유전적 다양성이 높다.
(3) 생태계의 종류에 따라 자연환경이 서로 다르므로 각 환경에 적응한 생물종들이 살고 있다. 따라서 종다양성에 차이가 있다.
(4) 생물의 서식 환경이 다양한 지역일수록 환경 조건이 서로 다른 생태계들이 있으므로 생태계다양성이 높다.

03 답 (가)

종다양성은 서식하는 생물종의 수가 많을수록, 각 생물종의 개체수가 고를수록 높으므로 A~E의 개체수 비율이 균등한 (가)가 (나)보다 종다양성이 높다.

04 답 (1) ○ (2) ○ (3) ×

(1) 생물다양성이 높은 생태계일수록 다양한 생물 사이에서 밀접한 관계가 형성되므로 생태계가 안정적으로 유지될 수 있다.
(2) 숲을 구성하는 식물에 의해 토양의 유출이 방지되는 것은 생물다양성의 중요성을 보여주는 사례이다.
(3) 생태계에서 모든 생물은 서로 밀접한 관계를 맺으며 살아가므로 한 생물종이 사라지면 다른 생물종도 영향을 받는다.

05 답 (1) ㉣ (2) ㉠ (3) ㉢ (4) ㉡

쌀, 콩, 밀, 옥수수 등은 식량으로 이용되고, 디기탈리스에서 얻은 물질은 심장병 치료제로 사용된다. 옥수수나 사탕수수를 이용해 바이오에탄올을 만들며, 목화와 누에로부터 의복 재료인 솜과 비단을 얻는다.

06 답 (1) 생태통로 (2) 생물다양성협약, 람사르 협약 등

도로나 철도 등의 건설로 생물의 서식지가 분리될 때 분리된 서식지 사이를 연결하는 생태통로를 설치한다. 생물다양성보전을 위해 생물다양성협약이나 람사르 협약과 같은 국제 협약을 체결해 시행한다.

29~31쪽

01 ④ 02 ② 03 ⑤ 04 ② 05 ⑤ 06 ① 07 ③
08 ① 09 ④ 10 ⑤ 11 ⑤ 12 ④

단답형·서술형 문제

13 예시 답안 (가) 종다양성, (나) 유전적 다양성, (다) 생태계다양성, 우리나라에는 숲, 강, 갯벌, 습지 등의 다양한 생태계가 있다. 등
14 예시 답안 종다양성, 식물종의 수가 (가)와 (나)가 같은데 A~D의 개체수 비율이 (나)에서가 (가)에서보다 균등하므로 종다양성(㉠)은 (나)에서가 (가)에서보다 높다.
15 답 ㉠ 서식지, ㉡ 국립 공원

01 답 ④

ㄱ. 지구에 서식하는 생물의 다양한 정도를 의미하는 생물다양성은 지구에 사는 생물 전체를 포함한다.
ㄴ. 생물다양성은 생물종뿐만 아니라 생물집단이 가지고 있는 모든 유전자의 다양함도 포함한다.
오답 피하기 ㄷ. 생물다양성에는 생물이 서식하는 지구의 다양한 환경(산, 습지, 강, 바다 등)도 포함된다.

02 답 ②

① 생물다양성은 유전적 다양성(가), 종다양성, 생태계다양성으로 이루어져 있다.
③ 생태계에는 비생물요소(빛, 물, 공기, 토양 등)가 포함되며, 각 생태계는 고유한 환경을 가지므로 생태계다양성에는 이러한 환경의 다양함이 포함된다.
④ 종다양성은 일정한 지역에 서식하는 생물종의 다양함이다. 다양한 생물종이 사는 지역일수록 종다양성이 높다.
⑤ 같은 종의 앵무에서 털색이 다양하게 나타나는 것은 개체 사이의 유전자 차이에 의한 것이므로 유전적 다양성(가)의 예이다.
오답 피하기 ② 변이는 같은 생물종의 개체 사이의 유전자 차이에 의한 형질의 차이이므로 변이가 적은 생물집단일수록 개체 사이의 유전자 차이가 적어 유전적 다양성(가)이 낮다.

03 답 ⑤

강, 숲, 습지, 바다, 호수는 모두 환경이 서로 다른 생태계이므로 (가)는 생물이 살 수 있는 생태계의 다양함인 생태계다양성이다. 산굴뚝나비는 개체들의 유전자의 차이에 의해 날개 무늬가 다르게 나타나므로 (나)는 한 생물종에서 나타나는 유전적 차이의 다양함인 유전적 다양성이다. 노루, 구상나무, 산굴뚝나비, 제주도롱뇽은 모두 서로 다른 생물종이므로 (다)는 한 지역에 살고 있는 생물종의 다양함인 종다양성이다.

04 답 ②

(가)의 개체는 모두 같은 생물종이므로 (가)는 유전적 다양성의 예이다. (나)의 산, 숲, 강, 초원은 서로 다른 생태계이므로 (나)는 생태계다양성의 예이다.

ㄷ. (나)는 생태계다양성의 예이고, 생태계는 생물과 환경이 상호 작용 하는 체계이다. 생태계다양성은 환경의 다양함과 생태계에서 일어나는 생물과 환경의 상호작용의 다양함까지 포함한다.

오답 피하기 ㄱ. (가)는 한 생물종의 개체들 사이에서 유전자(예 털색 유전자) 차이에 의해 나타나는 형질(예 털색)의 다양함을 의미하는 유전적 다양성의 예이다.

ㄴ. A와 B는 털색이 서로 다르므로 털색을 결정하는 유전자가 서로 다르다. 따라서 A와 B는 가지고 있는 유전정보가 서로 다르다.

05

답 ⑤

자료 분석 생물다양성의 3가지 요소

구분	예
(가)	숲에 무당벌레, 달팽이, 참나무 등이 살고 있다.
(나)	?
(다)	?

무당벌레의 다양한 반점 무늬는 유전적 다양성의 예이다.

- 무당벌레, 달팽이, 참나무는 서로 다른 생물종이다. → (가)는 생물종의 다양함을 나타내는 종다양성이다.
- 무당벌레의 반점 무늬는 유전자에 의해 결정되므로 개체마다 반점 무늬가 다른 것은 유전적 다양성의 예이다. → (나)는 유전적 다양성이다.
- (다)는 생태계다양성이다.

ㄱ. 숲에 무당벌레, 달팽이, 참나무 등의 다양한 생물종이 살고 있는 것은 종다양성(가)의 예이다.

ㄴ. 같은 종의 무당벌레에서 반점 무늬가 다양한 것은 개체들 사이의 유전자 차이에 의한 것이므로 이는 유전적 다양성의 예이다. (가)는 종다양성이므로 (나)는 유전적 다양성이고, (다)는 생태계다양성이다. 유전적 다양성(나)은 개체 사이의 유전정보(유전자)의 차이에 의해 나타나는 형질의 다양함을 의미한다.

ㄷ. 숲, 강, 초원, 갯벌 등은 서로 다른 환경의 생태계이므로 우리나라에 숲, 강, 초원, 갯벌 등이 있는 것은 생태계다양성(다)의 예이다.

06

답 ①

ㄱ. (가)는 생물과 환경의 다양함을 모두 포함하므로 생태계다양성이다.

오답 피하기 ㄴ. 같은 종의 쥐에서 관찰되는 형질(털색)의 다양함은 유전적 다양성(나)의 예이다. 변이가 없는 생물집단에서는 모든 개체가 유전적으로 동일하므로 유전적 다양성(나)이 나타나지 않는다.

ㄷ. (다)는 종다양성이다. 종다양성은 서식하는 생물종의 수가 많고, 각 생물종의 분포 비율이 균등할수록 높다. 따라서 서식하는 생물종의 수가 같다면 각 생물종의 분포 비율이 균등한 지역일수록 종다양성(다)이 높다.

07

답 ③

ㄱ. (가)는 생태계다양성이다. 생태계다양성(가)이 높으면 비생물 요소가 서로 다른 다양한 생태계가 존재하므로 다양한 환경에서 생물이 진화할 수 있다.

ㄷ. (다)는 유전적 다양성이다. 유전적 다양성(다)이 높은 생물집단에는 다양한 유전자에 의해 다양한 형질이 나타나므로 환경이 변했을 때 생존에 유리한 유전자를 가진 개체가 있을 확률이 높다. 따라서 환경 변화에 대해 생물집단이 적응할 수 있는 능력이 높아진다.

오답 피하기 ㄴ. (나)는 종다양성이다. 종다양성(나)이 높은 생태계에서는 다양한 생물종 사이에서 먹고 먹히는 관계가 복잡하게 형성되고, 서로 영향을 주고받는 관계도 복잡하게 형성되므로 한 생물종이 사라졌을 때 그 역할을 다른 생물종이 대신할 수 있다. 따라서 생태계가 안정적인 상태를 유지할 수 있는 능력이 높아진다.

08

답 ①

ㄱ. 종다양성이 높은 생태계는 다양한 생물종에 의해 먹고 먹히는 관계가 복잡하게 형성된다. 따라서 한 생물종이 사라졌을 때 다른 생물종이 사라질 확률이 낮아 생태계가 안정적으로 유지될 수 있다.

오답 피하기 ㄴ. 종다양성이 높은 생태계에는 다양한 생물종이 서식하므로 이들 사이에서 먹고 먹히는 관계가 복잡하게 형성된다.

ㄷ. 다양한 생물종이 살고 있어 종다양성이 높은 생태계에서는 한 생물종이 사라져도 다른 생물종이 그 역할을 대체할 수 있으므로 한 생물종이 사라졌을 때 다른 생물종이 사라질 확률이 낮다.

09

답 ④

목화와 누에 등은 의복 재료로, 옥수수와 사탕수수 등은 바이오에탄올의 재료로, 디기탈리스는 심장병 치료제의 재료로 사용되는 대표적인 생물이다.

④ 디기탈리스에서 얻은 물질은 심장의 수축력을 높이는 심장병 치료제로 사용된다.

오답 피하기 ① 쌀은 식량으로 이용된다.

② 효모는 다양한 식품 산업에 이용된다.

③ 버드나무에서 추출한 물질을 이용하여 해열 진통제를 만든다.

⑤ 푸른곰팡이로부터 세균과 같은 미생물의 생장을 억제하거나 제거하는 항생제의 재료를 얻는다.

개념 더하기 생물자원

- 식량: 쌀, 콩, 밀, 옥수수 등
- 의복 재료: 목화(솜), 누에(비단)
- 의약품: 디기탈리스(심장병 치료제), 조팝나무와 버드나무(해열 진통제), 푸른곰팡이(항생제)
- 에너지: 옥수수나 사탕수수(바이오에탄올)
- 산업용 재료: 효모(식품 산업)
- 휴식처: 휴양림, 생태 공원(여가 활동과 관광 산업)

개념 학습편

10

답 ⑤

① 농약, 쓰레기, 폐수 등으로 환경이 오염되면 생물의 서식지가 파괴되고, 생물의 생존이 위협을 받아 생물다양성이 감소한다.
② 도로의 건설은 기존의 서식지를 분리함으로써 생물의 서식지를 작게 단편화시킨다.
③ 분리된 서식지 사이를 동물이 안전하게 이동할 수 있도록 하는 생태통로는 서식지가 단편화되어 나타나는 피해를 줄일 수 있는 방안이 된다.
④ 배스나 가시박(㉡) 등은 우리나라에 원래부터 살았던 토종 생물이 아닌 외부에서 유입된 외래생물이다.
오답 피하기 ⑤ 배스나 가시박(㉡) 등과 같이 천적이 없는 외래생물을 도입하면 외래생물이 토종 생물을 무분별하게 잡아먹거나, 토종 생물의 생존을 위협함으로써 기존 생태계의 생물다양성을 감소시킨다.

11

답 ⑤

ㄱ. (가)는 국제적 수준이며, 생물다양성협약과 람사르 협약 등은 모두 생물다양성을 보전하기 위한 국제 협약(㉠)에 해당한다.
ㄴ. 멸종 위기종 복원, 국립 공원 지정은 국가 수준에서 실천할 수 있는 방안이므로 (나)는 국가적 수준이다.
ㄷ. (다)는 개인적 수준이다. 자원 재활용과 대중교통 이용은 모두 개인 수준에서 실천할 수 있는 생물다양성보전 방안이다.

개념 더하기 생물다양성보전을 위한 국제 협약

- 생물다양성협약: 생물다양성을 보전하고 지속가능한 이용을 위한 협약
- 람사르 협약: 물새 서식처로서 중요한 습지를 보호하는 협약
- 쿤밍 – 몬트리올 글로벌 생물다양성 프레임워크: 훼손된 육지와 해양 생태계를 복원하기 위한 협약

12

답 ④

ㄴ. 제방을 설치하여 습지를 메워 논으로 활용(㉠)하게 되면서 다양한 생물의 서식지가 파괴되는 등 습지가 본래의 모습을 잃어갔으므로 ㉠은 (가)의 생물다양성을 감소시키는 요인이다.
ㄷ. 국가 수준에서 (가)를 생태계 보전 지역, 습지 보호 지역, 천연기념물로 차례대로 지정한 것은 (가)를 체계적으로 관리해 생물다양성을 보전하기 위한 노력이다.
오답 피하기 ㄱ. ㉠ 이전에 (가)에는 수생 식물, 수서 곤충, 어류 등의 생물종이 서식했으므로 종다양성이 높았다.

13

(가)는 종다양성, (나)는 유전적 다양성, (다)는 생태계다양성이다.

채점 기준	배점(%)
(가)~(다)를 모두 옳게 쓰고, 여러 생태계를 제시해 생태계 다양성의 예를 옳게 설명한 경우	100
(가)~(다)만 모두 옳게 쓴 경우	40

14

자료 분석 종다양성

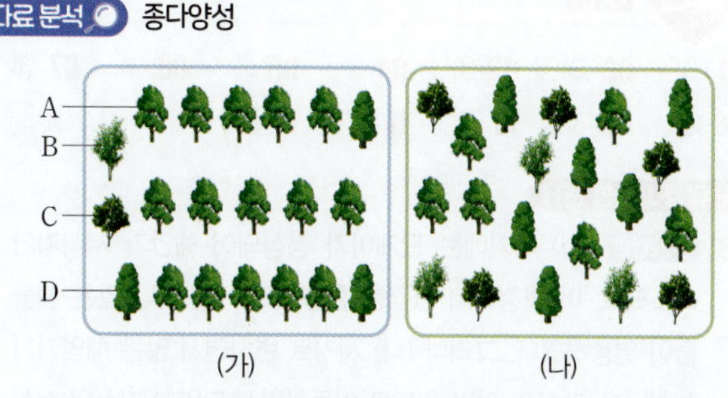

- (가): A~D의 4종이 서식한다. → 개체수는 A가 15, B가 1, C가 1, D가 30이다.
- (나): A~D의 4종이 서식한다. → 개체수는 A가 6, B가 3, C가 5, D가 6이다.
- 서식하는 생물종의 수는 (가)와 (나)에서 4종으로 같지만, 각 종의 개체수 분포 비율이 (가)에서보다 (나)에서가 더 균등하다. → 종다양성은 (나)에서가 (가)에서보다 높다.

종다양성은 서식하는 생물종의 수가 많고, 각 생물종의 개체수가 균등하게 분포할수록 높다. 따라서 식물 종 A~D의 개체수 비율이 (나)에서가 (가)에서보다 균등하므로 종다양성(㉠)은 (나)에서가 (가)에서보다 높다.

채점 기준	배점(%)
종다양성을 쓰고, 개체수 비율이 (나)에서가 (가)에서보다 균등하므로 종다양성이 (가)에서보다 (나)에서 더 높다고 옳게 설명한 경우	100
종다양성을 쓰고, 종다양성이 (가)에서보다 (나)에서 더 높다고만 설명한 경우	60

15

답 ㉠ 서식지, ㉡ 국립 공원

단편화된 서식지를 연결하는 생태통로를 설치하고, 생물다양성이 높은 지역을 국립 공원으로 지정해 관리하는 등 생물다양성을 보전하기 위해 노력해야 한다.

개념 더하기 생물다양성의 3가지 요소

생물다양성은 유전적 다양성, 종다양성, 생태계다양성으로 구성된다.

유전적 다양성	• 한 생물종의 개체들 사이에서 나타나는 유전적 차이의 다양함이다. • 유전적 다양성이 높을수록 환경 변화에 대한 적응력이 높아 생물이 멸종할 확률이 낮다.
종다양성	• 한 생태계에 살고 있는 생물종의 다양함이다. • 서식하는 생물종의 수가 많고, 각 생물종종의 개체수가 고를수록 종다양성이 높다.
생태계다양성	• 지구 전례 또는 특정 지역에서 살 수 있는 생태계의 다양함이다. • 각 생태계는 고유한 환경을 가지며, 환경이 다양할수록 생태계다양성이 높다.

34~37쪽

01 ① 02 ③ 03 ④ 04 ⑤ 05 ② 06 ③ 07 ③
08 ④ 09 ③ 10 ② 11 ② 12 ④

단답형·서술형 문제

13 예시 답안 (가) 시기에는 판게아가 형성되어 해안가 서식지가 축소되고, 이 과정에서 급격한 환경 변화가 일어나 많은 생물들이 멸종하였다. 그러나 (나) 시기로 변하면서 많은 해안가가 생겨났고, 대륙이 여러 위도로 이동하면서 다양한 기후의 서식지가 생겨났다. 이로 인해 생물다양성이 증가하였다.

14 (1) 답 A: 중생대, B: 선캄브리아시대
(2) 예시 답안 (가) 공룡은 육지에서 살았고, (나) 스트로마톨라이트는 따뜻하고 얕은 해양 환경에서 만들어졌다.

15 예시 답안 화산 폭발로 대규모 용암이 분출하였고, 이산화 탄소, 메테인 등의 온실 기체가 대기로 유입되어 지구의 기온을 높였다. 또한 산성비가 내려 생태계를 파괴하였다. 이와 같은 급격한 환경 변화는 생물의 대멸종으로 이어졌다.

16 (1) 예시 답안 크고 단단한 씨앗을 두고 먹이에 대한 생존경쟁이 일어나 크고 두꺼운 부리를 가진 개체가 살아남았다.
(2) 예시 답안 환경에 적합한 크고 두꺼운 부리 형질이 자손에게 전달되는 자연선택이 오랜 시간 반복된 결과 큰부리땅핀치로 진화했다.

17 (1) 답 (가) 생태계다양성, (나) 유전적 다양성
(2) 예시 답안 같은 생물종의 개체라도 가지고 있는 유전자가 달라 형질이 서로 다르게 나타나기 때문이다.

18 예시 답안 생물다양성을 보전하기 위해 많은 국가가 노력할 수 있도록 체결한 국제 협약이다.

01 답 ①

ㄱ. (가)는 고생대에 번성했던 삼엽충 화석이다.

오답 피하기 ㄴ. (나)는 중생대에 번성한 암모나이트 화석이다. 최초의 육상 생물이 출현했던 시기는 고생대이다.

ㄷ. 삼엽충과 암모나이트는 지층 퇴적 당시의 자연환경을 알려주는 화석이 아니라 지질 시대의 구분 기준이 되는 화석이다.

02 답 ③

ㄱ. 스트로마톨라이트는 최초의 광합성 생물인 남세균(㉠)에 의해 만들어졌다.

ㄷ. ㉡은 오존층이다. 대기 중에 축적된 산소가 고생대 중기에 오존층을 형성하였고, 이로 인해 육상 생물이 출현할 수 있었다.

오답 피하기 ㄴ. 오존층은 생물에 유해한 자외선을 차단한다.

03 답 ④

ㄴ. 지층 B에서 고사리가 발견되었으므로 이 지층은 퇴적 당시 따뜻하고 습도가 높은 환경이었음을 알 수 있다.

ㄷ. 매머드는 육상 생물에 해당하므로, 이 지역은 지층 C 생성 당시 육지 환경이었다.

오답 피하기 ㄱ. 지층 A에서 발견된 필석은 고생대에 살았던 생물이므로 지층 A는 고생대에 퇴적되었다.

04 답 ⑤

ㄱ. 삼엽충이 산출된 지층 C는 고생대에 퇴적되었다.

ㄴ. 지질 시대 중 평균 기온이 가장 온난한 시기는 중생대이다. 따라서 중생대에 번성하였던 암모나이트가 발견된 지층은 B이다.

ㄷ. (나)의 판게아는 지층 C가 퇴적된 고생대 말에 형성되었다.

개념 더하기 지질 시대의 수륙 분포 변화

05 답 ②

A는 선캄브리아시대, B는 고생대, C는 중생대, D는 신생대이다.

ㄷ. 신생대(D) 후기에 인류의 조상이 출현하였다.

오답 피하기 ㄱ. A 시기에는 생물의 개체수가 적고 단단한 골격을 가진 생물도 거의 없었으며, 오랜 세월 동안 일어났던 수많은 지각 변동에 의해 화석이 거의 발견되지 않는다. 따라서 발견되는 화석의 수는 A 시기가 B 시기보다 적다.

ㄴ. 속씨식물이 번성한 시기는 신생대(D)이다.

06 답 ③

ㄱ. A는 고생대 기간이며, 이 시기에 오존층이 형성되었다.

ㄴ. 그림에서 해양 무척추동물의 과의 수는 고생대인 A 시기 말이 중생대인 B 시기 말보다 적었다.

오답 피하기 ㄷ. C 시기는 신생대로, 중기까지는 대체로 온난하였으나 말기에 이르러서는 빙하기와 간빙기가 반복되었다. A~C 중 가장 온난했던 시기는 중생대인 B이다.

07 답 ③

ㄱ. (가)~(다)는 모두 같은 생물종의 개체 사이에서 유전자의 차이에 의해 나타나는 변이의 예이다.

ㄴ. 사람의 피부색(㉠)은 유전자에 의해 결정되는 형질이다. 사람의 피부색 차이는 유전자의 차이에 의한 변이에 해당한다.

오답 피하기 ㄷ. 무당벌레 집단에서는 개체들 사이에 변이가 있으므로 자연선택이 일어날 수 있다.

08 답 ④

자료 분석 자연선택에 의한 집단의 변화

집단	㉠의 비율(%)	㉡의 비율(%)
(가)	5	95
(나)	0	100
(다)	75	25

• (나)에는 ㉠이 없고, ㉡만 있다. 항생제 내성 유전자가 1가지만 있어 모든 개체가 같은 형질을 나타내므로 항생제 내성 형질에 변이가 없다. → (나)는 가장 먼저 형성된 집단이고, ㉡은 항생제 내성을 갖지 않게 하는 유전자이다.

• 항생제 내성 세균의 진화 과정에서 자연선택이 일어나므로 집단에서 항생제 내성을 갖게 하는 유전자(㉠)의 비율이 높아진다. → ㉠의 비율이 낮은 (가)가 먼저 형성된 집단이고, ㉠의 비율이 높은 (다)가 나중에 형성된 집단이다.

ㄴ. (가)~(다) 중 가장 먼저 형성된 집단에는 항생제 내성 형질에 변이가 없었으므로 모든 개체가 항생제 내성에 대해 동일한 유전자를 가지고 있었다. 따라서 가장 먼저 형성된 집단은 (나)이고, 진화하는 과정에서 항생제 내성 세균이 출현한 순서는 (나) → (가) → (다)이다.

ㄷ. (나) → (가) → (다)의 순서로 집단이 진화하면서 ㉠의 비율은 증가했고, ㉡의 비율은 감소했다. 따라서 ㉠은 항생제에 노출되는 환경에서 생존에 유리한 항생제 내성을 갖게 하는 유전자이고, ㉡은 생존에 불리한 항생제 내성을 갖지 않게 하는 유전자이다. 이 집단에서 자연선택이 일어난 결과 환경에 적합한 ㉠이 ㉡보다 더 많은 자손에게 전달되었다.

오답 피하기 ㄱ. 가장 먼저 형성된 (나)에는 항생제 내성을 갖게 하는 유전자(㉠)는 없고, 항생제 내성을 갖지 않게 하는 유전자(㉡)만 있었다. 이후 항생제 내성을 갖지 않게 하는 유전자(㉡)에서 돌연변이가 일어나 항생제 내성을 갖게 하는 유전자(㉠)가 만들어졌고, 이 유전자가 자연선택됨에 따라 집단 내 비율이 높아졌다.

09 답 ③

처음에 기린의 조상 집단에는 목 길이가 다양한 개체들이 있어 목 길이에 변이가 있었다(나). 높은 곳의 나뭇잎을 두고 먹이 경쟁이 일어난 결과(다), 높은 곳의 나뭇잎을 먹기에 유리한 목이 긴 개체들이 많이 살아남았고 이들이 자손을 낳아 생존에 유리한 목이 긴 형질을 자손에게 전달하는 자연선택이 일어났다(라). 자연선택이 여러 세대 반복된 결과 모든 개체의 목이 길어지도록 진화가 일어났다(가).

10 답 ②

ㄴ. 아프리카에서 ㉠을 갖는 사람이 분포하는 지역과 말라리아가 발생하는 지역이 유사한 까닭은 정상 적혈구를 갖는 사람과 낫모양 적혈구를 갖는 사람이 말라리아에 걸릴 확률이 서로 달라 자연선택이 작용하기 때문이다. 말라리아가 자주 발생하는 지역에서는 낫모양적혈구를 갖는 사람의 비율이 다른 지역에서보다 높다는 것을 통해 낫모양적혈구를 갖는 사람이 자연선택되었음을 알 수 있다.

오답 피하기 ㄱ, ㄷ. 낫모양적혈구를 갖는 사람은 정상 적혈구를 갖는 사람보다 말라리아에 걸릴 확률이 낮으므로 말라리아가 발생하는 지역에서는 낫모양적혈구를 갖는 사람이 생존에 보다 유리하다. 따라서 ㉠은 낫모양적혈구이다.

개념 더하기 자연선택과 말라리아

• 낫모양적혈구는 정상 적혈구보다 산소를 운반하는 능력이 떨어진다. → 일반적인 지역에서는 정상 적혈구가 낫모양적혈구보다 생존에 유리한 형질이므로 자연선택에 의해 정상 적혈구를 가진 사람의 비율이 높다.

• 말라리아는 감염된 모기에 물려 말라리아 원충이 혈액 내로 들어가 발생하는 질병이다. → 말라리아 원충은 사람의 적혈구 안에서 번식하면서 적혈구를 파괴한다.

• 정상 적혈구와 달리 낫모양적혈구는 말라리아 원충이 침입했을 때 쉽게 파괴되므로 말라리아 원충은 낫모양적혈구 안에서는 잘 번식하지 못한다. → 말라리아가 유행하는 지역에서는 낫모양적혈구가 생존에 유리한 형질이므로 자연선택에 의해 낫모양적혈구를 가진 사람의 비율이 높다.

11 답 ②

자료 분석 생물다양성 요소의 특징

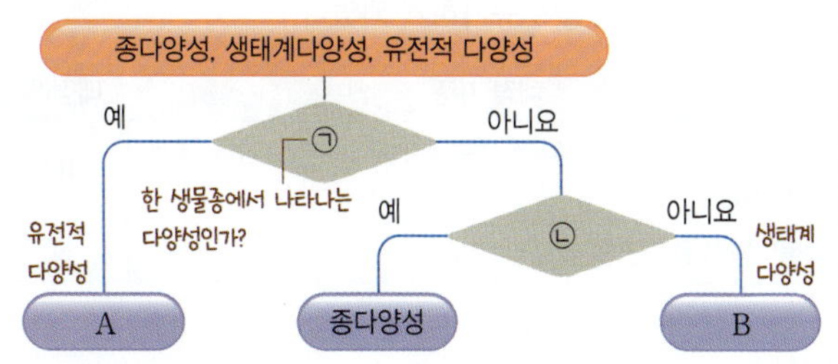

• 한 생물종에서 나타나는 다양성은 같은 생물종의 개체 사이에서 유전자의 차이에 의해 나타나는 유전적 다양성이다. → '한 생물종에서 나타나는 다양성인가?'는 ㉠이고, A는 유전적 다양성이다.

• ㉡은 종다양성에는 있고, 생태계다양성(B)에는 없는 특징이다. → '한 생태계에 살고 있는 생물종의 다양함인가?'는 ㉡이 될 수 있다.

한 생물종에서 나타나는 다양성은 개체들 사이에서 나타나는 유전적 차이의 다양함인 유전적 다양성이다. 따라서 '한 생물종에서 나타나는 다양성인가?'는 ㉠이고, A는 유전적 다양성, B는 생태계다양성이다.

ㄷ. 생태계다양성(B)이 높을수록 다양한 환경에서 서로 다른 자연선택이 일어나 생물종이 진화할 수 있다.

오답 피하기 ㄱ. 유전적 다양성(A)이 없는 생물집단에서는 모든 개체가 유전적으로 동일하고, 형질이 같다. 따라서 이러한 집단에는 변이가 없어 환경에 적합한 형질이 따로 없으므로 자연선택이 일어나지 않는다.

ㄴ. '한 생물종에서 나타나는 다양성인가?'는 ㉠이다.

12

답 ④

① 재배되는 동일 종의 감자 대부분이 특정 질병에 감염된 것은 감자 집단에서 유전적 다양성이 매우 낮았기 때문이다. 따라서 (나)는 유전적 다양성이고, (가)는 종다양성이다.

② 무분별한 개발은 생물의 서식지를 파괴해 종다양성(가)을 감소시키는 원인 중 하나이다.

③ 종다양성(가)이 높을수록 인류는 다양한 생물로부터 유용한 생물자원을 얻을 수 있다.

⑤ 식물의 종자에는 그 식물의 유전자가 포함되어 있으므로 다양한 식물의 종자를 보관하는 것은 식물의 유전적 다양성(나)을 보전하기 위한 노력에 해당한다.

오답 피하기 ④ 재배되는 동일 종의 감자 대부분이 특정 질병에 감염(㉠)된 것은 재배되는 감자 집단의 유전적 다양성이 매우 낮았고, 그 결과 감자 개체들이 대부분 유전적으로 동일해 변이가 매우 적어 특정 질병에 대한 저항성이 없었기 때문에 나타난 현상이다.

13

(가) 시기에서 (나) 시기로 변하면서 많은 해안가가 생겨났고, 대륙이 여러 위도로 이동하면서 다양한 기후의 서식지가 생겨났다. 이로 인해 생물다양성이 증가하게 되었다.

채점 기준	배점(%)
생물의 서식지 증가에 따라 생물다양성이 증가했음을 옳게 설명한 경우	100
생물다양성 증가만을 설명한 경우	50

14

(1) A는 공룡 발자국 화석이 산출되므로 중생대, B는 스트로마톨라이트가 산출되므로 선캄브리아시대이다.

(2) (가) 공룡은 육지에서 생활하던 생물이었다. (나) 스트로마톨라이트는 물속에 떠다니던 진흙이나 모래, 탄산 칼슘이 점착성이 있는 남세균 군집층 위에 달라붙으면서 형성된다. 남세균은 얕은 물에서 햇빛을 이용해 광합성을 하므로 따뜻하고 얕은 해안가 환경이었을 것이다.

채점 기준	배점(%)
(가), (나) 모두 옳게 설명한 경우	100
(가), (나) 중 1가지만 옳게 설명한 경우	50

15

화산 폭발로 대규모 용암이 분출하였고, 화산 가스 중 이산화 탄소, 메테인 등의 온실 기체가 대기로 유입되어 온실 효과를 일으켜 지구의 기온을 높였다. 또한 화산 가스 성분에 의해 산성비가 내리게 되어 생태계를 파괴하였다. 이와 같은 급격한 환경의 변화는 생물의 대멸종으로 이어졌다.

채점 기준	배점(%)
화산 폭발에 의한 지구 환경 변화와 이에 따른 생태계 변화를 옳게 설명한 경우	100
화산 폭발에 의한 지구 환경 변화, 생태계 변화 중 1가지만 옳게 설명한 경우	50

개념 더하기 ⊕ 생물 대멸종의 원인

- 운석(소행성) 충돌설: 커다란 운석이 지구에 충돌해 전 세계 해안가에 해일이 발생했다. 또한 충돌 시 발생한 먼지 구름이 지구를 감싸 햇빛을 차단하여 기온이 하강하였고, 비가 적게 내려 식물들이 광합성을 하지 못하게 되었다.
- 화산 폭발설: 대규모 화산 활동으로 많은 양의 화산 가스가 방출되었다. 대량의 화산재가 하늘을 뒤덮어 햇빛을 차단하였고, 산성비에 의해 토양이 산성화되었다.
- 수륙 분포 변화설: 여러 대륙이 합쳐져 하나의 초대륙이 형성되었다. 이에 따라 서식지가 축소되고 기후가 급격히 변하게 되었다.
- 해양 무산소설: 해양 순환 정지, 대규모 적조 발생 등으로 해양에 녹아 있는 산소의 양이 급격하게 줄어들어 해양 생물의 생존을 위협하였다.

16

(1) 큰부리땅핀치로 진화할 때 (가) 과정에서 크고 단단한 씨앗을 두고 먹이에 대한 생존경쟁이 일어나 크고 두꺼운 부리를 가진 개체가 살아남았다.

채점 기준	배점(%)
제시된 용어를 모두 포함하여 먹이에 대한 생존경쟁, 크고 두꺼운 부리를 가진 개체의 생존을 모두 옳게 설명한 경우	100
먹이에 대한 생존경쟁, 크고 두꺼운 부리를 가진 개체의 생존 중 1가지만 옳게 설명한 경우	50

(2) (가) 과정에서 크고 단단한 씨앗을 먹기에 유리해 환경에 적합한 크고 두꺼운 부리를 가진 개체가 생존경쟁에서 많이 살아남았고, (나) 과정에서 살아남은 개체들이 더 많은 자손을 낳으면서 환경에 적합한 크고 두꺼운 부리 형질이 자손에게 전달되는 자연선택이 오랜 시간 반복된 결과 큰부리땅핀치가 출현하는 진화가 일어났다.

채점 기준	배점(%)
제시된 용어를 모두 포함하여 환경에 적합한 크고 두꺼운 부리 형질이 자손에게 전달되는 자연선택이 일어났음을 옳게 설명한 경우	100
자연선택의 개념을 설명하였으나 제시된 용어 중 일부를 사용하지 않은 경우	60

개념 학습편

17

(1) (가)는 특정 지역에서 생물이 살 수 있는 생태계의 다양함이고, (나)는 한 생물종의 개체들 사이에서 나타나는 유전적 차이의 다양함이다.

(2) 사랑앵무의 털색과 무늬가 개체마다 다른 것(㉠)은 같은 생물종의 개체라도 가지고 있는 유전자가 달라 형질이 서로 다르게 나타나기 때문이다.

채점 기준	배점(%)
개체 사이의 유전자 차이와 형질의 차이를 모두 포함하여 옳게 설명한 경우	100
개체 사이의 유전자 차이만 포함하여 옳게 설명한 경우	80

18

습지를 보전하기 위한 람사르 협약, 훼손된 육지와 해양 생태계의 복원을 위한 쿤밍 - 몬트리올 글로벌 생물다양성 프레임워크는 모두 생물다양성을 보전하기 위해 많은 국가가 노력하도록 체결한 국제 협약이다.

채점 기준	배점(%)
생물다양성보전과 국제 협약에 대한 내용을 모두 포함하여 옳게 설명한 경우	100
생물다양성보전과 국제 협약에 대한 내용 중 1가지만 포함하여 옳게 설명한 경우	50

39～41쪽

1 ③ 2 ⑤ 3 ③ 4 ③ 5 ④ 6 ⑤

1 답 ③

ㄱ. A의 출현 시기가 고생대 초이므로, A는 어류, 파충류, 포유류 중 어류라는 것을 알 수 있다.

ㄴ. C는 출현 시기를 고려할 때 포유류이다. 포유류는 중생대에 최초로 등장하였지만 신생대에 크게 번성하였다.

오답 피하기 ㄷ. B가 최초로 출현한 시기는 고생대 중기 이후, C가 최초로 출현한 시기는 중생대이다. 오존층은 고생대 중기에 형성되었으므로 B와 C가 최초로 출현한 시기 사이에 형성되었다고 볼 수 없다.

2 답 ⑤

표에 나타난 특징으로 보아 (가)는 중생대, (나)는 신생대, (다)는 고생대이다.

• 학생 A: 공룡은 중생대에 번성한 육상 생물이다. 따라서 중생대 지층에서는 공룡 화석을 발견할 수 있다.

• 학생 C: 고생대에는 최초의 척추동물인 어류가 출현하였다.

오답 피하기 • 학생 B: (나)는 신생대로, 신생대에는 화폐석, 속씨식물, 포유류가 번성하였고, 수륙 분포가 현재와 비슷하게 형성되었다. 이때 히말라야산맥도 형성되었다.

이런 보기도 나온다! 답 학생 D: × 학생 E: ○ 학생 F: ○

• 학생 D: 중생대는 지질 시대 중 평균 기온이 가장 온난한 시기로, 중생대에는 빙하기와 간빙기가 반복되지 않았다.

• 학생 E: 신생대에 인류의 조상이 출현하였다.

• 학생 F: 고생대, 중생대, 신생대 중 가장 긴 기간을 차지하는 지질 시대는 고생대이다.

3 답 ③

ㄷ. (가)는 삼엽충 화석, (나)는 공룡 발자국 화석이다. 화석은 생물의 유해나 활동 흔적이 보존된 것을 의미한다.

오답 피하기 ㄱ. (가)는 고생대에 형성되었고, (나)는 중생대에 형성되었다. 따라서 (가)는 (나)보다 먼저 형성되었다.

ㄴ. 삼엽충은 해양 환경에서, 공룡은 육지 환경에서 서식하였다.

4 답 ③

자료 분석 항생제 내성에 대한 자연선택

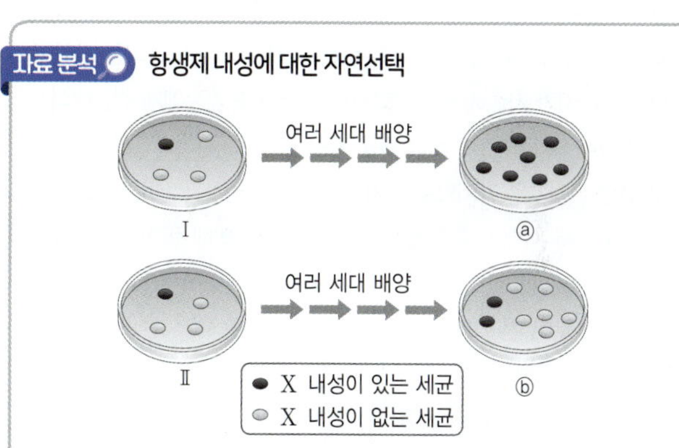

• Ⅰ과 Ⅱ에서 각각 X 내성이 없는 세균의 비율은 $\frac{3}{4}$, X 내성이 있는 세균의 비율은 $\frac{1}{4}$이다.

• ⓐ에서 X 내성이 없는 세균의 비율은 0, X 내성이 있는 세균의 비율은 1이다. → ⓐ에서 X 내성이 있는 세균만 살아남아 번식했으므로 ⓐ는 X가 처리된 조건에서 자연선택이 일어난 집단이다.

• ⓑ에서 X 내성이 없는 세균의 비율은 $\frac{3}{4}$, X 내성이 있는 세균의 비율은 $\frac{1}{4}$이다. → Ⅱ와 ⓑ에서 두 종류의 세균 모두 비율이 변하지 않았으므로 ⓑ는 X를 처리하지 않아 자연선택이 일어나지 않은 집단이다.

ㄱ. X 내성이 있는 세균의 비율이 Ⅰ과 Ⅱ에서는 서로 같았지만, ⓐ에서가 ⓑ에서보다 높다. 따라서 Ⅰ → ⓐ 과정에서 X 내성이 있는 세균의 비율이 증가했으며, 이는 Ⅰ에 X를 처리해 X 내성이 있는 세균이 생존에 유리해져 자연선택이 일어났기 때문이다.

ㄴ. Ⅰ → ⓐ 과정에서 항생제가 처리된 환경에 적합한 X 내성이 있는 세균이 많이 살아남아 증식함으로써 X 저항성 유전자가 높은 확률로 다음 세대로 전달되었다.

오답 피하기 ㄷ. Ⅱ → ⓑ 과정에서는 X 내성이 있는 세균의 비율이 변하지 않았으므로 Ⅱ에는 X가 처리되지 않았다. 그러나 ⓑ에 X를 처리하면 Ⅰ → ⓐ 과정에서와 마찬가지로 X 내성이 있는 세균이 생존에 유리해 자연선택이 일어나므로 X 내성이 있는 세균의 비율이 증가한다.

5 답 ④

ㄱ. 기린 조상 집단을 구성하는 기린 개체 사이에서 나타나는 목 길이의 차이(㉠)는 가지고 있는 유전자의 차이에 의한 것이므로 변이에 해당한다.

ㄷ. 기린의 진화 과정에서 높은 곳에 있는 먹이를 먹기 위한 생존 경쟁이 일어났고, 이 과정에서 생존에 유리한 목이 긴 기린이 더 많이 살아남아 자손을 남기는 자연선택이 일어났다.

오답 피하기 ㄴ. (나)에서 생존경쟁 결과 목이 긴 기린이 더 많이 살아남았으므로 목이 긴 기린(ⓐ)이 목이 짧은 기린(ⓑ)보다 생존에 유리하였다.

이런 보기도 나온다! 답 ㄹ. ○ ㅁ. ○ ㅂ. ×

ㄹ. 기린 사이의 목 길이의 차이(㉠)는 유전자의 차이에 의한 변이이므로 유전자가 자손에게 전달되면서 이 형질도 자손에게 전달된다.

ㅁ. 목이 긴 기린(ⓐ)과 목이 짧은 기린(ⓑ)은 목 길이를 결정하는 서로 다른 유전자를 가지므로 가지고 있는 유전정보가 서로 다르다.

ㅂ. (다)에서 세대가 거듭될수록 자연선택에 의해 목이 긴 기린이 더 많은 자손을 낳아 자손에게 목이 긴 형질을 전달하므로 기린 집단에서 목이 긴 기린의 비율(㉡)은 증가한다.

6 답 ⑤

같은 종의 앵무에서 털색이 다양하게 나타나는 것은 한 생물종의 개체들 사이에서 유전자의 차이에 따라 형질이 서로 다르게 나타나는 것이므로 ㉠은 유전적 다양성이고, 갯벌에 사는 게, 조개, 갯지렁이 등은 서로 다른 생물종이므로 ㉡은 종다양성이다. ㉢은 생태계다양성이다.

ㄴ. ㉡은 한 생태계에 살고 있는 생물종의 다양함인 종다양성이다. 종다양성(㉡)이 높을수록 생태계에서 먹고 먹히는 관계가 복잡하게 형성되므로 한 생물종을 대체할 수 있는 다른 생물종이 많아진다. 따라서 생태계가 안정적으로 유지된다.

ㄷ. ㉢은 특정 지역에서 생물이 살 수 있는 생태계의 다양함을 의미하는 생태계다양성이다. 따라서 열대우림, 습지, 사막 등 다양한 자연환경의 생태계가 있는 것은 생태계다양성(㉢)의 사례(가)에 해당한다.

오답 피하기 ㄱ. ㉠은 한 생물종의 개체들 사이에서 나타나는 유전적 차이의 다양함인 유전적 다양성이다.

02 화학 변화

04강 산화와 환원

탐구 확인문제 44쪽

01 (1) × (2) ○ **02** ㄴ, ㄷ

01 답 (1) × (2) ○

(1) 붉은색의 구리는 겉불꽃의 산소와 반응하여 산화된다.

(2) 산화 구리(Ⅱ)는 속불꽃의 일산화 탄소와 반응하여 환원된다.

02 답 ㄴ, ㄷ

ㄴ. 한 물질이 전자를 잃으면 다른 한 물질은 전자를 얻으므로 산화와 환원은 동시에 일어난다.

ㄷ. 구리와 질산 은 수용액의 반응에서 구리는 전자를 잃어 산화되고, 은 이온은 전자를 얻어 환원되므로 전자는 구리에서 은 이온으로 이동한다.

오답 피하기 ㄱ. 은 이온은 전자를 얻어 환원된다.

기본 탄탄 문제 45쪽

1 광합성 **2** 산소 **3** 산화 **4** 전자 **5** 동시

01 ㉠ 광합성, ㉡ 연소, ㉢ 제련, ㉣ 산소 **02** (1) ㉠ 환원, ㉡ 산화 (2) ㉠ 산화, ㉡ 환원 (3) ㉠ 환원, ㉡ 산화 **03** (1) ㉠ 산화, ㉡ 환원 (2) ㉠ 산화, ㉡ 환원 (3) ㉠ 환원, ㉡ 산화 **04** (1) ○ (2) × (3) ○ **05** (1) ○ (2) × (3) ○

01 답 ㉠ 광합성, ㉡ 연소, ㉢ 제련, ㉣ 산소

광합성, 연소, 철의 제련은 자연과 인류의 역사에 큰 변화를 주었으며, 모두 산소가 관여한다는 공통점이 있다.

02 답 (1) ㉠ 환원, ㉡ 산화 (2) ㉠ 산화, ㉡ 환원 (3) ㉠ 환원, ㉡ 산화

(1) CuO는 산소를 잃어 환원되고, C는 산소를 얻어 산화된다.

(2) Mg은 산소를 얻어 산화되고, CO_2는 산소를 잃어 환원된다.

(3) Fe_2O_3은 산소를 잃어 환원되고, CO는 산소를 얻어 산화된다.

03 답 (1) ㉠ 산화, ㉡ 환원 (2) ㉠ 산화, ㉡ 환원 (3) ㉠ 환원, ㉡ 산화

(1) Mg은 전자를 잃어 산화되고, H^+은 전자를 얻어 환원된다.

(2) Zn은 전자를 잃어 산화되고, Cu^{2+}은 전자를 얻어 환원된다.

(3) Ag^+은 전자를 얻어 환원되고, Cu는 전자를 잃어 산화된다.

04 답 (1) ○ (2) × (3) ○

(1) 산화와 환원은 동시에 일어난다.

(2) 물질이 전자를 얻으면 환원되고, 전자를 잃으면 산화된다.

(3) 전자의 이동에 의한 산화·환원 반응은 산소의 이동에 의한 산화·환원 반응보다 더 넓은 의미의 산화·환원 반응이다.

개념 학습편

05 답 (1) ○ (2) × (3) ○

벌레에 물렸을 때 암모니아수를 바르는 것은 중화 반응을 이용한 예이다.

실력 쑥쑥 문제 46~49쪽

01 ② 02 ③ 03 ③ 04 ① 05 ② 06 ① 07 ③
08 ④ 09 ⑤ 10 ③ 11 ④ 12 ③ 13 ④ 14 ④
15 ③

단답형·서술형 문제

16 (1) 답 O_2 (2) 답 (가)

17 예시 답안 (가)에서 산화되는 물질은 Cu이고, (나)에서 환원되는 물질은 CuO이다. (가)에서 Cu는 산소를 얻어 CuO가 되고, (나)에서 CuO는 산소를 잃어 Cu가 되기 때문이다.

18 (1) 예시 답안 Fe, Fe은 전자를 잃어 Fe^{2+}이 되기 때문이다.
(2) 예시 답안 Al은 전자를 잃고 $CuSO_4(Cu^{2+})$는 전자를 얻으므로 전자는 Al에서 $CuSO_4(Cu^{2+})$로 이동한다.

19 (1) 답 $CuO + H_2 \longrightarrow Cu + H_2O$
(2) 예시 답안 검은색의 CuO가 산소를 잃어 환원되어 붉은색의 Cu가 되었기 때문이다.

20 (1) 예시 답안 수용액은 Cu^{2+}에 의해 푸른색을 나타내는데, 수용액 속 Cu^{2+}의 수가 감소하므로 푸른색이 점점 옅어진다.
(2) 답 Cu
(3) 예시 답안 산화되는 물질은 Mg이고, 환원되는 물질은 Cu^{2+}이다. 그 까닭은 반응에서 Mg은 전자를 잃어 Mg^{2+}이 되고, Cu^{2+}은 전자를 얻어 Cu가 되기 때문이다.

01 답 ②

식물의 광합성으로 포도당과 산소가 생성되고, 화석 연료는 산소와 반응하여 연소한다.

02 답 ③

ㄱ. 철의 제련으로 산화 철에서 산소를 분리하여 순수한 철을 얻는다.

ㄴ. 주성분이 탄소와 수소인 화석 연료의 연소 시 물과 이산화 탄소가 생성된다.

오답 피하기 ㄷ. 식물은 빛에너지를 이용하여 물과 이산화 탄소로부터 포도당과 산소를 만드는 광합성을 한다.

03 답 ③

①, ④ 철의 제련을 통해 산화 철에서 산소를 제거하고 순수한 철을 얻는다. 즉, 철의 제련 과정에 산소가 관여한다.

② 철의 제련 과정에서 산화 철과 일산화 탄소가 반응하여 이산화 탄소가 생성된다.

⑤ 인류가 제련한 철을 이용하면서 철기 시대가 열렸다.

오답 피하기 ③ 철의 제련을 통해 산화 철이 환원되어 순수한 철이 된다.

04 답 ①

ㄱ. 산소를 얻는 물질이 있으면 산소를 잃는 물질도 있으므로 산화와 환원은 항상 동시에 일어난다.

오답 피하기 ㄴ. 물질이 산소를 잃는 반응은 환원이고, 물질이 산소를 얻는 반응은 산화이다.

ㄷ. $2AgNO_3 + Cu \longrightarrow 2Ag + Cu(NO_3)_2$ 반응은 Ag^+과 Cu의 반응으로, 산소가 관여하지 않으며 전자의 이동에 의한 산화·환원 반응으로 설명할 수 있다.

05 답 ②

(가)에서 산소는 O_2에서 C로 이동하므로 C는 산화되고, O_2는 환원된다. (나)에서 산소는 CuO에서 CO로 이동하므로 CO는 산화되고, CuO는 환원된다.

06 답 ①

ㄱ. (가)에서 CH_4이 O_2와 반응하여 연소하면 CO_2와 H_2O이 생성되고, (나)에서 Fe_2O_3이 CO와 반응하면 Fe과 CO_2가 생성되므로 ㉠은 CO_2이다.

오답 피하기 ㄴ. (가)에서 산화되는 물질은 CH_4, 환원되는 물질은 O_2이다.

ㄷ. (나)에서 산화되는 물질은 CO, 환원되는 물질은 Fe_2O_3이다.

07 답 ③

자료 분석 구리와 관련된 산화·환원 반응

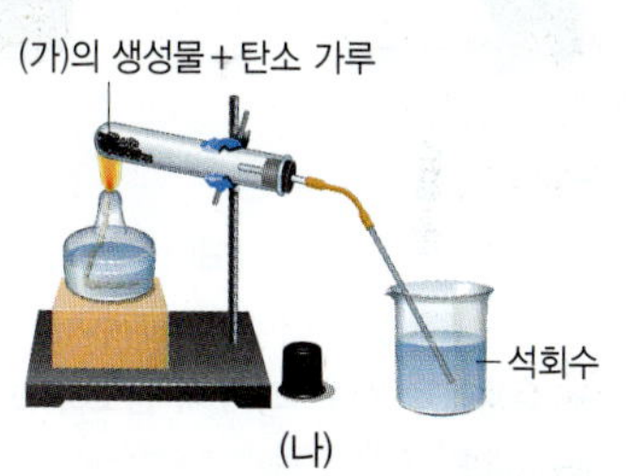

(가) (나)

(가) 도가니에 구리(Cu) 가루를 넣고 가열하면 붉은색의 구리(Cu)는 산소를 얻어 산화되어 검은색의 산화 구리(Ⅱ)(CuO)가 된다.

$$2Cu + O_2 \longrightarrow 2CuO$$ (산화)

(나) (가)에서 생성된 산화 구리(Ⅱ)(CuO)를 탄소(C) 가루와 함께 가열하면 산화 구리(Ⅱ)(CuO)는 환원되어 붉은색의 구리(Cu)가 되고, 탄소(C)는 산화되어 이산화 탄소(CO_2)가 된다.

$$2CuO + C \longrightarrow 2Cu + CO_2$$ (CuO → Cu: 환원, C → CO_2: 산화)

①, ② (가)에서 산소는 O_2에서 Cu로 이동하므로 붉은색의 Cu는 산소를 얻어 산화되어 검은색의 CuO가 된다.

④ (나)에서 생성된 CO_2는 석회수를 뿌옇게 흐리게 한다.

⑤ (나)에서 산소는 CuO에서 C로 이동하므로 CuO와 C 사이에 산소를 주고받는 반응이 일어난다.

오답 피하기 ③ (나)에서 (가)의 생성물인 검은색의 CuO는 산소를 잃어 환원되어 붉은색의 Cu가 된다.

08

답 ④

마그네슘(Mg)과 드라이아이스(CO_2)가 반응하여 산화 마그네슘(MgO)과 탄소(C)가 생성된다.

ㄴ, ㄷ. 화학 반응식은 $2Mg + CO_2 \longrightarrow 2MgO + C$이며, 산화되는 물질은 Mg, 환원되는 물질은 CO_2이다.

오답 피하기 ㄱ. 흰색 가루는 산화 마그네슘(MgO)이고, 검은색 가루는 탄소(C)이다.

09

답 ⑤

ㄱ. 물질이 전자를 잃으면 산화되고, 전자를 얻으면 환원된다.

ㄴ. $2Mg + O_2 \longrightarrow 2MgO$ 반응에서 Mg은 전자를 잃고 Mg^{2+}이 된다.

ㄷ. 산화·환원 반응이 일어날 때 어떤 물질이 전자를 잃으면 다른 물질은 전자를 얻는다.

10

답 ③

자료 분석 아연과 황산 구리(Ⅱ) 수용액의 반응

- 화학 반응식: $Zn + Cu^{2+} \longrightarrow Zn^{2+} + Cu$
- Zn은 전자를 잃어 산화되어 Zn^{2+}으로 수용액에 녹아든다.
- Cu^{2+}은 전자를 얻어 환원되어 Cu로 아연판의 표면에 석출된다.
  ➜ 수용액 속 Cu^{2+}의 수가 감소하므로 수용액의 푸른색이 점점 옅어진다.

①, ② Zn은 산화되고, Cu^{2+}은 환원된다.

④ 음이온은 반응에 참여하지 않으므로 수용액 속 음이온 수는 (가)와 (나)에서 같다.

⑤ 반응이 진행될수록 수용액 속 Cu^{2+}의 수는 점점 감소하므로 (가)가 (나)보다 많다.

오답 피하기 ③ Zn은 전자를 잃고 Zn^{2+}이 되어 수용액에 녹아들고, Cu^{2+}은 전자를 얻어 Cu가 되어 아연판의 표면에 석출된다. 즉, 전자는 Zn에서 Cu^{2+}으로 이동한다.

11

답 ④

ㄱ. (가)에서 산화되는 물질은 Na, 환원되는 물질은 Cl_2이다.

ㄷ. (다)에서 산화되는 물질은 Mg, 환원되는 물질은 CO_2이다. (다)에서 Mg은 전자를 잃고 산화되어 MgO의 Mg^{2+}이 되므로 전자의 이동에 의한 산화·환원 반응이 일어난다.

오답 피하기 ㄴ. (나)에서 산화되는 물질은 Al, 환원되는 물질은 Cu^{2+}이다.

12

답 ③

①, ② $Cu + 2Ag^{+} \longrightarrow Cu^{2+} + 2Ag$ 반응이 일어나 Cu는 산화되어 수용액에 녹아들고, Ag^{+}은 환원되어 구리 선의 표면에 석출된다.

④ 수용액 속 Cu^{2+} 수가 증가하면서 수용액이 점점 푸른색으로 변한다.

⑤ 전자가 Cu에서 Ag^{+}으로 이동하면서 산화·환원 반응이 일어난다. 따라서 전자의 이동에 의한 산화·환원 반응으로 설명할 수 있다.

오답 피하기 ③ 수용액 속 Ag^{+} 2개가 Ag으로 석출될 때 Cu^{2+} 1개가 생성되므로 수용액 속 양이온의 수는 감소한다.

13

답 ④

(가)에서 석탄은 산소와 반응하여 연소하고, (다)에서 동물은 포도당과 산소를 이용하여 호흡하므로 산화·환원 반응이다.

오답 피하기 (나)는 설탕이 물에 용해되는 현상이다.

14

답 ④

ㄱ. CO_2와 H_2O을 이용해 광합성이 일어나고, C_3H_8이 O_2와 반응하여 연소하면 CO_2가 생성되므로 ㉠은 CO_2이다.

ㄷ. (가)와 (나)가 일어날 때 반응물 사이에 산소의 이동이 일어나므로 모두 산소가 관여하는 산화·환원 반응이다.

오답 피하기 ㄴ. (나)에서 C_3H_8은 산소를 얻어 산화된다.

15

답 ③

ㄱ. (가)에서 C는 산소를 얻어 산화되어 CO가 된다.

ㄷ. (가)와 (나)의 반응에서 반응물 사이에 산소의 이동이 일어나므로 산화·환원 반응이다.

오답 피하기 ㄴ. (나)에서 Fe_2O_3은 산소를 잃어 환원되어 Fe이 된다.

16

답 (1) O_2 (2) (가)

(1) 광합성(가), 세포호흡(나), 뷰테인의 연소(다)에 모두 관여하는 물질인 ㉠은 O_2이다.

(2) (가)는 광합성, (나)는 세포호흡, (다)는 뷰테인의 연소 반응의 화학 반응식이다.

17

실험 과정에서 다음과 같은 반응이 일어난다.

(가) $2Cu + O_2 \longrightarrow 2CuO$

(나) $CuO + CO \longrightarrow Cu + CO_2$

(가)에서 붉은색의 Cu가 산소를 얻어 산화되어 검은색의 CuO로 변하고, (나)에서 검은색의 CuO가 산소를 잃어 환원되어 붉은색의 Cu로 변한다.

채점 기준	배점(%)
(가)에서 산화되는 물질과 (나)에서 환원되는 물질을 모두 옳게 쓰고, 그 까닭을 옳게 설명한 경우	100
(가)에서 산화되는 물질과 (나)에서 환원되는 물질만 모두 옳게 쓴 경우	50

18

(1) 물질이 전자를 잃는 반응을 산화, 전자를 얻는 반응을 환원이라고 한다. (가)에서 Fe은 전자를 잃어 산화되어 Fe^{2+}이 되고, Cu^{2+}은 전자를 얻어 환원되어 Cu가 된다.

채점 기준	배점(%)
산화되는 물질을 옳게 쓰고, 그 까닭을 전자의 이동으로 옳게 설명한 경우	100
산화되는 물질만 옳게 쓴 경우	50

(2) Al이 전자를 잃어 Al^{3+}으로 산화되고, $CuSO_4$의 Cu^{2+}이 전자를 얻어 Cu로 환원된다. 따라서 전자는 Al에서 $CuSO_4(Cu^{2+})$로 이동한다.

채점 기준	배점(%)
전자를 잃는 물질과 얻는 물질을 포함하여 반응물 사이의 전자의 이동을 옳게 설명한 경우	100
전자를 잃는 물질 또는 전자를 얻는 물질만 설명한 경우	50

19

(1) 산화 구리(Ⅱ)를 수소와 반응시키면 산화 구리(Ⅱ)는 환원되어 구리가 되고, 수소는 산화되어 물이 된다.

$CuO + H_2 \longrightarrow Cu + H_2O$

(2) 검은색의 CuO가 산소를 잃어 환원되면서 붉은색의 Cu로 변한다.

채점 기준	배점(%)
산화 구리(Ⅱ)가 산소를 잃어 환원되어 구리가 되었기 때문임을 옳게 설명한 경우	100
산소에 의한 산화·환원 반응과 관련짓지 않고 산화 구리(Ⅱ)가 구리로 변했기 때문이라고만 설명한 경우	50

20

$Mg + Cu^{2+} \longrightarrow Mg^{2+} + Cu$ 반응이 일어난다.

(1) 황산 구리(Ⅱ) 수용액은 구리 이온(Cu^{2+}) 때문에 푸른색을 나타낸다. 반응이 일어날수록 수용액 속 Cu^{2+}이 전자를 얻어 환원되어 그 수가 점점 감소하므로 푸른색이 점점 옅어진다.

채점 기준	배점(%)
Cu^{2+}에 의해 수용액이 푸른색을 나타내는 것과 반응이 일어나면서 Cu^{2+}이 감소하는 것을 모두 옳게 설명한 경우	100
Cu^{2+}이 감소하기 때문이라고 설명한 경우	80

(2) Cu^{2+}이 전자를 얻어 환원되어 Cu로 마그네슘판 표면에 석출된다.

(3) Mg은 전자를 잃어 산화되어 Mg^{2+}이 되고, Cu^{2+}은 전자를 얻어 환원되어 Cu가 된다.

채점 기준	배점(%)
산화되는 물질과 환원되는 물질을 모두 옳게 쓰고, 그 까닭을 옳게 설명한 경우	100
산화되는 물질과 환원되는 물질만 모두 옳게 쓴 경우	50

05강 산과 염기

탐구 확인문제 52쪽

01 (1) × (2) ○ (3) ○ (4) ○ **02** ㄱ, ㄷ

01 답 (1) × (2) ○ (3) ○ (4) ○

(1) 중화 반응이 일어날 때 중화열이 발생하며 열을 방출한다.

(2) H^+과 OH^-은 1 : 1의 개수비로 반응하여 물을 생성하는 중화 반응을 한다.

(3) 지시약은 수용액의 액성을 확인하는 물질이다.

(4) 혼합 용액의 전체 부피가 같을 때 (가)와 (마)에서 온도 변화가 같으므로 중화 반응 한 H^+과 OH^-의 수는 같다.

02 답 ㄱ, ㄷ

ㄱ. 중화 반응이 일어나면 물이 생성된다.

ㄷ. 중화 반응이 일어날 때 중화열이 발생하므로 반응 후 수용액의 온도는 반응 전보다 높다.

오답 피하기 ㄴ. 혼합한 산과 염기의 양에 따라 수용액의 액성이 달라지므로 중화 반응이 일어났다고 해서 수용액의 액성이 항상 중성인 것은 아니다.

기본 탄탄 문제 53쪽

1 수소 이온 **2** 염기 **3** 물 **4** 중화열 **5** 중화 반응

01 (1) ○ (2) × (3) ○ (4) × **02** A, (가) **03** H_2O **04** (1) × (2) ○ (3) ○ **05** (1) (가) 산성, (나) 산성, (다) 중성, (라) 염기성 (2) 과정 Ⅲ

01 답 (1) ○ (2) × (3) ○ (4) ×

(1) 산은 마그네슘 등 금속과 반응하여 수소 기체를 발생시킨다.

(2) 염기 수용액에 BTB 용액을 떨어뜨리면 파란색으로 변한다.

(3) 산과 염기는 물에 녹아 이온화하므로 산과 염기의 수용액에 전원을 연결하면 전류가 흐른다.

(4) 산의 종류마다 성질이 서로 다른 까닭은 산의 음이온 종류가 서로 다르기 때문이다.

02 답 A, (가)

염산과 황산은 모두 산이며, 산에는 공통으로 수소 이온이 들어 있으므로 두 수용액에 공통으로 들어 있는 입자인 A가 수소 이온이다. 묽은 염산은 $HCl \longrightarrow H^+ + Cl^-$으로 이온화하므로 같은 수의 H^+과 Cl^-이 들어 있고, 묽은 황산은 $H_2SO_4 \longrightarrow 2H^+ + SO_4^{2-}$으로 이온화하므로 H^+의 수가 SO_4^{2-}의 수의 2배이다. 따라서 묽은 염산은 (가)이다.

03 답 H_2O

중화 반응에서 산의 수소 이온(H^+)과 염기의 수산화 이온(OH^-)이 반응하여 물(H_2O)을 생성한다.

04

답 (1) × (2) ○ (3) ○

(1) 산의 수소 이온과 염기의 수산화 이온이 중화 반응을 하여 물이 생성된다.

(2) 산의 음이온과 염기의 양이온은 중화 반응에 참여하지 않는다.

(3) 중화 반응이 일어날 때 중화열이 발생하여 혼합 용액의 온도가 높아진다.

05

답 (1) (가) 산성, (나) 산성, (다) 중성, (라) 염기성 (2) 과정 Ⅲ

(1) (가), (나)는 수용액 속에 H^+이 남아 있으므로 산성, (다)는 완전히 중화되었으므로 중성, (라)는 수용액 속에 OH^-이 남아 있으므로 염기성이다.

(2) (다)는 중성이므로 NaOH 수용액을 넣어도 중화 반응이 일어나지 않는다.

실력 쑥쑥 문제

54~57쪽

01 ④	02 ②	03 ①	04 ③	05 ⑤	06 ⑤	07 ④
08 ②	09 ③	10 ⑤	11 ④	12 ②	13 ①	14 ④
15 ⑤	16 ②					

단답형·서술형 문제

17 답 (1) H^+ (2) CH_3COO^- (3) OH^- (4) H^+ (5) Ca^{2+}

18 답 ㉠ 푸른색, ㉡ 붉은색, ㉢ 수산화 이온(OH^-)

19 예시 답안 전류를 흘려 주면 붉은색 리트머스 종이를 푸른색으로 변하게 하는 이온인 수산화 이온(OH^-)이 거름종이 조각에서부터 (+)극 쪽으로 이동하기 때문이다.

20 (1) 예시 답안 A~E에서는 산의 수소 이온(H^+)과 염기의 수산화 이온(OH^-)이 1 : 1의 개수비로 반응하여 물(H_2O)을 생성하는 중화 반응이 일어나며, 화학 반응식은 $H^+ + OH^- \longrightarrow H_2O$이다.

(2) 예시 답안 C, 혼합 용액의 전체 부피가 같을 때 혼합 용액의 온도가 가장 높은 C에서 중화 반응이 가장 많이 일어나므로 생성된 물 분자 수가 가장 많다.

21 (1) 답 ㉠ 염화 이온(Cl^-), ㉡ 수소 이온(H^+), ㉢ 수산화 이온(OH^-), ㉣ 나트륨 이온(Na^+)

(2) 예시 답안 중화 반응이 일어나면 중화열이 발생하여 온도가 높아지므로 과정 Ⅰ, Ⅱ에서는 온도가 높아지고, 온도가 낮은 NaOH 수용액을 넣었으므로 과정 Ⅲ에서는 온도가 낮아진다.

01

답 ④

④ 산은 푸른색 리트머스 종이를 붉은색으로 변화시킨다.

오답 피하기 ① 산은 대부분 신맛이 난다.

② 산은 수용액에서 수소 이온을 내놓는다.

③ 산의 수소 이온이 탄산 칼슘과 반응하면 이산화 탄소 기체가 발생한다.

⑤ 제산제, 치약, 암모니아수 등은 염기성 물질이다.

02

답 ②

ㄷ. 물에 녹아 이온화하여 전류가 흐르고, 페놀프탈레인 용액을 붉은색으로, BTB 용액을 파란색으로 변화시키는 물질은 염기성 물질이므로 수산화 나트륨 수용액이 이에 해당된다.

오답 피하기 ㄱ. 아세트산 수용액은 산성 물질이다.

ㄴ. 에탄올은 수용액에서 이온화하지 않으며 중성 물질이다.

개념 더하기 ⊕ 에탄올의 액성

에탄올의 화학식은 C_2H_5OH이다. 에탄올 분자의 $-OH$는 염기의 수산화 이온(OH^-)과는 다르게 물에 녹아 이온화하지 않으므로 에탄올의 액성은 염기성이 아니라 중성이다.

```
    H   H
    |   |
H - C - C -OH
    |   |
    H   H
```

에탄올

03

답 ①

아연과 산이 반응하면 아연은 산화되어 아연 이온이 되고, 산의 수소 이온은 환원되어 수소 기체가 발생한다.

$Zn + 2H^+ \longrightarrow Zn^{2+} + H_2$

① HCl과 같은 산성 물질은 아연, 마그네슘 등의 금속과 반응하여 수소 기체를 발생시킨다.

오답 피하기 ②, ③, ④, ⑤ NaOH 수용액은 염기성, NaCl 수용액은 중성이므로 아연 조각과 반응하지 않는다.

04

답 ③

(가)는 염기, (나)는 산이다.

ㄱ. 산 수용액에 달걀 껍데기를 넣으면 이산화 탄소 기체가 발생한다.

ㄴ. 산 수용액에 마그네슘 조각을 넣으면 수소 기체가 발생한다.

오답 피하기 ㄷ. 4가지 수용액 모두 양이온과 음이온이 존재하므로 전류가 흐르는지 여부로 수용액을 (가)와 (나)로 구분할 수 없다.

05

답 ⑤

(가)는 염기성인 비눗물, (다)는 중성인 소금물이다. 따라서 (나)는 산성인 탄산음료이다.

① (나)는 산성이므로 ㉠은 노란색이다.

②, ③ (가)는 염기성이므로 비눗물이고, ㉡은 붉은색이다.

④ (나)는 산성이므로 푸른색 리트머스 종이를 붉은색으로 변화시킨다.

오답 피하기 ⑤ 중성인 소금물은 탄산 칼슘과 반응하여 이산화 탄소 기체를 발생시키지 않는다.

06

답 ⑤

산의 한 종류인 아세트산(CH_3COOH)은 수용액에서 다음과 같이 이온화하여 H^+을 내놓는다.

$CH_3COOH \longrightarrow H^+ + CH_3COO^-$

07 답 ④

④ H^+이 (−)극인 A극으로 이동하면서 푸른색 리트머스 종이가 A극 쪽으로 붉은색으로 변한다.

오답 피하기 ① A극으로 양이온인 H^+이 이동하므로 A극은 (−)극이다.

② 음이온인 Cl^-은 전원을 연결하면 (+)극인 B극으로 이동한다.

③ 양이온인 K^+은 전원을 연결하면 (−)극인 A극으로 이동한다.

⑤ 수산화 나트륨 수용액은 염기성이므로 묽은 염산 대신 수산화 나트륨 수용액으로 실험하면 푸른색 리트머스 종이의 색이 붉은색으로 변하지 않는다.

08 답 ②

자료 분석 산성을 나타내는 이온

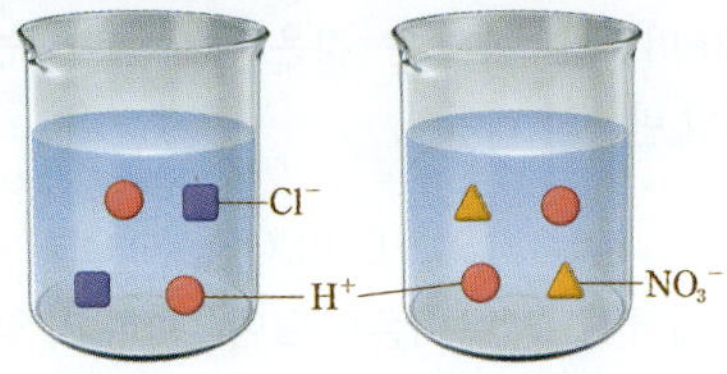

(가) 묽은 염산 (나) 질산 수용액

- 묽은 염산과 질산 수용액은 모두 산성이므로 H^+이 들어 있다. 따라서 두 수용액에 공통으로 존재하는 ●는 H^+이다.
- ■는 Cl^-, ▲는 NO_3^-이다.

ㄴ. (가)에 아연 조각을 넣으면 수소 이온과 반응하여 수소 기체가 발생한다.

오답 피하기 ㄱ. (가)와 (나)는 모두 산성이므로 두 수용액에 공통으로 존재하는 ●는 양이온인 H^+이다. ■는 Cl^-, ▲는 NO_3^-이다.

ㄷ. (나)는 산성이므로 페놀프탈레인 용액을 떨어뜨리면 무색을 나타낸다.

09 답 ③

① 중화 반응은 산의 H^+과 염기의 OH^-이 1 : 1의 개수비로 반응하여 물을 생성하는 반응이다.

② 중화 반응이 일어나면 중화열이 발생한다.

④ 산과 염기의 종류가 달라도 중화 반응 하는 H^+과 OH^-의 개수비는 1 : 1로 같다.

⑤ 일정량의 산 수용액에 염기 수용액을 넣을 때 완전히 중화되는 지점에서 H^+과 OH^-이 최대로 반응하여 중화열이 가장 많이 발생하므로 온도가 가장 높다.

오답 피하기 ③ 산의 양이온인 H^+과 염기의 음이온인 OH^-이 중화 반응 한다.

10 답 ⑤

ㄱ. 중화 반응에서 물이 생성되므로 ㉠은 H_2O이다.

ㄴ. 산과 염기의 종류가 달라도 중화 반응에서 H^+과 OH^-은 1 : 1의 개수비로 반응한다.

ㄷ. 산의 음이온과 염기의 양이온은 중화 반응에 참여하지 않는다.

11 답 ④

④ 혼합 용액에 들어 있는 양이온 수와 음이온 수는 각각 3으로 같다.

오답 피하기 ① 혼합 용액에 OH^-이 존재하므로 염기성이다.

② Na^+과 Cl^-은 반응하지 않고 혼합 용액 속에 이온으로 존재한다.

③ 중화 반응에서 H^+과 OH^-은 1 : 1의 개수비로 반응한다.

⑤ 혼합 용액의 액성은 염기성이므로 반응 전 묽은 염산 속 H^+ 수는 수산화 나트륨 수용액 속 OH^- 수보다 적다. 수산화 나트륨 수용액에서 OH^- 수와 Na^+ 수는 같으므로 반응 전 수용액에 들어 있는 양이온 수는 묽은 염산이 수산화 나트륨 수용액보다 적다.

12 답 ②

ㄴ. (라)는 산성이므로 (라)에 마그네슘을 넣으면 수소 기체가 발생한다.

오답 피하기 ㄱ. (가)와 (나)의 액성은 염기성이다.

ㄷ. 수산화 나트륨 수용액에 묽은 염산을 넣어 줄 때 넣어 준 H^+은 OH^-과 반응하고, 반응한 OH^- 수와 같은 수의 Cl^-이 첨가되므로 완전히 중화된 지점까지는 수용액 속 전체 이온 수에 변화가 없다.

13 답 ①

자료 분석 중화 반응이 일어날 때 이온 수 변화

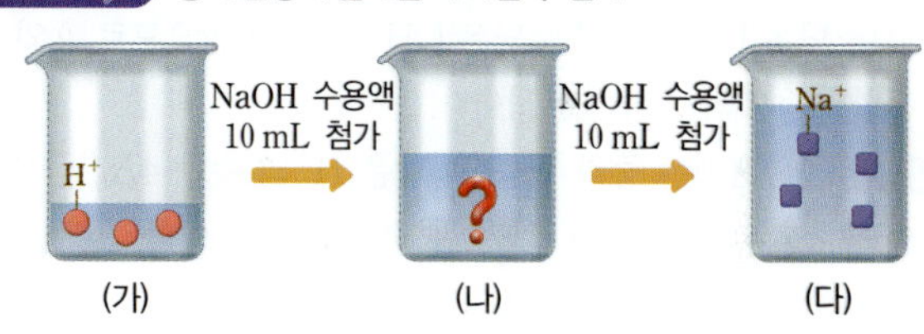

- ●와 ■는 모두 양이온이다. → (가)에는 있고 (다)에는 없는 ●는 H^+이고, (가)에는 없고 (다)에는 있는 ■는 Na^+이다.
- (가) → (다)로 될 때 NaOH 수용액을 총 20 mL 첨가하였고, (다)의 Na^+ 수가 $4N$이므로 NaOH 10 mL에 들어 있는 Na^+과 OH^-의 수는 각각 $2N$이다.
- (가)~(다)에서 이온 수 변화

수용액	H^+	Cl^-	Na^+	OH^-
(가)	$3N$	$3N$	0	0
(나)	$2N$ 반응 → N	$3N$	$2N$ 첨가 → $2N$	$2N$ 첨가, $2N$ 반응 → 0
(다)	N 반응 → 0	$3N$	$2N$ 첨가 → $4N$	$2N$ 첨가, N 반응 → N

ㄱ. (가)~(다)에서 Cl^-의 수는 $3N$이고, (나)에서 Na^+의 수는 $2N$이므로 (나)에서 $\frac{Na^+\text{의 수}}{Cl^-\text{의 수}} = \frac{2}{3}$이다.

오답 피하기 ㄴ. (가)에서 (나)로 반응이 진행될 때 반응한 H^+ 수는 $2N$이므로 (나)에는 H^+이 남아 있다. 따라서 (나)는 산성이다.

ㄷ. (나)에서 Cl^-의 수는 $3N$이고, (다)에서 Cl^-과 OH^-의 수는 각각 $3N$, N이다. 따라서 음이온 수는 (다)가 (나)의 $\frac{4}{3}$배이다.

14 답 ④

자료 분석 중화 반응이 일어날 때 온도, 이온 수 변화

온도(℃) 32, 30, 28
B — 산과 염기가 완전히 중화된 지점이다.
A, B, C
HCl 50 40 30 20 10 부피(mL)
NaOH 10 20 30 40 50

혼합 용액	A	B	C
혼합 전 H^+의 수	$5N$	$3N$	$2N$
혼합 전 OH^-의 수	N	$3N$	$4N$
H^+, OH^- 중 남은 이온과 수	H^+, $4N$	0	OH^-, $2N$
용액의 액성	산성	중성	염기성

① A는 산성이므로 BTB 용액을 떨어뜨리면 노란색으로 변한다.
② Cl^-은 반응에 참여하지 않으므로 Cl^- 수는 묽은 염산의 부피가 큰 B가 C보다 많다.
③ 혼합 용액의 전체 부피가 같을 때 최고 온도는 B>C>A이므로 중화 반응 한 양은 B>C>A이고, 생성된 물 분자 수도 B>C>A이다.
⑤ A에 남은 H^+ 수는 C에 남은 OH^- 수보다 많으므로 A와 C를 혼합한 용액의 액성은 산성이다.
오답 피하기 ④ A에는 중화 반응 후 남은 H^+의 수가 $4N$, 반응에 참여하지 않은 Cl^-과 Na^+의 수가 각각 $5N$, N이다. B에는 반응에 참여하지 않은 Cl^-과 Na^+의 수가 각각 $3N$이다. C에는 중화 반응 후 남은 OH^-의 수가 $2N$, 반응에 참여하지 않은 Cl^-과 Na^+의 수가 각각 $2N$, $4N$이다. 따라서 전체 이온 수는 A가 $10N$, B가 $6N$, C가 $8N$이므로 A>C>B이다.

15 답 ⑤

자료 분석 중화 반응이 일어날 때 온도와 이온 수 변화

혼합 용액	(가)	(나)	(다)
HCl의 부피(mL)	2	5	8
NaOH 수용액의 부피(mL)	8	5	2
혼합 용액의 최고 온도(℃)	26	30	26
혼합 전 H^+의 수	$2N$	$5N$	$8N$
혼합 전 OH^-의 수	$8N$	$5N$	$2N$
H^+, OH^- 중 남은 이온과 수	OH^-, $6N$	0	H^+, $6N$
용액의 액성	염기성	중성	산성

혼합 용액의 전체 부피가 모두 같고 최고 온도는 (나)>(가)=(다)이므로 발생한 중화열은 (나)>(가)=(다)이다. → 중화 반응 한 H^+과 OH^-의 양, 생성된 물 분자 수는 (나)>(가)=(다)이다.

ㄱ, ㄴ. 혼합 용액의 전체 부피가 같을 때 최고 온도가 (나)>(가)=(다)이므로 발생한 중화열은 (나)>(가)=(다)이다. 따라서 중화 반응 한 H^+과 OH^-의 양과 생성된 물 분자 수도 (나)>(가)=(다)이다.
ㄷ. 반응 전 NaOH 수용액의 부피가 HCl의 부피보다 많은 (가)는 반응 후 혼합 용액에 OH^-이 남아 있어서 염기성을 나타낸다.

16 답 ②

① 위산의 과다 분비로 속이 쓰릴 때 염기성인 제산제를 먹어 위산을 중화한다.
③ 염기성인 암모니아수를 발라 산성인 벌의 독을 중화한다.
④ 염기성인 치약으로 이를 닦아서 산성인 충치의 원인 물질을 중화한다.
⑤ 산성인 레몬즙을 뿌려 염기성인 비린내 성분을 중화한다.
오답 피하기 ② 머리핀이 녹스는 것은 철이 산화되는 것이다. 따라서 산화·환원 반응의 예이다.

17 답 (1) H^+ (2) CH_3COO^- (3) OH^- (4) H^+ (5) Ca^{2+}

산은 수용액에서 H^+과 음이온으로 이온화하고, 염기는 수용액에서 양이온과 OH^-으로 이온화한다.
(1) $HCl \longrightarrow H^+ + Cl^-$
(2) $CH_3COOH \longrightarrow H^+ + CH_3COO^-$
(3) $NaOH \longrightarrow Na^+ + OH^-$
(4) $H_2SO_4 \longrightarrow 2H^+ + SO_4^{2-}$
(5) $Ca(OH)_2 \longrightarrow Ca^{2+} + 2OH^-$

18 답 ㉠ 푸른색, ㉡ 붉은색, ㉢ 수산화 이온(OH^-)

염기는 붉은색 리트머스 종이를 푸른색으로, 페놀프탈레인 용액을 붉은색으로 변화시킨다. 이러한 성질이 나타나는 까닭은 염기가 수용액에서 이온화하여 OH^-을 내놓기 때문이다.

19

자료 분석 염기성을 나타내는 이온

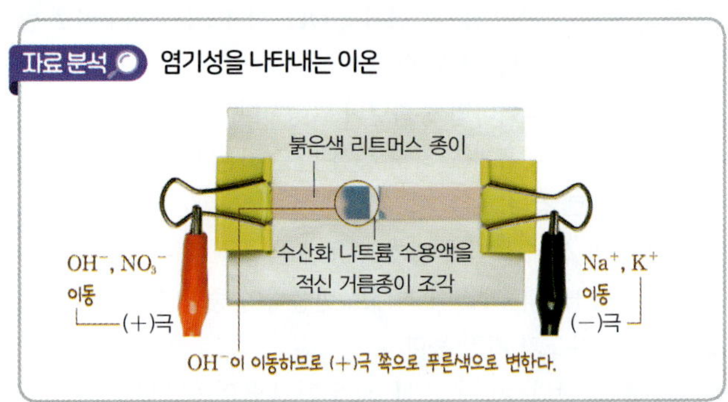

수산화 나트륨(NaOH) 수용액에 전류를 흘려 주면 음이온인 OH^-이 (+)극 쪽으로 이동하면서 붉은색 리트머스 종이가 (+)극 쪽으로 푸른색으로 변한다.

채점 기준	배점(%)
실험 결과를 OH^-의 이동으로 옳게 설명한 경우	100
염기성을 나타내는 이온이 이동한다고 설명한 경우	60

20

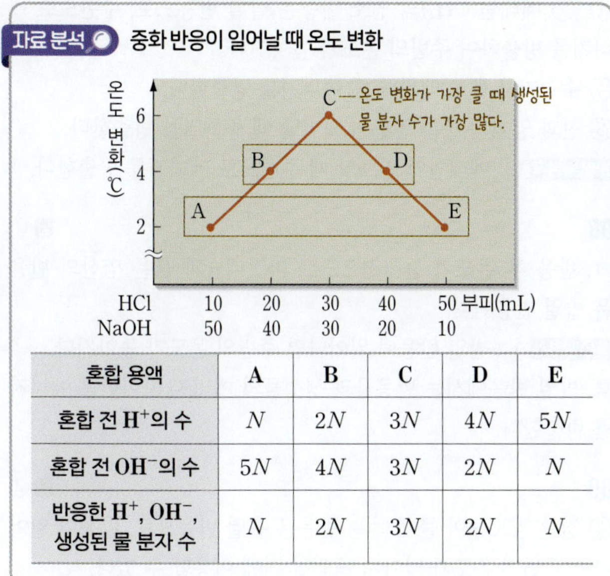

혼합 용액	A	B	C	D	E
혼합 전 H^+의 수	N	$2N$	$3N$	$4N$	$5N$
혼합 전 OH^-의 수	$5N$	$4N$	$3N$	$2N$	N
반응한 H^+, OH^-, 생성된 물 분자 수	N	$2N$	$3N$	$2N$	N

(1) 묽은 염산과 수산화 나트륨 수용액을 혼합하면 수소 이온(H^+)과 수산화 이온(OH^-)이 1 : 1의 개수비로 반응하여 물(H_2O)을 생성하는 중화 반응이 일어난다.

채점 기준	배점(%)
화학 반응식을 옳게 쓰고, 공통으로 일어나는 중화 반응을 옳게 설명한 경우	100
화학 반응식과 공통으로 일어나는 중화 반응 중 1가지만 옳게 설명한 경우	50

(2) 중화 반응이 많이 일어날수록 중화열이 많이 발생하고, 생성된 물 분자 수가 많다.

채점 기준	배점(%)
생성된 물 분자 수가 가장 많은 혼합 용액을 옳게 쓰고, 그 까닭을 옳게 설명한 경우	100
생성된 물 분자 수가 가장 많은 혼합 용액만 옳게 쓴 경우	50

21

(1) 묽은 염산에 수산화 나트륨 수용액을 넣을 때 반응에 참여하지 않는 Cl^-의 수는 일정하고, Na^+의 수는 점점 증가한다. H^+은 OH^-과 반응하므로 그 수가 점점 감소하다가 완전히 중화되면 존재하지 않고, 완전히 중화된 지점 이후부터 OH^-의 수가 점점 증가한다. 따라서 ㉠은 Cl^-, ㉡은 H^+, ㉢은 OH^-, ㉣은 Na^+이다.

(2) 중화 반응이 일어나면 중화열이 발생하므로 온도가 높아진다.

채점 기준	배점(%)
과정 Ⅰ~Ⅲ에서의 온도 변화를 그 까닭을 포함하여 옳게 설명한 경우	100
과정 Ⅰ~Ⅲ에서의 온도 변화를 옳게 설명했으나, 그 까닭에 대한 설명이 미흡한 경우	70
과정 Ⅰ~Ⅲ에서의 온도 변화만 설명한 경우	50

06강 에너지의 흡수와 방출

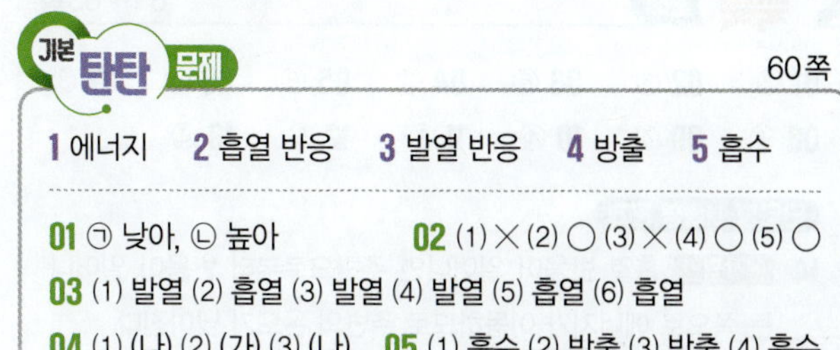

01 답 ㉠ 낮아, ㉡ 높아

주변으로부터 에너지를 흡수하는 흡열 반응이 일어나면 주변의 온도가 낮아지고, 주변으로 에너지를 방출하는 발열 반응이 일어나면 주변의 온도가 높아진다.

02 답 (1) × (2) ○ (3) × (4) ○ (5) ○

(1) 화학 반응이 일어날 때 에너지가 출입하여 주변의 온도가 변한다.
(2) 흡열 반응은 주변으로부터 에너지를 흡수하는 반응이다.
(3) 주변으로부터 에너지를 흡수하는 흡열 반응이 일어나면 주변의 온도가 낮아진다.
(4) 발열 반응은 주변으로 에너지를 방출하는 반응이다.
(5) 주변으로 에너지를 방출하는 발열 반응이 일어나면 주변의 온도가 높아진다.

03 답 (1) 발열 (2) 흡열 (3) 발열 (4) 발열 (5) 흡열 (6) 흡열

(1) 천연가스의 연소는 에너지를 방출하는 발열 반응이다.
(2) 식물은 빛에너지를 흡수하여 이산화 탄소와 물로부터 포도당과 산소를 만든다. 즉, 광합성은 흡열 반응이다.
(3) 철이 산소와 반응해 녹스는 반응은 에너지를 방출하는 발열 반응이다.
(4) 마그네슘과 같은 금속과 산의 반응은 에너지를 방출하는 발열 반응이다.
(5) 수산화 바륨과 염화 암모늄의 반응은 에너지를 흡수하는 흡열 반응이다.
(6) 물에 전류를 흘려 주어 수소와 산소로 분해하는 전기 분해는 에너지를 흡수하는 흡열 반응이다.

04 답 (1) (나) (2) (가) (3) (나)

(가)는 흡열 반응으로, (가)가 일어나면 주변으로부터 에너지를 흡수하므로 주변의 온도가 낮아진다. (나)는 발열 반응으로, (나)가 일어나면 주변으로 에너지를 방출하므로 주변의 온도가 높아진다.

05 답 (1) 흡수 (2) 방출 (3) 방출 (4) 흡수

(1), (4) 냉찜질 팩과 소화기는 에너지를 흡수하는 반응을 이용하는 예이다.
(2), (3) 가스레인지와 발열 도시락은 에너지를 방출하는 반응을 이용하는 예이다.

실력 쑥쑥 문제

61~63쪽

01 ② 02 ⑤ 03 ⑤ 04 ③ 05 ③ 06 ④ 07 ③
08 ① 09 ④ 10 ④ 11 ① 12 ⑤ 13 ④

단답형·서술형 문제

14 예시 답안 흡열 반응이 일어나면 주변으로부터 반응이 일어나는 쪽으로 에너지가 이동하므로 주변의 온도가 낮아진다.

15 (1) 답 산화 칼슘 (2) 답 발열 반응

16 (1) 예시 답안 주변으로부터 에너지를 흡수하는 반응이 일어나고, 반응이 일어날 때 주변의 온도는 낮아진다.
(2) 예시 답안 냉찜질 팩으로 사용할 수 있다.

01

답 ②

ㄷ. 발열 반응이 일어나면 주변으로 에너지를 방출하므로 주변의 온도가 높아진다.

오답 피하기 ㄱ, ㄴ. 흡열 반응은 주변으로부터 에너지를 흡수하는 반응이고, 발열 반응은 주변으로 에너지를 방출하는 반응이다.

02

답 ⑤

⑤ (가)~(다)는 주변으로부터 에너지를 흡수하는 흡열 반응이다.

오답 피하기 ① (가)는 산화·환원 반응이고, (나)와 (다)는 물질의 상태 변화이다.
② (가)~(다) 모두 중화 반응이 아니다.
③ 주변의 온도가 높아지는 반응은 발열 반응이다.
④ 숯의 연소 반응은 발열 반응이다.

03

답 ⑤

발열 반응은 주변으로 에너지를 방출하는 반응으로, 반응이 일어날 때 주변의 온도가 높아진다.

04

답 ③

ㄱ, ㄴ. 철이 산화되어 녹스는 반응, 뷰테인이 연소하는 반응은 주변으로 에너지를 방출하는 발열 반응이다.

오답 피하기 ㄷ. 질산 암모늄이 물에 녹는 반응은 주변으로부터 에너지를 흡수하는 흡열 반응이다.

05

답 ③

ㄷ. 수산화 바륨과 염화 암모늄의 반응은 흡열 반응으로 반응이 일어날 때 주변의 온도가 낮아진다.

오답 피하기 ㄱ, ㄴ. 염화 칼슘이 물에 녹는 반응, 산화 칼슘과 물의 반응은 발열 반응으로 반응이 일어날 때 주변의 온도가 높아진다.

06

답 ④

ㄱ. 탄산수소 나트륨의 열분해 반응의 화학 반응식은 $2NaHCO_3 \longrightarrow Na_2CO_3 + H_2O + CO_2$이므로 ㉠은 CO_2이다.

ㄷ. 탄산수소 나트륨의 열분해 반응은 주변으로부터 에너지를 흡수하는 흡열 반응이다.

오답 피하기 ㄴ. 탄산수소 나트륨이 열분해될 때 열에너지를 흡수한다.

07

답 ③

①, ② 메테인(CH_4)의 연소 반응은 발열 반응으로, 주변으로 에너지를 방출하여 주변의 온도가 높아진다.
④ 수증기가 물로 액화될 때 에너지를 방출한다.
⑤ 산과 염기의 중화 반응이 일어날 때 중화열을 방출한다.

오답 피하기 ③ 메테인이 연소할 때 주변으로 에너지를 방출한다.

08

답 ①

ㄱ. 반응 후 온도가 높아졌으므로 마그네슘과 묽은 염산의 반응은 발열 반응이다.

오답 피하기 ㄴ. 발열 반응이 일어나면 주변의 온도가 높아진다.
ㄷ. 발열 반응에서는 반응물과 생성물의 에너지 차이만큼 에너지를 방출한다.

09

답 ④

④ 질산 암모늄이 물에 녹는 반응은 흡열 반응으로, 반응이 일어나면 주변의 온도가 낮아져 냉찜질 팩에 이용할 수 있다.

오답 피하기 ①, ②, ③, ⑤ 철과 산소의 반응, 물과 산화 칼슘의 반응, 염화 칼슘이 물에 녹는 반응, 묽은 염산과 수산화 나트륨 수용액의 중화 반응은 발열 반응이다.

개념 더하기 질산 암모늄을 이용한 냉찜질 팩의 원리

냉찜질 팩 내부에 질산 암모늄과 물주머니가 들어 있다. 냉찜질 팩에 힘을 가해 안쪽의 물주머니를 터트리면 질산 암모늄이 물에 용해되면서 에너지를 흡수하여 냉찜질 팩이 차가워진다.

10

답 ④

자료 분석 에너지의 출입을 이용하는 예

(가) 연료를 연소시켜 요리한다.
→ 연소에서 방출되는 에너지를 이용해 요리를 한다.
(나) 물이 증발하면서 시원해진다.
→ 물이 증발할 때 열에너지를 흡수하여 주변의 온도가 낮아지는 것을 이용한다.
(다) 생물은 세포호흡으로 에너지를 이용한다.
→ 세포호흡에서 방출되는 에너지를 이용해 생명 활동을 한다.

연료의 연소(가)와 세포호흡(다)은 에너지를 방출하는 반응을 이용한 것이다.

오답 피하기 (나)는 에너지를 흡수하는 반응을 이용한 것이다.

11

답 ①

ㄱ. 에어컨의 실내기에서 차가운 바람이 나오는 까닭은 냉매의 기화가 일어나면서 에너지를 흡수하여 주변의 온도가 낮아지기 때문이다.

오답 피하기 ㄴ, ㄷ. 냉매가 액체에서 기체로 기화하면서 주변으로부터 에너지를 흡수하여 주변의 온도가 낮아진다.

12 답 ⑤

(가) 분말 소화기는 탄산수소 나트륨의 열분해(ㄷ)에서 에너지를 흡수하는 현상을 이용한 것이다.

(나) 발열 도시락은 물과 산화 칼슘의 반응(ㄴ)에서 방출되는 에너지를 이용한 것이다.

(다) 일회용 손난로는 철과 산소의 반응(ㄱ)에서 방출되는 에너지를 이용한 것이다.

13 답 ④

ㄴ. (나)에서 일어나는 식물의 광합성은 빛에너지를 흡수하는 흡열 반응이다.

ㄷ. 물의 전기 분해는 물에 전기 에너지를 가하여 분해하는 것으로 (나)와 같은 흡열 반응이다.

오답 피하기 ㄱ. (가)에서 수증기가 응결하는 것은 주변으로 에너지를 방출하는 발열 반응이다.

14

흡열 반응은 주변으로부터 에너지를 흡수하는 반응이므로 주변에서 반응이 일어나는 쪽으로 에너지가 이동하고, 이때 주변의 온도는 낮아진다.

채점 기준	배점(%)
에너지의 이동 방향과 주변의 온도 변화를 모두 옳게 설명한 경우	100
에너지의 이동 방향과 주변의 온도 변화 중 한 가지만 옳게 설명한 경우	50

15 답 (1) 산화 칼슘 (2) 발열 반응

(1) 물과 산화 칼슘이 반응하면서 방출하는 에너지로 음식을 가열할 수 있다.

(2) X와 물의 반응은 발열 반응으로, 반응이 일어날 때 에너지를 방출하여 주변의 온도가 높아지면서 음식을 가열한다.

16

(1) 질산 암모늄이 물에 녹는 반응이 일어날 때 주변으로부터 에너지를 흡수하므로 주변의 온도는 낮아진다.

채점 기준	배점(%)
반응에서의 에너지 출입과 주변의 온도 변화를 모두 옳게 설명한 경우	100
반응에서의 에너지 출입과 주변의 온도 변화 중 1가지만 옳게 설명한 경우	50

(2) 흡열 반응이 일어나 주변의 온도가 낮아지므로 냉찜질 팩이나 손 냉장고 등 냉각이 필요한 장치에 사용할 수 있다.

채점 기준	배점(%)
반응을 활용한 일상생활 속 장치 1가지를 구체적으로 제시한 경우	100
구체적인 장치를 제시하지 않고 '냉각을 할 때 쓴다.'와 같이 설명한 경우	50

66~69쪽

01 ⑤ 02 ① 03 ⑤ 04 ③ 05 ⑤ 06 ⑤ 07 ④ 08 ④ 09 ③ 10 ④ 11 ② 12 ① 13 ③

단답형·서술형 문제

14 (1) 답 (가) $2Cu + O_2 \longrightarrow 2CuO$, (나) $CuO + H_2 \longrightarrow Cu + H_2O$

(2) 예시 답안 (가)와 (나)에서 모두 산소의 이동에 의한 산화·환원 반응이 일어난다.

15 (1) 답 H_2 (2) 답 (가) H^+(HCl), (나) Y^{2+}($Y(NO_3)_2$)

(3) 예시 답안 (가)에서 $X + 2HCl \longrightarrow XCl_2 + H_2$ 반응이 일어나므로 수용액 속 이온 수는 감소한다. (나)에서 $X + Y(NO_3)_2 \longrightarrow X(NO_3)_2 + Y$ 반응이 일어나므로 수용액 속 이온 수는 변하지 않는다.

16 (1) 답 A: 산성, C: 염기성

(2) 예시 답안 B, 중화 반응 한 수소 이온과 수산화 이온의 수가 많을수록 중화열이 많이 발생하므로 혼합 용액의 전체 부피가 같을 때 최고 온도가 가장 높은 B에서 수소 이온과 수산화 이온이 가장 많이 반응하였다.

17 (1) 예시 답안 삼각 플라스크와 나무판이 달라붙어 함께 들어 올려진 것으로 보아 나무판 위에 뿌린 물이 얼음으로 상태가 변하였다.

(2) 예시 답안 물이 얼음으로 상태가 변하였으므로 수산화 바륨과 염화 암모늄의 반응이 일어날 때 주변의 온도는 낮아졌음을 알 수 있다.

(3) 예시 답안 주변의 온도가 낮아졌으므로 수산화 바륨과 염화 암모늄의 반응이 일어날 때 주변으로부터 에너지를 흡수한다.

01 답 ⑤

ㄱ. ㉠은 CO_2이다.

ㄴ, ㄷ. (가)는 식물의 광합성, (나)는 세포호흡, (다)는 메테인의 연소 반응으로 모두 산소가 관여하는 산화·환원 반응이다.

02 답 ①

(가) $2C + O_2 \longrightarrow 2CO$

(나) $Fe_2O_3 + 3CO \longrightarrow 2Fe + 3CO_2$

ㄱ. ㉠은 CO이고, ㉡은 Fe이다.

오답 피하기 ㄴ. (가)에서 C는 산소를 얻어 산화되어 CO가 된다.

ㄷ. (나)에서 Fe_2O_3은 산소를 잃어 환원되어 Fe이 된다.

03 답 ⑤

• 학생 A, B: $3CuSO_4 + 2Al \longrightarrow Al_2(SO_4)_3 + 3Cu$ 반응에서 Al은 전자를 잃어 산화되어 Al^{3+}이 되고, Cu^{2+}은 전자를 얻어 환원되어 Cu가 된다. 이때 3개의 Cu^{2+}이 반응할 때 2개의 Al^{3+}이 생성되므로 수용액 속 양이온의 수는 점점 감소한다.

• 학생 C: 산화와 환원은 항상 동시에 일어난다.

04
답 ③

(가) 연료가 산소와 반응하여 산화될 때 발생하는 에너지를 이용하여 음식을 익힌다.

(나) 표백제가 산화·환원 반응을 통해 옷에 묻은 얼룩 성분을 분해하여 제거한다.

오답 피하기 (다) 염기성인 생선 비린내의 원인 물질을 산성인 레몬즙을 이용하여 제거하는 것은 중화 반응을 이용하는 사례이다.

05
답 ⑤

자료 분석 수용액에서 산과 염기의 이온화

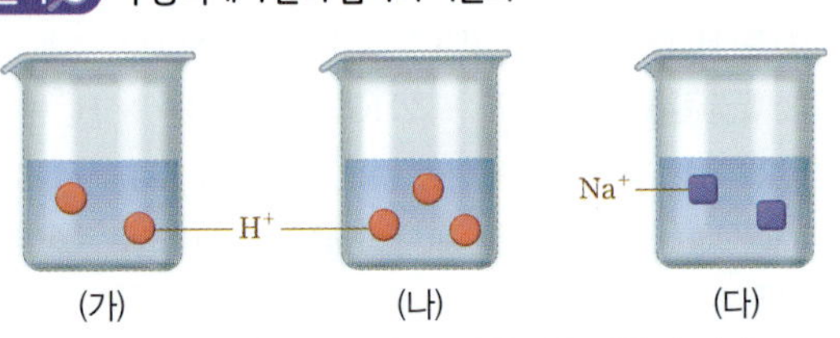

- 제시된 산, 염기 수용액의 이온화 반응식은 다음과 같다.
  묽은 염산: $HCl \longrightarrow H^+ + Cl^-$
  아세트산 수용액: $CH_3COOH \longrightarrow H^+ + CH_3COO^-$
  수산화 나트륨 수용액: $NaOH \longrightarrow Na^+ + OH^-$
- 묽은 염산과 아세트산 수용액에서 양이온은 H^+으로 같고, 수산화 나트륨 수용액에서 양이온은 Na^+이다. → 양이온이 ●로 같은 (가), (나)는 묽은 염산 또는 아세트산 수용액이고, (다)는 수산화 나트륨 수용액이다.

묽은 염산과 아세트산 수용액은 산성이고, 수산화 나트륨 수용액은 염기성이다.

ㄱ. 묽은 염산(가)과 아세트산 수용액(나)에 공통으로 들어 있는 ●는 수소 이온(H^+)이다.

ㄴ. (나)에는 H^+이 들어 있으므로 탄산 칼슘과 반응하면 이산화 탄소 기체가 발생한다.

$2H^+ + CaCO_3 \longrightarrow Ca^{2+} + H_2O + CO_2$

ㄷ. (다)는 수산화 나트륨 수용액이므로 페놀프탈레인 용액을 떨어뜨리면 붉은색으로 변한다.

06
답 ⑤

마그네슘과 반응하여 수소 기체가 발생하는 A는 묽은 염산, 페놀프탈레인 용액을 붉은색으로 변화시키는 B는 수산화 칼슘 수용액, C는 염화 나트륨 수용액이다.

ㄱ. 묽은 염산은 달걀 껍데기의 탄산 칼슘과 반응하여 이산화 탄소 기체를 발생시킨다.

$2HCl + CaCO_3 \longrightarrow CaCl_2 + H_2O + CO_2$

ㄴ. 수산화 칼슘 수용액은 염기성이므로 산성인 아세트산 수용액과 중화 반응을 하여 물을 생성한다.

$Ca(OH)_2 + 2CH_3COOH \longrightarrow 2H_2O + Ca(CH_3COO)_2$

ㄷ. 묽은 염산과 염화 나트륨 수용액에는 모두 Cl^-이 들어 있다.

$HCl \longrightarrow H^+ + Cl^-$

$NaCl \longrightarrow Na^+ + Cl^-$

07
답 ④

①, ② A는 양이온인 수소 이온(H^+)이고, 양이온과 음이온이 1 : 1로 존재하므로 X 수용액은 묽은 염산이다.

③ X 수용액에 마그네슘 조각을 넣으면 A(H^+)와 반응하여 수소 기체가 발생한다.

⑤ X 수용액에 수산화 나트륨 수용액을 넣어 주면 중화 반응이 일어나 A(H^+)의 수가 감소한다.

오답 피하기 ④ X 수용액에 BTB 용액을 넣으면 A(H^+) 때문에 노란색으로 변한다.

08
답 ④

ㄴ, ㄷ. 혼합 용액의 전체 부피가 같을 때 최고 온도가 높을수록 생성된 물 분자 수가 많고 중화열이 많이 발생하므로 생성된 물 분자 수와 발생한 중화열의 양은 모두 (나) > (다) > (가)이다.

오답 피하기 ㄱ. 반응하지 않고 남은 OH^-이 존재하므로 (가)는 염기성이다. 따라서 아연 조각을 넣어도 기체가 발생하지 않는다.

09
답 ③

자료 분석 중화 반응이 일어날 때 이온 수 변화

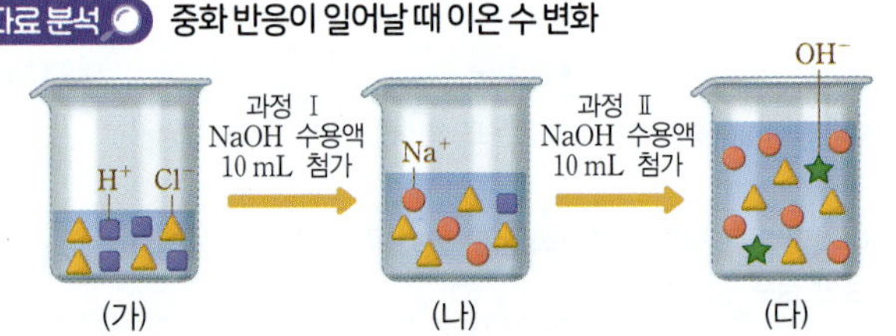

- NaOH 수용액을 첨가했을 때 수가 줄어들다가 (다)에는 없는 ■는 H^+이고, (가)~(다)에서 수가 일정한 ▲는 Cl^-이다.
- NaOH 수용액을 10 mL 첨가한 (나)에서보다 20 mL 첨가한 (다)에서 수가 2배인 ●는 Na^+이다.
- (가)와 (나)에는 없지만 NaOH 수용액을 더 첨가한 (다)에는 있는 ★는 OH^-이다.
- (가)~(다)에서 이온 수 변화

수용액	H^+	Cl^-	Na^+	OH^-
(가)	$4N$	$4N$	0	0
(나)	N (3N 반응)	$4N$	$3N$ (3N 첨가)	0 (3N 첨가, 3N 반응)
(다)	0 (N 반응)	$4N$	$6N$ (3N 첨가)	$2N$ (3N 첨가, N 반응)

③ 과정 Ⅰ과 과정 Ⅱ에서 반응한 H^+의 수는 각각 $3N$과 N이므로 생성된 물 분자 수는 과정 Ⅰ이 과정 Ⅱ의 3배이다.

오답 피하기 ① ■는 H^+이다.

② (나)는 ■(H^+)이 존재하므로 산성이다.

④ (다)는 염기성이므로 BTB 용액을 떨어뜨리면 파란색으로 변한다.

⑤ 묽은 염산 5 mL에 들어 있는 ■(H^+)의 수는 $2N$이다. 따라서 (다)에 묽은 염산 5 mL를 넣었을 때 ■(H^+) $2N$과 ★(OH^-) $2N$이 모두 반응하므로 혼합 용액의 액성은 중성이다.

10

답 ④

자료 분석 중화 반응이 일어날 때 이온 수 변화

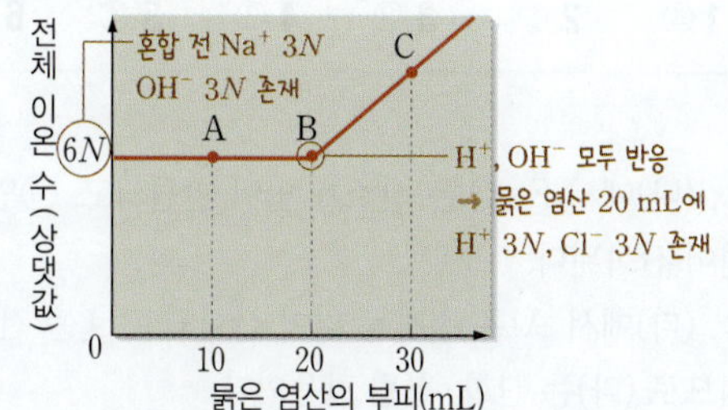

- B 지점까지 전체 이온 수가 그대로이다가 B 이후 이온 수가 증가한다. ➜ B에서 H^+과 OH^-이 모두 반응한다.
- 묽은 염산 10 mL에 들어 있는 H^+과 Cl^-의 수는 각각 $1.5N$이다.
- A~C에서 이온 수 변화

수용액	H^+	Cl^-	Na^+	OH^-
초기	0	0	$3N$	$3N$
A	0	$1.5N$	$3N$	$1.5N$
B	0	$3N$	$3N$	0
C	$1.5N$	$4.5N$	$3N$	0

ㄴ. A에서 Na^+의 수는 $3N$, C에서 Cl^-의 수는 $4.5N$이다.

ㄷ. B에서 중화 반응 한 H^+과 OH^-의 양은 각각 $3N$으로 가장 많다.

오답 피하기 ㄱ. B에서 생성된 물 분자 수가 $3N$이므로 A에서 생성된 물 분자 수는 $1.5N$이다.

11

답 ②

② 주변으로부터 에너지를 흡수하는 반응은 흡열 반응으로, 물의 전기 분해는 물에 전기 에너지를 가해 산소와 수소로 분해하는 반응이다.

오답 피하기 ①, ③, ④, ⑤ 세포호흡, 연소, 철의 산화, 염화 칼슘이 물에 녹는 반응은 모두 주변으로 에너지를 방출하는 반응이다.

12

답 ①

ㄱ. 물에 질산 암모늄이 녹는 반응(가)과 탄산수소 나트륨의 열분해(나)는 흡열 반응이고, 금속과 산의 반응(다)은 발열 반응이다.

오답 피하기 ㄴ. (다)에서 반응이 일어날 때 주변의 온도는 높아진다.

ㄷ. (나)에서는 탄산수소 나트륨이 분해되어 이산화 탄소 기체가 발생하고, (다)에서는 수소 이온과 마그네슘이 반응해 수소 기체가 발생한다.

13

답 ③

ㄱ, ㄷ. 물과 산화 칼슘의 반응은 주변으로 에너지를 방출하는 발열 반응으로, 반응이 일어날 때 주변의 온도가 높아진다.

오답 피하기 ㄴ. 물과 산화 칼슘이 반응할 때 주변으로 에너지를 방출한다.

14

(1) (가)에서 Cu와 O_2가 반응하여 CuO가 생성되고, (나)에서 CuO와 H_2가 반응하여 Cu와 H_2O이 생성된다.

(2) (가)에서는 구리가 산소를 얻는 산화·환원 반응이 일어나고, (나)에서는 산화 구리(Ⅱ)가 산소를 잃고 수소가 산소를 얻는 산화·환원 반응이 일어난다.

채점 기준	배점(%)
산소의 이동에 의한 산화·환원 반응이 일어난다는 것을 옳게 설명한 경우	100
산소가 이동하는 반응이라고만 설명하거나 산화·환원 반응이라고만 설명한 경우	50

15

(1) 금속과 산이 반응하면 수소(H_2) 기체가 발생한다.

(2) (가)에서 X가 전자를 잃어 산화되고, H^+(HCl)이 전자를 얻어 환원된다. (나)에서 X가 전자를 잃어 산화되고, Y^{2+}($Y(NO_3)_2$)이 전자를 얻어 환원된다.

(3) (가) $X + 2HCl \longrightarrow XCl_2 + H_2$ 반응에서 X^{2+} 1개가 생성될 때 H^+ 2개가 반응하므로 수용액 속 이온 수는 감소한다.
(나) $X + Y(NO_3)_2 \longrightarrow X(NO_3)_2 + Y$ 반응에서 X^{2+} 1개가 생성될 때 Y^{2+} 1개가 반응하므로 수용액 속 이온 수는 변하지 않는다.

채점 기준	배점(%)
(가)와 (나)에서 일어나는 반응의 이온 수 변화를 화학 반응식과 함께 모두 옳게 설명한 경우	100
(가)와 (나) 중 1가지 반응의 이온 수 변화와 화학 반응식을 옳게 설명한 경우	50

16

자료 분석 중화 반응이 일어날 때 온도 변화

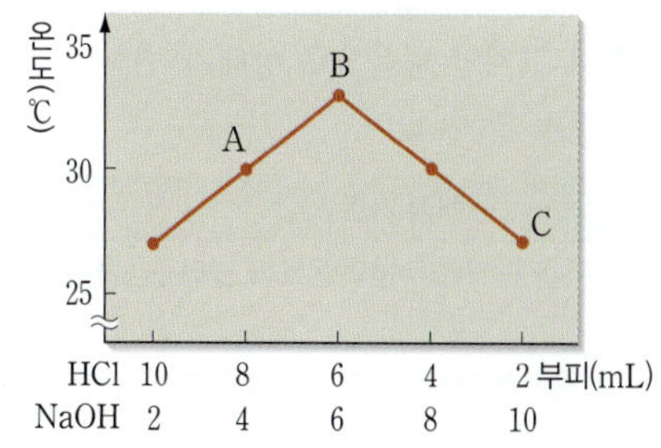

혼합 용액	A	B	C
혼합 전 H^+의 수	$8N$	$6N$	$2N$
혼합 전 OH^-의 수	$4N$	$6N$	$10N$
H^+, OH^- 중 남은 이온과 수	H^+, $4N$	0	OH^-, $8N$
용액의 액성	산성	중성	염기성

(1) A는 묽은 염산의 양이 더 많아 반응 후 혼합 용액에 반응하지 않은 H^{+}이 남아 있으므로 산성이다. C는 수산화 나트륨 수용액의 양이 더 많아 반응 후 혼합 용액에 반응하지 않은 OH^{-}이 남아 있으므로 염기성이다.

(2) 중화 반응을 한 수소 이온과 수산화 이온의 수가 많을수록 중화열이 많이 발생하므로 혼합 용액의 최고 온도가 높다.

채점 기준	배점(%)
중화 반응을 가장 많이 한 용액을 고르고, 그 까닭을 옳게 설명한 경우	100
중화 반응을 가장 많이 한 용액만 옳게 고른 경우	50

17

자료 분석 수산화 바륨과 염화 암모늄의 반응

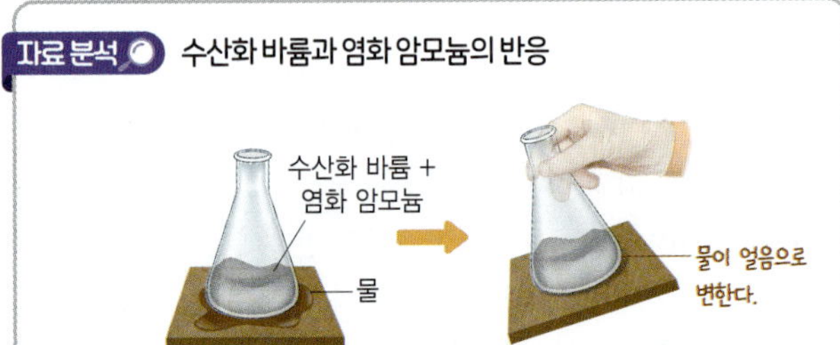

- 수산화 바륨과 염화 암모늄의 반응은 주변으로부터 에너지를 흡수하는 흡열 반응이다.
- 반응이 일어나면 주변의 온도가 낮아지므로 나무판 위에 뿌린 물이 얼면서 삼각 플라스크에 나무판이 달라붙는다.

(1) 수산화 바륨과 염화 암모늄이 반응하면서 에너지를 흡수하여 온도가 낮아지고, 이로 인해 나무판 위에 뿌린 물이 얼면서 삼각 플라스크와 나무판이 달라붙어 함께 들어 올려진다.

채점 기준	배점(%)
삼각 플라스크와 나무판이 달라붙은 결과를 이용해 물이 얼음으로 상태 변화 한 것을 옳게 설명한 경우	100
실험 결과의 언급 없이 물의 상태 변화만 설명한 경우	70

(2) 액체인 물이 고체인 얼음으로 상태가 변하였으므로 주변의 온도가 낮아졌음을 알 수 있다.

채점 기준	배점(%)
(1)에서 답한 내용을 근거로 주변의 온도가 낮아졌음을 옳게 설명한 경우	100
(1)에서 답한 내용을 언급하지 않고 주변의 온도가 낮아졌다고만 설명한 경우	70

(3) 주변의 온도가 낮아졌으므로 수산화 바륨과 염화 암모늄의 반응은 주변으로부터 에너지를 흡수하는 흡열 반응임을 알 수 있다.

채점 기준	배점(%)
(2)에서 답한 내용을 근거로 반응이 일어날 때 에너지를 흡수했음을 옳게 설명한 경우	100
(2)에서 답한 내용을 언급하지 않고 에너지를 흡수하는 반응이 일어났다고만 설명한 경우	70

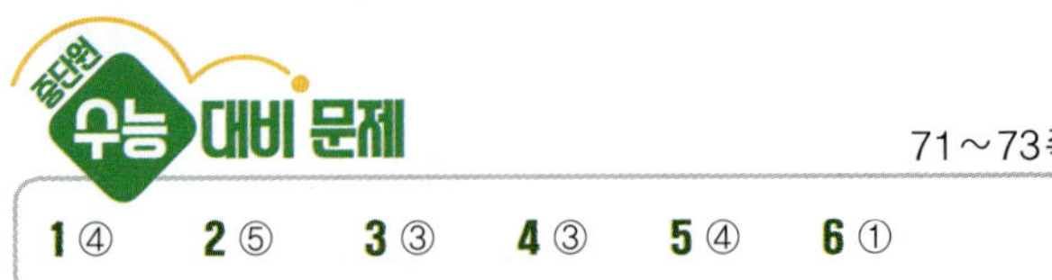

71~73쪽

1 ④ **2** ⑤ **3** ③ **4** ③ **5** ④ **6** ①

1 답 ④

ㄴ. (나)에서 Fe_2O_3은 산소를 잃어 환원되고, ㉠인 CO는 산소를 얻어 산화된다.

ㄷ. (다)에서 Al은 전자를 잃어 산화되고 O_2는 전자를 얻어 환원되므로 (다)는 산화·환원 반응이다.

오답 피하기 ㄱ. (가)에서 C는 산화되고, O_2는 환원된다.

2 답 ⑤

(나) 과정에서 일어나는 반응의 화학 반응식은 다음과 같다.

$$2A^{+} + B \longrightarrow 2A + B^{2+}$$

A^{2+} $15N$개 중에서 $2x$개가 반응하여 B^{2+} x개가 생성되므로 (나) 과정 후 전체 양이온 수는 $15N-2x+x=12N$, $x=3N$이다. 즉, A^{+} $6N$개가 반응하여 B^{2+} $3N$개가 생성되므로 (나) 과정 후 수용액 속에 들어 있는 양이온의 종류와 수는 A^{+} $9N$개, B^{2+} $3N$개이다.

(다) 과정 후 수용액 속에 들어 있는 양이온의 종류와 수는 B^{2+} $3N$개, C^{m+} $3N$개이다. 즉, A^{+} $9N$개가 금속 C와 반응하여 C^{m+} $3N$개를 생성했으므로 $m=3$이다. 따라서 (다) 과정에서 일어나는 반응의 화학 반응식은 다음과 같다.

$$3A^{+} + C \longrightarrow 3A + C^{3+}$$

ㄱ. (다)에서 $3A^{+} + C \longrightarrow 3A + C^{3+}$ 반응이 일어나므로 $m=3$이다.

ㄴ. (나)와 (다)에서 A^{+}이 전자를 얻어 환원되어 A가 되고, 금속 B와 C는 전자를 잃어 산화되어 각각 B^{2+}과 C^{3+}이 된다.

ㄷ. (다) 과정 후 수용액 속에 들어 있는 양이온의 종류와 수는 B^{2+} $3N$개, $C^{m+}(C^{3+})$ $3N$개이다.

3 답 ③

ㄱ. (가)에서 X^{2+}과 Z^{2+}의 이온의 전하량이 같으므로 반응한 X^{2+}의 수와 생성된 Z^{2+}의 수는 같다. 따라서 $a=3N$이고, (가)에서 일어난 반응의 화학 반응식은 $X^{2+} + Z \longrightarrow X + Z^{2+}$이다.

ㄷ. (가)와 (나)에서 Z는 전자를 잃어 산화되어 Z^{2+}이 된다.

오답 피하기 ㄴ. (나)에서 Y^{m+} $2N$개가 반응할 때 Z^{2+} $3N$개가 생성되었으므로 $m=3$이고, (나)에서 일어난 반응의 화학 반응식은 $2Y^{3+} + 3Z \longrightarrow 2Y + 3Z^{2+}$이다.

4 답 ③

ㄱ. 페놀프탈레인 용액을 붉은색으로 변화시키는 (가)는 염기성인 NaOH 수용액이다.

ㄴ. 금속 Zn 조각과 반응하여 기체를 발생시키는 (나)는 산성인 HCl이다.

오답 피하기 ㄷ. (다)는 중성인 NaCl 수용액이므로 페놀프탈레인 용액을 넣었을 때 무색이다.

이런 보기도 나온다! 답 ㄹ. ○ ㅁ. ○ ㅂ. ○

ㄹ. (가)는 염기성이고, (나)는 산성이므로 (가)와 (나)를 혼합하면 중화 반응이 일어난다.

ㅁ. 산성인 (나)에 탄산 칼슘을 넣으면 이산화 탄소 기체가 발생한다.

ㅂ. (가)와 (다)에서 수용액에 들어 있는 양이온은 모두 Na^+이다.

5 답 ④

자료 분석 중화 반응이 일어날 때 이온 수 변화

- (가)에서 NaOH 수용액 속 OH^- 중 절반만 중화 반응 하였으므로 NaOH 수용액 10 mL에 들어 있는 Na^+과 OH^-이 각각 $2N$이라면 HCl 5 mL에 들어 있는 H^+과 Cl^-의 수는 각각 N이다.
- (가)~(다)에서 반응 전후 이온 수 변화

혼합 용액	Na^+		OH^-		H^+		Cl^-	
	전	후	전	후	전	후	전	후
(가)	$2N$		$2N$	N	N	0	N	
(나)	$2N$		$2N$	0	$3N$	N	$3N$	
(다)	$2N$		$2N$	0	$6N$	$4N$	$6N$	

ㄱ. (나)에서 혼합 전 Na^+과 OH^-의 수는 각각 $2N$이고, H^+과 Cl^-의 수는 각각 $3N$이므로 반응 후 혼합 용액 속에 들어 있는 H^+, Na^+, Cl^-의 수는 각각 N, $2N$, $3N$이다. 따라서 ㉠은 H^+이고, ㉡은 Na^+이다.

ㄷ. 생성된 H_2O 분자 수는 (가)와 (나)에서 각각 N과 $2N$이다.

오답 피하기 ㄴ. (다)에서 혼합 전 Na^+과 OH^-의 수는 각각 $2N$이고, H^+과 Cl^-의 수는 각각 $6N$이므로 반응 후 혼합 용액 속에 들어 있는 H^+과 Na^+의 수는 각각 $4N$, $2N$이다. 따라서 $x=2$이다.

6 답 ①

• 학생 A: 메테인이 산소와 반응하여 연소할 때 산화·환원 반응이 일어난다.

오답 피하기 • 학생 B: 메테인의 연소는 주변으로 에너지를 방출하는 발열 반응이다.

• 학생 C: 질산 암모늄이 물에 용해될 때 주변으로부터 에너지를 흡수하므로 냉찜질 팩이 차가워진다.

이런 보기도 나온다! 답 D. × E. ○ F. ○

학생 D. ㉠이 연소할 때 주변으로 에너지를 방출한다.

학생 E. ㉡은 흡열 반응이므로 반응이 일어날 때 주변의 온도는 낮아진다.

학생 F. 화학 반응이 일어날 때 에너지를 방출하거나 흡수하여 주변의 온도가 변한다.

대단원 평가 문제

75~81쪽

01 ② **02** ④ **03** ④ **04** ① **05** ② **06** (1) 산소 (2) 예시 답안 B는 이산화 탄소이다. 대기 중 이산화 탄소는 바다에 녹아 들어가 분압이 감소했고, 이후 대부분 석회암으로 저장되었다. **07** ④ **08** ③ **09** ⑤ **10** ② **11** 예시 답안 A에서 돌연변이가 일어나 검은색 몸 색깔을 가진 개체가 나타났고, B에서 자연선택이 일어나 환경에 적합한 검은색 몸 색깔을 가진 개체들로만 이루어진 집단이 형성되었다. **12** ① **13** ④ **14** ③ **15** (1) A, B (2) 예시 답안 생태통로는 도로 건설 등으로 단편화된 서식지 사이를 연결하여 동물이 안전하게 이동할 수 있으므로 생물다양성을 보전하기 위한 노력 중 하나이고, 종다양성이 증가할수록 다양한 생물종이 살게 되므로 인간이 이용할 수 있는 생물자원의 종류가 많아지기 때문이다. **16** ③ **17** ㄱ, ㄴ, ㄷ **18** ④ **19** 예시 답안 산화되는 물질은 Na이고, 환원되는 물질은 Cl_2이다. NaCl이 생성될 때 Na은 전자를 잃어 산화되어 Na^+이 되고, Cl_2는 전자를 얻어 환원되어 Cl^-이 되기 때문이다. **20** ③ **21** ④ **22** ④ **23** ⑤ **24** ③ **25** 예시 답안 혼합 용액의 최고 온도를 측정하면서 온도가 가장 높은 지점을 찾는다. 묽은 염산에 BTB 용액을 떨어뜨리고 수산화 나트륨 수용액을 넣어 주면서 색 변화가 일어나는 지점을 찾는다. **26** ③ **27** ① **28** ㄱ, ㄴ, ㄷ **29** ① **30** 예시 답안 발열 반응, 수용액의 온도가 높아졌으므로 주변으로 에너지를 방출하는 반응이다. **31** ②

01 답 ②

ㄷ. 선캄브리아시대 말기에 출현한 에디아카라 생물군 화석의 모습이다. 이 생물이 생존하던 선캄브리아시대는 전체 지질 시대 중 가장 긴 기간을 차지한다.

오답 피하기 ㄱ. 에디아카라 생물군 화석이다.

ㄴ. 공룡은 중생대에 번성하였다.

개념 더하기 에디아카라 생물군

선캄브리아시대 말기에 바다에서 머리와 피부, 내부 기관이 있는 다세포 동물이 최초로 출현하였다. 이 동물의 화석은 오스트레일리아 남부 에디아카라 언덕에서 처음 발견되었으며, 세계 여러 지역에서 발견된 비슷한 형태의 화석들을 통틀어 에디아카라 생물군이라고 부른다. 해파리와 유사한 형태를 갖고 있으며, 단단한 골격 없이 몸으로 영양분을 흡수하는 특징이 있는 에디아카라 생물군은 선캄브리아시대에 복잡한 진화가 이루어졌다는 증거가 된다.

02

답 ④

ㄴ. A와 B를 경계로 삼엽충과 완족류가 사라지고 암모나이트가 등장하였으므로 지질 시대의 경계로 적절하다.

ㄷ. 암모나이트, 완족류, 삼엽충은 바다에서 살았던 생물이다.

오답 피하기 ㄱ. A에서 암모나이트가 산출되므로 A는 중생대에 퇴적되었다.

03

답 ④

대기 중 산소가 축적된 후 오존층이 형성되었고, 이로 인해 육상 생물이 등장할 수 있었다. 고생대 말에 판게아가 형성되었고, 중생대에 파충류가 번성했다. 인류의 조상은 신생대에 출현했다.

04

답 ①

자료 분석 지질 시대의 생물 대멸종

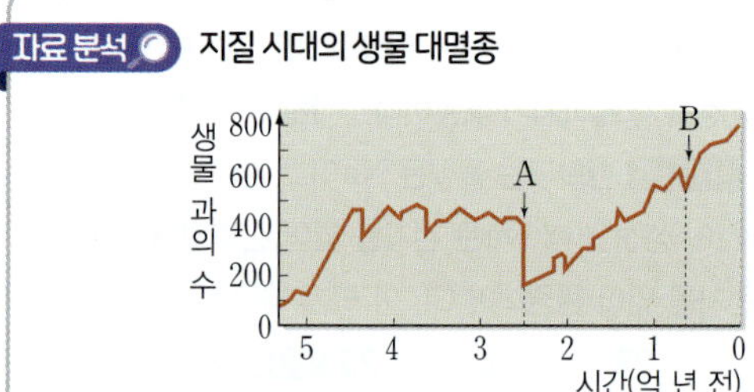

A: 고생대 말기의 대멸종

- 가장 큰 규모의 멸종으로, 지구에 있던 생물종의 90 % 이상이 멸종하였다. 이때 삼엽충 등 해양 생물 대부분과 많은 육상 생물이 멸종하였다.
- 원인: 판게아의 형성으로 인한 서식지 축소와 급격한 기후 변화가 원인으로 추정되고 있다.

B: 중생대 말기의 대멸종

- 암모나이트와 같은 해양 생물의 50 % 이상, 공룡과 같은 육상 동물이 멸종했다.
- 원인: 운석 충돌, 활발한 화산 활동 등에 의해 발생한 다량의 먼지로 인한 평균 기온 하강 등 급격한 환경 변화가 원인으로 추정되고 있다.

ㄱ. A는 고생대 말기 판게아 형성의 영향을 받은 대멸종이다.

오답 피하기 ㄴ. 암모나이트는 중생대 말기에 멸종했으므로 신생대의 생물인 매머드의 멸종 시기와 일치하지 않는다.

ㄷ. B는 중생대 말기에 일어난 대멸종으로, 이때 암모나이트, 공룡 등이 멸종하였다. 생물 과의 수 감소가 가장 크게 나타난 대멸종은 고생대 말기에 일어난 A이다.

05

답 ②

ㄷ. 빙하의 분포 면적이 늘어날수록 해수면의 높이는 낮아지므로, 빙하기가 여러 번 나타난 신생대의 평균 해수면 높이는 중생대보다 낮았을 것이다.

오답 피하기 ㄱ. 고생대에는 중기와 말기에 빙하기가 나타났지만 위도 30° 미만 지역에서는 빙하를 관찰할 수 없었다.

ㄴ. 중생대는 활발한 화산 활동으로 대기 중 온실 기체가 증가하여 전체적으로 온난한 기후가 유지되었다.

06

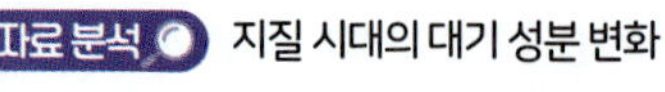

지질 시대의 대기 성분 변화

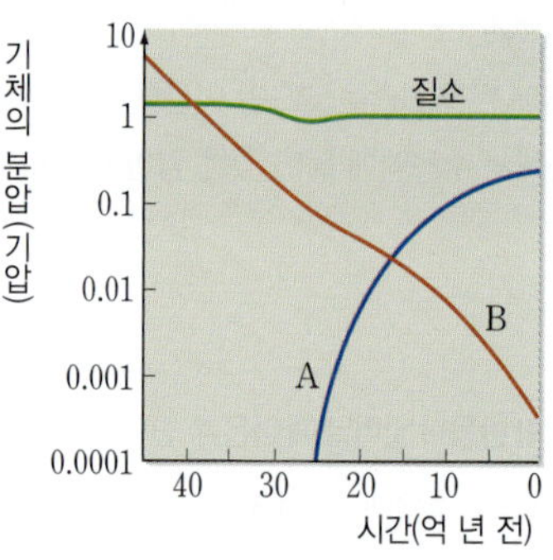

- A(산소): 광합성 생물에 의해 산소가 방출되면서 대기와 해양에 산소 농도가 증가하기 시작했다. 이후 대기 중에 산소가 축적되면서 오존층을 형성하였다.
- B(이산화 탄소): 대기 중 이산화 탄소가 바다에 녹은 후, 탄산 칼슘으로 침전하여 석회암이 되었다. 이 과정에서 대기 중 이산화 탄소 농도가 급격하게 감소하였다.

(1) 약 25억 년 전부터 대기 중 분압이 증가하기 시작한 A는 산소이다.

(2) 대기 중 이산화 탄소는 바다에 녹아 들어가 분압이 감소하였고, 이후 대부분 석회암으로 저장되었다.

채점 기준	배점(%)
B를 이산화 탄소라고 옳게 쓰고, 분압이 감소한 까닭을 옳게 설명한 경우	100
B를 이산화 탄소라고 옳게 쓴 경우	50
분압이 감소한 까닭을 옳게 설명한 경우	50

07

답 ④

ㄴ. (가)는 돌연변이, (나)는 자연선택이다.

ㄷ. 자연선택(나)이 일어난 원인은 강을 기준으로 한 지역에서는 회색 털 토끼가, 다른 지역에서는 얼룩무늬 털 토끼가 각각 흰색 털 토끼에 비해 생존에 유리했기 때문이다.

오답 피하기 ㄱ. 돌연변이(가)에 의해 토끼 집단에 변이가 발생했고, 그 결과 토끼 집단의 털색 형질에 대한 유전적 다양성이 증가했다.

08

답 ③

①, ② A와 B는 몸 색깔을 결정하는 서로 다른 유전자를 가지고 있어 몸 색깔이 서로 다르다. 따라서 이 곤충의 몸 색깔에 변이가 있다.

④ A가 B보다 새의 눈에 잘 띄지 않아 환경에 적합한 몸 색깔을 가진다. 따라서 ㉠에서 자연선택이 일어나 A와 몸 색깔이 같은 개체가 살아남아 자손을 더 많이 남겼다.

⑤ ㉠에서 자연선택이 일어나 어두운 몸 색깔의 형질(유전자)이 자손에게 높은 확률로 전달됨에 따라 A와 몸 색깔이 같은 개체의 비율이 증가했다.

오답 피하기 ③ ㉠에서 A와 몸 색깔이 같은 개체의 비율이 증가했고, B와 몸 색깔이 같은 개체의 비율은 감소했으므로 A가 B보다 환경에 적합한 몸 색깔을 가진다.

09

답 ⑤

자료 분석 핀치의 진화

단계	과정
변이 ㉠	부리 모양이 다양한 개체들이 살고 있었다.
생존경쟁	ⓐ먹이에 대한 경쟁이 일어나 크고 두꺼운 부리를 가진 개체가 많이 살아남았다.
자연선택 ㉡	(가)

(가) 생존에 유리한 형질이 자손에게 전달되는 현상이 일어났다.

- 부리 모양이 서로 다른 개체는 부리 모양에 대해 서로 다른 유전자를 가진다. → ㉠은 유전자의 차이에 의한 변이이다.
- 생존경쟁에서 많이 살아남은 형질이 생존에 유리한 형질이다. → 크고 두꺼운 부리가 생존에 유리해 자연선택(㉡)되는 형질이다.

ㄱ. 개체들의 부리 모양이 다양한 것은 개체들마다 부리 모양을 결정하는 서로 다른 유전자를 가지고 있기 때문이며, ㉠은 변이이다. 유성생식에 의해 태어나는 자손은 부모와 다른 다양한 유전자 조합을 가져 다양한 형질을 나타내므로 유성생식에 의해 변이(㉠)가 나타날 수 있다.

ㄴ. 먹이에 대한 경쟁 결과 크고 두꺼운 부리를 가진 개체가 많이 살아남았으므로 이 먹이(ⓐ)는 크고 두꺼운 부리를 이용하여 잘 먹을 수 있다.

ㄷ. ㉡은 자연선택이다. 크고 두꺼운 부리를 가진 개체가 생존에 유리하므로 살아남은 개체가 자손을 낳아 유리한 형질을 전달하는 자연선택이 일어나 크고 두꺼운 부리 형질이 더 많은 자손에게 전달되었다.

10

답 ②

㉠에서 세균의 개체수가 감소했고, ㉡에서 세균의 개체수가 다시 증가했으므로 ㉠은 항생제 사용, ㉡은 세균 증식이다. 이 집단은 항생제를 사용하는 환경에서 자연선택에 의해 환경에 적응하게 되었으며, 자연선택 결과 A의 비율이 증가했고, B의 비율이 감소했다.

ㄷ. 항생제를 사용하는 환경에서는 항생제 내성이 있는 세균이 생존에 유리하다. 따라서 자연선택이 일어나 ㉡에서 항생제 내성이 있는 형질이 더 많은 자손에게 전달되었다.

오답 피하기 ㄱ. 자연선택으로 인해 비율이 증가한 A는 항생제 내성이 있어 항생제 사용 환경에서 생존에 유리한 세균이고, 비율이 감소한 B는 항생제 내성이 없어 생존에 불리한 세균이다.

ㄴ. ㉠이 일어나기 전에 이 집단에는 항생제 내성이 있는 세균(A)과 항생제 내성이 없는 세균(B)이 모두 있었으므로 항생제 내성 형질의 변이가 있었다.

11

A 이후에 검은색 몸 색깔 나비가 처음 나타났으므로 A에서 돌연변이가 일어나 검은색 몸 색깔이 새롭게 나타났고, B 이후에 한 지역에서는 흰색 몸 색깔 나비(㉠)와 검은색 몸 색깔 나비(㉡) 중 검은색 몸 색깔 나비(㉡)만 살아남았으므로 B에서 자연선택이 일어나 환경에 적합한 검은색 몸 색깔 나비(㉡)들로만 이루어진 집단이 형성되었다.

채점 기준	배점(%)
A에서 돌연변이가 일어나 검은색 몸 색깔이 나타난 것과 B에서 자연선택이 일어나 환경에 적합한 검은색 몸 색깔만 남았다는 것을 모두 옳게 설명한 경우	100
A에서 돌연변이가 일어나 검은색 몸 색깔이 나타난 것과 B에서 자연선택이 일어나 환경에 적합한 검은색 몸 색깔만 남았다는 것 중 1가지만 옳게 설명한 경우	50

개념 더하기 돌연변이와 자연선택

- 돌연변이가 일어나면 새로운 형질을 나타내는 돌연변이 유전자가 만들어질 수 있다. → 많은 경우 돌연변이 유전자는 생존에 불리하게 작용해 자연선택되지 않아 집단에서 사라지거나 낮은 비율로 존재한다.
- 돌연변이 유전자가 생존에 유리하게 작용하면 자연선택에 의해 집단 내에서 비율이 높아진다.

12

답 ①

ㄱ. (가)는 강, 숲, 초원 등과 같이 자연환경이 서로 다른 생태계의 다양함을 의미하는 생태계다양성이다. 따라서 생태계다양성(가)에는 자연환경의 다양함이 포함된다.

오답 피하기 ㄴ. (나)는 한 생물종에서 개체들 사이의 유전자의 차이로 인해 나타나는 형질의 다양함을 의미하는 유전적 다양성이다. 기린과 얼룩말은 서로 다른 생물종이므로 이 두 종의 털 색깔이 다른 것은 유전적 다양성(나)의 예가 아니다.

ㄷ. (다)는 일정한 지역에 서식하는 생물종의 다양함을 의미하는 종다양성이다.

13

답 ④

자료 분석 생물다양성의 특징

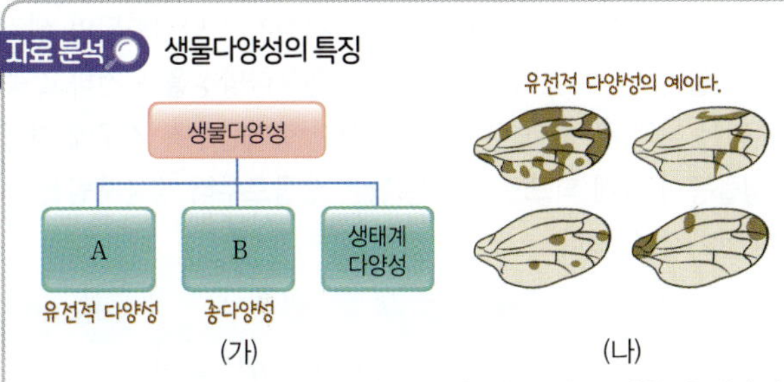

(가) (나)

- 같은 종의 초파리에서 날개 무늬가 서로 다른 것은 유전자의 차이 때문이므로 유전적 다양성의 예이다. → A는 유전적 다양성이다.
- 생물다양성은 유전적 다양성, 종다양성, 생태계다양성으로 구성된다. → B는 종다양성이다.

① 같은 종의 초파리 개체들이 가지는 다양한 날개는 개체마다 가지고 있는 유전자의 차이에 의한 것이므로 이는 유전적 다양성(A)의 예이다.

② 초파리의 날개 무늬는 유전자에 의해 결정되며, 자손에게 전달되는 유전형질이다.

③ 다양한 생태계가 존재하면 각 생태계의 고유한 환경에서 다양한 생물종이 진화할 수 있으므로 생태계다양성이 높으면 종다양성도 높아진다. 따라서 생태계다양성은 종다양성에 영향을 준다.

⑤ 식물의 종자에는 한 개체의 모든 유전자(유전정보)가 들어 있다. 따라서 다양한 식물의 종자를 보관하는 것은 식물의 유전적 다양성(A)을 보전하기 위한 노력에 해당한다.

오답 피하기 ④ B는 한 생태계에서 살아가는 생물종의 다양함을 의미하는 종다양성이다. 생물 사이의 먹고 먹히는 관계가 단순한 생태계일수록 그 생태계에서 살아가는 생물종의 수가 적다. 따라서 이러한 생태계는 종다양성(B)이 낮다.

14

답 ③

ㄱ. 무당벌레, 달팽이, 참나무, 고슴도치는 서로 다른 생물종이므로 (가)는 종다양성이다.

ㄷ. 같은 종의 달팽이에서 껍질 무늬가 다양한 것은 유전적 다양성(나)의 예이므로 (다)는 생태계다양성이다. 갯벌, 습지, 바다는 자연환경이 서로 다른 생태계이므로 우리나라에 갯벌, 습지, 바다가 있는 것은 생태계다양성(다)의 예이다.

오답 피하기 ㄴ. (나)는 유전적 다양성이다. 변이가 다양한 생물집단은 같은 생물종이라도 개체들마다 가지고 있는 유전자가 다르므로 유전적 다양성(나)이 높다.

15

(1) 생태통로는 단편화된 서식지를 연결하여 동물이 안전하게 이동할 수 있다. 따라서 생태통로를 설치하는 것은 생물다양성을 보전하기 위한 노력 중 하나이다. 인간은 다양한 생물로부터 여러 가지 생물자원을 얻어 살아간다. 종다양성이 증가할수록 인간이 이용할 수 있는 생물자원의 종류가 많아진다.

(2) 생태통로는 도로 등으로 분리된 두 서식지 사이를 연결하여 동물이 안전하게 이동할 수 있으므로 서식지가 단편화되어 생기는 피해를 줄일 수 있다. 따라서 이는 생물다양성을 보전하고 증가시키는 노력 중 하나이다. 종다양성이 증가할수록 지구에 다양한 생물종이 살게 되므로 인류는 많은 생물로부터 생물자원을 얻으며 살아갈 수 있다.

채점 기준	배점(%)
생태통로의 역할을 바탕으로 생태통로가 생물다양성을 보전하는 방안이라는 것과 종다양성과 생물자원의 관계를 들어 종다양성이 증가하면 생물자원의 종류가 많아진다는 것을 모두 옳게 설명한 경우	100
생태통로가 생물다양성을 보전하는 방안이라는 것과 종다양성이 증가하면 생물자원의 종류가 많아진다는 것 중 1가지만 옳게 설명한 경우	50

16

답 ③

ㄱ. 디기탈리스에서 심장병 치료제로 사용할 수 있는 유용한 자원을 얻었으므로 디기탈리스는 생물자원(㉠)에 해당한다.

ㄴ. 생물다양성협약은 생물다양성을 보전하기 위한 국제 협약 중 하나이다.

오답 피하기 ㄷ. 같은 종의 무당벌레에서 무늬가 다양하게 나타나는 것은 유전적 다양성에 해당한다.

17

답 ㄱ, ㄴ, ㄷ

ㄱ. (가)에서 식물이 광합성을 하면 포도당이 생성된다.

ㄴ. (다)에서 화석 연료가 연소할 때 이산화 탄소가 생성된다.

ㄷ. (가)~(다)는 산소가 관여하는 산화·환원 반응이다.

18

답 ④

(가)에서 $2Cu + O_2 \longrightarrow 2CuO$ 반응이 일어나고, (나)에서 $CuO + CO \longrightarrow Cu + CO_2$ 반응이 일어난다.

① ㉠은 O_2가 많은 '겉불꽃', ㉡은 CO가 많은 '속불꽃'이 적절하다.

② (가)에서 Cu는 산화되고 O_2는 환원된다.

③ CuO는 Cu^{2+}과 O^{2-}으로 이루어진 물질이다. 따라서 (가)에서 Cu가 전자를 잃어 산화되어 Cu^{2+}이 되는 반응이 일어난다.

⑤ (나)에서 CuO의 산소는 CO로 이동한다.

오답 피하기 ④ (나)에서 CO는 산화되고 CuO는 환원된다.

개념 더하기 구리의 산화·환원 반응

- 구리를 산소가 풍부한 겉불꽃에 넣으면 산화되어 산화 구리(Ⅱ)가 된다.
- 산화 구리(Ⅱ)를 산소가 부족한 속불꽃에 넣으면 연료의 불완전 연소로 생성된 일산화 탄소와 반응하여 환원되어 구리가 된다.

19

Na과 Cl_2의 반응에서 Na은 전자를 잃어 산화되어 Na^+이 되고, Cl_2는 전자를 얻어 환원되어 Cl^-이 된다.

$Na \longrightarrow Na^+ + e^-$ $\quad$ $Cl_2 + 2e^- \longrightarrow 2Cl^-$

채점 기준	배점(%)
산화되는 물질과 환원되는 물질을 옳게 쓰고, 그 까닭을 옳게 설명한 경우	100
산화되는 물질과 환원되는 물질만 옳게 쓴 경우	50

20

답 ③

ㄱ. (가)에서 $Mg + Cu^{2+} \longrightarrow Mg^{2+} + Cu$ 반응이 일어나고, (나)에서 $Mg + 2Ag^+ \longrightarrow Mg^{2+} + 2Ag$ 반응이 일어나므로 (가)와 (나)에서 Mg은 산화된다.

ㄷ. (나)에서 Ag^+ 2개가 반응할 때 Mg^{2+} 1개가 생성되므로 수용액 속 전체 이온 수는 반응 전이 반응 후보다 많다.

오답 피하기 ㄴ. (가)에서 Mg은 전자를 잃고, Cu^{2+}은 전자를 얻으므로 전자는 Mg에서 Cu^{2+}으로 이동한다.

21

답 ④

ㄴ, ㄷ. X^{m+}은 전자를 얻어 환원되어 X가 되고, Y는 전자를 잃어 산화되어 Y^+이 되므로 전자는 Y에서 X^{m+}으로 이동한다.

오답 피하기 ㄱ. X^{m+}이 2개 반응할 때 Y^+은 4개 생성되므로 $m=2$이며 화학 반응식은 다음과 같다.

$X^{2+} + 2Y \longrightarrow X + 2Y^+$

개념 더하기 금속과 금속 양이온의 산화·환원 반응

- 금속 양이온이 들어 있는 수용액에 금속을 넣어 산화·환원 반응이 일어날 때 금속은 산화되고, 금속 양이온은 환원된다. 이때 수용액 속 음이온의 수가 변하지 않으므로 음이온의 전체 전하량은 일정하다. 그리고 이온이 녹아 있는 수용액은 전기적으로 중성이기 때문에 양이온의 전체 전하량도 일정해야 한다.
- 다음과 같이 X^{m+}이 들어 있는 수용액에 금속 Y를 넣었을 때 양이온의 전체 전하량은 일정하므로 $(+m)\times 3=(+m)\times 1+(+1)\times 4$로부터 $m=2$임을 알 수 있다.

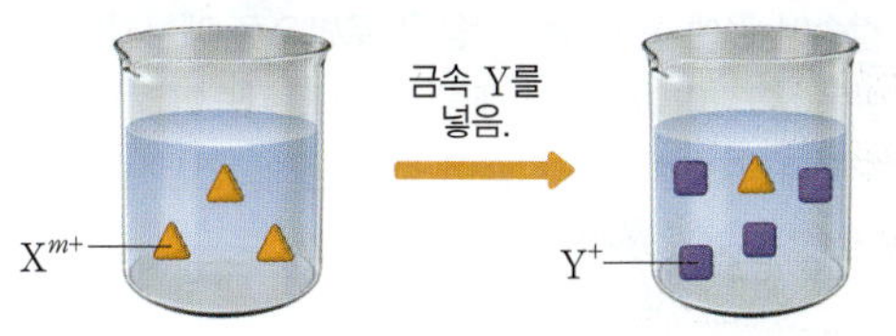

22

답 ④

수용액에서 이온화하는 물질이 녹아 있는 수용액은 전류가 흐른다. 산성 수용액에 마그네슘 조각을 넣으면 기체가 발생한다. 염기성 수용액에 페놀프탈레인 용액을 넣으면 붉은색으로 변한다.

ㄱ. (가)에 해당하는 물질은 수용액에서 양이온과 음이온으로 이온화하지 않는 C_2H_5OH 수용액 1가지이다.

ㄴ. HCl은 산성이므로 (나)에 해당한다.

오답 피하기 ㄷ. NaOH 수용액은 염기성이지만 C_2H_5OH 수용액은 중성이므로 (다)에는 NaOH 수용액만 해당한다.

23

답 ⑤

묽은 염산과 묽은 황산에는 공통적으로 H^+이 존재하므로 ●는 H^+이다. 이때 H^+과 음이온의 개수비는 묽은 염산이 1 : 1, 묽은 황산이 2 : 1이므로 (나)는 묽은 황산, (다)는 묽은 염산이고, (가)는 수산화 칼슘 수용액이다.

ㄱ. 수산화 칼슘 수용액에서 Ca^{2+}과 OH^-의 개수비는 1 : 2이므로 ★는 수산화 이온(OH^-)이다.

ㄴ. (가)는 염기성, (다)는 산성이므로 (가)와 (다)를 혼합하면 중화 반응 하여 물이 생성된다.

ㄷ. (나)의 ●(H^+)과 $CaCO_3$이 반응하면 CO_2 기체가 발생한다.

$2H^+ + CaCO_3 \longrightarrow Ca^{2+} + H_2O + CO_2$

24

답 ③

ㄱ. 푸른색 리트머스 종이가 실에서부터 A극 쪽으로 붉게 변한 것은 양이온인 H^+이 A극으로 이동했기 때문이다. 따라서 A극은 (−)극이다.

ㄷ. 산의 H^+은 푸른색 리트머스 종이를 붉게 변하게 한다.

오답 피하기 ㄴ. 수산화 나트륨 수용액은 염기성이므로 ㉠으로 적절하지 않다.

25

일정량의 묽은 염산에 수산화 나트륨 수용액을 조금씩 넣어 줄 때 완전히 중화가 일어난 지점에서 중화열이 가장 많이 발생하므로 온도가 가장 높다. 따라서 혼합 용액의 온도 변화를 측정하면 완전히 중화가 일어난 지점을 알 수 있다. 또한 BTB 용액은 용액의 액성이 산성에서 중성이 될 때 색이 변하므로 묽은 염산에 BTB 용액을 떨어뜨리고 수산화 나트륨 수용액을 조금씩 넣어 주면 중화가 완전히 일어나 중성이 되는 지점에서 색이 변한다.

채점 기준	배점(%)
완전히 중화가 일어난 지점을 확인하는 방법 2가지를 모두 옳게 설명한 경우	100
완전히 중화가 일어난 지점을 확인하는 방법을 1가지만 옳게 설명한 경우	50

26

답 ③

자료 분석 중화 반응이 일어날 때 이온 수 변화

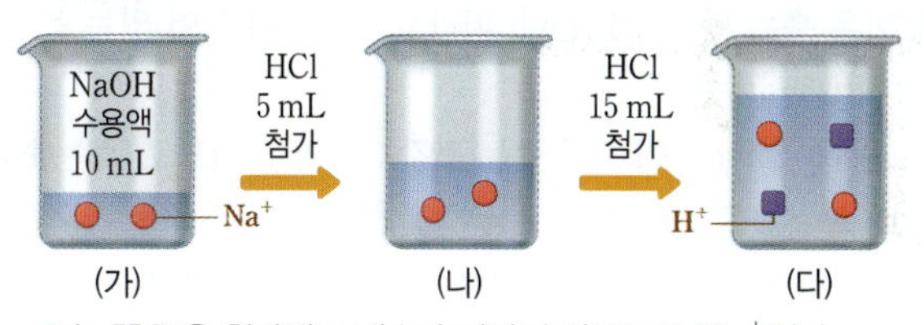

- ●는 HCl을 첨가해도 개수가 변하지 않으므로 Na^+이다.
- ■는 (나)에는 존재하지 않고, (다)에는 존재하므로 H^+이다.
- (가)~(다)에서 이온 수 변화

수용액	H^+	Cl^-	Na^+	OH^-
(가)	0 (N 첨가, N 반응)	0 (N 첨가)	2N	2N (N 반응)
(나)	0 (3N 첨가, N 반응)	N (3N 첨가)	2N	N (N 반응)
(다)	2N	4N	2N	0

ㄱ. ■는 (나)에는 존재하지 않고, (다)에는 존재하므로 H^+이다.

ㄴ. (가)에서 (다)까지 첨가한 HCl의 전체 부피는 20 mL이고, (다)에서 Na^+과 H^+의 수는 각각 $2N$이므로 Cl^-의 수는 $4N$이다. 따라서 HCl 20 mL에 들어 있는 H^+의 수는 $4N$이다. 이를 통해 (가)에서 (나)로 될 때 첨가한 HCl 5 mL에 들어 있는 H^+의 수는 N임을 알 수 있으므로, (나)는 반응하지 않은 OH^-이 남아 있어 염기성을 띤다. 따라서 (나)에 BTB 용액을 떨어뜨리면 파란색으로 변한다.

오답 피하기 ㄷ. (가)와 (나)에 들어 있는 전체 이온 수는 $4N$으로 서로 같다.

27

답 ①

자료 분석 중화 반응이 일어날 때 이온 수 변화

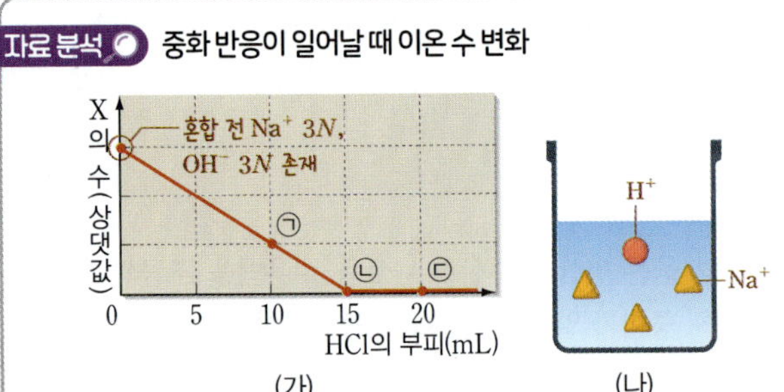

(가) (나)

- NaOH 수용액에 HCl을 넣으면 OH^-의 수는 감소하므로 X는 OH^-이다.
- ㉠~㉢에서 이온 수 변화

수용액	H^+	Cl^-	Na^+	OH^-
㉠	0	$2N$	$3N$	N
㉡	(N 첨가, N 반응) 0	(N 첨가) $3N$	$3N$	(N 반응) 0
㉢	(N 첨가) N	(N 첨가) $4N$	$3N$	0

ㄱ. NaOH 수용액에 HCl을 넣으면 OH^-의 수는 감소하므로 X는 OH^-이다.

오답 피하기 ㄴ. ㉠에서 ㉡으로 될 때 H^+과 OH^-은 중화 반응 하여 H_2O이 되고, 반응한 OH^-과 같은 수만큼 Cl^-이 첨가되므로 전체 이온 수는 변하지 않는다. 따라서 수용액에 들어 있는 음이온 수는 ㉠에서와 ㉡에서가 같다.

ㄷ. ㉢에서 Na^+과 H^+의 수는 각각 $3N$과 N이므로 ▲는 Na^+이고, ●는 H^+이다. Na^+ 수는 반응이 일어나는 동안 일정하므로 수용액에 들어 있는 ▲의 수는 ㉡에서와 ㉢에서가 같다.

28

답 ㄱ, ㄴ, ㄷ

자료 분석 중화 반응이 일어날 때 이온 수와 온도 변화

- HCl과 NaOH 수용액의 농도가 같으므로 (나)에서 H^+과 OH^-이 1 : 1로 모두 반응하여 완전히 중화된다. 따라서 (가)는 염기성, (나)는 중성, (다)는 산성이다.
- (나)의 전체 이온 수가 $10N$이므로 Na^+, Cl^-이 각각 $5N$씩 들어 있다. 따라서 HCl 1 mL에 들어 있는 H^+, Cl^- 수는 각각 N이고, NaOH 수용액 1 mL에 들어 있는 Na^+, OH^- 수도 각각 N이다.
- 반응 후 (가)~(다)의 이온 수 및 생성된 물 분자 수

혼합 용액	H^+	Cl^-	Na^+	OH^-	H_2O
(가)	0	$2N$	$8N$	$6N$	$2N$
(나)	0	$5N$	$5N$	0	$5N$
(다)	$4N$	$7N$	$3N$	0	$3N$

ㄱ. (가)는 염기성이므로 페놀프탈레인 용액을 떨어뜨리면 붉은색으로 변한다.

ㄴ. (나)는 중성이므로 Cl^-과 Na^+의 수는 각각 $5N$이고, 생성된 H_2O 분자 수도 $5N$이므로 $z=5$이다. (가)에서 Cl^-, Na^+, OH^-의 수는 각각 $2N$, $8N$, $6N$이므로 $x=16$이고, (다)에서 H^+, Cl^-, Na^+의 수는 각각 $4N$, $7N$, $3N$이므로 $y=14$이다. 따라서 $\frac{x+y}{z}=\frac{16+14}{5}=6$이다.

ㄷ. 혼합 용액의 전체 부피가 같을 때 생성된 물 분자 수로부터 중화 반응 한 양은 (가)<(다)<(나)이므로 $22<t<25$이다.

29

답 ①

① 질산 암모늄이 물에 용해될 때 온도가 낮아지므로 냉찜질 팩에 사용할 수 있다.

오답 피하기 ②, ③ 질산 암모늄이 물에 용해되는 반응은 주변으로부터 에너지를 흡수하는 흡열 반응으로, 반응이 일어날 때 주변의 온도가 낮아진다.

④, ⑤ 염화 칼슘이 물에 용해되는 반응은 주변으로 에너지를 방출하는 발열 반응으로, 반응이 일어날 때 주변의 온도가 높아진다.

개념 더하기 염화 칼슘 제설제의 원리

염화 칼슘이 물에 용해되는 반응은 주변으로 에너지를 방출하는 발열 반응이다. 따라서 눈이 내릴 때 염화 칼슘이 들어 있는 제설제를 도로에 뿌리면 염화 칼슘이 물에 용해되면서 주변의 온도를 높이므로 눈이 녹게 된다.

30

발열 반응이 일어날 때는 주변으로 에너지를 방출하여 주변의 온도가 높아진다. 진한 황산이 물에 용해될 때 수용액의 온도가 높아졌으므로 이 반응은 발열 반응이다.

채점 기준	배점(%)
발열 반응이라고 쓰고 그 까닭을 옳게 설명한 경우	100
발열 반응인 것만 쓴 경우	50

31

답 ②

㉡ 에탄올이 증발할 때 주변으로부터 에너지를 흡수하므로 손이 시원해진다.

오답 피하기 ㉠, ㉢ 산화 칼슘과 물의 반응, 철 가루의 산화가 일어날 때 주변으로 에너지를 방출하므로 주변의 온도가 높아진다.

개념 더하기 에너지를 방출하는 현상의 이용

- 산화 칼슘은 물과 반응하여 수산화 칼슘이 되면서 주변으로 에너지를 방출한다. 이 반응은 휴대용 도시락을 데울 때나 가축의 축사를 살균·소독할 때 사용한다.

$$CaO + H_2O \longrightarrow Ca(OH)_2$$

- 철 가루는 산소와 반응하여 산화 철이 되면서 주변으로 에너지를 방출한다. 이 반응은 일회용 손난로에 사용된다.

$$4Fe + 3O_2 \longrightarrow 2Fe_2O_3$$

Ⅱ 환경과 에너지

01 생태계와 환경

07강 생물과 환경

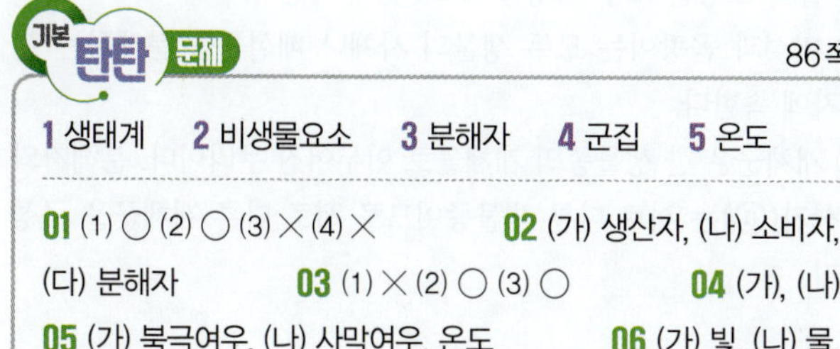

기본 탄탄 문제 86쪽

1 생태계 2 비생물요소 3 분해자 4 군집 5 온도

01 (1) ○ (2) ○ (3) × (4) × **02** (가) 생산자, (나) 소비자, (다) 분해자 **03** (1) × (2) ○ (3) ○ **04** (가), (나) **05** (가) 북극여우, (나) 사막여우, 온도 **06** (가) 빛, (나) 물, (다) 공기

01 답 (1) ○ (2) ○ (3) × (4) ×

(1) 토양 속 세균은 살아 있는 생물이므로 생물요소에 속한다.
(2) 빛, 공기, 온도, 물, 토양은 모두 생물이 아니므로 비생물요소에 속한다.
(3) 다른 생물을 먹이로 섭취하여 양분을 얻는 생물요소는 소비자이다.
(4) 생태계의 생물요소와 비생물요소는 서로 밀접한 관계를 맺으며 영향을 주고받는다.

02 답 (가) 생산자, (나) 소비자, (다) 분해자

식물은 광합성을 하여 스스로 양분을 만드는 생산자(가), 토끼와 같은 동물은 다른 생물을 먹이로 섭취하는 소비자(나), 버섯과 곰팡이 등은 다른 생물의 사체나 배설물을 분해하는 분해자(다)이다.

03 답 (1) × (2) ○ (3) ○

(1) 생태계는 생물요소와 비생물요소가 상호작용 하며 유지되는 체계이다.
(2) 개체군은 한 생물종의 개체들이 모인 무리이다.
(3) 군집은 일정한 지역에 사는 모든 개체군의 무리이며, 여러 생물종으로 구성된다.

04 답 (가), (나)

(가)는 소(생물요소)가 공기(비생물요소)에 영향을 미친 사례이고, (나)는 비버(생물요소)가 물(비생물요소)에 영향을 미친 사례이다. (다)는 물(비생물요소)이 알로에(생물요소)에 영향을 미친 사례이다.

05 답 (가) 북극여우, (나) 사막여우, 온도

(가)는 몸집이 크고 귀가 작아 몸의 표면을 통한 열의 방출이 억제되는 북극여우이고, (나)는 몸집이 작고 귀가 커서 몸의 표면을 통한 열의 방출이 촉진되는 사막여우이다. 두 여우의 생김새 차이는 사는 곳의 온도가 다르기 때문이다.

06 답 (가) 빛, (나) 물, (다) 공기

국화가 낮이 짧아지는 시기에 꽃이 피는 것은 빛이 비추는 시간과 관련된 적응이고, 도마뱀과 뱀의 몸 표면이 비늘로 덮여 있는 것은 건조한 환경에서 물의 손실을 막기 위한 적응이다. 고산 지대에 사는 사람의 적혈구 수가 많은 것은 산소가 부족한 환경에 대한 적응이다.

실력 쑥쑥 문제 87~89쪽

01 ⑤ **02** ② **03** ① **04** ① **05** ⑤ **06** ③ **07** ④ **08** ⑤ **09** ① **10** ⑤ **11** ⑤ **12** ③

단답형·서술형 문제

13 (1) 답 (가) 군집, (나) 생태계, (다) 개체군
(2) 예시 답안 같은 생물종의 개체들로 이루어져 있다.
14 답 (가) 물, (나) 빛, (다) 온도
15 (1) 답 (가) 생물요소, (나) 비생물요소
(2) 예시 답안 개구리는 추운 겨울에 땅속에서 겨울잠을 잔다. 등

01 답 ⑤

① 생태계는 생물요소와 비생물요소(㉠)로 구성된다.
② 생태계에서 생물요소와 비생물요소(㉠)는 서로 영향을 주고받는 상호 관계를 형성한다.
③ 빛, 공기, 온도, 물, 토양은 모두 생물요소를 둘러싼 비생물요소(㉠)에 속한다.
④ 생물요소는 양분과 에너지가 이동하는 단계에 따라 생산자(㉡), 소비자, 분해자로 구분한다.
오답 피하기 ⑤ 식물은 광합성을 하여 스스로 양분을 합성하므로 생산자(㉡)에 속하지만, 버섯은 생물의 사체나 배설물을 분해해 양분을 얻는 분해자에 속한다.

02 답 ②

① 곰팡이가 속한 (가)는 분해자이다.
③ 사람은 다른 생물을 먹이로 섭취하여 양분을 얻으므로 소비자(나)에 속한다.
④ 동물 플랑크톤이 속한 (나)는 소비자이다. 소비자(나)는 다른 생물을 먹이로 섭취하여 양분을 얻는다.
⑤ 식물 플랑크톤이 속한 (다)는 생산자이다. 생산자(다)는 광합성을 하여 살아가는 데 필요한 양분을 스스로 만든다.
오답 피하기 ② 분해자(가)는 광합성을 하지 못하며, 다른 생물의 사체나 배설물을 분해해 양분을 얻는다.

개념 더하기+ 생물요소의 구분

- 생물요소는 양분과 에너지가 이동하는 단계에 따라 생산자, 소비자, 분해자로 구분한다.
- 생산자: 광합성을 하여 스스로 양분을 만든다. → 모든 생물이 살아가는 데 필요한 양분을 만들어 생태계를 유지시키는 역할을 한다.
- 소비자: 다른 생물을 먹이로 섭취하여 양분을 얻는다. → 다른 생물과 먹고 먹히는 관계를 이루며 생태계에서 에너지의 흐름이 일어나게 한다.
- 분해자: 다른 생물의 사체나 배설물을 몸 밖에서 분해한 후 양분을 흡수해 얻는다. → 양분을 작게 분해하여 비생물요소로 되돌려 보내 생태계에서 물질이 순환되도록 한다.

03

답 ①

① (나)는 개체군이고, (다)는 생태계이므로 (가)는 군집이다. 군집은 여러 생물종으로 이루어져 있는 무리이다.

오답 피하기 ② 군집(가)과 개체군(나)은 모두 살아 있는 생물로 구성된 무리이므로 생물요소(㉠)에 속한다.

③ 생태계(다)는 숲, 습지, 바다, 사막 등 다양한 곳에서 형성된다.

④ 생물요소(㉠)에는 생산자, 소비자, 분해자가 있다.

⑤ 토양은 비생물요소(㉡)에 속하지만, 토양 속 세균은 살아 있는 생물이므로 생물요소(㉠)에 속한다.

04

답 ①

ㄱ. (가)는 빛, 물, 온도, 공기, 토양 등 살아 있는 생물이 아닌 비생물요소이고, (나)는 살아 있는 생물로 이루어진 생물요소이다. 비생물요소(가)는 생물요소(나)가 살아가는 터전을 제공하며, 생태계를 유지하는 데 중요한 역할을 한다.

오답 피하기 ㄴ. 생물요소(나)를 구성하는 한 생물종의 개체들이 모여 개체군을 이루고, 여러 개체군이 모여 하나의 군집을 이룬다.

ㄷ. A는 식물이 속한 생산자, B는 동물이 속한 소비자, C는 버섯과 곰팡이가 속한 분해자이다. 생물의 사체나 배설물을 분해하는 요소는 분해자(C)이다.

05

답 ⑤

자료 분석 생태계구성요소

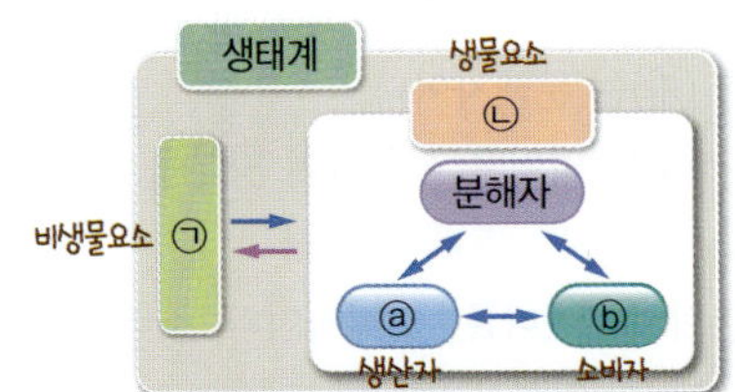

- 분해자에는 버섯, 곰팡이가 속해 있다. → ㉡은 생물요소이고, ㉠은 비생물요소이다.
- 광합성을 하는 생물은 스스로 양분을 만든다. → ⓐ는 광합성을 하여 양분을 얻는 생산자이고, ⓑ는 소비자이다.

⑤ 광합성을 하는 생물은 스스로 양분을 만든다. 따라서 ⓐ는 광합성을 하여 양분을 얻는 생산자이고, ⓑ는 소비자이다. 소비자(ⓑ)는 다른 생물을 먹이로 섭취하여 양분을 얻는다.

오답 피하기 ① 분해자는 생물요소(㉡)에 속하므로 ㉠은 비생물요소이다.

② 물과 토양은 모두 비생물요소(㉠)에 속한다.

③ 버섯과 곰팡이는 모두 생물의 사체나 배설물을 분해하는 분해자에 속한다.

④ 개체군은 한 생물종의 개체들로 이루어진 무리이다. 분해자와 생산자(ⓐ)는 서로 다른 생물종이므로 서로 다른 개체군을 구성한다.

06

답 ③

ㄱ. (가)는 광합성을 하므로 생산자이다. 생산자는 광합성을 통해 포도당과 같은 유기물을 합성(생산)함으로써 태양의 빛에너지를 화학 에너지로 전환한다.

ㄴ. 식물, 식물 플랑크톤, 조류 등은 모두 빛에너지를 흡수해 광합성을 하는 생산자(가)에 속한다.

오답 피하기 ㄷ. 개체군은 한 생물종의 개체들로 이루어진 무리이다. 따라서 생산자(가)에 속하는 서로 다른 생물종은 각각 서로 다른 개체군을 이룬다.

07

답 ④

ㄱ, ㄴ. (가)는 (나)보다 울타리조직이 발달해 잎의 두께가 더 두껍다. 따라서 (가)에서는 (나)에서보다 광합성이 활발하게 일어나므로 (가)는 강한 빛을 받는 곳에 있는 잎이고, (나)는 약한 빛을 받는 곳에 있는 잎이다. 빛의 세기에 따른 (가)와 (나)의 두께 차이는 생물이 빛에 적응한 사례이다.

오답 피하기 ㄷ. (나)는 (가)보다 약한 빛을 받는 곳에 있어 약한 빛을 효과적으로 흡수하고 이용하기 위해 두께가 얇은 잎이다.

08

답 ⑤

바다코끼리의 피하 지방층이 발달한 것은 서식지의 낮은 온도에서 몸의 표면을 통한 열의 방출을 억제하기 위한 적응 결과이다. 따라서 이와 가장 관련있는 비생물요소는 온도이다.

⑤ 사막여우가 북극여우보다 몸집이 작고 귀가 큰 것은 몸의 열을 쉽게 방출하기 위한 것이므로 온도와 관련된 상호 관계 사례이다.

오답 피하기 ① 곤충의 몸 표면이 키틴질로 되어 있는 것은 건조한 육상 환경에서 몸 표면을 통한 물의 증발을 억제하기 위한 적응 결과이므로 이는 물과 관련된 상호 관계 사례이다.

② 식물의 줄기는 빛을 향해 굽어 자람으로써 광합성을 효율적으로 할 수 있다. 따라서 이는 빛과 관련된 상호 관계 사례이다.

③ 함초는 염분이 높은 땅에서 산다. 고농도의 염분을 저장하는 조직이 발달하여 있으므로 수분을 잘 흡수할 수 있다. 이는 토양과 관련된 상호 관계 사례이다.

④ 연꽃의 줄기와 뿌리에 통기조직이 발달되어 있는 것은 공기가 부족한 수생 환경에서 효율적으로 기체 교환을 하기 위한 적응 결과이므로 이는 물과 관련된 상호 관계 사례이다.

09 답 ①

ㄱ. 도마뱀과 뱀의 몸 표면이 비늘로 덮여 있는 것은 건조한 육상 환경에서 몸의 표면을 통한 물의 손실을 줄이기 위해 적응한 결과이다. 따라서 이는 비생물요소(물)가 생물요소(도마뱀과 뱀)에 영향을 미친 사례이다.

오답 피하기 ㄴ. 고래의 배설물이 해양의 물질 순환에 도움을 주는 것은 생물요소(고래)가 비생물요소(물)에 영향을 미친 사례이다.
ㄷ. 지렁이가 토양에 구멍을 뚫어 토양의 통기성을 높이는 것은 생물요소(지렁이)가 비생물요소(토양)에 영향을 미친 사례이다.

10 답 ⑤

자료 분석 생물과 환경의 상호 관계

구분	사례
(가)	ⓐ 개구리는 겨울잠을 잔다. 비생물요소(온도) ⟶ 생물요소(개구리)
(나)	ⓑ 사슴은 가을에 번식을 한다. 비생물요소(빛) ⟶ 생물요소(사슴)
(다)	ⓒ 지렁이에 의해 ⓓ 토양이 비옥해진다. 생물요소(지렁이) ⟶ 비생물요소(토양)

- (가)는 개구리가 겨울의 낮은 온도에 적응한 사례이다. ➜ 비생물요소(온도)가 생물요소(개구리)에 영향을 미친 사례이다.
- (나)는 사슴의 번식이 일조 시간에 영향을 받는 사례이다. ➜ 비생물요소(빛)가 생물요소(사슴)에 영향을 미친 사례이다.
- (다)는 지렁이의 생명활동(예 낙엽 등의 분해)으로 토양이 영향을 받는 사례이다. ➜ 생물요소(지렁이)가 비생물요소(토양)에 영향을 미친 사례이다.

① 개구리의 겨울잠은 개구리가 낮은 온도에 적응한 결과이므로 (가)는 온도가 생물에 영향을 미친 사례이다.
② 개구리(ⓐ)와 사슴(ⓑ)은 모두 다른 생물을 먹이로 먹어 양분을 얻는 소비자에 속한다.
③ 사슴(ⓑ)과 지렁이(ⓒ)는 서로 다른 생물종이므로 같은 지역에 서식하는 사슴과 지렁이는 서로 다른 개체군을 이루며, 이 두 개체군은 다른 개체군과 함께 하나의 군집을 이룬다.
④ 토양(ⓓ)은 살아 있는 생물이 아니므로 비생물요소에 속한다.
오답 피하기 ⑤ 지렁이(생물요소)에 의해 토양(비생물요소)이 비옥해지는 것은 생물요소가 비생물요소에 영향을 미친 사례이다.

11 답 ⑤

① (가)는 광합성을 하여 양분(유기물)을 스스로 합성(생산)하는 생산자이다.
② 미역, 다시마 등의 해조류는 광합성을 하는 생산자(가)에 속한다.
③ 생태계의 생물요소와 비생물요소는 서로 영향을 주고받으며 상호작용을 한다.
④ 한라송이풀의 잎에 털이 나 있는 것은 서식지의 낮은 온도에서 열의 방출을 억제하기 위한 적응 결과이므로 비생물요소(온도)가 생물요소(한라송이풀)에 영향을 미치는 ㉠의 사례이다.
오답 피하기 ⑤ 토양의 깊이에 따라 서로 다른 종류의 세균이 분포하는 것은 토양의 깊이에 따라 환경 조건이 다르기 때문이므로 비생물요소(토양)가 생물요소(세균)에 영향을 미치는 ㉠의 사례이다.

12 답 ③

자료 분석 생물요소와 비생물요소의 상호 관계

구분	사례
(가)	뱀의 몸은 비늘로 덮여 있다.
(나)	?
(다)	?

몸집이 크고, 귀가 작은 북극여우 ㉠
몸집이 작고, 귀가 큰 사막여우 ㉡

- 뱀은 몸이 비늘로 덮여 있어 몸의 표면을 통한 물의 손실을 줄일 수 있다. 이는 건조한 육상 환경에 대한 적응 결과이다. ➜ (가)는 물이다.
- 북극여우는 몸집이 크고 귀가 작아서 몸의 표면을 통한 열의 방출이 억제된다. 이는 서식지의 낮은 온도에서 체온을 유지하기 위한 적응 결과이다. ➜ ㉠은 북극여우이다.
- 사막여우는 몸집이 작고 귀가 커서 몸의 표면을 통한 열의 방출이 촉진된다. 이는 서식지의 높은 온도에 적응한 결과이다. ➜ ㉡은 사막여우이다.

ㄱ. 뱀의 몸이 비늘로 덮여 있는 것은 건조한 육상 환경에서 몸의 표면을 통한 물의 손실을 억제하기 위한 적응 결과이다. 따라서 (가)는 물이다.
ㄷ. 북극여우와 사막여우의 모습 차이는 서식지의 온도에 적응한 결과이므로 (나)는 온도이고, (다)는 빛이다. 꾀꼬리가 일조 시간이 길어지는 봄에 번식하고, 노루가 일조 시간이 짧아지는 가을에 번식하는 것은 빛이 생물에 영향을 미친 사례이므로 (다)의 사례에 해당한다.
오답 피하기 ㄴ. ㉠은 몸집이 크고 귀가 작아 몸의 부피에 대한 표면적의 비율이 낮아 몸의 표면을 통한 열의 방출이 억제된다. 따라서 ㉠은 서식지의 낮은 온도에 적응한 북극여우이다. 반대로 ㉡은 몸집이 크고 귀가 커서 몸의 표면을 통한 열의 방출이 촉진된다. 따라서 ㉡은 서식지의 높은 온도에 적응한 사막여우이다.

13

(1) (가)는 여러 생물종으로 이루어진 군집이고, (나)는 비생물요소인 빛과 생물요소인 생산자가 모두 포함된 생태계이며, (다)는 개체군이다.
(2) 개체군은 같은 생물종의 개체들로 이루어진 무리이다.

채점 기준	배점(%)
같은 생물종의 개체들로 이루어져 있다는 내용을 옳게 설명한 경우	100
개체들로 이루어져 있다고만 설명한 경우	40

14 답 (가) 물, (나) 빛, (다) 온도

선인장의 잎이 가시로 변한 것은 물이 부족한 환경에 대한 적응 결과이고, 국화가 낮이 짧아지는 시기에 꽃이 피는 것은 빛에 대한 적응 결과이다. 아메리카 사막토끼와 북극토끼의 모습이 서로 다른 것은 서식지의 온도에 대한 적응 결과이다.

15

(1) 지렁이에 의해 토양이 비옥해지는 것은 생물요소(지렁이)가 비생물요소(토양)에 영향을 미친 사례이다. 따라서 (가)는 생물요소, (나)는 비생물요소이다.

(2) ㉡은 개구리가 추운 겨울의 낮은 온도에 적응해 겨울잠을 자는 것과 같이 비생물요소(나)가 생물요소(가)에 영향을 미치는 사례이다.

채점 기준	배점(%)
비생물요소가 생물요소에 영향을 미치는 사례를 옳게 설명한 경우	100
비생물요소가 생물요소에 영향을 미친다고만 설명한 경우	30

08강 생태계평형

기본 탄탄 문제 93쪽

1 먹이 관계 **2** 먹이그물 **3** 생태계평형 **4** 피라미드 **5** 회복

01 (1) × (2) ○ **02** (1) 화학 (2) (가) 3차 소비자, (나) 2차 소비자, (다) 1차 소비자, (라) 생산자 **03** (다) → (라) → (나) → (가) **04** (1) × (2) ○ (3) × **05** (1) 서식지파괴, 남획 등 (2) 이산화 탄소

01 답 (1) × (2) ○

(1) 복잡한 먹이그물이 형성된 생태계는 한 생물종이 사라져도 다른 생물종이 대체할 수 있으므로 단순한 먹이사슬이 형성된 생태계보다 생태계평형이 안정적으로 유지된다.

(2) 안정한 생태계에서는 한 영양단계의 개체수가 변했을 때 먹이 관계에 의해 다른 영양단계의 개체수가 변하면서 다시 생태계평형을 유지할 수 있다.

02 답 (1) 화학 (2) (가) 3차 소비자, (나) 2차 소비자, (다) 1차 소비자, (라) 생산자

(1) 생산자는 광합성을 하여 빛에너지를 화학(㉠) 에너지로 전환한다.

(2) 안정된 생태계에서 에너지양은 상위 영양단계로 갈수록 줄어드는 피라미드 형태를 나타내며, 피라미드의 가장 아래에는 생산자가, 가장 위에는 최종 소비자가 위치한다.

03 답 (다) → (라) → (나) → (가)

2차 소비자의 개체수가 일시적으로 감소하면 1차 소비자의 개체수 증가(다) → 2차 소비자의 개체수 증가와 생산자의 개체수 감소(라) → 1차 소비자의 개체수 감소(나) → 생산자의 개체수 증가(가)의 과정을 거쳐 생태계평형이 회복된다.

04 답 (1) × (2) ○ (3) ×

(1) 생산자의 개체수가 증가하면 1차 소비자는 먹이(생산자)가 많아져 개체수가 증가한다.

(2) 1차 소비자의 개체수가 감소하면 생산자는 1차 소비자에게 적게 먹혀 개체수가 증가한다.

(3) 2차 소비자의 개체수가 증가하면 1차 소비자는 2차 소비자에게 많이 먹혀 개체수가 감소한다.

05 답 (1) 서식지파괴, 남획 등 (2) 이산화 탄소

(1) 개발과 벌목에 의한 서식지파괴, 남획 등은 생태계평형을 파괴하는 인간의 활동이다.

(2) 기후 변화를 막고 생태계평형을 유지하기 위해 온실 기체인 이산화 탄소의 배출을 줄여야 한다.

실력 쑥쑥 문제 94~97쪽

01 ④ **02** ④ **03** ① **04** ② **05** ③ **06** ③ **07** ④ **08** ⑤ **09** ④ **10** ⑤ **11** ② **12** ③ **13** ③

단답형·서술형 문제

14 (1) 답 ㉠ 빛에너지, ㉡ 열에너지, ㉢ 화학 에너지 (2) 답 분해자

15 (1) 답 A, 생산자 (2) 예시 답안 한 영양단계의 에너지 중 생명 활동을 하는 데 쓰이거나 열에너지로 방출되고 남은 에너지의 일부가 상위 영양단계로 전달된다. 따라서 이 생태계에서 상위 영양단계로 갈수록 에너지양은 줄어든다.

16 예시 답안 1차 소비자의 개체수가 증가한 후, 2차 소비자의 개체수가 증가하고, 생산자의 개체수가 감소한다.

17 (1) 예시 답안 1차 소비자의 개체수가 감소해 먹이가 줄어들었기 때문이다. (2) 예시 답안 (가)에서는 생산자의 개체수가 감소하고, (나)에서는 1차 소비자의 개체수가 증가한다.

18 예시 답안 생물다양성을 감소시켜 생태계평형을 파괴한다.

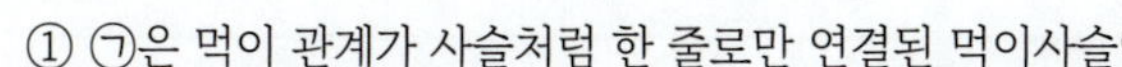

01 답 ④

① ㉠은 먹이 관계가 사슬처럼 한 줄로만 연결된 먹이사슬이다.
②, ③ ㉡은 여러 개의 먹이사슬(㉠)이 그물처럼 얽혀 있는 먹이그물이다. 먹이그물(㉡)이 복잡할수록 한 생물종을 대체할 수 있는 다른 생물종이 많으므로 생태계평형이 잘 유지된다.
⑤ ㉢은 광합성을 하여 태양의 빛에너지를 화학 에너지로 전환하는 생산자이다.

오답 피하기 ④ 생산자(㉢)는 양분을 합성하여 먹이 관계가 시작될 수 있게 하는 가장 하위 영양단계이다.

02 답 ④

자료 분석 생태계의 먹이 관계

- (가)에서는 8종의 생물이 복잡하게 얽혀서 먹이그물을 형성하고 있다. ➜ 생산자는 풀이고, 최종 소비자는 매와 올빼미이다.
- (나)에서는 4종의 생물이 한 줄로 먹이사슬을 형성하고 있다. ➜ 생산자는 풀이고, 최종 소비자는 매이다.

ㄴ. 메뚜기가 사라질 때 (가)에서는 개구리가 메뚜기 대신 들쥐를 먹이로 먹을 수 있지만, (나)에서는 개구리가 먹이로 먹을 수 있는 다른 생물이 없다. 따라서 메뚜기가 사라질 때 개구리도 같이 사라질 확률은 (가)에서가 더 낮으므로 생태계평형은 (가)에서가 (나)에서보다 잘 유지된다.
ㄷ. (나)에서 2차 소비자(개구리)가 가진 에너지 중 세포호흡을 통해 생명활동에 사용하고 열로 방출된 에너지를 제외한 나머지 에너지가 3차 소비자(매)에게 전달된다.

오답 피하기 ㄱ. (가)에서는 풀 → 메뚜기 → 들쥐 → 개구리의 먹이 관계가 형성되므로 개구리는 3차 소비자가 될 수 있지만, (나)에서는 풀 → 메뚜기 → 개구리의 먹이 관계만 형성되므로 개구리는 2차 소비자이다.

03 답 ①

ㄱ. 이 생태계에서 A와 F는 모두 먹이 관계의 가장 하위 영양단계인 생산자이다.

오답 피하기 ㄴ. B(1차 소비자)에서 E(2차 소비자)에게로 화학 에너지가 이동한다. 그러나 열에너지는 각 영양단계에서 방출되며, 상위 영양단계로 전달되지 않는다.
ㄷ. 이 생태계의 최종 소비자는 2차 소비자(C, E, H)이다.

04 답 ②

생산자는 광합성을 하여 태양의 빛에너지(㉠)를 흡수한 후 포도당과 같은 양분(유기물)을 만들어 양분 속에 화학 에너지를 저장한다. 생산자가 만든 양분은 먹고 먹히는 영양단계를 따라 생산자에서 최종 소비자에 이르기까지 화학 에너지(㉡) 형태로 이동하고, 각 영양단계의 모든 생물은 세포호흡을 통해 생명활동에 필요한 에너지를 얻고 이 과정에서 열에너지(㉢)를 방출한다.

개념 더하기 생태계에서 에너지의 전환

- 생태계에서 에너지는 태양의 빛에너지 → 유기물 속의 화학 에너지 → 생물의 생활 에너지 → 열에너지의 형태로 전환된다.
- 열에너지는 방출되므로 에너지는 순환하지 않고, 한 방향으로 흐른다. ➜ 태양의 빛에너지가 계속 공급되어야 생태계가 지속적으로 유지된다.

05 답 ③

ㄱ. 평형을 이룬 생태계에서는 생물의 종류, 개체수, 에너지의 이동 등이 안정적으로 유지된다.
ㄷ. 먹이 관계에 의해 한 영양단계가 변하면 하위 영양단계와 상위 영양단계도 각각 변하면서 생태계평형이 회복된다. 따라서 먹이 관계는 생태계평형을 유지하고 회복하는 데 중요한 요소이다.

오답 피하기 ㄴ. 먹이그물이 형성된 생태계는 먹이사슬만 형성된 생태계보다 먹이 관계가 복잡하므로 한 생물종의 역할을 대체할 다른 생물종이 많다. 따라서 생태계평형을 잘 유지할 수 있다.

06 답 ③

ㄱ. A는 생산자이다. 생산자(A)를 비롯한 모든 생물에서 세포호흡이 일어나며, 이 과정에서 열에너지를 방출한다.
ㄷ. (가)와 (나)에서 에너지양은 모두 상위 영양단계로 가면서 점점 줄어드는 피라미드 형태로 나타난다.

오답 피하기 ㄴ. B가 가진 에너지의 일부는 세포호흡을 통해 생명활동에 사용되며, 열에너지로 방출된다. 따라서 B가 가진 에너지의 일부만 C(1차 소비자)에게로 전달된다.

07 답 ④

① A는 생태피라미드의 가장 위에 있으므로 최종(3차) 소비자이다.
② B는 생태피라미드의 가장 아래에 있는 생산자(C)를 먹는 1차 소비자이다.
③ 생산자(C)는 광합성을 하여 포도당과 같은 양분(유기물)을 만들므로 빛에너지를 흡수해 양분 속 화학 에너지로 저장한다.
⑤ 1차 소비자(B)의 개체수가 증가하면 생산자(C)는 1차 소비자에게 많이 잡아먹히므로 개체수가 감소한다.

오답 피하기 ④ 3차 소비자(A)의 개체수가 감소하면 2차 소비자는 3차 소비자에게 적게 잡아먹히므로 개체수가 증가한다. 이로 인해 1차 소비자(B)는 2차 소비자에게 많이 잡아먹히므로 개체수가 감소한다.

08

답 ⑤

자료 분석 생태계평형의 회복

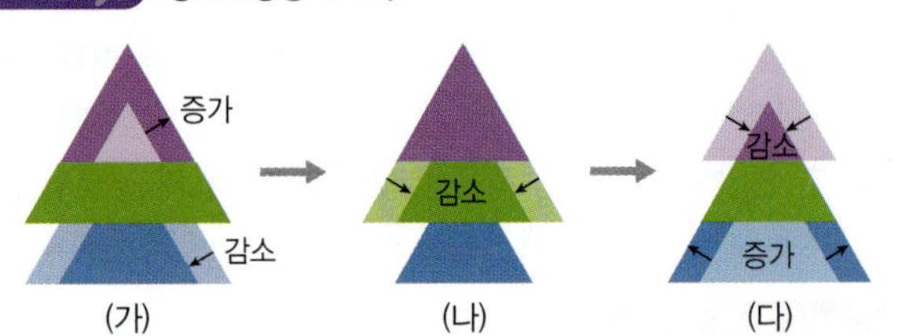

• (가): 2차 소비자는 먹이(1차 소비자)가 많아져 개체수가 증가했고, 생산자는 1차 소비자에게 많이 잡아먹혀 개체수가 감소했다.
• (나): 1차 소비자는 2차 소비자에게 많이 잡아먹히고, 먹이(생산자)가 줄어들어 개체수가 감소했다.
• (다): 2차 소비자는 먹이(1차 소비자)가 줄어들어 개체수가 감소했고, 생산자는 1차 소비자에게 적게 잡아먹혀 개체수가 증가했다.

ㄴ. (나)에서 개체수가 감소한 영양단계는 1차 소비자이다. (가)에서 생산자의 개체수가 감소하고, 2차 소비자의 개체수가 증가한 결과 (나)에서 1차 소비자는 먹이(생산자)가 줄어들고, 2차 소비자에게 많이 잡아먹혀 개체수가 감소했다.
ㄷ. (나)에서 1차 소비자의 개체수가 감소한 결과 (다)에서 2차 소비자는 먹이(1차 소비자)가 줄어들어 개체수가 감소했다.
오답 피하기 ㄱ. 생산자는 가장 하위 영양단계이다. 따라서 (가)에서 생산자의 개체수는 감소했으며, 이는 1차 소비자의 개체수가 증가하여 생산자가 1차 소비자에게 많이 잡아먹혔기 때문이다.

09

답 ④

생산자, 1차 소비자, 2차 소비자로 구성된 생태계에서 2차 소비자의 개체수가 일시적으로 증가하면 1차 소비자는 2차 소비자에게 많이 잡아먹혀 개체수가 감소하고, 생산자는 1차 소비자에게 적게 잡아먹혀 개체수가 증가한다. 1차 소비자의 개체수 감소로 2차 소비자는 먹이(1차 소비자)가 줄어들어 개체수가 감소한다. 그 결과 1차 소비자는 먹이(생산자)가 많아지고, 2차 소비자에게 적게 잡아먹혀 개체수가 증가하고, 생산자는 1차 소비자에게 많이 잡아먹혀 개체수가 감소하면서 생태계평형이 회복된다.

10

답 ⑤

ㄱ. 1차 소비자의 개체수가 변한 후 2차 소비자의 개체수가 증가하고, 생산자의 개체수가 감소하므로 ⓐ는 '증가'이다. 1차 소비자의 개체수가 증가(ⓐ)하면 2차 소비자는 먹이가 많아져 개체수가 증가하고, 생산자는 많이 잡아먹혀 개체수가 감소한다.
ㄴ. ㉠ 과정에서 1차 소비자의 개체수는 감소했지만 이 과정에서 1차 소비자는 생산자를 먹는다. 따라서 ㉠ 과정에서 생산자 → 1차 소비자 방향으로 유기물의 화학 에너지 형태로 에너지가 이동한다.
ㄷ. 1차 소비자의 개체수가 감소한 후 ㉡ 과정에서 2차 소비자는 먹이(1차 소비자)가 줄어들어 개체수가 감소하고, 생산자는 적게 잡아먹혀 개체수가 증가한다.

11

답 ②

자료 분석 생태피라미드와 생태계평형

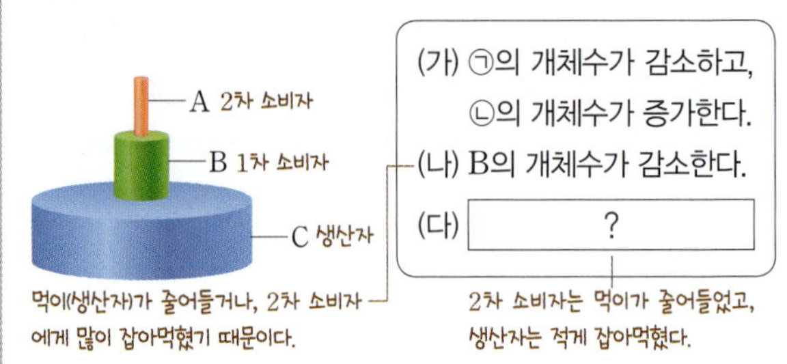

• 생태피라미드에서 위로 갈수록 상위 영양단계이다. → 가장 아래에 있는 C는 생산자이고, B는 1차 소비자, A는 2차 소비자이다.
• 1차 소비자(B)의 개체수가 감소하기 위해서는 먼저 2차 소비자의 개체수가 증가하거나, 생산자의 개체수가 감소해야 한다. → ㉠은 생산자(C)이고, ㉡은 2차 소비자(A)이다.

A는 2차 소비자, B는 1차 소비자, C는 생산자이다.
ㄷ. 1차 소비자(B)의 개체수가 증가하면 생산자는 1차 소비자에게 많이 잡아먹혀 개체수가 감소하고, 2차 소비자는 먹이가 많아져 개체수가 증가한다. 따라서 ㉠은 생산자인 C이고, ㉡은 2차 소비자인 A이다. 그 결과 1차 소비자는 먹이가 줄어들고, 2차 소비자에게 많이 잡아먹혀 개체수가 감소하며, 따라서 (다)에서 ㉠(생산자, C)은 1차 소비자에게 적게 잡아먹혀 개체수가 증가하고, ㉡(2차 소비자, A)은 먹이가 줄어들어 개체수가 감소한다.
오답 피하기 ㄱ. ㉠은 생산자인 C이다.
ㄴ. ㉡은 2차 소비자인 A이다. 2차 소비자는 1차 소비자(B)를 먹으므로 에너지는 1차 소비자에서 2차 소비자에게로 전달되며, 2차 소비자에서 1차 소비자에게로는 전달되지 않는다.

12

답 ③

ㄱ. 공기, 물, 토양 등과 같은 환경이 오염되면 생물의 서식지가 파괴되고, 생물의 생존이 어려워지므로 생물다양성이 감소(ⓐ)해 생태계가 파괴될 수 있다. 따라서 환경오염은 ㉠에 해당한다.
ㄴ. 남획에 의해 특정 생물종을 과도하게 많이 잡으면 개체수가 감소(ⓐ)할 수 있으며, 심한 경우 멸종에 처할 수도 있다.
오답 피하기 ㄷ. ㉠과 남획은 모두 생물다양성을 감소시켜 생태계에 서식하는 생물종의 수를 줄임으로써 먹이 관계를 단순하게 만드는 요인이다.

개념 더하기 생태계평형에 영향을 미치는 요인

• 인위적인 개발과 무분별한 벌목에 의한 서식지파괴, 환경오염(대기, 수질, 토양 등), 온실 기체의 증가에 의한 기후 변화(지구 온난화), 남획, 외래생물의 유입 등 다양한 요인이 있다.
• 인간의 활동과 관련이 깊다. → 생물의 생존을 어렵게 만들어 생물다양성을 감소시킴으로써 생태계평형을 깨뜨리는 요인으로 작용한다.
• 화산 활동, 지진 등의 자연적 요인도 있다.

13 답 ③

ㄱ. 멸종 위기종 복원이나 하천 복원 등은 생태계 복원(가)에 해당한다.

ㄴ. 단편화된 서식지를 연결하여 동물이 안전하게 이동할 수 있도록 하는 생태통로는 서식지의 단절(단편화)로 인한 피해를 줄일 수 있는 방안이다.

오답 피하기 ㄷ. 도시 숲과 옥상 정원은 각각 도시와 건물의 온도를 낮추어 냉방에 드는 에너지 소비를 줄이고, 이를 통해 생태계를 보전하기 위한 노력이다.

14 답 (1) ㉠ 빛에너지, ㉡ 열에너지, ㉢ 화학 에너지 (2) 분해자

(1) ㉠은 생산자가 광합성에 이용하는 빛에너지, ㉡은 1차 소비자가 세포호흡으로 방출하는 열에너지, ㉢은 1차 소비자에서 2차 소비자로 전달되는 화학 에너지이다.

(2) 생산자와 소비자로부터 모두 (가)에게로 에너지가 이동하므로 (가)는 다른 생물의 사체나 배설물을 분해하여 양분을 얻는 분해자이다.

개념 더하기 생태계에서 물질과 에너지의 이동

- 생태계에서 물질은 순환하지만, 에너지는 순환하지 않는다.
- 생물의 세포호흡으로 방출된 열에너지는 생물이 다시 이용하지 못하므로 생태계에서 에너지는 순환하지 않는다. 따라서 생태계가 유지되기 위해서는 태양의 빛에너지가 계속 공급되어야 한다.

15

자료 분석 에너지양피라미드와 광합성

영양단계	A 생산자	B 1차 소비자	C 2차 소비자
에너지양	100	20	2

(가)

이산화 탄소 + 물 ⟶ 포도당 + 산소

(나) 광합성

- 에너지양은 피라미드 형태를 나타내므로 상위 영양단계로 갈수록 에너지양이 감소한다. → A는 생산자, B는 1차 소비자, C는 2차 소비자이다.
- (나)는 생산자가 양분을 만드는 광합성이다.

(1) 이 생태계에서 에너지양은 피라미드 형태로 나타나므로 A는 생산자, B는 1차 소비자, C는 2차 소비자이고, (나)의 물질대사는 빛에너지를 흡수해 포도당을 합성하는 광합성이다.

(2) 한 영양단계의 에너지 중 세포호흡을 통해 생명활동에 사용하고 열로 방출된 에너지를 제외한 나머지 에너지만 상위 영양단계로 이동하므로 생태계에서 상위 영양단계로 갈수록 에너지양은 감소한다.

채점 기준	배점(%)
에너지의 일부를 생명활동에 사용하는 것, 열에너지가 방출되는 것, 일부 에너지만 상위 영양단계로 이동하는 것, 상위 영양단계로 갈수록 에너지양이 감소하는 것을 모두 포함하여 옳게 설명한 경우	100
에너지의 일부를 생명활동에 사용하는 것, 상위 영양단계로 갈수록 에너지양이 감소하는 것만 옳게 설명한 경우	50

16

2차 소비자의 개체수가 일시적으로 감소했으므로 (가)에서 1차 소비자는 2차 소비자에게 적게 잡아먹혀 개체수가 증가하고, 1차 소비자의 개체수가 증가한 결과 2차 소비자는 먹이(1차 소비자)가 많아져 개체수가 증가하며, 생산자는 1차 소비자에게 많이 잡아먹혀 개체수가 감소한다. 따라서 (가) 이후에 1차 소비자는 2차 소비자에게 많이 잡아먹히고, 먹이(생산자)가 줄어들어 개체수가 감소한다.

채점 기준	배점(%)
1차 소비자의 개체수 증가, 2차 소비자의 개체수 증가와 생산자의 개체수 감소를 모두 순서대로 옳게 설명한 경우	100
1차 소비자의 개체수 증가를 설명하고, 2차 소비자의 개체수 증가와 생산자의 개체수 감소 중 1가지만 옳게 설명한 경우	60

17

(1) 1차 소비자의 개체수가 감소하면 2차 소비자는 먹이(1차 소비자)가 줄어들어 개체수가 감소한다.

채점 기준	배점(%)
2차 소비자의 먹이가 1차 소비자임을 포함하여 먹이 감소를 옳게 설명한 경우	100
먹이 감소만 옳게 설명한 경우	70

(2) (가) 이후 1차 소비자의 개체수가 감소한 것은 생산자의 개체수가 감소해 1차 소비자의 먹이(생산자)가 줄어들었기 때문이고, (나)에서는 1차 소비자가 2차 소비자에게 적게 잡아먹히고, 먹이(생산자)가 많아져 1차 소비자의 개체수가 증가한다.

채점 기준	배점(%)
(가)에서의 생산자의 개체수 감소, (나)에서의 1차 소비자의 개체수 증가를 모두 옳게 설명한 경우	100
(가)에서의 생산자의 개체수 감소, (나)에서의 1차 소비자의 개체수 증가 중 1가지만 옳게 설명한 경우	50

18

남획, 환경오염, 무분별한 벌목, 온실 기체의 증가는 모두 생물의 생존을 어렵게 해 생물다양성을 감소시켜 생태계평형을 파괴하는 요인이다.

채점 기준	배점(%)
제시된 용어를 모두 포함하여 옳게 설명한 경우	100
제시된 용어 중 1가지만 포함하여 옳게 설명한 경우	50

09강 지구 환경의 변화

탐구 확인문제 101쪽

01 (1) ◯ (2) × (3) ◯ (4) × **02** ㄱ, ㄴ

01 답 (1) ◯ (2) × (3) ◯ (4) ×

(1) 지구는 태양 복사 에너지의 양과 지구 복사 에너지의 양이 같은 열수지 평형 상태에 있다.
(2) 지표에 유입되는 에너지양은 144, 대기에 유입되는 에너지양은 152로 서로 다르다.
(3) 구름은 대기와 함께 지구로 입사하는 태양 복사 에너지의 일부를 반사한다.
(4) 대기가 없는 경우 지표로 유입되는 에너지양은 100이다.

02 답 ㄱ, ㄴ

ㄱ. 대기 중 이산화 탄소 농도가 증가하면 지표로 재방출하는 복사 에너지의 양이 증가해 지표의 온도가 상승한다.
ㄴ. 대기 중 이산화 탄소 농도가 증가하면 지표에서 방출하는 지구 복사 에너지를 흡수하는 양이 증가하게 된다.
오답 피하기 ㄷ. 대기 중 이산화 탄소 농도가 증가하더라도 지구가 우주로 방출하는 에너지양은 유입된 에너지양(100)과 같다.

기본 탄탄 문제 102쪽

1 온실 효과 **2** 지구 온난화 **3** 사막화 **4** 동, 서 **5** 높

01 (1) × (2) ◯ (3) ◯ **02** ㉠ 상승, ㉡ 길어 **03** 30° 부근
04 강수량이 증가한다. **05** (1) × (2) ◯ (3) ◯

01 답 (1) × (2) ◯ (3) ◯

(1) 대기 중 온실 기체는 지구 복사 에너지를 대부분 흡수한다.
(2) 대기 중 온실 기체의 농도가 증가하면 대기가 지구 복사 에너지를 흡수하였다가 지표로 재방출하는 양이 증가해 지구 평균 기온이 상승하게 된다.
(3) 지구의 평균 기온은 온실 효과에 의해 대기가 없을 때보다 대기가 있을 때 높게 유지된다.

02 답 ㉠ 상승, ㉡ 길어

지구 온난화의 영향으로 해수의 열팽창, 대륙 빙하의 융해가 발생하여 해수면의 높이가 상승한다. 지구 온난화가 진행될수록 여름의 길이가 길어지고 열대야 일수가 증가한다.

03 답 30° 부근

위도 30° 부근은 대기 대순환에 의해 하강 기류가 형성되는 지역이다. 하강 기류가 형성되면 맑고 건조한 날이 지속되기 때문에 사막 또는 사막화 지역은 주로 위도 30° 부근에 분포한다.

04 답 강수량이 증가한다.

엘니뇨 발생 시 서쪽으로 이동하던 따뜻한 해수가 평상시보다 동쪽에 머물게 된다. 따라서 동태평양 적도 부근 해역에서는 깊은 곳에서 상승하던 찬 해수의 흐름이 약해진다. 이에 따라 평상시보다 수온이 높아지고 상승 기류가 발달하여 강수량이 증가한다.

05 답 (1) × (2) ◯ (3) ◯

(1) 인간 중심의 개발은 인위적으로 환경을 변화시켜 기후 변화에도 영향을 준다.
(2) 자원 절약, 대체 에너지 개발, 온실 기체 감축, 탄소 저감 기술 개발 등은 기후 변화를 억제하기 위한 방법들이다.
(3) 탄소 감축 노력 없이 화석 연료를 계속 사용할 경우 지구 평균 기온이 계속 상승할 것으로 예상되기 때문에 현재 전 세계 국가에서는 탄소 감축을 위한 노력을 하고 있다.

실력 쑥쑥 문제 103~105쪽

01 ④ **02** ② **03** ⑤ **04** ⑤ **05** ④ **06** ④ **07** ①
08 ⑤ **09** ② **10** ③ **11** ② **12** ②

단답형·서술형 문제

13 예시 답안 지구의 기온이 상승하여 해수의 열팽창이 일어나고 육지 빙하가 녹은 물이 바다로 유입되어 해수면의 높이가 점차 상승하기 때문이다.

14 답 자연적 원인: 대기 대순환의 변화, 가뭄, 인위적 원인: 과잉 방목, 삼림 벌채, 농경지 확장

15 예시 답안 엘니뇨 발생 시 무역풍이 약해져 서쪽으로 이동하는 따뜻한 해수의 흐름이 약해진다. 이에 따라 동태평양 해역에서는 깊은 곳에서 올라오는 찬 해수의 흐름이 약해지게 되고, 따라서 A의 기울기는 작아진다.

01 답 ④

ㄴ. 대기가 있는 경우 지구 복사 에너지를 흡수해 지표로 재방출하는 과정이 있어 대기가 없는 경우보다 지구 평균 기온이 더 높다.
ㄷ. 온실 효과를 일으키는 온실 기체에는 수증기, 이산화 탄소, 메테인, 오존 등이 있다.
오답 피하기 ㄱ. 온실 효과는 온실 기체가 지구 복사 에너지를 흡수하였다가 지표로 재방출시켜 지표면과 대기의 온도를 높게 유지하는 현상이다.

02

답 ②

자료 분석 우리나라 계절의 길이 변화

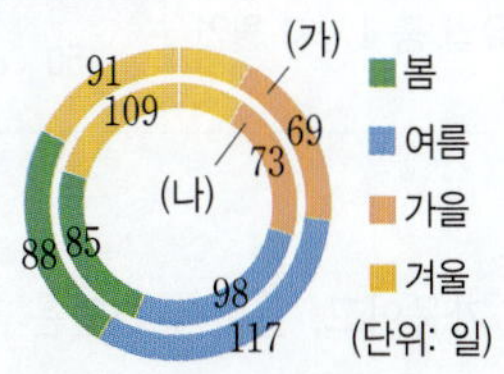

	(가)	(나)
봄	88일	85일
여름	117일	98일
가을	69일	73일
겨울	91일	109일

- 봄, 여름: (가)>(나)
- 가을, 겨울: (가)<(나)

(가)의 경우 여름의 길이가 117일, (나)의 경우 여름의 길이가 98일이다. 따라서 (가)는 최근 30년, (나)는 과거 30년을 나타낸 것이다.

ㄴ. (가) 시기(최근 30년)는 (나) 시기(과거 30년)보다 여름이 길다.

오답 피하기 ㄱ. 과거 30년의 계절 길이는 (나)이다.

ㄷ. (가) 시기(최근 30년)는 (나) 시기(과거 30년)보다 대기 중 이산화 탄소 농도가 높아져 지구 온난화에 의해 평균 기온이 상승하고 여름의 길이가 늘어났다.

03

답 ⑤

지구 온난화가 일어나면 지구 환경의 변화로 인해 생태계에 변화가 일어난다. 생물의 서식지가 변하거나 환경 변화에 적응하지 못한 생물들은 멸종하기도 한다. 또한 해수면의 높이가 상승하고 집중 호우, 폭염 등의 이상 기후 현상이 증가한다.

04

답 ⑤

자료 분석 지구의 열수지

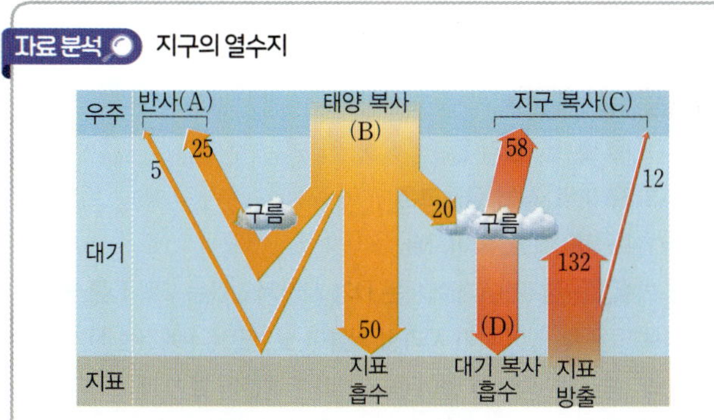

- 우주: 태양 복사(B)=반사(A)+지구 복사(C)
- 대기: 대기, 구름 흡수(20)+지표 방출(132)
  =대기, 구름 방출(58+D)
- 지표: 지표 흡수(50)+대기 복사 흡수(D)
  =지표 방출(132+12)

ㄱ. 태양 복사 에너지는 대기와 지표에서 반사되는 A와 지구 복사로 방출되는 C의 합이다. A는 30, B는 100, C는 70이다. 따라서 A=B−C이다.

ㄴ. 지구 대기는 태양 복사 에너지(B)는 대부분 흡수하지 않고 통과시킨다.

ㄷ. 그림에서 20+132=58+D가 성립하므로 D=94이다. 지구 온난화가 진행되면 대기가 흡수하였다가 지표로 재방출하는 에너지양(D)이 증가하게 된다. 따라서 지구 온난화가 진행되면 D는 94보다 커진다.

05

답 ④

ㄴ. 대기 대순환은 적도를 기준으로 대칭적으로 나타난다. 북반구와 남반구에는 위도별로 각각 해들리 순환, 페렐 순환, 극순환이 형성된다.

ㄷ. 지구는 위도에 따라 에너지 불균형이 나타나는데 대기와 해수의 순환은 저위도의 남는 에너지를 고위도로 수송함으로써 지구의 에너지 평형에 기여한다.

오답 피하기 ㄱ. 극지방에서는 차가운 공기가 하강하는 흐름이 나타난다.

06

답 ④

ㄱ. 사막화 지역은 주로 사막 부근에 발달한다.

ㄷ. 농작물 과잉 경작, 삼림 벌채와 같은 인간 활동은 사막화를 가속한다.

오답 피하기 ㄴ. 하강 기류가 나타나 맑고 건조한 날씨가 지속되어 사막이 발달하는 지역은 위도 30° 부근이다.

07

답 ①

ㄱ. 엘니뇨가 발생하면 평상시보다 동태평양 적도 부근 해역의 표층 수온이 높게 나타난다. 따라서 엘니뇨 발생 시의 표층 수온 분포는 (나)이다.

오답 피하기 ㄴ. 엘니뇨는 무역풍의 세기가 약해지면서 발생한다. 따라서 엘니뇨가 발생하면 평상시보다 무역풍에 의해 발생하는 남적도 해류의 흐름도 약해진다. 따라서 남적도 해류의 흐름은 평상시인 (가)일 때 더 강하다.

ㄷ. 서쪽으로 이동하던 표층 해수가 엘니뇨 발생 시에는 평상시보다 덜 이동하게 되므로 동태평양 적도 해역의 해수면 높이는 평상시인 (가)보다 엘니뇨 발생 시인 (나)일 때 더 높다.

개념 더하기 엘니뇨와 라니냐

구분	엘니뇨	라니냐
무역풍 세기	평상시보다 약하다.	평상시보다 강하다.
해수의 이동	평상시보다 서쪽으로 따뜻한 해수가 덜 이동한다.	평상시보다 서쪽으로 따뜻한 해수가 더 이동한다.
서태평양 기후	강수량이 적은 건조한 날씨가 지속된다.	강수량이 많은 날씨가 지속된다.
동태평양 기후	강수량이 많은 날씨가 지속된다.	강수량이 적은 건조한 날씨가 지속된다.
사례	동남아시아, 오스트레일리아 지역에 폭염, 가뭄, 산불이 발생하여 농작물 수확량이 감소한다.	북아메리카 지역에 강력한 한파가 발생하여 농작물 수확량이 감소한다.

08 답 ⑤

(가)는 평상시, (나)는 엘니뇨 발생 시의 대기 순환이다.
ㄱ. 무역풍의 평균 풍속은 평상시가 엘니뇨 발생 시보다 강하다.
ㄴ. 동태평양 적도 해역의 수온은 따뜻한 해수가 서쪽으로 덜 이동하는 엘니뇨 발생 시가 평상시보다 더 높게 나타난다.
ㄷ. 서태평양 적도 해역의 강수량은 서태평양 적도 해역의 표층 수온이 더 높은 평상시가 엘니뇨 발생 시보다 더 많다.

09 답 ②

엘니뇨 발생 시에는 무역풍이 약화되어 따뜻한 표층 해수가 평상시보다 서쪽으로 덜 이동하게 된다. 이에 따라 서태평양 해역은 평상시보다 건조해져 쉽게 산불이 발생할 수 있다. 또한 동태평양 해역은 서쪽으로 이동하지 못한 따뜻한 해수로 인해 평상시보다 상승 기류가 발달하여 평상시보다 강수량이 많아진다.

10 답 ③

ㄱ. 지구 환경이 현재와 다르게 변화하면 다양한 생물종이 변화한 환경에 적응하지 못해 멸종 위기에 처하게 된다.
ㄷ. 지구 온난화에 의해 폭우, 강력한 태풍, 가뭄, 사막화 등의 이상 기후가 발생한다.
오답 피하기 ㄴ. 지구 온난화에 의해 해수의 온도가 상승하면 해수의 부피가 증가하여 해수면 상승의 원인이 된다.

11 답 ②

이산화 탄소 배출량이 지속적으로 증가하고 있는 A는 탄소 감축에 적극적으로 노력하지 않았을 때를 나타낸 것이고, 이산화 탄소 배출량이 감소하고 있는 B는 탄소 감축에 적극적으로 노력했을 때를 나타낸 것이다.
ㄴ. A일 때(탄소 감축에 적극적으로 노력하지 않았을 때)보다 B일 때(탄소 감축에 적극적으로 노력했을 때) 대기 중 이산화 탄소 농도가 감소하여 지구 평균 기온이 더 낮을 것이다.
오답 피하기 ㄱ. 탄소 감축에 적극적으로 노력했을 때의 이산화 탄소 배출량은 B이다.
ㄷ. 지구 온난화에 의해 여름철의 길이가 증가하게 된다. 따라서 A일 때(탄소 감축에 적극적으로 노력하지 않았을 때)가 B일 때(탄소 감축에 적극적으로 노력했을 때)보다 여름철의 길이가 더 길 것이다.

12 답 ②

화석 연료 사용이 증가하면 대기 중 이산화 탄소 농도가 증가하고, 이로 인해 지구가 따뜻해진다. 지구 온난화에 의해 대륙 빙하의 면적이 감소하면 지표면의 반사율은 감소한다. 대륙 빙하 면적 감소와 함께 해수의 온도 상승에 의한 열팽창으로 해수면의 높이가 상승하여 육지의 면적은 감소한다.

13

지구의 기온이 상승하여 해수의 열팽창이 일어나고 육지 빙하가 녹은 물이 바다로 유입되어 해수면의 높이가 점차 상승한다.

채점 기준	배점(%)
해수의 열팽창과 육지 빙하의 녹은 물 유입을 포함하여 해수면 높이 변화를 설명한 경우	100
해수의 열팽창과 육지 빙하의 녹은 물 유입 중 1가지 원인으로만 해수면 높이 변화를 설명한 경우	50

14

자연적 원인은 대기 대순환의 변화, 가뭄이고, 인위적 원인은 과잉 방목, 삼림 벌채, 농경지 확장이다.

15

엘니뇨 발생 시 무역풍이 약해져 서쪽으로 이동하는 따뜻한 해수의 흐름도 약해진다. 이에 따라 동태평양 해역에서는 깊은 곳에서 올라오는 찬 해수의 흐름이 약해지게 되고, 따라서 A의 기울기는 작아진다.

채점 기준	배점(%)
무역풍 약화, 서쪽으로 이동하는 따뜻한 해수의 흐름 약화, 동태평양 해역에서 찬 해수의 상승 흐름 약화, A의 기울기 감소를 연결지어 옳게 설명한 경우	100
A의 기울기가 감소하는 과정을 일부만 제시하여 설명한 경우	50

108～111쪽

01 ① 02 ④ 03 ④ 04 ⑤ 05 ② 06 ② 07 ⑤
08 ⑤ 09 ① 10 ⑤ 11 ④ 12 ②

단답형·서술형 문제

13 (1) 답 빛, 물, 공기 등
(2) 답 미역, 식물 플랑크톤

14 (1) 답 먹이그물, 먹이사슬
(2) 예시 답안 (가), (가)에서는 D가 사라져도 G는 C와 E를 먹이로 먹을 수 있어 G가 사라질 확률이 낮지만, (나)에서는 D가 사라지면 G는 먹이가 없어 G도 사라질 확률이 높기 때문이다.

15 예시 답안 A: 생산자, B: 1차 소비자, 생산자(A)가 1차 소비자(B)에게 많이 잡아먹혔기 때문이다.

16 (1) 예시 답안 A와 B의 면적은 거의 같다. 지구는 흡수하는 태양 복사 에너지의 양만큼 지구 복사 에너지를 방출하기 때문이다.
(2) 답 대기의 순환, 해수의 순환

17 예시 답안 지구의 평균 기온 편차가 클수록 이산화 탄소 농도가 높다.

18 예시 답안 ㉠보다 높게 나타난다. 발포 비이타민은 물과 만나면 이산화 탄소가 발생한다. 이산화 탄소는 온실 기체이기 때문에 전등의 에너지를 받았을 때 온실 효과를 일으키기 때문이다.

01

답 ①

ㄱ. (가)는 빛, 공기, 토양, 물 등으로 이루어진 비생물요소이다. 온도도 비생물요소(가)에 속한다.

오답 피하기 ㄴ. (나)는 생물요소이며, 생물요소는 생산자, 소비자, 분해자(A)로 구분된다. 분해자는 생물의 사체나 배설물을 분해하며, 빛에너지를 흡수해 포도당을 합성하는 생물은 생산자이다.
ㄷ. 선인장의 잎이 가시로 변한 것은 건조한 환경에서 잎을 통한 물의 손실을 줄여 체내 수분을 보존하기 위한 적응 결과이므로 비생물요소(가)가 생물요소(나)에 영향을 미친 사례이다.

02

답 ④

① 곰팡이와 같은 분해자에 의해 낙엽이 분해(㉠)된다.
② 식물은 광합성으로 양분을 만들고, 이 과정에서 산소를 발생시켜 공기의 성분을 변화시킨다. 따라서 식물은 ㉡에 해당한다.
③ 여우나 토끼와 같이 체온을 일정하게 유지하는 동물은 추운(㉢) 지역에 살수록 몸집이 커지고 말단 부위가 작아지는 경향이 있어 몸의 부피에 대한 표면적의 비율이 낮다.
⑤ (가)는 식물의 낙엽이 토양에 영향을 미친 사례이고, (나)는 광합성을 하는 식물과 같은 생물이 공기에 영향을 미친 사례이므로 모두 생물요소가 비생물요소에 영향을 미친 사례이다.

오답 피하기 ④ 여우와 토끼는 서로 다른 생물종이므로 각각 서로 다른 개체군에 속한다.

03

답 ④

ㄱ. 사슴이 가을에 번식을 시작하는 것은 일조 시간(빛이 비치는 시간)에 적응한 결과이다. 따라서 빛은 (가)에 해당한다.
ㄷ. 두 여우의 생김새 차이는 비생물요소(온도)가 생물요소(여우)에 영향을 미친 사례이다.

오답 피하기 ㄴ. 여우는 몸집에 비해 귀와 꼬리가 짧을수록 몸의 표면을 통한 열의 방출이 억제된다. 따라서 ㉠은 ㉡보다 추운 고위도 지역에 서식한다.

04

답 ⑤

자료 분석 영양단계와 에너지양

영양단계	에너지양
A	5
B	1
C	60

(가)

영양단계	에너지양
A	1
B	0.1
C	100

(나)

- 에너지양은 피라미드 형태를 나타내므로 상위 영양단계로 갈수록 감소한다. ➔ C는 생산자, A는 1차 소비자, B는 2차 소비자이다.
- 개체수도 피라미드 형태를 나타내므로 상위 영양단계로 갈수록 개체수가 감소한다. ➔ (가)에서 개체수는 생산자(C) > 1차 소비자(A) > 2차 소비자(B)이다.

(가)에서 에너지양은 피라미드 형태이므로 상위 영양단계로 갈수록 감소한다. 따라서 (가)에서 에너지양이 가장 많은 C는 생산자, A는 1차 소비자, 에너지양이 가장 적은 B는 2차 소비자이다.
① (가)에서 개체수는 피라미드 형태이므로 1차 소비자(A)가 2차 소비자(B)보다 많다.
② 모든 영양단계의 생물은 세포호흡을 통해 생명활동에 필요한 에너지를 얻고, 이 과정에서 열에너지를 방출한다.
③ 생산자(C)는 광합성을 하므로 빛에너지를 화학 에너지로 전환하여 포도당과 같은 양분 속에 저장한다.
④ (나)에서 생산자(C)는 1차 소비자(A)에게 먹힌다. 따라서 생산자가 생명활동에 사용하고 남은 유기물과 에너지 일부가 1차 소비자에게로 이동한다.

오답 피하기 ⑤ (가)에서 1차 소비자(A)의 에너지양은 5이고, (나)에서 2차 소비자(B)의 에너지양은 0.1이다.

05

답 ②

ㄴ. ㉠은 생산자, ㉡은 1차 소비자이다. (가) 이후 생산자의 개체수가 감소(ⓐ)한 것은 (가)에서 1차 소비자의 개체수가 증가하여 생산자가 많이 잡아먹혔기 때문이다.

오답 피하기 ㄱ. 2차 소비자의 개체수가 감소했으므로 (가)에서는 1차 소비자가 2차 소비자에게 적게 잡아먹혀 개체수가 증가한다. 반면 (가) 이후 2차 소비자의 개체수가 증가했고, 생산자의 개체수가 감소했으므로 (나)에서는 1차 소비자가 2차 소비자에게 많이 잡아먹히고, 먹이(생산자)량이 줄어들어 개체수가 감소한다.
ㄷ. 빛에너지의 흡수는 광합성을 하는 생산자(㉠)에서만 일어나지만, 생산자(㉠)와 1차 소비자(㉡)는 모두 세포호흡을 통해 열에너지를 방출한다.

06

답 ②

자료 분석 먹이 관계와 생태계평형

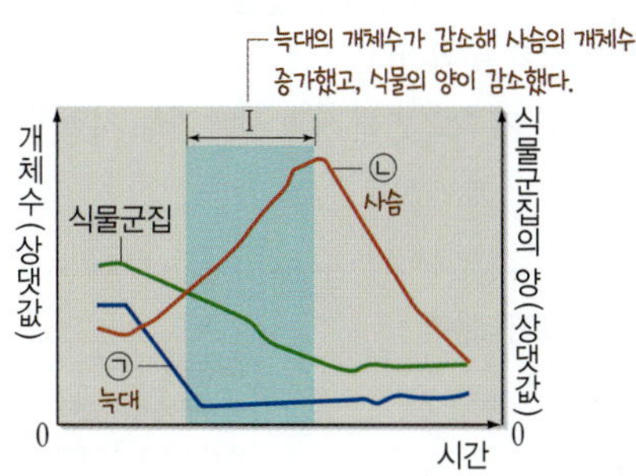

- 먹이 관계는 식물(생산자) → 사슴(1차 소비자) → 늑대(2차 소비자)이다.
- 사슴의 개체수가 감소하면 늑대는 먹이가 줄어들어 개체수가 감소하고, 식물은 적게 잡아먹혀 양이 증가한다. 따라서 ㉠은 사슴이 아니다. ➔ ㉠은 늑대이고, ㉡은 사슴이다.
- Ⅰ에서 늑대의 개체수는 감소했고, 사슴의 개체수는 증가했다. ➔ 늑대의 개체수가 감소해 사슴이 적게 잡아먹혀 개체수가 증가한 것이다.

식물은 생산자, 사슴은 1차 소비자, 늑대는 2차 소비자이다. 늑대의 개체수가 증가하면 사슴은 늑대에게 많이 잡아먹혀 개체수가 감소하고, 식물은 사슴에게 적게 잡아먹혀 개체수가 증가한다. 그런데 ㉡의 개체수가 증가하는 동안 ㉠의 개체수와 식물의 양이 모두 감소했으므로 ㉡은 1차 소비자인 사슴이고, ㉠은 2차 소비자인 늑대이다.

ㄷ. Ⅰ에서 식물의 양이 감소한 것은 사슴(㉡)의 개체수가 증가하면서 사슴에게 많이 잡아먹혔기 때문이다.

오답 피하기 ㄱ. ㉠은 사슴(1차 소비자)을 잡아먹는 늑대이므로 2차 소비자이다.

ㄴ. Ⅰ에서는 늑대(㉠)의 개체수가 감소해 사슴(㉡)이 늑대에게 적게 잡아먹혀 개체수가 증가했다.

07

답 ⑤

ㄱ. 대기 중 온실 기체 농도가 높아지면 대기가 지구 복사 에너지를 더 많이 흡수하였다가 재방출하게 되는데, 이 과정에서 지표 흡수(B)와 지표 방출(A)이 모두 증가한다.

ㄴ. 화산 분출에 의해 방출된 화산재는 반사율(C)을 증가시킨다.

ㄷ. C=100−70=30이다.

08

답 ⑤

ㄱ. 그림을 통해 1980년 이후 북극해 얼음 면적이 지속적으로 감소하고 있음을 알 수 있다.

ㄴ. 3월(붉은색 선)의 북극해 얼음 면적보다 9월(파란색 선)의 북극해 얼음 면적이 더 많이 감소하였다.

ㄷ. 이와 같은 얼음 면적의 변화는 지구 온난화에 의해 발생한 것이다. 따라서 대기 중 탄소 배출을 억제하는 것은 북극해 얼음 면적 변화를 줄일 수 있는 방법이 된다.

09

답 ①

ㄱ. 여름은 123일 → 135일 → 152일로 늘어난다.

오답 피하기 ㄴ. 겨울이 시작되는 날은 11월 28일 → 12월 1일 → 12월 8일로 점차 늦어진다.

ㄷ. 점차 따뜻한 기후로 변해 사과 재배 가능 지역이 북상할 것이다.

10

답 ⑤

ㄱ. 위도 30° 부근에서는 대기 대순환에 의해 하강 기류가 형성되어 맑고 건조한 날씨가 나타난다.

ㄴ. 적도 부근에서는 상승 기류에 의해 저압대가 형성되어 구름이 만들어지고 강수량이 많아진다.

ㄷ. 대기 대순환으로 바람이 해수의 표면에서 연속적으로 불 때 표층 해류의 일정한 흐름이 만들어진다.

11

답 ④

ㄴ. 과잉 경작, 무분별한 삼림 벌채는 사막 주변의 생태계를 파괴해 사막화를 가속한다.

ㄷ. 사막화가 진행될수록 사막이 확장되어 토양이 황폐해진다. 식물에 의해 토양이 고정되는 효과가 사라지므로 주변 지역에 황사 발생이 증가한다.

오답 피하기 ㄱ. 사막은 강수량이 많은 적도보다는 맑고 건조한 날씨가 계속되는 위도 30° 부근에 주로 분포해 있다. 사막화 지역은 사막 주변을 중심으로 넓은 위도 범위에서 발생한다.

12

답 ②

(가)는 평상시, (나)는 엘니뇨 발생 시이다.

ㄷ. 엘니뇨 발생 시에는 평상시보다 B 해역의 표층 수온이 높게 나타난다. 따라서 B 해역의 강수량은 (가)보다 (나)일 때 많다.

오답 피하기 ㄱ. (가)는 평상시, (나)는 엘니뇨 발생 시의 대기 순환이다.

ㄴ. 엘니뇨 발생 시에는 무역풍 약화에 의해 동태평양의 따뜻한 표층 해수가 서태평양으로 적게 이동해 평상시보다 A 해역의 표층 수온이 낮게 나타난다.

13

답 (1) 빛, 물, 공기 등 (2) 미역, 식물 플랑크톤

(1) 생태계의 비생물요소에는 빛, 공기, 온도, 물, 토양 등이 있다.

(2) 미역과 식물 플랑크톤은 모두 광합성을 하여 양분을 스스로 만드는 생산자에 속한다.

14

(1) (가)에서는 여러 개의 먹이사슬이 얽혀 있는 먹이그물이 나타나고, (나)에서는 먹이 관계가 한 줄로만 연결되어 있는 먹이사슬이 나타난다.

(2) (가)에서는 D가 사라져도 G는 C와 E를 먹이로 먹을 수 있어 G가 사라질 확률이 낮지만, (나)에서는 D가 사라지면 G는 먹이가 없어 G도 사라질 확률이 높기 때문에 생태계평형이 보다 잘 유지되는 생태계는 먹이 관계가 복잡한 (가)이다.

채점 기준	배점(%)
(가)를 쓰고, (가)에서는 C와 E가 있어 G가 사라질 확률이 낮다는 것과 (나)에서는 먹이가 없어 G가 사라질 확률이 높다는 것을 모두 포함하여 옳게 설명한 경우	100
(가)를 쓰고, (가)에서는 C와 E가 있어 G가 사라질 확률이 낮다는 것과 (나)에서는 먹이가 없어 G가 사라질 확률이 높다는 것 중 1가지만 포함하여 옳게 설명한 경우	60

15

A의 개체수가 증가하자 B의 개체수가 증가했으므로 A는 먹이인 생산자이고, B는 생산자(A)를 먹는 1차 소비자이다. 따라서 1차 소비자의 개체수가 증가한 후 생산자(A)의 개체수가 감소(㉠)한 것은 생산자가 1차 소비자에게 많이 잡아먹혔기 때문이다.

채점 기준	배점(%)
A와 B의 영양단계를 각각 옳게 쓰고, 1차 소비자(B)에게 많이 잡아먹혔기 때문이라고 옳게 설명한 경우	100
A와 B의 영양단계만 옳게 쓴 경우	50

16

자료 분석 위도에 따른 복사 에너지양 분포

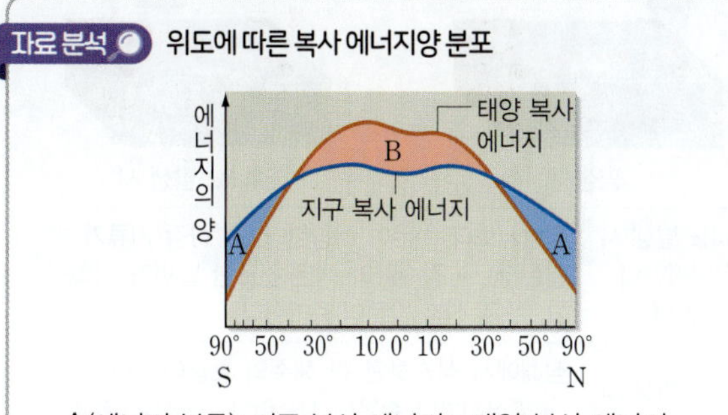

- A(에너지 부족): 지구 복사 에너지 > 태양 복사 에너지
- B(에너지 과잉): 지구 복사 에너지 < 태양 복사 에너지
- 대기와 해수의 순환에 의해 저위도의 과잉 에너지가 고위도로 이동하여 지구 전체의 에너지 평형을 이룬다.

(1) A와 B의 면적은 거의 같게 나타난다. 지구는 흡수하는 태양 복사 에너지의 양만큼 지구 복사 에너지를 방출하기 때문이다.

채점 기준	배점(%)
A와 B의 면적이 같은 까닭을 옳게 설명한 경우	100
A와 B의 면적이 같다고만 설명한 경우	50

(2) 대기와 해수의 순환이 지구의 에너지 불균형을 해소한다.

17

지구의 평균 기온 편차가 클수록 이산화 탄소 농도가 높다.

채점 기준	배점(%)
지구의 평균 기온 편차와 이산화 탄소 농도의 관계를 옳게 추론하여 설명한 경우	100

18

발포 바이타민은 물과 만나면 이산화 탄소가 발생한다. 이산화 탄소는 온실 기체이기 때문에 전등의 에너지를 받았을 때 온실 효과를 일으켜 발포 바이타민을 넣은 페트병 B의 온도가 페트병 A의 온도보다 높게 나타난다.

채점 기준	배점(%)
B의 최고 온도를 옳게 예상하고, 그 까닭을 이산화 탄소와 연관 지어 옳게 설명한 경우	100
B의 최고 온도만 옳게 예상한 경우	30

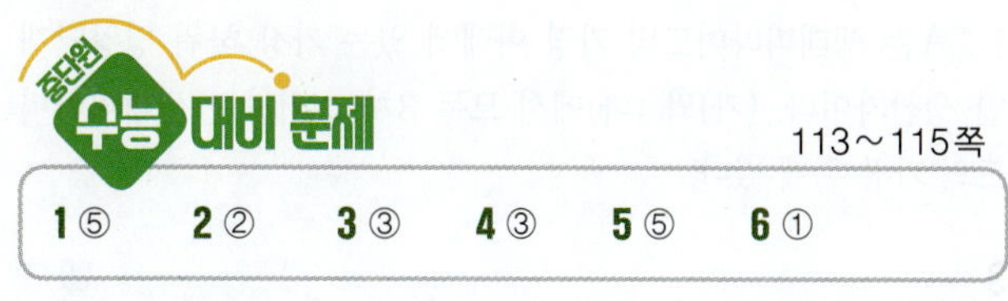

113~115쪽

1 ⑤ **2** ② **3** ③ **4** ③ **5** ⑤ **6** ①

1 답 ⑤

자료 분석 생태계구성요소와 상호 관계

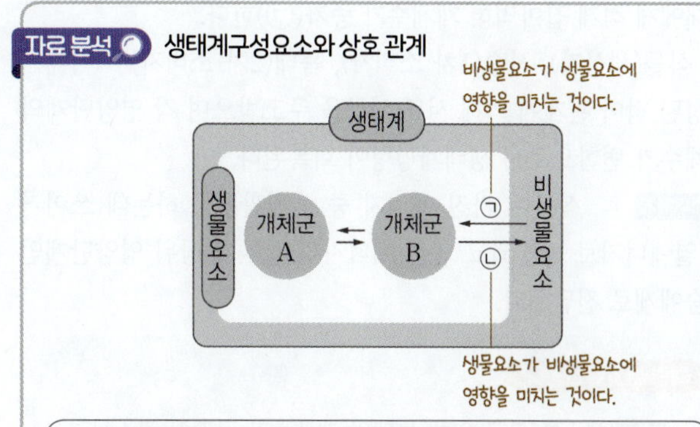

- ⓐ X는 광합성을 통해 산소를 방출함으로써 공기 중의 산소 농도를 높인다. X는 생물요소(생산자)이고, 공기는 비생물요소이다.
- X는 여러 생물에게 먹이와 서식지를 제공함으로써 숲에 사는 생물의 ⓑ 종다양성을 높인다. 다양한 생물종이 서식하는 것이다.

- ㉠은 비생물요소가 생물요소에 영향을 미치는 것이고, ㉡은 생물요소가 비생물요소에 영향을 미치는 것이다.
- X는 광합성을 한다. → X는 생물요소에 속하는 생물이며, 스스로 양분을 만드는 생산자에 속한다.

ㄱ. X는 살아 있는 생물이므로 생태계의 생물요소에 속하며, 생물요소는 여러 개체군이 모여 군집을 형성하므로 X는 생물요소에 속한다.

ㄷ. 종다양성(ⓑ)은 일정한 지역에 다양한 생물종이 서식하는 것을 의미하며, 서식하는 생물종의 수가 많고, 각 생물종의 분포 비율이 균등할수록 종다양성이 높다.

오답 피하기 ㄴ. X의 광합성으로 공기 중의 산소 농도가 높아지는 것은 생물요소(식물)가 비생물요소(공기)에 영향을 미친 사례이므로 ㉡에 해당한다. ㉠은 비생물요소가 생물요소에 영향을 미치는 상호 관계이다.

2 답 ②

생태피라미드는 안정한 생태계에서 에너지양, 개체수, 생물량 등이 하위 영양단계에서 상위 영양단계로 가면서 점점 감소하는 것을 나타낸 것이다. 따라서 생태피라미드의 가장 아래에는 가장 하위 영양단계가 있고, 가장 위에는 가장 상위 영양단계가 있다. (가)에서 2차 소비자의 에너지양은 15이므로 (나)에서 1차 소비자의 에너지양(㉠)은 150이다.

ㄷ. (가)에서는 상위 영양단계로 갈수록 에너지양이 1000 → 100 → 15 → 3으로 감소하고, (나)에서도 상위 영양단계로 갈수록 에너지양이 1000 → 150(㉠) → 20 → 5로 감소한다.

오답 피하기 ㄱ. (나)에서 1차 소비자의 에너지양인 ㉠은 $15\times10=150$이다.

ㄴ. A는 생태피라미드의 가장 아래에 있는 가장 하위 영양단계인 생산자이다. (가)와 (나)에서 모두 3차 소비자는 생태피라미드의 가장 위에 있다.

3 답 ③

ㄱ. 늑대(2차 소비자)의 개체수가 감소하면 사슴(1차 소비자)은 늑대에게 적게 잡아먹혀 개체수가 증가(㉠)한다.

ㄴ. 식물(생산자), 사슴(1차 소비자), 늑대(2차 소비자) 사이에서 형성된 먹이 관계에 의해 서로 영향을 주고받으며 각 영양단계의 개체수가 변함으로써 생태계평형이 회복된다.

오답 피하기 ㄷ. 식물이 가진 에너지 중 생명활동을 하는데 쓰이거나 열에너지로 방출되고 남은 에너지의 일부가 상위 영양단계인 사슴에게로 전달된다.

> **이런 보기도 나온다!** 답 ㄹ. ○ ㅁ. ○ ㅂ. ×
>
> ㄹ. (가)에서 남획으로 인해 늑대의 개체수가 급격히 감소하면서 결과적으로 초원까지 황폐해지게 되었으므로 남획은 생태계평형을 파괴한 환경 변화 요인이다.
>
> ㅁ. (라)에서 늑대와 사슴은 모두 생명활동에 필요한 에너지를 얻기 위해 양분을 분해하는 세포호흡을 하며, 이 과정에서 열에너지를 방출한다.
>
> ㅂ. (라)에서 사슴은 늑대에게 많이 잡아먹혀 개체수가 감소(㉡)하였으므로 (마)에서 식물은 사슴에게 적게 잡아먹혀 양이 증가(㉠)하였다.

4 답 ③

ㄱ. 1975년 이후 기온 상승은 아시아가 전 지구보다 급격하게 나타난다.

ㄷ. (나)를 통해 A 기간 동안 전 지구의 CO_2 농도가 높아지는 경향을 파악할 수 있다.

오답 피하기 ㄴ. 하와이가 남극보다 CO_2 농도 연교차가 크다.

5 답 ⑤

자료 분석 하강 기류가 나타나는 지역

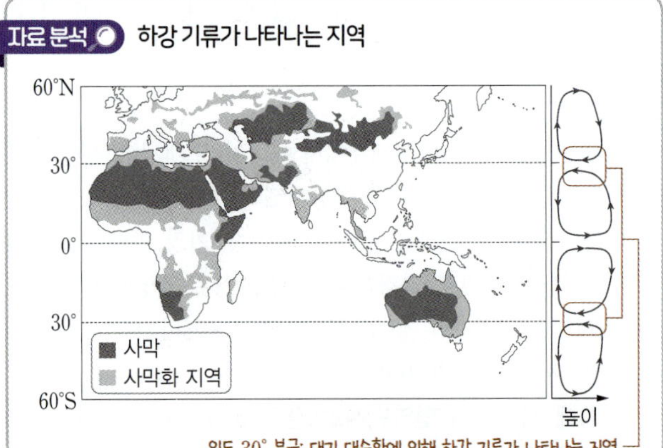

하강 기류가 나타나는 지역에서는 압력이 상승하여 기온이 높아지고, 이에 따라 구름 생성이 제한되고 강수량이 감소한다. → 맑고 건조한 날씨가 지속되어 사막이 분포하게 된다.

ㄱ. 사막은 주로 대기 대순환의 하강 기류가 나타나 맑고 건조한 날이 지속되는 위도 30° 부근에 주로 분포한다.

ㄴ, ㄷ. 사막화가 진행되는 지역에서는 토양이 황폐해져 농작물 생산량이 감소하고 식물에 의해 고정되지 않은 토양은 바람에 쉽게 날려 황사가 될 수 있다. 따라서 중국과 몽골의 사막화는 우리나라의 황사 발생 일수를 증가시킬 수 있다.

6 답 ①

자료 분석 엘니뇨 발생 시의 서태평양과 동태평양의 기후 및 기상 현상 변화

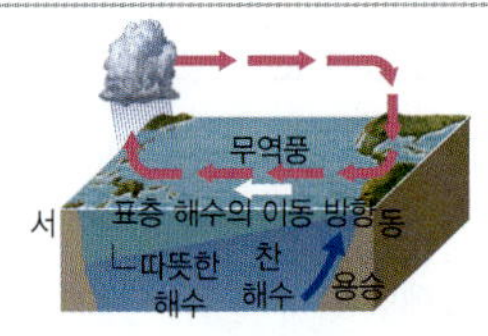

평상시

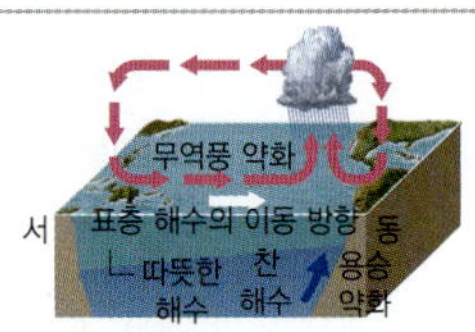

엘니뇨 발생 시

엘니뇨 발생 시 서태평양의 기후 변화	평상시보다 수온이 하강한다. → 하강 기류가 발달한다. → 강수량이 적은 건조한 날씨가 지속되고, 가뭄, 산불 발생이 증가한다.
엘니뇨 발생 시 동태평양의 기후 변화	심해에서 상승하던 찬 해수의 흐름이 약화된다. → 평상시보다 수온이 상승한다. → 상승 기류가 발달한다. → 강수량이 증가하고, 홍수 피해가 자주 발생한다.

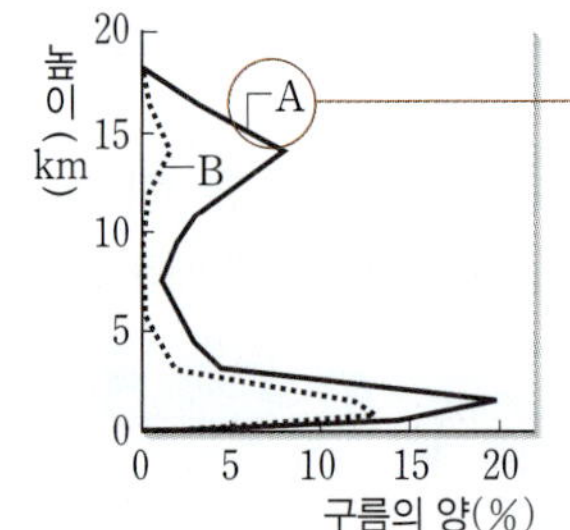

동태평양 적도 부근 해역의 구름의 양에 대한 자료이므로, 상승 기류의 발달로 구름의 양이 평상시보다 많은 A 시기가 엘니뇨 발생 시이다.

ㄱ. 엘니뇨 발생 시 동태평양 적도 부근 해역은 표층 수온이 상승하고 이에 따라 상승 기류가 발달하며, 구름이 평상시보다 더 많이 생성된다. 따라서 A는 엘니뇨 발생 시, B는 평상시이다.

오답 피하기 ㄴ. 엘니뇨 발생 시 서태평양 적도 부근 해역에서는 평상시보다 표층 수온이 하강하고 이에 따라 하강 기류가 발달한다.

ㄷ. 엘니뇨 발생 시 동태평양 적도 부근 해역에서는 평상시보다 깊은 곳에서 상승하는 찬 해수의 흐름이 약해진다.

> **이런 보기도 나온다!** 답 ㄹ. × ㅁ. ○ ㅂ. ○
>
> ㄹ. 무역풍의 세기는 엘니뇨 발생 시가 평상시보다 약하다.
>
> ㅁ. 서태평양 적도 부근 해역은 엘니뇨 발생 시에 평상시보다 표층 수온이 낮아 맑고 건조한 날씨가 나타난다. 따라서 이 해역의 해수면 기압은 A일 때가 B일 때보다 높다.
>
> ㅂ. A일 때 표층 해수는 평상시보다 서태평양으로 적은 양이 이동했으므로 동태평양 적도 부근 해역의 높이 편차(관측값 − 평년값)는 (+) 값이다.

02 에너지

10강 태양 에너지와 발전

탐구 확인문제 119쪽

01 (1) ○ (2) ○ (3) × **02** ㄱ, ㄷ

01 답 (1) ○ (2) ○ (3) ×

(1) 코일을 통과하는 자기장이 변하면 전자기 유도 현상에 의해 코일에 유도 전류가 흐른다.

(2) 유도 전류는 코일을 통과하는 자기장의 변화를 방해하는 방향, 즉 자석의 운동을 방해하는 방향으로 자기장이 형성되도록 흐른다. 따라서 N극을 코일에 가까이 할 때와 멀리 할 때 코일에 흐르는 유도 전류의 방향은 반대이다.

(3) 자석과 코일이 정지해 있으면 코일을 통과하는 자기장이 변하지 않으므로 유도 전류가 흐르지 않는다.

02 답 ㄱ, ㄷ

유도 전류의 세기는 코일의 감은 수가 많을수록, 자석의 세기가 셀수록, 자석과 코일의 상대 운동이 빠를수록 크다.

ㄱ. 더 센 자석을 사용하면 자석에 의한 자기장이 강해지고, 자석이 운동할 때 코일을 통과하는 자기장의 변화량도 증가한다. 따라서 유도 전류의 세기가 커진다.

ㄷ. 자석이나 코일을 더 빠르게 움직이면 단위 시간당 자기장 변화가 증가하여 유도 전류의 세기가 커진다.

오답 피하기 ㄴ. 코일의 감은 수가 감소하면 유도 전류는 감소한다.

기본 탄탄 문제 120쪽

1 수소 핵융합 **2** 기상 **3** 자기장 **4** 발전기 **5** 화석 연료

01 ㉠ 핵융합, ㉡ 4 **02** (1) ○ (2) ○ (3) × **03** (가)와 (라), (나)와 (다) **04** 운동 에너지가 전기 에너지로 전환된다.
05 (1) × (2) ○ (3) ○ (4) ×

01 답 ㉠ 핵융합, ㉡ 4

태양에서는 중심부(핵)에서 일어나는 수소 핵융합 반응을 통해 에너지가 생성된다. 이 핵융합 반응에 참여하는 수소 원자핵 4개의 질량의 합은 생성물인 헬륨 원자핵 1개의 질량보다 크다.

02 답 (1) ○ (2) ○ (3) ×

(1) 식물은 광합성 과정에서 태양 에너지를 이용하여 대기 중의 이산화 탄소를 포도당으로 바꾸어 저장한다.

(2) 물은 태양 에너지를 흡수하여 증발한다. 대기에 포함된 수증기가 바람을 따라 이동하며 다시 물방울이 되어 비나 눈으로 내린다.

(3) 우라늄의 핵에너지는 태양 에너지가 근원이 아니다.

03 답 (가), (라) / (나), (다)

유도 전류가 만드는 자기장의 방향은 자석의 운동을 방해하는 방향이다. 자석의 N극이 가까워지거나 S극이 멀어지면 코일은 자석 쪽이 N극이 되도록 유도 전류가 흐른다. 반대로 자석의 N극이 멀어지거나 S극이 가까워지면 코일은 자석 쪽이 S극이 되도록 유도 전류가 흐른다.

04 답 운동 에너지가 전기 에너지로 전환된다.

터빈이 회전하면 터빈의 회전축에 연결된 자석이 회전하고, 자석 주위의 코일을 통과하는 자기장이 변하여 코일에 유도 전류가 흐른다. 이 과정을 거쳐 터빈의 운동 에너지가 전기 에너지로 전환된다.

05 답 (1) × (2) ○ (3) ○ (4) ×

(1) 우라늄 등의 핵연료에 포함된 핵에너지의 근원은 태양 에너지가 아니다.

(2) 핵발전은 뜨거운 증기를 냉각시켜 물로 만들기 위해 많은 냉각수가 필요하므로 바닷가나 호숫가에 건설한다.

(3) 핵발전은 핵분열 반응에서 방출되는 에너지를 이용하여 발전한다. 적은 양의 핵연료에서도 많은 양의 에너지가 방출된다.

(4) 핵발전은 화력 발전에 비해 발전 과정에서 이산화 탄소 배출량이 적다.

실력 쑥쑥 문제 121~123쪽

01 ① **02** ④ **03** ② **04** ③ **05** ① **06** ② **07** ④
08 ③ **09** ⑤ **10** ① **11** ① **12** ⑤

단답형·서술형 문제

13 예시 답안 태양 중심부에서 수소 원자핵 4개가 핵융합하여 헬륨 원자핵 1개가 만들어진다. 이때 감소한 질량만큼 에너지가 방출된다.

14 예시 답안 불빛이 밝아진다, 바퀴가 빠르게 회전할수록 자석과 코일의 상대 운동이 더 빨라서 코일을 통과하는 자기장이 더 빨리 변한다. 따라서 코일에 더 큰 유도 전류가 흐르게 되어 발광 다이오드가 더 밝게 빛난다.

15 예시 답안 화학 에너지가 열에너지 → 운동 에너지 → 전기 에너지로 전환된다.

01 답 ①

ㄱ. 태양 중심부에서 수소 원자핵이 융합하여 헬륨 원자핵이 되는 핵융합 반응이다.

오답 피하기 ㄴ. 수소 핵융합 반응은 온도가 약 1500만 K인 태양 중심부에서 일어난다.

ㄷ. 수소 핵융합 반응에서 헬륨 원자핵 1개의 질량은 반응물인 수소 원자핵 4개의 질량보다 작다.

02
답 ④

B, C: 생성된 헬륨 원자핵 1개의 질량은 반응 전 수소 원자핵 4개의 질량의 합보다 작다. 이때 줄어든 질량만큼 에너지로 전환된다.

오답 피하기 A: 태양에서 에너지를 생성하는 수소 핵융합 반응은 온도가 1500만 K 이상의 태양 중심부인 핵에서 일어난다.

03
답 ②

② 태양 중심부에서 일어나는 수소 핵융합 반응을 통해 태양 에너지가 생성된다.

오답 피하기 ① 수소 핵융합 반응 과정에서 물질의 질량이 감소한다.

③ 수소 핵융합 반응은 온도가 1500만 K 이상인 태양 중심부에서 일어난다.

④ 태양 에너지는 지구에서 사용하는 거의 모든 에너지의 근원이지만 지열 에너지, 핵에너지 등은 태양 에너지가 근원이 아닌 에너지이다.

⑤ 태양에서 생성된 에너지의 극히 일부가 지구에 도달한다. 지구에 도달하는 태양 복사 에너지는 태양 내부에서 생성되는 에너지의 약 $\frac{1}{20억}$ 정도이다.

개념 더하기 태양 에너지가 근원이 아닌 에너지

- 지열 에너지는 지구 내부에서 발생하는 열에너지이다.
- 핵에너지는 지구 내부에 있는 우라늄과 같은 핵연료에 저장된 에너지이다.
- 조석(밀물과 썰물)에 의한 에너지는 주로 지구와 달의 영향으로 생기는 에너지이다.

04
답 ③

ㄱ. 지구에 도달한 태양 복사 에너지가 대기에 흡수되어 바람의 운동 에너지로 전환된다.

ㄴ. 식물의 광합성을 통해 태양의 빛에너지가 화학 에너지로 저장된다.

오답 피하기 ㄷ. 우라늄의 핵에너지는 핵연료에 저장된 에너지로, 태양 에너지가 근원이 아니다.

05
답 ①

① 식물이 광합성을 통해 포도당을 합성하는 과정에서 태양 에너지가 화학 에너지로 전환되어 저장된다.(가)

오답 피하기 ②, ③ 물에 흡수된 태양 에너지에 의해 물이 증발하여 수증기가 되어 상승하면 위치 에너지로 전환된다.(라) 수증기가 다시 응결하여 물방울이 되어 구름을 이루었다가 비나 눈으로 내리면 운동 에너지로 전환된다.(마)

④ 바람에 의해 파도가 생기는 것은 태양 에너지를 흡수한 대기의 운동 에너지가 파도의 운동 에너지로 전환되는 것이다.(다)

⑤ 석탄이 연소하며 물을 끓이는 과정에서 화학 에너지가 열에너지로 전환된다.

06
답 ②

② 자석이 운동할 때 자석의 운동 에너지가 전자기 유도에 의해 전기 에너지로 전환된다.

오답 피하기 ① 코일 주위에서 자석이 운동하면 코일에 유도 전류가 흐른다. 이것은 발전기의 원리이다.

③ 코일을 통과하는 자기장의 변화가 클수록 유도 전류의 세기가 커지므로 자석을 빠르게 움직일수록 전구가 밝아진다. 자석을 천천히 움직이면 전구가 어두워진다.

④ 자석과 코일의 상대 운동으로 유도 전류가 흐른다. 자석을 고정하고 코일을 움직여도 코일을 통과하는 자기장이 변하여 유도 전류가 흐른다.

⑤ 자석을 가까이 할 때는 코일을 통과하는 자기장이 증가하고, 자석을 멀리 할 때는 코일을 통과하는 자기장이 감소한다. 따라서 코일에 흐르는 유도 전류의 방향은 서로 반대이다.

07
답 ④

자료 분석 전자기 유도와 에너지 전환

자석의 빗면에서의 속력을 v_1, A에서의 속력을 v_2, B에서의 속력을 v_3이라고 하자.

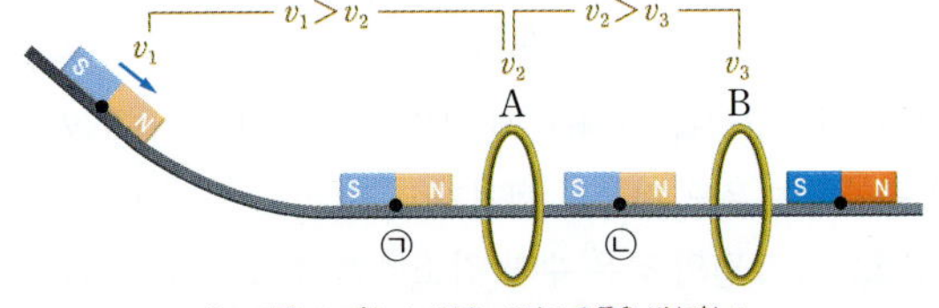

유도 전류에 의한 자기장은 자석의 운동을 방해한다.
↓
자석의 운동 에너지 중 일부가 전기 에너지로 전환된다.

- 자석이 ㉠을 지날 때: 유도 전류에 의해 자석의 속력이 느려짐.
  → 자석의 운동 에너지가 전자기 유도에 의해 전기 에너지로 전환되어 자석의 속력이 감소: $v_1 > v_2$
- 자석이 ㉡을 지날 때: A의 유도 전류에 의한 자기장은 자석을 끌어당기고, B의 유도 전류에 의한 자기장은 자석을 밀어 냄.
  → 자석의 운동 에너지가 전자기 유도에 의해 전기 에너지로 전환되어 자석의 속력이 감소: $v_2 > v_3$

ㄱ. 자석이 ㉠을 지날 때 자석의 N극이 A에 접근하므로 A에는 왼쪽이 N극이 되도록 유도 전류가 흐른다. 따라서 자석과 A 사이에는 척력이 작용한다.

ㄷ. 자석이 운동할 때 A, B에 흐르는 유도 전류에 의해 자석의 운동이 방해를 받는다. 이 과정에서 자석의 운동 에너지 중 일부가 전기 에너지로 전환되므로 자석의 속력은 감소한다. 따라서 ㉡에서 자석의 속력은 ㉠에서보다 작다.

오답 피하기 ㄴ. 자석이 ㉡을 지날 때 자석의 S극이 A에서 멀어지므로 A에는 오른쪽이 N극이 되도록 유도 전류가 흐르고, 자석의 N극이 B에 접근하므로 B에는 왼쪽이 N극이 되도록 유도 전류가 흐른다. 따라서 자석이 ㉡을 지날 때 A, B에 흐르는 유도 전류의 방향은 서로 반대이다.

08

답 ③

ㄱ. 코일을 빠르게 회전시킬수록 자기장에 수직인 단면적의 변화율이 증가하므로 유도 전류가 더 많이 흘러 전구가 밝아진다.

ㄴ. 코일의 운동 에너지가 전자기 유도에 의해 전기 에너지로 전환된다.

오답 피하기 ㄷ. 자석의 N극와 S극을 바꾸어도 코일이 회전할 때 자기장에 수직인 단면적이 변하므로 코일을 통과하는 자기장의 세기가 변하여 유도 전류가 흐른다.

개념 더하기 발전기에서 유도 전류의 방향

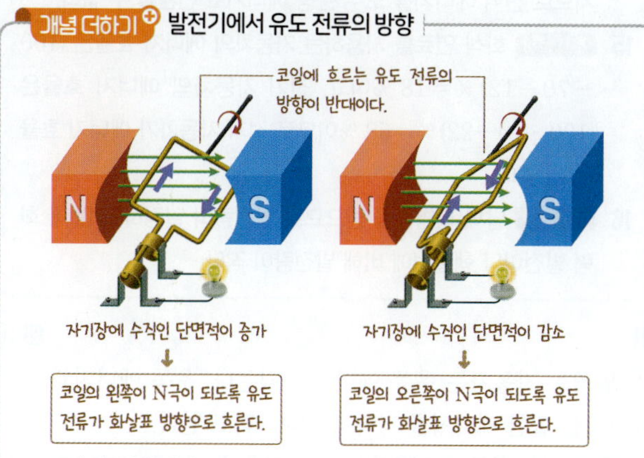

- 코일이 회전하면 자기장에 수직인 단면적이 증가와 감소를 반복한다.
- 단면적이 증가할 때는 자석의 자기장에 반대 방향으로 자기장을 만들도록 유도 전류가 흐르고, 단면적이 감소할 때는 자석의 자기장과 같은 방향으로 자기장을 만들도록 유도 전류가 흐른다.
- 코일이 한 바퀴 회전할 때 코일에 흐르는 유도 전류의 방향은 2번 바뀐다.

09

답 ⑤

ㄱ. 바퀴를 빠르게 돌릴수록 자석이 빠르게 회전하여 코일을 통과하는 자기장이 빠르게 변하므로 더 큰 유도 전류가 흐른다.

ㄴ. 자석이 회전하면 N극과 S극의 위치가 변하게 되어 코일을 통과하는 자기장이 변한다.

ㄷ. 자전거 발전기는 전자기 유도를 이용해 바퀴의 운동 에너지를 전기 에너지로 전환하는 장치이다.

10

답 ①

① 화력 발전과 핵발전은 모두 열에너지를 이용해 물을 끓여 고온, 고압의 수증기를 얻는다.

오답 피하기 ② 핵발전은 발전 과정에서 냉각수가 많이 필요하므로 물을 얻기 쉬운 바닷가나 호숫가에 건설한다. 화력 발전은 건설 장소의 제약이 작다.

③ 화력 발전은 화석 연료를 연소하므로 이산화 탄소를 많이 배출한다. 핵발전은 이산화 탄소를 거의 배출하지 않는다.

④ 화석 연료에 저장된 화학 에너지의 근원은 태양 에너지이지만 핵연료의 핵에너지는 태양 에너지가 근원이 아니다.

⑤ 화력 발전의 에너지원은 화석 연료의 화학 에너지이고, 핵발전의 에너지원은 핵연료의 핵에너지이다.

11

답 ①

ㄴ. 발전기는 전자기 유도를 이용해 터빈의 운동 에너지를 전기 에너지로 변환하는 장치이다.

오답 피하기 ㄱ. 보일러에서는 화석 연료에 저장된 화학 에너지가 연소 과정을 거쳐 열에너지로 전환된다.

ㄷ. 화력 발전 과정에서 화석 연료에 저장된 화학 에너지 중 일부가 전기 에너지로 전환되고, 나머지는 열에너지로 손실된다.

12

답 ⑤

①, ② 핵발전소는 방사성 폐기물 처리장이 필요하고 사고에 대비한 안전장치가 구현되어야 한다.

③ 핵발전은 적은 양의 핵연료로 대량의 전기 에너지를 생산할 수 있다.

④ 핵발전소를 건설하는 과정에서 핵발전소의 위험성 때문에 지역 주민들이 반대하는 경우가 많다.

오답 피하기 ⑤ 핵발전은 지하에 매장된 핵연료를 사용하므로 재생 가능한 에너지가 아니다.

13

태양 중심부에서는 수소 원자핵 4개가 핵반응하여 헬륨 원자핵 1개가 되는 핵융합 반응이 일어난다. 이때 줄어든 질량에 해당하는 에너지가 방출된다.

채점 기준	배점(%)
반응물과 생성물을 명시하고, 감소한 질량에 의한 에너지 생성을 옳게 설명한 경우	100
감소한 질량에 의한 에너지 생성만 옳게 설명한 경우	50
반응물과 생성물만 명시한 경우	30

14

발광 킥보드의 바퀴가 회전하면 자석이 회전하게 되고, 코일에 유도 전류가 흐른다. 이 전류에 의해 LED에서 빛이 방출된다. 발광 킥보드를 타고 빨리 달리면 바퀴가 더 빠르게 회전하게 되고, 자석도 더 빨리 회전한다. 코일을 통과하는 자기장이 더 빨리 변하므로 전자기 유도에 의한 유도 전류가 증가한다.

채점 기준	배점(%)
자석과 코일의 상대 운동이 빨라져 유도 전류가 증가하고, 밝기가 더 밝아짐을 옳게 설명한 경우	100
유도 전류가 증가하여 밝기가 밝아진다고만 설명한 경우	50
불빛의 밝기가 밝아진다라고만 설명한 경우	30

15

화력 발전소에서는 화석 연료를 연소시켜 발생하는 열에너지로 물을 끓이고 이때 발생하는 수증기로 터빈을 돌려 전기 에너지를 얻는다.

채점 기준	배점(%)
화력 발전의 에너지 전환 과정을 4단계로 옳게 설명한 경우	100
화력 발전의 에너지 전환 과정 중 1개당	25

기본 탄탄 문제

126쪽

1 전환 **2** 에너지 효율 **3** 열기관 **4** 재생 **5** 풍력

01 ㉠ 열에너지, ㉡ 보존 **02** (1) ○ (2) × (3) ○ **03** (1) 0.3 (2) 0.5 **04** (1) ○ (2) × (3) ○ **05** (1) ㉠ 화학, ㉡ 수소 (2) 연료 전지

01 답 ㉠ 열에너지, ㉡ 보존

선풍기에서 전기 에너지가 운동 에너지로 전환될 때 공급된 전기 에너지의 일부는 열에너지로 전환되어 손실된다. 이때 전환된 운동 에너지와 열에너지의 합은 공급된 전기 에너지와 같다. 이를 에너지 보존 법칙이라고 한다.

02 답 (1) ○ (2) × (3) ○

(1) 휴대 전화가 진동할 때는 공급된 전기 에너지가 운동 에너지로 전환된다.
(2) 스피커에서 소리가 들릴 때는 공급된 전기 에너지가 소리 에너지로 전환된다.
(3) 에너지 보존 법칙에 의해 휴대 전화에서 전환된 모든 에너지를 합하면 휴대 전화에 공급한 전기 에너지의 양과 같다.

03 답 (1) 0.3 (2) 0.5

(1) 열기관의 열효율은 공급된 에너지에 비해 한 일의 비율이다. A는 100 J의 열에너지를 흡수하여 30 J의 일을 하였으므로 열효율은 $e=\frac{30}{100}=0.3$이다.
(2) B는 30 J의 일을 하고 30 J의 열에너지를 방출하였으므로 흡수한 열에너지는 60 J이다. 따라서 B의 열효율 $e=\frac{30}{60}=0.5$이다.

04 답 (1) ○ (2) × (3) ○

(1) 에너지 효율 관리 제도는 에너지 효율 등급을 정해 에너지 효율이 높은 제품을 사용하도록 유도하는 정책이다.
(2) 백열 전구는 전기 에너지를 빛에너지와 열에너지로 전환한다. 이때 열에너지로 전환되는 전기 에너지가 많아 에너지 효율이 낮다. LED는 공급된 전기 에너지의 대부분이 빛에너지로 전환된다. 따라서 에너지 효율은 LED가 백열 전구보다 높다.
(3) 에너지 제로 주택은 풍력 발전과 태양광 발전을 통해 전기 에너지를 얻고 지열 에너지를 이용해 냉난방을 하는 등 신재생 에너지를 적극적으로 사용한다.

05 답 (1) ㉠ 화학, ㉡ 수소 (2) 연료 전지

(1) 연료 전지는 수소와 산소의 산화·환원 반응을 이용해 화학 에너지를 전기 에너지로 전환한다. 연료 전지는 수소의 대량 생산이 필요하다.
(2) 수소의 산화·환원 반응을 이용해 전기 에너지를 생산하는 발전은 연료 전지이다.

실력 쑥쑥 문제

127~129쪽

01 ① **02** ① **03** ⑤ **04** ⑤ **05** ② **06** ① **07** ④ **08** ④ **09** ② **10** ⑤ **11** ④ **12** ② **13** ④

단답형·서술형 문제

14 (1) 답 열에너지, 빛에너지
(2) 예시 답안 전등을 사용할 때 열이 발생하여 주변으로 흩어지므로 전기 에너지를 모두 운동 에너지로 전환할 수 없다.

15 예시 답안 화석 연료를 사용하는 자동차의 에너지 효율은 (100−70−12) %=18 %이고, 전기 자동차의 에너지 효율은 (100−10−22) %=68 %이므로 전기 자동차가 에너지 효율이 더 높다.

16 예시 답안 날씨의 영향을 받으므로 발전량이 일정하지 않다. 화력 발전이나 핵발전에 비해 발전량이 작다.

01 답 ①

① 달리는 자동차는 운동 에너지를 갖는다. 운동 에너지와 위치 에너지를 합한 에너지를 역학적 에너지라고 한다.
오답 피하기 ② 식물의 열매에는 광합성을 통해 태양 에너지가 화학 에너지로 전환되어 저장되어 있다.
③ 빛은 빛에너지를 갖는다.
④ 수력 발전에서는 물의 역학적 에너지가 전기 에너지로 전환된다. 이 과정에서 역학적 에너지의 일부는 열에너지로 전환되어 손실된다.
⑤ 핵융합 반응과 핵분열 반응은 모두 에너지를 방출한다.

02 답 ①

선풍기는 전기 에너지를 바람의 운동 에너지로 바꾸는 기구이다. 풍력 발전기는 바람의 운동 에너지를 전기 에너지로 바꾸는 장치이다.

03 답 ⑤

⑤ 전기 자전거의 모터(전동기)는 배터리에서 공급되는 전기 에너지를 자전거의 운동 에너지로 전환한다.
오답 피하기 ① 비는 위치 에너지를 운동 에너지로 전환한다.
② 전기 주전자는 전기 에너지를 열에너지로 전환한다.
③ 휴대 전화 화면에서 빛이 나므로 전기 에너지를 빛에너지로 전환한다.
④ 스피커는 전기 신호를 공기의 진동으로 바꾸는 장치로, 전기 에너지를 소리 에너지로 전환한다.

04 답 ⑤

ㄱ. 에너지 효율은 기구나 장치에 공급한 에너지 중 유용하게 사용한 에너지의 비율이다.
ㄴ, ㄷ. 에너지를 사용하는 과정에서 공급한 에너지의 일부는 열에너지로 전환되어 손실된다. 따라서 에너지 효율은 항상 100 %보다 작다.

05

답 ②

자료 분석 자동차의 에너지 전환과 에너지 효율

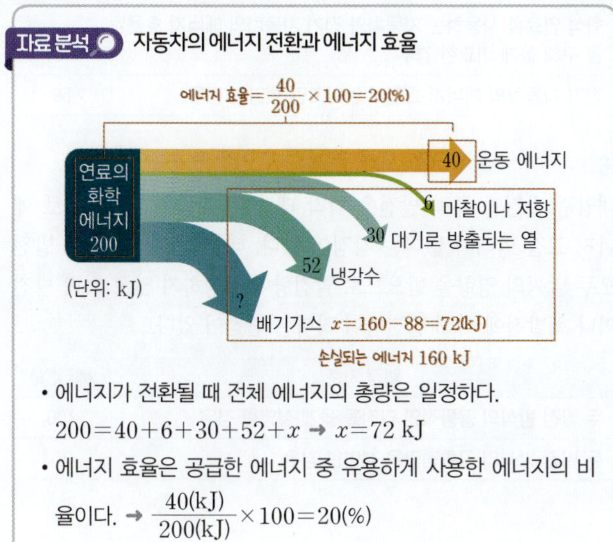

- 에너지가 전환될 때 전체 에너지의 총량은 일정하다.
  $200=40+6+30+52+x$ ➜ $x=72$ kJ
- 에너지 효율은 공급한 에너지 중 유용하게 사용한 에너지의 비율이다. ➜ $\dfrac{40(\text{kJ})}{200(\text{kJ})}\times 100=20(\%)$

ㄴ. 에너지 보존 법칙에 따라 공급된 에너지와 전환된 에너지가 같으므로 배기가스로 방출되는 에너지는 72 kJ이다. 공급된 에너지가 200 kJ이므로 배기가스로 방출되는 에너지의 비율은 $\dfrac{72}{200}\times 100=36$ %이다.

오답 피하기 ㄱ. 공급된 연료의 화학 에너지가 200 kJ이고 운동 에너지로 사용되는 양이 40 kJ이므로 에너지 효율은 $\dfrac{40}{200}\times 100=20(\%)$이다.

ㄷ. 에너지는 에너지 보존 법칙에 따라 전환되는 과정에서 없어지거나 새로 생기지 않고 보존된다.

06

답 ①

열기관이 열에너지 Q_1을 흡수하여 12 kJ을 방출했으므로 열기관이 한 일은 $W=Q_1-12$이다. 열효율이 0.4이므로 $0.4=\dfrac{Q_1-12}{Q_1}$에서 $Q_1=20$ kJ이다.

07

답 ④

자료 분석 열기관의 열효율

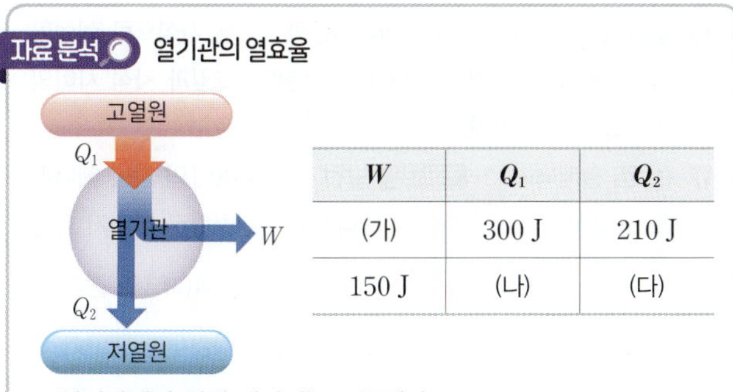

W	Q_1	Q_2
(가)	300 J	210 J
150 J	(나)	(다)

- 열기관에서 전체 에너지는 보존된다.
  ➜ $Q_1=Q_2+W$
- 흡수한 에너지에 관계없이 열기관의 에너지 효율은 같다.
  ➜ $e=\dfrac{W}{Q_1}=\dfrac{(\text{가})}{300}=\dfrac{150}{(\text{나})}$

열기관이 흡수한 열에너지는 열기관이 한 일과 방출한 열에너지의 합과 같다. $300=210+(\text{가})$에서 (가)는 90 J이다. 따라서 이 열기관의 열효율은 $\dfrac{90}{300}=0.3$이다.

열기관이 150 J의 일을 했을 때 $0.3=\dfrac{150}{(\text{나})}$이므로 (나)는 500 J이다. $(\text{나})=(\text{다})+150$에서 (다)는 350 J이다. 따라서 (가)+(나)+(다)=90 J+500 J+350 J=940 J이다.

08

답 ④

① 재생 가능한 에너지인 풍력 발전이나 태양광 발전, 지열 에너지 등을 활용하는 에너지 제로 하우스를 건축하여 보급하면 에너지 효율을 높일 수 있다.

② 백열등이나 형광등보다 에너지 효율이 높은 발광 다이오드 전등을 사용하는 것은 에너지 효율을 높이려는 노력으로 적절하다.

③ 지능형 전력망을 이용해 대규모 발전소뿐만 아니라 소규모 발전 설비와 전력 소비자를 실시간으로 연결하여 운용하면 낭비되는 전력을 줄여 효율적으로 사용할 수 있다.

⑤ 에너지 소비 효율 등급제를 통해 에너지 효율이 높은 1등급 제품을 구매하고 사용하도록 장려한다.

오답 피하기 ④ 자가용 승용차보다는 대중 교통을 이용하는 것이 에너지 효율을 높이는 데 도움이 된다.

09

답 ②

A는 전자기 유도 현상을 이용하고 날씨의 영향을 받지 않으므로 핵발전, 화력 발전 등이 해당한다. B는 전자기 유도 현상을 이용하고 날씨의 영향을 받으므로 풍력 발전, 조력 발전, 파력 발전 등이 있다. C는 전자기 유도 현상을 이용하지 않고 날씨의 영향을 받으므로 태양광 발전이 해당한다.

10

답 ⑤

⑤ 신재생 에너지는 에너지원 고갈 염려가 적어 지속적인 발전이 가능한다.

오답 피하기 ① 신재생 에너지는 자원 고갈의 염려가 적다.

② 신재생 에너지를 사용하기에 적당한 지역에 설치해야 하므로 발전소 건설 지역이 제한적이다.

③ 화력 발전과 달리 발전 과정에서 환경오염 물질을 거의 배출하지 않는다.

④ 신재생 에너지를 이용한 발전이 널리 쓰이려면 화력 발전보다 발전 효율이 낮다는 문제점을 해결해야 한다.

11

답 ④

① 파력 발전과 조력 발전은 모두 해양 에너지를 이용한다.

② 파력 발전은 방파제에 몰려오는 파도를 이용하여 발전할 수 있고, 조력 발전은 방파제를 막아 밀물과 썰물의 흐름을 이용하여 발전할 수 있다.

③ 파도나 조수 간만의 차이가 일정하지 않으므로 전력 생산량이 일정하지 않다는 단점이 있다.

⑤ 파도에 의한 공기 흐름이나 물의 흐름을 이용해 터빈을 돌리고, 발전기에서 전자기 유도 현상을 이용해 발전한다.

오답 피하기 ④ 대규모 방파제가 필요하고 자연적인 밀물과 썰물의 흐름을 방해하므로 갯벌 생태계를 파괴할 수 있는 것은 조력 발전에 해당한다.

12 답 ②

ㄴ. 태양광 발전 효율은 햇빛이 강할수록, 태양 전지판의 설치 면적이 넓을수록 높다.

오답 피하기 ㄱ. 핵발전은 발전 시간에 제한을 받지 않는다.

ㄷ. 이산화 탄소 배출량은 화력 발전이 태양광 발전보다 많다.

13 답 ④

ㄴ. 태양광 발전을 이용하여 냉난방용 전기 에너지 또는 열에너지를 공급하기도 한다.

ㄷ. 신재생 에너지는 지역의 특성에 따라 적용할 수 있는 발전 방식이 다르므로 지역의 특성을 고려하여 설계해야 한다.

오답 피하기 ㄱ. 친환경 에너지 도시는 화석 연료의 사용 비율을 낮추고, 친환경적 신재생 에너지의 사용 비율을 높임으로써 환경 문제와 에너지 문제를 함께 해결할 수 있도록 설계한 도시이다.

14

(1) 전등을 사용할 때 전기 에너지가 열에너지와 빛에너지로 전환된다.

(2) 전등을 사용하는 과정에서 공급된 전기 에너지의 일부는 열에너지로 전환되어 손실된다.

채점 기준	배점(%)
전등을 사용할 때 열이 발생하여 손실된다라고 설명한 경우	100
전등을 사용할 때 열이 발생하기 때문이라고만 쓴 경우	70

15

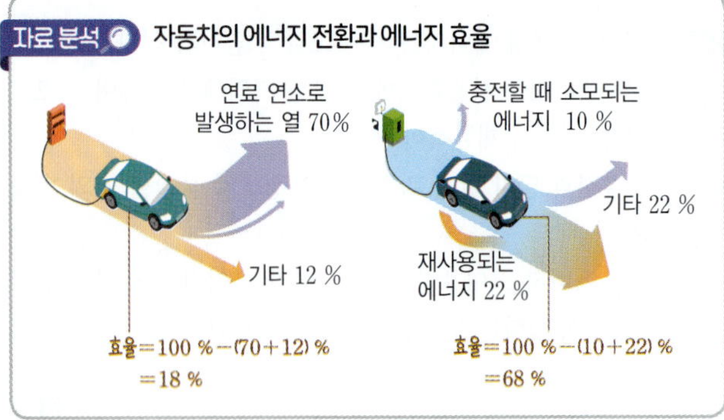

화석 연료를 사용하는 자동차는 공급된 에너지 중 열에너지로 소모되는 에너지가 70 %, 기타 소모되는 에너지가 12 %이므로 운동 에너지로 전환되는 비율은 18 %이다. 전기 자동차는 재사용되는 에너지가 22 %이고, 충전할 때 소모되는 에너지가 10 %, 기타 소모되는 에너지가 22 %이므로 유용하게 사용하는 에너지는 68 %이다.

채점 기준	배점(%)
화석 연료를 사용하는 자동차와 전기 자동차의 에너지 효율을 구해 옳게 비교한 경우	100
전기 자동차의 에너지 효율이 높다고만 설명한 경우	50

16

태양광 발전과 풍력 발전은 각각 태양빛, 바람을 이용하므로 에너지 고갈 염려가 없다는 장점이 있다. 태양광 발전과 풍력 발전 모두 날씨의 영향을 받으므로 발전량이 일정하지 않고 화력 발전이나 핵발전에 비해 발전량이 작다는 단점이 있다.

채점 기준	배점(%)
두 발전 방식의 공통적인 단점을 옳게 설명한 경우	100
두 발전 방식의 공통점만을 설명한 경우	30

132～135쪽

01 ③ 02 ② 03 ③ 04 ③ 05 ② 06 ② 07 ②
08 ① 09 ⑤ 10 ⑤ 11 ② 12 ① 13 ④

단답형·서술형 문제

14 (1) 답 질량 (2) 예시 답안 높은 곳에 있는 물방울의 위치 에너지가 운동 에너지로 전환된다.

15 (1) 답 (가) 화학 에너지 (나) 핵에너지 (다) 운동 에너지

(2) 예시 답안 터빈을 돌리는 운동 에너지가 발전기에서 전기 에너지로 전환된다.

16 예시 답안 자석을 더 빨리 회전시킨다. 더 센 자석으로 실험한다. 감은 수가 더 많은 코일을 이용한다. 코일과 자석 사이의 거리를 더 가까이 한다.

17 (1) 답 열에너지 (2) 예시 답안 발전기는 1000 J의 화학 에너지를 공급받아 400 J을 전기 에너지로 전환하므로 에너지 효율은 $\frac{400}{1000}\times100=40(\%)$이다. 조명 장치는 400 J의 전기 에너지를 공급 받아 100 J을 빛에너지로 전환하므로 에너지 효율은 $\frac{100}{400}\times100=25(\%)$이다.

18 예시 답안 재생 가능한 에너지를 사용하므로 연료 고갈의 위험이 없다. 발전 과정에서 온실 기체나 환경오염 물질을 배출하지 않는다.

01

답 ③

ㄱ. 수소 원자핵이 핵융합하여 헬륨 원자핵이 된다.
ㄴ. 수소(H) 원자핵 4개가 핵반응하여 헬륨(He) 원자핵 1개가 되는 과정이다.
오답 피하기 ㄷ. 수소 핵융합 반응에서 반응 전 수소 원자핵 4개의 질량 합이 반응 후 헬륨 원자핵 1개의 질량보다 크다. 이 과정에서 질량이 감소하고, 감소한 질량에 해당하는 에너지가 방출된다.

02

답 ②

ㄷ. 수소 핵융합 반응은 태양 중심부인 핵에서 일어난다.
오답 피하기 ㄱ. 태양이 방출하는 에너지의 약 $\frac{1}{20억}$ 정도만 지구에 도달한다.
ㄴ. 핵융합은 가벼운 원자들이 융합하여 무거운 원자로 핵변환을 일으키는 현상이다.

03

답 ③

ㄱ. A는 대기 중의 이산화 탄소이다. 이산화 탄소는 화석 연료가 연소할 때 기체 상태로 대기 중으로 배출된다.
ㄴ. B는 광합성으로, 태양 에너지를 화학 에너지로 전환하여 식물에 저장한다.
오답 피하기 ㄷ. 광합성 과정에서 대기 중의 이산화 탄소를 포도당으로 합성할 때 빛에너지를 흡수한다.

04

답 ③

ㄱ. ㉠은 태양 에너지를 이용해 식물이 양분을 얻는 과정이므로 광합성이다.
ㄷ. 바람은 태양 에너지가 대기에 흡수되어 운동 에너지로 전환된 것이다.
오답 피하기 ㄴ. ㉡은 식물이 얻은 양분이나 동물이 섭취한 양분이 땅에 묻혀 오랜 시간이 지나 형성된 화석 연료이다. 화석 연료에는 석탄, 석유, 천연가스 등이 있다. 우라늄은 태양 에너지를 근원으로 하는 화석 연료가 아니다.

05

답 ②

① 전자기 유도를 통해 자석이나 코일의 운동 에너지가 전기 에너지로 전환된다.
③ 코일과 자석이 서로 멀어지면 전자기 유도가 일어나 유도 전류가 흐른다.
④ 코일과 자석이 같은 속도로 운동하면 코일과 자석 사이의 거리가 변하지 않으므로 전자기 유도가 일어나지 않아 전기 에너지가 생성되지 않는다.
⑤ 유도 전류의 세기는 단위 시간당 코일을 통과하는 자기장의 변화에 비례한다.
오답 피하기 ② 태양광 발전은 발전 과정에서 전자기 유도를 이용하지 않는다.

06

답 ②

자료 분석 발전기의 원리

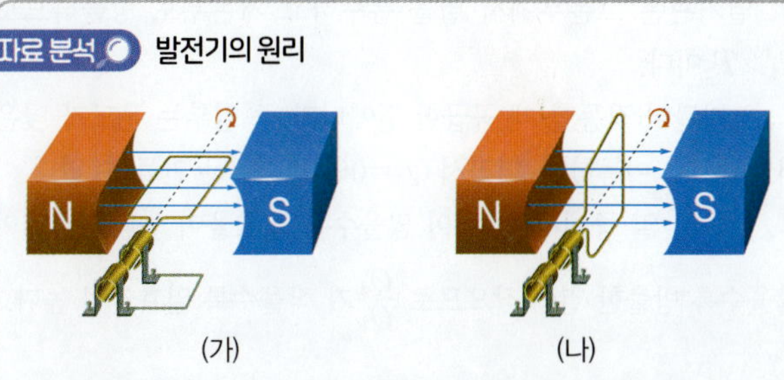

- (가) → (나): 코일 면을 오른쪽으로 통과하는 자기장의 변화가 증가한다.
- (나): 코일의 단면적이 최대

ㄷ. 코일의 회전 속력이 클수록 단위 시간당 자기장에 수직인 단면적 변화가 크다. 따라서 더 큰 유도 전류가 흐른다.
오답 피하기 ㄱ. (가) → (나)에서는 자기장에 수직인 코일의 단면적이 증가하므로 코일에 흐르는 유도 전류의 방향은 일정하다.
ㄴ. (나)의 순간 코일의 단면적이 최대가 되어 시간당 변화율이 0이 된다. 따라서 코일에는 유도 전류가 흐르지 않는다.

07

답 ②

② 화석 연료는 태양 에너지가 광합성을 통해 화학 에너지로 저장되었다가 오랫동안 땅속에서 변화된 것이다.
오답 피하기 ① 석탄, 석유는 화석 연료, 우라늄은 핵연료이다.
③ 화석 연료의 연소 과정에서 이산화 탄소가 배출된다.
④ 화석 연료는 우리나라 에너지원별 발전량에서 가장 큰 비중을 차지한다.
⑤ 화석 연료는 자원 고갈의 우려가 있는 에너지원이다.

08

답 ①

② A는 발전기이다. 발전기에서는 전자기 유도에 의해 운동 에너지가 전기 에너지로 전환된다.
③ 핵연료의 핵에너지는 원자핵에 포함된 에너지이다.
④ 수증기를 냉각시켜 물로 만든 후 바다로 방출되는 고온의 냉각수로 인해 핵발전소 주변의 해수 온도가 상승한다.
⑤ 핵발전소는 발전 과정에서 방사성 폐기물이 생기므로 이를 안전하게 처리할 수 있는 시설이 필요하다.
오답 피하기 ① 원자로에서는 핵분열 과정에서 에너지가 방출된다.

09

답 ⑤

ㄴ. B는 화력 발전으로, 전자기 유도를 이용해 전기 에너지를 생산한다.
ㄷ. C는 빛에너지를 직접 전기 에너지로 전환하는 태양광 발전이다.
오답 피하기 ㄱ. A는 바람의 운동 에너지를 전기 에너지로 전환하는 풍력 발전이다.

10

답 ⑤

ㄱ. 열기관은 고온부에서 열을 흡수하고 저온부로 방출하므로 $T_1 > T_2$이다.
ㄴ. 열기관이 작동할 때 공급한 열에너지 중 일부는 온도가 낮은 저열원으로 이동한다. 따라서 $Q_2 = 0$인 열기관은 만들 수 없다.
ㄷ. 공급한 열 중에서 한 일이 많을수록 열효율이 높다. 한 일이 많을수록 방출한 열이 작으므로 $\frac{Q_2}{Q_1}$가 작을수록 열효율이 높다.

11

답 ②

ㄴ. 공급된 에너지는 열에너지와 자동차의 운동 에너지로 전환되고, 달리던 자동차가 멈추면 운동 에너지가 열에너지로 전환된다. 따라서 공급된 에너지는 최종적으로 열에너지로 전환된다.
오답 피하기 ㄱ. 연료의 에너지 중 손실된 에너지 비율이 75 %이므로 운동 에너지로 사용된 비율은 25 %이다. 따라서 자동차의 에너지 효율은 25 %이다.
ㄷ. 마찰로 인해 열로 손실된 에너지는 다시 유용한 에너지로 전환할 수 없다.

12

답 ①

자료 분석 여러 가지 발전 방식

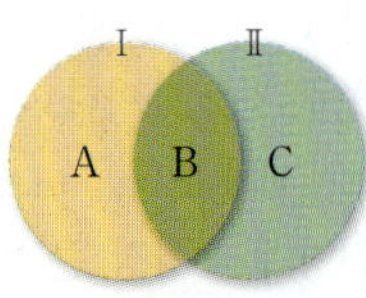

분류 기준
Ⅰ. 기체의 흐름을 이용하여 발전한다.
Ⅱ. 에너지원이 고갈되지 않는다.

- Ⅰ에 해당하는 것은 풍력 발전, 화력 발전이다.
- Ⅱ에 해당하는 것은 풍력 발전, 조력 발전이다.

→ 따라서 A는 화력 발전, B는 풍력 발전, C는 조력 발전이다.

ㄱ. 화력 발전은 발전 과정에서 온실 기체인 이산화 탄소를 배출한다.
오답 피하기 ㄴ. 풍력 발전은 날씨의 영향을 받으므로 발전량이 일정하지 않다.
ㄷ. 조력 발전은 지속가능한 발전 방식이지만 밀물과 썰물의 영향을 받는 해안의 갯벌 생태계에 영향을 미칠 수 있다.

13

답 ④

ㄱ. 태양 전지는 빛에너지를 전기 에너지로 전환한다.
ㄷ. 소형 수력 발전기는 발전기에서 전자기 유도를 이용해 발전한다.
오답 피하기 ㄴ. 수력 발전기는 물의 운동 에너지를 전기 에너지로 전환한다.

14

(1) 수소 핵융합 반응에서 질량이 감소하고 감소한 질량에 해당하는 에너지가 방출된다.
(2) 높은 곳에 있는 구름 속의 물방울은 위치 에너지를 갖는다. 비가 되어 내릴 때 물방울의 위치 에너지가 운동 에너지로 전환된다.

채점 기준	배점(%)
에너지 전환 과정을 옳게 설명한 경우	100
에너지 전환 과정을 설명하지 못한 경우	0

15

(1) 화력 발전은 보일러에서 화석 연료의 화학 에너지가 열에너지로 바뀌고, 핵발전은 원자로에서 핵연료의 핵에너지가 열에너지로 바뀐다. 열에너지를 이용해 물을 끓여 얻은 고온 고압의 증기로 터빈을 돌리고 발전기에서 운동 에너지를 전기 에너지로 전환한다.
(2) 터빈을 회전시키면 발전기 내부의 자석이 터빈과 함께 돌아간다. 코일을 통과하는 자기장의 세기가 변하면 전기 에너지가 만들어진다.

채점 기준	배점(%)
터빈과 발전기에서의 에너지 전환을 모두 옳게 설명한 경우	100
터빈과 발전기 중 한 군데의 에너지만 옳게 설명한 경우	50

16

코일을 통과하는 자기장의 시간당 변화율을 크게 하면 유도 전류가 증가한다. 따라서 자석을 더 빨리 회전시키거나 더 센 자석으로 실험하면 유도 전류가 증가한다. 또 코일과 자석의 거리를 가깝게 하거나 코일의 감은 수를 증가시켜도 유도 전류가 증가한다.

채점 기준	배점(%)
유도 전류 증가 방법을 2가지 모두 옳게 설명한 경우	100
유도 전류 증가 방법을 1가지만 옳게 설명한 경우	50

17

자료 분석 에너지 전환과 효율

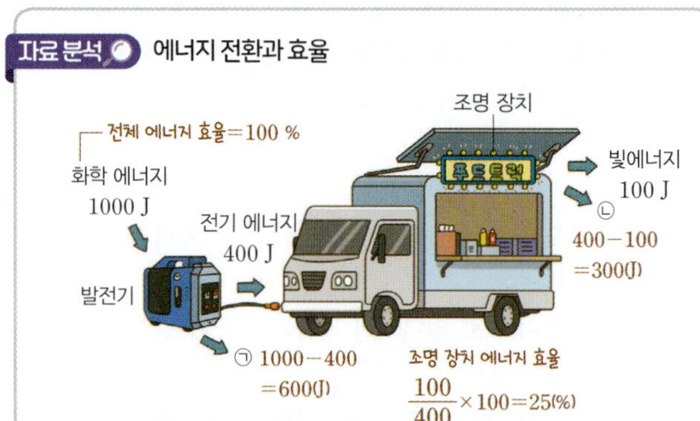

- 에너지 보존 법칙에 따라 에너지의 총량은 일정하게 보존되므로 1000 J=400 J+㉠에서 ㉠은 600 J이다.
- 발전기 에너지 효율: 화학 에너지 1000 J을 공급 받아 전기 에너지로 400 J만큼 전환되었으므로 에너지 효율은 40 %이다.
- 조명 장치 에너지 효율: 전기 에너지 400 J을 받아 빛에너지로 100 J이 전환되었으므로 에너지 효율은 25 %이다.

(1) 에너지 전환 과정에서 일부는 열에너지로 손실된다.

(2) 발전기는 1000 J의 화학 에너지를 공급 받아 400 J을 전기 에너지로 전환하므로 에너지 효율은 $\frac{400}{1000} \times 100 = 40(\%)$이다. 조명 장치는 400 J의 전기 에너지를 공급 받아 100 J을 빛에너지로 전환하므로 에너지 효율은 $\frac{100}{400} \times 100 = 25(\%)$이다.

채점 기준	배점(%)
발전기와 조명 장치의 에너지 효율을 모두 옳게 구한 경우	100
발전기와 조명 장치 중 하나의 에너지 효율만 옳게 구한 경우	50

18

화력 발전과 달리 태양광 발전과 풍력 발전은 자원 고갈의 염려가 없는 재생 에너지를 사용하고, 발전 과정에서 온실 기체인 이산화 탄소나 환경오염 물질을 배출하지 않는다.

채점 기준	배점(%)
태양광 발전과 풍력 발전의 공통점 중 화력 발전의 문제를 해결할 수 있는 내용을 2가지 모두 옳게 설명한 경우	100
태양광 발전과 풍력 발전의 공통점 중 화력 발전의 문제를 해결할 수 있는 내용을 1가지만 옳게 설명한 경우	50

137～139쪽

1 ⑤　2 ④　3 ①　4 ⑤　5 ⑤　6 ③

1 답 ⑤

ㄱ. 수소 원자핵 4개가 헬륨 원자핵 1개가 되는 과정에서 줄어든 질량이 에너지로 방출되는 반응은 수소 핵융합 반응이다.

ㄴ. 태양광 발전은 빛에너지를 전기 에너지로 전환한다.

ㄷ. 풍력 발전은 바람의 운동 에너지를 전기 에너지로 전환한다.

2 답 ④

ㄱ. 핵발전은 우라늄의 핵분열 반응을 이용한다.

ㄷ. 핵발전과 화력 발전 모두 열에너지로 물을 끓여 만든 증기로 터빈을 돌려 발전한다.

오답 피하기 ㄴ. 화력 발전은 매장량에 한계가 있는 화석 연료를 사용하며 환경오염을 일으킨다.

3 답 ①

ㄱ. 자석이 Q에 접근할 때 전자기 유도에 의해 Q에 유도 전류가 흐르므로 P에도 전류가 흐른다.

오답 피하기 ㄴ. 실험 결과 (나)보다 (다)에서 더 큰 자기장이 생겼으므로 유도 전류의 세기는 (나)보다 (다)에서 더 크다. 따라서 ㉠은 '크게'이다.

ㄷ. Q에 흐르는 유도 전류는 자석의 운동을 방해하는 방향으로 자기장을 만든다. 자석이 접근하고 있으므로 Q와 자석은 서로 밀어 내는 방향으로 자기력을 작용한다.

4 답 ⑤

ㄱ. 자석이 회전할 때 코일에 유도 전류가 흐르는 것은 전자기 유도 현상이다.

ㄴ. 자석이 회전하면 코일 내부를 통과하는 자기장이 변한다.

ㄷ. 발전기는 전자기 유도를 이용해 운동 에너지를 전기 에너지로 전환한다.

5 답 ⑤

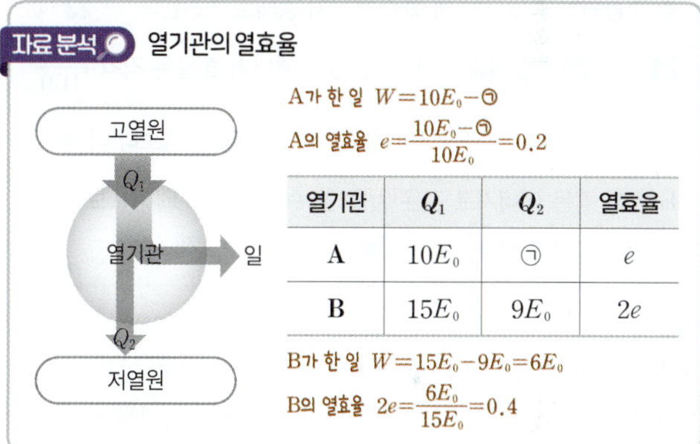

열기관	Q_1	Q_2	열효율
A	$10E_0$	㉠	e
B	$15E_0$	$9E_0$	$2e$

B의 열효율 $2e=\frac{15E_0-9E_0}{15E_0}=\frac{2}{5}$이므로 $e=\frac{1}{5}=\frac{10E_0-㉠}{10E_0}$에서 ㉠$=8E_0$이다.

이런 보기도 나온다! 답 ㄹ. ×　ㅁ. ○　ㅂ. ○

ㄹ. A, B가 한 일은 각각 $2E_0$, $6E_0$이므로 B가 A의 3배이다.

ㅁ. 같은 열을 공급하면 열효율이 높은 B가 더 많은 일을 한다. 따라서 저열원으로 방출하는 열은 A가 B보다 크다.

ㅂ. 같은 양의 일을 하려면 열효율이 낮은 A에 더 많은 열을 공급해야 한다.

6 답 ③

ㄱ. A는 신재생 에너지를 이용한 발전 방식이 아니므로 화력 발전이다. 화력 발전은 발전 과정에서 고온 고압의 수증기로 터빈을 돌린다.

ㄴ. B는 밀물과 썰물 때 해수면의 높이차를 이용하지 않으므로 파력 발전이다.

오답 피하기 ㄷ. C는 조력 발전이다. 조력 발전소는 밀물과 썰물 때 해수면의 높이차가 큰 지역에 건설한다.

대단원 평가 문제

141～147쪽

01 ② **02** ④ **03** (1) 예시 답안 ㉠(비버)은 다른 생물을 먹이로 섭취해 양분을 얻고, ㉡(식물)은 광합성을 하여 스스로 양분을 만든다. (2) 예시 답안 (가)와 (나)는 모두 생물요소가 비생물요소에 영향을 미친 사례이다. **04** ③ **05** ④ **06** (1) (다) → (가) → (나) (2) 예시 답안 2차 소비자는 먹이(1차 소비자)가 줄어들어 개체수가 감소했고, 생산자는 1차 소비자에게 적게 잡아먹혀 개체수가 증가했다. **07** ⑤ **08** ② **09** ⑤ **10** ⑤ **11** ① **12** ① **13** 예시 답안 (가)와 비교했을 때 (나)는 우리나라 전역에서 여름철 평균 기온이 상승하였다. 특히, 남해안 지역의 기온이 급격히 상승하였고, 서울, 경기도, 강원도 지역도 기온이 많이 상승하였다. 반면, 제주도는 오히려 기온이 더 낮아진 지역이 나타나기도 한다. **14** ② **15** ⑤ **16** ③ **17** ② **18** ④ **19** ④ **20** ③ **21** ③ **22** 예시 답안 사람의 화학 에너지가 자석의 운동 에너지로 전환되고, 전자기 유도에 의해 전기 에너지로 전환되어 휴대 전화에 화학 에너지 형태로 저장된다. **23** ④ **24** ④ **25** 예시 답안 A, B의 엔진의 에너지 효율은 각각 $\frac{18}{100}\times100=18(\%)$, $\frac{16}{80}\times100=20(\%)$이므로 B가 A보다 더 높다. B가 더 작은 에너지로 같은 일을 할 수 있으므로 B가 A보다 온실 가스를 적게 배출한다. **26** ② **27** ④ **28** ④

01

답 ②

생태계는 한 생물종의 개체들이 모여 개체군(A)을 이루고, 여러 개체군이 모여 군집(B)을 이루며, 생물요소와 비생물요소가 상호작용 하며 생태계(C)를 이루는 단계적인 구조를 이루고 있다.

ㄷ. 고래가 해양의 물질 순환에 도움을 주는 것은 생물요소(고래)와 비생물요소(물) 사이의 상호작용이므로 생태계(C)에서 일어난다.

오답 피하기 ㄱ. 개체군(A)은 한 생물종의 개체들로 구성된다.

ㄴ. B는 군집이다.

02

답 ④

ㄱ. 지렁이가 토양에 구멍을 뚫어 토양의 통기성을 높이는 것은 생물요소(지렁이)가 비생물요소(토양)에 영향을 미치는 ㉠의 사례이다.

ㄷ. 아메리카 사막토끼의 귀가 큰 것은 서식지의 높은 온도에서 몸의 표면을 통한 열의 방출을 촉진하여 체온을 유지하기 위한 적응 결과이다. 따라서 이는 비생물요소(온도)가 생물요소(토끼)에 영향을 미치는 ㉡의 사례이다.

오답 피하기 ㄴ. 고산 지대에 사는 사람들이 평지에 사는 사람들보다 적혈구의 수가 많은 것은 고산 지대의 낮은 산소 농도에서 산소를 효과적으로 운반하기 위한 적응 결과이다. 따라서 이와 가장 관련이 깊은 비생물요소는 공기이다.

03

(1) 비버(㉠)는 소비자인 동물이므로 다른 생물을 먹이로 섭취해 양분을 얻고, 식물(㉡)은 생산자이므로 광합성을 하여 스스로 양분을 만든다.

채점 기준	배점(%)
비버는 다른 생물을 먹이로 섭취한다는 것과 식물은 스스로 양분을 만든다는 것을 모두 포함하여 옳게 설명한 경우	100
비버는 다른 생물을 먹이로 섭취한다는 것과 식물은 스스로 양분을 만든다는 것 중 1가지만 포함하여 설명한 경우	50

(2) (가)는 비버(생물요소)가 물(비생물요소)에 영향을 미친 사례이고, (나)는 식물(생물요소)이 온도(비생물요소)에 영향을 미친 사례이므로 (가)와 (나)는 모두 생물요소가 비생물요소에 영향을 미친 사례이다.

채점 기준	배점(%)
생물요소가 비생물요소에 영향을 미친 사례임을 옳게 설명한 경우	100
생물요소와 비생물요소가 서로 영향을 주고받는 사례라고만 설명한 경우	30

04

답 ③

자료 분석 생태계평형 회복 과정

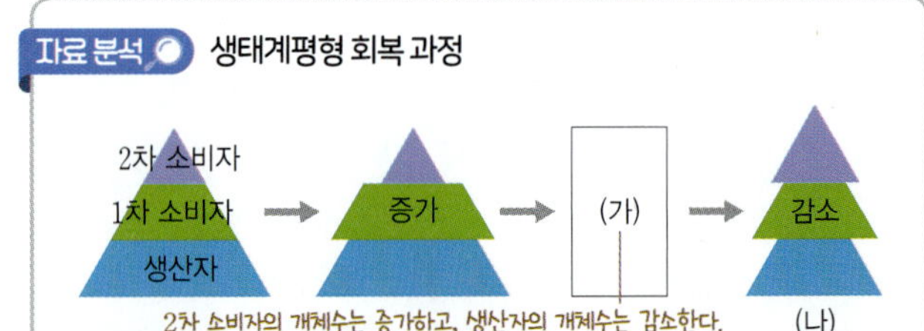

- 먹이 관계는 생산자 → 1차 소비자 → 2차 소비자이다.
- 1차 소비자의 개체수가 증가하면 (가)에서 2차 소비자는 먹이(1차 소비자)가 많아져 개체수가 증가하고, 생산자는 1차 소비자에게 많이 잡아먹혀 개체수가 감소한다.
- 2차 소비자의 개체수가 증가하고, 생산자의 개체수가 감소하면 (나)에서 1차 소비자는 2차 소비자에게 많이 잡아먹히고, 먹이(생산자)가 줄어들어 개체수가 감소한다.

1차 소비자의 개체수가 증가하면 (가)에서 생산자는 1차 소비자에게 많이 잡아먹히므로 개체수가 감소(ⓐ)하고, 2차 소비자는 먹이(1차 소비자)가 많아지므로 개체수가 증가(ⓑ)한다. 이로 인해 (나)에서 1차 소비자(㉠)는 먹이(생산자)가 줄어들고, 2차 소비자에게 많이 잡아먹혀 개체수가 감소한다. 이로 인해 2차 소비자(㉡)는 먹이(1차 소비자)가 줄어들어 개체수가 감소(ⓐ)하고, 생산자(㉢)는 1차 소비자에게 적게 잡아먹혀 개체수가 증가(ⓑ)한다.

③ ㉢은 생산자이다. 식물 플랑크톤은 생산자(㉢)에 속한다.

오답 피하기 ① ⓐ는 '감소'이다.

② ㉠은 1차 소비자이므로 다른 생물(생산자)을 먹이로 섭취하여 양분을 얻는다. 빛에너지를 화학 에너지로 전환하는 생물은 광합성을 하는 생산자이다.

④ ㉡은 2차 소비자, ㉢은 생산자이다. 생산자의 먹이는 2차 소비자가 아니므로 2차 소비자(㉡)에서 생산자(㉢)로 유기물 속 화학 에너지가 이동하지 않는다.
⑤ (나) 이후에 생산자(㉢)의 개체수가 증가(ⓑ)하는 것은 생산자가 포식자인 1차 소비자에게 적게 잡아먹혔기 때문이다.

05 답 ④

2차 소비자의 개체수가 증가하면 1차 소비자는 2차 소비자에게 많이 잡아먹혀 개체수가 감소하고(나) → 생산자는 1차 소비자에게 적게 잡아먹혀 개체수가 증가하며, 2차 소비자는 먹이(1차 소비자)가 줄어들어 개체수가 감소한다(라). → 이로 인해 1차 소비자는 2차 소비자에게 적게 잡아먹히고, 먹이(생산자)가 많아져 개체수가 증가하고(다) → 생산자는 1차 소비자에게 많이 잡아먹혀 개체수가 감소하는(가) 과정을 거쳐 생태계평형이 회복된다.

06

(1) 1차 소비자의 개체수가 증가하면 2차 소비자의 개체수 증가, 생산자의 개체수 감소 → 1차 소비자의 개체수 감소 → 2차 소비자의 개체수 감소, 생산자의 개체수 증가의 과정을 거쳐 생태계 평형이 회복된다.
(2) (가)에서 1차 소비자의 개체수가 감소한 결과 (나)에서 2차 소비자는 먹이(1차 소비자)가 줄어들어 개체수가 감소했고, 생산자는 1차 소비자에게 적게 잡아먹혀 개체수가 증가했다.

채점 기준	배점(%)
2차 소비자는 먹이 감소로 개체수가 감소한 것, 생산자는 적게 잡아먹혀 개체수가 증가한 것을 모두 포함하여 옳게 설명한 경우	100
2차 소비자는 먹이 감소로 개체수가 감소한 것, 생산자는 적게 잡아먹혀 개체수가 증가한 것 중 1가지만 포함하여 옳게 설명한 경우	50

07 답 ⑤

ㄱ. 생태통로를 설치하면 단절된 서식지 사이에서 생물이 오갈 수 있다.
ㄴ. 평균 기온이 상승한 원인 중 하나는 대기 중 온실 기체인 이산화 탄소의 증가이다.
ㄷ. 아마존 열대우림이 파괴된 원인 중 하나는 인간의 벌목이다.

08 답 ②

신재생에너지를 활용하면 화석 연료의 사용을 줄여 온실 기체의 발생과 이에 따른 기후 변화를 억제할 수 있다. 도시 숲과 옥상 정원을 조성하면 도시와 건물의 온도를 낮추어 냉방에 드는 에너지 소비를 줄일 수 있고, 도시와 건물의 생태적 기능을 높일 수 있다. 환경 영향 평가와 같은 제도적 장치를 활용하면 환경을 파괴하는 무분별한 개발을 줄일 수 있다. 따라서 이 요인들은 모두 생물다양성을 증가시키는 것으로 생태계의 먹이 관계를 복잡하게 만들어 생태계의 평형 회복 능력을 높이기 위한 노력이다.

개념 더하기 생태계평형보전을 위한 노력

- 기후 변화의 원인 중 하나인 이산화 탄소(온실 기체)의 배출량을 낮춘다. → 파리 협정과 같은 국제 협약을 채택해 기후 변화에 적극적으로 대처하며, 신재생에너지를 활용해 화석 연료를 대체한다.
- 환경 영향 평가와 같은 제도적 장치를 활용해 무분별한 개발을 막는다.
- 도로, 철도, 댐 등을 건설할 때 동물이 단절된 서식지 사이를 오갈 수 있는 생태통로를 만든다. → 서식지가 단편화되어 생기는 문제점을 줄일 수 있다.
- 숲이나 공원 등을 조성하고 하천을 복원해 도시의 생태적 기능을 높인다.
- 생태적 가치가 높은 구역과 멸종 위기에 처한 생물을 천연기념물로 지정하여 보호한다.

09 답 ⑤

ㄱ, ㄴ, ㄹ. 지구 온난화 방지를 위해서는 삼림 지역을 확대하여 식물에 의한 이산화 탄소 흡수를 증가시키고, 친환경 에너지를 개발하여 화석 연료 사용에 의해 대기 중으로 방출되는 온실 기체의 양을 감축시켜야 한다. 또한 대기 중으로 방출되는 이산화 탄소를 포집할 수 있는 기술을 개발하는 것도 해결책이 될 수 있다.
오답 피하기 ㄷ. 화석 연료 개발 예산을 확충하는 것은 지구 온난화 방지에 도움이 되지 않는다.

10 답 ⑤

1980년 10월에 비해 2020년 10월 북극 해빙의 면적이 감소한 것을 알 수 있다. 이러한 변화는 지구 온난화에 의한 결과이다.
ㄱ. 지구 온난화에 의해 지구 평균 기온이 상승하면 해수면이 상승하여 육지 면적이 감소하게 된다.
ㄴ. 북극해의 해빙 면적이 감소하였으므로 해빙의 반사율은 감소했을 것이다.
ㄹ. 지구 온난화로 해수의 온도가 높아지면 기체의 용해도가 낮아지게 된다.
오답 피하기 ㄷ. 이 기간 동안 대기 중 이산화 탄소 농도가 증가하여 지구 평균 기온이 상승하였다.

11 답 ①

ㄱ. C+D는 지구에서 우주로 방출되는 에너지이고, E+H는 우주에서 지구로 유입되는 에너지이다. 지구의 열수지는 복사 평형 상태이므로 C+D=E+H이다.
오답 피하기 ㄴ. 지구 복사 에너지인 C는 적외선 영역에 분포해 있다.
ㄷ. 대기 중 이산화 탄소 농도가 증가하면 대기에서 지표로 재복사하는 에너지양(J)도 증가한다.

12 답 ①

ㄱ. A(쿠로시오 해류)는 저위도에서 고위도로 흐르면서 저위도의 남는 에너지를 고위도로 전달한다.

오답 피하기 ㄴ. B(북태평양 해류)와 D(남극 순환 해류)는 서쪽에서 동쪽으로 흐른다.
ㄷ. C(남적도 해류)는 무역풍에 의해 형성되었다.

13

(가)와 비교했을 때 (나)는 우리나라 전역에서 여름철 평균 기온이 상승하였다. 특히, 남부 지방 해안 지역의 기온이 급격히 상승하였고, 서울, 경기도, 강원도 지역도 기온이 많이 상승하였다. 반면, 제주도의 경우 오히려 기온이 더 낮아진 지역이 나타나기도 한다.

채점 기준	배점(%)
(나) 시기에 우리나라 전역의 여름철 평균 기온 변화를 (가) 시기와 비교해 쓰고, 지역별로 모두 옳게 비교하여 설명한 경우	100
(나) 시기에 우리나라의 여름철 평균 기온 변화를 상승하였다고만 설명한 경우	50

14

답 ②

ㄷ. A, B 지역 모두 과다한 경작에 따른 지하수 고갈로 사막화가 진행되고 있는 곳이다. 과다한 토지 경작은 사막화를 가속할 수 있다.
오답 피하기 ㄱ. 사막은 대기 대순환에 의해 하강 기류가 나타나는 위도 30° 부근인 중위도 지역에 주로 분포한다.
ㄴ. 사막화는 자연적 요인과 함께 인위적인 요인에 의해 다양한 지역에서 발생하고 있다.

15

답 ⑤

ㄱ. 동태평양 적도 부근 해역의 표층 수온 편차가 양(+)의 값이므로 엘니뇨 시기이다. 따라서 이 시기에는 무역풍의 세기는 평년보다 약하다.
ㄴ. 엘니뇨 발생 시 서태평양 적도 부근 해역은 평년보다 표층 수온이 감소하고 강수량이 줄어든다.
ㄷ. 엘니뇨 발생 시 동태평양 적도 부근 해역은 평년보다 표층 수온이 증가하여 상승 기류가 발달해 해수면 기압은 평년보다 낮다.

16

답 ③

(나)는 (가)에 비해 서쪽으로 이동하는 따뜻한 해수의 흐름이 약하다. 따라서 (가)는 평상시, (나)는 엘니뇨 발생 시이다.
ㄱ. 평상시는 엘니뇨 발생 시에 비해 무역풍의 세기가 강하다.
ㄴ. 평상시에는 엘니뇨 발생 시보다 따뜻한 해수가 서쪽으로 많이 이동함에 따라 서태평양 적도 부근 해역에서 데워진 공기가 상승하여 구름을 형성한다. 이 구름은 지구로 입사하는 태양 복사 에너지의 반사율을 증가시킨다.
오답 피하기 ㄷ. 평상시는 엘니뇨 발생 시에 비해 따뜻한 해수가 서쪽으로 많이 이동하게 되어 동태평양 적도 부근 해역의 깊은 곳에서 상승하는 찬 해수의 흐름이 강해져 표층 수온이 낮아진다.

17

답 ②

② 태양 중심부의 핵융합 반응에서 줄어든 질량만큼 에너지가 생성된다.
오답 피하기 ① A에서 수소 핵융합 반응이 일어난다.
③ A에는 수소와 헬륨이 플라스마 상태로 존재한다.
④ A에서 생성된 에너지의 극히 일부가 지구에 도달한다.
⑤ 에너지가 표면으로 전달될 때 복사층에서는 복사로, 대류층에서는 대류로 에너지를 전달한다.

18

답 ④

ㄱ. 태양 중심부(핵)에서 일어나는 핵융합 반응이다.
ㄴ. 핵융합 반응에서는 줄어든 질량만큼 에너지가 방출된다.
오답 피하기 ㄷ. 핵융합 반응에서는 방사성 물질이 생성되지 않는다.

19

답 ④

태양에서 방출된 에너지는 전자기파 복사를 통해 지구로 전달된다. 기권과 수권에서 열에너지를 흡수하여 물이 증발하고 구름을 형성한다. 또 바람이 불어 구름이 이동하고, 구름 속의 물방울이 비나 눈이 되어 내린다. 이때 물방울의 위치 에너지가 운동 에너지로 전환된다. 이처럼 물이 증발하여 비가 내리는 과정에서 태양 에너지가 물방울의 역학적 에너지로 전환된다.

20

답 ③

유도 전류의 방향은 N극이 접근할 때와 S극이 멀어질 때 같고, N극이 멀어질 때와 S극이 접근할 때 같다. 그림에서 검류계에 흐르는 전류 방향이 같은 것은 (가)와 (라)이다.

21

답 ③

ㄱ. (나)와 (다)에서 N극이 접근하므로 코일에는 위쪽이 N극이 되도록 유도 전류가 흐른다.
ㄴ. 자석이 빠르게 운동할수록 유도 전류의 최댓값이 크므로 유도 전류의 최댓값은 (다)가 (라)보다 작다.
오답 피하기 ㄷ. 자석의 운동을 방해하는 방향으로 자기력이 작용하므로 자석이 받는 자기력의 방향은 (나)와 (라)에서 반대이다.

22

사람이 페달을 밟을 때 화학 에너지가 운동 에너지로 전환된다. 발전기의 자석이 회전하면서 코일에 유도 전류가 흘러 운동 에너지가 전기 에너지로 전환된다. 휴대 전화를 충전할 때 전기 에너지가 화학 에너지로 전환된다.

채점 기준	배점(%)
용어를 모두 사용하여 에너지 전환 과정을 모두 옳게 설명한 경우	100
용어를 일부만 사용하였거나 에너지 전환 과정의 일부만 옳게 설명한 경우	40

23

답 ④

④ 핵분열 반응에서 방출되는 에너지가 핵융합 반응보다 많으므로 감소한 질량은 (나)가 (가)보다 크다.

오답 피하기 ① (가)는 핵융합 반응이고 (나)는 핵분열 반응이다.

② A는 양성자이고 B는 중성자이다.

③ 핵발전소의 원자로에서는 핵분열 반응인 (나)가 일어난다.

⑤ 핵융합 반응과 핵분열 반응에서 감소한 질량이 에너지로 전환된다.

24

답 ④

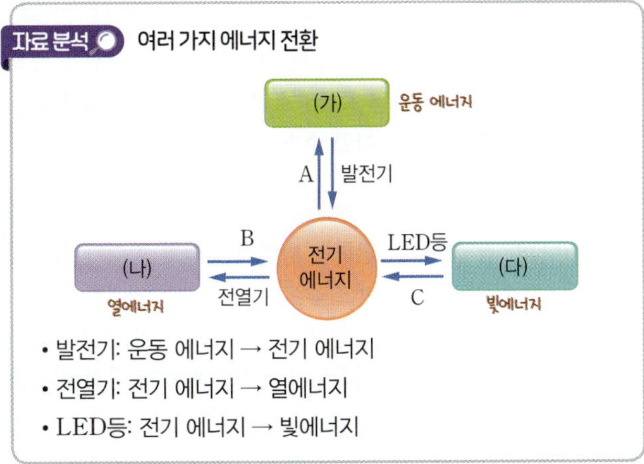

ㄴ. 태양열 발전은 태양의 열에너지를 이용해 발전기를 돌려 전기 에너지로 전환하고, 태양광 발전은 빛에너지를 직접 전기 에너지로 전환한다.

ㄷ. 백열 전구는 빛에너지와 열에너지를 모두 방출하므로 에너지 효율이 낮다.

오답 피하기 ㄱ. A는 전기 에너지를 운동 에너지로 바꾸는 장치이므로 전동기이다. 전기 에너지가 운동 에너지로 바뀔 때 일부 에너지는 열에너지로 손실된다.

25

A, B의 엔진의 에너지 효율은 각각 $\frac{18}{100} \times 100 = 18(\%)$, $\frac{16}{80} \times 100 = 20(\%)$이므로 B가 더 높다. 같은 일을 하기 위해 에너지 효율이 낮은 A에 더 많은 화석 연료를 공급해야 하고, A에서 손실되는 에너지가 더 많다.

채점 기준	배점(%)
A, B의 에너지 효율을 구하고 이를 근거로 온실 기체의 양을 옳게 비교한 경우	100
온실 기체의 양만 옳게 비교한 경우	30

26

답 ②

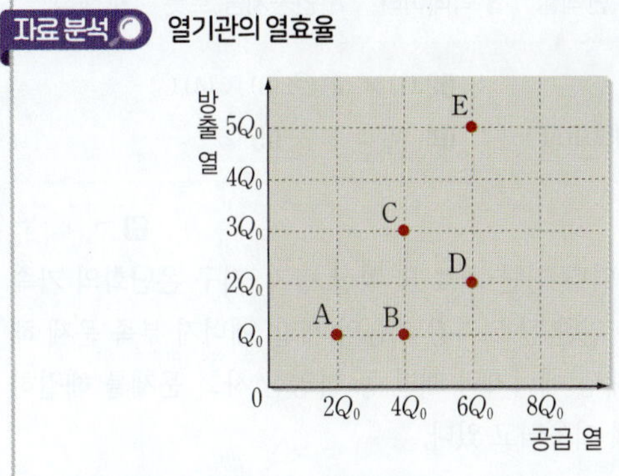

열기관	공급 열	방출 열	한 일	열효율
A	$2Q_0$	Q_0	Q_0	$\frac{1}{2}$
B	$4Q_0$	Q_0	$3Q_0$	$\frac{3}{4}$
C	$4Q_0$	$3Q_0$	Q_0	$\frac{1}{4}$
D	$6Q_0$	$2Q_0$	$4Q_0$	$\frac{2}{3}$
E	$6Q_0$	$5Q_0$	Q_0	$\frac{1}{6}$

열효율이 높을수록 같은 일을 하기 위해 필요한 열이 적다. 따라서 열효율이 가장 높은 B가 같은 일을 할 때 가장 적은 열이 필요하다.

27

답 ④

ㄱ. 연료 전지와 태양 전지는 발전 과정에서 온실 기체를 방출하지 않는다.

ㄷ. 연료 전지와 태양 전지는 발전 과정에서 전자기 유도를 이용하지 않고 각각 화학 에너지와 빛에너지를 직접 전기 에너지로 전환한다.

오답 피하기 ㄴ. 태양 전지는 날씨의 영향을 받으므로 발전량을 조절하기 어렵다.

28

답 ④

ㄱ. A는 에너지원에서 열에너지를 거치지 않고 터빈을 돌리므로 조력 발전이다. 조력 발전은 조수 간만의 차가 큰 곳에 건설해야 한다.

ㄷ. C는 에너지원에서 직접 전기 에너지를 얻으므로 태양광 발전이다. 태양광 발전으로 큰 전력을 얻기 위해서는 넓은 지역에 태양 전지를 설치해야 한다.

오답 피하기 ㄴ. B는 지열 발전이다. 지열 발전은 지하수를 이용하므로 해양 생태계에는 영향을 거의 미치지 않는다.

III 과학과 미래 사회

12강 과학과 미래 사회

기본 탄탄 문제 152쪽

1 감염병 2 단백질 3 빅데이터 4 인공지능 로봇 5 쟁점

01 ㄱ, ㄴ, ㄷ 02 (1) × (2) ○ (3) × (4) ○
03 사물 인터넷(IoT) 04 ㄱ, ㄴ 05 ②

01 답 ㄱ, ㄴ, ㄷ

과학기술은 감염병 진단·치료 및 확산 방지, 지구 온난화의 가속화를 방지하기 위한 탄소 저감 기술의 개발, 에너지 부족 문제 해결을 위한 신재생 에너지의 개발 등 다양한 사회 문제를 해결하는 데 유용하게 이용되고 있다.

02 답 (1) × (2) ○ (3) × (4) ○

(1) 빅데이터를 이용하여 복잡한 문제를 빠르게 처리한다.

(2) 많은 양의 데이터를 참고하면 연구 결과의 정확성을 높일 수 있다.

(3) 빅데이터는 과학 실험, 유전체 분석, 신약 개발 등 전문 분야뿐만 아니라 날씨, 교통 정보나 맞춤형 광고 등 생활 전반에 걸쳐 이용되고 있다.

(4) 빅데이터를 이용하는 과정에서 검증되지 않은 정보나 편향된 정보를 사용하면 잘못된 결론을 도출할 수 있으므로 주의하여 사용해야 한다.

03 답 사물 인터넷(IoT)

각종 사물에 센서와 통신 기능을 내장하고 인터넷에 연결하여 정보를 주고받는 기술을 사물 인터넷(IoT)이라고 한다. 사물 인터넷은 원격으로 제어할 수 있는 전자 기기, 스마트팜, 에너지 관리 시스템 등 다양한 분야에서 이용되고 있다.

04 답 ㄱ, ㄴ

ㄱ. 인공지능을 이용하면 산업 현장에서 생산성을 높일 수 있고, 다양한 문제 상황에서 최적의 결과를 도출할 수 있다.

ㄴ. 로봇을 이용해 화재 현장 등 위험한 곳에서 안전하게 문제를 해결할 수 있다.

오답 피하기 ㄷ. 사물 인터넷과 같은 정보 통신 기술의 발달로 집 안의 가전제품을 원격으로 조작하는 등 편의성이 증가했지만, 해킹의 위험 역시 증가했다.

05 답 ②

과학기술의 발전은 인간의 삶에 유용함을 가져다 주기도 했지만, 여러 가지 문제를 일으키기도 하는 양면성이 있다. 따라서 과학기술이 인간의 삶과 조화를 이루며 바람직하게 발전하기 위해서는 과학기술을 연구하고 이용할 때 과학 윤리를 지켜야 한다.

실력 쑥쑥 문제 153~155쪽

01 ⑤ 02 ④ 03 ⑤ 04 ③ 05 ① 06 ③ 07 ④
08 ③ 09 ⑤ 10 ⑤ 11 ③

단답형·서술형 문제

12 (1) 답 빅데이터 (2) 예시 답안 빅데이터를 활용하면 다양한 변수가 얽힌 복잡한 문제를 빠르게 해결할 수 있다는 장점이 있다. 반면 편향되거나 충분히 검증되지 않은 정보가 수집되어 잘못된 결론을 내릴 수 있다는 문제점이 있다.

13 (1) 예시 답안 유전자 편집 기술을 이용하여 질병을 일으키는 유전자를 제거하여 유전적 질환을 치료할 수 있다. 식물의 유전자를 변형하여 해충 및 자연재해에 강한 작물을 생산함으로써 농업 생산량을 증가시킬 수 있다. 등 (2) 예시 답안 유전자를 인위적으로 선택하여 생명체를 탄생시켰을 때의 생명 존중과 관련한 윤리적 문제가 발생할 수 있다. 유전자를 변형한 식품을 섭취했을 때 인체에 부작용을 일으킬 수 있다. 등

01 답 ⑤

ㄱ. 감염병은 세균이나 바이러스 같은 병원체에 의해 생기는 질병으로 감기, 폐렴, 독감 등이 있다.

ㄴ, ㄷ. 과학기술의 발전에 따라 병원체(항원)의 단백질을 검출하여 감염 여부를 확인하는 신속 항원 검사, 병원체의 핵산을 증폭시켜 감염 여부를 확인하는 중합효소연쇄반응(PCR) 검사 같은 진단 방법으로 감염병을 진단할 수 있다.

02 답 ④

(가)와 (나)의 감염병을 진단하는 방법에는 과학 원리가 활용된다. (가)에서는 병원체의 단백질을 검출하여 감염 여부를 확인하고, (나)에서는 병원체의 핵산을 여러 차례 증폭하여 감염 여부를 확인한다. (가)는 (나)보다 정확도가 낮지만 빠르게 감염 여부를 확인할 수 있다.

03 답 ⑤

자료 분석 감염병 진단 실험

시험관	(가)	(나)	(다)
진단 시료	감염 확인 시료	비감염 확인 시료	사람 A 시료
결과	붉은색으로 변함.	변화 없음.	붉은색으로 변함.

진단 시료에 감염병 X의 병원체(항원)가 있으면 넣어 준 물질들과 반응하여 색이 변한다. → 사람 A의 시료에서 색 변화가 나타났으므로 A는 감염병 X에 감염되었다.

ㄱ. 사람 A의 시료로 실험하였을 때 감염이 확인된 시료(가)와 같이 색 변화가 나타났으므로 사람 A는 감염병 X에 감염되었다.
ㄴ. 감염이 확인된 시료에는 병원체(항원)의 단백질이 들어 있으므로 색 변화가 나타난다.
ㄷ. 우리 몸에 들어온 병원체(항원)의 단백질을 검출하는 진단 방법은 감염병 자가 진단 도구에 이용된다.

04

답 ③

ㄱ. 병원체의 핵산을 증폭시켰을 때 A는 핵산의 양이 증가했지만 B는 변화가 없으므로 병원체 X에 감염된 사람은 A이다.
ㄷ. 병원체의 핵산을 증폭시켜 분석하는 감염병 진단 방법은 중합효소연쇄반응(PCR) 검사에 이용된다.
오답 피하기 ㄴ. 감염되지 않은 사람에게서 채취한 시료에는 병원체의 핵산이 존재하지 않으므로 증폭 횟수를 늘리더라도 핵산의 양이 변하지 않는다.

05

답 ①

화석 연료의 고갈에 따른 에너지 부족 문제의 해결 방안으로는 신재생 에너지 개발이 있다. 지구 온난화로 인한 기후 변화 문제의 해결 방안으로는 온실 기체를 배출하지 않는 신재생 에너지 개발, 탄소 저감 기술 개발 등이 있다. 플라스틱 및 오염 물질로 인한 환경 오염과 생태계 파괴 문제의 해결 방안으로는 자연에서 분해되는 생분해성 소재 개발이 있다.

06

답 ③

①, ② 빅데이터는 방대한 양의 데이터 집합으로, 빅데이터를 분석하여 복잡한 문제 상황에 대해 다양한 예측이 가능하다.
④, ⑤ 센서의 개발, 정보 통신 기술의 발달, 인공위성 등의 발달로 다양한 정보를 실시간으로 얻어 낼 수 있게 되어 데이터의 양이 증가했으며, 이러한 데이터를 저장하고 처리하는 기술이 발달하면서 문제 상황을 빠르게 인지하고 해결할 수 있게 되었다.
오답 피하기 ③ 빅데이터를 활용하면 현상을 빠르고 정확하게 이해하고 예측할 수 있다.

07

답 ④

자료 분석 빅데이터의 활용

(가) 기존의 약물, 화학 물질, 임상 시험 자료 등에 대한 빅데이터를 기반으로 짧은 시간 안에 신약을 개발할 수 있게 되었다.
(나) 인공위성 및 여러 관측소의 센서로 실시간 정보를 다양하게 수집할 수 있게 되었으며, 이러한 정보를 토대로 날씨를 예측하고 대비할 수 있게 되었다.
(다) 개인의 검색 기록, 구매 내역 등의 자료를 참고하여 개인에 맞춰진 정보를 제공할 수 있게 되었다.

ㄱ. (가)~(다)는 모두 빅데이터를 활용하는 분야이다.
ㄷ. 개인의 활동 내역을 저장하고 분석하는 과정에서 개인 정보 유출의 문제가 발생할 수 있다.
오답 피하기 ㄴ. 기상 관측에 빅데이터를 활용하면 인공위성과 여러 관측소로부터 수집한 정보를 토대로 다양한 변수를 예측하고 문제를 해결하므로 실시간 날씨 정보뿐만 아니라 장기간의 기후 변화를 예측할 수 있다.

08

답 ③

ㄱ, ㄴ. (가)와 (나)는 모두 인공지능 로봇으로, 센서를 통해 상황을 인식하고 판단한 후 동작을 수행할 수 있다.
오답 피하기 ㄷ. 인공지능 로봇은 인공지능을 활용하므로 정해진 동작 외의 동작도 상황에 맞추어 수행할 수 있다.

09

답 ⑤

ㄱ, ㄷ. 자율주행 자동차는 인공지능과 사물 인터넷(IoT) 기술 등이 접목된 장치로, 센서를 통해 교통 상황을 감지하여 주행한다.
ㄴ. 자율주행 자동차는 기술적 오류가 발생하면 안전 문제가 생길 수 있다는 한계점이 있다.

10

답 ⑤

ㄱ. (가)와 (나)는 각종 사물에 센서와 통신 기능을 내장하고 인터넷에 연결하여 실시간으로 얻은 정보를 전송하고 통신하는 사물 인터넷(IoT)기술이 활용되는 예이다.
ㄴ. (가)에서 스마트 기기를 이용해 농장의 온도, 습도 등을 실시간으로 측정하고 조절할 수 있다.
ㄷ. (나)에서는 센서로 개인의 체온, 혈압, 혈당 등의 건강 정보를 실시간으로 측정 및 전송하여 건강 관리에 도움을 줄 수 있다.

11

답 ③

• 학생 A: 과학기술을 연구하고 이용할 때 과학 윤리를 지켜야 한다.
• 학생 C: 과학자는 사회에 악영향을 미치는 연구는 피하고 공공의 이익을 위해 노력해야 할 사회적 책임이 있다.
오답 피하기 • 학생 B: 과학자는 연구 절차와 결과를 조작하거나 거짓으로 만들어 내지 않아야 한다.

12

(1) 빅데이터는 방대하고 복잡한 데이터 집합을 의미하며, 이를 분석하여 과학 실험, 유전체 분석, 공공 서비스 개선 등에 이용할 수 있다.
(2) 빅데이터를 분석하여 다양한 변수가 얽힌 복잡한 문제를 빠르게 해결할 수 있고, 다양한 분야에서 성과를 높이는 데 이용할 수 있다. 반면 편향되거나 충분히 검증되지 않은 정보가 수집되어 잘못된 결론을 도출하거나, 데이터 수집 과정에서 개인 정보가 유출될 수 있다는 문제점도 있다.

채점 기준	배점(%)
빅데이터를 사용할 때의 장점과 문제점을 모두 옳게 설명한 경우	100
빅데이터를 사용할 때의 장점과 문제점 중 1가지만 옳게 설명한 경우	50

13

(1) 유전자 편집 기술을 이용하면 질병을 일으키는 유전자를 제거하여 유전적 질환을 근본적으로 치료할 수 있고, 필요한 유전자를 추가하여 형질을 개량한 작물을 만들 수 있다.

채점 기준	배점(%)
유전자 편집 기술의 활용 방안의 구체적인 예시를 들어 옳게 설명한 경우	100
구체적인 예시 없이 유전자를 추가하거나 삭제한다는 내용만 설명한 경우	50

(2) 유전자 편집 기술로 유전자를 임의로 선택하여 생명체를 탄생시키는 것은 생명을 도구로 이용하는 윤리적 문제가 있고, 유전자를 편집하는 과정에서 안전성 문제가 있을 수 있다. 또 유전자를 변형한 작물로 만든 식품을 섭취했을 때 부작용이 나타날 수 있다는 문제점도 있다.

채점 기준	배점(%)
유전자 편집 기술의 개발로 일어날 수 있는 문제점을 옳게 설명한 경우	100
문제점을 구체적으로 설명하지 않고 '안전성 문제가 있다.'와 같이 설명한 경우	50

대단원 평가 문제

157～159쪽

01 ② **02** ⑤ **03** ④ **04** 예시 답안 지구 온난화의 원인인 온실 기체 배출량을 줄이기 위해 탄소 저감 기술을 개발한다.
05 ④ **06** ④ **07** ⑤ **08** (1) 예시 답안 자율주행 자동차와 집 안 가전제품에 사물 인터넷(IoT) 기술이 적용되었다. (2) 예시 답안 원격으로 기기를 조작할 수 있어서 삶의 편의성이 향상된다. 반면 해킹으로 기기가 오작동하거나 개인 정보가 유출될 위험성이 있다.
09 ④ **10** ⑤ **11** ③ **12** 예시 답안 B, 연구 절차와 결과를 조작하거나 거짓으로 만들어 내지 않아야 한다.

01

답 ②

자료 분석 감염병의 진단

구분	(가)	(나)
분석 대상	병원체의 핵산	병원체(항원)의 단백질
원리	병원체의 핵산을 증폭하여 감염 여부를 확인	병원체의 단백질을 검출하여 감염 여부를 확인
이용	중합효소연쇄반응(PCR) 검사	신속 항원 검사, 감염병 자가 진단 도구

- 정확도: 핵산을 이용한 진단 검사 > 단백질을 이용한 진단 검사
- 진단 속도: 핵산을 이용한 진단 검사 < 단백질을 이용한 진단 검사

ㄴ. (나)는 병원체(항원)의 단백질이 있는지 검출하여 감염 여부를 확인하는 진단 방법으로, 신속 항원 검사, 감염병 자가 진단 도구에 이용된다.

오답 피하기 ㄱ. ㉠은 핵산이다.

ㄷ. (가)는 (나)보다 정확도가 높지만 진단 속도는 느리다.

02

답 ⑤

과학기술의 발전은 감염병 확산을 방지하고 대처하는 데 도움이 된다.

ㄱ. 정보 통신 기술의 발달로 감염자의 이동 경로 추적 및 분석을 빠르게 수행할 수 있었다.

ㄴ. 생명과학 기술의 발전으로 감염병 진단 기술이 개발되어 빠른 감염병 진단이 가능하였으며, 백신과 치료제를 개발하여 이용할 수 있었다.

ㄷ. 방역 로봇과 같은 인공지능 로봇을 개발하면 감염병 예방을 위한 방역과 소독 작업을 빠르고 정확하게 수행할 수 있다.

03

답 ④

ㄴ. 실험에서 사용한 진단 방법은 진단 시료에 병원체(항원)의 단백질이 있으면 반응이 일어나 색이 변하는 것을 통해 감염병을 진단하는 방법으로, 감염병 자가 진단 도구에 이용된다.

ㄷ. 사람 B의 시료로 실험한 결과 감염 확인 시료와 같이 색 변화가 나타났으므로 사람 B의 시료에는 병원체의 단백질이 포함되어 있다.

오답 피하기 ㄱ. 사람 A의 시료는 비감염 확인 시료와 같이 색 변화가 나타나지 않았으므로 A는 비감염자이다.

04

온실 기체의 배출량이 증가하여 지구 온난화가 가속됨에 따라 해수면 상승, 기후 변화 등의 문제가 발생하고 있다. 따라서 온실 기체 배출을 줄이기 위해 탄소 저감 기술, 신재생 에너지 등의 개발이 필요하다.

채점 기준	배점(%)
제시된 문제 상황을 해결하기 위한 과학적 해결책을 옳게 설명한 경우	100
제시한 해결책과 과학의 연관성이 미흡한 경우	50

05

답 ④

다양한 분야에서 축적된 빅데이터를 이용하면 해당 분야에서 발생한 여러 문제를 빠르고 정확하게 예측하여 해결할 수 있다.

ㄱ. 언어 빅데이터를 토대로 자동 번역 기술의 정확도를 높여 언어가 다른 사람 간의 의사소통을 원활하게 한다.

ㄷ. 여러 연구자가 실험한 대량의 연구 자료 빅데이터를 분석하여 연구 결과의 정확성을 높이고 개별 실험자가 해결할 수 없는 문제를 해결한다.

ㄹ. 인공위성, 센서 등 다양한 방법으로 수집한 실시간 기상 빅데이터를 활용하여 날씨를 정확하게 예측한다.

오답 피하기 ㄴ. 수만 명의 유전체 연구 자료를 분석하여 개인의 유전자에 맞춘 치료법을 개발할 수 있다.

개념 더하기 ⊕ 빅데이터의 활용 사례

- 기존의 약물과 화학 물질 관련 자료를 분석하여 짧은 기간 안에 신약을 개발한다.
- 상품 구매 빅데이터를 활용하여 개인별로 유용한 상품 정보를 제공한다.
- 통화량 및 교통 카드 데이터로 유동 인구를 분석하여 심야 버스 노선을 결정한다.
- 학습 분석 빅데이터를 이용하여 학생 개인에 맞는 맞춤 교육을 제공한다.

06 답 ④

① 다양한 경로로 수집한 빅데이터는 일상생활의 여러 가지 영역에서 유용하게 이용된다.
②, ⑤ 빅데이터를 활용할 때 검증되지 않은 정보나 편향된 정보를 이용하면 신뢰도가 떨어지는 결과를 도출할 위험이 있다. 따라서 신뢰도 높은 데이터를 이용할 수 있도록 데이터를 선별하고 비판적으로 평가해야 한다.
③ 검색 기록, 구매 내역 등의 빅데이터를 수집하는 과정에서 개인 정보 유출 및 사생활 침해 문제가 발생할 수 있다.
오답 피하기 ④ 빅데이터는 많은 양의 정보를 활용하는 기술이므로 신뢰도 높은 정보를 활용하기 위해서는 정보의 출처를 확인하고 이용해야 한다.

07 답 ⑤

ㄱ, ㄴ, ㄷ. 인공지능 로봇은 배송 상황을 고려하여 물건을 배달하는 배송 드론, 대형 쇼핑몰 내에서 매장의 위치 및 편의 시설의 이용 상황을 파악하여 안내하는 안내 로봇, 물류의 이동과 재고 상황에 따라 창고를 정리하고 물건을 옮기는 물류 로봇 등 다양한 분야에 활용할 수 있다.

08

(1) 자율주행 자동차, 배송 드론, 집 안의 가전제품 등에 인공지능 로봇, 사물 인터넷(IoT) 등의 기술이 이용된다.

채점 기준	배점(%)
적용된 과학기술 1가지를 옳게 설명한 경우	100
과학기술을 설명했으나 제시문과의 연관성이 부족한 경우	30

(2) 인공지능 로봇 기술이나 사물 인터넷(IoT) 기술은 일상생활에서의 편의성을 높여 삶의 질을 향상시키지만, 로봇의 이용으로 인한 일자리 감소 문제, 해킹으로 인한 오작동이나 개인 정보 유출의 위험 등의 한계점도 있다.

채점 기준	배점(%)
적용된 과학기술의 유용성과 한계점을 모두 옳게 설명한 경우	100
유용성과 한계점 중 1가지만 옳게 설명한 경우	50

09 답 ④

ㄴ. (가)의 청소 로봇은 센서를 이용하여 집 안의 구조나 사물의 위치, 오염도 등을 수집하고 이에 따라 청소를 수행한다. (나)의 스마트 시계는 센서를 이용하여 착용자의 심박수, 위치, 이동 속도 등의 정보를 수집한다.
ㄷ. (가)와 (나)는 모두 사물 인터넷(IoT) 기술이 적용되어 있어 스마트 기기와 연동하여 사용할 수 있다.
오답 피하기 ㄱ. (가)와 (나)는 모두 원거리에서 기기를 조작할 수 있다.

10 답 ⑤

⑤ 신재생 에너지와 같은 과학기술을 개발하고 이용할 때는 발생할 수 있는 문제들을 예측하고 이에 대비해야 한다.
오답 피하기 ①, ②, ③, ④ 신재생 에너지는 온실 기체나 유해 물질을 배출하지 않는 장점이 있지만, 설치 및 운영 과정에서 생태계에 부정적 영향을 끼칠 수도 있으므로 이를 고려하여 개발해야 한다. 이처럼 과학기술은 기술 개발에 따른 긍정적 영향과 부정적 영향이 공존하므로 이 두 가지 측면을 모두 고려하여 개발, 이용해야 한다.

11 답 ③

유전자 재조합 기술을 이용해 유전적 질환을 근본적으로 치료하거나 농작물의 생산성을 높일 수 있지만, 유전자 치료의 안전성 문제, 생명의 존엄성 문제, 유전자변형생물의 생태계 교란 등 예기치 않은 문제가 발생할 수 있다.

12

과학 연구를 진행할 때는 지식 재산권을 존중해야 하고, 연구 절차와 결과를 조작하거나 거짓으로 만들어 내지 않아야 하며, 함께 연구한 참여자들의 성과를 공정하게 나누어야 한다.

채점 기준	배점(%)
B를 쓰고, B의 행동에서 고쳐야 할 점을 옳게 설명한 경우	100
B만 쓴 경우	50

개념 더하기 ⊕ 연구 윤리

과학자가 과학기술을 연구하고 이용하면서 지켜야 할 원칙이나 행동 양식을 연구 윤리라고 한다.

- 정직성과 개방성: 연구 절차와 결과를 조작하거나 거짓으로 만들어 내지 않는다. 또 학문 발전을 위해 연구 내용을 공개한다.
- 실험 대상에 대한 존중: 실험 대상을 윤리적으로 대하며 실험 대상의 생명과 존엄성을 존중한다.
- 지식 재산권 존중: 다른 과학자의 연구 결과를 함부로 사용하지 않는다.
- 상호 존중: 함께 연구하는 동료들을 존중하고 연구 참여자들의 성과를 공정하게 나눈다.
- 사회적 책임: 사회에 악영향을 미치는 연구는 피하고 공공의 이익을 위해 노력한다.

개념 확인하기

01강 | 지질 시대의 환경과 생물 변화 2쪽

01 A: 선캄브리아시대, B: 고생대, C: 중생대, D: 신생대
02 ㉠ 고생대, ㉡ 빙하기 **03** × **04** × **05** ○ **06** ○
07 ㄹ → ㄴ → ㄱ → ㄷ **08** 중 **09** 고 **10** 신
11 공룡 D, 고사리 A **12** ㉢ **13** ㉡ **14** ㉠

01 지질 시대의 상대적 길이는 선캄브리아시대>고생대>중생대>신생대 순이다.

02 지구에 하나의 대륙인 판게아가 형성되면서 서식지가 축소되는 등의 환경 변화가 일어나 생물이 대량으로 멸종한 시기는 고생대 말이다. 신생대 말기에는 간빙기와 빙하기가 여러 차례 반복되었다.

03 포유류는 중생대에 처음 등장하여 신생대에 번성하였다.

04 필석, 완족류는 고생대에 번성한 대표적인 생물이다. 중생대에 번성한 대표적인 생물은 암모나이트, 공룡, 겉씨식물 등이다.

05 선캄브리아시대에 등장한 남세균은 광합성을 통해 바다와 대기 중 산소 농도를 증가시켰다.

06 생물은 환경 변화에 매우 민감하기 때문에 화석은 생물이 살았던 생활 환경이나 지층의 생성 시기 등을 알려줄 수 있다.

07 에디아카라 생물군은 선캄브리아시대, 갑주어는 고생대, 공룡은 중생대, 화폐석은 신생대에 번성했던 대표적인 생물이다.

08 고생대 말 생물의 대멸종의 원인이 되었던 판게아는 중생대에 점차 분리되었고, 대륙과 해양의 분포가 다양해지면서 생물이 번성하게 되었다.

09 거대 곤충과 양치식물이 번성했던 시기는 고생대이다.

10 신생대 말기에 인류의 조상이 출현하였다.

11 공룡은 넓은 면적에서 짧은 기간 동안 생존하였으므로 D, 고사리는 특정 환경에서 오랜 기간 동안 생존하고 있으므로 A에 해당한다.

12 중생대 화산 활동에 의해 방출된 온실 기체는 온난한 기후의 원인이 되었다.

13 판게아의 형성은 고생대 대표 해양 생물인 삼엽충과 여러 생물의 멸종을 일으켰다.

14 오존층 형성은 유해한 자외선을 차단하여 생물이 육상으로 진출하는 계기가 되었다.

02강 | 생물의 진화 3쪽

01 ㉠ 유전자, ㉡ 변이 **02** 돌연변이 **03** ○ **04** ○
05 ○ **06** ○ **07** × **08** × **09** ㉠ 있는, ㉡ 유리, ㉢ 증가 **10** 어두운 몸 색깔 **11** 초록색 **12** (가) 생존경쟁, (나) 자연선택 **13** B

01 변이는 같은 생물종의 개체 사이에서 유전자의 차이에 의해 나타나는 형질의 차이이다.

02 돌연변이가 일어나 유전자의 염기서열이 변하면 새로운 형질을 결정하는 유전자가 만들어져 변이가 발생할 수 있다.

03 사랑앵무의 털색 차이, 무당벌레의 날개 무늬와 색깔 차이, 사람의 피부색 차이 등은 모두 같은 생물종에서 유전자의 차이에 의해 나타나는 변이에 해당한다.

04 달맞이꽃 집단에서 갑자기 키와 꽃이 큰 큰달맞이꽃이 출현해 변이가 발생하는 것은 유전물질인 DNA에 변화가 일어나 유전자의 염기서열이 달라지면 원래와 다른 단백질이 만들어져 새로운 형질이 나타나는 돌연변이 때문이다.

05 암수 생식세포의 수정으로 자손이 태어나는 유성생식에서는 다양한 유전자 조합을 가진 자손이 태어난다. 자손은 부모와 다른 형질을 가질 수 있으므로 변이를 발생시키는 요인이 된다.

06 자연선택은 생존과 번식에 유리한 형질을 가진 개체가 살아남아 자손을 더 많이 남기고, 이로 인해 유리한 형질(유전자)을 더 많은 자손에게 전달하는 과정이다.

07 자연선택이 일어나기 위해서는 환경에 적합한(생존과 번식에 유리한) 형질이 있어야 하므로 변이가 있는 생물집단에서 자연선택이 일어난다.

08 생물집단은 자연선택에 의해 환경에 적합한 형질을 가진 개체의 비율이 증가하면서 변화하는 환경에 적응한다.

09 세균 집단이 항생제에 노출되는 환경 변화를 겪으면 항생제 내성이 있는 세균은 항생제에 의해 죽지 않으므로 생존에 유리해 더 많은 자손을 남기는 자연선택이 일어난다. 이러한 자연선택이 반복되면 항생제 내성이 있는 세균의 비율이 증가해 세균 집단은 항생제가 있는 환경에 적응한다.

10 산불이 난 이후 어두운 몸 색깔이 새의 눈에 잘 띄지 않아 환경에 적합한 형질이 되었다.

11 초록색 도화지와 색깔이 비슷한 초록색 초콜릿이 눈에 잘 띄지 않아 가장 적게 제거된다.

12 환경에 적합한 형질을 가진 개체가 생존경쟁에서 살아남아 자신의 유리한 형질을 자손에게 전달하는 자연선택이 일어난다.

13 크고 두꺼운 부리가 길고 뾰족한 부리보다 크고 단단한 씨앗을 먹기에 유리하므로 크고 단단한 씨앗이 많은 섬에서 자연선택이 일어나 B가 진화했다.

03강 | 생물다양성과 보전 4쪽

01 ㉠ 생물다양성, ㉡ 유전자 **02** ○ **03** × **04** ○
05 ○ **06** (가) 유전적 다양성, (나) 종다양성, (다) 생태계다양성
07 ㉠ 파괴, ㉡ 감소, ㉢ 있다 **08** (나) **09** (가) 생태계다양성, (나) 유전적 다양성, (다) 종다양성 **10** ㉣ **11** ㉢ **12** ㉡
13 ㉠ **14** ㉠ 국립 공원, ㉡ 생태통로

01 생물다양성은 생물종의 다양함인 종다양성, 생물집단이 가지는 유전자의 다양함인 유전적 다양성, 생물과 환경의 상호 관계의 다양함인 생태계다양성을 모두 포함한다.

02 생물다양성의 요소에 종다양성과 생태계다양성이 있으므로 지구에 사는 모든 생물과 지구의 모든 자연환경은 생물다양성에 포함된다.

03 헬리코니우스나비의 날개 무늬가 다양한 것은 한 생물종에서 개체들마다 가지고 있는 유전자의 차이에 의해 나타나는 유전적 다양성의 예이다.

04 일정한 지역에 서식하는 생물종의 다양함을 의미하는 종다양성은 서식하는 생물종의 수가 많을수록, 각 생물종의 개체수가 고를수록 높다.

05 생태계다양성은 지구 전체 또는 특정 지역에서 생물이 살 수 있는 생태계의 다양함이며, 생물과 환경의 상호 관계의 다양함을 포함한다.

06 (가)는 한 생물종에서 개체들의 유전적 차이의 다양함을, (나)는 한 생태계에 살고 있는 생물종의 다양함을, (다)는 특정 지역에서의 생태계의 다양함을 나타낸다.

07 서식지파괴 및 단편화, 불법 포획과 남획, 환경오염과 기후 변화, 외래생물의 유입 등은 모두 생물의 생존을 어렵게 만들므로 생물다양성을 감소시키는 주요 원인이다. 이 요인들은 인간의 활동과 관련이 깊다.

08 (가)는 생태계다양성, (나)는 종다양성, (다)는 유전적 다양성이다.

09 생태계다양성이 높으면 다양한 생물이 진화할 수 있고, 유전적 다양성이 높으면 급격한 환경 변화에서 생물집단이 멸종할 확률이 낮아지며, 종다양성이 높으면 한 생물종의 역할을 대신할 수 있는 다른 생물종이 많다.

10~13 조팝나무와 버드나무에서는 진통제로 사용되는 의약품 재료를, 옥수수와 사탕수수에서는 바이오에탄올과 같은 에너지 재료를, 목화와 누에로부터는 각각 솜과 비단의 의복 재료를 얻을 수 있으며, 효모는 발효 식품 제조 등 다양한 산업용 재료로 이용된다.

14 국립 공원 지정, 생태통로 설치는 모두 생물다양성을 보전하기 위한 노력이다.

04강 | 산화와 환원 5쪽

01 산소 **02** ㉠ 산화, ㉡ 환원 **03** ㉠ 환원, ㉡ 산화 **04** ○
05 × **06** ○ **07** ㉠ 환원, ㉡ 산화 **08** ㉠ 산화, ㉡ 환원
09 ㉠ 산화, ㉡ 환원 **10** H_2O **11** CO_2 **12** 얻는다
13 잃어 **14** 푸른색으로 변한다 **15** 전자 **16** 얻어
17 ㉠ 전자, ㉡ 산화

01 자연과 인류의 역사에 큰 변화를 준 광합성, 연소, 철의 제련은 모두 산소가 관여하는 산화·환원 반응이다.

02 산소의 이동에 의한 산화·환원 반응에서 산화는 물질이 산소를 얻는 반응이고, 환원은 물질이 산소를 잃는 반응이다.

03 전자의 이동에 의한 산화·환원 반응에서 환원은 물질이 전자를 얻는 반응이고, 산화는 물질이 전자를 잃는 반응이다.

04 산소의 이동에 의한 산화·환원 반응에서 어떤 물질이 산소를 얻을 때 다른 물질은 산소를 잃는다.

05 전자의 이동에 의한 산화·환원 반응에서 어떤 물질이 전자를 잃을 때 다른 물질은 전자를 얻는다.

06 산소의 이동에 의한 산화·환원 반응과 전자의 이동에 의한 산화·환원 반응 모두에서 산화와 환원은 항상 동시에 일어난다.

07 산화 구리(Ⅱ)(CuO)는 산소를 잃어 환원되어 구리(Cu)가 되고, 일산화 탄소(CO)는 산소를 얻어 산화되어 이산화 탄소(CO_2)가 된다.

08 일산화 탄소(CO)는 산소를 얻어 산화되어 이산화 탄소(CO_2)가 되고, 산화 철(Ⅲ)(Fe_2O_3)은 산소를 잃어 환원되어 철(Fe)이 된다.

09 아연(Zn)은 전자를 잃어 산화되어 아연 이온(Zn^{2+})이 되고, 구리 이온(Cu^{2+})은 전자를 얻어 환원되어 구리(Cu)가 된다.

10~11 광합성이 일어날 때 물(H_2O)은 산화되어 산소(O_2)가 되고, 이산화 탄소(CO_2)는 환원되어 포도당($C_6H_{12}O_6$)이 된다.

산화

$$6CO_2 + 6H_2O \longrightarrow C_6H_{12}O_6 + 6O_2$$

이산화 탄소 물 포도당 산소

환원

12~13 질산 은($AgNO_3$) 수용액에 구리(Cu) 선을 넣으면 질산 은 수용액 속의 은 이온(Ag^+)이 전자를 얻어 환원되어 은(Ag)으로 석출되고, 구리는 전자를 잃어 산화되어 구리 이온(Cu^{2+})으로 수용액에 녹아든다.

14 반응이 진행됨에 따라 수용액 속 구리 이온(Cu^{2+})의 수가 증가하므로 수용액의 색은 무색에서 푸른색으로 변한다.

15~17 묽은 염산(HCl)에 아연(Zn)판을 넣으면 묽은 염산의 수소 이온(H^+)이 전자를 얻어 환원되어 수소 기체(H_2)가 발생하고, 아연(Zn)이 전자를 잃어 산화되어 아연 이온(Zn^{2+})으로 수용액에 녹아든다. 이처럼 반응이 일어날 때 전자가 이동하므로 이 반응은 전자의 이동에 의한 산화·환원 반응으로 설명할 수 있다.

05강 | 산과 염기 6쪽

01 산 **02** 공통 **03** 염기 **04** 염기 **05** 산 **06** ㉠ 염기성, ㉡ 산성, ㉢ 무색, ㉣ 파란색, ㉤ 초록색 **07** ○ **08** ○ **09** × **10** CH_3COOH **11** H^+ **12** OH^- **13** ㉠ Ca^{2+}, ㉡ OH^- **14** H_2O **15** ㉠ 수소, ㉡ 수산화 **16** 높아 **17** 많이 **18** 산 **19** 중 **20** 중

01 산은 대부분 신맛이 나는 성질이 있다.

02 산과 염기는 모두 수용액에서 이온화하는 물질이다. 따라서 산과 염기는 공통으로 수용액에서 전류가 흐르는 성질이 있다.

03~04 염기는 페놀프탈레인 용액을 붉은색으로 변화시키고, 붉은색 리트머스 종이를 푸른색으로 변화시키는 성질이 있다.

05 산은 마그네슘 등의 금속과 반응하여 수소(H_2) 기체를 발생시키는 성질이 있다.

06 페놀프탈레인 용액을 붉은색으로 변하게 하는 것은 염기성 용액이고, BTB 용액을 노란색으로 변하게 하는 것은 산성 용액이다. 따라서 ㉠은 염기성, ㉡은 산성이다. 페놀프탈레인 용액은 산성에서 무색을 나타내고, BTB 용액은 염기성에서 파란색, 중성에서 초록색을 나타낸다. 따라서 ㉢은 무색, ㉣은 파란색, ㉤은 초록색이다.

07~08 거름종이 조각에서부터 (+)극 쪽으로 푸른색으로 변한 것은 수산화 나트륨 수용액에서 염기성을 나타내는 음이온인 수산화 이온(OH^-)이 (+)극 쪽으로 이동하기 때문이다.

09 아세트산은 산이므로 붉은색 리트머스 종이를 푸른색으로 변화시키지 않는다.

10 $CH_3COOH \longrightarrow H^+ + CH_3COO^-$

11 $H_2SO_4 \longrightarrow 2H^+ + SO_4^{2-}$

12 $KOH \longrightarrow K^+ + OH^-$

13 $Ca(OH)_2 \longrightarrow Ca^{2+} + 2OH^-$

14 묽은 염산의 수소 이온(H^+)과 수산화 나트륨 수용액의 수산화 이온(OH^-)이 반응하여 물(H_2O)을 생성한다.

15 중화 반응은 산의 수소 이온(H^+)과 염기의 수산화 이온(OH^-)이 1 : 1의 개수비로 반응해 물(H_2O)을 생성하는 반응이다.

16 산과 염기를 혼합하면 온도가 높아지는 것은 중화 반응이 일어날 때 중화열이 발생하기 때문이다.

17 중화 반응을 하는 수소 이온과 수산화 이온의 수가 많을수록 중화열이 많이 발생한다.

18 과일의 껍질을 벗기면 과일 속 폴리페놀 성분이 산소와 반응하여 산화되어 과일이 갈색으로 변한다.

19~20 식초나 레몬즙으로 염기성인 생선 비린내 성분을 중화하고, 벌레에 물렸을 때 염기성인 암모니아수가 들어 있는 약을 발라서 산성인 벌레의 독을 중화한다.

06강 | 에너지의 흡수와 방출 7쪽

01 흡열 **02** 발열 **03** 발열 **04** 흡열 **05** 공통 **06** (가), (나) **07** (다), (라) **08** (가), (나) **09** (가), (나) **10** (다), (라) **11** ㉠ 흡열, ㉡ 흡수 **12** ㉠ 발열, ㉡ 방출 **13** (나), (다) **14** (가), (라), (마), (바) **15** 산화 칼슘

01 흡열 반응은 주변으로부터 에너지를 흡수하는 반응이다.

02 발열 반응이 일어날 때 주변으로 에너지를 방출하므로 주변의 온도가 높아진다.

03 발열 반응은 주변으로 에너지를 방출하는 반응이다.

04 흡열 반응이 일어날 때 주변으로부터 에너지를 흡수하므로 주변의 온도가 낮아진다.

05 물질의 상태 변화나 화학 반응이 일어날 때 에너지를 방출하거나 흡수하는 에너지의 출입이 발생하며, 이로 인해 주변의 온도가 변한다.

06 (가)에서 얼음이 녹아 물로 융해될 때, (나)에서 고체 드라이아이스가 기체 이산화 탄소로 승화될 때 에너지를 흡수한다. 따라서 (가)와 (나)는 흡열 반응이다.

07 가스레인지에서 도시가스의 성분인 메테인이 연소할 때, 산성화된 호수에 석회 가루를 뿌려 중화 반응이 일어날 때 에너지를 방출한다. 따라서 (다)와 (라)는 발열 반응이다.

08 (가)에서 고체인 얼음이 액체인 물로 변하고, (나)에서 고체인 드라이아이스가 기체인 이산화 탄소로 변한다. 따라서 (가)와 (나)는 물질의 상태 변화이다.

09 흡열 반응이 일어날 때 주변으로부터 에너지를 흡수하여 주변의 온도가 낮아진다. 따라서 반응이 일어날 때 주변의 온도가 낮아지는 것은 (가)와 (나)이다.

10 발열 반응이 일어날 때 주변으로 에너지를 방출하여 주변의 온도가 높아진다. 따라서 반응이 일어날 때 주변의 온도가 높아지는 것은 (다)와 (라)이다.

11 물이 증발해 수증기가 되는 것은 흡열 반응이므로 주변으로부터 에너지를 흡수한다.

12 수증기가 응결해 구름이 되는 것은 발열 반응이므로 주변으로 에너지를 방출한다.

13 손 소독제 속의 에탄올이 증발하거나 호스로 뿌려 준 물이 증발할 때 주변으로부터 에너지를 흡수한다.

14 연료가 연소할 때, 휴대용 발열 도시락에서 물과 산화 칼슘이 반응할 때, 일회용 손난로에서 철 가루가 공기 중의 산소와 반응할 때 주변으로 에너지를 방출한다. 또 생명체는 세포호흡이 일어날 때 방출한 에너지를 이용하여 생명 활동을 한다.

15 (라)는 물과 산화 칼슘이 반응할 때 에너지를 방출하는 반응을 이용한다.

07강 | 생물과 환경 8쪽

01 ㉠ 생태계, ㉡ 비생물요소 **02** (가) 생물요소, (나) 비생물요소 **03** ○ **04** × **05** ○ **06** × **07** ㉡ **08** ㉠ **09** ㉢ **10** ㉠ **11** ㉡ **12** ㉢ **13** (가) 물, (나) 토양 **14** (가) 빛, (나) 공기, (다) 온도

01 생태계는 생물요소(생산자, 소비자, 분해자)와 비생물요소(빛, 공기, 물, 토양, 온도 등)가 서로 영향을 주고받으며 유지되는 체계이다.

02 (가)는 살아 있는 생물로 이루어진 생물요소, (나)는 생물이 아닌 빛, 공기, 물, 토양, 온도 등을 포함하는 비생물요소이다.

03 빛, 공기, 물, 토양, 온도 등의 비생물요소는 생물요소가 살아가는 데 필요한 터전을 제공한다.

04 소비자는 다른 생물을 먹이로 섭취하여 양분을 얻으며, 생산자는 빛에너지를 이용해 광합성을 하여 살아가는 데 필요한 양분을 스스로 만든다.

05 생태계의 생물요소와 비생물요소는 서로 영향을 주고받는다.

06 비버가 강에 댐을 만들어 댐 주변이 습지로 바뀌는 것은 생물요소(비버)가 비생물요소(물, 토양)에 영향을 미친 사례이다.

07~09 생물요소는 양분과 에너지가 이동하는 단계에 따라 생산자, 소비자, 분해자로 구분한다. 소나무와 선인장은 광합성을 하는 식물이므로 생산자에 속한다. 늑대와 독수리는 다른 생물을 먹이로 섭취하는 동물이므로 소비자에 속한다. 송이버섯과 푸른곰팡이는 다른 생물의 사체나 배설물을 분해하므로 분해자에 속한다.

10~12 ㉠은 개체군과 개체군 사이의 상호 관계로 생물요소 사이에서 서로 영향을 주고받는 것이고, ㉡은 비생물요소가 생물요소에 영향을 미치는 것이며, ㉢은 생물요소가 비생물요소에 영향을 미치는 것이다. 늑대가 사슴을 잡아먹는 것은 서로 다른 생물종(개체군) 사이에서 영향을 주고받는 사례이다. 개구리가 겨울에 땅속에서 겨울잠을 자는 것은 비생물요소(온도)가 생물요소(개구리)에 영향을 미치는 사례이다. 지렁이가 토양에 구멍을 뚫어 토양의 통기성을 높이는 것은 생물요소(지렁이)가 비생물요소(토양)에 영향을 미치는 사례이다.

13 선인장은 가시로 변한 잎을 가져 물의 손실을 줄일 수 있고, 함초는 염분을 저장해 염분이 많은 토양에서도 물을 흡수할 수 있다.

14 산양은 빛이 비치는 시간이 짧아질 때 번식한다. 식물은 광합성을 하여 산소 농도를 높여 공기 조성에 영향을 미친다. 사막여우는 북극여우보다 몸의 표면을 통한 열의 방출이 촉진된다.

08강 | 생태계평형 9쪽

01 ㉠ 먹이사슬, ㉡ 먹이그물 **02** 생태계평형 **03** (가) 빛에너지, (나) 화학 에너지, (다) 열에너지 **04** 생태피라미드 **05** ○ **06** × **07** × **08** ○ **09** ○ **10** D, 생산자 **11** A, 3차 소비자 **12** C, 1차 소비자 **13** (나) → (다) → (가) **14** ㉠ 증가, ㉡ 증가, ㉢ 감소, ㉣ 감소, ㉤ 감소, ㉥ 증가

01 사슬처럼 한 줄로 연결된 먹이사슬 여러 개가 그물처럼 복잡하게 얽히면 먹이그물이 된다.

02 생태계평형은 생태계를 구성하는 모든 요소가 급격한 변화 없이 안정적으로 유지되는 상태이다.

03 태양의 빛에너지는 생산자의 광합성에 의해 유기물 속 화학 에너지로 전환되고, 모든 생물의 세포호흡에 의해 생활 에너지로 사용되면서 열에너지로 방출된다.

04 생태피라미드는 에너지양, 생물량, 개체수가 상위 영양단계로 갈수록 점점 줄어들어 피라미드 형태로 나타나는 것이다.

05 먹이 관계에서 1차 소비자는 2차 소비자의 먹이가 된다.

06 먹이 관계에 따라 하위 영양단계의 에너지 중 일부만 상위 영양단계로 이동한다.

07 1차 소비자의 개체수가 일시적으로 증가하면 생산자는 1차 소비자에게 많이 잡아먹혀 개체수가 감소하고, 2차 소비자는 먹이 (1차 소비자)가 많아져 개체수가 증가한다.

08 온실 기체의 증가, 남획, 천적이 없는 외래생물의 유입은 모두 생물다양성을 감소시켜 생태계평형을 깨뜨리는 요인에 해당한다.

09 온실 기체의 배출과 지구 기온 상승을 억제하기 위한 파리 협정의 채택, 신재생에너지 활용, 무분별한 개발을 막는 환경 영향 평가 제도는 모두 생태계평형을 보전하기 위한 노력에 해당한다.

10 생산자(D)는 광합성을 하여 빛에너지를 유기물 속 화학 에너지로 전환한다.

11 3차 소비자(A)는 이 생태계에서 먹이 관계의 가장 위에 있는 최종 소비자이다.

12 2차 소비자(B)의 개체수가 일시적으로 증가하면 1차 소비자(C)는 2차 소비자에게 많이 잡아먹혀 개체수가 감소한다.

13 1차 소비자의 개체수 증가 → 2차 소비자의 개체수 증가와 생산자의 개체수 감소 → 1차 소비자의 개체수 감소 → 2차 소비자의 개체수 감소와 생산자의 개체수 증가의 과정을 거쳐 생태계평형이 회복된다.

14 2차 소비자의 개체수가 감소하면 1차 소비자의 개체수 증가 → 2차 소비자의 개체수 증가, 생산자의 개체수 감소 → 1차 소비자의 개체수 감소 → 2차 소비자의 개체수 감소, 생산자의 개체수 증가의 과정을 거쳐 생태계평형이 회복된다.

09강 | 지구 환경의 변화 10쪽

01 온실 효과 02 하강 기류 03 엘니뇨 04 (가) 해들리 순환, (나) 페렐 순환, (다) 극순환 05 ○ 06 ○ 07 × 08 ㉠ 감소, ㉡ 감소 09 해수의 열팽창, 대륙 빙하의 융해 10 ㄱ, ㄴ, ㄷ 11 ㄱ

01 인간 활동에 의한 화석 연료 사용 증가로 대기 중 온실 기체가 늘어나고, 이로 인해 온실 효과가 강화되어 지구의 평균 기온이 높아지는 현상을 지구 온난화라고 한다.

02 대기 대순환에 의해 하강 기류가 형성되는 위도 30° 부근은 대체로 맑고 건조한 날씨가 지속되어 사막이 많이 분포한다.

03 무역풍이 약화되면 서태평양으로 이동하는 동태평양 적도 부근 해역의 따뜻한 표층 해수의 흐름이 평상시보다 약해진다. 이때 동태평양의 표층 수온이 평상시보다 높아지는 현상을 엘니뇨라고 한다.

04 위도에 따른 에너지 불균형과 지구의 자전으로 저위도에서는 해들리 순환, 중위도에서는 페렐 순환, 고위도에서는 극순환이 나타난다.

05 화석 연료 사용이 증가하면 화석 연료에 포함되어 있던 탄소가 기권으로 이동하여 대기 중에 온실 기체인 이산화 탄소의 농도가 증가한다.

06 화산 폭발에 의해 대기 중으로 다량의 화산재가 유입되면 화산재가 태양 빛을 반사한다. 따라서 평소보다 지구의 반사율이 증가한다.

07 지구의 기온은 선캄브리아시대 이후 상승과 하강을 반복하였다. 고생대는 중기와 말기에 빙하기가 있었으며, 중생대는 대체로 기후가 온난하였다. 신생대는 중기까지 대체로 온난한 기후였으며, 말기에는 빙하기와 간빙기가 여러 차례 반복되었다.

08 사막화의 자연적인 원인에는 대기 대순환의 변화에 따른 강수량 감소, 장기간에 걸친 가뭄 등이 있고, 사막화의 인위적인 원인에는 농작물 과잉 경작, 지나친 삼림 벌채, 지나친 가축 방목 등이 있다.

09 해수면 높이 상승의 원인에는 해수의 열팽창과 대륙 빙하의 융해가 있다.

10 기후 변화 협약 참여, 온실 기체 배출량 감축은 지구 온난화로 발생한 이상 기후 현상을 줄이는 방안이고, 기후 변화에 강한 농작물 개발은 지구 온난화로 발생한 이상 기후 현상에 적응하는 방안이다.

11 평상시에 비해 엘니뇨 시기에는 무역풍이 약화되어 서태평양으로 흐르는 따뜻한 표층 해수의 흐름이 약해진다.

10강 | 태양 에너지와 발전 11쪽

01 ㉠ 중심부(핵), ㉡ 수소, ㉢ 질량 02 ○ 03 ○ 04 × 05 ○ 06 화 07 화+핵 08 핵 09 ㉠ 수소, ㉡ 헬륨 10 ㉠ 반대, ㉡ 밀어 내는 11 ㄱ, ㄴ 12 A: 화학 에너지, B: 운동 에너지

01 태양 중심부(핵)에서는 수소 핵융합 반응이 일어나 수소 원자핵이 헬륨 원자핵으로 바뀐다. 이 과정에서 감소한 질량만큼 해당하는 에너지가 방출된다.

02~05 지구에 도달한 태양 에너지는 대기와 해수의 순환을 통해 적도 지방의 남는 에너지를 지구 곳곳으로 전달한다. 또 광합성을 통해 공기 중의 탄소를 포도당으로 바꿔 저장한다. 이때 빛에너지가 화학 에너지로 전환된다. 또 물과 대기에 흡수된 태양 에너지는 여러 가지 기상 현상을 일으키고, 태양 전지를 이용하면 빛에너지를 직접 전기 에너지로 전환할 수 있다.

06~08 화력 발전은 화석 연료에 저장된 화학 에너지를 이용하여 열에너지를 얻고 핵발전은 핵연료에 저장된 핵에너지를 이용하여 열에너지를 얻는다. 이 열에너지를 이용해 물을 끓여 수증기를 만들고, 수증기로 터빈을 돌린다. 핵발전은 발전 과정에서 방사성 폐기물이 발생하므로 안전하게 처리할 수 있는 방안을 마련해야 한다.

개념 더하기 화력 발전과 핵발전

종류	화력 발전	핵발전
에너지원	화석 연료(석탄, 석유, 천연가스)	핵연료(우라늄, 플루토늄)
발전 원리	화석 연료가 연소할 때 발생하는 열에너지로 물을 끓이고, 이때 발생하는 수증기로 터빈을 돌린다.	원자로에서 핵연료가 핵분열할 때 발생하는 열에너지로 물을 끓이고, 이때 발생한 수증기로 터빈을 돌린다.
에너지 전환	화학 에너지 → 열에너지 → 운동 에너지 → 전기 에너지	핵에너지 → 열에너지 → 운동 에너지 → 전기 에너지

09 태양 중심부에서는 수소 원자핵 4개가 핵융합하여 1개의 헬륨 원자핵이 되는 핵융합 반응이 일어난다.

10 자석이 접근하면 유도 전류는 자석의 자기장과 반대 방향의 자기장을 만들도록 흐른다. 이때 자석과 코일 사이에는 서로 밀어 내는 자기력이 작용한다.

11 자석과 코일이 상대적으로 운동해야 코일을 통과하는 자기장이 변할 때 전자기 유도가 일어난다.

12 A는 화력 발전소에서 사용하는 화석 연료의 화학 에너지이고, B는 터빈의 운동 에너지이다.

11강 | 에너지 효율과 신재생 에너지 12쪽

01 ㉠ 역학적, ㉡ 화학 **02** ㉡ **03** ㉣ **04** ㉢ **05** ㉠ **06** ○ **07** × **08** ○ **09** ○ **10** 0.4 **11** 0.25 **12** ㄴ **13** ㄴ

01 운동하는 물체는 운동 에너지를, 중력장에서 높은 곳에 있는 물체는 위치 에너지를 갖는다. 운동 에너지와 위치 에너지를 합쳐 역학적 에너지라고 한다. 화학 에너지는 화학 결합을 통해 물질에 저장되는 에너지이다.

02 전기 자전거는 전기 에너지를 운동 에너지로 전환한다.

03 전열기는 전기 에너지를 열에너지로 전환한다.

04 충전기는 전기 에너지를 화학 에너지로 전환한다.

05 전등은 전기 에너지를 빛에너지로 전환한다.

06~09 자동차의 엔진에서는 공급된 연료의 화학 에너지가 열에너지와 피스톤의 운동 에너지로 전환된다. 피스톤의 운동 에너지가 바퀴로 전달되어 자동차의 운동 에너지가 되며, 바퀴와 지면의 마찰로 열에너지로 전환된다. 자동차에 공급된 연료의 에너지는 운동 에너지와 열에너지, 빛에너지 등 여러 형태의 에너지로 전환되는데, 에너지의 총량은 항상 일정하다.

10 열기관이 흡수한 열이 100 J이고 한 일이 40 J이면 열효율은 $e=\frac{40}{100}=0.4$이다.

11 저열원으로 방출한 열이 75 J이면 열기관이 한 일은 100 J−75 J=25 J이므로 열효율은 $e=\frac{25}{100}=0.25$이다.

개념 더하기⊕ 열기관의 원리

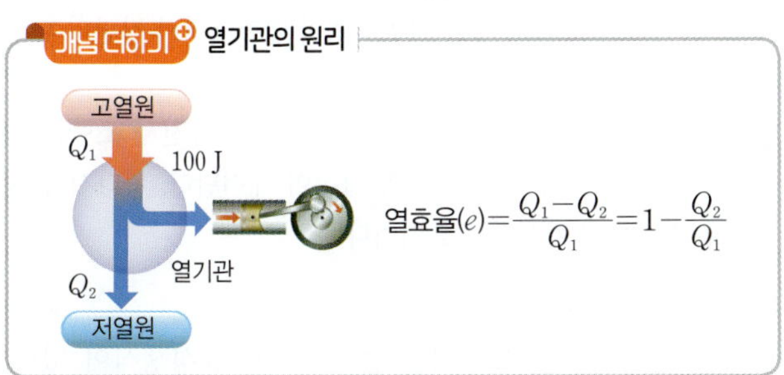

12 태양광 발전은 태양 전지판을 이용하여 빛에너지를 직접 전기 에너지로 전환한다. 빛에너지를 이용하므로 날씨에 따라 발전량이 변한다.

개념 더하기⊕ 태양광 발전

원리: 태양 전지가 빛에너지를 흡수하면 기전력을 생성하는 원리를 이용하여 전기 에너지를 생산한다.

13 핵발전의 에너지원인 핵연료는 신재생 에너지가 아니다. 신재생 에너지는 자원 고갈의 염려가 없지만 발전량을 예측하기 어렵다.

12강 | 과학과 미래 사회 13쪽

01 감염병 **02** 단백질 **03** 핵산 **04** 유용 **05** ○ **06** × **07** ㉢ **08** ㉠ **09** ㉡ **10** ○ **11** ○ **12** ○ **13** × **14** 사물 인터넷(IoT) **15** 과학 관련 사회적 쟁점(SSI) **16** ㄱ, ㄴ, ㄷ

01 감염병은 세균이나 바이러스 같은 병원체에 의해 생기는 질병이다.

02 단백질을 이용한 감염병 진단 검사는 병원체의 단백질을 검출하여 감염 여부를 확인하는 검사 방법으로, 신속 항원 검사나 감염병 자가 진단 도구 등에 이용되며 진단 속도가 빠르다.

03 핵산을 이용한 감염병 진단 검사는 병원체의 핵산을 여러 차례 증폭(복제)하여 감염 여부를 확인하는 검사 방법으로, 중합효소연쇄반응(PCR) 검사에 이용되며 진단 속도가 느리지만 감염 여부를 정확하게 확인할 수 있다.

04 감염병의 확산 규모를 파악하고 전파 경로를 추적하는 데 인공지능, 정보 통신 기술 등 과학과 과학기술이 유용하게 활용된다.

05 화석 연료 고갈로 인한 에너지 부족 문제를 해결하기 위해 화석 연료에 의존하지 않는 신재생 에너지를 개발하는 데 과학기술이 이용된다.

06 지구 온난화가 심해지면서 기후 변화로 인한 자연재해가 증가하는 문제를 해결하기 위해 온실 기체의 배출을 줄이는 탄소 저감 기술을 개발하고, 신재생 에너지를 개발한다.

07 방대하고 복잡한 데이터의 집합을 빅데이터라고 한다.

08 인공지능 로봇은 인공지능 기술을 활용하여 상황을 스스로 판단하며 자율적으로 움직이는 로봇이다.

09 사물 인터넷(IoT)은 각종 사물에 센서와 통신 기능을 내장하고 인터넷에 연결하여 정보를 전송·통신하는 기술이다.

10~12 빅데이터는 센서와 정보 통신 기술의 발달로 다양한 데이터를 실시간으로 수집하고 전환할 수 있게 되면서 등장한 개념으로, 과학 실험, 유전체 분석, 신약 개발, 기상 관측 등에 유용하게 이용될 수 있다.

13 편향되거나 충분히 검증되지 않은 정보가 수집되어 잘못된 결론을 도출할 수 있으므로 빅데이터를 올바르게 활용하는 방안을 찾아 실천해야 한다.

14 스마트팜과 맞춤형 건강 관리는 실시간으로 다양한 정보를 수집하고, 원격 제어 등을 통해 문제에 대처하는 사물 인터넷(IoT)을 활용한다.

15 과학 관련 사회적 쟁점(SSI)은 과학기술의 발전 과정에서 발생하는 사회적·윤리적 문제를 의미한다.

16 과학자는 정직하게 연구하고, 실험 대상과 지식 재산권을 존중하며, 사회에 악영향을 미치는 연구는 피하고 공공의 이익을 위해 노력해야 한다.

Ⅰ 변화와 다양성

01 환경 변화와 생물다양성 14~19쪽

01 ③ **02** ④ **03** 예시 답안 고생대 중기에 대기 중에 축적된 산소가 오존층을 형성하였기 때문에 생명체에 유해한 자외선이 차단되어 육상 식물이 출현할 수 있었다. **04** ② **05** ① **06** ③ **07** ③ **08** ④ **09** ① **10** (1) A: 유전적 다양성, B: 종다양성, C: 생태계다양성 (2) 예시 답안 우리나라에는 산, 숲, 강, 바다, 갯벌 등의 다양한 생태계가 있다. **11** 예시 답안 B, 고사리 화석은 과거에 지층이 퇴적될 당시의 환경을 알려주는 화석이다. 이러한 화석이 되는 생물은 특정 환경에서만 서식하고 생존 기간이 길다. **12** ⑤ **13** ⑤ **14** ② **15** ① **16** ① **17** (1) 돌연변이 (2) 예시 답안 증가, 항생제 내성을 가진 세균이 생존에 유리하여 더 많이 살아남았으며, 항생제 내성 형질을 더 많은 자손에게 전달하는 자연선택이 일어났기 때문이다. **18** ① **19** ② **20** ② **21** ④ **22** (1) 종다양성 (2) 예시 답안 (나), 서식하는 식물종의 수는 (가)와 (나)에서 각각 4종으로 같지만 각 종의 분포 비율이 (나)에서가 (가)에서보다 균등하기 때문이다. **23** ③ **24** ① **25** ③ **26** ②

01 답 ③

③ 생물은 환경 변화에 매우 민감하기 때문에 지층에서 발견되는 화석의 급격한 변화를 기준으로 지질 시대를 구분할 수 있다.

오답 피하기 ① 지질 시대는 약 46억 년 전 지구의 탄생으로부터 현재까지 모든 기간을 포함한다.

② 지질 시대 중 가장 온난했던 시기는 중생대이다.

④ 지질 시대의 상대적 길이는 선캄브리아시대>고생대>중생대>신생대 순이다.

⑤ 지질 시대 동안 생물다양성은 높아지기도 했고 낮아지기도 했다.

02 답 ④

선캄브리아시대에 최초로 다세포 생물이 출현하였고, 고생대에는 양치식물이 크게 번성하였으며, 중생대에는 활발한 화산 활동으로 전반적으로 온난한 기후가 나타났다. 현재와 비슷한 수륙 분포를 보이게 된 것은 신생대이다. 따라서 지질 시대 순으로 나열하면 (나) → (가) → (라) → (다)의 순서이다.

03

바닷속 광합성 생물의 활동으로 대기 중에 산소가 축적되기 시작했다. 고생대 중기에 대기 중에 축적된 산소는 오존층을 형성하였고 생명체에 유해한 자외선이 차단되어 육상 식물이 출현할 수 있었다.

채점 기준	배점(%)
오존층 형성과 자외선 차단을 포함하여 설명한 경우	100
오존층 형성과 자외선 차단 중 1가지만 포함하여 설명한 경우	50

04 답 ②

그림은 중생대 환경과 생물의 모식도이다.

② 중생대에는 육지에서 소철, 은행나무 등의 겉씨식물이 번성하였다.

오답 피하기 ① 그림은 중생대의 모습이다.

③, ④ 고생대에는 바다에서 삼엽충과 같은 다양한 무척추동물이 번성하였고, 말기에 초대륙 판게아가 형성되어 해안가 서식지가 축소되었다.

⑤ 에디아카라 생물군 화석은 선캄브리아시대에 퇴적된 지층에서 산출된다.

05 답 ①

ㄱ. A는 선캄브리아시대로, 지질 시대 중 상대적 길이가 가장 길다.

오답 피하기 ㄴ. 암모나이트는 중생대(C)에 번성하였다.

ㄷ. 지질 시대 중 화석이 가장 적게 산출되는 시기는 선캄브리아시대(A)이다. 선캄브리아시대에는 생물의 개체수가 적고, 단단한 골격을 가진 생물이 거의 없었기 때문이다.

06 답 ③

ㄱ. (가)는 같은 생물종의 개체 사이에서 유전자의 차이에 의해 나타나는 형질의 차이인 변이이다.

ㄷ. 변이(가)가 있는 생물집단에서 다양한 형질이 있으므로 환경에 보다 적합한 형질에 대한 자연선택이 일어나면서 집단이 환경에 적응하고, 이 과정에서 진화가 일어날 수 있다.

오답 피하기 ㄴ. 유성생식을 통해 자손은 다양한 유전자 조합을 가지게 되므로 부모와 다른 형질의 자손이 태어난다. 따라서 유성생식은 변이를 증가시키는 요인이다.

07 답 ③

변이를 발생시키는 요인에는 돌연변이와 유성생식이 있다. DNA에 변화가 생겨 유전자의 염기서열이 달라지는 돌연변이(㉠)가 일어나면 새로운 유전자가 만들어져 새로운 형질을 가진 자손이 나타날 수 있다. 암수 생식세포의 수정으로 자손이 태어나는 유성생식(㉡)이 일어나면 다양한 유전자 조합을 가져 부모와 다른 형질의 자손이 나타날 수 있다.

08 답 ④

ㄴ, ㄷ. 진화는 변이가 있는 생물집단에서 환경에 적합한 형질이 더 높은 확률로 자손에게 전달되는 자연선택이 일어나고, 이러한 자연선택이 여러 세대 동안 반복되며 집단이 환경에 적응하는 과정에서 일어난다. 진화가 일어나면 생물집단과 조상의 형질이 많이 달라지며 새로운 생물종이 출현하게 되므로 진화의 결과 지구에 사는 생물종이 오늘날과 같이 다양해졌다.

오답 피하기 ㄱ. 진화는 생물집단이 여러 세대에 걸쳐 환경에 적응하는 과정에서 일어난다.

개념 더하기 생물의 진화

- 생물집단에서 오랜 세월 동안 여러 세대를 거치면서 생물의 특성이 변화하여 원래의 종과는 다른 새로운 종이 생겨나는 과정이다.
- 생물집단에서 여러 세대에 걸쳐 자연선택이 일어나면서 진화가 일어난다. → 변이가 있는 생물집단이 환경에 적응하는 과정에서 진화가 일어난다.
- 서로 다른 환경 조건에 서식하는 여러 생물집단에서 자연선택이 일어나 오늘날과 같이 다양한 생물종이 출현하게 되었다.

09 답 ①

ㄱ. (가)에서 숲, 강, 초원은 자연환경이 서로 다른 생태계이므로 (가)는 자연환경의 다양함을 포함하는 생태계다양성이다.

오답 피하기 ㄴ. (나)에는 달팽이, 개구리, 무당벌레 등 다양한 생물종이 나타나 있으므로 (나)는 종다양성이다. 남획과 서식지단편화는 모두 생물의 생존을 어렵게 만들어 종다양성(나)을 감소시키는 요인이다.

ㄷ. (다)에서 무당벌레 개체의 무늬 차이는 가지고 있는 유전자의 차이에 의한 것이므로 (다)는 유전적 다양성이다. 그런데 모든 개체가 유전적으로 동일한 생물집단에서는 개체 사이에 가지고 있는 유전자 차이와 이에 따른 형질의 차이가 모두 없으므로 유전적 다양성(다)이 없다.

10

자료 분석 생물다양성의 3가지 요소

요소	예
A	같은 부모에게서 태어난 고양이들의 털 무늬가 서로 다르다. 유전적 차이에 의해 나타나는 유전적 다양성의 예이다.
B	최근에 아마존 열대우림에서 수백종의 새로운 생물이 발견되었다. 다양한 생물종에 의해 나타나는 종다양성의 예이다.
C	?

- 고양이들의 털 무늬가 서로 다른 것은 개체마다 가지고 있는 유전자가 서로 다르기 때문이다. → A는 유전적 다양성이다.
- 수백종의 새로운 생물은 다양한 생물종이 살고 있음을 의미한다. → B는 종다양성이다.

(1) A는 유전자의 다양함에 의해 나타나는 유전적 다양성, B는 다양한 생물종에 의해 나타나는 종다양성이고, C는 생태계다양성이다. 한 생물종의 개체들 사이에서 나타나는 유전적 차이의 다양함은 유전적 다양성(A)이다.

(2) C는 지구 전체 또는 일정한 지역에 분포하는 자연환경이 다양한 생태계(산, 숲, 강, 바다, 갯벌 등)에 의해 나타나는 생태계다양성이다.

채점 기준	배점(%)
여러 생태계를 포함하여 생태계다양성의 예를 옳게 설명한 경우	100
다양한 생태계가 있다고만 설명한 경우	70

11

고사리 화석은 과거 지층이 퇴적될 당시의 환경을 알려주는 화석이다. 이러한 화석이 되는 산호나 고사리 등의 생물은 특정 환경에서만 서식하고 생존 기간이 길다.

채점 기준	배점(%)
B라고 쓰고, 그 까닭을 옳게 설명한 경우	100
B라고 썼지만 그 까닭을 옳게 설명하지 못한 경우	50

12 답 ⑤

ㄱ. (가)는 삼엽충 화석, (나)는 암모나이트 화석이다. 삼엽충은 고생대에, 암모나이트는 중생대에 살았던 생물이므로 (가)가 발견된 지층은 (나)가 발견된 지층보다 먼저 퇴적되었다.

ㄴ. 중생대를 대표하는 생물에는 공룡, 암모나이트가 있으므로 (나)가 번성한 시기에 공룡도 번성하였다.

ㄷ. (가)와 (나) 모두 바다에서 살았던 생물이다.

13 답 ⑤

ㄱ. 해양 무척추동물, 양서류가 번성한 A 시기는 고생대이다. 어류는 고생대에 번성했던 생물이므로 (가)로 적절하다.

ㄴ. B 시기는 파충류가 번성한 것으로 보아 중생대이다. 이 시기에 식물종에서는 겉씨식물이 크게 번성하였다.

ㄷ. C 시기는 포유류가 번성한 것으로 보아 신생대이다. 이 시기에는 인류의 조상이 출현하였다.

14 답 ②

지질 시대의 상대적 길이로 보아 A는 신생대, B는 중생대, C는 고생대이다.

ㄷ. 생물계의 급격한 변화는 지구 환경의 급격한 변화를 의미하므로 지질 시대를 구분하는 기준이 된다.

오답 피하기 ㄱ. 육상 식물의 광합성은 고생대(C)에 처음으로 나타났다.

ㄴ. (나)는 고생대(C) 바다 환경의 모습을 나타낸 것이다.

15 답 ①

ㄱ. A와 B 사이를 경계로 (가), (나), (마) 생물이 출현하였고, (바) 생물이 사라졌다. 따라서 이를 기준으로 지질 시대를 구분할 수 있다.

오답 피하기 ㄴ. B와 C의 경계에서는 사라진 생물이 없으므로 생물 대멸종과는 관계가 없다.

ㄷ. 지층 퇴적 당시의 자연환경을 알아내는 데 유용한 화석은 오랜 기간 동안 생존해야 하지만, (바)는 A 지층에서만 발견되는 것으로 보아 이 조건에 해당하지 않는다.

16

답 ①

ㄱ. 지질 시대 동안 생물 대멸종은 총 5번 일어났다.

오답 피하기 ㄴ. B는 중생대를 나타내므로 이 시기의 수륙 분포는 ㉡에 가장 가깝다.

ㄷ. ㉠은 신생대 말기, ㉡은 중생대 중기, ㉢은 고생대 말기의 수륙 분포에 해당한다. 가장 큰 규모의 대멸종은 고생대 말기에 일어났으므로 이때의 수륙 분포는 ㉢이다.

17

(1) 처음에는 세균 집단에 항생제 내성을 갖는 유전자가 없었지만, DNA에 변화가 생기는 돌연변이가 일어나 유전자의 염기서열이 달라지면서 새롭게 항생제 내성을 갖는 유전자가 만들어졌다.

(2) 항생제를 사용하는 환경에서는 항생제 내성을 갖는 세균이 항생제에 의해 죽지 않아 생존에 유리하다. 따라서 항생제 내성을 갖는 세균이 더 많이 살아남아 항생제 내성 형질을 높은 확률로 자손에게 전달하는 자연선택이 일어나 집단 내 항생제 내성 세균의 비율이 증가(ⓑ)한다.

채점 기준	배점(%)
증가를 쓰고, 항생제 내성 세균이 생존에 유리한 것과 항생제 내성 형질이 자손에게 전달된 것을 모두 포함하여 옳게 설명한 경우	100
증가를 쓰고, 항생제 내성 세균이 생존에 유리한 것과 항생제 내성 형질이 자손에게 전달된 것 중 1가지만 포함하여 옳게 설명한 경우	60

18

답 ①

ㄱ. 털실 구슬의 다양한 색깔인 ㉠은 눈에 띄는 정도의 차이 때문에 제거되는 확률에 영향을 미치는 형질이다. 따라서 이는 자연선택이 일어나게 해 생물집단을 진화시키는 원동력으로 작용하는 변이를 비유한 것이다.

오답 피하기 ㄴ, ㄷ (나)에서 도화지와 색깔이 비슷해 눈에 잘 띄지 않는 색깔일수록 적게 제거되므로 환경에 적합한 형질을 비유한 것이다. 따라서 모의실험 결과 도화지 위에 흰색 구슬이 가장 많이 남을 것이다.

19

답 ②

자료 분석 자연선택에 의한 기린의 진화

(가) 긴 목을 갖는 기린이 출현하게 되었다.
(나) 높은 곳의 나뭇잎을 두고 경쟁이 일어났다. ─ 목이 긴 개체가 생존에 유리하다.
(다) ㉠ 목 길이가 다양한 개체들이 살고 있었다. ─ 유전적 차이에 의해 나타나는 변이이다.
(라) 많은 자손에게 ㉡ 특정한 형질이 전달되는 자연선택이 일어났다. ─ 환경에 적합해 생존에 유리한 형질이다.

- 목 길이가 서로 다른 개체는 목 길이를 결정하는 서로 다른 유전자를 가진다. → ㉠은 변이의 예이다.
- 높은 곳의 나뭇잎을 먹기에는 목이 긴 개체가 유리하며, 목이 긴 형질이 생존에 유리하다. → ㉡은 목이 긴 형질이다.

① 목 길이가 다양한 개체들(㉠)은 각각 가지고 있는 유전자가 서로 달라 나타나는 형질의 차이이므로 변이의 예이다.

③ (가)에서 조상과 달리 긴 목을 갖는 새로운 생물종인 기린이 출현하는 진화가 일어났다.

④ (나)에서 높은 곳의 나뭇잎을 먹기 위해 생존경쟁이 일어났다.

⑤ (가)는 진화, (나)는 생존경쟁, (다)는 변이, (라)는 자연선택에 해당하며, (다) → (나) → (라) → (가) 순으로 일어난다.

오답 피하기 ② 자연선택이 일어나면 환경에 적합한 개체가 살아남아 유리한 유전자(형질)를 자손에게 전달한다. 따라서 ㉡은 높은 곳의 나뭇잎을 먹기에 유리한 목이 긴 형질이다.

20

답 ②

ㄴ. A 과정 전에는 이 집단에 부리 모양이 서로 다른 개체들이 있었지만, A 과정 후에는 크고 두꺼운 부리를 가진 개체만 남았다. 따라서 생존에 유리한 형질은 크고 두꺼운 부리이며, B 과정에서는 이 형질이 더 많은 자손에게 전달되는 자연선택이 일어났다.

오답 피하기 ㄱ. A 과정에서는 크고 두꺼운 부리로 먹기에 유리한 먹이를 두고 생존경쟁이 일어났으며, 그 결과 크고 두꺼운 부리를 가진 개체가 살아남았다.

ㄷ. 부리의 모양에 따라 특정한 먹이를 잘 먹을 수 있는 정도가 달라지므로 부리의 모양은 개체의 생존에 영향을 미치는 형질이다. 이 집단의 경우에는 크고 두꺼운 부리 모양이 생존에 유리하여 자연선택이 일어났다.

21

답 ④

ㄴ. ㉡은 생물과 환경을 모두 포함하는 생태계이다.

ㄷ. 생물다양성협약은 생물다양성을 보전하기 위해 많은 국가가 채택하여 시행하고 있는 국제 협약 중 하나로, 생물다양성을 보전하고 지속가능한 이용을 위한 협약이다.

오답 피하기 ㄱ. 이 협약에 제시된 종 내의 다양성(㉠)은 한 생물종에서 개체들이 가지고 있는 유전자의 차이에 의해 나타나는 형질의 다양함인 유전적 다양성이다. 종 사이의 다양성은 여러 생물종 사이에서 나타나는 종다양성이다.

개념 더하기⁺ 생물다양성

- 생물다양성: 지구에 서식하는 생물의 다양한 정도이다.
- 생물다양성의 범위: 모든 생물종의 다양함(종다양성), 각 생물종이 가지는 유전정보에서 나타나는 변이의 다양함(유전적 다양성), 생태계에서 모든 생물과 환경의 상호 관계에 관한 다양함(생태계다양성)을 모두 포함한다.
- 유전적 다양성: 한 생물종의 개체들이 가지는 유전자의 다양함이므로 한 생물종으로 이루어진 개체군에서 나타난다.
- 종다양성: 일정한 지역에 서식하는 생물종의 다양함이므로 여러 개체군(생물종)으로 이루어진 군집에서 나타난다.
- 생태계다양성: 생물종의 다양함뿐만 아니라 환경의 다양함도 포함하므로 지구 전체와 일정한 지역에서 나타난다.

22

(1) (가)와 (나)에 여러 종의 식물이 서식하고 있으므로 이 자료는 생물다양성의 요소 중 종다양성과 가장 관련이 깊다.

(2) 종다양성은 서식하는 생물종의 수가 많고, 각 생물종의 분포 비율이 균등할수록 높다. 따라서 서식하는 식물종의 수는 (가)와 (나)에서 각각 4종으로 같지만 각 종의 분포 비율이 (나)에서가 (가)에서보다 균등하므로 (나)의 종다양성이 더 높다.

채점 기준	배점(%)
(나)를 쓰고, 식물종의 수가 (가)와 (나)에서 같다는 것과 각 식물종의 분포 비율이 (나)에서 더 균등하다는 것을 모두 포함하여 옳게 설명한 경우	100
(나)를 쓰고, 식물종의 수가 (가)와 (나)에서 같다는 것과 각 식물종의 분포 비율이 (나)에서 더 균등하다는 것 중 1가지만 포함하여 옳게 설명한 경우	70

23

답 ③

자료 분석 생물계의 변화에 따른 지질 시대의 구분

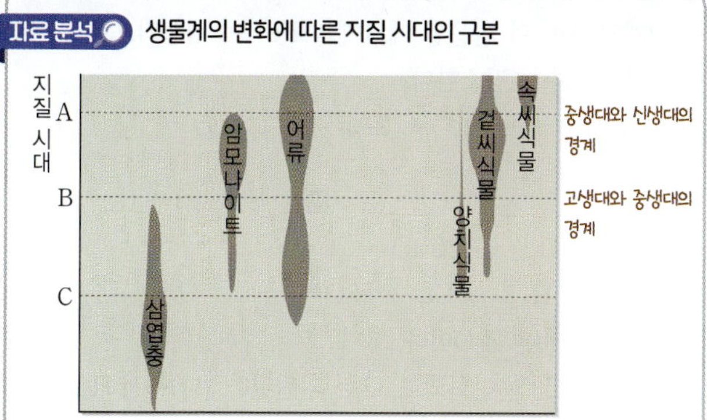

- A에서는 암모나이트가 멸종하였고, A 이후에 속씨식물이 번성하기 시작하였다. ➜ A는 중생대와 신생대의 경계이다.
- B에서는 삼엽충이 멸종하였고, B 이후에 암모나이트가 번성하기 시작하였다. ➜ B는 고생대와 중생대의 경계이다.

ㄱ. 암모나이트가 멸종한 것으로 보아 A는 중생대 말기에서 신생대 전기로 넘어가는 시기이다. 공룡도 이 시기에 멸종하였다.

ㄴ. 삼엽충이 멸종한 것으로 보아 B는 고생대와 중생대의 경계이다. 이 시기에 초대륙 판게아가 형성되었다.

오답 피하기 ㄷ. 고생대와 중생대의 경계는 B이다.

24

답 ①

ㄱ. A층에는 삼엽충 화석이 발견되고 있으므로 고생대에 퇴적되었고, D층은 중생대에 퇴적된 C층 위에 퇴적되었으므로 중생대 이후에 퇴적되었음을 알 수 있다. 따라서 A층은 D층보다 먼저 형성되었다.

오답 피하기 ㄴ. B층은 완족류 화석이 발견되었으므로 고생대에 퇴적되었고, C층은 중생대에 퇴적되었다. 지질 시대 사이에는 커다란 시간 간격이 존재하므로 두 지층이 붙어 있다고 해서 연속적으로 퇴적되었다고 볼 수 없다.

ㄷ. C층은 중생대에 퇴적되었으므로 판게아가 형성된 후 퇴적되었다.

25

답 ③

자료 분석 자연선택에 의한 생물집단의 진화

A의 비율은 1이고, a의 비율은 0이다. → ㉠ → A의 비율은 $\frac{7}{8}$이고, a의 비율은 $\frac{1}{8}$이다. → ㉡ → A의 비율은 $\frac{3}{8}$이고, a의 비율은 $\frac{5}{8}$이다.

(가) 개체 AA, AA, AA, AA, AA → (나) AA, AA, AA, Aa, AA → Aa, AA, aa, aa

- ㉠ 과정 이후에 a가 나타났다. ➜ ㉠ 과정에서 돌연변이가 일어나 a가 나타났다.
- A의 비율은 $1 \rightarrow \frac{7}{8} \rightarrow \frac{3}{8}$으로 변하면서 점점 감소했고, a의 비율은 $0 \rightarrow \frac{1}{8} \rightarrow \frac{5}{8}$로 변하면서 점점 증가했다.
- 비율이 증가한 a는 비율이 감소한 A보다 환경에 적합한 형질을 나타내는 대립유전자이다. ➜ 자연선택이 일어나 a가 A보다 더 많은 자손에게 전달되었다.
- (가)에는 A만 가진 개체(AA)만 있고, (나)에는 A만 가진 개체(AA)와 a만 가진 개체(aa)가 모두 있다.

ㄱ. (가)에서 모든 개체는 A만 가지고 있었다. 그런데 ㉠ 과정 이후 a를 가지는 개체가 나타났으므로 ㉠ 과정에서 돌연변이가 일어나 유전자의 염기서열이 변하면서 a가 나타났다.

ㄴ. ㉡ 과정이 일어나기 전에는 집단 내 A의 비율이 a의 비율보다 높았지만 ㉡ 과정이 일어난 후 (나)에서는 a의 비율이 A의 비율보다 높다. 따라서 ㉡ 과정에서 a의 비율이 증가했으므로 환경에 적합한 대립유전자인 a가 A보다 자손에게 더 많이 전달되는 자연선택이 일어났다.

오답 피하기 ㄷ. (가)에는 모든 개체가 A만 가져(AA) 몸 색깔이 동일하므로 변이가 없고, (나)에는 A만 가진 개체(AA)와 a만 가진 개체(aa)가 모두 있으며 이 두 개체는 몸 색깔이 서로 다르므로 변이가 있다.

26

답 ②

그림의 사슴, 곰, 버섯, 여우 등은 서로 다른 생물종이므로 그림은 종다양성의 예를 나타낸 것이다. B는 비생물요소의 다양함을 포함하는 생태계다양성이므로 A는 종다양성이고, C는 유전적 다양성이다.

ㄴ. 사막과 바다는 물, 온도 등 비생물요소(㉠)의 특성이 서로 다른 생태계이다.

오답 피하기 ㄱ. 종다양성(A)은 여러 생물종의 다양함을 의미한다. 한 생물종 내에서 나타나는 다양성은 유전적 다양성(C)이다.

ㄷ. 유전적 다양성은 한 생물종의 개체들 사이에서 나타나는 유전적 차이의 다양함이다. 그런데 사자와 호랑이는 서로 다른 생물종이므로 이 두 종의 털 무늬가 서로 다른 것은 유전적 다양성(C)의 예가 아니다.

02 화학 변화 20~25쪽

01 ④ **02** ① **03** 예시 답안 $2Mg + O_2 \longrightarrow 2MgO$, Mg은 산화되고 O_2는 환원되므로 전자를 잃는 물질은 Mg이고, 전자를 얻는 물질은 O_2이다. **04** ⑤ **05** (1) H_2O (2) (가) O_2, (나) CuO **06** ① **07** ④ **08** (1) 해설 참조 (2) 산성 (3) 예시 답안 수산화 나트륨(NaOH) 수용액 10 mL, NaOH 수용액 20 mL에 들어 있는 OH^-의 수는 $2N$이다. 혼합 용액에 들어 있는 H^+의 수는 N이므로 완전히 중화되기 위해서는 NaOH 수용액 10 mL를 더 넣어 주어야 한다. **09** ③ **10** ② **11** ⑤ **12** 예시 답안 $m=1$, 반응이 일어남에 따라 수용액 속 양이온 수가 증가하므로 B^{m+}의 전하량은 A^{2+}의 전하량인 +2보다 작아야 한다. **13** ① **14** ④ **15** ③ **16** ㄱ, ㄷ **17** ⑤ **18** 예시 답안 (나)와 (다), (가)~(다)는 각각 묽은 염산, 수산화 나트륨 수용액, 묽은 황산이다. (가)와 (다)는 혼합해도 중화 반응이 일어나지 않고, 수용액에 들어 있는 H^+의 수는 (가)가 $2N$, (다)가 $4N$이며 (나)에 들어 있는 OH^-의 수는 $4N$이므로 혼합 용액의 최고 온도는 (나)와 (다)의 혼합 용액이 (가)와 (나)의 혼합 용액보다 높다. **19** ① **20** ⑤ **21** ④ **22** 예시 답안 염화 칼슘이 물에 녹을 때 주변으로 에너지를 방출하므로 주변의 온도가 높아져서 눈이 잘 녹는다. **23** ⑤ **24** ㄱ, ㄷ **25** ② **26** ⑤ **27** (1) X: 질산 암모늄(NH_4NO_3), Y: 산화 칼슘(CaO) (2) 예시 답안 ㉠이 일어날 때는 주변으로부터 에너지를 흡수하여 주변의 온도가 낮아진다. ㉡이 일어날 때는 주변으로 에너지를 방출하여 주변의 온도가 높아진다.

01 답 ④

자료 분석 자연과 인류의 역사에 변화를 준 화학 반응

(가) $6CO_2 + 6H_2O \longrightarrow C_6H_{12}O_6 + 6O_2$
→ 이산화 탄소와 물로부터 포도당과 산소가 생성되는 광합성이다.

(나) $C_6H_{12}O_6 + 6O_2 \longrightarrow 6CO_2 + 6H_2O$
→ 포도당이 산화되어 이산화 탄소와 물이 생성되는 세포호흡이다.

(다) $Fe_2O_3 + 3CO \longrightarrow 2Fe + 3CO_2$
→ 철의 제련 과정에서 산화 철(Ⅲ)이 환원되고 일산화 탄소가 산화되는 반응이다.

④ (다)는 산화 철(Ⅲ)을 철로 환원시키는 철의 제련 반응이다.

오답 피하기 ① ㉠은 O_2이다.
②, ③ (가)는 광합성, (나)는 세포호흡이다.
⑤ (가)~(다)는 모두 산화·환원 반응이다.

02 답 ①

ㄱ. (가)에서 Mg은 전자를 잃어 산화되고, $FeSO_4$의 Fe^{2+}은 전자를 얻어 환원된다.

오답 피하기 ㄴ. (나)에서 CO는 산화되고, CuO는 환원된다. (다)에서 CO는 산화되고, O_2는 환원된다.
ㄷ. (가)는 산소의 이동에 의한 산화·환원 반응으로 설명하기 어렵고, 전자의 이동에 의한 산화·환원 반응으로 설명할 수 있다.

03

마그네슘은 산소와 반응하여 다음과 같이 연소한다.
$2Mg + O_2 \longrightarrow 2MgO$
이때 Mg은 전자를 잃어 Mg^{2+}으로 산화되고, O_2는 전자를 얻어 O^{2-}으로 환원된다.

채점 기준	배점(%)
화학 반응식을 옳게 쓰고, 전자를 잃는 물질과 전자를 얻는 물질을 산화·환원 반응으로 옳게 설명한 경우	100
화학 반응식을 옳게 쓰고, 전자를 잃는 물질과 전자를 얻는 물질을 설명하였으나 산화·환원 반응과 관련짓지 못한 경우	60
화학 반응식만 옳게 쓴 경우	30

04 답 ⑤

ㄱ. Fe이 산화될 때 Ag^+은 환원된다.
ㄴ. Fe이 전자를 잃어 산화될 때 Ag^+은 전자를 얻어 환원되므로 전자는 Fe에서 Ag^+으로 이동한다.
ㄷ. 2개의 Ag^+이 반응할 때 1개의 Fe^{2+}이 생성되므로 수용액 속 양이온의 수는 감소한다.
$Fe + 2Ag^+ \longrightarrow Fe^{2+} + 2Ag$

05 답 (1) H_2O (2) (가) O_2, (나) CuO

(가) $2Cu + O_2 \longrightarrow 2CuO$
(나) $CuO + H_2 \longrightarrow Cu + H_2O$
(1) (나)에서 ㉠은 H_2O이다.
(2) (가)에서 Cu는 산화되고, O_2는 환원된다. (나)에서 H_2는 산화되고, CuO는 환원된다.

06 답 ①

(가)에서 철로 된 열쇠가 녹스는 것은 산화·환원 반응의 예이다.

오답 피하기 (나)에서 산성화된 토양에 염기성인 석회 가루를 뿌려 중화하는 것과 (다)에서 산성인 레몬즙을 뿌려 염기성인 생선 비린내 성분을 중화하는 것은 산화·환원 반응이 아니라 중화 반응의 예이다.

07 답 ④

자료 분석 산의 성질

- 수용액에서 전류가 흐른다.
  → 산은 물에 녹아 이온화하므로 수용액에서 전류가 흐른다.
- 수용액에 탄산 칼슘을 넣으면 기체가 발생한다.
  → 산 수용액에 탄산 칼슘을 넣으면 이산화 탄소 기체가 발생한다.
- 수용액에 푸른색 리트머스 종이를 대면 리트머스 종이가 붉은색으로 변한다.
  → 산은 푸른색 리트머스 종이를 붉은색으로 변화시키는 성질이 있다.

④ 물질 X는 산성을 나타내므로 아세트산이 가장 적절하다.

오답 피하기 ①, ②, ③, ⑤ 암모니아수와 수산화 칼슘 수용액은 염기성이고, 에탄올 수용액과 염화 나트륨 수용액은 중성이다.

08

(1) 반응 후 H^+ 1개, Cl^- 3개가 존재하므로 반응 전 묽은 염산(HCl) 30 mL에는 H^+과 Cl^-이 각각 3개씩 들어 있다. 또 Na^+ 2개가 존재하고 OH^-은 존재하지 않으므로 반응 전 수산화 나트륨($NaOH$) 수용액 20 mL에는 Na^+과 OH^-이 각각 2개씩 들어 있다.

답

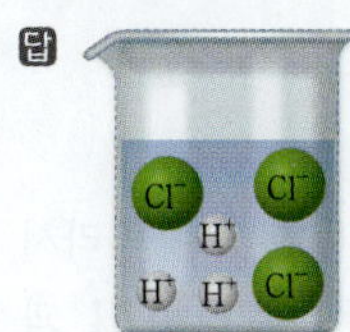

묽은 염산

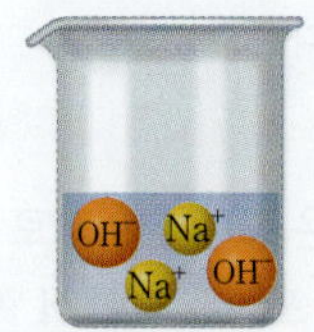

수산화 나트륨 수용액

(2) 혼합 용액에 H^+이 들어 있으므로 산성이다.

(3) 수산화 나트륨($NaOH$) 수용액 20 mL에 들어 있는 OH^-의 수는 $2N$이다. 혼합 용액에 들어 있는 H^+의 수는 N이므로 완전히 중화되기 위해 필요한 OH^-의 수는 N이다. 따라서 수산화 나트륨 수용액 10 mL를 더 넣어 주어야 한다.

채점 기준	배점(%)
수산화 나트륨 수용액과 그 부피를 쓰고, 그 까닭을 옳게 설명한 경우	100
수산화 나트륨 수용액과 그 부피만 옳게 쓴 경우	50

09 답 ③

자료 분석 중화 반응이 일어날 때 온도 변화

혼합 용액	혼합 전 수용액의 부피(mL)		최고 온도 (°C)
	HCl	NaOH	
(가)	5	25	28
(나)	10	20	30
(다)	15	15	t
(라)	20	10	30
(마)	25	5	28

- 농도가 같은 묽은 염산과 수산화 나트륨 수용액은 1 : 1의 부피비로 반응할 때 중화 반응을 한 양이 가장 많다.
- 발생한 중화열은 (다)>(나)=(라)>(가)=(마)이므로 중화 반응으로 생성된 물 분자 수도 (다)>(나)=(라)>(가)=(마)이다.

ㄱ. 중화 반응을 한 양은 (다)가 가장 많으므로 $t>30$이다.

ㄷ. 중화 반응으로 생성된 물 분자 수는 (나)>(마)이다.

오답 피하기 ㄴ. (가)와 (라)를 혼합한 수용액은 묽은 염산 25 mL, 수산화 나트륨 수용액 35 mL를 혼합한 것과 같으므로 OH^-의 수가 H^+의 수보다 많다. 따라서 혼합 용액의 액성은 염기성이다.

10 답 ②

ㄴ. 철 가루와 산소의 반응(㉡)은 발열 반응이므로 반응이 일어날 때 주변의 온도는 높아진다.

오답 피하기 ㄱ. 메테인의 연소(㉠)는 발열 반응이다.

ㄷ. 에탄올의 기화(㉢)는 주변으로부터 에너지를 흡수하는 흡열 반응이다.

11 답 ⑤

ㄱ, ㄷ. 묽은 염산에 아연판을 넣으면 $Zn + 2HCl \longrightarrow ZnCl_2 + H_2$ 반응이 일어난다. 이때 Zn은 전자를 잃어 Zn^{2+}으로 산화되고, H^+은 전자를 얻어 H_2 기체로 환원된다. 반응에서 생성된 Zn^{2+}은 수용액에 녹아 있고, H_2 기체는 공기 중으로 퍼지므로 아연판의 질량은 점점 감소한다.

ㄴ. H^+ 2개가 반응할 때 Zn^{2+} 1개가 생성되므로 수용액에 들어 있는 이온의 수는 점점 감소한다.

12

A^{2+}과 금속 B는 다음과 같이 반응한다.

$mA^{2+} + 2B \longrightarrow mA + 2B^{m+}$

반응이 일어남에 따라 수용액 속 양이온 수가 증가하므로 $m<2$이다. 따라서 $m=1$이다.

채점 기준	배점(%)
m이 얼마인지 옳게 쓰고, 그 까닭을 옳게 설명한 경우	100
m의 값만 쓴 경우	50

13 답 ①

자료 분석 산화·환원 반응 실험

- 삼각 플라스크에서 $Mg + 2HCl \longrightarrow MgCl_2 + H_2$ 반응이 일어나 H_2가 발생한다. ➜ 기체 X는 H_2이다.
- 시험관 안에서 $CuO + H_2 \longrightarrow Cu + H_2O$ 반응이 일어나 H_2O가 발생한다. ➜ 기체 Y는 H_2O이다.

ㄴ. $Y(H_2O)$가 발생할 때 $X(H_2)$는 H_2O로 산화되고, CuO는 Cu로 환원된다.

오답 피하기 ㄱ. $X(H_2)$가 발생할 때 H^+은 전자를 얻어 환원된다.

ㄷ. $Y(H_2O)$가 발생할 때 $X(H_2)$는 산화되고, CuO는 환원되므로 전자는 $X(H_2)$에서 CuO로 이동한다.

14 답 ④

ㄴ. 금속 C를 넣었을 때 A^{a+}이 없어지고 C^{c+}이 생성되므로 A^{a+}은 전자를 얻어 금속 A로 환원되고, C는 전자를 잃어 C^{c+}으로 산화된다.

ㄷ. 금속 B를 넣었을 때 A^{a+} 3개가 반응하고 B^{b+} 1개가 생성되므로 $3A^{a+} + B \longrightarrow 3A + B^{b+}$ 반응이 일어났다. 따라서 $a=1$, $b=3$이다. 금속 C를 넣었을 때 A^{+} 2개가 반응하고 C^{c+} 1개가 생성되므로 $2A^{+} + C \longrightarrow 2A + C^{c+}$ 반응이 일어났다. 따라서 $c=2$이고, $\frac{a \times c}{b} = \frac{1 \times 2}{3} = \frac{2}{3}$이다.

오답 피하기 ㄱ. 금속 B를 넣었을 때 B는 전자를 잃어 산화되고, A^{a+}은 전자를 얻어 환원되므로 전자는 B에서 A^{a+}으로 이동한다.

15

답 ③

① 식초는 산성이므로 H^{+}이 들어 있다.

② 식초와 비눗물은 모두 수용액에서 전류가 흐른다.

④ 식초의 H^{+}이 탄산 칼슘으로 이루어진 달걀 껍데기와 반응하여 CO_2 기체가 발생한다.

⑤ 비눗물은 염기성이므로 페놀프탈레인 용액을 떨어뜨리면 붉은색으로 변한다.

오답 피하기 ③ 암모니아수는 염기성이므로 (다)에서 달걀 껍데기를 넣어도 기체가 발생하지 않는다.

16

답 ㄱ, ㄷ

ㄱ. 붉은색 리트머스 종이가 푸른색으로 변한 것으로부터 ㉠은 염기성인 NaOH 수용액임을 알 수 있다.

ㄷ. KNO_3 수용액에는 K^{+}과 NO_3^{-}이 존재하여 전기 전도성이 있으므로 KNO_3 수용액을 적신 리트머스 종이에 전류가 흐른다.

오답 피하기 ㄴ. 음이온인 OH^{-}이 A극 쪽으로 이동하면서 붉은색 리트머스 종이가 푸른색으로 변하므로 A극은 (+)극이다.

17

답 ⑤

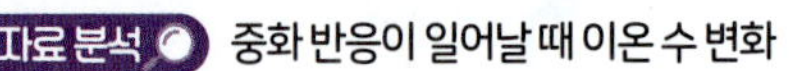

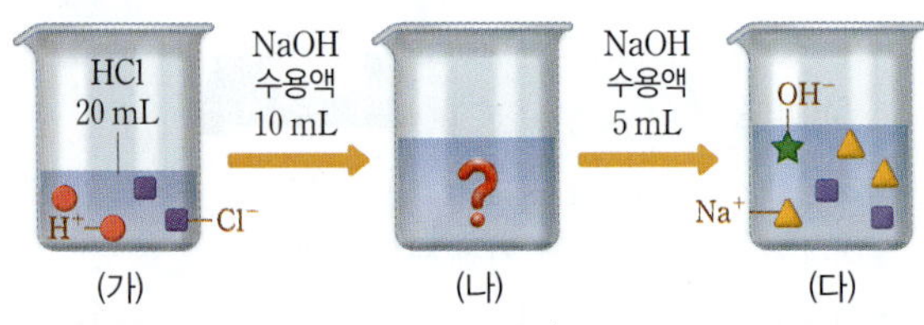

- (가)에는 있고 (다)에는 없는 ●는 H^{+}이고, (가)와 (다)에서 그 수가 변하지 않는 ■는 Cl^{-}이다.
- (다)에서 양이온과 음이온의 수는 같으므로 ▲는 양이온인 Na^{+}이고, ★는 음이온인 OH^{-}이다.
- (가) → (다)로 될 때 NaOH 수용액을 총 15 mL 첨가했으므로 NaOH 5 mL에 들어 있는 Na^{+}과 OH^{-}의 수는 각각 N이다.
- (가)~(다)에서 이온 수 변화

수용액	H^{+}	Cl^{-}	Na^{+}	OH^{-}
(가)	$2N$	$2N$	0	0
(나)	($2N$ 반응) 0	$2N$	($2N$ 첨가) $2N$	($2N$ 첨가, $2N$ 반응) 0
(다)	0	$2N$	(N 첨가) $3N$	(N 첨가) N

ㄱ. ●는 H^{+}이다.

ㄴ. (나)에서 반응 전 HCl 20 mL에 들어 있는 ●(H^{+})과 NaOH 수용액 10 mL에 들어 있는 ★(OH^{-})의 수는 $2N$으로 같다. 따라서 반응 후 혼합 용액의 액성은 중성이다.

ㄷ. (다)에 HCl 10 mL를 추가로 넣으면 H^{+} N개, Cl^{-} N개가 첨가되는 것이므로 OH^{-}은 모두 반응하고, ▲(Na^{+})과 ■(Cl^{-})의 수는 각각 $3N$이 된다.

18

묽은 염산과 묽은 황산은 모두 산이므로 H^{+}이 들어 있다. 따라서 (가)와 (다)에 공통으로 포함된 ●이 H^{+}이고, 두 수용액 중 H^{+}과 음이온의 수가 같은 (가)는 묽은 염산, H^{+}의 수가 음이온(■) 수의 2배인 (다)는 묽은 황산이다. (나)는 수산화 나트륨 수용액이다. 수용액 속 H^{+} 수는 (가)가 $2N$, (다)가 $4N$이고 (나)에 들어 있는 OH^{-} 수는 $4N$이므로 (나)와 (다)를 혼합했을 때가 (가)와 (나)를 혼합했을 때보다 중화 반응이 더 많이 일어나 중화열이 더 많이 발생한다. 따라서 (나)와 (다)를 혼합한 용액의 최고 온도가 가장 높다.

채점 기준	배점(%)
(나)와 (다)를 쓰고, 그 까닭을 옳게 설명한 경우	100
(나)와 (다)만 쓴 경우	50

19

답 ①

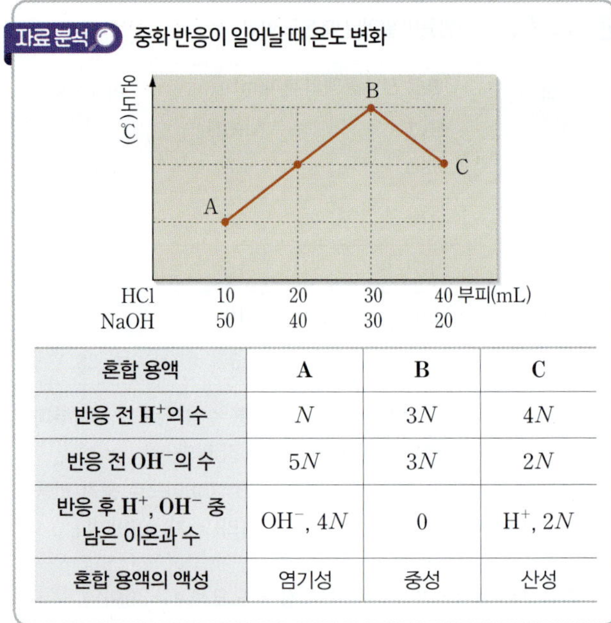

혼합 용액	A	B	C
반응 전 H^{+}의 수	N	$3N$	$4N$
반응 전 OH^{-}의 수	$5N$	$3N$	$2N$
반응 후 H^{+}, OH^{-} 중 남은 이온과 수	OH^{-}, $4N$	0	H^{+}, $2N$
혼합 용액의 액성	염기성	중성	산성

ㄴ. 혼합 용액의 전체 부피가 같을 때 B에서 혼합 용액의 최고 온도가 가장 높으므로 생성된 물 분자 수가 가장 많다.

오답 피하기 ㄱ. A는 염기성이므로 아연 조각을 넣어도 반응하지 않는다.

ㄷ. 묽은 염산의 부피는 C가 B보다 크고 중화 반응 한 양은 B가 C보다 많으므로 혼합 용액에 들어 있는 전체 이온 수는 C가 B보다 많다.

20

답 ⑤

ㄱ. (가)와 (나)에서 HCl의 양은 같고, 생성된 물 분자 수가 각각 $2N$, $3N$이므로 NaOH 수용액 10 mL에 들어 있는 OH^-의 수는 $2N$이고, HCl 10 mL에 들어 있는 H^+의 수는 $3N$ 이상이다. 따라서 (가)에는 반응하지 않고 남는 H^+이 존재하므로 (가)의 액성은 산성이다.

ㄴ. (나)가 중성이라면 HCl 10 mL에 들어 있는 H^+의 수는 $3N$, KOH 수용액 20 mL에 들어 있는 OH^-의 수는 $3N$이다. 이에 따라 (다)에서 HCl 20 mL에 들어 있는 H^+의 수는 $6N$, NaOH 수용액 20 mL에 들어 있는 OH^-의 수는 $4N$, KOH 수용액 10 mL에 들어 있는 OH^-의 수는 $1.5N$이므로 (다)의 액성은 산성이고, 생성된 물 분자 수는 $5.5N$이므로 제시된 조건과 맞지 않는다. 따라서 (나)는 염기성, (다)는 중성이다. (다)에서 생성된 물 분자 수가 $6N$이므로 HCl 20 mL에 들어 있는 H^+의 수는 $6N$이고, NaOH 수용액 20 mL에 들어 있는 OH^-의 수가 $4N$이므로 KOH 수용액 10 mL에 들어 있는 OH^-의 수는 $2N$이다. Cl^-의 수는 반응 전 H^+의 수와 같으므로 (다)에서 Cl^-의 수는 $6N$이다.

(나)에서 HCl 10 mL에 들어 있는 H^+의 수는 $3N$, KOH 수용액 20 mL에 들어 있는 OH^-의 수는 $4N$이다. K^+의 수는 반응 전 OH^-의 수와 같으므로 (나)에서 K^+의 수는 $4N$이고, $\frac{\text{(다)에서 } Cl^- \text{의 수}}{\text{(나)에서 } K^+ \text{의 수}}=\frac{6N}{4N}=\frac{3}{2}$이다.

ㄷ. (가)에서 H^+ $3N$, OH^- $2N$이 반응하므로 반응 후 남은 H^+의 수는 N이다. (나)에서 H^+ $3N$, OH^- $4N$이 반응하므로 반응 후 남은 OH^-의 수는 N이다. 따라서 (가)와 (나)를 혼합한 용액은 중성이다.

21

답 ④

ㄴ. (가)에서 주변의 온도가 높아졌으므로 반응이 일어날 때 주변으로 에너지를 방출한다.

ㄷ. (가)와 (나)에서 반응이 일어날 때 모두 주변의 온도가 높아지므로 (가)와 (나)의 반응은 발열 반응이다.

오답 피하기 ㄱ. (나)에서 수산화 나트륨 수용액에 묽은 염산을 넣으면 중화 반응이 일어나 중화열이 발생하므로 온도가 높아진다.

22

염화 칼슘이 물에 녹는 반응은 주변으로 에너지를 방출하는 발열 반응으로 반응이 일어날 때 주변의 온도가 높아진다. 따라서 염화 칼슘이 포함된 제설제를 눈에 뿌리면 제설제가 녹으면서 주변의 온도를 높여 눈을 녹인다.

채점 기준	배점(%)
염화 칼슘이 물에 녹는 반응이 주변으로 에너지를 방출하는 반응(발열 반응)이어서 주변의 온도를 높인다는 것을 옳게 설명한 경우	100
염화 칼슘이 물에 녹는 반응이 주변으로 에너지를 방출하는 반응(발열 반응)이기 때문이라는 것만 설명한 경우	70

23

답 ⑤

ㄱ. 뷰테인(㉠)의 연소 반응은 발열 반응이므로 반응이 일어나면 주변의 온도는 높아진다.

ㄴ. 물(㉡)이 끓을 때 흡열 반응이 일어나므로 주변으로부터 에너지를 흡수한다.

ㄷ. 철 가루(㉢)와 산소의 반응이 일어날 때 주변의 온도가 높아지므로 이 반응은 주변으로 에너지를 방출하는 발열 반응이다.

24

답 ㄱ, ㄷ

ㄱ. (나)에서 금속 C를 넣었을 때 A^+ $3N$이 모두 반응하고, B^{2+} $(x-1.5)N$이 반응하여 C^{2+} $3N$이 생성된다. A^+과 C가 반응할 때 반응식은 $2A^+ + C \longrightarrow 2A + C^{2+}$이므로 A^+ $3N$이 반응하여 C^{2+} $1.5N$이 생성된다. B^{2+}과 C가 반응할 때 반응식은 $B^{2+} + C \longrightarrow B + C^{2+}$이고, B^{2+} $(x-1.5)N$이 반응하여 C^{2+} $1.5N$이 생성되므로 반응한 B^{2+}의 수는 $1.5N$이다. 따라서 $x-1.5=1.5$, $x=3$이다.

ㄷ. (나)에서 B^{2+} $3N$ 중 $1.5N$이 반응하였으므로 생성된 B 원자의 수는 $1.5N$이다.

오답 피하기 ㄴ. (나)에서 B^{2+}은 전자를 얻어 환원되고, C는 전자를 잃어 산화되므로 전자는 C에서 B^{2+}으로 이동한다.

25

답 ②

자료 분석 중화 반응에서 이온 수 변화

혼합 용액		(가)	(나)
혼합 전 수용액의 부피(mL)	HCl	V_1	$3V_1$
	KOH	xV_2	V_2
혼합 용액에 존재하는 양이온 모형		●●●●	▲ H^+, ●● K^+
생성된 물 분자 수(상댓값)		$2N$	yN

- ▲는 (가)에만 있고, (나)에는 없으므로 반응에 참여하는 H^+이고, ●는 K^+이다.
- ●(K^+)의 수는 (가)가 (나)의 2배이므로 $x=2$이다.
- (가)에서 생성된 물 분자 수가 $2N$이므로 혼합 전 HCl V_1 mL에 들어 있는 H^+의 수는 $2N$이다.
- (나)에서 혼합 전 HCl $3V_1$ mL에 들어 있는 H^+의 수는 $6N$이다. 따라서 (나)의 Cl^- 수는 $6N$이고, 전체 양이온 수도 $6N$이어야 하므로 모형 1개는 입자 수 $2N$을 의미한다.
- (가)와 (나)에서 이온 수 변화

수용액	H^+ 수		Cl^- 수	K^+ 수	OH^- 수	
	전	후	전 / 후	전 / 후	전	후
(가)	$2N$	0	$2N$	$8N$	$8N$	$6N$
(나)	$6N$	$2N$	$6N$	$4N$	$4N$	0

$x=2$이고 (가)와 (나)의 부피는 같으므로 $V_1+2V_2=3V_1+V_2$로부터 $V_2=2V_1$이다. (나)에서 KOH 수용액 V_2 mL에 들어 있는 K^+과 OH^-의 수가 각각 $4N$이고 HCl $3V_1$ mL에 들어 있는 H^+과 Cl^-의 수는 각각 $6N$이므로 (나)에서 생성된 물 분자의 수는 $4N$이다. 따라서 $y=4$이고, $(x+y)\times\frac{V_1}{V_2}=(2+4)\times\frac{1}{2}=3$이다.

26 답 ⑤

(가)의 액성은 염기성이므로 혼합 용액에는 Cl^-, Na^+, OH^-이 들어 있다. 만약 Cl^-, Na^+, OH^-의 수가 각각 N, $4N$, $3N$이면 (나)에서 혼합 전 HCl의 양은 (가)의 3배, NaOH 수용액의 양은 (가)의 1.5배이므로 Cl^-과 Na^+의 수는 각각 $3N$, $6N$이 된다. 수용액에서 양이온과 음이온의 전하 총합은 0이므로 (나)에는 음이온인 OH^-이 $3N$ 들어 있어야 한다. 이 경우 이온 수의 비율이 제시된 조건과 맞지 않으므로 (가)에서 Cl^-, Na^+, OH^-의 수는 각각 $3N$, $4N$, N이다. 따라서 (나)에서 Cl^-, Na^+의 수는 각각 $9N$, $6N$이고, 양이온인 H^+의 수는 $3N$이다. 이를 통해 반응 전후 이온 수를 구하면 다음과 같다.

혼합 용액		(가) 전	(가) 후	(나) 전	(나) 후	(다) 전	(다) 후
이온 수	H^+	$3N$	0	$9N$	$3N$	$12N$	$8N$
	Cl^-	$3N$		$9N$		$12N$	
	Na^+	$4N$		$6N$		$4N$	
	OH^-	$4N$	N	$6N$	0	$4N$	0

ㄴ. (가)에서 Cl^-의 수는 $3N$이고, (나)에서 Na^+의 수는 $6N$이므로 $\frac{\text{(나)에서 } Na^+\text{의 수}}{\text{(가)에서 } Cl^-\text{의 수}}=\frac{6N}{3N}=2$이다.

ㄷ. (가)에서 반응 후 Cl^-, Na^+, OH^-의 수가 각각 $3N$, $4N$, N이므로 반응 전 H^+의 수는 $3N$, OH^-의 수는 $4N$이고, 생성된 물 분자 수는 $3N$이다. (다)에서 HCl의 양은 (가)의 4배이므로 반응 전 H^+의 수는 $12N$이고, OH^-의 수는 $4N$이므로 생성된 물 분자 수는 $4N$이다.

오답 피하기 ㄱ. (나)에는 H^+이 존재하므로 수용액의 액성은 산성이다.

27

(1) 질산 암모늄이 물에 녹으면 흡열 반응이 일어나 주변의 온도가 낮아지고, 산화 칼슘과 물이 반응하면 발열 반응이 일어나 주변의 온도가 높아진다.

(2) ㉠이 일어날 때는 주변으로부터 에너지를 흡수하고, ㉡이 일어날 때는 주변으로 에너지를 방출한다.

채점 기준	배점(%)
㉠과 ㉡이 일어날 때 에너지의 출입 방향과 온도 변화를 모두 옳게 설명한 경우	100
㉠과 ㉡ 중 한 가지 반응의 에너지 출입 방향과 온도 변화만 옳게 설명한 경우	50

Ⅱ 환경과 에너지

01 생태계와 환경 26~31쪽

01 ④ **02** ⑤ **03** ⑤ **04** 예시 답안 (나)는 (가)보다 먹이 관계가 복잡하므로 생태계평형을 잘 유지할 수 있다. **05** A: 생산자, B: 1차 소비자, ㉠ 감소 **06** ⑤ **07** ④ **08** ③ **09** ② **10** 예시 답안 (나), 무역풍의 세기가 약해져 동태평양 적도 부근의 따뜻한 표층 해수가 평상시보다 서쪽으로 덜 이동해 동태평양 적도 부근의 평균 해수면 온도가 상승한다. **11** ③ **12** ① **13** (1) 예시 답안 빛에너지를 흡수해 광합성을 하여 살아가는 데 필요한 양분을 스스로 만든다. (2) 예시 답안 ㉠ 10, ㉡ 200, 1차 소비자가 가진 에너지 중 세포호흡을 통해 생명활동에 사용하고 열에너지로 방출하고 남은 일부 에너지만 2차 소비자에게로 전달되기 때문이다. **14** ⑤ **15** ⑤ **16** ③ **17** ⑤ **18** ④ **19** ③ **20** ① **21** ② **22** ② **23** ② **24** (1) A (2) 예시 답안 B의 개체수가 감소한 결과 A는 B에게 적게 잡아먹혀 개체수가 증가했다. **25** ③ **26** ②

01 답 ④

(가)는 빛에너지를 흡수해 광합성을 하는 생산자, (나)는 다른 생물을 먹이로 섭취하는 소비자, (다)는 생물의 사체나 배설물을 분해하는 분해자이다.

ㄴ. 동물 플랑크톤은 소비자(나)에 속한다.

ㄷ. 분해자(다)는 생물의 사체나 배설물(㉡)을 분해하여 양분을 얻는다.

오답 피하기 ㄱ. 생산자(가)는 빛에너지(㉠)를 흡수해 광합성을 하여 화학 에너지로 만든다.

02 답 ⑤

자료 분석 생태계구성요소와 상호 관계

- 생태계구성요소에는 (가)와 (나)가 있다. (가)와 (나)는 각각 생물요소와 비생물요소 중 하나이다. 북극 지역은 온도가 낮아 체내 열의 방출을 억제해야 한다.
- 오른쪽 그림은 ㉠북극 지역에 서식하는 토끼의 짧은 귀를 나타낸 것이다. 이는 (나)가 (가)에 영향을 미친 사례에 해당한다.

- 북극 지역은 온도가 낮아 북극 지역에 서식하는 토끼는 몸의 표면을 통한 열의 방출을 줄이기 위해 적응했다. → 그 결과 몸집이 크고 귀가 짧아 몸의 부피에 대한 표면적의 비율이 낮다.
- 그림은 비생물요소(온도)가 생물요소(토끼)에 영향을 미친 사례이다. → (나)는 비생물요소, (가)는 생물요소이다.

ㄴ. 북극 지역에 서식하는 토끼의 짧은 귀(㉠)는 서식지의 낮은 온도에서 몸의 표면을 통한 열의 방출을 억제하기 위해 적응한 결과이므로 비생물요소(나)가 생물요소(가)에 영향을 미친 사례이다. 따라서 이와 가장 관련이 깊은 비생물요소는 온도이다.

ㄷ. 소가 공기 중으로 메테인을 방출하는 것은 생물요소(가)인 소가 비생물요소(나)인 공기에 영향을 미친 사례이다.

오답 피하기 ㄱ. (가)는 생물요소이며, 물과 토양은 모두 비생물요소(나)에 속한다.

03 답 ⑤

동물의 호흡이 공기 조성에 영향을 미치는 것은 동물이 공기에 영향을 미친 사례이고, 식물의 광합성으로 주변의 산소 농도가 높아지는 것은 식물이 공기에 영향을 미친 사례이므로 (가)는 공기이다.

⑤ 고산 지대에 사는 사람의 적혈구 수가 저지대에 사는 사람보다 많은 것은 낮은 산소 농도의 환경에서 효율적인 산소 운반을 위한 적응 결과이므로 이는 공기(가)가 사람에게 영향을 미친 사례이다.

오답 피하기 ① 꾀꼬리는 일조 시간이 길어지는 봄에 번식하는 것이므로 이와 가장 관련이 깊은 비생물요소는 빛이다.

② 낙엽이 분해되어 토양이 비옥해지는 것과 가장 관련이 깊은 비생물요소는 토양이다.

③ 사막에 사는 캥거루쥐는 땀을 흘리지 않음으로써 몸 안의 수분을 보존하므로 이와 가장 관련이 깊은 비생물요소는 물이다.

④ 식물의 증산작용에 의한 기화열 흡수로 숲이 다른 곳보다 시원한 것과 가장 관련이 깊은 비생물요소는 온도이다.

04

(가)에서는 먹이 관계가 4종의 생물이 사슬처럼 한 줄로 연결된 먹이사슬만 형성되어 있지만, (나)에서는 먹이 관계가 11종의 생물에 의해 여러 개의 먹이사슬이 복잡하게 얽혀서 먹이그물을 형성하고 있다. 따라서 생태계평형은 (나)에서가 (가)에서보다 잘 유지된다.

채점 기준	배점(%)
(나)가 (가)보다 먹이 관계가 복잡한 것과 생태계평형을 잘 유지할 수 있는 것을 모두 포함하여 옳게 설명한 경우	100
(나)가 (가)보다 먹이 관계가 복잡한 것과 생태계평형을 잘 유지할 수 있는 것 중 1가지만 포함하여 옳게 설명한 경우	50

개념 더하기 종다양성과 생태계평형

- 종다양성이 높으면 먹이 관계가 복잡하게 형성되기 때문에 한 종이 멸종했을 때 다른 종이 멸종할 확률이 낮아지므로 생태계가 안정적으로 유지된다.
- 종다양성이 낮은 생태계: 적은 종류의 생물만이 서식하므로 먹이사슬 또는 단순한 먹이그물이 형성된다. 따라서 한 종이 멸종하면 다른 종도 먹이가 없어 멸종할 수 있다.
- 종다양성이 높은 생태계: 다양한 종류의 생물이 서식하므로 복잡한 먹이그물이 형성된다. 따라서 한 종이 멸종해도 다른 종을 먹이로 먹을 수 있다.

05 답 A: 생산자, B: 1차 소비자, ㉠ 감소

A의 개체수가 증가하면 B의 개체수가 증가하고, B의 개체수가 증가하면 A의 개체수는 감소하므로 A는 B의 먹이가 되는 하위 영양단계에 속하고, B는 A를 먹는 상위 영양단계에 속한다. 따라서 A는 광합성을 하는 생산자에 속하고, B는 1차 소비자에 속한다. 생산자(A)의 개체수가 감소하면 1차 소비자(B)는 먹이가 줄어들어 개체수가 감소(㉠)한다.

06 답 ⑤

지구 온난화는 대기 중 온실 기체가 많아지면서 지구의 평균 기온이 상승하는 현상으로, 우리나라의 경우 해수의 온도가 상승해 지금보다 난류성 어종이 더 많이 잡히게 된다.

07 답 ④

ㄴ. 지구의 평균 기온이 상승하면 해수의 열팽창에 의해 해수면이 상승한다.

ㄷ. 지구 온난화가 지속되면 해수면이 상승하여 해안 저지대가 침수될 수 있다.

오답 피하기 ㄱ. 지구의 평균 기온이 상승하면 육지 빙하가 녹아 빙하의 면적이 감소한다.

08 답 ③

A는 해들리 순환, B는 페렐 순환, C는 극순환이다.

ㄱ. 위도에 따른 에너지 불균형과 지구의 자전으로 지구 전체 규모의 대기 대순환이 발생한다. A는 적도 지방에서 상승하여 위도 30° 부근에서 하강하는 대기의 순환인 해들리 순환이다.

ㄷ. 극지방에서는 공기가 냉각되어 밀도가 커져 하강 기류가 만들어진다.

오답 피하기 ㄴ. 해들리 순환인 A에 의해 지상에 무역풍이 만들어진다.

09 답 ②

ㄴ. 대기 대순환에 의해 하강 기류가 지속되어 고압대가 형성되는 위도 30° 부근에 주로 사막이 분포한다.

오답 피하기 ㄱ. 사막은 적도 지역보다 위도 30° 부근인 중위도 지역에 주로 분포한다.

ㄷ. 사막화는 위도에 관계없이 나타나는 것이 아니라 주로 사막 주변에서 진행되고 있다.

10

엘니뇨 발생 시의 대기 순환은 (나)이다. 엘니뇨가 발생하면 무역풍의 세기가 약해지고 동태평양 적도 부근의 따뜻한 표층 해수가 평상시보다 서쪽으로 덜 이동하게 된다. 따라서 동태평양 적도 부근의 평균 해수면 온도가 상승한다.

채점 기준	배점(%)
(나)를 옳게 쓰고, 해수면 온도를 비교하여 옳게 설명한 경우	100
(나)만 옳게 쓴 경우	50

개념 더하기 태평양 적도 부근 해역의 수온 분포

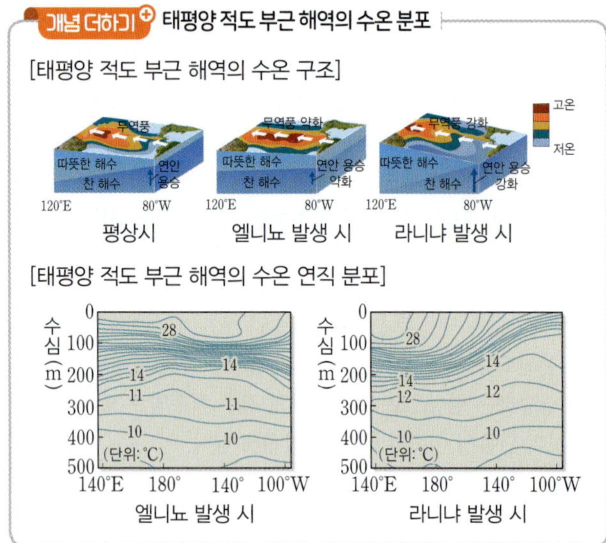

11 답 ③

(나)는 소비자가 속한 생물요소이고, (가)는 비생물요소이다. A와 소비자에서 B에게로 모두 유기물이 이동하므로 A는 생산자이고, B는 분해자이다.

ㄱ. 생산자(A)는 빛에너지를 흡수해 광합성을 하고, 생명활동에 필요한 에너지를 얻기 위해 세포호흡을 하면서 열에너지를 방출한다.

ㄴ. 버섯과 곰팡이는 모두 생물의 사체나 배설물을 분해하는 분해자(B)에 속한다.

오답 피하기 ㄷ. 연꽃의 줄기와 뿌리에 통기조직이 발달되어 있는 것은 공기가 부족한 수생 환경에서 호흡을 효율적으로 하기 위해 적응한 결과이므로 (가)의 비생물요소(물)가 (나)의 생물요소(연꽃)에 영향을 미친 사례이다.

12 답 ①

ㄱ. 수온(ⓐ), 강수량(ⓑ)은 모두 살아 있는 생물이 아니므로 비생물요소에 속한다.

오답 피하기 ㄴ. 강의 종다양성이 감소하면 강에 서식하는 생물종의 수가 줄어들기 때문에 생태계의 먹이 관계가 단순해진다.

ㄷ. 유속이 빨라지면 광합성 세균의 증식이 억제된다. 이는 비생물요소(물)가 생물요소(광합성 세균)에 영향을 미친 사례이다.

13

(1) A는 에너지양피라미드에서 가장 아래에 있으므로 가장 하위 영양단계인 생산자이다. 생산자는 빛에너지를 흡수해 광합성을 하여 살아가는 데 필요한 양분을 스스로 만든다.

채점 기준	배점(%)
빛에너지 흡수, 광합성, 스스로 양분을 만든다는 내용을 모두 포함하여 옳게 설명한 경우	100
빛에너지 흡수, 광합성, 스스로 양분을 만든다는 내용 중 2가지만 포함하여 옳게 설명한 경우	60

(2) (가)의 1차 소비자의 에너지양은 100이므로 (나)의 최종 소비자의 에너지양(㉠)은 10이고, (가)의 생산자(A)의 에너지양은 1000이므로 (나)의 1차 소비자의 에너지양(㉡)은 200이다. 1차 소비자가 가진 에너지 중 세포호흡을 통해 생명활동에 사용하고 열에너지로 방출하고 남은 일부 에너지만 2차 소비자에게로 전달된다.

채점 기준	배점(%)
㉠과 ㉡의 값을 각각 옳게 쓰고, 생명활동에 사용, 열에너지로 방출, 일부 에너지만 전달된다는 내용을 모두 포함하여 옳게 설명한 경우	100
㉠과 ㉡의 값만 각각 옳게 쓴 경우	50

14 답 ⑤

자료 분석 먹이 관계에 의한 개체군 변화

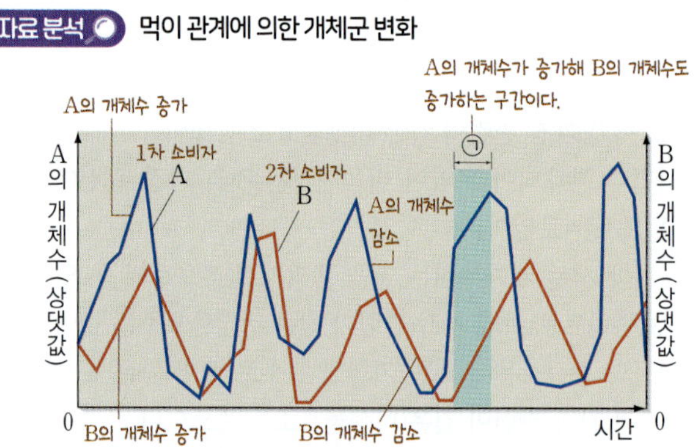

- 먹이 관계는 1차 소비자 → 2차 소비자이다.
- 1차 소비자의 개체수가 증가하면 2차 소비자는 먹이(1차 소비자)가 많아져 개체수가 증가하고 → 1차 소비자는 2차 소비자에게 많이 잡아먹혀 개체수가 감소하고 → 2차 소비자는 먹이(1차 소비자)가 줄어들어 개체수가 감소하는 과정이 주기적으로 일어난다.
- A의 개체수가 증가하면 B의 개체수도 증가한다. → A는 1차 소비자, B는 2차 소비자이다.

A의 개체수 증가 → B의 개체수 증가 → A의 개체수 감소 → B의 개체수 감소 → A의 개체수 증가의 과정이 반복해서 일어나므로 먹이 관계에서 A는 잡아먹히는 1차 소비자이고, B는 잡아먹는 2차 소비자이다.

ㄱ. 1차 소비자는 2차 소비자의 먹이이므로 1차 소비자(A)에서 2차 소비자(B)에게로 양분(유기물) 속 화학 에너지가 이동한다.

ㄴ. 이 생태계에서 A와 B는 서로 다른 개체군이므로 모여서 하나의 군집을 이룬다.

ㄷ. ㉠에서는 1차 소비자(A)의 개체수가 증가해 먹이가 많아져 2차 소비자(B)의 개체수도 증가했다.

15 답 ⑤

ㄱ. (가) 이후 1차 소비자의 개체수가 감소했으므로 (가)에서 생산자의 개체수가 감소했다. 생산자의 개체수가 감소하면 1차 소비자는 먹이(생산자)가 줄어들어 개체수가 감소한다.

ㄴ. 1차 소비자의 개체수가 감소하면 2차 소비자는 먹이(1차 소비자)가 줄어들어 개체수가 감소(㉠)하고, 생산자는 1차 소비자에게 적게 잡아먹혀 개체수가 증가한다.
ㄷ. 2차 소비자의 개체수 감소와 생산자의 개체수 증가로 인해 1차 소비자의 개체수가 증가하고, 그 결과 (나)에서 2차 소비자의 개체수가 증가하면서 생태계평형이 회복된다.

16 답 ③

자료 분석 영양단계와 생태계평형 유지

구분	개체수 변화			
	A (3차 소비자)	B (생산자)	C (2차 소비자)	D (1차 소비자)
A의 개체수 증가	—	감소	감소	ⓐ 증가
B의 개체수 증가	㉠ 증가	—	㉡ 증가	증가
C의 개체수 증가	증가	증가	—	감소
D의 개체수 증가	㉢ 증가	감소	증가	—

- 먹이 관계는 생산자 → 1차 소비자 → 2차 소비자 → 3차 소비자이므로 생산자의 개체수가 증가하면 모든 소비자의 개체수도 증가한다. → 생산자는 B이고, ㉠과 ㉡은 모두 '증가'이다.
- 2차 소비자의 개체수가 증가하면 1차 소비자의 개체수는 감소하므로 생산자(B)의 개체수는 증가한다. → 2차 소비자는 C이다.
- 3차 소비자의 개체수가 증가하면 2차 소비자(C)의 개체수는 감소한다. → 3차 소비자는 A이다.

ㄱ. 생산자는 가장 하위 영양단계이므로 생산자의 개체수가 증가하면 먹이가 많아져 1차, 2차, 3차 소비자의 개체수가 차례대로 증가한다. 따라서 생산자는 B이고, ㉠과 ㉡은 모두 '증가'이다. 1차 소비자의 개체수가 증가하면 생산자(B)의 개체수는 감소하고, 2차 소비자와 3차 소비자의 개체수는 차례대로 증가하므로 1차 소비자는 D이고, ㉢도 '증가'이다. 2차 소비자의 개체수가 증가하면 1차 소비자(D)의 개체수는 감소하므로 2차 소비자는 C이고, A는 3차 소비자이다.
ㄷ. 3차 소비자(A)의 개체수가 증가할 때 1차 소비자(D)의 개체수가 증가(ⓐ)하는 것은 2차 소비자가 3차 소비자에게 많이 잡아먹혀 개체수가 감소하고, 이로 인해 1차 소비자가 2차 소비자에게 적게 잡아먹히기 때문이다.
오답 피하기 ㄴ. 2차 소비자(C)에서 생명활동에 필요한 에너지를 얻기 위해 양분을 분해하는 세포호흡은 일어나지만, 빛에너지를 흡수해 양분을 만드는 광합성은 일어나지 않는다.

17 답 ⑤

ㄱ. ㉠은 태양 복사 에너지, ㉡은 지구 복사 에너지로, ㉡은 대부분 적외선 영역의 에너지이다. 따라서 $\frac{\text{가시광선 영역의 에너지양}}{\text{적외선 영역의 에너지양}}$은 ㉠이 ㉡보다 크다.
ㄴ. 산업 활동에 의해 대기 중 에어로졸이 증가하면 에어로졸에 의해 지표면에 도달하는 태양 복사 에너지의 양이 감소한다.
ㄷ. 온실 효과에 의해 지구 표면의 평균 온도는 대기가 있을 때가 대기가 없을 때보다 높다.

18 답 ④

ㄴ. 평균 표층 수온이 상승하였으므로 우리나라 주변 해역의 평균 해수면 높이는 높아졌을 것이다.
ㄷ. 지구 온난화에 의해 우리나라의 여름이 길어지고 열대야 일수가 증가했을 것이다.
오답 피하기 ㄱ. 이 기간 동안 우리나라 주변 해역의 평균 표층 수온 상승은 2 ℃ 미만이다.

19 답 ③

ㄱ. 그림에서 전 지구 해수면은 상승하는 경향을 보인다.
ㄷ. 해수면 상승의 원인에는 대륙 빙하의 융해와 해수의 열팽창이 있다. 따라서 A는 해수의 열팽창이다.
오답 피하기 ㄴ. 이 기간 동안 대륙 빙하는 감소했으므로 빙하에 의한 반사율은 감소한다.

20 답 ①

ㄱ. A는 적도 부근에서 B보다 값이 큰 것으로 보아 A는 태양 복사 에너지 흡수량, B는 지구 복사 에너지 방출량이다.
오답 피하기 ㄴ. 지구는 열수지 평형을 이루고 있어 지구 전체로 보면 A=B이다.
ㄷ. 저위도에서는 A>B이고 고위도에서는 A<B이다. 남는 에너지에 의해 적도의 온도가 계속 오르지 않고, 부족한 에너지 때문에 극지방의 온도가 계속 내려가지 않는 까닭은 대기와 해양의 순환으로 저위도의 남는 에너지가 고위도로 이동하기 때문이다.

21 답 ②

② 사막은 건조하고 맑은 날이 지속적으로 나타나는 중위도 고압대(위도 30° 부근)에 잘 발달한다.
오답 피하기 ①, ③, ④ 사막은 대기 대순환에 의해 하강 기류가 형성되는 중위도 지역에 잘 발달한다. 이 지역은 하강 기류에 의해 날씨가 맑고 건조해 (증발량−강수량) 값이 (+)로 나타난다.
⑤ 삼림 벌채, 가축 방목 등은 토양이 고정되지 못하고 황폐하게 만들어 사막화를 가속할 수 있다.

22 답 ②

ㄷ. 엘니뇨 발생 시 무역풍이 약화되어 동태평양 적도 부근의 따뜻한 표층 해수가 평상시보다 서쪽으로 이동하지 못한다. 이에 따라 서태평양 적도 부근 해역은 평상시보다 수온이 낮아져 증발량이 감소하고, 평상시보다 건조해져 가뭄이 발생할 가능성이 높아진다.
오답 피하기 ㄱ. 그림에서 동태평양 적도 부근 해역의 강수량은 평년보다 증가하였다.
ㄴ. 동태평양 적도 부근 해역의 강수량이 평년보다 증가했으므로 평균 해수면 기압이 평년보다 낮다.

23 답 ②

ㄴ. 국화는 일조 시간의 영향을 받아 가을에 개화하는 것이고, 개구리는 겨울의 낮은 온도를 대비해 땅속에서 겨울잠을 자는 것이므로 (가)와 (나)는 모두 비생물요소가 생물요소에 영향을 미친 사례이다. 그러나 토끼풀과 토끼는 모두 생물요소이므로 (다)는 생물요소 사이에 영향을 주고받는 상호 관계의 사례이다.

오답 피하기 ㄱ. (가)와 가장 관련이 깊은 비생물요소는 빛이고, (나)와 가장 관련이 깊은 비생물요소는 온도이다.

ㄷ. (다)의 토끼풀(생산자)에서 토끼(1차 소비자)에게로 양분 속 화학 에너지는 전달되지만, 열에너지는 전달되지 않는다. 생물의 세포호흡 과정에서 생성되는 열에너지는 환경으로 방출되며, 다른 생물에 의해 이용되지 않는다.

24

(1) A의 개체수가 감소하면 B의 개체수도 곧이어 감소하고, A의 개체수가 증가하면 B의 개체수도 곧이어 증가하므로 A는 먹이가 되는 1차 소비자이고, B는 1차 소비자(A)를 잡아먹는 2차 소비자이다. 따라서 ⓐ는 1차 소비자(A)이다.

(2) ㉠에서 1차 소비자(A, ⓐ)의 개체수 증가와 2차 소비자(B)의 개체수 감소가 일어나는 것은 2차 소비자의 개체수가 감소한 결과 1차 소비자가 2차 소비자에게 적게 잡아먹혔기 때문이다.

채점 기준	배점(%)
B의 개체수 감소로 인해 A가 B에게 적게 잡아먹혀 개체수가 증가한다고 옳게 설명한 경우	100
B의 개체수 감소로 인해 A의 개체수가 증가한다고만 설명한 경우	60

25 답 ③

ㄱ. A=100−(30+50)=20이다.

ㄷ. 대기 중 이산화 탄소 농도가 증가하면 대기에서 흡수하는 지구 복사 에너지의 양은 증가하게 된다.

오답 피하기 ㄴ. C=B+12이므로 C는 B보다 크다. B+A(20)=58+D이므로 B는 D보다 크다. 따라서 D<B<C이다.

개념 더하기⁺ 지구 온난화로 인한 지구 열수지 변동

대기 중 이산화 탄소 농도가 증가하면 지구 열수지는 다음의 과정을 거치게 된다.

대기 중 이산화 탄소 농도 증가
↓
대기가 흡수하는 에너지양 증가
↓
대기가 지표로 방출하는 에너지양 증가
↓
지표가 다시 흡수하는 에너지양 증가
↓
지표 온도 상승

26 답 ②

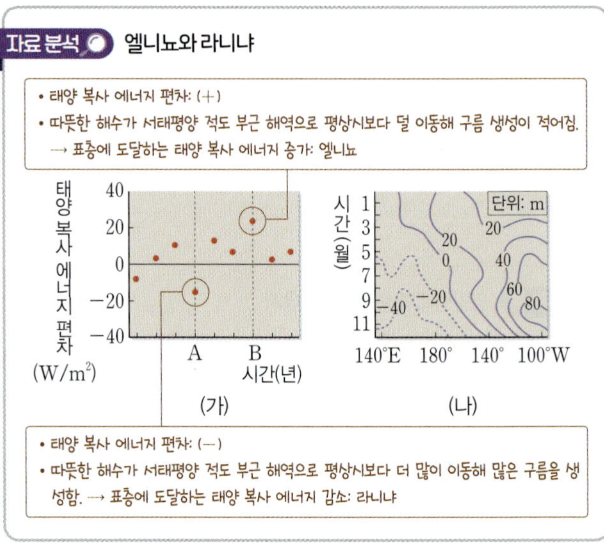

ㄴ. (나)에서 서태평양 적도 부근 해역의 20 °C 등수온선 깊이가 시간이 경과함에 따라 얕아지고 있으므로 이는 무역풍이 약해져 동태평양의 따뜻한 표층 해수가 서쪽으로 덜 이동하는 엘니뇨 시기(B)이다.

오답 피하기 ㄱ. 서태평양 적도 부근 해역의 태양 복사 에너지 편차가 (−)이면 평년보다 이 지역에 구름이 많았음을 의미한다. 따라서 A는 평상시보다 상승 기류가 강하게 나타난 라니냐 시기이다.

ㄷ. 엘니뇨 시기(B)일 때 서태평양 적도 부근 해역에는 강수량이 감소한다.

02 에너지

32~37쪽

01 ③ **02** ㉠ 빛에너지 → 열에너지, ㉣ 화학 에너지 → 운동에너지 **03** ⑤ **04** ③ **05** ③ **06** ② **07** ② **08** ③

09 예시 답안 열효율이 0.2이므로 $\frac{W}{Q_1}=\frac{1}{5}$에서 $Q_1=5W$이다. $Q_1=8\text{ kJ}+W$에서 $W=2\text{ kJ}$이므로 $Q_1=10\text{ kJ}$이다. **10** ②

11 ④ **12** ③ **13** ⑤ **14** (1) 전자기 유도 (2) 예시 답안 코일이 회전하면서 운동 에너지가 전기 에너지로 전환된다. **15** ④

16 ① **17** ③ **18** ④ **19** ③ **20** 예시 답안 A의 열효율이 0.2이므로 $0.2=\frac{W}{8+W}$에서 $W=2\text{ kJ}$이다. B가 고열원에서 흡수한 열에너지가 5 kJ이므로 B의 열효율은 $\frac{2}{5}=0.4$이다. **21** ③

22 ⑤ **23** ① **24** ④ **25** ② **26** 예시 답안 장점: 자원 고갈의 염려가 없고, 유지 비용이 적다. 발전 과정에서 오염 물질이나 온실 기체를 배출하지 않는다. 영구적으로 사용할 수 있다. 단점: 설치 장소가 제한적이다. 발전소 건설 비용이 많이 든다.

01 답 ③

① 핵융합 반응에서 물질의 질량이 감소하는 질량 결손이 일어난다.
② 태양 중심부에서 생성된 에너지는 복사층과 대류층을 지나 태양 표면에서 빛에너지와 열에너지로 방출된다.
④, ⑤ 태양이 방출하는 에너지의 일부가 지구에 도달하여 대기와 물의 순환을 일으킨다.
오답 피하기 ③ 태양 중심부에서 수소 핵융합 반응에 의해 에너지를 생성한다.

02 답 ㉠ 빛에너지 → 열에너지, ㉣ 화학 에너지 → 운동 에너지

㉡ 물방울에 중력이 작용하여 아래로 떨어진다.
㉢ 높은 곳에 있는 물방울은 위치 에너지를 갖는다.
오답 피하기 ㉠ 태양의 열에너지를 이용해 물이 수증기로 증발한다.
㉣ 물방울이 비나 눈으로 내리면 위치 에너지가 운동 에너지로 전환된다.

03 답 ⑤

①~④ 발전기를 사용하는 핵발전, 화력 발전, 풍력 발전, 조력 발전은 모두 터빈의 운동 에너지가 발전기에서 전기 에너지로 전환되는 전자기 유도 현상을 이용하여 발전한다.
오답 피하기 ⑤ 태양광 발전은 태양 전지를 이용하여 빛에너지를 직접 전기 에너지로 전환한다.

04 답 ③

①, ②, ④, ⑤ 자석과 코일이 상대 운동을 할 때 코일에 유도 전류가 흐른다.
오답 피하기 ③ 코일과 자석이 같은 방향으로 같은 속력으로 운동하면 코일과 자석 사이의 거리가 일정하여 코일을 통과하는 자기장이 변하지 않는다.

05 답 ③

ㄱ. 코일 주위에서 자석이 운동하면 코일에 유도 전류가 흐른다. 이때 자석의 운동 에너지가 전자기 유도에 의해 전기 에너지로 전환된다.
ㄴ. N극이 접근할 때와 멀어질 때 코일에 흐르는 유도 전류의 방향은 반대이다. N극이 접근할 때 검류계 바늘이 왼쪽으로 움직였으므로 N극이 멀어지면 검류계 바늘은 오른쪽으로 움직인다.
오답 피하기 ㄷ. 자석을 더 빠르게 움직이면 코일을 통과하는 자기장의 변화율이 증가하므로 유도 전류가 더 많이 흐른다.

06 답 ②

(가)는 핵융합 반응, (나)는 핵분열 반응이다.
ㄴ. (가)는 수소 원자핵 4개가 헬륨 원자핵 1개로 융합하는 핵융합 반응이다.
오답 피하기 ㄱ. (가) 핵융합 반응에서는 방사성 폐기물이 발생하지 않는다.
ㄷ. 핵융합 반응과 핵분열 반응에서 모두 질량이 감소하면서 에너지가 방출된다.

07 답 ②

ㄴ. 발전기는 운동 에너지를 전기 에너지로 전환하고, 연료 전지는 화학 에너지를 전기 에너지로 전환한다.
오답 피하기 ㄱ. 태양 전지는 빛에너지를 전기 에너지로 전환하는 장치이다.
ㄷ. 효율이 높은 연료 전지라도 에너지 전환 과정에서 에너지의 일부는 열에너지로 전환되어 손실된다.

08 답 ③

ㄷ. 에너지 효율이 LED 전등이 형광등의 8배이므로 같은 밝기의 빛을 방출하기 위해서는 형광등에 공급하는 전기 에너지가 LED 전등의 8배가 되어야 한다.
오답 피하기 ㄱ. 형광등의 에너지 효율이 10 %이므로 ㉠은 $4E$이다.
ㄴ. LED 전등은 전기 에너지 E를 공급 받아 빛에너지 $0.8E$를 방출하므로 에너지 효율 ㉡은 80 %이다.

09

자료 분석 열기관과 열효율

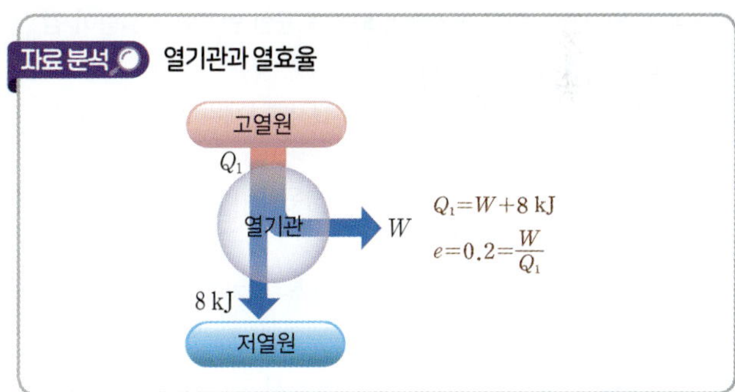

열효율은 공급된 에너지 중 유용하게 사용한 에너지의 비율이므로 $0.2=\frac{W}{Q_1}$이다. 또 열기관이 흡수한 열에너지는 열기관이 한 일과 방출한 열에너지의 합과 같으므로 $Q_1=W+8\text{ kJ}$이다. 따라서 $W=2\text{ kJ}$, $Q_1=10\text{ kJ}$이다.

채점 기준	배점(%)
에너지 보존과 열효율을 이용하여 Q_1과 W를 옳게 구한 경우	100
Q_1과 W 중 1가지만 옳게 구한 경우	50

10 답 ②

② 조력 발전, 풍력 발전, 지열 발전은 모두 터빈과 발전기를 이용하여 발전한다. 발전기에서 전자기 유도에 의해 운동 에너지가 전기 에너지로 전환된다.
오답 피하기 ① 조력 발전은 대규모 방파제를 만들어 밀물과 썰물을 이용하므로 갯벌을 포함한 해양 생태계 파괴 우려가 있지만 지열 발전과 풍력 발전의 공통점은 아니다.
③ 지열 발전은 지구 내부 에너지를 근원으로 한다.
④ 발전기에서 전자기 유도에 의해 운동 에너지가 전기 에너지로 전환된다.
⑤ 조력 발전과 풍력 발전은 날씨나 기후의 영향을 받아 전력 생산량이 일정하지 않다.

11 답 ④

자료 분석 태양 구조와 수소 핵융합 반응

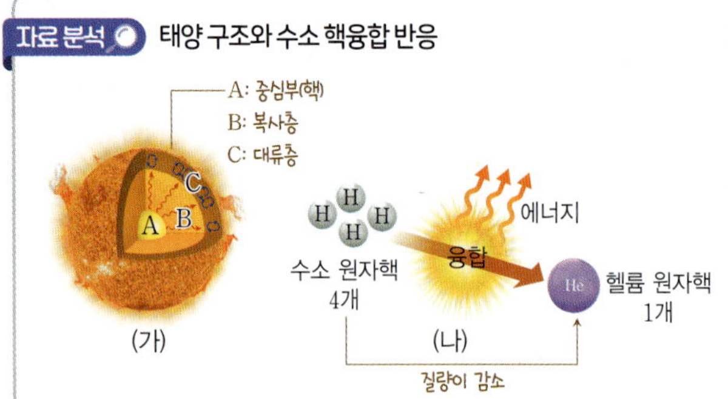

- 태양 내부는 표면에서부터 대류층, 복사층, 중심부(핵)로 이루어져 있다.
- 온도가 1500만 K 이상인 중심부에서는 핵융합 반응이 일어난다.
- 복사층은 복사를 통해, 대류층은 대류를 통해 에너지를 바깥쪽으로 전달한다.
- 태양 표면에서는 전자기파 복사를 통해 빛에너지와 열에너지가 방출된다.
- 수소 원자핵이 헬륨 원자핵이 되는 핵융합 반응에서 질량이 감소하고 에너지가 방출된다.
  → 수소 원자핵 4개의 질량은 헬륨 원자핵 1개의 질량보다 크다.

① B는 복사층으로, 중심부에서 생성된 에너지를 복사를 통해 대류층으로 전달한다.
② (나)는 수소 원자핵이 융합하여 헬륨 원자핵이 되는 수소 핵융합 반응이다.
③ 수소 핵융합 반응은 태양의 중심부에서 일어난다.
⑤ 수소 핵융합 반응에서 질량 결손이 일어나므로 헬륨 원자핵 1개의 질량은 수소 원자핵 4개의 질량보다 작다.
오답 피하기 ④ 수소 핵융합 반응에서 질량이 감소한 만큼 에너지를 방출하므로 시간이 지날수록 태양의 질량은 감소한다.

12 답 ③

ㄱ. KSTAR에서는 수소 원자핵이 융합하여 헬륨 원자핵이 되는 핵융합 반응을 연구하고 있다.
ㄷ. 화석 연료는 식물이 광합성을 통해 빛에너지가 화학 에너지 형태로 저장된 후 변형된 에너지원이다.
오답 피하기 ㄴ. 수소 핵융합 반응에서 질량이 감소하며 에너지가 방출된다.

13 답 ⑤

ㄴ. 광합성은 빛에너지를 이용해 대기 중의 탄소와 물을 포도당으로 합성하는 과정으로, 식물은 광합성을 통해 태양 에너지를 화학 에너지로 저장한다.
ㄷ. 바람은 지구에 도달한 태양 에너지가 운동 에너지로 전환된 것이다. 운동 에너지와 위치 에너지를 합한 것을 역학적 에너지라고 한다.
오답 피하기 ㄱ. 광합성 과정에서 식물은 태양의 빛에너지를 흡수하여 저장한다.

14

(1) 자석 사이에서 코일이 회전하면 자기장에 수직인 코일의 단면적이 변하면서 전자기 유도 현상이 일어나 코일에 유도 전류가 흐른다.
(2) 발전기는 전자기 유도 현상을 이용해 코일의 운동 에너지를 전기 에너지로 전환하는 장치이다.

채점 기준	배점(%)
코일의 움직임을 포함하여 에너지 전환 과정을 옳게 설명한 경우	100
에너지 전환 과정만 설명한 경우	50

15 답 ④

ㄴ. (나)에서 자석이 b를 지날 때는 코일과 자석이 서로 밀어 내는 방향으로 자기력을 작용하므로 자석은 오른쪽으로 자기력을 받는다. 자석이 a를 지날 때는 코일과 자석이 서로 당기는 방향으로 자기력을 작용하므로 자석은 오른쪽으로 자기력을 받는다.
ㄷ. 자석의 속력이 (가)보다 (나)에서 빠르므로 유도 전류의 세기는 (가)보다 (나)에서 크다.
오답 피하기 ㄱ. (가)에서 자석이 a를 지날 때는 S극이 코일에 접근하므로 유도 전류는 코일의 왼쪽이 S극이 되도록 흐른다. 자석이 b를 지날 때는 N극이 코일에서 멀어지므로 유도 전류는 오른쪽이 S극이 되도록 흐른다. 따라서 자석이 a, b를 지날 때 유도 전류의 방향은 반대이다.

16 답 ①

자료 분석 화력 발전과 핵발전에서의 에너지 전환

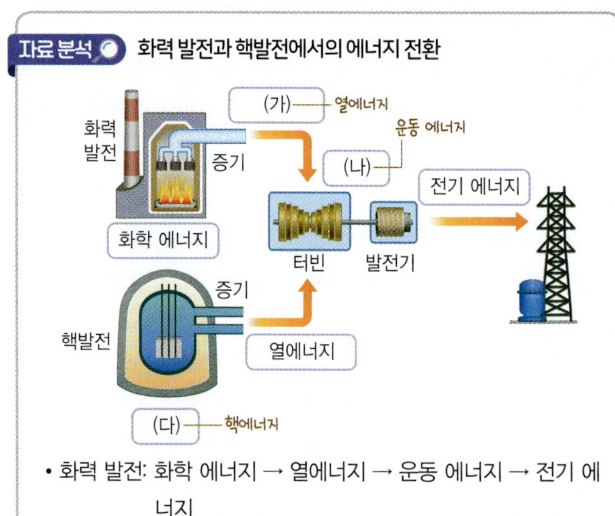

- 화력 발전: 화학 에너지 → 열에너지 → 운동 에너지 → 전기 에너지
- 핵발전: 핵에너지 → 열에너지 → 운동 에너지 → 전기 에너지

화력 발전은 화석 연료의 화학 에너지가 보일러에서 연소 과정을 거치며 (가) 열에너지로 전환되어 물을 끓인다. 수증기가 터빈을 돌리며 (나) 운동 에너지로 전환되고, 터빈에 연결된 발전기에서 전기 에너지로 전환된다. 핵발전은 원자로에서 핵분열 반응을 통해 핵연료의 (다) 핵에너지가 열에너지로 전환되어 물을 끓인다. 수증기가 터빈을 돌리며 운동 에너지로 전환되고, 터빈에 연결된 발전기에서 전기 에너지로 전환된다.

17 답 ③

ㄱ. 화석 연료나 핵연료는 모두 자원 고갈의 우려가 있다.

ㄴ. 화력 발전이나 핵발전에서는 화석 연료를 태워 얻는 열에너지나 핵분열 반응에서 방출되는 열에너지로 물을 끓여 고온 고압의 증기를 얻는다. 이 증기로 터빈을 돌려 발전한다.

오답 피하기 ㄷ. 핵발전소는 발전 과정에서 많은 냉각수가 필요하므로 바닷가나 호숫가에 건설하지만 화력 발전소는 건설 장소에 제약을 받지 않는다.

18 답 ④

자료 분석 여러 가지 에너지 전환

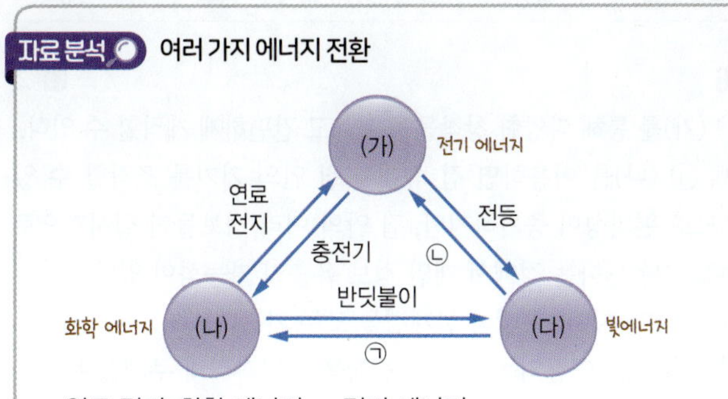

- 연료 전지: 화학 에너지 → 전기 에너지
- 충전기: 전기 에너지 → 화학 에너지
- 전등: 전기 에너지 → 빛에너지
- 반딧불이: 화학 에너지 → 빛에너지

ㄴ. 광합성은 빛에너지를 화학 에너지로 전환한다.

ㄷ. ⓒ은 빛에너지를 전기 에너지로 전환하는 발전 방식으로 태양광 발전이다. 태양광 발전은 재생 에너지인 빛에너지를 이용한다.

오답 피하기 ㄱ. 에너지 전환 과정에서 에너지의 일부는 항상 열에너지로 전환되어 주변으로 흩어진다.

19 답 ③

ㄱ. 하이브리드 자동차는 화학 에너지, 전기 에너지, 운동 에너지 사이의 에너지 전환을 이용한다.

ㄷ. 내리막길에서는 발전기를 이용해 운동 에너지의 일부를 전기 에너지로 전환한다.

오답 피하기 ㄴ. 내리막길이나 속력을 줄일 때 운동 에너지의 일부가 발전기에서 전기 에너지로 전환되고, 이 전기 에너지가 배터리에 화학 에너지로 저장된다. 즉, 배터리에서 ㉠과 같이 전기 에너지가 화학 에너지로 전환된다.

20

A의 열효율이 0.2이므로 $0.2=\dfrac{W}{8+W}$에서 $W=2$ kJ이다. B가 2 kJ의 일을 할 때 저열원으로 방출한 열이 3 kJ이므로 흡수한 열은 5 kJ이다. 따라서 B의 열효율은 $\dfrac{2}{5}=0.4$이다.

채점 기준	배점(%)
A(또는 B)가 한 일을 구하여 B의 열효율을 옳게 구한 경우	100
풀이 과정 없이 B의 열효율만 구한 경우	30

21 답 ③

ㄱ. 에너지 효율이 20 %이므로 운동 에너지로 전환되는 에너지는 연료의 화학 에너지 200 kJ의 20 %인 40 kJ이다.

ㄴ. 운동 에너지 40 kJ, 마찰이나 저항 6 kJ, 대기로 방출되는 열 30 kJ, 냉각수 52 kJ을 모두 더하면 128 kJ이므로 배기가스로 배출되는 에너지는 72 kJ이다. 따라서 배기가스로 배출되는 에너지 비율은 $\dfrac{72\text{ kJ}}{200\text{ kJ}}\times100=36$ %이다.

오답 피하기 ㄷ. 에너지 전환 과정에서 전체 에너지의 총합은 일정하게 보존된다.

22 답 ⑤

ㄴ. 태양 전지는 빛에너지를 이용하고, 휴대용 수력 발전기는 물의 운동 에너지를 이용한다.

ㄷ. 태양 전지나 휴대용 수력 발전기는 발전 과정에서 환경오염 물질을 배출하지 않는다.

오답 피하기 ㄱ. 태양 전지는 발전 과정에서 전자기 유도 현상을 이용하지 않는다.

23 답 ①

ㄱ. 핵융합 반응과 핵분열 반응에서 모두 질량이 감소하면서 에너지가 방출된다.

오답 피하기 ㄴ. 핵반응 과정에서 질량이 줄어들고 줄어든 질량만큼 에너지가 방출된다.

ㄷ. (가)에서 발생하는 태양 에너지는 지구에서 여러 가지 에너지 순환의 근원이 된다. 그러나 우라늄의 핵에너지는 태양 에너지가 근원이 아니다.

24 답 ④

ㄴ. 더 높은 곳에서 떨어질수록 자석의 속력이 빠르므로 유도 전류의 세기는 C가 B보다 크다.

ㄷ. 자석이 낙하하며 코일에 접근할 때 자석과 코일 사이에는 자석의 운동을 방해하는 방향으로 자기력이 작용한다. 따라서 A와 C에서 자석이 받는 자기력의 방향은 연직 위 방향으로 같다.

오답 피하기 ㄱ. 자석이 낙하할 때 A는 S극이 코일에 접근하고 B는 N극이 코일에 접근하므로 유도 전류의 방향은 반대이다.

25 답 ②

열효율이 0.2인 A가 2 kJ의 일을 했으므로 A가 흡수한 열은 10 kJ이고, 열원 2로 방출한 열은 8 kJ이다. B는 8 kJ의 열을 받아 2 kJ의 일을 하였으므로 열효율은 0.25이다.

26

조력 발전은 오염 물질을 배출하지 않지만, 조수 간만의 차이가 큰 지역에 설치해야 발전량이 많고, 갯벌이 파괴될 수 있다.

채점 기준	배점(%)
장점과 단점을 1가지씩 옳게 설명한 경우	100
장점 또는 단점만 1가지 설명한 경우	50

Ⅲ 과학과 미래 사회

38～39쪽

01 ③ **02** ⑤ **03** 인공지능 **04** ㄱ, ㄷ **05** 예시 답안 빅데이터, 여러 연구자가 실험한 대량의 연구 자료를 활용해 연구 결과의 정확성을 높이고 복잡한 문제를 해결한다. 다양한 관측소와 인공위성으로 얻은 기상 자료를 분석해 일기예보의 정확도를 높인다. 기존의 약물과 화학 물질 관련 자료를 분석해 짧은 기간 안에 신약을 개발한다. 중 1가지 **06** ② **07** ③ **08** ⑤ **09** 예시 답안 연구 절차와 결과를 조작하거나 거짓으로 만들어 내지 않는다. 실험 대상을 윤리적으로 대하며 실험 대상의 생명과 존엄성을 존중한다. 다른 과학자의 연구 결과를 함부로 사용하지 않는다. 함께 연구하는 동료들을 존중하고 연구 참여자들의 성과를 공정하게 나눈다. 사회에 악영향을 미치는 연구는 피하고 공공의 이익을 위해 노력한다. 중 1가지

01 답 ③

감염병에 걸린 사람으로부터 채취한 시료에는 병원체의 핵산이 존재하므로 증폭 횟수가 증가할수록 검출되는 핵산의 양이 증가한다.

개념 더하기 핵산을 이용한 감염병 진단 과정

① 검사 대상자로부터 시료를 채취한다.
② 시료에서 핵산을 추출한다.
③ 추출한 핵산을 중합효소연쇄반응 재료와 함께 장치에 넣는다.
④ 병원체의 핵산만 여러 차례 증폭(복제)시킨다.
⑤ 병원체의 핵산의 양이 늘어나는지 확인한다.

02 답 ⑤

과학기술을 이용해 위험한 작업을 안전하게 처리하거나, 화석 연료의 고갈로 인한 에너지 부족, 식량 부족, 감염병 확산 등 사회에서 일어나는 다양한 문제를 해결하고 생활의 편의를 제공할 수 있다. 반면 인터넷의 발달로 익명성을 이용한 사이버 언어폭력 문제가 늘어나는 것처럼 과학기술이 사회적 문제를 발생시키기도 한다.

03 답 인공지능

인공지능 기술을 활용한 로봇은 상황을 스스로 판단하여 자율적으로 움직일 수 있고, 자율주행 자동차는 센서로 수집한 정보를 인공지능으로 처리하여 최적의 경로로 목적지까지 스스로 이동한다.

04 답 ㄱ, ㄷ

ㄱ. ㉠은 핵산으로, 병원체의 핵산을 증폭시켜 감염 여부를 확인할 수 있다.
ㄷ. 핵산을 이용한 감염병 진단 방법은 단백질을 이용한 진단 방법보다 정확한 진단이 가능하다.
오답 피하기 ㄴ. 감염병 자가 진단 도구에는 단백질을 이용한 진단 검사가 이용된다.

05

빅데이터를 분석하여 학생 개인에 맞는 맞춤 교육을 제공하거나, 최적화된 교통 정보를 제공하거나, 소비자 개인의 선호에 맞는 제품을 추천할 수 있다. 이 밖에도 빅데이터는 과학 실험에서 연구 결과의 정확성을 높일 때, 일기예보의 정확도를 높일 때, 신약을 개발할 때 등 다양한 분야에 활용된다.

채점 기준	배점(%)
빅데이터를 쓰고, 빅데이터가 활용되는 사례를 옳게 설명한 경우	100
빅데이터만 쓰고, 활용되는 사례를 설명하지 못한 경우	50

06 답 ②

① (가)를 통해 다양한 창작물을 빠르고 간편하게 제작할 수 있다.
③, ④ (나)를 이용하면 집 밖에서 집 안의 기기를 조작할 수 있으므로 편의성이 증가하지만, 집 안의 여러 정보들이 실시간으로 수집, 이용된다는 점에서 개인 정보 유출의 가능성이 있다.
⑤ 과학기술은 유용성과 한계점을 모두 가진다.
오답 피하기 ② 인공지능이 만든 창작물은 저작권의 주체를 누구로 할 것인지의 문제 등 지식 재산권과 관련한 논란이 있을 수 있다.

07 답 ③

ㄱ. 과학기술의 발달은 인간의 삶을 풍요롭게 하지만, 윤리적 가치 판단 문제를 비롯한 여러 문제들이 동반되기도 한다.
ㄷ. 과학기술이 바람직하게 발전하기 위해서는 문제 상황과 관련된 주체들이 모두 모여 윤리적, 법률적, 기술적 측면에서 논의 및 합의하는 과정이 필요하다.
오답 피하기 ㄴ. 과학적 근거만으로 모든 윤리적 문제를 해결할 수는 없다.

08 답 ⑤

ㄱ. 사람 2의 검체를 이용한 실험 결과 용액의 색이 붉은색으로 변했으므로 사람 2는 감염병에 걸린 상태이다.
ㄴ, ㄷ. 우리 몸에 들어온 병원체(항원)의 단백질을 검출하는 방법으로, 신속 항원 검사의 원리를 체험하는 실험이다. 진단 시료에 병원체의 단백질이 있으면 포획 항체와 반응하여 용액의 색이 변한다.

09

과학자는 정직성과 개방성을 갖추어 연구해야 하고, 실험 대상을 윤리적으로 대하며 실험 대상의 생명과 존엄성을 존중해야 한다. 또 지식 재산권을 존중하여 다른 과학자의 연구 결과를 함부로 사용하지 않아야 하고, 함께 연구하는 동료들을 존중하고 연구 참여자들의 성과를 공정하게 나누며, 사회에 악영향을 미치는 연구는 피하고 공공의 이익을 위해 노력해야 한다.

채점 기준	배점(%)
과학자가 지켜야 할 연구 윤리 1가지를 옳게 설명한 경우	100
연구 윤리를 제시하였으나 설명이 미흡한 경우	50

www.mirae-n.com

학습하다가 이해되지 않는 부분이나 정오표 등의 궁금한 사항이 있나요?
미래엔 에듀 홈페이지에서 해결해 드립니다.

교재 내용 문의

나의 교재 문의 | 자주하는 질문 | 기타 문의

교재 정답 및 정오표

정답과 해설 | 정오표

교재 학습 자료

MP3

Contact Mirae-N
www.mirae-n.com
(우) 06532 서울시 서초구 신반포로 321
1800-8890

실력 상승 문제집

파사쥬

대표 유형과 실전 문제로 내신과 수능을
동시에 대비하는 실력 상승 실전서

국어 국어, 문학, 독서
영어 기본영어, 유형구문, 유형독해, 20회 듣기모의고사, 25회 듣기 기본 모의고사
수학 수학 Ⅰ, 수학 Ⅱ, 확률과 통계, 미적분

수능 완성 문제집

수능 주도권

핵심 전략으로 수능의 기선을 제압하는
수능 완성 실전서

국어영역 문학, 독서, 언어와 매체, 화법과 작문
영어영역 독해편, 듣기편
수학영역 수학 Ⅰ, 수학 Ⅱ, 확률과 통계, 미적분

수능 기출 문제집

N기출

수능N 기출이 답이다!

국어영역 공통과목_문학, 공통과목_독서, 선택과목_화법과 작문, 선택과목_언어와 매체
영어영역 고난도 독해 LEVEL 1, 고난도 독해 LEVEL 2, 고난도 독해 LEVEL 3
수학영역 공통과목_수학 Ⅰ+수학 Ⅱ 3점 집중, 공통과목_수학 Ⅰ+수학 Ⅱ 4점 집중, 선택과목_확률과 통계 3점/4점 집중, 선택과목_미적분 3점/4점 집중, 선택과목_기하 3점/4점 집중

N기출 모의고사

수능의 답을 찾는 우수 문항 기출 모의고사

수학영역 공통과목_수학 Ⅰ+수학 Ⅱ
선택과목_확률과 통계,
선택과목_미적분

미래엔 교과서 연계 도서

미래엔 교과서 자습서

교과서 예습 복습과 학교 시험 대비까지
한 권으로 완성하는 자율학습서

[2022 개정]
국어 공통국어1, 공통국어2
영어 공통영어1, 공통영어2
수학 공통수학1, 공통수학2, 기본수학1, 기본수학2
사회 통합사회1, 통합사회2, 한국사1, 한국사2
과학 통합과학1, 통합과학2
제2외국어 중국어, 일본어
한문 한문

[2015 개정]
국어 문학, 독서, 언어와 매체, 화법과 작문, 실용 국어
수학 수학 Ⅰ, 수학 Ⅱ, 확률과 통계, 미적분, 기하
한문 한문 Ⅰ

미래엔 교과서 평가 문제집

학교 시험에서 자신 있게
1등급의 문을 여는 실전 유형서

[2022 개정]
국어 공통국어1, 공통국어2
사회 통합사회1, 통합사회2, 한국사1, 한국사2
과학 통합과학1, 통합과학2

[2015 개정]
국어 문학, 독서, 언어와 매체